Lecture Notes in Mathematics

Edited by A. Dold and B. Eckmann

409

Fonctions de Plusieurs Variables Complexes

Séminaire François Norguet
Octobre 1970–Décembre 1973

Edité par Francois Norguet

Springer-Verlag
Berlin · Heidelberg · New York 1974

François Norguet
U. E. R. de Mathématiques
Université Paris VII
2 Place Jussieu
75005 Paris/France

Library of Congress Cataloging in Publication Data
Main entry under title:

Fonctions de plusieurs variables complexes.

(Lecture notes in mathematics, 409)
French or English.
Bibliography: p.
1. Functions of several complex variables--Congresses. I. Norguet, François, 1929- II. Series: Lecture notes in mathematics (Berlin) 409.
QA3.L28 no. 409 [QA331] 510'.8s [515'.94] 74-16252

AMS Subject Classifications (1970): 26A57, 32A20, 32A25, 32B05, 32C05, 32C35, 32C40, 32C45, 32D99, 32F10, 32G05, 32J99, 34A20, 35A05, 35N15, 46F15

ISBN 3-540-06856-2 Springer-Verlag Berlin · Heidelberg · New York
ISBN 0-387-06856-2 Springer-Verlag New York · Heidelberg · Berlin

Offsetdruck: Julius Beltz, Hemsbach/Bergstr.

A la mémoire

d'André MARTINEAU

PREFACE

Ce volume réunit des textes correspondant à certains exposés :
1 . mémoires originaux (qui y trouvent leur publication définitive , et vis-à-vis desquels il joue le rôle de revue spécialisée) de mathématiciens bien connus (comme A. Andreotti , Le Dung Trang , J.-P. Ramis et W. Stoll), et surtout de jeunes (D. Barlet , D. Chéniot , A. Galligo , M.-C. Grima , B. Klarès , J.-J. Risler , G. Roos et C. Sadler), dont ils constituent souvent les premiers travaux et la thèse de doctorat de spécialité ;
2 . synthèses , explications et commentaires de travaux récents , premiers aperçus sur des recherches en cours de développement ; en particulier un traité d'une centaine de pages sur les représentations intégrales des fonctions holomorphes , qui , à l'époque où leur utilité est enfin largement reconnue (I. Lieb , par exemple) , comble une lacune de la littérature existante et introduit aux très intéressants prolongements qu'il a encouragés (publications diverses de G. Roos) .

De nombreux exposés ne correspondent à aucune publication dans ce volume , le plus souvent parce que celle-ci en doublerait une autre , déjà réalisée ou prévue ailleurs , mais aussi parce que la préparation des textes de certains exposés récents n'est pas actuellement terminée .

Tous les lecteurs regretteront particulièrement l'absence de rédaction de l'exposé de A. Martineau ; peu de pemps après sa conférence, il ressentit les premières attaques de la maladie qui l'empêcha de mettre complètement au point ses idées les plus récentes .

TABLE DES MATIERES

ADRESSES DES AUTEURS

A. ANDREOTTI . Istituto Matematico , Università , Via Derna 2 , Pisa .

D. BARLET . U.E.R. de Mathématiques , Université Paris VII , 2 Place Jussieu , Paris 5ème .

D. CHENIOT . Département de Mathématiques , Université de Nice , 28 Avenue Valrose , Nice .

A. GALLIGO . Département de Mathématiques , Université de Nice , 28 Avenue Valrose , Nice .

R. GERARD . Institut de Recherche Mathématique Avancée , Université Louis Pasteur , 7 Rue René Descartes , Strasbourg .

G. GORDON . Department of Mathematics , University of Illinois at Chicago Circle , Chicago .

M.-C. GRIMA . Centre de Mathématiques de l'Ecole Polytechnique , 17 Rue Descartes , Paris 5ème .

J.-M. KANTOR . 29 Rue Lacépède , Paris 5ème .

B. KLARES . Faculté des Sciences , Ile du Saulcy , Metz .

F. KMETY . Centre de Mathématiques de l'Ecole Polytechnique , 17 Rue Descartes , Paris 5ème .

N. KUHLMANN . Institut für Mathematik , 4630 Bochum-Querenburg .

LE DUNG TRANG . Centre de Mathématiques de l'Ecole Polytechnique , 17 Rue Descartes , Paris 5ème .

I. LIEB . Mathematisches Institut , Westfälische Wilhelms-Universität , Roxeler Strasse 64 , Münster .

M. LODAY-RICHAUD . Institut de Recherche Mathématique Avancée , Université Louis Pasteur , 7 Rue René Descartes , Strasbourg .

F. NORGUET . U.E.R. de Mathématiques , Université Paris VII , 2 Place Jussieu , Paris 5ème .

J.-P. RAMIS . Institut de Recherche Mathématique Avancée , Université Louis Pasteur , 7 Rue René Descartes , Strasbourg .

J.-J. RISLER . U.E.R. de Mathématiques , Université Paris VII , 2 Place Jussieu , Paris 5ème .

G. ROOS . U.E.R. de Mathématiques , Université Paris VII , 2 Place Jussieu , Paris 5ème .

C. SADLER . Faculté des Sciences , Ile di Saulcy , Metz .

P. SCHAPIRA . Département de Mathématiques , Université Paris XIII , Place du 8 Mai 1945 , 93 Saint-Denis .

W. STOLL . Department of Mathematics , University of Notre Dame , Notre Dame .

C. WAGSCHAL . Service de Mathématiques , Laboratoire Central des Ponts et Chaussées , 58 Boulevard Lefebvre , Paris i5ème .

PROGRAMME DU SEMINAIRE

ANNEE 1970-1971

ANNEE 1973-1974

INTRODUCTION AUX

FONCTIONS DE PLUSIEURS VARIABLES COMPLEXES

REPRESENTATIONS INTEGRALES

par

François NORGUET

Ce texte reproduit la première partie d'un cours sur les fonctions de plusieurs variables complexes, ne supposant pas connue la théorie des fonctions analytiques d'une seule variable.

Il ne comporte que les formules de représentation intégrale les plus simples, mais exposées selon un point de vue actuel qui :

i) fait jouer un rôle central à la formule de Cauchy-Fantappiè ;

ii) englobe la représentation des formes différentielles, compte-tenu des besoins de théories en cours de développement ([1] , [19] et sa bibliographie) ;

iii) introduit à l'étude de formules plus techniques, parfois mentionnées avec références bibliographiques ;

iv) conduit naturellement aux recherches de G. Roos ([34] et [35]).

La bibliographie finale concerne seulement les références se rapportant directement au texte. On trouve dans [27] une bibliographie beaucoup plus complète pour la période antérieure à 1961.

TABLE DES MATIERES

I. FORMULE DE MARTINELLI. APPLICATIONS. GENERALISATIONS.

A. Formule de Martinelli.

1. Formules intégrales dans $\mathbb{R}^n$.

a. L'élément de volume de la sphère unité. Dans $\mathbb{R}^n$, $n > 1$, soient $x=(x_i)_{1\leq i\leq n}$ les coordonnées canoniques. On pose

$$\omega(x) = \bigwedge_{1\leq i\leq n} dx_i \quad ,$$

$$\omega'(x) = \sum_{1\leq i\leq n} (-1)^{i-1} x_i \bigwedge_{\substack{1\leq j\leq n \\ j\neq i}} dx_j \quad ;$$

on a évidemment $d\omega' = n.\omega$; en posant $r(x) = \left(\sum_{1\leq i\leq n} x_i^2\right)^{1/2}$, on a

$$d(r^2) = 2 \sum_{1\leq i\leq n} x_i \, dx_i \quad ,$$

d'où résulte

$$dr \wedge \omega' = r\,\omega \qquad \text{dans } \mathbb{R}^n - \{0\} .$$

Par conséquent, $r^{-1}\,\omega'\big|_{S_\rho}$ est l'élément de volume de la sphère S_ρ de centre 0 et de rayon ρ ; soit

$$\Omega(x) = r(x)^{-n}\,\omega'(x) \;;$$

$\Omega(x)\big|_{S_1}$ est l'élément de volume de la sphère S_1.

Exercice 1. En utilisant des coordonnées sphériques

$$x_1 = r \sin \varphi_1$$

$$x_2 = r \cos \varphi_1 \sin \varphi_2$$

$$x_3 = r \cos \varphi_1 \cos \varphi_2 \sin \varphi_3$$

$$\cdots\cdots\cdots\cdots\cdots\cdots\cdots\cdots$$

$$x_{n-1} = r \cos \varphi_1 \cos \varphi_2 \cdots\cdots \cos \varphi_{n-2} \sin \varphi_{n-1}$$

$$x_n = r \cos \varphi_1 \cos \varphi_2 \cdots\cdots\cdots \cos \varphi_{n-1}$$

on obtient

$$\omega(x) = r^{n-1}\, dr \wedge \Theta(\varphi) \quad , \quad \omega'(x) = r^n \Theta(\varphi) \quad , \quad \Omega(x) = \Theta(\varphi)$$

où

$$\Theta(\varphi) = (-1)^{n-1} \Big(\prod_{1\le i\le n-2} \cos^{n-i-1} \varphi_i \Big) \bigwedge_{1\le i\le n-1} d\varphi_i \quad .$$

<u>Lemme 1. On a $d\Omega = 0$</u> .

En effet,

$$d\Omega = r^{-n}\, d\omega' - \frac{n}{2}\,(r^2)^{-\frac{n}{2}-1}\, d(r^2) \wedge \omega'$$

où

$$d\omega' = n.\omega$$

et

$$d(r^2) \wedge \omega' = 2r\, dr \wedge \omega' = 2r^2 \omega \ .$$

<u>Lemme 2. Pour toute fonction f à valeurs réelles, continue au voisinage de 0 , on a</u>

$$\sigma_{n-1}.f(0) = \lim_{\varepsilon \to 0} \int_{S_\varepsilon} f.\Omega$$

<u>où $\sigma_{n-1} = \dfrac{2\pi^{\frac{n}{2}}}{\Gamma(\frac{n}{2})}$ est le volume de la sphère de dimension n-1 et de rayon unité.</u>

En effet, on a , quand $\varepsilon \to 0$,

$$\int_{S_\varepsilon} f.\Omega \sim f(0).\int_{S_1} \Omega \quad .$$

<u>Remarque 1</u>. On a

$$\Gamma(\tfrac{n}{2}) = \begin{cases} (\frac{n}{2} - 1)\,! & \text{si n est pair} \\[2ex] \dfrac{\sqrt{\pi}}{2^{n-2}}\, \dfrac{(n-2)!}{(\frac{n-3}{2})!} & \text{si n est impair} \end{cases}$$

et par conséquent

$$\sigma_{n-1} = \begin{cases} \dfrac{2\pi^{\frac{n}{2}}}{(\frac{n}{2}-1)!} & \text{si n est pair} \\[2ex] \dfrac{2^{n-1}\pi^{\frac{n-1}{2}}(\frac{n-3}{2})!}{(n-2)!} & \text{si n est impair} \end{cases},$$

résultat que fournit aussi un calcul direct de l'intégrale.

<u>Proposition 1</u>. <u>Soit B une boule ouvert de centre 0, et soit S son bord; pour toute fonction</u> f <u>à valeurs réelles, continument différentiable au voisinage de</u> $\overline{B}$, <u>on a</u>

$$\int_S f\Omega = \sigma_{n-1} \cdot f(0) + \int_B df \wedge \Omega \quad .$$

En effet, pour toute sphère S_ε , bordant une boule B_ε , contenue dans B , on a

$$\int_S f\Omega - \int_{S_\varepsilon} f\Omega = \int_{B-\overline{B}_\varepsilon} d(f\Omega) = \int_{B-\overline{B}_\varepsilon} df \wedge \Omega \ .$$

Vu le Lemme 1, on obtient le résultat annoncé en faisant tendre ε vers 0 .

<u>Remarque 2</u>. En coordonnées sphériques, on a :

$$df \wedge \Omega = \Big(\sum_{1\leq i\leq n} \frac{\partial f}{\partial x_i} \wedge dx_i \Big) \wedge \Omega = \Big(\sum_{1\leq i\leq n} x_i \frac{\partial f}{\partial x_i} \Big) r^{-n} \omega$$

$$= \Big(\sum_{1\leq i\leq n} \cos \varphi_1 \cos \varphi_2 \ldots\ldots \frac{\partial f}{\partial x_i} \Big) r^{-n+1} \omega \qquad ,$$

ce qui prouve que l'intégrale $\int_B df \wedge \Omega$ converge ; il en est de même pour l'intégrale $\int_B \alpha \wedge \Omega$, où α désigne une forme de degré 1, continue au voisinage de $\overline{B}$.

<u>Corollaire 1</u>. <u>Soit f une fonction à valeurs réelles, continument différentiable et à support compact dans</u> $\mathbb{R}^n$; <u>on a</u>

$$\sigma_{n-1}\, f(0) = (-1)^n \int_{\mathbb{R}^n} \Omega \wedge df \quad .$$

En effet, on peut appliquer la Proposition 1 avec une boule B contenant le support de f .

La Remarque ci-dessus prouve que Ω définit un courant dans $\mathbb{R}^n$, que l'on désignera par $\{\Omega\}$.

<u>Corollaire 2</u>. <u>On a</u>

$$d\{\Omega\} = \sigma_{n-1} . \delta_0$$

<u>où</u> δ_0 <u>désigne le courant de Dirac au point</u> 0 .

On a en effet, pour toute fonction f à support compact et C^∞ dans $\mathbb{R}^n$,

$$\langle b\{\Omega\}, f\rangle = \langle \{\Omega\}, df\rangle = \int_{\mathbb{R}^n} \Omega \wedge df$$

$$= (-1)^n \sigma_{n-1}\, f(0) = (-1)^n \sigma_{n-1} . \langle \delta_0, f\rangle$$

vu le Corollaire 1 ; par conséquent $b\{\Omega\} = (-1)^n \sigma_{n-1}\, \delta_0$, c'est-à-dire $d\{\Omega\} = \sigma_{n-1}\, \delta_0$.

<u>Exercice 2</u>. Pour $n \geq 2$, vérifier la relation

$$\delta(r^{2-n}\omega) = (n-2)\,\Omega \qquad \text{dans } \mathbb{R}^n - \{0\} \;,$$

où δ est la codifférentielle de Hodge (dont on trouvera la définition, pour $\mathbb{R}^n$, dans [28] , et pour les variétés riemanniennes, dans les ouvrages classiques de géométrie, par exemple [31]) ; de cette relation et du Corollaire 2, déduire le calcul du laplacien du courant défini par $r^{2-n}\omega$ (le résultat est classique et figure dans les ouvrages sur les distributions, par exemple [36]) .

b. Représentation intégrale de certaines fonctions (d'après [3]).

Soit α une forme différentielle, de degré n-2, dans $\mathbb{R}^n$; elle s'écrit canoniquement

$$\alpha = \sum_{1\leq i<j\leq n} (-1)^{i+j} a_{ij}(x) \bigwedge_{\substack{1\leq k\leq n\\ k\neq i,j}} dx_k \quad ;$$

on étend la définition des a_{ij} en posant $a_{ij} = -a_{ji}$ pour $i > j$, et $a_{ii} = 1$ pour $1\leq i\leq n$.

Lemme 3. On a

$$d\alpha = \sum_{1\leq i\leq n} (-1)^{i-1} \Big(\sum_{1\leq j\leq n} \frac{\partial a_{ji}}{\partial x_j}\Big) . \bigwedge_{\substack{1\leq k\leq n\\ k\neq i}} dx_k \quad .$$

Preuve. On a

$$d\alpha = \sum_{1\leq i<j\leq n} (-1)^{j-1} \frac{\partial a_{ij}}{\partial x_i} \bigwedge_{\substack{1\leq k\leq n\\ k\neq j}} dx_k + \sum_{1\leq i<j\leq n} (-1)^{i} \frac{\partial a_{ij}}{\partial x_j} \bigwedge_{\substack{1\leq k\leq n\\ k\neq i}} dx_k$$

$$= \sum_{1\leq j<i\leq n} (-1)^{i-1} \frac{\partial a_{ji}}{\partial x_j} \bigwedge_{\substack{1\leq k\leq n\\ k\neq i}} dx_k + \sum_{1\leq i<j\leq n} (-1)^{i-1} \frac{\partial a_{ji}}{\partial x_j} \bigwedge_{\substack{1\leq k\leq n\\ k\neq i}} dx_k$$

$$= \sum_{\substack{1\leq i\leq n\\ 1\leq j\leq n}} (-1)^{i-1} \frac{\partial a_{ji}}{\partial x_j} \bigwedge_{\substack{1\leq k\leq n\\ k\neq i}} dx_k$$

Lemme 4. On a

$$\Big(\sum_{1\le i\le n} x_i\, dx_i\Big) \wedge \alpha = \sum_{1\le i\le n} (-1)^{i-1} \Big(\sum_{\substack{1\le j\le n \\ j\ne i}} x_j\, a_{ji}\Big) \bigwedge_{\substack{1\le k\le n \\ k\ne i}} dx_k$$

Preuve. On a

$$\Big(\sum_{1\le i\le n} x_i\, dx_i\Big) \wedge \alpha = \sum_{1\le i<j\le n} (-1)^{j-1}\, x_i\, a_{ij} \bigwedge_{\substack{1\le k\le n \\ k\ne j}} dx_k$$

$$+ \sum_{1\le i<j\le n} (-1)^{i}\, x_j\, a_{ij} \bigwedge_{\substack{1\le k\le n \\ k\ne i}} dx_k$$

$$= \sum_{1\le j<i\le n} (-1)^{i-1}\, x_j\, a_{ji} \bigwedge_{\substack{1\le k\le n \\ k\ne i}} dx_k \; +$$

$$\sum_{1\le i<j\le n} (-1)^{i-1}\, x_j\, a_{ji} \bigwedge_{\substack{1\le k\le n \\ k\ne i}} dx_k$$

$$= \sum_{\substack{1\le i\le n \\ 1\le j\le n \\ j\ne i}} (-1)^{i-1}\, x_j\, a_{ji} \bigwedge_{\substack{1\le k\le n \\ k\ne i}} dx_k \; .$$

Définition. On pose

$$\Omega_\alpha = d\Big(\frac{r^{2-n}}{2-n}\,\alpha\Big) + \Omega \quad .$$

Lemme 5. Si α est fermée, on a

$$\Omega_\alpha = r^{-n} \sum_{1\le i\le n} (-1)^{i-1} \Big(\sum_{1\le j\le n} x_j\, a_{ji}\Big) \bigwedge_{\substack{1\le k\le n \\ k\ne i}} dx_k \quad ,$$

Preuve. On a

$$\Omega_\alpha = \frac{1}{2-n}\, d(r^2)^{1-\frac{n}{2}} \wedge \alpha + \Omega$$

$$= r^{-n}\left(\left(\sum_{1\leq i\leq n} x_i\, dx_i\right) \wedge \alpha + \omega'\right) \quad ;$$

la relation cherchée résulte alors du Lemme 4.

<u>Nous supposerons désormais</u> α <u>fermée</u>.

<u>Lemme 6</u>. <u>Pour toute fonction</u> f <u>à valeurs réelles, continue au voisinage de 0, on a</u>

$$\sigma_{n-1}\, f(0) = \lim_{\varepsilon\to 0} \int_{S_\varepsilon} f.\Omega_\alpha \quad .$$

En effet, on a, quand $\varepsilon \longrightarrow 0$,

$$\int_{S_\varepsilon} f.\Omega_\alpha \sim f(0).\int_{S_\varepsilon} \Omega_\alpha = f(0)\int_{S_\varepsilon} \Omega = \sigma_{n-1}\, f(0) \quad .$$

<u>Proposition 2</u>. <u>Soit</u> B <u>une boule ouverte de centre 0, et soit</u> S <u>son bord; pour toute fonction</u> f <u>à valeurs réelles, continument différentiable au voisinage de</u> $\overline{B}$, <u>on a</u>

$$\int_S f.\Omega_\alpha = \sigma_{n-1}\, f(0) + \int_B df \wedge \Omega_\alpha \quad .$$

Démonstration analogue à celle de la Proposition 1.

<u>Corollaire 3</u>. <u>Sous les hypothèses de la Proposition 2, la condition</u> $df \wedge \Omega_\alpha = 0$ <u>entraîne la représentation intégrale</u>

$$\sigma_{n-1}.f(0) = \int_S f.\Omega_\alpha \quad .$$

Lemme 7. On a

$$df \wedge \Omega_\alpha = r^{-n}\Big(\sum_{1\le j\le n} x_j \Big(\sum_{1\le i\le n} a_{ij}\frac{\partial f}{\partial x_i}\Big)\Big)\omega \quad .$$

Sous les hypothèses plus strictes

$$\frac{\partial a_{ij}}{\partial x_i} = 0 \quad \text{pour tous } i \text{ et } j \text{ , et } \quad \sum_{1\le i\le n} a_{ij}\frac{\partial f}{\partial x_i} = 0 \quad \text{pour tout } \ j \ ,$$

le Corollaire 3 est la formule d'Asada à l'origine.

Pour tout point fixe ξ de $\mathbb{R}^n$, on pose

$$\Omega_{\alpha,\xi} = (r(x-\xi))^{-n} \sum_{1\le i\le n} (-1)^{i-1}\Big(\sum_{1\le j\le n} (x_j - \xi_j)\, a_{ji}(x)\Big) \bigwedge_{\substack{1\le k\le n\\ k\ne i}} dx_k \ ;$$

par la méthode précédente, on obtient alors :

Théorème 1 (formule d'Asada). Soit B une boule ouverte de centre ξ , et soit S son bord ; pour toute fonction f à valeurs réelles, continument différentiable au voisinage de $\overline{B}$, et vérifiant le système d'équations aux dérivées partielles

$$\sum_{1\le i\le n} a_{ij}\frac{\partial f}{\partial x_i} = 0 \quad \text{pour} \quad 1 \le j \le n \ ,$$

on a la représentation intégrale

$$\sigma_{n-1}.f(\xi) = \int_S f.\Omega_{\alpha,\xi} \quad .$$

La vérification précise de ce théorème est laissée comme exercice.

2. Formes différentielles dans $\mathbb{C}^n$.

a. Dérivées partielles. Dans $\mathbb{C}^n$, on désigne par $z = (z_j)_{1\leq j\leq n}$ les coordonnées canoniques, et on pose $z_j = x_j + iy_j$, x_j et y_j étant réels ; on écrit encore $x_j = \mathcal{R}\, z_j$, $y_j = \mathcal{I}\, z_j$. Pour toute fonction f à valeurs complexes, dérivable par rapport aux coordonnées réelles x_j , y_j , on pose

$$\frac{\partial f}{\partial z_j} = \frac{1}{2}\left(\frac{\partial f}{\partial x_j} - i\,\frac{\partial f}{\partial y_j}\right) \quad , \quad \frac{\partial f}{\partial \bar{z}_j} = \frac{1}{2}\left(\frac{\partial f}{\partial x_j} + i\,\frac{\partial f}{\partial y_j}\right) \quad .$$

On vérifie la relation

$$\frac{\partial \bar{f}}{\partial z_j} = \overline{\frac{\partial f}{\partial \bar{z}_j}} \quad .$$

En posant $f = P + iQ$, où P et Q sont des fonctions à valeurs réelles, on obtient

$$\frac{\partial f}{\partial z_j} = \frac{1}{2}\left(\left(\frac{\partial P}{\partial x_j} + \frac{\partial Q}{\partial y_j}\right) - i\left(\frac{\partial P}{\partial y_j} - \frac{\partial Q}{\partial x_j}\right)\right)$$

$$\frac{\partial f}{\partial \bar{z}_j} = \frac{1}{2}\left(\left(\frac{\partial P}{\partial x_j} - \frac{\partial Q}{\partial y_j}\right) + i\left(\frac{\partial P}{\partial y_j} + \frac{\partial Q}{\partial x_j}\right)\right) \quad .$$

Si f possède des dérivées partielles continues du second ordre, on a

$$\frac{\partial^2 f}{\partial z_j\,\partial \bar{z}_k} = \frac{1}{4}\left(\left(\frac{\partial^2 f}{\partial x_j \partial x_k} + \frac{\partial^2 f}{\partial y_j \partial y_k}\right) + i\left(\frac{\partial^2 f}{\partial x_j \partial y_k} - \frac{\partial^2 f}{\partial x_k \partial y_j}\right)\right)$$

et en particulier

$$\frac{\partial^2 f}{\partial z_j \partial \bar{z}_j} = \frac{1}{4}\left(\frac{\partial^2 f}{\partial x_j^2} + \frac{\partial^2 f}{\partial y_j^2}\right)$$

d'où

$$\Delta f = \sum_{1\leq j\leq n} \left(\frac{\partial^2 f}{\partial x_j^2} + \frac{\partial^2 f}{\partial y_j^2}\right) = 4 \sum_{1\leq j\leq n} \frac{\partial^2 f}{\partial z_j \partial \bar{z}_j} .$$

b. Formes différentielles. On pose

$$dz_j = dx_j + i\, dy_j \quad , \quad d\bar{z}_j = dx_j - i\, dy_j \quad ,$$

ce qui donne inversement

$$dx_j = \frac{1}{2}(dz_j + d\bar{z}_j) \quad , \quad dy_j = \frac{i}{2}(d\bar{z}_j - dz_j) .$$

Une forme différentielle φ de degré r dans $\mathbb{C}^n$ s'exprime canoniquement comme

$$\varphi = \sum_{p+q=r} \varphi^{p,q} \quad , \quad \varphi^{p,q} = \sum_{\substack{1\leq i_1<\ldots<i_p\leq n \\ 1\leq j_1<\ldots<j_q\leq n}} \varphi_{i_1\ldots i_p j_1\ldots j_q} \left(\bigwedge_{1\leq\mu\leq p} dz_{i_\mu}\right) \wedge \left(\bigwedge_{1\leq\nu\leq q} d\bar{z}_{j_\nu}\right) ;$$

une forme telle que $\varphi^{p,q}$ est dite de type (p,q).

Pour toute fonction f différentiable, on pose

$$d'f = \sum_{1\leq j\leq n} \frac{\partial f}{\partial z_j} dz_j \quad , \quad d''f = \sum_{1\leq j\leq n} \frac{\partial f}{\partial \bar{z}_j} d\bar{z}_j ;$$

on a

$$d'\bar{f} = \overline{d''f}$$

et

$$\boxed{d' + d'' = d} .$$

En effet

$$d'f + d''f = \sum_{1\leq j\leq n} \frac{\partial f}{\partial z_j} dz_j + \frac{\partial f}{\partial \bar{z}_j} d\bar{z}_j$$

$$= \frac{1}{2} \sum_{1\leq j\leq n} (\frac{\partial f}{\partial x_j} - i \frac{\partial f}{\partial y_j})(dx_j + i\, dy_j) + (\frac{\partial f}{\partial x_j} + i\frac{\partial f}{\partial y_j})(dx_j - idy_j)$$

$$= \sum_{1\leq j\leq n} \frac{\partial f}{\partial x_j} dx_j + \frac{\partial f}{\partial y_j} dy_j = df \ .$$

Les différentielles d' et d'' s'étendent naturellement aux formes différentielles extérieures ; d' (resp. d'') transforme une forme de type (p,q) en une forme de type $(p+1,q)$ (resp. $(p,q+1)$) ; on vérifie les relations $d' \circ d' = d'' \circ d'' = 0$, $d' \circ d'' = - d'' \circ d'$.

Les opérateurs d' et d'' permettent de définir des cohomologies analogues à la cohomologie de de Rham.

c. Formes et fonctions holomorphes .

Les formes différentielles φ, C^∞, qui vérifient $d''\varphi = 0$ (resp. $d'\varphi = 0$) sont particulièrement intéressantes ; elles sont appelées d'' (resp. d')-fermées ; une forme de type $(p,0)$ (resp. $(0,q)$) d'' (resp. d')-fermée est dite holomorphe (resp. anti-holomorphe) ; pour qu'une fonction f soit holomorphe, il faut et il suffit qu'elle vérifie les équations de Cauchy-Riemann

$$\frac{\partial P}{\partial x_j} - \frac{\partial Q}{\partial y_j} = 0 \quad , \quad \frac{\partial P}{\partial y_j} + \frac{\partial Q}{\partial x_j} = 0 \ .$$

Une fonction holomorphe à valeurs réelles est constante.

La partie réelle P d'une fonction holomorphe f vérifie $d'd'' P = 0$.

En effet, on a $P = \frac{1}{2}(f+\bar{f})$, avec $d''f = 0$, $d'\bar{f} = 0$; et

$$d'd''P = \frac{1}{2} d'd''\bar{f} = -\frac{1}{2} d''d'\bar{f} = 0 .$$

Inversement, soit P une fonction à valeurs complexes, C^∞ , vérifiant $d'd''P = 0$ dans un ouvert U simplement connexe de $\mathbb{C}^n$; posons

$$f(z) = \int_{z_0}^{z} d'P ,$$

l'intégrale étant prise sur un chemin de z_0 à z dans U ; on a $df = d'P$; donc $d''f = 0$ et $d'(P-f) = 0$; en posant $P-f = g$, on a $P = f+g$, où f est holomorphe, et g antiholomorphe dans U . En particulier, si P est à valeurs réelles, on a $P = f+g = \bar{f}+\bar{g} = \frac{1}{2}((f+\bar{g}) + (\bar{f}+g))$, donc P est la partie réelle de la fonction holomorphe $\frac{1}{2}(f+\bar{g})$. Si U n'est pas simplement connexe, f et g sont définis sur le revêtement universel de U .

Remarquons enfin que, les opérateurs $\frac{\partial}{\partial z_j}$ commutant avec d'' , toutes les dérivées partielles (par rapport aux z_j) d'une fonction holomorphe sont holomorphes.

d. Formes différentielles usuelles dans $\mathbb{C}^n$. On a

$$r^2 = \sum_{1\le j\le n} z_j \bar{z}_j = \sum_{1\le j\le n} x_j^2 + y_j^2$$

et on pose

$$\beta = \frac{i}{2} d'd'' r^2 = \frac{i}{2} \sum_{1\le j\le n} dz_j \wedge d\bar{z}_j = \sum_{1\le j\le n} dx_j \wedge dy_j .$$

Pour tout entier $q > 0$, on pose

$$\tau_q = \frac{1}{q!}\,\beta^q$$

où β^q désigne la puissance extérieure q-ème de β . On a alors

$$\tau_{n-1} = \left(\frac{i}{2}\right)^{n-1} \sum_{1\leq j\leq n} \bigwedge_{\substack{1\leq k\leq n\\ k\neq j}} (dz_k \wedge d\bar{z}_k)$$

$$= (-1)^{\frac{(n-1)(n-2)}{2}} \left(\frac{i}{2}\right)^{n-1} \sum_{1\leq j\leq n} \Big(\bigwedge_{\substack{1\leq k\leq n\\ k\neq j}} dz_k\Big) \wedge \Big(\bigwedge_{\substack{1\leq k\leq n\\ k\neq j}} d\bar{z}_k\Big)$$

$$\tau_n = \left(\frac{i}{2}\right)^{n} \bigwedge_{1\leq j\leq n} dz_j \wedge d\bar{z}_j = (-1)^{\frac{n(n-1)}{2}} \left(\frac{i}{2}\right)^{n} \omega(z) \wedge \omega(\bar{z})$$

$$= \bigwedge_{1\leq j\leq n} (dx_j \wedge dy_j) = (-1)^{\frac{n(n-1)}{2}}\; \omega(x) \wedge \omega(y) \quad .$$

On a enfin, pour une fonction f :

$$\boxed{2i\, d'd''f \wedge \tau_{n-1} = \Delta f .\, \tau_n} \quad .$$

En effet,

$$2i\, d'd''f \wedge \tau_{n-1} = 2i \Big(\sum_{\substack{1\leq j\leq n\\ 1\leq k\leq n}} \frac{\partial^2 f}{\partial z_j \partial \bar{z}_k}\, dz_j \wedge d\bar{z}_k \Big) \wedge \tau_{n-1}$$

$$= 2i \left(\frac{i}{2}\right)^{n-1} \Big(\sum_{1\leq j\leq n} \frac{\partial^2 f}{\partial z_j \partial \bar{z}_j} \Big) \bigwedge_{1\leq k\leq n} (dz_k \wedge d\bar{z}_k)$$

$$= \Delta f .\, \tau_n \quad .$$

On pose évidemment

$$\omega(z) = \bigwedge_{1\leq j\leq n} dz_j \quad , \quad \omega'(z) = \sum_{1\leq j\leq n} (-1)^{j-1} z_j \bigwedge_{\substack{1\leq k\leq n \\ k\neq j}} dz_k$$

et on définit de même $\omega(\bar{z})$ et $\omega'(\bar{z})$.

3. Formule de Martinelli ([22], [6], [39] p. 200-202).

Dans $\mathbb{C}^n$, on a évidemment

$$d'(r^2) = \sum_{1\leq j\leq n} \bar{z}_j \, dz_j \quad , \quad d''(r^2) = \sum_{1\leq j\leq n} z_j \, d\bar{z}_j \quad ,$$

d'où

$$2d''r \wedge \omega'(\bar{z}) = r\, \omega(\bar{z}) \quad \text{dans} \quad \mathbb{C}^n - \{0\} \ .$$

Donc

$$2dr \wedge \omega(z) \wedge \omega'(\bar{z}) = (-1)^n \, r\, \omega(z) \wedge \omega(\bar{z})$$

et

$$2\left(\frac{1}{2i}\right)^n dr \wedge \omega(z) \wedge \omega'(\bar{z}) = r \;\omega(x) \wedge \omega(y)$$

dans $\mathbb{C}^n - \{0\}$. Par conséquent, la restriction à S_ρ de

$$2\left(\frac{1}{2i}\right)^n r^{-1} \omega(z) \wedge \omega'(\bar{z})$$

est l'élément de volume de S_ρ , et la restriction à S_1 de

$$2\left(\frac{1}{2i}\right)^n K \quad , \text{ où } \quad K = r^{-2n} \omega(z) \wedge \omega'(\bar{z}) \quad ,$$

est l'élément de volume de S_1 , $\mathbb{C}^n$ étant orienté de telle sorte que la forme $\omega(x) \wedge \omega(y)$ soit positive, et les sphères comme bords des boules correspondantes.

Exercice 3. En utilisant des coordonnées sphériques pour les modules des z_j : $z_j = \rho_j e^{i\theta_j}$,

$$\begin{aligned} \rho_1 &= r \sin \varphi_1 \\ \rho_2 &= r \cos \varphi_1 \sin \varphi_2 \\ &\cdots\cdots\cdots\cdots \\ \rho_n &= r \cos \varphi_1 \cos \varphi_2 \cdots \cos \varphi_{n-1} \end{aligned}$$

on obtient

$$\begin{aligned} \omega(x) \wedge \omega(y) &= \Big(\prod_{1\leq j\leq n} \rho_j\Big)\, \omega(\rho) \wedge \omega(\theta) \\ &= r^{n-1}\Big(\prod_{1\leq j\leq n} \rho_j\Big).dr \wedge \Theta(\varphi) \wedge \omega(\theta) \\ &= r^{2n\ 1}\, dr \wedge \Xi(\varphi,\theta) \end{aligned}$$

où

$$\Xi(\varphi,\theta) = (-1)^{n-1}\Big(\prod_{1\leq j\leq n-1} \sin \varphi_j.\cos^{2(n-j)-1} \varphi_j\Big)\Big(\bigwedge_{1\leq j\leq n-1} d\varphi_j\Big) \wedge \omega(\theta) \ .$$

On a donc

$$dr \wedge \Big(r^{2n}\, \Xi - 2\Big(\frac{1}{2i}\Big)^n \omega(z) \wedge \omega'(\bar{z})\Big) = 0$$

et par conséquent

$$\omega(z) \wedge \omega'(\bar{z})\Big|_{S_1} = \frac{1}{2}\,(2i)^n\, \Xi(\varphi,\theta) \ ,$$

Lemme 8. On a $K = \frac{1}{1-n} d'H$, pour $n > 1$, en posant

$$H = (-1)^{\frac{n(n-1)}{2}} (2i)^{n-1} r^{2-2n} \tau_{n-1}$$

$$= r^{2-2n} \sum_{1\leq j\leq n} \left(\bigwedge_{\substack{1\leq k\leq n \\ k\neq j}} dz_k \right) \wedge \left(\bigwedge_{\substack{1\leq k\leq n \\ k\neq j}} d\bar{z}_k \right)$$

dans $\mathbb{C}^n - \{0\}$.

En effet,

$$d'H = (1-n)\, r^{-n} \left(\sum_{1\leq j\leq n} \bar{z}_j \, dz_j \right) \wedge \sum_{1\leq j\leq n} \left(\bigwedge_{\substack{1\leq k\leq n \\ k\neq j}} dz_k \right) \wedge \left(\bigwedge_{\substack{1\leq k\leq n \\ k\neq j}} d\bar{z}_k \right)$$

$$= (1-n)\, r^{-n}\, \omega(z) \wedge \omega'(\bar{z}) .$$

Lemme 9. On a $dK = 0$ dans $\mathbb{C}^n - \{0\}$.

En effet, on a $d'K = 0$ car K est de type $(n,n-1)$ et

$$d''K = n\, (-1)^n\, r^{-2n}\, \omega(z) \wedge \omega(\bar{z}) + (-1)^n\, \omega(z) \wedge d''(r^{-2n}) \wedge \omega'(\bar{z}) = 0$$

par un calcul analogue à celui du Lemme 1 .

Lemme 10. Pour toute fonction f à valeurs réelles, continue au voisinage de 0, on a

$$\frac{(2i\pi)^n}{(n-1)!} f(0) = \lim_{\varepsilon\to 0} \int_{S_\varepsilon} f.K \quad .$$

Compte-tenu de la relation de K avec l'élément de volume de S_1, et de l'expression de σ_{2n-1} qui résulte de la Remarque 1, la démonstration est analogue à celle du Lemme 2.

Proposition 3. *Soit* B *une boule ouverte de centre* 0 , *et soit* S *son bord; pour toute fonction* f *à valeurs complexes, continument différentiable au voisinage de* $\overline{B}$, *on a*

$$\int_S f.K = \frac{(2i\pi)^n}{(n-1)!} f(0) + \int_B d''f \wedge K .$$

Démonstration analogue à celle de la Proposition 1, en remarquant la relation $df \wedge K = d''f \wedge K$. On remarque de même la convergence de l'intégrale

$$\int_B d''f \wedge K$$

et le fait que K définit dans $\mathbb{R}^n$ un courant $\{K\}$ d'ordre zéro.

Exercice 4. Déduire la Proposition 3 de la Proposition 2, en choisissant α de telle sorte que le système d'équations aux dérivées partielles du Théorème 1 soit le système de Cauchy-Riemann (cf [3] p. 124-125).

Corollaire 4. *Pour toute fonction* f *à valeurs complexes, continument différentiable et à support compact dans* $\mathbb{C}^n$, *on a*

$$\frac{(2i\pi)^n}{(n-1)!} f(0) = \int_{\mathbb{C}^n} K \wedge d''f .$$

Pour la démonstration, on applique le Théorème 2 avec une boule B contenant le support de f .

Corollaire 5. *On a*

$$d\{K\} = d''\{K\} = \frac{(2i\pi)^n}{(n-1)!} \delta_0 ,$$

Se déduit du Corollaire 4 comme le Corollaire 2 du Corollaire 1.

<u>Exercice 5.</u> Pour $n > 1$, on peut aussi déduire le Corollaire 5 de la relation

$$d'd''\{H\} = \frac{(2i\pi)^n}{(n-2)!}\,\delta_0$$

où

$$\{H\} = (-1)^{\frac{n(n-1)}{2}}(2i)^{n-1}\{r^{2-2n}\}\,\tau_{n-1}\;;$$

quant à cette relation, elle se vérifie grâce à la formule

$$2i\,d'd''\{r^{2-2n}\}\wedge\tau_{n-1} = \Delta\,\{r^{2-2n}\}.\tau_n$$

et au résultat de l'Exercice 2. On peut alors déduire la Proposition 3 du Corollaire 5.

Il existe évidemment d'autres courants T vérifiant $d'T = \{K\}$; dans un travail non publié, J.-L. Dupeyrat a montré que possèdent cette propriété les deux courants définis respectivement par les formes différentielles localement intégrables

$$\log|z_1|^2.\Gamma \qquad \text{et} \qquad \log(r^2).\Gamma$$

où

$$\Gamma = r^{-2n}\,\omega'(z)\wedge\omega'(\bar{z}) \quad .$$

<u>Corollaire 6. Soit</u> S <u>le bord d'une boule ouverte</u> B <u>de centre</u> 0 ; <u>pour toute fonction</u> f <u>holomorphe au voisinage de</u> $\bar{B}$, <u>on a</u>

$$\frac{(2i\pi)^n}{(n-1)!} f(0) = \int_S f.K \quad .$$

Cela résulte de la Proposition 3 puisque $d''f = 0$.

Pour tout point ζ de $\mathbb{C}^n$, on obtient, en substituant $z-\zeta$ à z dans l'expression de K , la forme différentielle

$$K_\zeta = \Big(\sum_{1\le j\le n} (z_j - \zeta_j)(\bar z_j - \bar\zeta_j)\Big)^{-n} \Big(\bigwedge_{1\le j\le n} dz_j\Big) \wedge \sum_{1\le j\le n} (-1)^{j-1}(\bar z_j - \bar\zeta_j) \bigwedge_{\substack{1\le k\le n\\ k\ne j}} d\bar z_k$$

Théorème 2. (Formule de Martinelli). Soit G un domaine borné de $\mathbb{C}^n$, à frontière S continument différentiable par morceaux. Pour toute fonction f à valeurs complexes, définie et continue dans $\bar G$, holomorphe dans G , on a

$$\int_S f.K_\zeta = \begin{cases} \dfrac{(2i\pi)^n}{(n-1)!} f(\zeta) & \text{pour } \zeta \in G \\[2ex] 0 & \text{pour } \zeta \notin \bar G \end{cases} \quad .$$

Si f est holomorphe au voisinage de $\bar G$, le Théorème 2 se déduit du Corollaire 6 par un changement de coordonnées portant l'origine en ζ et par application de la formule de Stokes. Dans le cas général, on approche G par une suite de domaines G_m de même nature, $m \in \mathbb{N}$, vérifiant $G_m \subset G_{m+1}$, $\bar G_m \subset G$, $G = \bigcup_{m\in\mathbb{N}} G_m$; on a alors

$$\int_S f.K_\zeta = \lim_{m\to+\infty} \int_{S_m} f.K_\zeta$$

en désignant par S_m le bord de G_m .

Remarque 3. Pour $n = 1$, on a

$$K_\zeta = \frac{dz}{z-\zeta} \quad ,$$

et la formule correspondante donnée par le théorème 2 :

$$\int_S f(z) \frac{dz}{z-\zeta} = \begin{cases} 2i\pi\, f(\zeta) & \text{pour } \zeta \in G \\ 0 & \text{pour } \zeta \notin \bar{G} \end{cases}$$

est appelée formule de Cauchy.

Remarque 4. Pour établir le Corollaire 6 et le Théorème 2, il suffit de supposer f continument différentiable et d"-fermée (au lieu de holomorphe) ; il résulte alors du Théorème 2 que f est C^∞ dans G ; pour qu'une fonction soit holomorphe, il suffit donc qu'elle soit continument différentiable et d"-fermée.

4. Fonctions holomorphes déterminées par des valeurs sur un bord.

Dans $\mathbb{C}^n - \{z_1 = 0\}$, on pose, pour $n > 1$,

$$L = \frac{(-1)^{n-1}}{n-1} \frac{r^{2-2n}}{z_1} \omega(z) \wedge \sum_{2\leq j\leq n} (-1)^{j-1} \bar{z}_j \bigwedge_{\substack{2\leq k\leq n \\ k\neq j}} d\bar{z}_k \quad .$$

Lemme 11. On a $dL = d''L = K$ pour $n > 1$.

En effet,

$$dL = d''L = (-1)^n \frac{r^{-2n}}{z_1} \Big(\sum_{1\leq j\leq n} z_j \, d\bar{z}_j \Big) \wedge \omega(z) \wedge \sum_{2\leq j\leq n} (-1)^{j-1} \bar{z}_j \bigwedge_{\substack{2\leq k\leq n \\ k\neq j}} d\bar{z}_k \; +$$

$$\frac{r^{2-2n}}{z_1} \, \omega(z) \wedge \Big(\bigwedge_{2\leq j\leq n} d\bar{z}_j \Big)$$

$$= r^{-2n} \omega(z) \wedge \sum_{2\leq j\leq n} (-1)^{j-1} \bar{z}_j \bigwedge_{\substack{1\leq k\leq n \\ k\neq j}} d\bar{z}_k \; -$$

$$\frac{r^{-2n}}{z_1} \, \omega(z) \wedge (r^2 - z_1\bar{z}_1) \Big(\bigwedge_{2\leq k\leq n} d\bar{z}_k \Big) + \frac{r^{2-2n}}{z_1} \, \omega(z) \wedge \Big(\bigwedge_{2\leq k\leq n} d\bar{z}_k \Big)$$

$$= r^{-2n} \omega(z) \wedge \sum_{1\leq j\leq n} (-1)^{j-1} \bar{z}_j \bigwedge_{\substack{1\leq k\leq n \\ k\neq j}} d\bar{z}_k \, .$$

Plus généralement, pour tout point donné ζ de $\mathbb{C}^n$, on pose

$$L_\zeta = \frac{(-1)^{n-1}}{n-1} (z_1 - \zeta_1)^{-1} \Big(\sum_{1\leq j\leq n} (z_j - \zeta_j)(\bar{z}_j - \bar{\zeta}_j) \Big)^{1-n} \omega(z) \wedge$$

$$\sum_{2\leq j\leq n} (-1)^{j-1} (\bar{z}_j - \bar{\zeta}_j) \bigwedge_{\substack{2\leq k\leq n \\ k\neq j}} d\bar{z}_k \, .$$

<u>Lemme 12</u>. <u>On a</u> $dL_\zeta = d''L_\zeta = K_\zeta$ <u>pour</u> $n > 1$.

<u>Lemme 13</u>. <u>On a</u>

$$\frac{\partial L_\zeta}{\partial \bar{\zeta}_1} = (-1)^n \big(r(z-\zeta)\big)^{-2n} \omega(z) \wedge \sum_{2\leq j\leq n} (-1)^{j-1} (\bar{z}_j - \bar{\zeta}_j) \bigwedge_{\substack{2\leq k\leq n \\ k\neq j}} d\bar{z}_k \, .$$

Calcul immédiat.

Lemme 14. Pour $n > 0$, la restriction à $\mathbb{C}^n - \{\zeta\}$ de la forme différentielle $d''_\zeta K_\zeta$ est la différentielle d'une forme indéfiniment différentiable de type $(n,n-2)$ dans $\mathbb{C}^n - \{\zeta\}$.

Ceci est trivial si $n = 1$ car alors $d''_\zeta K_\zeta = 0$. Si $n > 1$, on a, vu les Lemmes 11 et 12,

$$\frac{\partial K_\zeta}{\partial \bar{\zeta}_1} = \frac{\partial}{\partial \bar{\zeta}_1} dL_\zeta = d \frac{\partial L_\zeta}{\partial \bar{\zeta}_1}$$

où $\frac{\partial L_\zeta}{\partial \bar{\zeta}_1}$ est C^∞ dans $\mathbb{C}^n - \{\zeta\}$; un calcul analogue pouvant être fait pour $\frac{\partial K_\zeta}{\partial \bar{\zeta}_j}$, $1 \leq j \leq n$, ceci prouve le Lemme 14 .

Proposition 4. Soit G un domaine borné de $\mathbb{C}^n$, à frontière S continument différentiable ; soit f une fonction à valeurs complexes, définie et continument différentiable sur S , et vérifiant la relation

$$df \wedge (\omega(z)|_S) = 0 .$$

Alors la fonction g , définie dans $\mathbb{C}^n - S$ par

$$g(\zeta) = \frac{(n-1)!}{(2i\pi)^n} \int_S f.K_\zeta \qquad , \quad \zeta \notin S ,$$

est holomorphe dans $\mathbb{C}^n - S$, et vérifie, pour tout $t \in S$,

$$\lim_{\substack{\zeta \to t \\ \zeta \in G}} g(\zeta) - \lim_{\substack{\zeta \to t \\ \zeta \notin \bar{G}}} g(\zeta) = f(t) .$$

Preuve. On a en effet, pour $\zeta \notin S$,

$$d''_\zeta g = \int_S f.d''_\zeta K_\zeta \quad ;$$

or, vu le Lemme 14, $d''_\zeta K_\zeta = d\theta$, où θ est C^∞ et de type $(n,n-2)$ dans $\mathbb{C}^n - \{\zeta\}$; on a donc

$$f(d''_\zeta K_\zeta|_S) = f(d\theta|_S) = d(f.\theta|_S) - df \wedge (\theta|_S) \quad ;$$

l'hypothèse faite sur f entraîne $df \wedge (\theta|_S) = 0$; on a donc

$$d''_\zeta g = \int_S d(f.\theta|_S) = 0 \quad .$$

Soit maintenant $t \in S$. L'intégrale

$$\int_S (f - f(t))\, K_t$$

converge, la forme à intégrer ayant une singularité en t, d'ordre $2n-2$ par rapport à l'inverse de la distance à t ; de plus, on a

$$\int_S (f - f(t))\, K_t = \lim_{\substack{\zeta \to t \\ \zeta \notin S}} \int_S (f - f(t))\, K_\zeta$$

$$= \lim_{\substack{\zeta \to t \\ \zeta \notin S}} \left[\int_S f\, K_\zeta - f(t) \int_S K_\zeta \right]$$

$$= \frac{(2i\pi)^n}{(n-1)!} \lim_{\substack{\zeta \to t \\ \zeta \notin S}} \begin{cases} g(\zeta) - f(t) & \text{si } \zeta \in G \\ g(\zeta) & \text{si } \zeta \notin \overline{G} \end{cases} ,$$

l'évaluation de $\int_S K_\zeta$ étant un cas particulier du Théorème 2. On a donc

$$\frac{(n-1)!}{(2i\pi)^n} \int_S (f - f(t))\, K_t = \lim_{\substack{\zeta \to t \\ \zeta \in G}} (g(\zeta) - f(t)) = \lim_{\substack{\zeta \to t \\ \zeta \notin \bar{G}}} g(\zeta) \quad ,$$

d'où résulte la relation annoncée.

Corollaire 7. *Avec les hypothèses et les notation de la Proposition 4, soit*

$$g_1(z) = \begin{cases} g(z) & \text{pour } z \in G \\ \lim\limits_{\substack{\zeta \to z \\ \zeta \in G}} g(\zeta) & \text{pour } z \in S \end{cases}, \qquad g_2(z) = \begin{cases} g(z) & \text{pour } z \notin \bar{G} \\ \lim\limits_{\substack{\zeta \to z \\ \zeta \notin \bar{G}}} g(\zeta) & \text{pour } z \in S \end{cases} .$$

Alors on a

$$g_1\big|_S - g_2\big|_S = f .$$

Proposition 5. *Pour* $n > 1$, *avec les hypothèses et les notations de la Proposition 4 et du Corollaire 7 , on a*

$$g_2 = 0 \qquad \text{et} \qquad g_1\big|_S = f \quad .$$

En effet, supposons $|\zeta_1| > \max\limits_{z \in S} |z_1|$; on a alors

$$f\, K_\zeta\big|_S = d(fL_\zeta\big|_S)$$

et $fL_\zeta|_S$ est C^∞ ; par conséquent $g(\zeta) = 0$. Par prolongement analytique (cf. p.29) on a $g(\zeta) = 0$ pour $\zeta \notin \overline{G}$, d'où $g_2 = 0$; la seconde assertion résulte alors immédiatement du Corollaire 7.

Théorème 3. Pour $n > 1$, soit G un domaine borné de $\mathbb{C}^n$, à frontière S continument différentiable ; soit f une fonction à valeurs complexes, définie et continument différentiable sur S. Pour qu'il existe une fonction g à valeurs complexes, définie et continue dans $\overline{G}$, holomorphe dans G et vérifiant $g|_S = f$, il faut et il suffit que f vérifie la condition

$$df \wedge (\omega(z)|_S) = 0 .$$

C'est une conséquence des résultats qui précèdent. La fonction g est évidemment unique, et donnée par la formule de Martinelli.

Corollaire 8. (Théorème de Hartogs). Pour $n > 1$, soit G un domaine borné de $\mathbb{C}^n$, à frontière S continument différentiable ; pour toute fonction f holomorphe au voisinage de S, il existe une fonction g, holomorphe au voisinage de $\overline{G}$, telle que f et g aient même restriction à un voisinage de S.

De ce résultat, qui se déduit immédiatement du Théorème 3, donnons une démonstration plus simple. La fonction g est définie dans G par l'intégrale de la Proposition 4 ; la première partie de la démonstration de cette proposition prouve que g est holomorphe. Soit G' un autre domaine, à frontière S' continument différentiable, vérifiant $\overline{G}' \subset G$, et tel que f soit définie au voisinage de $\overline{G} - G'$. Pour tout $\zeta \in V = G - \overline{G}'$, on a la formule de Martinelli

$$f(\zeta) = \frac{(n-1)!}{(2i\pi)^n} \left[\int_S f K_\zeta - \int_{S'} f K_\zeta \right];$$

or la seconde intégrale est nulle ; on le démontre comme la nullité de g_2 dans la preuve de la Proposition 5 ; donc f et g ont même restriction à V (ce qui permet d'étendre g à un voisinage de $\overline{G}$).

Remarque 5. Pour $n = 1$, les trois derniers énoncés sont faux.

Remarque 6. Considérons, au lieu de la condition différentielle imposée à f, l'ensemble de conditions intégrales :

$$\int_S f\,\chi = 0$$

pour toute forme χ, C^∞ et de type $(n,n-1)$ dans $\overline{G}$, vérifiant $d''\chi = 0$ dans G. Sous cette condition,

i) g est holomorphe dans $\mathbb{C}^n - S$, car

$$d''_\zeta g = \int_S f.d''_\zeta K_\zeta = \int_S f.d''\theta = \int_S f.d''\mu$$

où μ est une forme C^∞ et de type $(n,n-1)$ dans $\overline{G}$, égale à θ au voisinage de S

ii) $g_2 = 0$.

Cette remarque fournit une condition, valable quel que soit n , pour que f soit restriction à S d'une fonction continue dans $\overline{G}$ et holomorphe dans G .

Bibliographie. Les résultats et les méthodes de démonstration sont dans [24]. Des résultats analogues au Théorème 3, mais sous des hypothèses plus restrictives, avaient été précédemment établis dans [37] et [10] . La méthode de la Remarque 6 est développée dans [41] . La démonstration plus simple du Théorème de Hartogs est dans [23] . Pour la démonstration originale de Hartogs, voir [12] p. 223-242 ou [29] 1ère partie, chap. III, §11.

B. Analyticité des fonctions holomorphes

1. Séries de Cauchy et de Laurent.

a. La formule intégrale de Cauchy et ses conséquences.

i. **Formule intégrale** de Cauchy. Soit f une fonction holomorphe dans un domaine U de $\mathbb{C}^n$; la condition $d''f = 0$ entraîne que f est holomorphe séparément par rapport à chaque variable z_j, donc représentable par la formule de Cauchy relativement à chacune des variables z_j ; par le théorème de Fubini, on obtient alors le résultat suivant :

Dans le plan de chaque variable z_j, soit G_j un domaine borné à frontière S_j continument différentiable ; soit G le produit des domaines G_j, et S le produit des S_j ; on suppose $\bar{G} \subset U$; pour tout point $\zeta \in G$, on a

$$f(\zeta) = \frac{1}{(2i\pi)^n} \int_S \frac{f(z).\omega(z)}{\prod_{1\leq j\leq n}(z_j - \zeta_j)} \quad ;$$

le plan de z_j est orienté de telle sorte que la forme $dx_j \wedge dy_j$ soit positive, S_j comme bord de G_j, et S comme produit des S_j. Cette relation est encore appelée formule de Cauchy ; G est un polycylindre, S sa frontière distinguée.

ii) Développement en série entière. Supposons maintenant que S_j est une circonférence de centre 0 et de rayon R_j ; pour $z \in S$ et $\zeta \in G$, on a le développement

$$\prod_{1\leq j\leq n} (z_j - \zeta_j)^{-1} = \Big(\prod_{1\leq j\leq n} z_j\Big)^{-1} \prod_{1\leq j\leq n} \Big(1 - \frac{\zeta_j}{z_j}\Big)^{-1}$$

$$= \Big(\prod_{1\leq j\leq n} z_j\Big)^{-1} \sum_{p\in\mathbb{N}^n} z^{-p}\zeta^p$$

où $\zeta^p = \prod_{1\leq j\leq n} \zeta_j^{p_j}$ si $p = (p_j)_{1\leq j\leq n}$; en désignant en outre par $\mathbf{1}$ l'élément de $\mathbb{N}^n$ dont toutes les composantes sont égales à 1, on a

$$\prod_{1\leq j\leq n} (z_j - \zeta_j)^{-1} = \sum_{p\in\mathbb{N}^n} z^{-(p+\mathbf{1})} \zeta^p ;$$

cette série est absolument et uniformément convergente sur S ; en intégrant terme à terme, on obtient le développement de $f(\zeta)$ en série entière :

$$f(\zeta) = \sum_{p\in\mathbb{N}^n} a_p \zeta^p \quad , \quad a_p = \frac{1}{(2i\pi)^n} \int_S \frac{f(z)\omega(z)}{z^{p+\mathbf{1}}} .$$

On exprime ce résultat en disant que f est analytique complexe. Inversement, on montre aisément que, si f est analytique complexe, f est holomorphe.

iii. Représentation intégrale des dérivées. Du développement de f en série entière, ou de dérivations sous le signe d'intégration dans la formule de Cauchy, on déduit

$$D^p f(0) = \frac{\partial^{|p|} f}{\partial z^p}(0) = p!\, a_p$$

où

$$|p| = \sum_{1\leq j\leq n} p_j \ , \ p! = \prod_{1\leq j\leq n} (p_j!) \quad \text{et} \quad \frac{\partial^{|p|}}{\partial z^p} = \frac{\partial^{|p|}}{\partial z_1^{p_1} \dots \partial z_n^{p_n}} .$$

Sous les hypothèses de la formule de Cauchy, on a donc les formules

$$\frac{\partial^{|p|} f}{\partial z^p}(\zeta) = \frac{p!}{(2i\pi)^n} \int_S \frac{f(z)\omega(z)}{(z-\zeta)^{p+\mathbf{1}}}$$

pour $p \in \mathbb{N}^n$.

iv. Prolongement analytique. L'ensemble V des points de U où f ainsi que toutes ses dérivées s'annulent est évidemment fermé ; il est ouvert aussi car, si f et toutes ses dérivées s'annulent en un point, la somme de la série entière de f est nulle dans un voisinage polycyclindrique de ce point. Donc V est vide ou identique à U .

Donc, si l'ensemble des points où f s'annule possède un point intérieur, alors f est nulle en tout point de U .

En effet, f s'annule alors en tout point d'un ouvert V non vide de U , et toutes ses dérivées sont nulles dans V ; d'après le résultat précédent, on a V = U .

b. Les inégalités de Cauchy et leurs conséquences.

i. Inégalités de Cauchy. L'expression intégrale de a_p (sous les hypothèses de a.ii.) s'écrit encore

$$(2\pi)^n R^p a_p = \int_S f(z)\, e^{-i \sum_{1 \leq j \leq n} p_j \theta_j} \omega(\theta)$$

en posant naturellement $z_j = |z_j| e^{i\theta_j}$. On en déduit les inégalités de Cauchy

$$\boxed{R^p |a_p| \leq M(R) \quad \text{où} \quad M(R) = \sup_{z \in S} |f(z)| .}$$

ii. Le maximum du module. Si le module de f atteint un maximum relatif en un point de U (point que l'on peut supposerêtre l'origine de $\mathbb{C}^n$) , on a $|a_0| = M(R)$ pour R assez petit, donc, d'après ce qui précède, f est constante, et par suite f' est nulle au voisinage de 0 ; par prolongement analytique, f' est nulle dans U , donc f est constante dans U . Donc :

Si le module de f admet un maximum relatif en un point de U, alors f est constante dans U.

iii) Théorème de Liouville. Soit f une fonction entière, c'est-à-dire holomorphe dans tout l'espace $\mathbb{C}^n$; s'il existe une constante c réelle et un entier positif m tels que $|f(z)| \leq c(1+r)^m$ pour $|z_j| \leq r$, $1 \leq j \leq n$, quel que soit le nombre réel $r > 0$, alors f est un polynome de degré $\leq m$. En particulier, si $m = 0$, la fonction f est constante.

En effet, on déduit des inégalités de Cauchy

$$|a_p| \leq \frac{M(R)}{R^p} \leq c\,\frac{(1+r)^m}{r^{|p|}} \quad ;$$

si $|p| > m$, le dernier terme tend vers 0 quand r tend vers $+\infty$; on a donc $a_p = 0$ pour $|p| > m$.

Une généralisation du Théorème de Liouville a été donnée dans [30] § VI et reprise dans [27] p. 7-8 ; une autre généralisation figure dans [39] p. 274 du texte anglais.

Corollaire (Théorème fondamental de l'algèbre). Tout polynome à une variable et à coefficients complexes, qui ne s'annule pas dans $\mathbb{C}$, est constant.

En effet, soit $f(z) = \sum_{0 \leq i \leq m} a_i z^i$ un tel polynome, avec $a_m \neq 0$; on a

$$f(z) = a_m z^m . \sum_{0 \leq i \leq m} \frac{a_i}{a_m z^{m-i}} \ ;$$

soit r un nombre réel tel que $|z| \geq r$ entraîne

$$\left| \frac{a_i}{a_m z^{m-i}} \right| \leq \frac{1}{m+1} \qquad \text{pour} \quad 0 \leq i < m \quad ;$$

alors $|z| \geq r$ entraîne

$$|f(z)| \geq |a_m z^m| \left(1 - \frac{m}{m+1}\right) \geq \frac{|a_m| r^m}{m+1} \quad ;$$

comme de plus f ne s'annule pas , $\frac{1}{f}$ est holomorphe et bornée dans $\mathbb{C}$, donc constante d'après le Théorème de Liouville.

iv. Lemme de Schwarz. Sous les hypothèses de a.ii, supposons $R_j = r$ pour $1 \leq j \leq n$, et soit k l'ordre de f en 0 , c'est-à-dire le plus petit des nombres $|p|$ tels que $a_p \neq 0$. Pour $z \neq 0$, la fonction g de la variable complexe t , définie par

$$g(t) = t^{-k} f(t.|z|^{-1}.z) \quad ,$$

où

$$|z| = \max \{|z_j| \ , \ 1 \leq j \leq n\} \quad ,$$

est holomorphe et vérifie $|g(t)| \leq M r^{-k}$ pour $|t| = r$, en posant $M = M(R)$. Vu le théorème sur le maximum du module, on a aussi $|g(t)| \leq M r^{-}$ pour $|t| \leq r$; donc

$$|g(|z|)| = |z|^{-k} |f(z)| \leq M r^{-k} \quad \text{pour} \quad |z| \leq r \quad ;$$

par conséquent

$$\boxed{|f(z)| \leq M \left(\frac{|z|}{r}\right)^k \quad \text{pour } |z| \leq r} \ .$$

Le Lemme de Schwarz est généralisé dans [9] p. 273-275.

c. Série de Laurent. Soit f une fonction holomorphe au voisinage du polycylindre fermé $\bar{G}$ défini par les conditions

$$r'_j \leq |z_j| \leq r_j \quad , \quad 0 \leq r'_j < r_j \quad , \quad 1 \leq j \leq n \ .$$

Alors f admet un développement unique

$$f(z) = \sum_{p \in \mathbb{Z}^n} a_p \, z^p \quad , \quad a_p = \frac{1}{(2i\pi)^n} \int_S \frac{f(z).\omega(z)}{z^{1+p}}$$

en série (dite de Laurent) absolument et uniformément convergente dans $\bar{G}$; S est défini par les équations $|z_j| = \gamma_j$, $1 \leq j \leq n$, où les constantes γ_j sont comprises entre r'_j et r_j .

Soit en effet S_j (resp. S'_j) la circonférence de centre 0 et de rayon r_j (resp. r'_j) dans le plan de la variable complexe z_j ; cette circonférence est orientée comme bord du disque correspondant. Pour tout $w \in G$, on a

$$f(w) = \frac{1}{(2i\pi)^n} \int_{S_j - S'_j} \frac{f(w_1,\dots,w_{j-1},z_j,w_{j+1},\dots,w_n)\, dz_j}{z_j - w_j}$$

$$= \frac{1}{(2i\pi)^n} \int_\Gamma \frac{f(z).\omega(z)}{\prod_{1\leq j\leq n}(z_j - w_j)}$$

où

$$\Gamma = \prod_{1\leq j\leq n} S_j - S'_j = \sum_{0\leq m\leq n} \Gamma_m \quad , \quad \Gamma_m = (-1)^{n-m} \sum_{\substack{1\leq j_1<\dots<j_m\leq n \\ 1\leq j_{m+1}<\dots<j_n\leq n}} (\delta^{1..n}_{j_1..j_n})^2 \, \Gamma_{j_1..j_n} \ ,$$

$$\Gamma_{j_1 \dots j_n} = (\prod_{1 \leq \alpha \leq m} S_{j_\alpha}) \times (\prod_{m+1 \leq \alpha \leq n} S'_{j_\alpha}).$$

Or, pour $w \in G$ et $z \in \Gamma_{j_1 \dots j_n}$, on a $|z_{j_\alpha}| > |w_{j_\alpha}|$ pour $1 \leq \alpha \leq m$ et $|z_{j_\alpha}| < |w_{j_\alpha}|$ pour $m+1 \leq \alpha \leq n$, et par conséquent

$$(\prod_{1 \leq j \leq n} (z_j - w_j))^{-1} = (-1)^{n-m} (\prod_{1 \leq \alpha \leq m} z_{j_\alpha}(1 - \frac{w_{j_\alpha}}{z_{j_\alpha}}))^{-1} (\prod_{m+1 \leq \alpha \leq n} w_{j_\alpha}(1 - \frac{z_{j_\alpha}}{w_{j_\alpha}}))^{-1}$$

$$= (-1)^{n-m} \sum_{p_{j_\alpha}, p_{j_\beta} \in \mathbb{N}} \prod_{\substack{1 \leq \alpha \leq m \\ m+1 \leq \beta \leq n}} z_{j_\alpha}^{-(1+p_{j_\alpha})} w_{j_\alpha}^{p_{j_\alpha}} z_{j_\beta}^{p_{j_\beta}} w_{j_\beta}^{-(1+p_{j_\beta})}$$

$$= (-1)^{n-m} \sum_{p_{j_\alpha} \in \mathbb{N}, q_{j_\beta} \in -\mathbb{N}^*} \prod_{\substack{1 \leq \alpha \leq m \\ m+1 \leq \beta \leq n}} z_{j_\alpha}^{-(1+p_{j_\alpha})} w_{j_\alpha}^{p_{j_\alpha}} z_{j_\beta}^{-(1+q_{j_\beta})} w_{j_\beta}^{q_{j_\beta}}$$

$$= (-1)^{n-m} \sum_{p_{j_\alpha} \in \mathbb{N}, q_{j_\beta} \in -\mathbb{N}^*} z^{-(\mathbf{1}+p)} w^p .$$

On a donc

$$\int_{\Gamma_{j_1 \dots j_n}} = \frac{f(z)\,\omega(z)}{\prod_{1 \leq j \leq n} (z_j - w_j)} = (-1)^{n-m} \sum_{p_{j_\alpha} \in \mathbb{N}, q_{j_\beta} \in -\mathbb{N}^*} w^p \int_S \frac{f(z)\omega(z)}{z^{\mathbf{1}+p}} ,$$

l'intégrale de $z^{-(\mathbf{1}+p)} f(z)\, \omega(z)$ étant la même sur S que sur $\Gamma_{j_1 \dots j_n}$; le résultat cherché s'en déduit par sommation.

<u>Remarque 7</u>. Si $\bar{G}$ est un polydisque, c'est-à-dire si $r'_j = 0$ pour $1 \leq j \leq n$, la série de Laurent est une série entière.

<u>Problème 1</u>. Si, pour une certaine valeur de p , on a $R^p |a_p| = M(R)$ dans la relation encadrée de la p. 29, la fonction f est-elle un monôme ?

Le théorème prouvé dans [8] reste-t-il vrai si on suppose les fonctions définies au voisinage du polycylindre unité compact et non dans $\mathbb{C}^n$? Peut-on se poser une question analogue au sujet de [38] ? Autre référence : [7] p. 117-120.

2. Domaines de convergence des séries de puissances.

Soit $a = (a_p)_{p \in \mathbb{N}^n}$ une série formelle à coefficients dans $\mathbb{C}$. On dit que cette série est :

i) semi-convergente au point z de $\mathbb{C}^n$ s'il existe une bijection $\tau : \mathbb{N} \longrightarrow \mathbb{N}^n$ telle que la série de terme général $a_{\tau(n)} z^{\tau(n)}$, $n \in \mathbb{N}$, soit convergente;

ii) absolument convergente au point z si la famille $(a_p z^p)_{p \in \mathbb{N}^n}$ est sommable ; la somme de cette famille est alors désignée par $a(z)$ et appelée somme de la série formelle a au point z ;

iii) normalement convergente sur une partie U de $\mathbb{C}^n$ si la famille $(u_p)_{p \in \mathbb{N}^n}$ des fonctions monomes

$$u_p : U \longrightarrow \mathbb{C} \; : \; z \rightsquigarrow a_p z^p$$

est bornée et normalement sommable, c'est-à-dire s'il existe une famille $(\varepsilon_p)_{p \in \mathbb{N}^n} \in \mathbb{R}$, sommable dans $\mathbb{R}$, telle que l'on ait

$$|a_p z^p| \leq \varepsilon_p \quad \text{pour tous} \quad z \in U \quad \text{et} \quad p \in \mathbb{N}^n ;$$

dans ce cas, la famille $(u_p)_{p \in \mathbb{N}^n}$ est uniformément sommable dans U .

Lemme 15 (Lemme d'Abel). Si la série formelle a est semi-convergente au point $w \in \mathbb{C}^n$, alors elle converge absolument en tout point du polydisque ouvert

$$\{z \; ; \; z \in \mathbb{C}^n \; , \; |z_j| < |w_j| \; \underline{\text{pour}} \; 1 \leq j \leq n\} \; ;$$

<u>la convergence est normale dans tout compact de ce polydisque</u>.

En effet, il existe alors un nombre réel $M > 0$ tel que l'on ait $|a_p| \, |w^p| < M$ pour $p \in \mathbb{N}^n$; alors, pour tout z vérifiant les conditions ci-dessus, on a

$$|a_p \, z^p| = |a_p| |w_p| \prod_{1 \leq j \leq n} \left| \frac{z_j}{w_j} \right|^{p_j} < M. \prod_{1 \leq j \leq n} \left| \frac{z_j}{w_j} \right|^{p_j}$$

où $\left| \frac{z_j}{w_j} \right| < 1$; $\prod_{1 \leq j \leq n} \left| \frac{z_j}{w_j} \right|^{p_j}$ est donc le terme général d'une série convergente ; le Lemme en résulte.

On désignera par $D'(a)$ l'ensemble des points de $\mathbb{C}^n$ en lesquels la série formelle a est semi-convergente ; l'intérieur $D(a)$ de $D'(a)$ est appelé <u>domaine de convergence</u> de la série formelle a . Vu le Lemme d'Abel, celui-ci est réunion de polydisques ouverts de centre 0 ; c'est donc effectivement un domaine. Toute série formelle converge absolument en tout point de son domaine de convergence, mais l'ensemble $D''(a)$ des points de $\mathbb{C}^n$ en lesquels la série a converge absolument est en général différent de $D(a)$. Toute série formelle converge normalement sur tout compact de son domaine de convergence.

On appelle <u>ouvert de Reinhardt</u> (resp. <u>domaine de Reinhardt complet</u>) (de centre 0) tout ouvert U de $\mathbb{C}^n$ tel que la condition $w \in U$ entraîne

$$\{z \; ; \; z \in \mathbb{C}^n \; , \; |z_j| = |w_j| \text{ pour } 1 \leq j \leq n\} \subset U$$

$$(\text{resp. } \{z \; ; \; z \in \mathbb{C}^n \; , \; |z_j| \leq |w_j| \text{ pour } 1 \leq j \leq n\} \subset U).$$

Proposition 6. Le domaine de convergence d'une série entière est un domaine de Reinhardt complet de centre 0.

C'est une conséquence immédiate de ce qui précède.

Remarque 8. La semi-convergence de a peut avoir lieu:

i. en des points frontières du domaine de convergence;

ii. dans des domaines de Reinhardtcomplets de centre 0 situés dans des sous-espaces vectoriels $\mathbb{C}^J$ de $\mathbb{C}^n$, où J est une partie de $[1,n] \subset \mathbb{N}$ et

$$\mathbb{C}^J = \{z;\ z \in \mathbb{C}^n \quad , \quad z_j = 0 \quad \text{pour} \quad j \notin J\} \qquad ;$$

un tel domaine de Reinhardt est alors appelé épine du domaine de convergence;

iii. en des points frontières des épines dans les $\mathbb{C}^J$.

On a évidemment $D(a) \subset D''(a) \subset D'(a)$, et $w \in D''(a)$ entraîne

$$\{z\ ;\ z \in \mathbb{C}^n \quad , \quad |z_j| = |w_j| \quad \text{pour} \quad 1 \leq j \leq n\} \subset D''(a).$$

Soit ρ l'application de $\mathbb{C}^n$ dans $\mathbb{R}^n_+$ définie par

$$\rho(z) = (|z_j|)_{1 \leq j \leq n} \qquad ;$$

$D(a)$ (resp. $D''(a)$) est l'image inverse par ρ d'un ouvert (resp. d'un sous-ensemble) de $\mathbb{R}^n_+$; on peut donc représenter $D(a)$ et $D''(a)$ par leurs images par ρ dans $\mathbb{R}^n_+$; on posera $\Delta(a) = \rho(D(a))$.

Exemple 1 : $a(w,z) = \sum_{p \in \mathbb{N}} wz^p \quad , \quad w \in \mathbb{C} \quad , \quad z \in \mathbb{C}$.

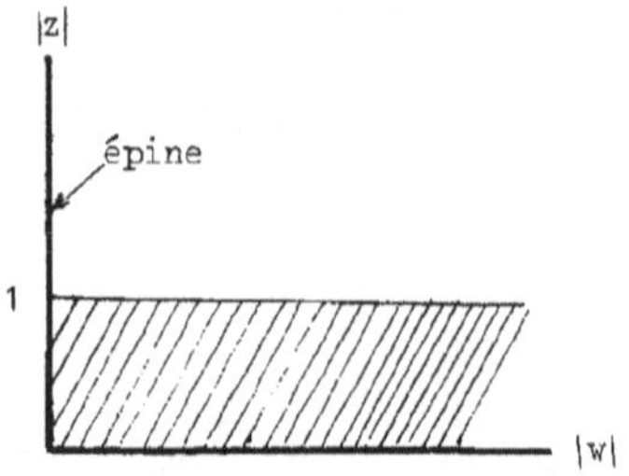

$$D(a) = \{|z| < 1 \ , \ |w| < +\infty\}$$

$$D'(a) - D(a) = \{w = 0 \ , \ |z| \geq 1\}$$

<u>Exemple 2.</u> $a(w,z) = \sum_{q\in\mathbb{N}} \left(\sum_{p\in\mathbb{N}^*} w^p\right)^{q^2} z^q$;

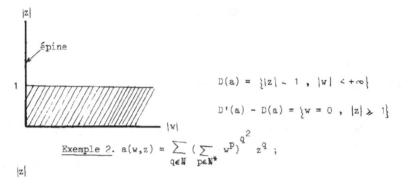

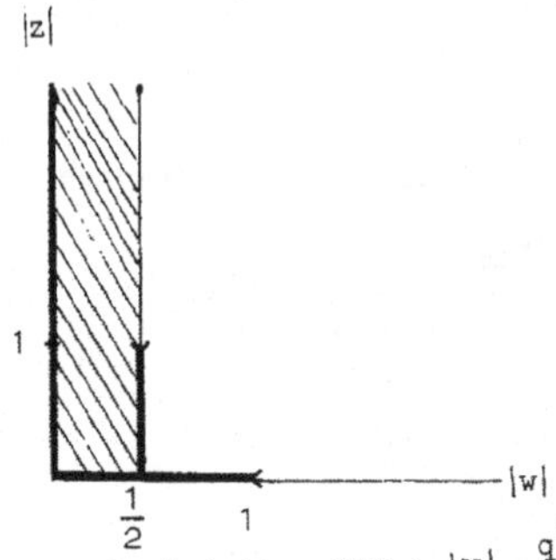

la série des valeurs absolues s'écrit

$$\sum_{q\in\mathbb{N}} \left(\sum_{p\in\mathbb{N}^*} |w|^p\right)^{q^2} |z|^q \ ;$$

$\sum_{p\in\mathbb{N}^*} |w|^p$ converge, pour $0 \leq |w| < 1$,

vers la fonction $\frac{|w|}{1-|w|}$; on a donc

$a(|w|,|z|) = \sum_{q\in\mathbb{N}} \left(\frac{|w|}{1-|w|}\right)^{q^2} |z|^q$; étudions la convergence de cette série, en $|z|$, en utilisant le critère de Cauchy :

$$\sqrt[q]{\left(\frac{|w|}{1-|w|}\right)^{q^2}} = \left(\frac{|w|}{1-|w|}\right)^q \qquad ;$$

i. si $0 \leq |w| < \frac{1}{2}$, $\frac{|w|}{1-|w|} < 1$ et $\lim_{q\to+\infty} \left(\frac{|w|}{1-|w|}\right)^q = 0$ donc $a(|w|,|z|)$ converge quel que soit z ;

ii. si $|w| = \frac{1}{2}$, $\frac{|w|}{1-|w|} = 1$ et la série converge pour $0 \leq |z| < 1$;

iii. si $|w| > \frac{1}{2}$, $\lim_{q\to+\infty} \left(\frac{|w|}{1-|w|}\right)^q = +\infty$ et la série converge pour $|z| = 0$.

On a donc

$$D''(a) = \{|w| < \tfrac{1}{2}\} \cup \{|w| = \tfrac{1}{2} , |z| < 1\} \cup \{|w| < 1 , z = 0\}$$

$$D(a) = \{|w| < \tfrac{1}{2}\} .$$

Exemple 3. Convergence du développement en série entière de la fonction

$$a(w,z) = \frac{1}{(1-w)(1-z)} + \frac{1}{1-2wz} .$$

On a

$$a(w,z) = (\sum_{p\in\mathbb{N}} w^p) (\sum_{q\in\mathbb{N}} z^q) + \sum_{r\in\mathbb{N}} (2wz)^r$$

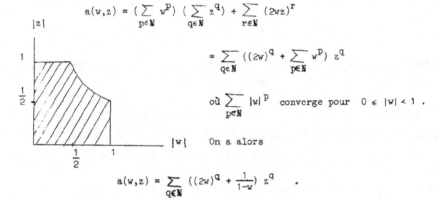

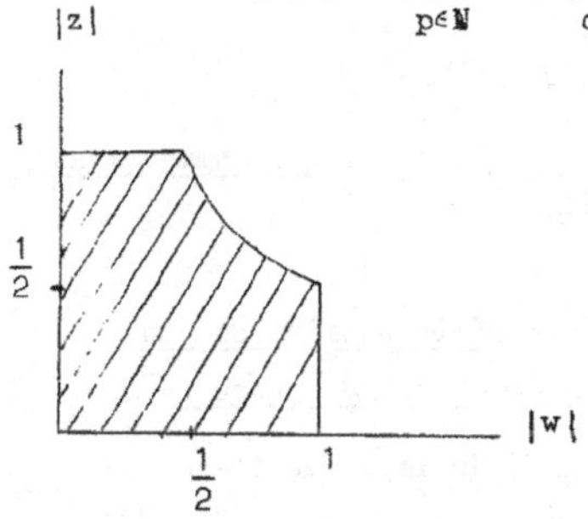

$$= \sum_{q\in\mathbb{N}} ((2w)^q + \sum_{p\in\mathbb{N}} w^p) z^q$$

où $\sum_{p\in\mathbb{N}} |w|^p$ converge pour $0 \leq |w| < 1$.

On a alors

$$a(w,z) = \sum_{q\in\mathbb{N}} ((2w)^q + \frac{1}{1-w}) z^q .$$

Soit

$$\alpha_q = ((2|w|)^q + \frac{1}{1-|w|})^{\frac{1}{q}} ;$$

i. Si $0 \leq |w| < \frac{1}{2}$, alors $2|w| < 1$, $\lim_{q\to+\infty} 2|w|^q = 0$ et $\lim_{q\to+\infty} \alpha_q = 1$; $a(|w|,|z|)$ converge pour $|z| < 1$;

ii. si $|w| = \frac{1}{2}$, alors $\alpha_q = 1$ et $a(|w|,|z|)$ converge pour $|z| < 1$;

iii. si $\frac{1}{2} < |w| < 1$, alors $\alpha_q = 2|w| \left(1 + \frac{1}{(2|w|)^q(1-|w|)}\right)^{\frac{1}{q}}$

et $\lim_{q\to+\infty} \alpha_q = 2|w|$; $a(|w|,|z|)$ converge pour $2|w|.|z| < 1$.

On a donc

$$D(a) = \{|w| < 1 \ , \ |z| < 1 \ , \ 2|w|.|z| < 1\} .$$

<u>Définition</u>. Soit Φ l'application de $(\mathbb{R}_+^*)^n$ dans $\mathbb{R}^n$ définie par

$$\varphi(r) = (\log r_j)_{1\leq j\leq n} \quad \text{pour tout} \quad r = (r_j)_{1\leq j\leq n} \in (\mathbb{R}_+^*)^n.$$

Un domaine de Reinhardt U de centre 0 dans $\mathbb{C}^n$ est dit <u>logarithmiquement convexe</u> si $\Phi(\rho(U) \cap (\mathbb{R}_+^*)^n)$ (image logarithmique de U) est convexe.

<u>Proposition 7</u>. <u>Le domaine de convergence d'une série entière est un domaine de Reinhardt complet et logarithmiquement convexe</u>, <u>de centre 0</u>.

Preuve. Soit $a = (a_p)_{p\in\mathbb{N}^n}$ une série formelle. Vu le Lemme d'Abel, on a

$$\rho(D(a)) = \bigcup_{M\in\mathbb{R}_+} \{r' \ ; \ r' \in \mathbb{R}_+^n \ , \ r'_j < r_j \ , \ |a_p| \ r^p < M \ \text{pour} \ p \in \mathbb{N}^n\}$$

et

$$\Phi(\rho(U) \cap (\mathbb{R}_+^*)^n) = \bigcup_{M\in\mathbb{R}_+} \overset{\circ}{\overbrace{\bigcap_{p\in\mathbb{N}^n} E_p}}$$

où

$$E_p = \{x \ ; \ x \in \mathbb{R}^n \ , \ \sum_{1\leq j\leq n} p_j \ x_j < \log M - \log|a_p|\} \ ;$$

l'intersection des demi-espaces E_p est convexe ; la réunion, croissante, des intérieurs de ces intersections, l'est aussi.

La réciproque de la Proposition 7 résultera des lemmes suivants.

Lemme 16. Pour tout

$$\alpha = (\alpha_j)_{1 \leq j \leq n} \in \mathbb{R}_+^n - \{0\} ,$$

considérons la série

$$\sum_{m \in \mathbb{N}} m^{-2} C^m z^{p(m\alpha)}$$

où $C \in \mathbb{R}$ et où $p(m\alpha)$ est l'élément de $\mathbb{N}^n$ dont la j-ème composante est le plus petit nombre entier non inférieur à $m\alpha_j$. Son domaine de convergence est défini par la condition

$$|C| \; r^\alpha < 1 .$$

La série considérée est en effet une série entière par rapport à C ; donc le domaine de convergence cherché est défini par la condition

$$\overline{\lim_{m \to +\infty}} \left(m^{-2} \; |C|^m |z^{p(m\alpha)}|\right)^{\frac{1}{m}} < 1$$

où $p(m\alpha) = m\alpha + \beta$ avec $\beta = (\beta_j)_{1 \leq j \leq m}$, $0 < \beta_j < 1$; la condition s'écrit donc $|C| \; r^\alpha < 1$.

Lemme 17. Soient A une partie dénombrable de $\mathbb{R}_+^n - \{0\}$, $(C_\alpha)_{\alpha \in A}$ (resp. $(c_\alpha)_{\alpha \in A}$) une famille (resp. une famille sommable) de nombres réels positifs. Les notations du Lemme 2 sont conservées. Le domaine de convergence de la série

$$\sum_{\alpha \in A} c_\alpha \sum_{m \in \mathbb{N}} m^{-2} C_\alpha^m z^{p(m\alpha)}$$

est défini par l'ensemble des conditions

$$C_\alpha r^\alpha < 1 , \quad \alpha \in A .$$

En effet, si l'on a $C_\alpha r^\alpha > 1$ pour un certain α , il en résulte

$$\sum_{m \in \mathbb{N}} m^{-2} C_\alpha^m r^{p(m\alpha)} = +\infty$$

d'après le Lemme 16, et la série

$$(*) \qquad \sum_{\alpha\in A} c_\alpha \sum_{m\in\mathbb{N}} m^{-2}\, C_\alpha^m\, r^{p(m\alpha)}$$

dont tous les termes sont positifs, diverge. Si l'on a $C_\alpha r^\alpha < 1$ pour tout $\alpha \in A$, le terme général de la série (*) est majoré par

$$c_\alpha m^{-2} r^\beta \quad , \qquad \beta = p(m\alpha) - m\alpha ,$$

lui-même majoré par

$$c_\alpha m^{-2} \prod_{1\leq j\leq n} \max(1\ ,\ r_j)$$

qui est le terme général d'une série convergente.

Proposition 8. Tout domaine de Reinhardt de centre 0, complet et logarithmiquement convexe, est le domaine de convergence d'une série entière.

En effet, l'image logarithmique de U peut être définie par une famille dénombrable d'inéquations :

$$\gamma_\alpha + \sum_{1\leq j\leq n} \alpha_j x_j < 0 \quad , \quad \gamma_\alpha \in \mathbb{R} \quad , \quad \alpha = (\alpha_j)_{1\leq j\leq n} \in A \subset \mathbb{R}_+^n - \{0\} ,$$

équivalant à l'ensemble des conditions

$$C_\alpha r^\alpha < 1 \quad , \quad C_\alpha = e^{\gamma_\alpha} \quad , \quad \alpha \in A .$$

La proposition résulte donc du Lemme 17.

Théorème 4. Les domaines de convergence des séries entières sont les domaines de Reinhardt de centre 0, complets et logarithmiquement convexes.

Ce théorème rassemble les Propositions 7 et 8.

On dit que $r = (r_j)_{1\leq j\leq n}$ est un système de rayons de convergence associés de la série a si r appartient à la frontière de $\Delta(a)$. On appelle <u>j-ème rayon maximal</u> le maximum de r_j quand r est un système de rayons de convergence associés.

<u>Proposition 9. Pour que</u> $r = (r_j)_{1 \leq j \leq n}$, <u>où</u> $r_j \neq 0$ <u>pour</u> $1 \leq j \leq n-1$, <u>soit un système de rayons de convergence associés pour la série formelle</u> $a = (a_p)_{p \in \mathbb{N}^n}$, <u>il faut et il suffit que l'on ait</u>

$$r_n^{-1} = \overline{\lim_{p_n \to +\infty}} \left(\sum_{(p_j)_{1 \leq j \leq n-1} \in \mathbb{N}^{n-1}} |a_p| \cdot \prod_{1 \leq j \leq n-1} r_j^{p_j} \right)^{\frac{1}{p_n}} .$$

En effet, en un point $r \in \Delta(a)$, on a

$$\sum_{p \in \mathbb{N}^n} |a_p| \, r^p = \sum_{p_n \in \mathbb{N}} \left(\sum_{(p_j)_{1 \leq j \leq n-1} \in \mathbb{N}^{n-1}} |a_p| \cdot \prod_{1 \leq j \leq n-1} r_j^{p_j} \right) r_n^{p_n} \quad ;$$

le rayon de convergence de la série entière par rapport à r_n est l'inverse du second membre de la relation à démontrer.

<u>Proposition 10. Pour que</u> $r = (r_j)_{1 \leq j \leq n}$ <u>soit un système de rayons de convergence associés pour la série formelle</u> $a = (a_p)_{p \in \mathbb{N}^n}$, <u>il faut et il suffit que l'on ait</u>

$$\overline{\lim_{|p| \to +\infty}} \left(|a_p| \, r^p \right)^{\frac{1}{|p|}} = 1 \quad .$$

En effet, la sommabilité de la famille $(|a_p| \, r^p)_{p \in \mathbb{N}^n}$ équivaut à celle de la famille $(b_m(r))_{m \in \mathbb{N}}$ où

$$b_m(r) = \sum_{|p| = m} |a_p| \, r^p \; ;$$

r est donc un système de rayons de convergence associés de a si et seulement si

$$\overline{\lim_{m\to+\infty}} \sqrt[m]{b_m(r)} = 1 \quad .$$

En désignant par $B_m(r)$ le plus grand des termes $|a_p|\, r^p$ pour $|p| = m$, on a

$$B_m(r) \leq b_m(r) \leq k_m . B_m(r)$$

où

$$k_m = \prod_{1\leq h\leq n-1} \frac{m+h}{h} \leq (m+1)^{n-1} \quad ;$$

comme

$$\lim_{m\to+\infty} (m+1)^{\frac{n-1}{m}} = 1 \quad ,$$

on a

$$\overline{\lim_{m\to+\infty}} \sqrt[m]{b_m(r)} = \overline{\lim_{m\to+\infty}} \sqrt[m]{B_m(r)} = \overline{\lim_{m\to+\infty}} (|a_p|\, r^p)^{\frac{1}{|p|}} \quad ;$$

ceci prouve la proposition.

<u>Proposition 11</u>. <u>Soit</u> U <u>un domaine de Reinhardt borné et complet de centre 0. Soit</u>

$$a(z) = \sum_{p\in\mathbb{N}^n} a_p\, z^p$$

<u>une série de puissances dont le domaine de convergence contienne</u> $\overline{U}$. <u>On a alors</u>

$$d_p(U).|a_p| \leq \max_{z\in\overline{U}} |f(z)| \quad , \quad \text{où} \quad d_p(U) = \sup_{z\in U} |z^p|$$

<u>pour tout</u> $p \in \mathbb{N}^n$.

Pour tout polydisque D de rayons $r = (r_j)_{1\leq j\leq n}$ contenu dans U , on a les inégalités de Cauchy

$$r^p |a_p| \leq \sup_{z \in D} |f(z)|$$

d'où

$$r^p |a_p| \leq \sup_{z \in \overline{U}} |f(z)| \quad ;$$

les inégalités cherchées en résultent si on remplace $r^p |a_p|$ par son maximum lorsque le polydisque D varie.

Lemme 17. Sous les hypothèses de la Proposition 11, la série de terme général $|a_p| . d_p(U)$ converge.

Soit en effet V un domaine de Reinhardt, homothétique de U dans l'homothétie de centre 0 et de rapport réel $\lambda > 1$, et tel que le domaine de convergence de la série a contienne $\overline{V}$. On a alors

$$|a_p| . d_p(U) = |a_p| . d_p(V) . \frac{d_p(U)}{d_p(V)} = \lambda^{-|p|} |a_p| . d_p(V) \quad ,$$

Or il existe un nombre M tel que $|a_p| . d_p(V) < M$ pour tout $p \in \mathbb{N}^n$, donc

$$|a_p| . d_p(U) < M . \lambda^{-|p|} \quad ;$$

comme la série $\sum_{p \in \mathbb{N}^n} \lambda^{-|p|} = \sum_{m \in \mathbb{N}} (m+1)^{n-1} \lambda^{-m}$ converge, le lemme est établi.

Proposition 12. Pour que la série formelle $a = (a_p)_{p \in \mathbb{N}^n}$ converge dans le domaine de Reinhardt borné et complet U de centre 0, il faut et il suffit que la série formelle $(a_p . d_p(U))_{p \in \mathbb{N}^n}$ converge pour $|z_j| < 1$, $1 \leq j \leq n$.

Soit U_λ l'homothétique de U dans l'homothétie de centre 0 et de rapport réel λ. On a

$$|a_p| . d_p(U_\lambda) = |a_p| . \lambda^{|p|} . d_p(U) \; .$$

Vu le Lemme 17, la convergence de la série de terme général $|a_p| d_p(U_\lambda)$ pour tout $\lambda < 1$ équivaut à la convergence de la série a dans U ; d'autre part la convergence de la série de terme général $|a_p| . \lambda^{|p|} . d_p(U)$ pour tout $\lambda < 1$

équivaut à celle de la série formelle $(a_p . d_p(U))_{p \in \mathbb{N}^n}$ pour $|z_j| < 1$, $1 \leq j \leq n$. Ceci démontre la proposition.

Corollaire 9. Pour que la série formelle $a = (a_p)_{p \in \mathbb{N}^n}$ converge dans le domaine de Reinhardt complet et borné U, il faut et il suffit que l'on ait

$$\overline{\lim_{|p| \to +\infty}} (|a_p| d_p(U))^{\frac{1}{|p|}} \leq 1 .$$

C'est une conséquence des Propositions 10 et 12.

Théorème 5. Toute fonction f holomorphe dans un domaine de Reinhardt U de centre 0 est développable de façon unique en série de Laurent

$$f(z) = \sum_{p \in \mathbb{Z}^n} a_p z^p$$

absolument convergente dans U, et normalement convergente sur tout compact de U. Si U a une intersection non vide avec chacun des hyperplans d'équations $z_j = 0$, $1 \leq j \leq n$, alors la série de Laurent est une série entière.

En effet, U est réunion d'une famille de polycylindres dont chacun est défini par des conditions

$$r'_j < |z_j| < r_j \quad , \quad 0 \leq r'_j < r_j \quad , \quad 1 \leq j \leq n .$$

Dans chacun d'eux, f est développable de façon unique en série de Laurent. Toutes les séries obtenues sont identiques car U est connexe.

Corollaire 10. Soit U un domaine de Reinhardt de centre 0, ayant des points sur chacun des hyperplans d'équations $z_j = 0$, $1 \leq j \leq n$. Il existe un plus petit domaine de Reinhardt $H(U)$ de centre 0, contenant U, qui soit complet et logarithmiquement convexe ; toute fonction holomorphe dans U se prolonge d'une manière unique en une fonction holomorphe dans $H(U)$.

L'existence de H(U) est évidente. La série de Laurent qui représente f, fonction holomorphe dans U , est une série entière, et converge dans H(U); elle fournit le prolongement de f .

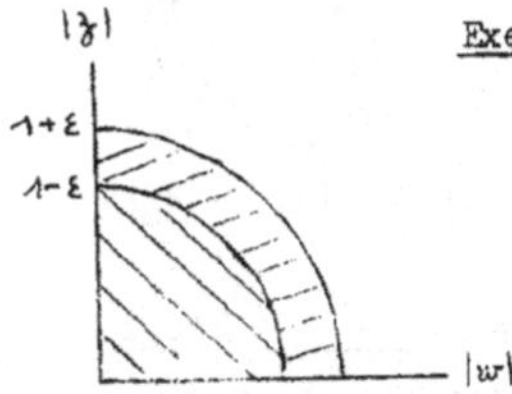

Exemple 4. Dans $\mathbb{C}^2$, $U = \{1-\varepsilon < |w|^2 + |z|^2 < 1+\varepsilon\}$

avec $0 < \varepsilon < 1$, $w \in \mathbb{C}$, $z \in \mathbb{C}$;

$H(U) = \{|w|^2 + |z|^2 < 1+\varepsilon\}$.

Remarque 9. Exemple, qui se généralise à $\mathbb{C}^n$, résulte aussi du Théorème de Hartogs (Corollaire 8).

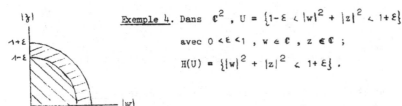

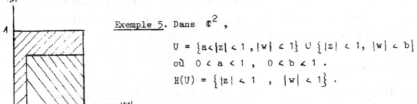

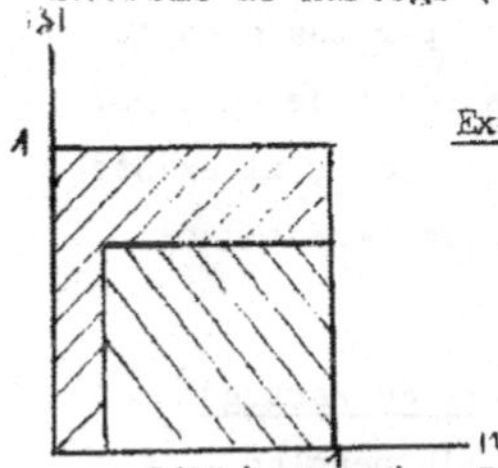

Exemple 5. Dans $\mathbb{C}^2$,

$U = \{a<|z| < 1 , |w| < 1\} \cup \{|z| < 1, |w| < b\}$

où $0 < a < 1$, $0 < b < 1$.

$H(U) = \{|z| < 1 , |w| < 1\}$.

Bibliographie. Pour ce paragraphe et le suivant, on pourra consulter les ouvrages suivants, où l'on trouvera des compléments et une bibliographie détaillée : [4] p. 32-47 (Edition Chelsea), [11] p. 38-52 (texte anglais), [39] p.112-134 (texte anglais). Le Théorème 1 est établi dans [13] p. 77-88.

3. Domaines de convergence des séries de Hartogs.

Soit $(f_m)_{m\in\mathbb{N}}$ une suite de fonctions holomorphes dans un domaine D de $\mathbb{C}^n$; la série $S(z,w)$ de terme général $f_m(z).w^m$, $m \in \mathbb{N}$, où w est une variable complexe, est appelée série de Hartogs.

Lemme 17. Si $S(z,w_0)$ converge uniformément sur un compact K de D , alors $S(z,w)$ converge uniformément dans K pour tout w vérifiant $|w| < |w_0|$.

En effet, pour tout $\varepsilon > 0$ il existe un entier m_0 tel que $m > m_0$ entraîne $|f_m(z).w_0^m| < \varepsilon$ pour tout $z \in K$; dans les mêmes conditions, on a donc

$$|f_m(z).w^m| = |f_m(z)\, w_0^m \frac{w^m}{w_0^m}| < \varepsilon \left|\frac{w}{w_0}\right|^m$$

où $\varepsilon \left|\frac{w}{w_0}\right|^m$ est le terme général d'une série convergente pour $|w| < |w_0|$.

Pour tout $\zeta \in D$, on désigne par $R(\zeta)$ (et on appelle <u>rayon de Hartogs</u> de la série $S(z,w)$) la borne supérieure des valeurs absolues des nombres complexes w tels que la série $S(z,w)$ converge uniformément dans un voisinage compact K de ζ (dans D). Le domaine de $\mathbb{C}^{n+1}$ défini par les conditions $z \in D$, $|w| < R(z)$ est appelé <u>domaine de convergence</u> de la série de Hartogs. Pour tout $\zeta \in D$ et tout nombre réel r vérifiant $0 < r < R(\zeta)$, il existe un compact K de D tel que la série $S(z,w)$ converge uniformément dans le compact $K \times \{w ; w \in \mathbb{C}, |w| < r\}$.

On dit qu'un ouvert U de $\mathbb{C}^{n+1} = \mathbb{C}^n \times \mathbb{C}$ est un <u>ouvert de Hartogs</u> (resp. <u>ouvert de Hartogs complet</u>)(symétrique par rapport à l'hyperplan complexe d'équation $w = 0$) si la condition $(z,w_0) \in U$ entraîne

$$\{(z,w) ; z \in \mathbb{C}^n , w \in \mathbb{C} , |w| = |w_0|\} \subset U$$

(resp. $\{(z,w) ; z \in \mathbb{C}^n , w \in \mathbb{C} , |w| \leq |w_0|\} \subset U$).

<u>Proposition 10</u>. <u>Le domaine de convergence d'une série de Hartogs est un domaine de Hartogs complet</u>.

C'est une conséquence immédiate de ce qui précède.

Pour tout $z \in D$, la série $S(z,w)$ est, relativement à w , une série entière dont le rayon de convergence est

$$\rho(z) = \left(\overline{\lim_{m \to +\infty}} \sqrt[m]{|f_m(z)|} \right)^{-1} ;$$

on a donc

$$- \log \rho(z) = \overline{\lim_{m \to +\infty}} \frac{1}{m} \log |f_m(z)| .$$

Posons $V(z) = - \log R(z)$. De la définition de $R(z)$, on déduit :

Lemme 18. *La fonction* $V(z)$ *est la régularisée supérieure (c'est-à-dire la plus petite majorante semi-continue supérieurement) de* $- \log \rho(z)$; *autrement dit, on a*

$$V(z) = \overline{\lim_{z' \to z}} (- \log \rho(z')) .$$

Remarque 10. Pour tout $z \in D$, la série de Hartogs converge absolument aux points (z,w) tels que

$$R(z) \leq |w| < \rho(z) .$$

Pour certaines valeurs de z , l'ensemble défini par ces conditions peut n'être pas vide ; on l'appelle *épine* du domaine de convergence.

Théorème 6. *Toute fonction* f *holomorphe dans un domaine de Hartogs* U , *ayant pour plan de symétrie l'hyperplan d'équation* $w = 0$, *est développable en série (de Hartogs-Laurent)*

$$f(z,w) = \sum_{m \in \mathbb{Z}} f_m(z).w^m \quad , \quad f_m(z) = \frac{1}{2i\pi} \int_S \frac{f(z,w)\, dw}{w^{m+1}}$$

où S *est une circonférence de centre* $(z,0)$, *contenue dans* U , *et sur laquelle* z *reste constant. Cette série converge absolument dans* U , *et uniformément sur tout compact de* U . *Si* U *contient des points de son hyperplan de symétrie, la série ci-dessus est une série de Hartogs*

$$f(z,w) = \sum_{m\in\mathbb{N}} f_m(z).w^m \quad , \quad f_m(z) = \frac{1}{2i\pi}\int_S \frac{f(z,w)\,dw}{w^{m+1}} = \frac{1}{m!}\frac{\partial^m f}{\partial w^m}(z,0) .$$

En effet, dans toute couronne circulaire définie par des conditions $z = \text{Cte}$, $r' \leq |w| \leq r$, et contenue dans U , on a le développement de Laurent

$$f(z,w) = \sum_{m\in\mathbb{Z}} f_m(z).w^m \quad , \quad f_m(z) = \frac{1}{2i\pi}\int_S \frac{f(z,w)\,dw}{w^{m+1}} .$$

Remarque 11. Soit U' la projection de U sur l'hyperplan d'équation $w = 0$. Le domaine de convergence de la série de Hartogs-Laurent ci-dessus est défini par les conditions

$$z \in U' \quad , \quad e^{-V'(z)} < |w| < e^{-V(z)}$$

où

$$V(z) = \overline{\lim_{z'\to z}} \ \lim_{m\to+\infty} \frac{1}{m} \log |f_m(z)|$$

et

$$V'(z) = - \overline{\lim_{z'\to z}} \ \overline{\lim_{m\to-\infty}} \frac{1}{m} \log |f_m(z)| .$$

Si ce domaine de convergence est différent de U , la série de Laurent fournit un prolongement de la fonction f .

Bibliographie. Voir le paragraphe précédent.

C. Généralisation de la formule de Martinelli.

1. Formules intégrales pour les dérivées partielles.

Pour tout $\alpha = (\alpha_j)_{1\leq j\leq n} \in (\mathbb{N}^*)^n$, on pose

$$r_\alpha^2 = \sum_{1\leq j\leq n} z_j^{\alpha_j} \bar{z}_j^{\alpha_j} \quad , \quad \omega'_\alpha(\bar{z}) = \sum_{1\leq j\leq n} (-1)^{j-1} \bar{z}_j^{\alpha_j} \bigwedge_{\substack{1\leq k\leq n \\ k\neq j}} d(\bar{z}_k^{\alpha_k}) \, ,$$

$$\psi_\alpha = r_\alpha^{-2n} \, \omega'_\alpha(\bar{z}) \qquad , \qquad K_\alpha = \omega(z) \wedge \psi_\alpha \quad .$$

On définit l'application $\tau_\alpha : \mathbb{C}^n \longrightarrow \mathbb{C}^n$ par

$$\tau_\alpha(z) = z^\alpha = \prod_{1\leq j\leq n} z_j^{\alpha_j} \quad .$$

On a donc

$$\tau^*_{\mathbb{1}+\alpha} K = (\mathbb{1}+\alpha)^{\mathbb{1}} z^\alpha K_{\mathbb{1}+\alpha}$$

d'où résulte

$$dK_{\mathbb{1}+\alpha} = d'' K_{\mathbb{1}+\alpha} = 0 \, .$$

On pose aussi

$$\theta_\alpha = \frac{1}{n-1} \, r_\alpha^{2-2n} \, z_1^{-\alpha_1} \sum_{2\leq j\leq n} (-1)^j \bar{z}_j^{\alpha_j} \bigwedge_{\substack{2\leq k\leq n \\ k\neq j}} d(\bar{z}_k^{\alpha_k})$$

et

$$L_\alpha = (-1)^n \omega(z) \wedge \theta_\alpha \qquad ;$$

on a donc

$$\tau^*_{\mathbb{1}+\alpha} L = (\mathbb{1}+\alpha)^{\mathbb{1}} z^\alpha L_{\mathbb{1}+\alpha} \quad ,$$

$$\psi_\alpha = d''\theta_\alpha \qquad , \qquad K_\alpha = dL_\alpha = d''L_\alpha \, .$$

Lemme 19. Soit S_1 la sphère de centre 0 et de rayon 1 ; on a

$$\int_{S_1} z^\lambda K_{\mathbb{1}+\alpha} = \begin{cases} 0 & \text{si } \lambda \neq \alpha \\ \dfrac{(2i\pi)^n}{(n-1)!} & \text{si } \lambda = \alpha \end{cases} .$$

En effet, dans le premier cas, on a

$$z^\lambda K_{\mathbb{1}+\alpha} = d''(z^\lambda L_{\mathbb{1}+\alpha}) = d(z^\lambda L_{\mathbb{1}+\alpha})$$

et par conséquent

$$\int_{S_1} z^\lambda K_{\mathbb{1}+\alpha} = \lim_{\varepsilon \to 0} \int_{S_1 \cap \{|z_1| > \varepsilon\}} d(z^\lambda L_{\mathbb{1}+\alpha})$$
$$= \lim_{\varepsilon \to 0} \int_{S_1 \cap \{|z_1| = \varepsilon\}} z^\lambda L_{\mathbb{1}+\alpha}$$

où la dernière intégrale s'explicite, si l'on a par exemple $\lambda_1 \neq \alpha_1$, par le théorème de Fubini :

$$\frac{(-1)^n}{n-1} \frac{1}{\lambda_1 - \alpha_1} \int_{|z_1| = \varepsilon} d(z_1^{\lambda_1 - \alpha_1}) \cdot \int_{\sum_{2 \le j \le n} z_j \bar{z}_j = 1 - \varepsilon^2} \mu_\varepsilon$$

avec

$$\mu_\varepsilon = (\varepsilon^{2(1+\alpha_1)} + \sum_{2 \le j \le n} z_j^{1+\alpha_j} \bar{z}_j^{1+\alpha_j})^{2-2n} \quad (\bigwedge_{2 \le j \le n} z_j^{\lambda_j} dz_j) \wedge$$

$$\sum_{2 \le j \le n} (-1)^{j-1} \bar{z}_j^{1+\alpha_j} \bigwedge_{\substack{2 \le k \le n \\ k \neq j}} d(\bar{z}_k^{1+\alpha_k}) .$$

La nullité de l'intégrale par rapport à z_1 entraîne le résultat. Dans le second cas, on a

$$\int_{S_1} z^\alpha K_{\mathbb{1}+\alpha} = (\mathbb{1}+\alpha)^{-1} \int_{S_1} \tau^*_{\mathbb{1}+\alpha} K = \int_{\tau_{\mathbb{1}+\alpha}(S_1)} K = \frac{(2i\pi)^n}{(n-1)!} ,$$

l'application $\tau_{1+\alpha}$ étant de degré $(1+\alpha)^{1}$.

<u>Proposition 11</u>. <u>Soit</u> S <u>le bord d'une boule ouverte</u> B <u>de centre</u> 0; <u>pour toute fonction</u> f <u>holomorphe au voisinage de</u> $\overline{B}$, <u>on a</u>

$$\frac{(2i\pi)^n}{(n-1)!}\frac{1}{\alpha!} D^{\alpha} f(0) = \int_S f.K_{1+\alpha} .$$

<u>Première démonstration</u>. Comme l'intégrale ne change pas si on remplace S par une sphère de rayon plus petit, on peut supposer que f est la somme d'une série entière

$$f(z) = \sum_{p\in\mathbb{N}^n} a_p z^p$$

qui converge dans un voisinage de $\overline{B}$. On a alors

$$\int_S f.K_{1+\alpha} = \sum_{p\in\mathbb{N}^n} a_p \int_S z^p K_{1+\alpha} = a_\alpha \int_S z^\alpha K_{1+\alpha} = \frac{(2i\pi)^n}{(n-1)!} a_\alpha$$

vu le Lemme 19.

<u>Seconde démonstration</u> ([2] p. 207-208) . Pour cette démonstration, orientons $\mathbb{C}^n$ de telle sorte que la forme différentielle τ_n soit positive, et munissons S de son orientation naturelle, comme bord de B . On a

$$\int_S f.K_{1+\alpha} = \lim_{\varepsilon\to 0} \int_{S\cap\{|z_1|>\varepsilon\}} d(f.L_{1+\alpha})$$

$$= \lim_{\varepsilon\to 0} \int_{S\cap\{|z_1|=\varepsilon\}} f.L_{1+\alpha}$$

où la dernière chaîne d'intégration est orientée comme bord de la précédente ; en changeant cette orientation, on obtient

$$- \int_{S\cap\{|z_1|=\varepsilon\}} f\, L_{1+\alpha}$$

où $S\cap\{|z_1|=\varepsilon\}$ est maintenant orienté comme bord de $S\cap\{|z_1|<\varepsilon\}$, soit

$$\frac{(-1)^{n-1}}{n-1} \int_{\sum_{2\leq j\leq n} z_j \bar{z}_j = 1-\varepsilon^2} \left(\int_{|z_1|=\varepsilon} f \frac{dz_1}{z_1^{1+\alpha_1}} \right) \varphi_\varepsilon$$

où

$$\varphi_\varepsilon = \left(\varepsilon^{2(1+\alpha_1)} + \sum_{2\leq j\leq n} z_j^{1+\alpha_j} \bar{z}_j^{1+\alpha_j}\right)^{2-2n} \left(\bigwedge_{2\leq j\leq n} dz_j\right) \wedge$$

$$\sum_{2\leq j\leq n} (-1)^j \bar{z}_j^{1+\alpha_j} \bigwedge_{\substack{2\leq k\leq n\\ k\neq j}} d\left(\bar{z}_k^{1+\alpha_k}\right)$$

en supposant S de rayon 1 et en appliquant le théorème de Fubini ; le plan de z_1 est orienté de telle sorte que $\frac{i}{2}\, dz_1 \wedge d\bar{z}_1$ soit positive, $|z_1| = \varepsilon$ comme bord de $|z_1| < \varepsilon$, et l'espace des autres variables de telle sorte que la forme

$$\bigwedge_{2\leq k\leq n} \frac{i}{2}\left(dz_k \wedge d\bar{z}_k\right)$$

soit positive. Quand ε tend vers 0, l'intégrale étudiée tend vers

$$\frac{(-1)^{n-1}}{n-1} \frac{2i\pi}{\alpha_1 !} \int_{\sum_{2\leq j\leq n} z_j\bar{z}_j=1} \frac{\partial^{\alpha_1} f}{\partial z_1^{\alpha_1}} \cdot \varphi_0 \quad .$$

Par récurrence, on obtient donc

$$\int_S f.K_{1+\alpha} = (-1)^{\frac{n(n-1)}{2}} \frac{(2i\pi)^n}{(n-1)!} \frac{1}{\alpha!} D^\alpha f(0) \quad .$$

En orientant maintenant $\mathbb{C}^n$ de telle sorte que la forme $\omega(x) \wedge \omega(y)$ soit positive, on obtient la formule de la Proposition 6.

Pour tout point ζ de $\mathbb{C}^n$, on obtient, en substituant $z-\zeta$ à z dans l'expression de K_α , la forme différentielle

$$K_{\alpha,\zeta} = \Big(\sum_{1\le j\le n} (z_j - \zeta_j)^{\alpha_j} (\bar z_j - \bar\zeta_j)^{\alpha_j}\Big)^{-n} . \Big(\bigwedge_{1\le j\le n} dz_j\Big) \wedge$$

$$\sum_{1\le j\le n} (-1)^{j-1} (\bar z_j - \bar\zeta_j) \bigwedge_{\substack{1\le k\le n\\ k\ne j}} d(\bar z_k^{\alpha_k}) \quad .$$

<u>Théorème 7</u>. (<u>Généralisation de la formule de Martinelli</u>). <u>Soit</u> G <u>un domaine borné de</u> $\mathbb{C}^n$, <u>à frontière</u> S <u>continument différentiable par morceaux</u>. <u>Pour toute fonction</u> f <u>à valeurs complexes, définie et continue dans</u> $\bar G$, <u>holomorphe dans</u> G , <u>on a</u>

$$\int_S f . K_{1+\alpha,\zeta} = \begin{cases} \dfrac{(2i\pi)^n}{(n-1)!} \dfrac{1}{\alpha!} D^\alpha f(0) & \underline{\text{pour}}\ \zeta \in G \\ 0 & \underline{\text{pour}}\ \zeta \notin \bar G . \end{cases}$$

Ce théorème se déduit de la Proposition 11 comme le Théorème 2 du Corollaire 6.

<u>Remarque 12</u>. La seconde démonstration de la Proposition 11 fournit une démonstration de la formule de Martinelli (pour $\alpha = 0$) à partir de la formule de Cauchy pour $n = 1$.

<u>Exercice 6</u>. Démontrer la Proposition 11 en utilisant un éclatement de $\mathbb{C}^n$ en 0 .

<u>Problème 2</u>. Trouver une formule, analogue à celle de la Proposition 3, et faisant intervenir les noyaux K_α ; associer à K_α un courant $\{K_\alpha\}$ vérifiant

$$d\{K_{1+\alpha}\} = d''\{K_{1+\alpha}\} = \frac{(2i\pi)^n}{(n-1)!} \frac{1}{\alpha!} D^\alpha \delta \quad .$$

2. <u>Application à la d"-cohomologie de</u> $\mathbb{C}^n - \{0\}$. ([2] p. 211-212 et 214-215)

Pour tout nombre complexe t , on pose

$$D_t = \{z \ ; \ z \in \mathbb{C}^n \ , \ z_1 = t \ , \sum_{2\le j\le n} z_j \bar z_j < 1\} \qquad ;$$

on oriente D_t de telle sorte que la forme différentielle

$$\left(\bigwedge_{2\leq j\leq n} dx_j\right) \wedge \left(\bigwedge_{2\leq j\leq n} dy_j\right)$$

soit positive ; on munit le bord Γ_t de D_t de l'orientation naturelle déduite de celle de D_t . Pour tout $\alpha \in \mathbb{N}^n$, on pose $\alpha' = (\alpha'_j)_{1\leq j\leq n}$ où $\alpha'_1 = 0$ et $\alpha'_j = \alpha_j$ pour $2 \leq j \leq n$. Soit enfin

$$D = \bigcup_{|t|<1} D_t$$

Lemme 20. Soit f une fonction holomorphe au voisinage de $\bar{D}$, et soit

$$\varphi = (-1)^{n-1} \quad f. \bigwedge_{2\leq j\leq n} dz_j \quad .$$

On a

$$\lim_{\substack{t\to 0\\ t\neq 0}} \left(t^{1+\alpha_1} \int_{D_t} \varphi \wedge \Psi_{\mathbb{1}+\alpha}\right) = \frac{(2i\pi)^{n-1}}{(n-1)!} \frac{1}{\alpha'!} D^{\alpha'} f(0) \ .$$

En effet, de la relation $\Psi_\alpha = d''\theta_\alpha$ on déduit

$$\varphi \wedge \Psi_{\mathbb{1}+\alpha} = (-1)^{n-1} d''(\varphi \wedge \theta_{\mathbb{1}+\alpha})$$

et

$$\varphi \wedge \Psi_{\mathbb{1}+\alpha}\Big|_{\{z_1=t\}} = (-1)^{n-1} d\,(\varphi \wedge \theta_{\mathbb{1}+\alpha})\Big|_{\{z_1=t\}} \ .$$

Par conséquent, pour $t \neq 0$, on a

$$\int_{D_t} \varphi \wedge \Psi_{\mathbb{1}+\alpha} = (-1)^{n-1} \int_{bD_t} \varphi \wedge \theta_{\mathbb{1}+\alpha}$$

$$= \frac{(-1)^{n-1}}{n-1} \frac{1}{t^{\alpha_1+1}} \int_{bD_t} \frac{\varphi \wedge \sum_{2\leq j\leq n} (-1)^j \bar{z}_j^{\alpha_j+1} \bigwedge_{\substack{2\leq k\leq n \\ k\neq j}} d(\bar{z}_k^{1+\alpha_k})}{((t\bar{t})^{1+\alpha_1} + \sum_{2\leq j\leq n} z_j^{1+\alpha_j} \bar{z}_j^{1+\alpha_j})^{n-1}}$$

et

$$\lim_{\substack{t\to 0 \\ t>0}} (t^{\alpha_1+1} \int_{D_t} \varphi \wedge \psi_{\mathbb{1}+\alpha}) = \frac{1}{n-1} \int_{bD_o} f \frac{(\bigwedge_{2\leq j\leq n} dz_j) \wedge \sum_{2\leq j\leq n} (-1)^j \bar{z}_j^{1+\alpha_j} \bigwedge_{\substack{2\leq k\leq n \\ k\neq j}} d(\bar{z}_k^{1+\alpha_k})}{(\sum_{2\leq j\leq n} z_j^{1+\alpha_j} \bar{z}_j^{1+\alpha_j})^{n-1}}$$

$$= \frac{1}{n-1} \frac{(2i\pi)^{n-1}}{(n-2)!} \frac{1}{\alpha'!} D^{\alpha'} f(0) .$$

Proposition 12. Soit $(c_\alpha)_{\alpha\in\mathbb{N}^n}$ une famille de nombres complexes, nuls à l'exception d'un nombre fini non nul d'entre eux. Il existe une forme holomorphe φ de degré $n-1$ au voisinage de $\bar{D}$, telle que

$$\lim_{\substack{t\to 0 \\ t\neq 0}} \left| \int_{D_t} \varphi \wedge \sum_{\alpha\in\mathbb{N}^n} c_\alpha \psi_{\mathbb{1}+\alpha} \right| = +\infty .$$

En effet, vu le Lemme 20, on a, en désignant par ν le plus grand des α_1 tels que $c_\alpha \neq 0$,

$$\lim_{\substack{t\to 0 \\ t\neq 0}} t^{\nu+1} \int_{D_t} \varphi \wedge \sum_{\alpha\in\mathbb{N}^n} c_\alpha \psi_{\mathbb{1}+\alpha} = \frac{(2i\pi)^{n-1}}{(n-1)!} \sum_{\substack{\alpha\in\mathbb{N}^n \\ \alpha_1=\nu}} \frac{c_\alpha}{\alpha'!} D^{\alpha'} f(0) ,$$

φ étant définie comme précédemment. En choisissant f de telle sorte que la limite ne soit pas nulle, on satisfait à la conclusion de la Proposition 12.

Corollaire 11. Soit $(c_\alpha)_{\alpha\in\mathbb{N}^n}$ une famille de nombres complexes, nuls à l'exception d'un nombre fini d'entre eux. S'il existe une forme différentielle de type $(0,n-2)$, indéfiniment différentiable dans $\mathbb{C}^n - \{0\}$, vérifiant

$$\sum_{\alpha\in\mathbb{N}^n} c_\alpha \psi_{\mathbb{1}+\alpha} = d''\eta ,$$

<u>on a</u> $c_\alpha = 0$ <u>pour tout</u> $\alpha \in \mathbb{N}^n$.

En effet, pour toute forme holomorphe φ de degré $n-1$ au voisinage de $\bar{D}$, on a

$$\int_{D_t} \varphi \wedge \sum_{\alpha \in \mathbb{N}^n} c_\alpha \Psi_{\mathbb{1}+\alpha} = \int_{D_t} \varphi \wedge d''\eta = \int_{D_t} d''(\varphi \wedge \eta)$$

$$= \int_{D_t} d(\varphi \wedge \eta) = \int_{bD_t} \varphi \wedge \eta$$

et par conséquent

$$\lim_{\substack{t \to 0 \\ t \neq 0}} \int_{D_t} \varphi \wedge \sum_{\alpha \in \mathbb{N}^n} c_\alpha \Psi_{\mathbb{1}+\alpha} = \int_{bD_o} \varphi \wedge \eta \qquad ,$$

résultat qui serait en contradiction avec la Proposition 12 si tous les c_α n'étaient pas nuls.

<u>Théorème 8</u>. <u>Les classes de d"-cohomologie de</u> $\mathbb{C}^n - \{0\}$ <u>de type</u> $(0,n-1)$ <u>qui contiennent les formes</u> $\Psi_{\mathbb{1}+\alpha}$, $\alpha \in \mathbb{N}^n$, <u>sont linéairement indépendantes sur</u> $\mathbb{C}$.

C'est une conséquence immédiate du Corollaire 11.

<u>Corollaire 12. L'espace vectoriel</u> (<u>sur</u> $\mathbb{C}$) <u>de d"-cohomologie de type</u> $(0,n-1)$ <u>de</u> $\mathbb{C}^n - \{0\}$ <u>est de dimension infinie</u>.

Les méthodes précédentes restent applicables à certains domaines de $\mathbb{C}^n$, fournissant le résultat suivant :

<u>Proposition 13</u>. <u>Soit</u> G <u>un domaine de</u> $\mathbb{C}^n - \{0\}$, <u>et</u> ρ <u>un nombre réel positif, tels que l'on ait</u>

$$\{z ; z \in \mathbb{C}^n , z_1 = t , \sum_{2\leq j\leq n} z_j\bar{z}_j \leq \rho^2\} \subset G$$

pour tout nombre réel t vérifiant $0 < t \leq \rho$ et

$$\{z ; z \in \mathbb{C}^n , z_1 = 0 , \sum_{2\leq j\leq n} z_j\bar{z}_j = \rho^2\} \subset G .$$

Pour tout $\alpha \in \mathbb{N}^n$, soit $[\psi_{\alpha+1}]$ la classe de d"-cohomologie dans G de la restriction de $\psi_{1+\alpha}$ à G. La famille $([\psi_{1+\alpha}]_{\alpha\in\mathbb{N}^n})$ est libre dans l'espace vectoriel de d"-cohomologie de G. Cet espace vectoriel est donc de dimension infinie.

Définition. Soit G un domaine de $\mathbb{C}^n$, admettant le point 0 comme point frontière, et ayant une frontière C^∞ au voisinage de 0. On dit que G est fortement pseudoconcave au point 0 s'il existe un voisinage U de 0 dans $\mathbb{C}^n$ et une fonction φ à valeurs réelles, C^∞ dans U, vérifiant les conditions

i) $(d\varphi)_0 \neq 0$

ii) la forme hermitienne

$$\sum_{\substack{1\leq j\leq n\\ 1\leq k\leq n}} \frac{\partial^2\varphi}{\partial z_j \partial \bar{z}_k} z_j \bar{z}_k$$

est définie positive dans U

iii) $G \cap U = \{z ; z \in U , \varphi(z) > \varphi(0)\}$.

Lemme 21. Pour un tel domaine, les hypothèses de la Proposition 13 sont vérifiées pour ρ assez petit.

On a en effet, en appliquant à φ la formule de Taylor au point 0, jusqu'au second ordre inclus :

$$\varphi(z) = \varphi(0) + 2\,\mathcal{R}\Big(\sum_{1\leq j\leq n} \frac{\partial\varphi}{\partial z_j}(0)\, z_j + \frac{1}{2}\sum_{\substack{1\leq j\leq n\\ 1\leq k\leq n}} \frac{\partial^2\varphi}{\partial z_j \partial z_k}(0)\, z_j z_k\Big) +$$

$$\sum_{\substack{1\leq j\leq n\\ 1\leq k\leq n}} \frac{\partial^2 \varphi}{\partial z_j \partial \bar{z}_k}(0)\, z_j\, \bar{z}_k + \ldots..$$

Effectuons le changement de coordonnées défini par les relations

$$\begin{cases} Z_1 = \sum_{1\leq j\leq n} \frac{\partial \varphi}{\partial z_j}(0)\, z_j + \frac{1}{2} \sum_{\substack{1\leq j\leq n\\ 1\leq k\leq n}} \frac{\partial^2 \varphi}{\partial z_j \partial z_k}(0)\, z_j\, z_k \\ Z_j = z_j \qquad \text{pour} \qquad 2 \leq j \leq n \end{cases}$$

où l'un au moins des $\frac{\partial \varphi}{\partial z_j}(0)$ est non nul. Alors

$$\varphi(Z) = \varphi(0) + 2\,\Re\, Z_1 + \sum_{\substack{1\leq j\leq n\\ 1\leq k\leq n}} \frac{\partial^2 \varphi}{\partial Z_j \partial \bar{Z}_k}\, Z_j\, \bar{Z}_k + \ldots$$

et la conclusion en résulte.

Par changement d'origine on définit évidemment la pseudoconcavité d'un domaine en un point quelconque de sa frontière.

Théorème 9. L'espace vectoriel de d"-cohomologie de type $(0,n-1)$ d'un domaine de $\mathbb{C}^n$, fortement pseudoconcave en un point de sa frontière, est de dimension infinie.

C'est une conséquence immédiate de la Proposition 13 et du Lemme 21.

II. FORMULE DE CAUCHY-FANTAPPIE. APPLICATIONS.

1. Formule de Cauchy-Fantappiè.

Soit E l'espace obtenu en munissant $\mathbb{C}^n$ de sa structure affine naturelle, et soit Ξ l'espace vectoriel complexe (de dimension n+1) des fonctions linéaires affines dans E, à valeurs complexes. Pour tout $z \in E$ et tout $\xi \in \Xi$, on désigne par $\xi.z$ la valeur de la fonction ξ au point z ; tout élément ξ de Ξ est déterminé par une famille $(\xi_j)_{0\leq j\leq n}$ unique de nombres complexes telle que l'on ait

$$\xi.z = \xi_o + \sum_{1\leq j\leq n} \xi_j z_j$$

pour tout $z \in E$; on prend $(\xi_j)_{0\leq j\leq n}$ comme coordonnées dans Ξ. Pour tout $w \in E$,

$$(\xi.w)^{-n}\omega'(\xi) \quad , \quad \text{où} \quad \omega'(\xi) = \sum_{1\leq j\leq n} (-1)^{j-1}\xi_j \bigwedge_{\substack{1\leq k\leq n \\ k\neq j}} d\xi_k \quad ,$$

est une forme différentielle extérieure C^∞ dans $\Xi - P_1(w)$, où $P_1(w)$ désigne le sous-espace vectoriel (de dimension n) de Ξ d'équation $\xi.w = 0$.

Soit Ξ^* l'espace projectif complexe (de dimension n) quotient de $\Xi - \{0\}$ par le groupe des homothéties de centre 0 et de rapport non nul de Ξ ; soit τ l'application canonique de $\Xi - \{0\}$ sur Ξ^* ; les ξ_j, $0 \leq j \leq n$, sont des coordonnées homogènes dans Ξ^*. On désigne par 0 le point de Ξ^* pour lequel $\xi_j = 0$ pour $1 \leq j \leq n$; $\Xi^* - \{0\}$ s'identifie naturellement à l'ensemble des hyperplans affins de E. Pour tout $w \in E$, $P_1^*(w) = \tau(P_1(w))$ est un hyperplan projectif de $\Xi^* - \{0\}$; il s'identifie à l'ensemble des hyperplans affins de E qui contiennent le point w. On vérifie que

$$(\xi.w)^{-n}\,\omega'(\xi)$$

est l'image réciproque par τ d'une forme différentielle extérieure $\Psi^*_w(\xi)$, C^∞ dans $\Xi^* - P^*_1(w)$.

Pour tout point w de E , la forme différentielle extérieure

$$\tilde{\Phi}_w(z,\xi) = \Psi^*_w(\xi) \wedge \omega(z)$$

est définie et C^∞ dans $(\Xi^* \times E) - P(w)$, où $P(w) = P^*_1(w) \times E$; $P(w)$ s'interprète naturellement comme espace fibré de base E , dont la fibre au-dessus de tout point z de E est l'ensemble des hyperplans affins de E passant par w .

Dans $\Xi^* \times E$, soit Q la quadrique (de dimension complexe $2n - 1$) d'équation $\xi.z = 0$; Q s'interprète comme espace fibré de base E , dont la fibre au-dessus de tout point z de E est l'ensemble des hyperplans affins de E qui contiennent z . Pour tout point w de E , on appelle noyau de Cauchy-Fantappiè, relatif à w , la restriction $\Phi_w(z,\xi)$ à $Q - P(w) \cap Q$ de la forme $\tilde{\Phi}_w(z,\xi)$; $\Phi_w(z,\xi)$ est une forme différentielle holomorphe de degré $2n - 1$, donc fermée.

Soit $S_\varepsilon(w)$ la sphère de centre w , de rayon ε , dans E ; $S_\varepsilon(w)$ a pour équation

$$\varphi_w(z) = -\varepsilon^2 + \sum_{1\leq j\leq n} (z_j - w_j)(\bar{z}_j - \bar{w}_j) = 0 \quad .$$

Soit σ_w l'application de $S_\varepsilon(w)$ dans $Q - P(w) \cap Q$ associant à z le couple constitué par :

i) l'hyperplan complexe tangent à $S_\varepsilon(w)$ au point z

ii) le point z lui-même.

On a donc

$$\varpi_w(z) = ((\xi_j)_{0\leq j\leq n}, z)$$

où

$$\xi_j = \frac{\partial \varphi_w}{\partial z_j} = \bar{z}_j - \bar{w}_j$$

pour $1 \leq j \leq n$, et

$$\xi_o + \sum_{1\leq j\leq n} \xi_j z_j = 0 .$$

Soit

$$\beta_\varepsilon(w) = \varpi_w(S_\varepsilon(w)) .$$

Il est aisé de vérifier par un calcul l'assertion

$$\beta_\varepsilon(w) \subset Q - P(w) \cap Q ;$$

en effet, la dernière relation écrite exprime $\xi.z = 0$, et on a

$$\xi.w = \xi_o + \sum_{1\leq j\leq n} \xi_j w_j = - \sum_{1\leq j\leq n} (z_j - w_j)(\bar{z}_j - \bar{w}_j) = - \varepsilon^2 \neq 0 .$$

L'application ϖ_w est un difféomorphisme de $S_\varepsilon(w)$ sur $\beta_\varepsilon(w)$, et on a

$$\varpi_w^*(\Phi_w|_{\beta_\varepsilon(w)}) = (-1)^n \varepsilon^{-2n} (\omega'(\bar{z} - \bar{w}) \wedge \omega(z)) \Big|_{S_\varepsilon(w)}$$

$$= K_w \Big|_{S_\varepsilon(w)} . (-1)^n \quad .$$

Pour toute fonction f , holomorphe au voisinage de la boule fermée de centre w et de rayon ε , on a donc, pour une orientation convenable du cycle $\beta_\varepsilon(w)$,

$$\int_{\beta_\varepsilon(w)} f\,\Phi_w = \int_{S_\varepsilon(w)} f.K_w = \frac{(2i\pi)^n}{(n-1)!}\,f(w) .$$

Théorème 10. (Formule de Cauchy-Fantappiè). Pour toute fonction f holomorphe au voisinage de la boule fermée de centre w et de rayon ε , on a

$$\int_{\beta_\varepsilon(w)} f.\Phi_w = \frac{(2i\pi)^n}{(n-1)!}\,f(w) ,$$

le cycle $\beta_\varepsilon(w)$ étant orienté de telle sorte que la forme différentielle $i^{-n}\,\Phi_w\big|_{\beta_\varepsilon(w)}$ soit positive .

Soit π la projection canonique de Q sur le facteur E du produit $\Xi^* \times E$.

Corollaire 13. Soit G un domaine de E contenant w ; soit ε tel que G contienne la boule fermée de centre w et de rayon ε ; soit β un cycle de $\pi^{-1}(G) - \pi^{-1}(G) \cap P(w)$ homologue (dans cet espace) à $\beta_\varepsilon(w)$. Pour toute fonction f holomorphe dans G , on a

$$\int_\beta f.\Phi_w = \frac{(2i\pi)^n}{(n-1)!}\,f(w) .$$

En effet, la forme différentielle intégrée est fermée dans Q .

Remarque 13. Si le domaine G est convexe, on peut montrer que l'espace vectoriel d'homologie compacte de $\pi^{-1}(G) - \pi^{-1}(G) \cap P(w)$ a une base constituée de deux éléments : l'un est de dimension nulle, l'autre est la classe d'homologie de $\beta_\varepsilon(w)$, que l'on désignera par $h_{2n-1}(w)$; la formule du Corollaire 13 s'écrit alors

$$\int_{h_{2n-1}(w)} f.\Phi_w = \frac{(2i\pi)^n}{(n-1)!}\,f(w) \quad ;$$

$h_{2n-1}(w)$ est la classe dont l'image par projection dans l'homologie de $E - \{w\}$ contient une sphère de centre w. C'est cette dernière formule qui est appelée formule de Cauchy-Fantappiè par J. Leray et prouvée dans [17] p. 94-97 et 147-155, complété par [18].

2. Formule intégrale adaptée à un domaine convexe à bord de classe C^2.

Lemme 22. Pour toute forme différentielle extérieure

$$\psi = \sum_{1 \leq j \leq n} \xi_j \, dz_j$$

de classe C^1, de type (1,0) dans un ouvert U de $\mathbb{C}^n$, on a

$$\psi \wedge (d''\psi)^{n-1} = (-1)^{\frac{n(n-1)}{2}} (n-1)! \, \omega'(\xi) \wedge \omega(z)$$

en posant

$$\xi = (\xi_j)_{1 \leq j \leq n} .$$

En effet, on a

$$\begin{aligned} \psi \wedge (d''\psi)^{n-1} &= \Big(\sum_{1 \leq j \leq n} \xi_j \, dz_j\Big) \wedge \Big(\sum_{1 \leq j \leq n} d''\xi_j \wedge dz_j\Big)^{n-1} \\ &= (n-1)! \Big(\sum_{1 \leq j \leq n} \xi_j \, dz_j\Big) \wedge \sum_{1 \leq j \leq n} \bigwedge_{\substack{1 \leq k \leq n \\ k \neq j}} (d\xi_k \wedge dz_k) \\ &= (-1)^{\frac{n(n-1)}{2}} (n-1)! \, \omega'(\xi) \wedge \omega(z) . \end{aligned}$$

Théorème 11. Soit G un domaine borné et convexe de $\mathbb{C}^n$, défini par la condition $\varphi(z) < 0$, φ étant une fonction de classe C^2 au voisinage de $\bar{G}$, telle que $d\varphi$ ne s'annule en aucun point de la frontière S de G. Pour toute fonction f holomorphe au voisinage de $\bar{G}$, et tout point w de G, on a

$$(2i\pi)^n f(w) = (-1)^{\frac{(n-1)(n-2)}{2}} \int_S \frac{f.d'\varphi \wedge (d'd''\varphi)^{n-1}}{\left(\sum_{1\leq j\leq n} (z_j - w_j)\frac{\partial\varphi}{\partial z_j}\right)^n}$$

Démonstration. On construit le cycle β du Corollaire 13 comme image de S par l'application $\mathcal{B}$ qui à tout point z de S associe le couple constitué par

i) l'hyperplan complexe tangent à S au point z

ii) le point z lui-même.

On a donc

$$\mathcal{B}(z) = ((\xi_j)_{0\leq j\leq n}, z)$$

où

$$\xi_j = \frac{\partial\varphi}{\partial z_j} \ , \quad 1 \leq j \leq n \quad \text{et} \quad \xi_0 = - \sum_{1\leq j\leq n} z_j \frac{\partial\varphi}{\partial z_j} \ .$$

Pour ε assez petit, on peut déformer β en $\beta_\varepsilon(w)$ en utilisant une déformation de S en $S_\varepsilon(w)$. Compte-tenu également de la convexité de G , le cycle β convient. Le théorème résulte alors du Corollaire 13 et du Lemme 22, avec $\psi = d'\varphi$.

Remarque 14. Le noyau de la formule intégrale ci-dessus, obtenu par image inverse du noyau de Cauchy-Fantappiè, est fermé. Contrairement au noyau de Martinelli, il dépend holomorphiquement de w .

Remarque 15. Supposons $0 \in G$. Alors $\sum_{1\leq j\leq n} z_j \frac{\partial\varphi}{\partial z_j}$ ne s'annule pas sur S , et on a

$$\left(\sum_{1\leq j\leq n} (z_j - w_j)\frac{\partial\varphi}{\partial z_j}\right)^n = \left(\sum_{1\leq j\leq n} z_j \frac{\partial\varphi}{\partial z_j}\right)^n \left(1 - \frac{\sum_{1\leq j\leq n} w_j \frac{\partial\varphi}{\partial z_j}}{\sum_{1\leq j\leq n} z_j \frac{\partial\varphi}{\partial z_j}}\right)^n ;$$

si w est assez voisin de 0, on a le développement en série entière convergente

$$\left(1 - \frac{\sum_{1\le j\le n} w_j \frac{\partial\varphi}{\partial z_j}}{\sum_{1\le j\le n} z_j \frac{\partial\varphi}{\partial z_j}}\right)^{-n} = \frac{1}{(n-1)!} \sum_{p\in\mathbb{N}} \frac{(n+p-1)!}{p!} \left(\frac{\sum_{1\le j\le n} w_j \frac{\partial\varphi}{\partial z_j}}{\sum_{1\le j\le n} z_j \frac{\partial\varphi}{\partial z_j}}\right)^p$$

$$= \frac{1}{(n-1)!} \sum_{q\in\mathbb{N}^n} \frac{(n+|q|-1)!}{q!} \frac{\left(w\frac{\partial\varphi}{\partial z}\right)^q}{\left(\sum_{1\le j\le n} z_j \frac{\partial\varphi}{\partial z_j}\right)^{|q|}}$$

où on pose évidemment

$$\left(w\frac{\partial\varphi}{\partial z}\right)^q = \prod_{1\le j\le n} \left(w_j \frac{\partial\varphi}{\partial z_j}\right)^{q_i}$$

pour

$$q = (q_j)_{1\le j\le n} \in \mathbb{N}^n .$$

Dans les mêmes conditions, on a donc le développement

$$\left(\sum_{1\le j\le n} (z_j - w_j) \frac{\partial\varphi}{\partial z_j}\right)^{-n} = \frac{1}{(n-1)!} \sum_{q\in\mathbb{N}^n} \frac{(n+|q|-1)!}{q!} \frac{w^q\left(\frac{\partial\varphi}{\partial z}\right)^q}{\left(\sum_{1\le j\le n} z_j \frac{\partial\varphi}{\partial z_j}\right)^{n+|q|}} .$$

En introduisant cette expression dans la formule intégrale du Théorème 11, puis en commutant l'intégration et la sommation, on démontre à nouveau que f est analytique au voisinage de 0. Du développement de f en série entière, on déduit des représentations intégrales des dérivées de f (que l'on obtiendrait aussi par dérivation sous le signe d'intégration dans le Théorème 11) :

Corollaire 14. Sous les hypothèses du Théorème 8 , on a

$$(2i\pi)^n D^q f(w) = (-1)^{\frac{(n-1)(n-2)}{2}} \frac{(n+|q|-1)!}{(n-1)!} \int_S f.(\frac{\partial\varphi}{\partial z})^q \frac{d'\varphi \wedge (d'd''\varphi)^{n-1}}{(\sum_{1\leq j\leq n} (z_j-w_j) \frac{\partial\varphi}{\partial z_j})^{n+|q|}} .$$

Remarque 16. En prenant en particulier pour f le polynome z^p , $p \in \mathbb{N}^n$, et $w = 0$, on obtient les relations

$$\int_S z^p.(\frac{\partial\varphi}{\partial z})^q \frac{d'\varphi \wedge (d'd''\varphi)^{n-1}}{(\sum_{1\leq j\leq n} z_j \frac{\partial\varphi}{\partial z_j})^{n+|q|}} = \begin{cases} 0 & \text{si } p\neq q \\ (-1)^{\frac{(n-1)(n-2)}{2}} (2i\pi)^n \frac{(n-1)!\, p!}{(n+|p|-1)!} & \text{si } p = q \end{cases} .$$

Remarque 17. Avec les notations du Lemme 22, on a la formule

$$(2i\pi)^n f(w) = (-1)^{\frac{n(n-1)}{2}} \int_S \frac{f.\psi \wedge (d''\psi)^{n-1}}{(\sum_{1\leq j\leq n} (z_j-w_j)\xi_j)^n}$$

pourvu que le dénominateur du noyau ne s'annule pas quand z est sur S ; l'hypothèse de convexité de G est alors superflue. Cette formule généralise le Théorème 11.

Bibliographie. Le Théorème 8 est un cas particulier du Théorème 18.2 p. 82 de [26]. Dans ce travail, on considère aussi la formule de la Remarque 17, mais avec une expression explicite du numérateur du noyau ; on étudie également le cas où S est de classe C^2 par morceaux, ce qui permet la démonstration de formules du type de celles de S. Bergman [5] et de A. Weil [40] . L'expression donnée dans la Remarque 17 est à rapprocher de celle de [16]. Une détermination de ψ adaptée aux domaines fortement pseudoconvexes a été faite dans [32] et [14].

3. Formule de Hua pour la sphère.

Particularisons à la boule de centre 0 et de rayon 1 les résultats du paragraphe précédent, en prenant

$$\varphi(z) = -1 + \sum_{1 \leq j \leq n} z_j \bar{z}_j \quad .$$

Théorème 12 (Formule de Hua). Soit S le bord de la boule ouverte B, de centre 0 et de rayon 1. Pour toute fonction f holomorphe au voisinage de $\bar{B}$, et tout point w de B, on a

$$D^q f(w) = \frac{(n+|q|-1)!}{(2i\pi)^n} \int_S f.\bar{z}^q \frac{\omega(z) \wedge \omega'(\bar{z})}{(1 - \sum_{1 \leq j \leq n} \bar{z}_j w_j)^{n+|q|}}$$

$$= \frac{(n+|q|-1)!}{2\pi^n} \int_S \frac{f.\bar{z}^q.dS}{(1 - \sum_{1 \leq j \leq n} \bar{z}_j w_j)^{n+|q|}} \quad , \quad q \in \mathbb{N}^n ,$$

dS désignant l'élément de volume euclidien de S.

On obtient la première intégrale en remarquant que, pour la sphère, le dénominateur du noyau du Corollaire 14 s'écrit

$$\Big(\sum_{1 \leq j \leq n} (z_j - w_j)\bar{z}_j\Big)^{n+|q|} = \Big(\sum_{1 \leq j \leq n} z_j \bar{z}_j - \sum_{1 \leq j \leq n} w_j \bar{z}_j\Big)^{n+|q|}$$

$$= \Big(1 - \sum_{1 \leq j \leq n} \bar{z}_j w_j\Big)^{n+|q|} \quad .$$

Remarque 18. Le noyau de la première intégrale ci-dessus n'est pas fermé ; on a

$$d\left(\frac{\omega(z) \wedge \omega'(\bar{z})}{(1 - \sum_{1 \leq j \leq n} \bar{z}_j w_j)^n}\right) = \frac{n.(-1)^n \omega(z) \wedge \omega(\bar{z})}{(1 - \sum_{1 \leq j \leq n} \bar{z}_j w_j)^{n+1}} \quad .$$

En effet,

$$d\left(\frac{\omega(z)\wedge\omega'(\bar{z})}{(1-\sum_{1\le j\le n}\bar{z}_j w_j)^n}\right)$$

$$= (-1)^n\, n\,\frac{\omega(z)\wedge\omega(\bar{z})}{(1-\sum_{1\le j\le n}\bar{z}_j w_j)^n} + (-1)^n\, n\,\frac{\omega(z)\wedge(\sum_{1\le j\le n} w_j\, d\bar{z}_j)\wedge\omega'(\bar{z})}{(1-\sum_{1\le j\le n}\bar{z}_j w_j)^{n+1}}$$

$$= n\,(-1)^n\omega(z)\wedge\frac{(1-\sum_{1\le j\le n}\bar{z}_j w_j)\,\omega(\bar{z}) + (\sum_{1\le j\le n}\bar{z}_j w_j)\,\omega(\bar{z})}{(1-\sum_{1\le j\le n}\bar{z}_j w_j)^{n+1}} = \frac{n(-1)^n\omega(z)\wedge\omega(\bar{z})}{(1-\sum_{1\le j\le n}\bar{z}_j w_j)^{n+1}}$$

<u>Remarque 19</u>. En posant

$$\mu_q(z) = \left(\frac{(n+|q|-1)!}{2\pi^n . q!}\right)^{\frac{1}{2}} z^q \qquad \text{pour} \quad q \in \mathbb{N}^n ,$$

on a

$$H(\bar{z},w) = \frac{(n-1)!}{2\pi^n}\left(1-\sum_{1\le j\le n}\bar{z}_j w_j\right)^{-n} = \sum_{q\in\mathbb{N}^n}\overline{\mu_q(z)}.\mu_q(w) .$$

La convergence est uniforme pour z appartenant à $\bar{B}$ et w à un compact quelconque de la boule ouverte B .

Comme dans la Remarque 16, on a les relations

$$\int_S \mu_p(z).\overline{\mu_q(z)} = \begin{cases} 1 & \text{si } p=q \\ 0 & \text{si } p\neq q \end{cases} .$$

Le développement de f en série entière s'écrit

$$f(w) = \sum_{q\in\mathbb{N}^n} a_q\,\mu_q(w) \quad , \quad a_q = \int_S f(z).\overline{\mu_q(z)}.dS ,$$

la convergence étant uniforme sur tout compact de B . Par suite f est limite uniforme, sur tout compact de B , de polynomes définis dans $\mathbb{C}^n$.

Théorème 13. (Formule de Poisson-Hua). Sous les hypothèses du Théorème 12, on a

$$f(w) = \frac{(n-1)!}{2\pi^n} \int_S \frac{\left(1 - \sum_{1\leq j\leq n} w_j \bar{w}_j\right)^n}{\left|1 - \sum_{1\leq j\leq n} \bar{z}_j w_j\right|^{2n}} f.dS$$

Démonstration. Appliquons la formule de Hua à la fonction g définie par

$$g(z) = \left(1 - \sum_{1\leq j\leq n} \bar{t}_j z_j\right)^{-n} f(z) \quad \text{où} \quad t = (t_j)_{1\leq j\leq n} \in B ;$$

$$\frac{f(w)}{\left(1 - \sum_{1\leq j\leq n} \bar{t}_j w_j\right)^n} = \frac{(n-1)!}{2\pi^n} \int_S \frac{f\, dS}{\left(1 - \sum_{1\leq j\leq n} \bar{t}_j z_j\right)^n \left(1 - \sum_{1\leq j\leq n} \bar{z}_j w_j\right)^n} .$$

En remplaçant t par w , on obtient la formule cherchée.

Bibliographie. Les résultats ci-dessus sont les plus simples de ceux exposés par L.K. Hua dans [15] . Ces derniers sont déduits de la formule de Cauchy-Fantappiè par K.H. Look dans [20] et [21] .

III. REPRESENTATION INTEGRALE DES FORMES DIFFERENTIELLES EXTERIEURES.

1. Formules intégrales pour les formes différentielles extérieures dans $\mathbb{R}^n$.

a. Préliminaires. Les notations sont celles du § I.A.1., auquel cette partie fait suite logiquement. En outre, dans $\mathbb{R}^n \times \mathbb{R}^n$, on désigne par (x,y), $x = (x_i)_{1\leq i\leq n}$, $y = (y_i)_{1\leq i\leq n}$ les coordonnées canoniques ; à toute forme différentielle extérieure

$$\varphi = \sum \varphi_{i_1\ldots i_p j_1\ldots j_q} \left(\bigwedge_{1\leq\alpha\leq p} dx_{i_\alpha}\right) \wedge \left(\bigwedge_{1\leq\beta\leq q} dy_{j_\beta}\right)$$

on associe la forme double

$$\mathcal{A}^*\varphi = \sum \varphi_{i_1\ldots i_p j_1\ldots j_q} \left(\bigwedge_{1\leq\alpha\leq p} dx_{i_\alpha}\right) . \left(\bigwedge_{1\leq\beta\leq q} dy_{j_\beta}\right) ,$$

forme différentielle dans l'un des facteurs $\mathbb{R}^n$, et dont les coefficients sont des formes différentielles dans l'autre facteur ; autrement dit, on remplace par un produit commutatif le produit extérieur d'un dx_i et d'un dy_j quelconques. On vérifie aisément la relation

$$\mathcal{A}^* d = (d_x + w_x d_y)\, \mathcal{A}^* ,$$

w étant l'opérateur linéaire qui multiplie par $(-1)^p$ une forme différentielle homogène de degré p. La condition $d\varphi = 0$ entraîne donc

$$d_x \mathcal{A}^*\varphi = - w_x d_y \mathcal{A}^*\varphi.$$

Soit τ l'application de $\mathbb{R}^n \times \mathbb{R}^n$ dans $\mathbb{R}^n$ définie par $\tau(x,y) = x-y$; pour toute forme différentielle extérieure φ dans $\mathbb{R}^n$ (espace but de τ), on pose $\varphi(x-y) = \tau^*\varphi$ et $\tilde{\varphi}(x,y) = \mathcal{A}^*\tau^*\varphi$. On a donc

$$\widetilde{d\varphi} = (d_x + w_x\, d_y)\tilde{\varphi}$$

pour toute forme différentielle φ dans $\mathbb{R}^n$. Par conséquent, la condition $d\varphi = 0$ entraîne

$$d_x \tilde{\varphi} = - w_x\, d_y \check{\varphi} \ .$$

En particulier, on a

$$\omega(x-y) = \bigwedge_{1\leq j\leq n} (dx_j - dy_j)$$

$$= \sum_{\substack{1\leq j_1<\ldots<j_p\leq n\\ 1\leq h_1<\ldots<h_q\leq n}} (-1)^q\, \delta^{1\ldots\ldots\ldots n}_{j_1\ldots j_p h_1\ldots h_q} \Big(\bigwedge_{1\leq\alpha\leq p} dx_{j_\alpha}\Big)\wedge\Big(\bigwedge_{1\leq\beta\leq q} dy_{h_\beta}\Big) ,$$

$$\mathcal{A}^*\omega(x-y) = \sum_{\substack{1\leq j_1<\ldots<j_p\leq n\\ 1\leq h_1<\ldots<h_q\leq n}} (-1)^q\, \delta^{1\ldots\ldots\ldots n}_{j_1\ldots j_p h_1\ldots h_q} \Big(\bigwedge_{1\leq\alpha\leq p} dx_{j_\alpha}\Big).\Big(\bigwedge_{1\leq\beta\leq q} dy_{h_\beta}\Big) .$$

On en déduit :

<u>Lemme 23</u>. <u>Pour toute suite</u> $1\leq j_1<\ldots<j_p\leq n$, <u>la composante homogène de degré</u> n <u>par rapport à</u> x <u>de</u>

$$\mathcal{A}^*\omega(x-y)\wedge\Big(\bigwedge_{1\leq\alpha\leq p} dx_{j_\alpha}\Big)$$

<u>est égale à</u>

$$(-1)^p\,\omega(x).\Big(\bigwedge_{1\leq\alpha\leq p} dy_{j_\alpha}\Big) .$$

On a aussi

$$\omega'(x-y) = \sum_{1\leq i\leq n} (-1)^{i-1}(x_i - y_i) \bigwedge_{\substack{1\leq j\leq n\\ j\neq i}} (dx_j - dy_j)$$

$$= \sum_{1\leq i\leq n} (-1)^{i-1}(x_i - y_i) \sum_{\substack{1\leq j_1<\ldots<j_p\leq n\\ 1\leq h_1<\ldots<h_q\leq n}} (-1)^q\, \delta^{1\ldots\hat{\imath}\ldots n}_{j_1\ldots j_p h_1\ldots h_q}$$

$$\Big(\bigwedge_{1\leq\alpha\leq p} dx_{j_\alpha}\Big)\wedge\Big(\bigwedge_{1\leq\beta\leq q} dy_{h_\beta}\Big) ,$$

$$\mathcal{A}^*\omega'(x-y) = \sum_{1\leq i\leq n} (-1)^{i-1}(x_i-y_i) \sum_{\substack{1\leq j_1<\dots<j_p\leq n\\ 1\leq h_1<\dots<h_q\leq n}} (-1)^q \delta^{1\dots\hat{i}\dots n}_{j_1\dots j_p h_1\dots h_q} (\bigwedge_{1\leq\alpha\leq p} dx_{j_\alpha}).(\bigwedge_{1\leq\beta\leq q} dy_{h_\beta}) ,$$

$$d_x\mathcal{A}^*\omega'(x-y) = \sum_{\substack{1\leq j_1<\dots<j_p\leq n\\ 1\leq h_1<\dots<h_q\leq n}} p(-1)^q \delta^{1\dots\dots\dots n}_{j_1\dots j_p h_1\dots h_q} (\bigwedge_{1\leq\alpha\leq p} dx_{j_\alpha}).(\bigwedge_{1\leq\beta\leq q} dy_{h_\beta}) ,$$

$$d_y\mathcal{A}^*\omega'(x-y) = (-1)^n \sum_{\substack{1\leq j_1<\dots<j_p\leq n\\ 1\leq h_1<\dots<h_q\leq n}} q\ \delta^{1\dots\dots\dots n}_{j_1\dots j_p h_1\dots h_q} (\bigwedge_{1\leq\alpha\leq p} dx_{j_\alpha}).(\bigwedge_{1\leq\beta\leq q} dy_{j_\beta})$$

On en déduit

Lemme 24. Pour toute suite $1\leq i_1<\dots<i_p\leq n$, la composante homogène de degré n par rapport à x de

$$\mathcal{A}^*\omega'(x-y)\wedge(\bigwedge_{1\leq\alpha\leq p} dx_{i_\alpha})$$

est égale à

$$(-1)^{n-1}\omega(x).\sum_{1\leq\alpha\leq p}(-1)^{\alpha-1}(x_{i_\alpha}-y_{i_\alpha})\bigwedge_{\substack{1\leq\beta\leq p\\ \beta\neq\alpha}} dy_{i_\beta} .$$

Lemme 25. Pour toute suite $1\leq i_1<\dots<i_p\leq n$, la composante homogène de degré n par rapport à x de

$$d_x\mathcal{A}^*\omega'(x-y)\wedge(\bigwedge_{1\leq\alpha\leq p} dx_{i_\alpha})$$

est égale à

$$(-1)^p(n-p)\,\omega(x).(\bigwedge_{1\leq\alpha\leq p} dy_{i_\alpha}) .$$

Lemme 26. Pour toute suite $1\leq i_1<\dots<i_p\leq n$, la composante homogène de degré n par rapport à x de

$$d_y\mathcal{A}^*\omega'(x-y)\wedge(\bigwedge_{1\leq\alpha\leq p} dx_{i_\alpha})$$

est égale à

$$(-1)^n\, p\, \omega(x) . (\bigwedge_{1\leq\alpha\leq p} dy_{i_\alpha}) .$$

b. Deux propositions essentielles. On désignera par W l'opérateur linéaire sur les formes différentielles extérieures dans $\mathbb{R}^n$ qui multiplie toute forme homogène de degré p par $(1 - p/n)$. On désigne par $S_{y,\varepsilon}$ (resp. $B_{y,\varepsilon}$) la sphère (resp. la boule) de centre y et de rayon ε.

Proposition 14. Pour toute forme différentielle φ, continue dans $\mathbb{R}^n$ au voisinage de y, on a

$$\sigma_{n-1} . W\, w\ \varphi(y) = \lim_{\varepsilon\to 0} \int_{S_{y,\varepsilon}} \tilde{\Omega}(x,y) \wedge \varphi(x) \quad .$$

En effet, quand $\varepsilon \longrightarrow 0$ et pour

$$\varphi(x) = f(x) \bigwedge_{1\leq\alpha\leq p} dx_{i_\alpha} \quad , 1 \leq i_1 < \ldots < i_p \leq n ,$$

on a

$$\int_{S_{y,\varepsilon}} \tilde{\Omega}(x,y) \wedge \varphi(x) = \varepsilon^{-2n} \int_{S_{y,\varepsilon}} \mathcal{A}^*\omega'(x-y) \wedge \varphi(x)$$

$$\sim \varepsilon^{-2n} f(y) \int_{S_{y,\varepsilon}} \mathcal{A}^*\omega'(x-y) \wedge (\bigwedge_{1\leq\alpha\leq p} dx_{i_\alpha}) ;$$

grâce à la formule de Stokes, la dernière intégrale s'écrit

$$\int_{B_{y,\varepsilon}} d_x \mathcal{A}^*\omega'(x-y) \wedge (\bigwedge_{1\leq\alpha\leq p} dx_{i_\alpha}) = (-1)^p\, (n-p)\, (\int_{B_{y,\varepsilon}} \omega(x)) . (\bigwedge_{1\leq\alpha\leq p} dy_{i_\alpha})$$

$$= (-1)^p \frac{n-p}{n} \sigma_{n-1} . \varepsilon^{2n} (\bigwedge_{1\leq\alpha\leq p} dy_{i_\alpha}) .$$

Proposition 15. Soit G un domaine borné de $\mathbb{R}^n$. Pour toute forme différentielle φ, de classe C^1 au voisinage de $\overline{G}$, on a

$$d_y \int_G \tilde{\Omega}(x,y) \wedge \varphi(x) - \lim_{\varepsilon\to 0} \int_{G-B_{y,\varepsilon}} d_y \tilde{\Omega}(x,y) \wedge \varphi(x) = \begin{cases} (-1)^n \sigma_{n-1} (1-W)\varphi(y) & \text{si } y \in G \\ 0 & \text{si } y \notin \overline{G} \end{cases}$$

Démonstration. Si $y \notin \overline{G}$, ou si $y \in G$ et n'appartient pas au support de φ , on a

$$d_y \int_G \check{\Omega}(x,y) \wedge \varphi(x) = \int_G d_y \check{\Omega}(x,y) \wedge \varphi(x) .$$

Si le support de φ est contenu dans G , on a

$$\int_G \tilde{\Omega}(x,y) \wedge \varphi(x) = \int_{\mathbb{R}^n} \tilde{\Omega}(x,y) \wedge \varphi(x) .$$

Avec $\varphi(x) = f(x). \bigwedge_{1 \leq \alpha \leq p} dx_{i_\alpha}$, $1 \leq i_1 < \ldots < i_\alpha \leq n$, on obtient

$$\int_G \check{\Omega}(x,y) \wedge \varphi(x) = (-1)^{n-1} \int_{\mathbb{R}^n} \frac{f(x).\omega(x)}{\|x-y\|^n} \sum_{1 \leq \alpha \leq p} (-1)^{\alpha-1} (x_{i_\alpha} - y_{i_\alpha}) \bigwedge_{\substack{1 \leq \beta \leq n \\ \beta \neq \alpha}} dy_{i_\beta}$$

$$= (-1)^{n-1} \int_{\mathbb{R}^n} \|t\|^{-n} f(y+t)\, \omega(t). \sum_{1 \leq \alpha \leq p} (-1)^{\alpha-1} t_{i_\alpha} \bigwedge_{\substack{1 \leq \beta \leq n \\ \beta \neq \alpha}} dy_{i_\beta}$$

en effectuant le changement de variable défini par $t = x-y$ et en posant $\|t\| = (\sum_{1 \leq i \leq n} t_i^2)^{1/2}$. On a donc

$$d_y \int_G \check{\Omega}(x,y) \wedge \varphi(x) = (-1)^{n-1} \int_{\mathbb{R}^n} \|t\|^{-n} d_y f(y+t)\, \omega(t). \sum_{1 \leq \alpha \leq p} (-1)^{\alpha-1} t_{i_\alpha} \bigwedge_{\substack{1 \leq \beta \leq n \\ \beta \neq \alpha}} dy_{i_\beta}$$

$$= (-1)^{n-1} \int_{\mathbb{R}^n} \|t\|^{-n} d_t f(y+t) \wedge \Big(\sum_{1 \leq i \leq n} (-1)^{i-1} \Big(\bigwedge_{\substack{1 \leq j \leq n \\ j \neq i}} dt_j \Big) dy_i \Big) \wedge$$

$$\sum_{1 \leq \alpha \leq p} (-1)^{\alpha-1} t_{i_\alpha} \bigwedge_{\substack{1 \leq \beta \leq n \\ \beta \neq \alpha}} dy_{i_\beta}$$

$$= (-1)^{n-1} \int_{\mathbb{R}^n} d_t (\|t\|^{-n} f(y+t) \Big(\sum_{1 \leq i \leq n} (-1)^{i-1} \Big(\bigwedge_{\substack{1 \leq j \leq n \\ j \neq i}} dt_j \Big) dy_i \Big) \wedge$$

$$\sum_{1 \leq \alpha \leq p} (-1)^{\alpha-1} t_{i_\alpha} \bigwedge_{\substack{1 \leq \beta \leq n \\ \beta \neq \alpha}} dy_{i_\beta})$$

$$+ (-1)^n \int_{\mathbb{R}^n} f(y+t)\, d_t\, (\|t\|^{-n} (\sum_{1\leq i\leq n} (-1)^{i-1} (\bigwedge_{\substack{1\leq j\leq n\\ j\neq 1}} dt_j) dy_i) \wedge \sum_{1\leq\alpha\leq p} (-1)^{\alpha-1} t_{i_\alpha} \bigwedge_{\substack{1\leq\beta\leq n\\ \beta\neq\alpha}} dy_{i_\beta})$$

La première des deux intégrales obtenues s'écrit

$$(-1)^n \lim_{\varepsilon\to 0} \varepsilon^{-n} \int_{\|t\|=\varepsilon} f(y+t) (\sum_{1\leq i\leq n} (-1)^{i-1} (\bigwedge_{\substack{1\leq j\leq n\\ j\neq i}} dt_j)\, dy_i) \wedge$$

$$\sum_{1\leq\alpha\leq p} (-1)^{\alpha-1} t_{i_\alpha} \bigwedge_{\substack{1\leq\beta\leq p\\ \beta\neq\alpha}} dy_{i_\beta}$$

$$= (-1)^n f(y) \lim_{\varepsilon\to 0} \varepsilon^{-n} \int_{\|t\|<\varepsilon} p.\omega(t). \bigwedge_{1\leq\alpha\leq p} dy_{i_\alpha} = (-1)^n \frac{p}{n} \varphi(y)\, \sigma_{n-1} .$$

La seconde des deux intégrales s'écrit

$$(-1)^{n-1} \frac{n}{2} \int_{\mathbb{R}^n} \|t\|^{-n-2} f(y+t)\, \omega(t)\, (\sum_{1\leq i\leq n} t_i\, dy_i) \wedge \sum_{1\leq\alpha\leq p} (-1)^{\alpha-1} t_{i_\alpha} \bigwedge_{\substack{1\leq\beta\leq p\\ \beta\neq\alpha}} dy_{i_\beta}$$

$$+ (-1)^n p \int_{\mathbb{R}^n} \|t\|^{-n} f(y+t)\, \omega(t) \bigwedge_{1\leq\alpha\leq p} dy_{i_\alpha} .$$

On obtient aussi cette dernière expression en effectuant le changement de variable défini par $x-y = t$ dans

$$\int_G d_y \check{\Omega}(x,y) \wedge \varphi(x) = (-1)^n p \int_{\mathbb{R}^n} \frac{f(x)\, \omega(x)}{\|x-y\|^n} \bigwedge_{1\leq\alpha\leq p} dy_{i_\alpha}$$

$$+ (-1)^{n-1} \frac{n}{2} \int_{\mathbb{R}^n} \frac{f(x)\, \omega(x)}{\|x-y\|^{n+2}} (\sum_{1\leq i\leq n} (x_i - y_i) dy_i).(\sum_{1\leq\alpha\leq p} (-1)^{\alpha-1} (x_{i_\alpha} - y_{i_\alpha}) \bigwedge_{\substack{1\leq\beta\leq p\\ \beta\neq\alpha}} dy_{i_\beta}).$$

Par conséquent

$$d_y \int_G \tilde{\Omega}(x,y) \wedge \varphi(x) = \int_G d_y \tilde{\Omega}(x,y) \wedge \varphi(x) + (-1)^n \frac{p}{n} \varphi(y).\sigma_{n-1} \quad .$$

Comme toute forme φ est somme d'une forme dont le support ne contient pas y , et d'une forme dont le support est contenu dans G , la proposition est démontrée.

c. Théorèmes de représentation intégrale.

Théorème 14. Soit G un domaine borné de $\mathbb{R}^n$, dont la frontière S , supposée différentiable par morceaux, n'ait qu'un nombre fini de composantes connexes. Pour toute forme différentielle extérieure φ , continument différentiable au voisinage de $\bar{G}$, on a

$$\int_S \tilde{\Omega}(x,y) \wedge w\varphi(x) + (-1)^n d_y \int_G \tilde{\Omega}(x,y) \wedge \varphi(x) + (-1)^n \int_G \tilde{\Omega}(x,y) \wedge d\varphi(x)$$

$$= \begin{cases} \sigma_{n-1}.\varphi(y) & \text{si } y \in G \\ 0 & \text{si } y \notin \bar{G} . \end{cases}$$

Soit d'abord $y \notin \bar{G}$; on a, d'après la formule de Stokes,

$$\begin{aligned} \int_S \tilde{\Omega}(x,y) \wedge \varphi(x) &= \int_G d_x(\tilde{\Omega}(x,y) \wedge \varphi(x)) \\ &= \int_G d_x \tilde{\Omega}(x,y) \wedge \varphi(x) + \int_G w_x \tilde{\Omega}(x,y) \wedge d\varphi(x) \\ &= - \int_G w_x d_y \tilde{\Omega}(x,y) \wedge \varphi(x) + \int_G w_x \tilde{\Omega}(x,y) \wedge d\varphi(x) \\ &= - d_y \int_G w_x \tilde{\Omega}(x,y) \wedge \varphi(x) + \int_G w_x \tilde{\Omega}(x,y) \wedge d\varphi(x) . \end{aligned}$$

Soit maintenant $y \in G$; soit ε tel que l'on ait $\bar{B}_{y,\varepsilon} \subset G$; alors

$$\int_S \tilde{\Omega}(x,y) \wedge \varphi(x) - \int_{S_{y,\varepsilon}} \tilde{\Omega}(x,y) \wedge \varphi(x) = \int_{G-\bar{B}_{y,\varepsilon}} d_x(\tilde{\Omega}(x,y) \wedge \varphi(x))$$

$$= - \int_{G-\bar{B}_{y,\varepsilon}} d_y w_x \tilde{\Omega}(x,y) \wedge \varphi(x) + \int_{G-\bar{B}_{y,\varepsilon}} w_x \tilde{\Omega}(x,y) \wedge d\varphi(x) .$$

On obtient le résultat annoncé en faisant tendre ε vers 0 , compte-tenu des Propositions 14 et 15.

Corollaire 15. Pour toute forme différentielle extérieure φ , continument différentiable et à support compact dans $\mathbb{R}^n$, on a

$$(-1)^n \sigma_{n-1} \varphi(y) = d_y \int_{\mathbb{R}^n} \tilde{\Omega}(x,y) \wedge \varphi(x) + \int_{\mathbb{R}^n} \check{\Omega}(x,y) \wedge d\varphi(x) .$$

Il suffit d'appliquer le Théorème 14 avec un domaine G contenant le support de φ .

Remarque 20. Pour toute forme différentielle φ , continument différentiable et à support compact dans $\mathbb{R}^n$, posons

$$(K\varphi)(y) = (-1)^n \sigma_{n-1}^{-1} \int_{\mathbb{R}^n} \tilde{\Omega}(x,y) \wedge \varphi(x) ;$$

nous avons alors la "relation d'homotopie"

$$\varphi = dK\varphi + Kd\varphi ,$$

mais $K\varphi$ n'est pas à support compact.

Remarque 21. La convolution des courants (définie et étudiée dans [26]) fournit une démonstration concise du Corollaire 15. Compte-tenu des Propriétés 3.2 et 3.4 de [26] , on a en effet

$$\begin{aligned}(-1)^n d(\{\Omega\} * \varphi) &= d\{\Omega\} * \varphi + (-1)^{n-1}\{\Omega\} * d\varphi \\ &= \sigma_{n-1}\, \delta_0 * \varphi + (-1)^{n-1}\{\Omega\} * d\varphi\end{aligned}$$

vu le Corollaire 2. Donc

$$(-1)^n \sigma_{n-1} . \varphi = d(\{\Omega\} * \varphi) + \{\Omega\} * d\varphi .$$

Il suffit alors d'expliciter les produits de convolution par des intégrales. On peut ensuite déduire le Théorème 14 du Corollaire 15.

Corollaire 16. Pour toute forme différentielle φ , continument différentiable et à support compact dans $\mathbb{R}^n$, vérifiant $d\varphi = 0$, il existe une forme différentielle ψ , continument différentiable dans $\mathbb{R}^n$, vérifiant $\varphi = d\psi$.

C'est une conséquence immédiate du Corollaire 15.

Proposition 16. Soit K un compact de $\mathbb{R}^n$; soit φ une forme différentielle extérieure de degré n , définie et C^∞ dans un voisinage ouvert U de K . Il existe alors une forme différentielle ψ homogène de degré n-1 , définie et C^∞ dans $\mathbb{R}^n$, et un voisinage ouvert V de K , tels que l'on ait

$$V \subset U \qquad \text{et} \qquad \varphi|_V = d(\psi|_V) \quad .$$

Il suffit en effet de déterminer V et une forme φ' dans $\mathbb{R}^n$, C^∞ et à support compact, de telle sorte que $\varphi'|_V = \varphi$; on applique alors le Corollaire 16 .

Les formules intégrales ci-dessus sont inspirées par les formules de Koppelman et de Roos (cf. §2).

2. Formules de Koppelman et de Roos ([16], [33]).

a. Préliminaires. Dans $\mathbb{C}^n \times \mathbb{C}^n$, on désigne par (z,ζ) , $z = (z_j)_{1\leq j\leq n}$, $\zeta = (\zeta_j)_{1\leq j\leq n}$ les coordonnées canoniques ; soit τ l'application de $\mathbb{C}^n \times \mathbb{C}^n$ dans $\mathbb{C}^n$ définie par $\tau(z,\zeta) = z-\zeta$. Les notations $\mathcal{A}^*$ et $\tilde{\varphi}$ sont définies comme dans le §1.

<u>Lemme 27. Pour toute suite</u> $1 \leq j_1 < \ldots < j_p \leq n$, <u>la composante homogène de degré</u> n <u>par rapport à</u> z <u>de</u>

$$\mathcal{A}^* \omega(z - \zeta) \wedge \left(\bigwedge_{1 \leq \alpha \leq p} dz_{j_\alpha} \right)$$

<u>est</u>

$$(-1)^p \omega(z) . \left(\bigwedge_{1 \leq \alpha \leq p} d\zeta_{j_\alpha} \right) .$$

<u>Lemme 28. Pour toute suite</u> $1 \leq j_1 < \ldots < j_p \leq n$, <u>la composante homogène de degré</u> n <u>par rapport à</u> $\bar{z}$ <u>de</u>

$$\mathcal{A}^* \omega'(\bar{z} - \bar{\zeta}) \wedge \left(\bigwedge_{1 \leq \alpha \leq p} d\bar{z}_{j_\alpha} \right)$$

<u>est égale à</u>

$$(-1)^{n-1} \omega(\bar{z}) . \sum_{1 \leq \alpha \leq p} (-1)^{\alpha-1} (\bar{z}_{j_\alpha} - \bar{\zeta}_{j_\alpha}) \bigwedge_{\substack{1 \leq \beta \leq p \\ \beta \neq \alpha}} d\bar{\zeta}_{j_\beta} .$$

<u>Lemme 29. Pour toute suite</u> $1 \leq j_1 < \ldots < j_p \leq n$, <u>la composante homogène de degré</u> n <u>par rapport à</u> $\bar{z}$ <u>de</u>

$$d''_z \mathcal{A}^* \omega'(\bar{z} - \bar{\zeta}) \wedge \left(\bigwedge_{1 \leq \alpha \leq p} d\bar{z}_{j_\alpha} \right)$$

<u>est égale à</u>

$$(-1)^p (n-p) \omega(\bar{z}) . \left(\bigwedge_{1 \leq \alpha \leq p} d\bar{\zeta}_{j_\alpha} \right) .$$

<u>Lemme 30. Pour toute suite</u> $1 \leq j_1 < \ldots < j_p \leq n$, <u>la composante homogène de degré</u> n <u>par rapport à</u> $\bar{z}$ <u>de</u>

$$d''_\zeta \mathcal{A}^* \omega'(\bar{z} - \bar{\zeta}) \wedge \left(\bigwedge_{1 \leq \alpha \leq p} d\bar{z}_{j_\alpha} \right)$$

<u>est égale à</u>

$$(-1)^n p \, \omega(\bar{z}) . \left(\bigwedge_{1 \leq \alpha \leq p} d\bar{\zeta}_{j_\alpha} \right) .$$

Les Lemmes 27 à 30 se démontrent respectivement comme les Lemmes 23 à 26.

b. Deux propositions essentielles. On désignera par W'' l'opérateur linéaire sur les formes différentielles extérieures dans $\mathbb{C}^n$ qui multiplie toute forme homogène de type (p,q) par $(1 - q/n)$.

Proposition 17. Pour toute forme différentielle φ, continue dans $\mathbb{C}^n$ au voisinage de ζ, on a

$$\frac{(2i\pi)^n}{(n-1)!} W''w\, \varphi(\zeta) = \lim_{\varepsilon \to 0} \int_{S_{\zeta,\varepsilon}} \check{K}(z,\zeta) \wedge \varphi(z) .$$

En effet, quand $\varepsilon \longrightarrow 0$ et pour

$$\varphi(z) = f(z)\big(\bigwedge_{1\leq\alpha\leq p} dz_{j_\alpha}\big) \wedge \big(\bigwedge_{1\leq\beta\leq q} d\bar{z}_{h_\beta}\big) ,$$

$$1 \leq j_1 < \dots < j_p \leq n \quad , \quad 1 \leq h_1 < \dots < h_q \leq n ,$$

on a

$$\int_{S_{\zeta,\varepsilon}} \tilde{K}(z,\zeta) \wedge \varphi(z) = \varepsilon^{-2n} \int_{S_{\zeta,\varepsilon}} \mathcal{A}^*(\omega(z-\zeta) \wedge \omega'(\bar{z}-\bar{\zeta})) \wedge \varphi(z)$$

$$\sim \varepsilon^{-2n} f(\zeta) \int_{S_{\zeta,\varepsilon}} \mathcal{A}^*(\omega(z-\zeta) \wedge \omega'(\bar{z}-\bar{\zeta})) \wedge \big(\bigwedge_{1\leq\alpha\leq p} dz_{j_\alpha}\big)\wedge\big(\bigwedge_{1\leq\beta\leq q} d\bar{z}_{h_\beta}\big) ;$$

grâce à la formule de Stokes, la dernière intégrale s'écrit

$$\int_{B_{\zeta,\varepsilon}} d_z \mathcal{A}^*(\omega(z-\zeta) \wedge \omega'(\bar{z}-\bar{\zeta})) \wedge \big(\bigwedge_{1\leq\alpha\leq p} dz_{j_\alpha}\big) \wedge \big(\bigwedge_{1\leq\beta\leq q} d\bar{z}_{h_\beta}\big)$$

$$= (-1)^{p(n-q-1)} \int_{B_{\zeta,\varepsilon}} w_z\, \mathcal{A}^*\omega(z-\zeta) \wedge d''_z \mathcal{A}^*\omega'(\bar{z}-\bar{\zeta}) \wedge \big(\bigwedge_{1\leq\alpha\leq p} dz_{j_\alpha}\big)\wedge\big(\bigwedge_{1\leq\beta\leq q} d\bar{z}_{h_\beta}\big)$$

$$= (-1)^n \int_{B_{\zeta,\varepsilon}} \big(\mathcal{A}^*\omega(z-\zeta) \wedge \big(\bigwedge_{1\leq\alpha\leq p} dz_{j_\alpha}\big)\big) \wedge d''_z \mathcal{A}^*\omega'(\bar{z}-\bar{\zeta})\wedge\big(\bigwedge_{1\leq\beta\leq q} d\bar{z}_{h_\beta}\big)$$

$$= (n-q)(-1)^{n+p+q} \left(\int_{B_{\zeta,\varepsilon}} \omega(z) \wedge \omega(\bar{z})\right).\left(\bigwedge_{1\leq\alpha\leq p} d\zeta_{j_\alpha}\right) \wedge \left(\bigwedge_{1\leq\beta\leq q} d\bar{\zeta}_{h_\beta}\right)$$

$$= \frac{n-q}{n} (-1)^{p+q} \frac{(2i\pi)^n}{(n-1)!} \varepsilon^{2n}\left(\bigwedge_{1\leq\alpha\leq p} d\zeta_{j_\alpha}\right) \wedge \left(\bigwedge_{1\leq\beta\leq q} d\bar{\zeta}_{h_\beta}\right) .$$

Proposition 18. Soit G un domaine borné de $\mathbb{C}^n$. Pour toute forme différentielle φ , de classe C^1 au voisinage de $\bar{G}$, on a

$$d'_\zeta \int_G \check{K}(z,\zeta) \wedge \varphi(z) = \lim_{\varepsilon\to 0} \int_{G-B_{\zeta,\varepsilon}} d'_\zeta \check{K}(z,\zeta) \wedge \varphi(z)$$

et

$$d''_\zeta \int_G \check{K}(z,\zeta) \wedge \varphi(z) - \lim_{\varepsilon\to 0} \int_{G-B_{\zeta,\varepsilon}} d''_\zeta \check{K}(z,\zeta) \wedge \varphi(z)$$

$$= \begin{cases} \frac{(2i\pi)^n}{(n-1)!} (1 - W'') \varphi(\zeta) & \text{si} \quad \zeta \in G \\ 0 & \text{si} \quad \zeta \notin \bar{G} \end{cases} .$$

Démonstration. Comme dans la démonstration de la Proposition 15, on se ramène au cas où le support de φ est contenu dans G , qui peut alors être remplacé par $\mathbb{C}^n$ dans la formule à démontrer ; prenons φ comme dans la preuve de la Proposition 17, et posons $z-\zeta = t$:

$$\int_G \check{K}(z,\zeta) \wedge \varphi(z) = (-1)^{p(n-q)} \int_{\mathbb{C}^n} \frac{f(z)}{\|z-\zeta\|^{2n}} \mathcal{O}^*\omega(z-\zeta) \wedge \mathcal{O}^*\omega'(\bar{z}-\bar{\zeta}) \wedge \left(\bigwedge_{1\leq\alpha\leq p} dz_{j_\alpha}\right) \wedge \left(\bigwedge_{1\leq\beta\leq q} d\bar{z}_{h_\beta}\right)$$

$$= (-1)^{n-p-1} \int_{\mathbb{C}^n} \frac{f(z)\omega(z)\wedge\omega(\bar{z})}{\|z-\zeta\|^{2n}} . \left(\bigwedge_{1\leq\alpha\leq p} d\zeta_{j_\alpha}\right) \wedge$$

$$\sum_{1\leq\beta\leq q} (-1)^{\beta-1} (\bar{z}_{h_\beta} - \bar{\zeta}_{h_\beta}) \bigwedge_{\substack{1\leq\gamma\leq q \\ \gamma\neq\beta}} d\bar{\zeta}_{h_\gamma}$$

$$= (-1)^{n-p-1} \int_{\mathbb{C}^n} \|t\|^{-2n} f(\zeta+t)\, \omega(t) \wedge \omega(\bar{t}) . \left(\bigwedge_{1\leq\alpha\leq p} d\zeta_{j_\alpha}\right) \wedge$$

$$\sum_{1\leq\beta\leq q} (-1)^{\beta-1} \bar{t}_{h_\beta} \bigwedge_{\substack{1\leq\gamma\leq q \\ \gamma\neq\beta}} d\bar{\zeta}_{h_\gamma} .$$

Preuve de la première relation. On a

$$d'_\zeta \int_G \tilde{K}(z,\zeta) \wedge \varphi(z)$$

$$= (-1)^{n-p-1} \int_{\mathbb{C}^n} \|t\|^{-2n}\, d'_\zeta\, f(\zeta+t) \wedge \omega(t) \wedge \omega(\bar{t}) \wedge \Big(\bigwedge_{1\le\alpha\le p} d\zeta_{j_\alpha} \Big) \wedge$$

$$\sum_{1\le\beta\le q} (-1)^{\beta-1}\, \bar{t}_{h_\beta} \bigwedge_{\substack{1\le\gamma\le q\\ \gamma\ne\beta}} d\bar{\zeta}_{h_\gamma} = \int_{\mathbb{C}^n} \|t\|^{-2n}\, d_t\, f(\zeta+t) \wedge \eta$$

avec

$$\eta = (-1)^{n-p-1} \Big(\sum_{1\le i\le n} (-1)^{i-1}\, d\zeta_i \bigwedge_{\substack{1\le j\le n\\ j\ne i}} dt_j \Big) \wedge \omega(t).\Big(\bigwedge_{1\le\alpha\le p} d\zeta_{j_\alpha} \Big) \wedge$$

$$\sum_{1\le\beta\le q} (-1)^{\beta-1}\, \bar{t}_{h_\beta} \bigwedge_{\substack{1\le\gamma\le q\\ \gamma\ne\beta}} d\bar{\zeta}_{h_\gamma} .$$

Par conséquent

$$d'_\zeta \int_G \tilde{K}(z,\zeta) \wedge \varphi(z) = \int_{\mathbb{C}^n} d_t(\|t\|^{-2n} f(\zeta+t)\eta) - \int_{\mathbb{C}^n} f(\zeta+t)\, d_t(\|t\|^{-2n}\eta) .$$

Compte-tenu de la relation $d_t\eta = 0$, la première des deux intégrales obtenues s'écrit :

$$- \lim_{\varepsilon\to 0} \varepsilon^{-2n} \int_{\|t\|=\varepsilon} f(\zeta+t)\,\eta = f(\zeta) \lim_{\varepsilon\to 0} \varepsilon^{-2n} \int_{\|t\|<\varepsilon} d_t\eta = 0$$

et la seconde

$$(-1)^{n-p-1} n \int_{\mathbb{C}^n} \|t\|^{-2n-2} f(\zeta+t)\, \omega(t) \wedge \omega(\bar{t}).\Big(\sum_{1\le i\le n} \bar{t}_i\, d\zeta_i \Big)\wedge\Big(\bigwedge_{1\le\alpha\le p} d\zeta_{j_\alpha} \Big) \wedge$$

$$\sum_{1\le\beta\le q} (-1)^{\beta-1}\, \bar{t}_{h_\beta} \bigwedge_{\substack{1\le\gamma\le q\\ \gamma\ne\beta}} d\bar{\zeta}_{h_\gamma} .$$

On obtient aussi cette dernière expression en faisant le changement de variables défini par $z-\zeta = t$ dans

$$\int_G d'_\zeta \tilde{K}(z,\zeta) \wedge \varphi(z) = \int_{\mathbb{C}^n} d'_\zeta \mathcal{A}^*(\|z-\zeta\|^{2n} \omega(z-\zeta) \wedge \omega'(\bar{z}-\bar{\zeta})) f(z) \wedge (\bigwedge_{1\le\alpha\le p} dz_{j_\alpha}) \wedge (\bigwedge_{1\le\beta\le q} d$$

$$= (-1)^{n-p-1} n \int_{\mathbb{C}^n} \|z-\zeta\|^{-2n-2} f(z)\, \omega(z) \wedge \omega(\bar{z}).(\sum_{1\le i\le n} (\bar{z}_i-\bar{\zeta}_i) d\zeta_i) \wedge (\bigwedge_{1\le\alpha\le p} d\zeta_{j_\alpha}) \wedge$$

$$\sum_{1\le\beta\le q} (-1)^{\beta-1} (\bar{z}_{h_\beta} - \bar{\zeta}_{h_\beta}) \bigwedge_{\substack{1\le\gamma\le q\\ \gamma\ne\beta}} d\bar{\zeta}_{h_\gamma} .$$

Preuve de la seconde relation. On a

$$d''_\zeta \int_G \tilde{K}(z,\zeta) \wedge \varphi(z)$$

$$(-1)^{n-p-1} \int_{\mathbb{C}^n} \|t\|^{-2n} d''_\zeta f(\zeta+t)\, \omega(t)\wedge\omega(\bar{t}).(\bigwedge_{1\le\alpha\le p} d\zeta_{j_\alpha}) \wedge \sum_{1\le\beta\le q} (-1)^{\beta-1} \bar{t}_{h_\beta} \bigwedge_{\substack{1\le\gamma\le q\\ \gamma\ne\beta}} d\bar{\zeta}_{h_\gamma}$$

$$= \int_{\mathbb{C}^n} \|t\|^{-2n} d_t f(\zeta+t) \wedge \chi$$

avec

$$\chi = (-1)^{p-1} \omega(t) \wedge (\sum_{1\le i\le n} (-1)^{i-1} d\bar{\zeta}_i (\bigwedge_{\substack{1\le j\le n\\ j\ne i}} d\bar{t}_j)) \wedge (\bigwedge_{1\le\alpha\le p} d\zeta_{j_\alpha}) \wedge$$

$$\sum_{1\le\beta\le q} (-1)^{\beta-1} \bar{t}_{h_\beta} \bigwedge_{\substack{1\le\gamma\le q\\ \gamma\ne\beta}} d\bar{\zeta}_{h_\gamma} .$$

Par conséquent

$$d''_\zeta \int_G \tilde{K}(z,\zeta) \wedge \varphi(z) = \int_{\mathbb{C}^n} d_t(\|t\|^{-2n} f(\zeta+t)\chi) - \int_{\mathbb{C}^n} f(\zeta+t)\, d_t(\|t\|^{-2n} \chi) .$$

Compte-tenu de la relation

$$d_t \chi = (-1)^{n-1} q\, \omega(t) \wedge \omega(\bar{t}).(\bigwedge_{1\le\alpha\le p} d\zeta_{j_\alpha}) \wedge (\bigwedge_{1\le\beta\le q} d\bar{\zeta}_{h_\beta}) ,$$

la première des deux intégrales obtenues s'écrit

$$- \lim_{\varepsilon\to 0} \varepsilon^{-2n} \int_{\|t\|=\varepsilon} f(\zeta+t)\,\chi = f(\zeta) \lim_{\varepsilon\to 0} \varepsilon^{-2n} \int_{\|t\|<\varepsilon} d_t \chi = \frac{q}{n} \frac{(2i\pi)^n}{(n-1)!}\, \varphi(\zeta)$$

et la seconde

$$(-1)^n q \int_{\mathbb{C}^n} \|t\|^{-2n} f(\zeta+t)\,\omega(t) \wedge \omega(\bar{t}).(\bigwedge_{1\le\alpha\le p} d\zeta_{j_\alpha}) \wedge (\bigwedge_{1\le\beta\le q} d\bar{\zeta}_{h_\beta}) \quad +$$

$$(-1)^{n-p+1}\, n \int_{\mathbb{C}^n} \|t\|^{-2n-2} f(\zeta+t)\,\omega(t) \wedge \omega(\bar{t}).(\sum_{1\le i\le n} t_i\, d\bar{\zeta}_i) \wedge$$

$$(\bigwedge_{1\le\alpha\le p} d\zeta_{j_\alpha}). \sum_{1\le\beta\le q} (-1)^{\beta-1}\, \bar{t}_{h_\beta} \bigwedge_{\substack{1\le\gamma\le\beta \\ \gamma\ne\beta}} d\bar{\zeta}_{h_\gamma} \quad .$$

On obtient aussi cette dernière expression en faisant le changement de variables défini par $z-\zeta = t$ dans

$$\int_G d''_\zeta\, \check{K}(z,\zeta) \wedge \varphi(z) = \int_{\mathbb{C}_n} d''_\zeta\, \mathcal{A}^*(\|z-\zeta\|^{-2n} \omega(z-\zeta) \wedge \omega'(\bar{z}-\bar{\zeta}))\, f(z) \wedge$$

$$(\bigwedge_{1\le\alpha\le p} dz_{j_\alpha}) \wedge (\bigwedge_{1\le\beta\le q} d\bar{z}_{h_\beta})$$

$$= (-1)^n q \int_{\mathbb{C}^n} \|z-\zeta\|^{-2n} f(z)\,\omega(z) \wedge \omega(\bar{z}).(\bigwedge_{1\le\alpha\le p} d\zeta_{j_\alpha}) \wedge (\bigwedge_{1\le\beta\le q} d\bar{\zeta}_{h_\beta}) \quad +$$

$$(-1)^{n-p+1}\, n \int_{\mathbb{C}^n} \|z-\zeta\|^{-2n-2} f(z)\,\omega(z) \wedge \omega(\bar{z}).(\sum_{1\le i\le n} (z_i - \zeta_i) d\bar{\zeta}_i) \wedge (\bigwedge_{1\le\alpha\le p} d\zeta_{j_\alpha}) \wedge$$

$$\sum_{1\le\beta\le q} (-1)^{\beta-1} (\bar{z}_{h_\beta} - \bar{\zeta}_{h_\beta}) (\bigwedge_{\substack{1\le\gamma\le q \\ \gamma\ne\beta}} d\bar{\zeta}_{h_\gamma}) \quad .$$

Ceci achève la démonstration.

Corollaire 17. Soit G un domaine borné de $\mathbb{C}^n$. Pour toute forme différentielle φ, de classe C^1 au voisinage de $\overline{G}$, on a

$$d_\zeta \int_G \check{K}(z,\zeta) \wedge \varphi(z) - \lim_{\varepsilon\to 0} \int_{G-B_{\zeta,\varepsilon}} d_\zeta \check{K}(z,\zeta)\wedge\varphi(z) = \begin{cases} \frac{(2i\pi)^n}{(n-1)!}(1-W'')\varphi(\zeta) & \text{si } \zeta\in G \\ 0 & \text{si } \zeta\notin \overline{G} \end{cases}.$$

c. Formules intégrales du type de Cauchy. De la Proposition 17 et du Corollaire 17, on déduit

Théorème 15. Soit G un domaine borné de $\mathbb{C}^n$, dont la frontière S, supposée continument différentiable par morceaux, n'a qu'un nombre fini de composantes connexes. Pour toute forme différentielle extérieure φ, continument différentiable au voisinage de $\overline{G}$, on a

$$\int_S \check{K}(z,\zeta) \wedge w\varphi(z) + d_\zeta \int_G \check{K}(z,\zeta) \wedge \varphi(z) + \int_G \check{K}(z,\zeta) \wedge d\varphi(z)$$

$$= \begin{cases} \frac{(2i\pi)^n}{(n-1)!}\varphi(\zeta) & \text{si } \zeta\in G \\ 0 & \text{si } \zeta\notin\overline{G}. \end{cases}$$

Démonstration analogue à celle du Théorème 14 à partir des Propositions 14 et 15.

On désignera par $\check{K}_{p,q}(z,\zeta)$ la composante homogène de $\check{K}(z,\zeta)$ de type (p,q) en ζ.

Corollaire 18. Avec les hypothèses du Théorème 15, si φ est de type (p,q), on a

$$\int_S \check{K}_{p,q}(z,\zeta) \wedge w\varphi(z) + d''_\zeta \int_G \check{K}_{p,q-1}(z,\zeta)\wedge\varphi(z) +$$

$$\int_G \check{K}_{p,q}(z,\zeta) \wedge d''\varphi(z) = \begin{cases} \frac{(2i\pi)^n}{(n-1)!}\varphi(\zeta) & \text{si } \zeta\in G \\ 0 & \text{si } \zeta\notin\overline{G} \end{cases}$$

et

$$\int_S \check{K}_{p+1,q-1}(z,\zeta) \wedge w\varphi(z) + d'_\zeta \int_G \check{K}_{p,q-1}(z,\zeta)\wedge\varphi(z) +$$

$$\int_G \overset{\vee}{K}_{p+1,q-1}(z,\zeta) \wedge d'\varphi(z) = 0 \quad \underline{\text{pour}} \quad \zeta \notin S .$$

Il suffit de séparer les types des différents termes dans la relation du Théorème 15.

Corollaire 19. Pour toute forme différentielle extérieure φ, de type (p,q), continument différentiable et à support compact dans $\mathbb{C}^n$, on a

$$\frac{(2i\pi)^n}{(n-1)!}\varphi(\zeta) = d''_\zeta \int_{\mathbb{C}^n} \tilde{K}_{p,q-1}(z,\zeta) \wedge \varphi(z) + \int_{\mathbb{C}^n} \overset{\vee}{K}_{p,q}(z,\zeta) \wedge d''\varphi(z)$$

et

$$d'_\zeta \int_{\mathbb{C}^n} \tilde{K}_{p,q-1}(z,\zeta) \wedge \varphi(z) + \int_{\mathbb{C}^n} \overset{\vee}{K}_{p+1,q+1}(z,\zeta) \wedge d'\varphi(z) = 0 \quad .$$

Il suffit d'appliquer le Corollaire 18 avec un domaine G contenant le support de φ.

Remarque 22. La convolution des courants fournit une démonstration concise de Corollaire 19, analogue à celle du Corollaire 15 donnée dans la Remarque 21.

Corollaire 20. Pour toute forme différentielle φ de type (p,q), $q > 0$, à support compact et C^∞ dans $\mathbb{C}^n$, vérifiant $d''\varphi = 0$, il existe une forme différentielle ψ de type $(p,q-1)$, C^∞ dans $\mathbb{C}^n$, vérifiant $\varphi = d''\psi$.

C'est une conséquence immédiate du Corollaire 19.

Proposition 19. Soit K un compact de $\mathbb{C}^n$; soit φ une forme différentielle homogène de type (p,n), définie et C^∞ dans un voisinage ouvert U de K. Il existe alors une forme différentielle ψ homogène de type $(p,n-1)$, définie et C^∞ dans $\mathbb{C}^n$, et un voisinage ouvert V de K, tels que l'on ait

$$V \subset U \qquad \underline{\text{et}} \qquad \varphi|_V = d''(\psi|_V) .$$

Se démontre à partir du Corollaire 20 comme la Proposition 16 à partir du Corollaire 16.

Remarque 23. Si φ dépend holomorphiquement de paramètres complexes, la forme ψ, obtenue par une formule intégrale, dépend holomorphiquement des mêmes paramètres.

Corollaire 21. *Soit* K *un compact de* $\mathbb{C}$; *soit* φ *une forme différentielle de type* $(0,1)$ (*resp.* $1,1$), *définie et* C^∞ *dans un voisinage ouvert* U *de* K. *Il existe alors une fonction* ψ (*resp. une forme différentielle* ψ *de type* $(1,0)$), *définie et* C^∞ *dans* $\mathbb{C}^n$, *et un voisinage* V *de* K, *tels que l'on ait*

$$V \subset U \quad \text{et} \quad \varphi|_V = d''(\psi|_V) \ .$$

C'est le cas particulier de la Proposition 19 obtenu pour $n = 1$.

Remarque 24. A partir du Corollaire 21, on prouve, par induction sur n et approximation, le théorème suivant, de Dolbeault et Grothendieck : *Soit* G *un ouvert de* $\mathbb{C}^n$, *produit de* n *ouverts de* $\mathbb{C}$; *pour toute forme différentielle* φ *de type* (p,q), $q \geq 1$, *et* C^∞ *dans* G, *vérifiant* $d''\varphi = 0$, *il existe une forme* ψ *de type* $(p,q-1)$, C^∞ *dans* G, *telle que* $d''\psi = \varphi$. *Voir par exemple* [25] p. 131-134.

d. *Formules intégrales du type de Green*. De la relation

$$K = \frac{1}{1-n}\ d'H$$

on déduit

$$\tilde{K} = \frac{1}{1-n}\ \tilde{d}'H = \frac{1}{1-n}\ (d'_z + w_z\ d'_\zeta)\ \tilde{H} \ .$$

En désignant par $\tilde{H}_{p,q}(z,\zeta)$ la composante homogène de $\tilde{H}(z,\zeta)$ de type (p,q) en ζ, on a

$$\tilde{K}_{p,q} = \frac{1}{1-n}\ (d'_z\ \tilde{H}_{p,q} + d'_\zeta\ w_z\ \tilde{H}_{p-1,q}) \ .$$

Théorème 16. *Sous les hypothèses du Corollaire 18, on a, pour* $n > 1$,

$$\int_S ((n-1)\ \tilde{K}_{p,q}(z,\zeta) \wedge \varphi(z) - \tilde{H}_{p,q}(z,\zeta) \wedge d''\ w\varphi(z)) + \int_G \tilde{H}_{p,q}(z,\zeta) \wedge d'd''\varphi(z) +$$

$$d'_\zeta \int_G \tilde{H}_{p-1,q}(z,\zeta) \wedge d''\varphi\ (z) + (n-1)\ d''_\zeta \int_G \tilde{K}_{p,q-1}(z,\zeta) \wedge w\,\varphi(z)$$

$$= \begin{cases} \dfrac{(2i\pi)^n}{(n-2)!}\ w\ \varphi(\zeta) & \text{si } \zeta \in G \\ 0 & \text{si } \zeta \notin G \end{cases} \ .$$

Cette formule se déduit de la première formule du Corollaire 18 ; en effet, pour le troisième terme de celle-ci, on a

$$(1-n)\int_G \tilde{K}_{p,q}\wedge d''\varphi = \int_G d'_z\,\tilde{H}_{p,q}\wedge d''\varphi + \int_G d'_\zeta\, w_z\,\tilde{H}_{p-1,q}\wedge d''\varphi$$

$$= \int_G d_z\,(\tilde{H}_{p,q}\wedge d''\varphi) - \int_G w_z\,\tilde{H}_{p,q}\wedge d'd''\varphi + \int_G d'_\zeta\, w_z\,\tilde{H}_{p-1,q}\wedge d''\varphi$$

$$= \int_S \tilde{H}_{p,q}\wedge d''\varphi - \int_G \tilde{H}_{p,q}\wedge d'd''w\varphi - d'_\zeta\int_G \tilde{H}_{p-1,q}\wedge d''\,w\varphi\,.$$

Corollaire 22. Pour toute forme différentielle extérieure φ, de type (p,q), continument différentiable et à support compact dans $\mathbb{C}^n$, $n > 1$, on a

$$d'_\zeta\int_G \tilde{H}_{p-1,q}(z,\zeta)\wedge d''\varphi(z) + (n-1)\,d''_\zeta\int_G \tilde{K}_{p,q-1}(z,\zeta)\wedge w\varphi(z) +$$

$$\int_G \tilde{H}_{p,q}(z,\zeta)\wedge d'd''\varphi(z) = \begin{cases} \dfrac{(2i\pi)^n}{(n-2)!}\, w\,\varphi(\zeta) & \text{si } \zeta\in G \\ 0 & \text{si } \zeta\notin \overline{G}\,. \end{cases}$$

Théorème 17. Sous les hypothèses du Corollaire 18, on a, pour $n > 1$,

$$\int_S ((n-1)\,\tilde{K}_{p,q}(z,\zeta)\wedge\varphi(z) - \tilde{H}_{p,q}(z,\zeta)\wedge d''\,w\varphi(z)) + \int_G \tilde{H}_{p,q}(z,\zeta)\wedge d'd''\varphi(z) +$$

$$d'_\zeta\int_G \tilde{H}_{p-1,q}(z,\zeta)\wedge d''\varphi(z) - d''_\zeta\;(\int_S \tilde{H}_{p,q-1}(z,\zeta)\wedge\varphi(z) + \int_G \tilde{H}_{p,q-1}(z,\zeta)\wedge d'\varphi(z)) +$$

$$d'_\zeta\, d''_\zeta\int_G \tilde{H}_{p-1,q-1}(z,\zeta)\wedge\varphi(z) = \begin{cases} \dfrac{(2i\pi)^n}{(n-2)!}\, w\,\varphi(\zeta) & \text{si } \zeta\in G \\ 0 & \text{si } \zeta\notin\overline{G}\,. \end{cases}$$

En effet, pour l'intégrale figurant dans le second terme de la première formule du Corollaire 18, on a :

$$(1-n)\int_G \tilde{K}_{p,q-1}\wedge\varphi = \int_G d'_z\,\tilde{H}_{p,q-1}\wedge\varphi + \int_G d'_\zeta\, w_z\,\tilde{H}_{p-1,q-1}\wedge\varphi$$

$$= \int_G d_z(\tilde{H}_{p,q-1}\wedge\varphi) - \int_G w_z\,\tilde{H}_{p,q-1}\wedge d'\varphi + d'_\zeta\int_G w_z\,\tilde{H}_{p-1,q-1}\wedge\varphi$$

$$= \int_S \tilde{H}_{p,q-1}\wedge\varphi + \int_G \tilde{H}_{p,q-1}\wedge d'w\varphi + d'_\zeta\int_G \tilde{H}_{p-1,q-1}\wedge w\varphi\ .$$

Corollaire 23. Sous les hypothèses du Théorème 17, si $d\varphi = 0$, on a :

$$\int_S (n-1)\,\tilde{K}_{p,q}(z,\zeta)\wedge\varphi(z) - d''_\zeta\int_S \tilde{H}_{p,q-1}(z,\zeta)\wedge\varphi(z) +$$

$$d'_\zeta d''_\zeta\int_G \tilde{H}_{p-1,q-1}(z,\zeta)\wedge\varphi(z) = \begin{cases} \dfrac{(2i\pi)^n}{(n-2)!}\,w\varphi(\zeta) & \text{si } \zeta\in G \\ 0 & \text{si } \zeta\notin\bar{G}\ . \end{cases}$$

En effet, l'hypothèse $d\varphi = 0$ entraîne $d'\varphi = 0$ et $d''\varphi = 0$, relations qu'il suffit d'introduire dans la formule du Théorème 17.

BIBLIOGRAPHIE

1. A. ANDREOTTI. Problème de Lewy, Séminaire F. Norguet 1970-1971, Université Paris VII.

2. A. ANDREOTTI et F. NORGUET. Problème de Levi et convexité holomorphe pour les classes de cohomologie, Ann. Sc. Norm. Sup. Pisa 20, 1966, 197-241.

3. A. ASADA. Currents and residue exact sequences, Jour. Fac. Sci. Shinshu Univ. 3, 1968, 85-151.

4. H. BEHNKE et P. THULLEN. Theorie der Funktionen mehrerer komplexer Veränderlichen, Chelsea Pub. Comp. 1934, Springer-Verlag 1970.

5. S. BERGMAN. Über eine in gewissen Bereichen mit Maximumfläche gültige Integraldarstellung der Funktionen zweier komplexer Variabler, Math. Zeits. 39, 1944, 76-94 et 605-608.

6. S. BOCHNER. Analytic and meromorphic continuation by means of Green's formula, Ann. of Math. (2) 44, 1943, 652-673.

7. S. BOCHNER. Entire functions in several variables with constant absolute values on a circular uniqueness set, Proc. Amer. Math. Soc. 13, 1962, 117-120.

8. R. BOJANIC et W. STOLL. A characterization of monomials, Proc. Amer. Math. Soc. 13, 1962, 115-116.

9. E. BOMBIERI. Algebraic values of meromorphic maps, Invent. Math. 10, 1970, 267-287.

10. G. FICHERA. Caratterizzazione della traccia, sulla frontiera di un campo, di una funzione analitica di più variabili complesse, Rend. Lincei 22, 1957, 706-715.

11. B.A. FUCHS. Theory of analytic functions of several complex variables, Moscou 1962 (en russe), Amer. Math. Soc. 1963 (en anglais).

12. F. HARTOGS. Einige Folgerungen aus der Cauchyschen Integralformel bei Funktionen mehrerer Veränderlichen, Sitzungsber. Münch. Akad. 36, 1906, 223-242.

13. F. HARTOGS. Zur Theorie der analytischer Funktionen mehrerer unabhängiger Veränderlichen..., Math. Ann. 62, 1906, 1-88.

14. G.M. HENKIN. Integral representations of functions holomorphic in strictly pseudo-convex domains and some applications, Math. Sbornik 78 (120), 1969, 611-632 (en russe), Math. USSR Sbornik 7, 1969, 597-616 (en anglais).

15. L.K. HUA. Harmonic analysis of functions of several complex variables in the classical domains, Science Press Pekin 1958 (en chinois), Moscou 1959 (en russe), Amer. Math. Soc. 1963 (en anglais).

16. W. KOPPELMAN. The Cauchy integral for differential forms, Bull. Amer. Math. Soc. 73, 1967, 554-556.

17. J. LERAY. Le calcul différentiel et intégral sur une variété analytique complexe (Problème de Cauchy, III), Bull. Soc. Math. France 87, 1959, 81-180.

18. J. LERAY. Lettre du 19-4-1960 à F. Norguet.

19. I. LIEB. Solutions bornées des équations de Cauchy-Riemann, Séminaire F. Norguet 1970-1971, Université Paris VII.

20. K.H. LOOK. A note on the Cauchy-Fantappiè formula, Scientia Sinica 14, 1964, 624-628 (en anglais).

21. K.H. LOOK (Lu Qi-Keng). On the Cauchy-Fantappiè formula, Acta Math. Sinica 16, 1966, 344-363 (en chinois), Chinese Math. 8, 1966, 365-384 (en anglais).

22. E. MARTINELLI. Alcuni teoremi integrali per le funzioni analitiche di più variabili complesse, Memor. Accad. Ital. 9, 1938, 269-283.

23. E. MARTINELLI. Sopra una dimostrazione di R. Fueter per un teorema di Hartogs, Comm. Math. Helvet. 15, 1942-1943, 340-349.

24. E. MARTINELLI. Sulla determinazione di una funzione analitica di più variabili complesse in un campo, assegnatane la traccia sulla frontiera, Annali di Mat. pura ed applic. IV, 55, 1961, 191-202.

25. R. NARASIMHAN. Analysis on real and complex manifolds, Masson 1968.

26. F. NORGUET. Problèmes sur les formes différentielles et les courants, Ann. Inst. Fourier 11, 1960, 1-88.

27. F. NORGUET. Intégrales de formes différentielles extérieures non fermées, Rend. di Mat. 20, 1961, 355-372.

28. F. NORGUET. Cours de Calcul différentiel, polycopié, Université Paris VII.

29. W.F. OSGOOD. Lehrbuch der Funktionentheorie, Vol. II, Chelsea Pub. Comp. 1929 - 1932 et 1965.

30. H. POINCARE. Sur les résidus des intégrales doubles, Acta Math. 9, 1887, 321-380.

31. G. de RHAM. Variétés différentiables, Hermann, 1955.

32. E. RAMIREZ de ARELLANO. Ein Divisionproblem und Randintegraldarstellungen in der komplexen Analysis, Dissertation Göttingen 1968, Math. Ann. 184, 1970, 172-187.

33. G. ROOS. Formules intégrales pour les formes différentielles sur $\mathbb{C}^n$, I, à paraître aux Ann. Sc. Norm. Sup. Pisa.

34. G. ROOS. L'intégrale de Cauchy dans $\mathbb{C}^n$, Séminaire F. Norguet 1970-71, Université Paris VII.

35. G. ROOS. Formules intégrales pour les formes différentielles sur $\mathbb{C}^n$, II, en préparation.

36. L. SCHWARTZ. Théorie des distributions, Hermann, 1951.

37. F. SEVERI. Risoluzione generale del problema di Dirichlet per le funzione biarmoniche, Rend. Lincei 13, 1931, 795-804.

38. J. SICIAK. A note on functions of several complex variables, Proc. Amer. Math. Soc., 13, 1962, 686-689.

39. V.S. VLADIMIROV. Methods of the theory of functions of several complex variables, **Nauka** Press (Moscou) 1964 (en russe), M.I.T. Press 1966 (en anglais).

40. A. WEIL. L'intégrale de Cauchy et les fonctions de plusieurs variables, Math. Ann. 111, 1935, 178-182.

41. B.W. WEINSTOCK. Continuous boundary values of analytic functions of several complex variables, Proc. Amer. **Math**. Soc. 21, 1969, 463-466.

ESPACE DES CYCLES ET d' d" - COHOMOLOGIE DE $\mathbb{P}_n - \mathbb{P}_k$ (*)

par

Daniel BARLET

Table des matières

§ 0 - INTRODUCTION

Dans [2] A. Andreotti et F. Norguet prouvent le théorème suivant :

Si Z est une variété algébrique projective et Y une sous-variété algébrique de codimension d + 1 telle que X = Z - Y soit d-pseudo-convexe, alors le noyau de l'application

$$\rho_o : H^d(X, \Omega^d) \longrightarrow \Gamma(C_d^+(X), \mathcal{O})$$

(*) Thèse de 3e cycle soutenue le 20 mars 1972

à l'U.E.R. de Mathématiques de l'Université Paris VII.

(où $C_d^+(X)$ est l'espace des cycles analytiques compacts de X de dimension d , et ρ_0 est donnée par intégration $\left[\rho_0(\varphi)(c) = \int_c \varphi\right]$) est isomorphe, modulo un espace vectoriel de dimension finie, à l'image de l'application

$$d' : H^d(X, \Omega^{d-1}) \longrightarrow H^d(X, \Omega^d) .$$

De même l'application

$$\rho_1 : V^{d,d}(X) \longrightarrow \mathcal{H}(C_d^+(X)) ,$$

où $V^{d,d}(X)$ est l'espace des formes pluri-harmoniques de type (d,d) $[d'd''\varphi = 0]$ modulo un d' plus un d'' et $\mathcal{H}(C_d^+(X))$ l'espace des fonctions pluri-harmoniques sur $C_d^+(X)$, définie par intégration, est injective modulo un espace vectoriel de dimension finie.

Le but de ce travail est de prouver que si $Z = \mathbb{P}_n$ et $Y = \mathbb{P}_k$ avec $k < n-1$, alors les obstructions de dimension finie sont nulles pour ρ_0 et ρ_1.

Nous avons rappelé dans le 1er paragraphe le calcul de la d''-cohomologie de $\mathbb{C}^n - \{0\}$ en Čech et réécrit(*) le passage en Dolbeault pour servir d'introduction aux procédés utilisés dans la démonstration proprement dite et en alléger la lecture. [Ces résultats se trouvent déjà partiellement dans [3]] .

§ 1 - COHOMOLOGIE DE $\mathbb{C}^n - \{0\}$.

a) Expression en Čech

Comme pour $n > 1$ toute fonction holomorphe sur $\mathbb{C}^n - \{0\}$ se prolonge à $\mathbb{C}^n$ on a l'isomorphisme

$$H^o(\mathbb{C}^n - \{0\}, \mathcal{O}) \xleftarrow{\sim} H^o(\mathbb{C}^n, \mathcal{O})$$

induit par restriction. Pour calculer $H^q(\mathbb{C}^n - \{0\}, \mathcal{O})$ pour $q \geqslant 1$ nous allons utiliser le théorème de Leray et le recouvrement

$$\mathcal{U} = (U_i)_{i \in [1,n]} \text{ où } U_i = \{(z_1 , \dots , z_n) \in \mathbb{C}^n , z_i \neq 0\} .$$

<u>Lemme</u> : $(U_i)_{i\in[1,n]}$ <u>est un recouvrement de Leray de</u> $\mathbb{C}^n - \{0\}$ <u>pour le faisceau</u> $\mathcal{O}$.

(*) Cette démonstration est dans [2] mais nous avons précisé des questions de signes.

Preuve : U_i est un ouvert d'holomorphie car la fonction holomorphe $1/z_i$ sur U_i ne peut se prolonger à aucun ouvert plus grand. Nous savons d'autre part que toute intersection finie d'ouverts d'holomorphie est d'holomorphie donc d'après le théorème B de Cartan (ou un calcul explicite facile) on aura $H^q(|\sigma|, \mathcal{O}) = 0$ pour $q \geq 1$ pour tout simplexe σ du nerf de $\mathcal{U}$ (où $|\sigma|$ désigne le support de σ).

D'après un résultat classique de cohomologie de Čech on peut se limiter à considérer les cochaînes alternées ; nous le ferons dans la suite.

Soit φ une q-cochaîne de $\mathcal{U}$ à valeurs dans $\mathcal{O}$ [On notera $\varphi \in \mathcal{C}^q(\mathcal{U}, \mathcal{O})$] ; φ est la donnée pour toute suite $(i_o, \ldots, i_q) \in [1,n]^{q+1}$ de $\varphi_{i_o,\ldots,i_q} \in \Gamma(U_{i_o} \cap \ldots \cap U_{i_q}, \mathcal{O})$.

Un raisonnement par récurrence prouve facilement que $\varphi_{i_o,\ldots,i_q}$ peut se développer en série de Laurent dans $U_{i_o} \cap \ldots \cap U_{i}$.

Posons $\varphi_{i_o,\ldots,i_q} = \sum_{\alpha \in Z^n} C^{\alpha}_{i_o \ldots i_q} z^{\alpha}$ avec $z^{\alpha} = z_1^{\alpha_1}, \ldots, z_n^{\alpha_n}$ et $\alpha_j \geq 0$ si $j \notin \{i_o, \ldots, i_q\}$ les rayons de convergences étant 0 et $+\infty$ c'est-à-dire la convergence a lieu sur tout $U_{i_o} \cap \ldots \cap U_{i_q}$.

Si φ est un cocycle, c'est-à-dire $\delta\varphi = 0$, on aura

$$(\delta\varphi)_{i_o \ldots i_{q+1}} = \sum_{k=0}^{q+1} (-1)^k \varphi_{i_o \ldots \hat{i}_k \ldots i_{q+1}} = 0$$

pour toute suite $i_o, \ldots, i_{q+1}$ (on a omis les restrictions à l'ouvert $U_{i_o} \cap \ldots \cap U_{i_{q+1}}$). On a donc l'équivalence

$$(\delta\varphi = 0) \iff \sum_{\alpha \in \mathbb{Z}^n} z^{\alpha} \left[\sum_{k=0}^{q+1} (-1)^k C^{\alpha}_{i_o \ldots \hat{i}_k \ldots i_{q+1}} \right] = 0$$

c'est-à-dire

$$(\delta\varphi = 0) \iff (\forall \alpha \in \mathbb{Z}^n , \sum_{k=0}^{q+1} (-1)^k C^{\alpha}_{i_o \ldots \hat{i}_k \ldots i_{q+1}} = 0) ;$$

on rappelle que $C^{\alpha}_{i_o \ldots i_q} = 0$ si $\alpha_j < 0$ pour un $j \notin \{i_o, \ldots, i_q\}$.

Soit $\underline{\mathbb{C}}$ le faisceau constant égal à $\mathbb{C}$ sur $\mathbb{C}^n$; pour α fixé $C^{\alpha}_{i_o \dots i_q}$ définit un élément C^{α} de l'espace $\mathcal{C}^q(\mathcal{U}, \underline{\mathbb{C}})$ et $(\delta\varphi = 0)$ est équivalent à $(\delta C^{\alpha} = 0)$ $\forall \alpha \in \mathbb{Z}^n$.

<u>Lemme</u> : On a $H^q(\mathcal{U}, \underline{\mathbb{C}}) = 0$ <u>pour</u> $q \geqslant 1$.

(Notons que $\mathcal{U}$ n'est pas de Leray pour $\mathbb{C}^n - \{0\}$ et le faisceau $\underline{\mathbb{C}}$)

<u>Preuve</u> : Comme $\mathcal{N}(\mathcal{U})$ (le nerf de $\mathcal{U}$) est le complexe simplicial trivial d'ordre n, le résultat est bien connu. Nous allons cependant l'expliciter pour pouvoir l'appliquer au problème considéré.

Soit $\gamma \in Z^q(\mathcal{U}, \underline{\mathbb{C}})$, c'est-à-dire $\gamma \in \mathcal{C}^q(\mathcal{U}, \underline{\mathbb{C}})$ et $\delta\gamma = 0$; pour toute suite $i_o, \dots, i_{q+1}$ dans $[1,n]$ on a

$$(\delta\gamma)_{i_o \dots i_{q+1}} = \sum_{k=0}^{q+1} (-1)^k \gamma_{i_o \dots \hat{i}_k \dots i_{q+1}} = 0 \quad .$$

Nous cherchons $\beta \in \mathcal{C}^{q-1}(\mathcal{U}, \underline{\mathbb{C}})$ telle que $\delta\beta = \gamma$; choisisons θ <u>arbitraire</u> dans $[1,n]$ et posons

$$\beta_{i_o \dots i_{q-1}} = \gamma_{\theta i_o \dots i_{q-1}} \quad .$$

Alors :

$$(\delta\beta)_{i_o \dots i_q} = \sum_{k=0}^{q} (-1)^k \beta_{i_o \dots \hat{i}_k \dots i_q} = \sum_{k=0}^{q} (-1)^k \gamma_{\theta i_o \dots \hat{i}_k \dots i_q} \; ;$$

comme d'autre part on a

$$(\delta\gamma)_{\theta i_o \dots i_q} = \gamma_{i_o \dots i_q} + \sum_{k=0}^{q} (-1)^{k+1} \gamma_{\theta i_o \dots \hat{i}_k \dots i_q} = 0$$

on aura donc $\delta\beta = \gamma$. c.q.f.d.

Soit maintenant q entier avec $0 < q < n-1$ et soit $\alpha \in \mathbb{Z}^n$, α fixé et ayant au plus q+1 composantes strictement négatives. Soit $\theta \in [1,n]$ tel que $\alpha_\theta \geqslant 0$ (où α_θ est la θ^e composante de α) ; on peut toujours trouver un tel θ car $q+1 < n$ par hypothèse. Posons $\beta^{\alpha}_{i_o \dots i_{q-1}} = C^{\alpha}_{\theta i_o \dots i_{q-1}}$; alors $\delta\beta^{\alpha} = C^{\alpha}$ et $\beta^{\alpha}_{i_o \dots i_{q-1}} \cdot z^{\alpha} \in \Gamma(U_{i_o} \cap \dots \cap U_{i_{q-1}}, \mathcal{O})$ car $\alpha_\theta \geqslant 0$ donc

$\beta^\alpha z^\alpha$ définit un élément de $\mathcal{C}^{q-1}(\mathcal{U},\mathcal{O})$ vérifiant $\delta(\beta^\alpha z^\alpha) = C^\alpha z^\alpha$. Si nous considérons $\varphi = \sum C^\alpha z^\alpha$ comme plus haut, la convergence de la série assure la convergence de la série $\sum \beta^\alpha z^\alpha = \Psi$ qui définit $\Psi \in \mathcal{C}^{q-1}(\mathcal{U},\mathcal{O})$ et on aura plus $\delta\Psi = \varphi$. On en déduit que $H^q(\mathbb{C}^n - \{0\},\mathcal{O}) = 0$ pour $0 < q < n-1$.

La remarque ci-dessus sur les cochaînes alternées prouve d'autre part que $H^m(\mathbb{C}^n - \{0\},\mathcal{O}) = 0$ pour $m \geqslant n$. Il nous reste à calculer $H^{n-1}(\mathbb{C}^n - \{0\},\mathcal{O})$.

Si $C^\alpha \in Z^{n-1}(\mathcal{U},\mathbb{C})$, $C^\alpha z^\alpha \in Z^{n-1}(\mathcal{U},\mathcal{O})$ et ce cocycle sera un cobord si α a une composante positive ou nulle, d'après ce qui précède.

Donc $H^{n-1}(\mathcal{U},\mathcal{O})$ est un quotient de l'espace des séries de Laurent

$$\varphi = \frac{1}{z_1 \dots z_n} \sum_{\alpha \in \mathbb{N}^n} C^\alpha z^{-\alpha} \text{ avec } \lim_{|\alpha| \to \infty} \sqrt[|\alpha|]{|C^\alpha|} = 0$$

car $Z^{n-1}(\mathcal{U},\mathbb{C}) \simeq \mathbb{C}$ (on ne considère que les cochaînes alternées) ; on confondra désormais $C^\alpha \in \mathbb{C}$ et le $(n-1)$-cocycle alterné défini par $C^\alpha_{i_0 \dots i_{n-1}} = (-1)^i C^\alpha$ où $(-1)^i$ est la signature de la permutation $\begin{pmatrix} 1 & \dots & n \\ i_0 & \dots & i_{n-1} \end{pmatrix}$.

Remarque. D'après [3] l'isomorphisme de Leray est topologique ; donc si l'on prouve l'indépendance (topologique) des cocycles $z^{-\alpha-1}$ avec $\alpha \in \mathbb{N}^n$ et $1 = (1,\dots,1)$, $H^{n-1}(\mathbb{C}^n - \{0\},\mathcal{O})$ sera isomorphe (topologiquement) au Fréchet des séries de Laurent décrit plus haut. Notons encore que Frenkel prouve aussi dans [3] que l'isomorphisme de Dolbeault est topologique.

b) Passage en Dolbeault.

Pour prouver l'indépendance des $z^{-\alpha-1}$ nous allons prouver l'indépendance des représentants de Dolbeault associés.

Ecrivons la résolution de Dolbeault du faisceau $\mathcal{O}$

$$0 \longrightarrow \mathcal{O} \xrightarrow{\ i\ } \mathcal{A}(0,0) \xrightarrow{\ d''\ } \mathcal{A}(0,1) \xrightarrow{\ d''\ } \dots \longrightarrow \mathcal{A}(0,n) \longrightarrow 0$$

où $\mathcal{A}^{(p,q)}$ est le faisceau des germes de formes différentielles C^∞ de type (p,q). Alors $i(z^{-\alpha-1}) \in Z^{n-1}(\mathcal{U},\mathcal{A}^{(0,0)})$ est le bord d'une cochaîne $\varphi^1 \in \mathcal{C}^{n-2}(\mathcal{U},\mathcal{A}^{(0,0)})$ car $\mathcal{A}^{(0,0)}$ est fin donc $H^q(\mathcal{U},\mathcal{A}^{(0,0)}) = 0$ pour $q > 0$ et $i(z^{-\alpha-1}) = \delta\varphi^1$. En appliquant l'opérateur d" aux deux membres on obtient

$$d'' \, i(z^{-\alpha-1}) = i(d'' \, z^{-\alpha-1}) = 0 = d'' \, \delta \varphi^1 = \delta \, d'' \varphi^1$$

ce qui prouve que $d''\varphi^1$ est un cocycle soit $d''\varphi^1 \in Z^{n-2}(\mathcal{U},\mathcal{A}^{(0,1)})$, comme $\mathcal{A}^{(0,1)}$ est fin il existe $\varphi^2 \in \mathcal{C}^{n-3}(\mathcal{U},\mathcal{A}^{(0,1)})$ avec $\delta\varphi^2 = d''\varphi^1$ et ainsi de suite jusqu'à $\varphi^{n-1} \in Z^0(\mathcal{U},\mathcal{A}^{(0,n-1)})$ c'est-à-dire $\varphi^{n-1} \in \Gamma(\mathbb{C}^n - \{0\},\mathcal{A}^{(0,n-1)})$ vérifiant $d''\varphi^{n-1} = 0$ qui est le représentant (défini "modulo d" ") de $z^{-\alpha-1}$ en Dolbeault.

Lemme : $\varphi^{n-1} = \Psi_{\alpha+1}$ modulo d"

avec

$$\Psi_{\alpha+1} = \frac{\sum_1^n (-1)^{k-1} \bar{z}_k^{\alpha_k+1} \bigwedge_{j\neq k} d(\bar{z}_j^{\alpha_j+1})}{\left(\sum_1^n z_i^{\alpha_i+1} \bar{z}_i^{\alpha_i+1}\right)^n}$$

Preuve : Soit f une fonction analytique au voisinage de

$$P_\varepsilon = \{z \in \mathbb{C}^n \ , \ |z_i| \leq \varepsilon \ \ \forall i \in [1,n]\} ;$$

alors

$$f(z) = \sum_{\beta \in \mathbb{N}^n} C_\beta \, z^\beta \quad \text{avec} \ \limsup_{|\beta|\to\infty} \sqrt[|\beta|]{|C_\beta|} < \frac{1}{\varepsilon} .$$

Comme $z^{-\alpha-1}$ est caractérisé parmi les séries de Laurent considérées par le fait que

$$\int_{\substack{|z_i| = \varepsilon \\ i \in [1,n]}} z^{-\alpha-1} f(z) \, dz_1 \wedge \ldots \wedge dz_n = (2i\pi)^n \, C_\alpha$$

pour toute f , on va transporter cette caractérisation le long de l'isomorphisme de Dolbeault :

$$z^{-\alpha-1} = \sum_0^{n-1} (-1)^k \, \varphi^1_{0\ldots\hat{k}\ldots(n-1)}$$

donc

$$\sum_0^{n-1}(-1)^k \int_{\substack{|z_i|=\varepsilon \\ i\in[1,n]}} \varphi^1_{0\ldots\hat{k}\ldots(n-1)}\, f\, dz_1\wedge\ldots\wedge dz_n = (2i\pi)^n c_\alpha \quad ;$$

comme $d''(\varphi^1_{0\ldots\hat{k}\ldots(n-1)} f) = (d''\varphi^1_{0\ldots\hat{k}\ldots(n-1)}) f$ (puisque $d''f = 0$)

on peut appliquer la formule de Stokes en z_k sur le $(k+1)^{\text{ème}}$ terme pour trouver

$$\sum_0^{n-1}(-1)^{2k} \int_{\substack{|z_i|=\varepsilon,\ |z_k|\leq\varepsilon \\ i\in[1,n]}} \{(d''\varphi^1_{0\ldots\hat{k}\ldots(n-1)})\, f\wedge dz_1\wedge\ldots\wedge dz_n\} = (2i\pi)^n c_\alpha$$

le facteur $(-1)^k$ permettant de transformer l'intégrale d'une forme différentielle en celle d'une fonction pour la mesure

$$\frac{1}{2i}\,(dz_1\wedge\ldots\wedge dz_{k-1}\wedge(dz_k\wedge\overline{dz_k})\wedge dz_{k+1}\ldots\wedge dz_n)$$

sur le contour d'intégration (les crochets mis sous l'intégrale ont cette signification).

En itérant on obtient

$$(2i\pi)^n c_\alpha = \sum_0^{n-1} \int_{\substack{|z_i|=\varepsilon,\, i\neq k \\ |z_k|\leq\varepsilon}} \{(\delta\varphi^2)_{0\ldots\hat{k}\ldots(n-1)}\, f\wedge dz_1\wedge\ldots\wedge dz_n\} \quad ;$$

or

$$(\delta\varphi^2)_{0\ldots\hat{k}\ldots(n-1)} = \sum_{\substack{l=0 \\ l\neq k}}^{n-1} (-1)^{\theta_l}\, \varphi^2_{0\ldots\hat{k}\ldots\hat{l}\ldots(n-1)}$$

où

$$\theta_l = l \quad \text{si} \quad k > l \ ,$$
$$\theta_l = l-1 \quad \text{si} \quad k < l \ ;$$

donc

$$(2i\pi)^n c_\alpha = \sum_{l\neq k} (-1)^{\theta_l} \int_{\substack{|z_k|\leq\varepsilon \\ |z_i|=\varepsilon,\, i\neq k}} \{\varphi^2_{0\ldots\hat{k}\ldots\hat{l}\ldots(n-1)}\, f\wedge dz_1\wedge\ldots\wedge dz_n\} \ ;$$

on applique Stokes à nouveau en utilisant $d''f = 0$. Le facteur d'orientation sera alors exactement $(-1)^{\theta_l}$ pour se ramener à l'intégrale d'une fonction pour la mesure

$$\frac{1}{(2i)^2}(dz_1\wedge\ldots\wedge(dz_k\wedge d\bar z_k)\ \ldots\ (dz_l\wedge d\bar z_l)\wedge\ldots\wedge dz_n)$$

sur le contour d'intégration.

Les signes disparaissant on obtiendra finalement

$$(2i\pi)^n c_\alpha = \sum_{i=0}^{n-1}\ \sum_{\{k_1\ldots k_{n-1}\}=[0,n-1]-\{i\}}\ \int_{\substack{|z_i|=\varepsilon\\ |z_k|\leq\varepsilon,\,k\neq i}} \varphi_i^{n-1}\ f\ dz_1\wedge\ldots\wedge dz_n\ ;$$

i étant fixé on obtient $(n-1)!$ fois le même terme, d'où

$$(2i\pi)^n c_\alpha = (n-1)!\int_{\partial P_\varepsilon}\{\varphi^{n-1}\ f\wedge dz_1\wedge\ldots\wedge dz_n\}$$

où

$$\partial P_\varepsilon = \bigcup_1^n \{|z_i| = \varepsilon\ ,\ |z_k|\leq\varepsilon\ ,\ k\neq i\}\ ;$$

en effet $\varphi_i^{n-1} = \varphi_j^{n-1}$ sur $U_i\cap U_j$.

Pour revenir à l'intégrale d'une forme différentielle (c'est-à-dire enlever les crochets dans la formule ci-dessus) il faut mettre un signe qui sera $(-1)^{n(n-1)} = 1$ si on oriente C^n par la forme $(i/2)^n\, dz_1\wedge\ldots\wedge dz_n\wedge d\bar z_1\wedge\ldots\wedge d\bar z_n$.
On aura donc pour toute fonction analytique f au voisinage de P_ε ,

$$f = \sum_{\beta\in\mathbb{N}^n} c_\beta\, z^\beta\ ,$$

$$\int_{\partial P_\varepsilon}\varphi^{n-1}\ f\wedge dz_1\wedge\ldots\wedge dz_n = \frac{(2i\pi)^n}{(n-1)!}\ c_\alpha$$

c'est-à-dire d'après la formule de Martinelli généralisée (cf [1])

$$\int_{\partial P_\varepsilon}(\varphi^{n-1} - \psi_{\alpha+1})\ f\wedge dz_1\wedge\ldots\wedge dz_n = 0\ .$$

Soit τ le représentant de Čech associé à $\varphi^{n-1} - \psi_{\alpha+1}$ (rappelons que $d''\psi_{\alpha+1} = 0$), alors τ est une série de Laurent telle que

$$\int_{|z_i|=\varepsilon}\tau f\ dz_1\wedge\ldots\wedge dz_n = 0 \quad \text{pour toute f.}$$

On a donc $\tau = 0$ et $\varphi^{n-1} = \psi_{\alpha+1}$ modulo d'' , c.q.f.d.

Nous allons en déduire que $H^{n-1}(\mathbb{C}^n - \{0\}, \mathcal{O})$ est exactement l'espace de séries de Laurent considéré.

Soit

$$\tau = \sum_{\alpha \in \mathbb{N}^n} C_\alpha z^{-\alpha-1} \quad \text{avec} \quad \lim_{|\alpha| \to \infty} \sqrt[|\alpha|]{|C_\alpha|} = 0 ;$$

alors $\tau = 0$ est équivalent à l'existence de φ forme C^∞ de type $(0,n-2)$ sur $\mathbb{C}^n - \{0\}$ avec

$$d''\varphi = \sum C_\alpha \gamma_{\alpha+1} .$$

Alors

$$\int_{\partial P_\varepsilon} d''\varphi \wedge (\sum \bar{C}_\alpha z^\alpha)\, dz_1 \ldots dz_n = 0$$

puisqu'on intègre en fait la forme

$$d\,[(\sum \bar{C}_\alpha z^\alpha)\varphi \wedge dz_1 \wedge \ldots \wedge dz_n] ;$$

comme

$$\int_{\partial P_\varepsilon} \gamma_{\alpha+1} z^\beta dz_1 \wedge \ldots \wedge dz_n = \begin{cases} 0 \text{ si } \beta \neq \alpha \\ \dfrac{(2i\pi)^n}{(n-1)!} \text{ si } \beta = \alpha \end{cases}$$

on obtient $\sum |C_\alpha|^2 = 0$ d'où $C_\alpha = 0 \ \forall \alpha \in \mathbb{N}^n$ c.q.f.d.

§2. COHOMOLOGIE de $\mathbb{P}_n - \mathbb{P}_k$

a) Le cas $\mathbb{P}_n - \{0\}$

Nous noterons par 0 le point de coordonnées homogènes $(1,0,\ldots,0)$ dans l'espace projectif $\mathbb{P}_n(\mathbb{C})$. Nous allons expliciter l'espace $H^{n-1}(\mathbb{P}_n - \{0\}, \Omega^{n-1})$ où Ω^{n-1} est le faisceau des germes de formes différentielles de type $(n-1,0)$ holomorphes $(d''\varphi = 0)$.

On a une suite exacte relative au fermé $\{0\}$ de $\mathbb{P}_n$:

$$H^p(\mathbb{P}_n, \Omega^{n-1}) \xrightarrow{\text{res}} H^p(\mathbb{P}_n \quad \{0\}, \Omega^{n-1}) \xrightarrow{\delta} H^{p+1}_{\{0\}}(\mathbb{P}_n, \Omega^{n-1}) \xrightarrow{\text{pr}} H^{p+1}(\mathbb{P}_n, \Omega^{n-1})$$

où res est induit par la restriction à $\mathbb{P}_n - \{0\}$, δ est un opérateur cobord et pr le prolongement à $\mathbb{P}_n$. Ce qui nous donne si $p \neq n-1$ et $p+1 \neq n-1$

$$H^p(\mathbb{P}_n - \{0\}, \Omega^{n-1}) \xrightarrow{\delta} H^{p+1}_{\{0\}}(\mathbb{P}_n, \Omega^{n-1})$$

puisque

$$H^q(\mathbb{P}_n, \Omega^{n-1}) = \begin{cases} 0 \text{ si } q \neq n-1 \\ \mathbb{C}\,\omega^{n-1} \text{ si } q = n-1 \end{cases}$$

où $\omega = \frac{i}{2\pi} d'd'' \log \sum_0^n z_i \bar{z}_i$ en coordonnées homogènes, est la forme de Fubini sur $\mathbb{P}_n(\mathbb{C})$.

D'autre part

$$H^p_{\{0\}}(\mathbb{P}_n, \Omega^{n-1}) \xrightarrow{\sim} H^p_{\{0\}}(\mathbb{C}^n, \Omega^{n-1})$$

puisque l'espace de cohomologie à support dans $\{0\}$ ne dépend que d'un voisinage de $\{0\}$ dans $\mathbb{P}_n(\mathbb{C})$.

Dans $\mathbb{C}^n$, identifié à l'ouvert $\{z_0, \dots, z_n, z_0 \neq 0\}$ de $\mathbb{P}_n(\mathbb{C})$, la suite exacte du fermé $\{0\}$ donnera

$$H^p(\mathbb{C}^n, \Omega^{n-1}) \longrightarrow H^p(\mathbb{C}^n - \{0\}, \Omega^{n-1}) \longrightarrow H^{p+1}_{\{0\}}(\mathbb{C}^n, \Omega^{n-1}) \longrightarrow H^{p+1}(\mathbb{C}^n, \Omega^{n-1})$$

(rappelons que sur $\mathbb{C}^n$ le choix des coordonnées $u_i = z_i/z_0$ définit un isomorphisme de faisceaux analytiques cohérents $\Omega^q \xrightarrow{\sim} \mathcal{O}_n^{C^q_n}$. On aura alors si $p \neq 0$

$$H^p(\mathbb{C}^n - \{0\}, \Omega^{n-1}) \xrightarrow{\sim} H^{p+1}_{\{0\}}(\mathbb{C}^n, \Omega^{n-1})$$

et d'après le §1 si $p \neq n-1$ le premier espace sera nul. Si $p = 0$ on obtient la suite exacte

$$0 \longrightarrow H^0_{\{0\}}(\mathbb{C}^n, \Omega^{n-1}) \longrightarrow H^0(\mathbb{C}^n, \Omega^{n-1}) \xrightarrow{\text{res}} H^0(\mathbb{C}^n - \{0\}, \Omega^{n-1})$$

$$\longrightarrow H^1_{\{0\}}(\mathbb{C}^n, \Omega^{n-1}) \longrightarrow 0 \quad .$$

Comme $n > 1$ l'application restriction est un isomorphisme (Hartogs) donc

$$H^0_{\{0\}}(\mathbb{C}^n, \Omega^{n-1}) \xrightarrow{\sim} H^1_{\{0\}}(\mathbb{C}^n, \Omega^{n-1}) = 0 \; .$$

En résumé

$$H^q_{\{0\}}(\mathbb{C}^n, \Omega^{n-1}) \xrightarrow{\sim} \begin{cases} H^{q-1}(\mathbb{C}^n - \{0\}, \Omega^{n-1}) & \text{si } q = n \\ 0 & \text{si } q \neq n \end{cases}$$

Donc, si $p \neq n-1$, $H^p(\mathbb{P}_n - \{0\}, \Omega^{n-1}) = 0$, et pour $p = n-1$ on a la suite exacte

$$(*)\ 0 \longrightarrow \mathbb{C}\,\omega^{n-1} \xrightarrow{i} H^{n-1}(\mathbb{P}_n - \{0\}, \Omega^{n-1}) \xrightarrow{res} H^{n-1}(\mathbb{C}^n - \{0\}, \Omega^{n-1}) \longrightarrow 0$$

où $\mathbb{C}^n$ est obtenu en enlevant à $\mathbb{P}_n$ un hyperplan ne passant pas par 0. Nous noterons $\mathbb{P}^\infty_{n-1}$ cet hyperplan que nous fixerons et nous choisirons les coordonnées homogènes pour que $0 = (1,0,\dots,0)$ et $\mathbb{P}^\infty_{n-1} = \{(z_0,\dots,z_n),\ z_0 = 0\}$.

Nous allons prouver que le choix de $\mathbb{P}^\infty_{n-1}$ définit un scindage de la suite exacte $(*)$. Soit

$$\nu(\xi) = \int_{\mathbb{P}^\infty_{n-1}} \xi \quad \text{si} \quad \xi \in H^{n-1}(\mathbb{P}_n - \{0\}, \Omega^{n-1})\ ;$$

alors ν est linéaire continue et $\xi \longrightarrow \nu(\xi)\,\omega^{n-1}$ définit un scindage de $(*)$ car $\nu(\omega^{n-1}) = \int_{\mathbb{P}^\infty_{n-1}} \omega^{n-1} = 1.$

P^∞_{n-1} étant fixé on confondra désormais un élément y de $H^{n-1}(\mathbb{C}^n - \{0\}, \Omega^{n-1})$ qui s'écrit comme somme directe :

$$H^{n-1}(\mathbb{C}^n - \{0\}, \Omega^{n-1}) \xrightarrow{\sim} \bigoplus_{h=1}^{n} H^{n-1}(\mathbb{C}^n - \{0\}, \mathcal{O})\, du_1 \wedge\dots\wedge \widehat{du_h} \wedge\dots\wedge du_n$$

avec l'élément x de $H^{n-1}(\mathbb{P}_n - \{0\}, \Omega^{n-1})$ vérifiant res x = y et $\nu(x) = 0$ ($\forall y \in H^{n-1}(\mathbb{C}^n - \{0\}, \Omega^{n-1})\ \exists x \in H^{n-1}(\mathbb{P}_n - \{0\}, \Omega^{n-1})$ tq : res x = y, alors $x - i\,[\nu(n)\,\omega^{n-1}]$ convient ; il est unique car res x_1 = res $x_2 \Longrightarrow$ $x_1 - x_2 = i(z)$ or $\nu(x_1) = \nu(x_2)$ donc $\nu i(z) = 0$ donc $z = 0$ et $x_1 = x_2$). On confondra également $i(\omega^{n-1})$ et ω^{n-1} (c'est-à-dire que l'on omettra la restriction à $\mathbb{P}_n - \{0\}$).

b) Cohomologie de $\mathbb{P}_n - \mathbb{P}_k$

On suppose que $\mathbb{P}_k$ est défini dans $\mathbb{P}_n$ par $\{z \in \mathbb{P}_n \, , \, z_j = 0 \, \forall j \geq k+1\}$. Alors $\mathbb{P}_n - \mathbb{P}_k = \bigcup_{k+1}^{n} U_j$ où $U_j = \{z \in \mathbb{P}_n \, , \, z_j \neq 0 \, , \, j \geq k+1\}$. Ces ouverts définissent un recouvrement de Leray $\mathcal{U}$ de $\mathbb{P}_n - \mathbb{P}_k$ pour tout faisceau analytique cohérent $\mathcal{F}$ sur $\mathbb{P}_n - \mathbb{P}_k$, donc

$$H^q(\mathbb{P}_n - \mathbb{P}_k, \mathcal{F}) \simeq H^q(\mathcal{U}, \mathcal{F}) = 0 \quad \text{si} \quad q \geq n-k$$

puisque ce recouvrement a n-k ouverts (cf. §1, remarque sur les cochaînes alternées).

Nous allons calculer $H^{n-k-1}(\mathbb{P}_n - \mathbb{P}_k \, , \Omega^{n-k-1})$. Comme au a) nous avons une suite exacte relative au fermé $\mathbb{P}_k$:

$$H^p(\mathbb{P}_n \, , \Omega^{n-k-1}) \longrightarrow H^p(\mathbb{P}_n - \mathbb{P}_k \, , \Omega^{n-k-1}) \longrightarrow H^{p+1}_{\mathbb{P}_k}(\mathbb{P}_n, \Omega^{n-k-1}) \longrightarrow H^{p+1}(\mathbb{P}_n, \Omega^{n-k-1}) \; ;$$

si $p \neq n-k-1$ et $p+1 \neq n-k-1$, on aura

$$H^p(\mathbb{P}_n - \mathbb{P}_k, \Omega^{n-k-1}) \simeq H^{p+1}_{\mathbb{P}_k}(\mathbb{P}_n, \Omega^{n-k-1}) \; .$$

Soit $\mathbb{P}^{\infty}_{n-k-1}$ la sous-variété projective définie par $\{z \in \mathbb{P}_n \, , \, z_0 = \ldots = z_k = 0\}$. Alors $\mathbb{P}_n - \mathbb{P}^{\infty}_{n-k-1}$ est un voisinage de $\mathbb{P}_k$ dans $\mathbb{P}_n$ (car c'est un ouvert contenant $\mathbb{P}_k$) et il se fibre sur $\mathbb{P}_k$ par la projection $\pi : (z_0, \ldots, z_n) \longrightarrow (z_0, \ldots, z_k)$ qui est définie de $\mathbb{P}_n - \mathbb{P}^{\infty}_{n-k-1}$ dans $\mathbb{P}_k$ puisque $z \notin \mathbb{P}^{\infty}_{n-k-1}$ implique qu'il existe $i \leq k$ avec $z_i \neq 0$. L'application π fait de $\mathbb{P}_n - \mathbb{P}^{\infty}_{n-k-1}$ un fibré vectoriel localement trivial de rang n-k sur $\mathbb{P}_k$. Comme en a) on aura

$$H^{p+1}_{\mathbb{P}_k}(\mathbb{P}_n \, , \Omega^{n-k-1}) \simeq H^{p+1}_{\mathbb{P}_k}(\mathbb{P}_n - \mathbb{P}^{\infty}_{n-k-1} \, , \Omega^{n-k-1})$$

et on a une suite spectrale à supports pour le fibré :

$$H^m_{\mathbb{P}_k}(\mathbb{P}_n \, , \Omega^{n-k-1}) \Longleftarrow E_2^{p,q} = H^p(\mathbb{P}_k \, , \mathcal{H}^q_{\mathbb{P}_k}(\Omega^{n-k-1}))$$

avec

$$\mathcal{H}^q_{\mathbb{P}_k}(\Omega^{n-k-1})(U) \simeq H^q_U(\pi^{-1}(U) \, , \Omega^{n-k-1}) \; , \; U \text{ ouvert de } \mathbb{P}_k \; .$$

Pour la base d'ouverts U de Stein et trivialisant le fibré, on aura

$$H_U^q(\pi^{-1}(U), \Omega^{n-k-1}) \xrightarrow{\sim} H^{q-1}(U \times [\mathbb{C}^{n-k} - \{0\}], \Omega^{n-k-1})$$

si $q > 1$.

D'après la formule de Künneth on aura sur cette base d'ouverts

$$\mathcal{H}^q_{\mathbb{P}_k}(\Omega^{n-k-1})(U) \xrightarrow{\sim} \sum_{s=0}^{n-k-1} H^0(U,\Omega^s) \hat{\otimes} H^{q-1}(\mathbb{C}^{n-k} - \{0\}, \Omega^{n-k-s-1})$$

et si $q \neq n-k$ et $q > 1$ on aura $\mathcal{H}^q_{\mathbb{P}_k}(\Omega^{n-k-1}) = 0$.

Pour $q = 0$ et $q = 1$ on conclut comme en a) en utilisant le fait que $n-k > 1$ (et Hartogs). On a donc une suite spectrale dégénérée et

$$H^m_{\mathbb{P}_k}(\mathbb{P}_n, \Omega^{n-k-1}) \xrightarrow{\sim} H^{m-(n-k)}(\mathbb{P}_k, \mathcal{H}^{n-k}_{\mathbb{P}_k}(\Omega^{n-k-1}))$$

et

$$\text{si } m < n-k \ , \quad H^m_{\mathbb{P}_k}(\mathbb{P}_n, \Omega^{n-k-1}) = 0 .$$

On a donc

$$H^p(\mathbb{P}_n - \mathbb{P}_k, \Omega^{n-k-1}) = 0 \quad \text{si} \quad p \neq n-k-1 .$$

Nous allons maintenant expliciter l'espace

$$H^{n-k-1}(\mathbb{P}_n - \mathbb{P}_k, \Omega^{n-k-1})$$

en utilisant le recouvrement de Leray $\mathcal{U} = (U_i)_{i \in [k+1,n]}$ avec

$$U_i = \{(z_0, \ldots, z_n) \in \mathbb{P}_n \ , \ z_i \neq 0\} \ , \quad 0 \leq i \leq n .$$

Par définition de la cohomologie de Čech, on aura l'isomorphisme :

$$H^{n-k-1}(\mathbb{P}_n - \mathbb{P}_k, \Omega^{n-k-1}) \xrightarrow{\sim} \frac{\Gamma(U_{k+1} \cap \ldots \cap U_n, \Omega^{n-k-1})}{\delta\, \mathcal{C}^{n-k-2}(\mathcal{U}, \Omega^{n-k-1})}$$

en utilisant des cochaînes alternées (cf. remarque du §1 à ce sujet). Comme l'espace $(U_{k+1} \cap \ldots \cap U_n, \Omega^{n-k-1})$ n'est pas facilement explicitable en coordonnées homogènes, nous allons considérer les coordonnées inhomogènes :

$$u_i = \frac{z_i}{z_o} \qquad i \in [1,k]$$

$$v_j = \frac{z_j}{z_o} \qquad j \in [k+1,n]$$

sur l'ouvert $U_o \cap U_{k+1} \cap \ldots \cap U_n$, et nous allons faire des développements de Laurent par rapport aux variables v_j.

Remarquons d'abord que tout élément de $\Gamma(U_{k+1} \cap \ldots \cap U_n, \Omega^{n-k-1})$ est somme d'une série

$$\sum_{\alpha,\beta,I,J} C^{\alpha,\beta}_{I,J} \; u^{\alpha} \; v^{-\beta-1} \; du^I \wedge dv^J$$

avec $|I| + |J| = n-k-1$ et des conditions de convergence :

$\forall I$ et J fixés la fonction $\sum C^{\alpha,\beta}_{I,J} \; x^{\alpha} \; y^{\|\beta\|}$ est entière sur $\mathbb{C}^k \times \mathbb{C}^{n-k}$, avec $\alpha \in \mathbb{N}^k$ et $\beta \in \mathbb{Z}^{n-k}$, $(\|\beta\| = (|\beta_1|, \ldots, |\beta_{n-k}|))$.

Réciproquement, nous cherchons une condition nécessaire et suffisante pour qu'une telle série se prolonge sur $z_o = 0$. En revenant en coordonnées homogènes, le monôme $u^{\alpha} \; v^{-\beta-1} \; du^I \wedge dv^J$ donnera deux termes :

le premier ne comprendra pas dz_o et sera

$$\left(\frac{z_i}{z_o}\right)^{\alpha} \left(\frac{z_o}{z_j}\right)^{\beta+1} \frac{(dz_i)^I \wedge (dz_j)^J}{z_o^{n-k-1}} .$$

Comme $|1| = n-k$ on aura en facteur

$$z_o^{|\beta| + n-k-|\alpha| - (n-k-1)} = z_o^{|\beta| - |\alpha| + 1} .$$

Donc si $|\alpha| \leq |\beta| + 1$ ce terme n'aura pas de singularité sur $z_o = 0$. Notons que la condition trouvée est nécessaire pour le prolongement d'une série comprenant le monôme $u^{\alpha} \; v^{-\beta-1} \; du^I \wedge dv^J$ car la singularité que l'on obtient ne peut être compensée par un autre monôme (les coefficients $z_i^{\alpha} \; z_j^{-\beta-1} \; dz_i^I \wedge dz_j^J$ étant linéairement indépendants quand α, β, I et J varient).

Le deuzième terme est somme d'expressions du type

$$z_o^{|\beta|+n-k-|\alpha|}\,(z_i^{\alpha}\, z_j^{-\beta-1}\, z^{\gamma}) \wedge \frac{dz^{(I\cup J)-\{\gamma\}}}{z_o^{n-k-2}} \wedge \left(-\frac{dz_o}{z_o^2}\right)$$

et on obtient $z_o^{|\beta|-|\alpha|}$ en facteur dans chaque terme ; si $|\alpha| \leq |\beta|$ le monôme se prolonge nécessairement à l'hyperplan $z_o = 0$ et de plus il définira sur cet hyperplan la forme nulle car on aura z_o en facteur dans le premier terme et dz_o en facteur dans le second. Nous venons donc de récupérer toutes les classes de cohomologie qui donnent 0 par la restriction

$$H^{n-k-1}(\mathbb{P}_n - \mathbb{P}_k, \Omega^{n-k-1}) \longrightarrow H^{n-k-1}(\mathbb{P}_{n-1} - \mathbb{P}_{k-1}, \Omega^{n-k-1})$$

où $\mathbb{P}_{n-1} = \{(z_o,\dots,z_n) \in \mathbb{P}_n\ ,\ z_o = 0\}$ et $\mathbb{P}_{k-1} = \mathbb{P}_{n-1} \cap \mathbb{P}_k$.

<u>Etude du cas $|\alpha| = |\beta| + 1$</u>

Considérons la forme

$$\omega = \sum_{\substack{|\alpha| = |\beta|+1 \\ |I|+|J| = n-k-1}} C_{I,J}^{\alpha,\beta}\, u^{\alpha}\, v^{-\beta-1}\, du^{I} \wedge dv^{J}$$

où l'on suppose que la convergence a lieu sur tout $U_o \cap U_{k+1} \cap \dots \cap U_n$ et que ω se prolonge à $\mathbb{P}_{n-1}$; alors en coordonnées homogènes on obtient

$$\omega = \sum_{|\alpha| = |\beta|+1} C_{I,J}^{\alpha,\beta}\, dz_i^{I} \wedge dz_j^{J}\, (z_i^{\alpha}\, z_j^{-\beta-1})$$

et z_o n'apparaît pas (ceci car z_o n'apparaît pas dans les premiers termes puisque $|\alpha| = |\beta| + 1$, et les seconds termes qui ont dz_o/z_o en facteur <u>doivent</u> se compenser puisque ω se prolonge holomorphiquement à $U_{k+1} \cap \dots \cap U_n$.

Si l'on choisit $z_1, \dots, z_n$ comme coordonnées homogènes sur $\mathbb{P}_{n-1}$, on trouve que $\omega|\mathbb{P}_{n-1}$ définit un élément de $H^{n-k-1}(\mathbb{P}_{n-1} - \mathbb{P}_{k-1}, \Omega^{n-k-1})$.

On a alors l'isomorphisme

$$H^{n-k-1}(\mathbb{P}_n - \mathbb{P}_k, \Omega^{n-k-1}) \simeq H^{n-k-1}(\mathbb{P}_{n-1} - \mathbb{P}_{k-1}, \Omega^{n-k-1}) \oplus E$$

avec $E = \{\sum C_{I,J}^{\alpha,\beta} u^{\alpha} v^{-\beta-1} du^I \wedge dv^J\}$

$$\begin{cases} \alpha \in \mathbb{N}^k, \ |I| + |J| = n-k-1 \\ \beta \in \mathbb{N}^{n-k} \\ \sum\limits_{|\alpha| \leq |\beta|} C_{I,J}^{\alpha,\beta} x^{\alpha} y^{\beta} \text{ entière sur } \mathbb{C}^k \times \mathbb{C}^{n-k} \end{cases}$$

où l'indépendance des monomes se démontre comme au §.1 ; on notera qu'en Dolbeault le représentant de $u^{\alpha} v^{-\beta-1} du^I \wedge dv^J$ est la forme $u^{\alpha} du^I \wedge dv^J \wedge \Psi_{\beta+1}(v)$.

Remarquons que la décomposition trouvée ne fait qu'interpréter la suite exacte

$$0 \longrightarrow H_{\Phi}^{n-k-1}(\mathbb{C}^n - \mathbb{C}^k, \Omega^{n-k-1}) \longrightarrow H^{n-k-1}(\mathbb{P}_n - \mathbb{P}_k, \Omega^{n-k-1})$$

$$\xrightarrow{\text{res}} H^{n-k-1}(\mathbb{P}_{n-1} - \mathbb{P}_{k-1}, \Omega^{n-k-1}) \longrightarrow 0$$

la restriction étant surjective car on a une fibration $\mathbb{P}_n - \mathbb{P}_k \longrightarrow \mathbb{P}_{n-1} - \mathbb{P}_{k-1}$ définie par

$$\pi(z_0, \ldots, z_n) = (z_1, \ldots, z_n)$$

(remarquons que l'on a utilisé π pour scinder cette suite exacte).

Φ est la famille des fermés de $\mathbb{P}_n - \mathbb{P}_k$ qui ne recontrent pas $\mathbb{P}_{n-1} - \mathbb{P}_{k-1}$.

Remarque : pour $k = 0$ ($\mathbb{P}_{-1} = \emptyset$) nous retrouvons les résultats précédents pour $\mathbb{P}_n - \{0\}$ et pour $k = n-1$, on obtient

$$0 \longrightarrow H^o_\Phi(\mathbb{C}^n - \mathbb{C}^{n-1}, \Omega^o) \longrightarrow H^o(\mathbb{C}^n, \Omega^o) \longrightarrow H^o(\mathbb{C}^{n-1}, \Omega^o) \longrightarrow 0 \qquad ;$$

prenons alors sur $\mathbb{C}^n$ les coordonnées inhomogènes :
$\frac{z_i}{z_n}, i \in [0,n-1]$, alors toute fonction entière est somme d'une série

$$\sum_{|\alpha|\leq|\beta|} C^{\alpha,\beta} \left(\frac{z_i}{z_o}\right)^{\alpha} \left(\frac{z_o}{z_n}\right)^{\beta+1} \quad \text{soit} \sum_{|\alpha|\leq|\beta|} C^{\alpha,\beta} \frac{z_i^{\alpha}}{z_n^{\beta+1}} z_o^{|\beta|-|\alpha|+1} \quad \text{et}$$

z_o/z_n est alors en facteur, et d'une série en z_1/z_n ,..., z_{n-1}/z_n seuls (ce qui est évident).

§3. CALCUL D'INTEGRALES DANS $\mathbb{P}_n - \{0\}$.

On adopte dans ce paragraphe les notations du §2 a). On utilisera les coordonnées inhomogènes $u_j = z_j/z_o$ pour $j \in [1,n]$ sur $\mathbb{P}_n - \mathbb{P}^{\infty}_{n-1}$. Soit F un polynôme homogène de degré m par rapport aux coordonnées homogènes de $\mathbb{P}_n(\mathbb{C})$ et on pose

$$F(z_o ,\dots, z_n) = z_o^m \,[1 - P(u_1 ,\dots, u_n)] \;;$$

on a alors le résultat suivant :

Lemme. Si Ψ est une forme différentielle de type (n-1,n-1) holomorphe sur $P_n(C) - \{0\}$ (c'est-à-dire $d''\Psi = 0$),
on a

$$\int_{\{F=0\}} \Psi = m\, \nu(\Psi) + \frac{1}{2i\pi} \int_{|u|=\delta} \frac{dP}{1-P}$$

où $\delta > 0$ est tel que $\{P = 1\} \cap \{u \leq \delta\} = \emptyset$
(rappelons que $\nu(\Psi) = \int_{\mathbb{P}^{\infty}_{n-1}} \Psi$) .

Preuve. Considérons la fonction $\mathrm{Log}\ \dfrac{|F(z_o,\dots,z_n)|^2}{(z_o\,\bar{z}_o)^m}$ sur $\mathbb{P}_n(\mathbb{C})$.

Elle est localement intégrable et au sens des courants on a l'identité

$$\frac{i}{4\pi}\, d'd''\ \mathrm{Log}\ \frac{|F(z_o,\dots,z_n)|^2}{(z_o\,\bar{z}_o)^m} = \{\Sigma\} - m\,\{\mathcal{H}\}$$

où $\{\Sigma\}$ est le courant d'intégration sur l'hypersurface Σ définie par $F = 0$ et où $\{\mathcal{H}\}$ est le courant d'intégration sur l'hyperplan d'équation $z_o = 0$.

Soit $\delta > 0$ tel que $\Sigma \cap \{|u| \leq \delta\} = \emptyset$. Alors l'ouvert $\mathbb{P}_n(\mathbb{C}) - \{|u| \leq \delta\}$ est un voisinage du support du courant $\{\Sigma\} - m\,\{\mathcal{H}\}$ et donc si Ψ est une forme différentielle de type $(n-1,n-1)$ sur $P_n - \{0\}$, vérifiant $d''\Psi = 0$, on aura l'identité

$$\int_{\mathbb{P}_n(\mathbb{C}) - \{|u| \leq \delta\}} \frac{i}{4\pi}\, d'd''\ \mathrm{Log}\ \frac{|F(z_o,\dots,z_n)|^2}{(z_o\,\bar{z}_o)^m} \wedge \Psi = \int_\Sigma \Psi - m \int_{\mathcal{H}} \Psi$$

et en appliquant Stokes au premier membre on obtiendra

$$-\frac{i}{2\pi} \int_{|u| = \delta} \frac{dP\,(u_1,\dots,u_n)}{1-P(u_1,\dots,u_n)} \wedge \Psi = \int_\Sigma \Psi - m \int_{\mathcal{H}} \Psi$$

d'où la formule cherchée

$$\int_\Sigma \Psi = m \int_{\mathcal{H}} \Psi - \frac{i}{2\pi} \int_{|u| = \delta} \frac{dP}{1-P} \wedge \Psi$$

(comme $\int_{\mathcal{H}} \Psi = \upsilon(\Psi)$ par définition) c.q.f.d.

Appliquons ce lemme au cas d'un hyperplan projectif de $\mathbb{P}_n - \{0\}$.
Soit $l(u) = 1 - \sum_1^n a_j\, u_j$ l'équation de cet hyperplan en coordonnées inhomogènes ; on aura alors pour δ assez petit

$$\int_{l=0} \Psi = \upsilon(\Psi) + \frac{1}{2i\pi} \int_{|u| = \delta} \frac{dl}{l} \wedge \Psi \qquad ;$$

or $\dfrac{1}{l(u)} = \displaystyle\sum_{\alpha \in \mathbb{N}^n} \frac{|\alpha|\,!}{\alpha\,!}\, a^\alpha\, u^\alpha$ où $a^\alpha = a_1^{\alpha_1}, \dots, a_n^{\alpha_n}$.

D'après le paragraphe 2 on peut écrire

$$\Psi = \sum_{\substack{\alpha \in \mathbb{N}^n \\ h \in [1,n]}} c_\alpha^{(h)} \Psi_{\alpha,h} + \nu(\Psi)\, \omega^{n-1} \quad \text{mod } d''$$

avec

$$\lim_{|\alpha| \to \infty} \sqrt[|\alpha|]{|c_\alpha^{(h)}|} = 0 \quad \forall h \in [1,n]$$

$$\Psi_{\alpha,h} = \Psi_{\alpha+1} \quad du_1 \wedge \ldots \wedge \widehat{du_h} \wedge \ldots \wedge du_n \,.$$

Alors

$$\int_{l=0} \Psi = \nu(\Psi) + \frac{(2i\pi)^{n-1}}{(n-1)!} \sum_{h=1}^{n} (-1)^h \sum_{\alpha \in \mathbb{N}^n} \frac{|\alpha|\,!}{\alpha\,!} c_\alpha^{(h)} a^\alpha a_h$$

d'après la formule de Martinelli généralisée et le fait que l'isomorphisme

$$H^{n-1}(\mathbb{P}_n - \{0\}, \Omega^{n-1}) \xrightarrow{\sim} H^{n-1}(\mathbb{C}^n - \{0\}, \Omega^{n-1}) \oplus \mathbb{C}^{n-1}$$

ait sa première composante donnée par restriction (avec $\mathbb{C}^n \simeq \mathbb{P}_n - \mathbb{P}_{n-1}^\infty$) .

§ 4. DEMONSTRATION DU THEOREME.

a) Le cas $\mathbb{P}_n - \{0\}$

Considérons avec les notations précédentes

$$\xi = \sum_{\substack{\alpha \in \mathbb{N}^n \\ h \in [1,n]}} c_\alpha^{(h)} \Psi_{\alpha,h} + \nu(\xi)\, \omega^{n-1}$$

avec $\lim_{|\alpha| \to \infty} \sqrt[|\alpha|]{|c_\alpha^{(h)}|} = 0 \quad \forall h \in [1,n]$;

on aura $\int_{l=0} \xi = 0$ pour tout hyperplan projectif d'équation $l=0$ de $\mathbb{P}_n - \{0\}$ si et seulement si le système ci-dessous est vérifié :

$$
* \begin{cases} \nu(\xi) = \int_{\mathbb{P}_{n-1}^{\infty}} \xi = 0 \\ \sum_{h=1}^{n} (-1)^h \alpha_h \, c^{(h)}_{\alpha-1_h} = 0 \qquad \forall \alpha \in \mathbb{N}^n \end{cases}
$$

Exprimons cette condition en Čech dans le recouvrement $\mathcal{U} = (U_i)_{i\in[1,n]}$ où $U_i = \{z_i \neq 0\}$. On peut montrer facilement (comme au §1) le lemme suivant :

Lemme :

En coordonnées inhomogènes $u_i = z_i/z_o$ la cochaîne $u^{-\alpha-1} du_1 \wedge \ldots \wedge \widehat{du_h} \wedge \ldots \wedge du_n$ représente la classe (modulo d") de la forme $\gamma_{\alpha,h}$ par l'isomorphisme de Leray.

On peut de plus montrer que la forme ω^{n-1} correspond en Čech à la cochaîne

$$
\sum_{h=1}^{n} (-1)^h \frac{du_1}{u_1} \wedge \ldots \wedge \widehat{\frac{du_h}{u_h}} \wedge \ldots \wedge \frac{du_n}{u_n}
$$

donc la restriction à $\mathbb{C}^n - \{0\}$ est un bord, la singularité "apparente" pour $z_o = 0$ disparaissant (Cf le b) de ce § dans le cas $|\alpha| = |\beta| + 1$).

Corollaire :

Si $\xi \in H^{n-1}(\mathbb{P}_n - \{0\}, \Omega^{n-1})$ est identifiée à son représentant de Dolbeault $\xi = \sum c^h_\alpha \ \Psi_{\alpha,h} + \nu(\xi)\omega^{n-1}$ comme ci-dessus, et si z est la cochaîne de Čech correspondante, le système (*) est équivalent à l'existence de $x \in \Gamma(U_1 \cap \ldots \cap U_n, \Omega^{n-2})$ avec

$$
d' x = z \quad (\text{et } d'' x = 0)
$$

b) Nous allons prouver que ce résultat s'étend à $\mathbb{P}_n - \mathbb{P}_k$:

Nous allons raisonner par récurrence sur n-k , c'est-à-dire que nous supposons que si $\varphi \in H^{n-k-1}(\mathbb{P}_{n-1} - \mathbb{P}_{k-1}, \Omega^{n-k-1})$ et si sur tout (n-k-1) - plan L ne rencontrant pas $\mathbb{P}_{k-1}$, on a

$\int_L \varphi = 0$, alors on peut trouver $x \in H^{n-k-1}(\mathbb{P}_{n-1} - \mathbb{P}_{k-1}, \Omega^{n-k-2})$ avec $d'x = \varphi$ (nous allons raisonner en Čech).

Par la décomposition du §2 de $H^{n-k-1}(\mathbb{P}_n - \mathbb{P}_k, \Omega^{n-k-1})$ les termes de la série pour $|\alpha| \leq |\beta|$ étant nuls sur $\mathbb{P}_{n-1}$, on aura pour $\Psi \in H^{n-k-1}(\mathbb{P}_n - \mathbb{P}_k, \Omega^{n-k-1})$

$$\Psi = \xi + \pi^* \nu \qquad \text{et } \xi = 0 \text{ sur } \mathbb{P}_{n-1}$$

$(\pi : \mathbb{P}_n - \mathbb{P}_k \longrightarrow \mathbb{P}_{n-1} - \mathbb{P}_{k-1}, \pi(z_o,\dots,z_n) = (z_1, \dots, z_n))$

donc $\int_{l=0} \Psi = \int_{l=0} \pi^* \nu = \int_{l=0} \nu$ si $\{l=0\} \subseteq \mathbb{P}_{n-1}$.

Alors ν vérifie l'hypothèse de récurrence donc $\nu = d'x$ avec $d'' x = 0$

et $d'(\pi^* x) = \pi^* \nu$ avec $d''(\pi^* x) = 0$ (en Čech) .

On peut donc supposer que $\Psi = \xi$.

Soit $\Psi = \sum_{|I|+|J|=n-k-1} \left(\sum_{|\alpha| \leq |\beta|} C^{\alpha,\beta}_{I,J} u^\alpha v^{\beta-1} \right) du^I \wedge dv^J$

et posons $\Psi = \sum_{|I|+|J|=n-k-1} \Psi_{I,J}$.

Ordonnons l'ensemble des indices I par le cardinal, et à cardinaux égaux par l'ordre lexicographique.

On suppose que l'intégrale du représentant de Dolbeault de la classe de Ψ dans $H^{n-k-1}(\mathbb{P}_n - \mathbb{P}_k, \Omega^{n-k-1})$ est nulle sur toute variété linéaire projective de dimension n-k-1 ne rencontrant pas $\mathbb{P}_k$.

Supposons que $\Psi_{I,J} = 0$ pour $I < I_o$; en intégrant sur une famille de plans bien choisie on va prouver qu'il existe φ avec :

$$\varphi = \Psi + d' x \ , \ d'' x = 0 \ \text{ et}$$

$$\varphi_{I,J} = 0 \ \text{ pour } I \leq I_o$$

ce qui prouvera par récurrence sur l'ordre lexicographique des I que $\Psi = 0$ modulo d'.

<u>Démonstration</u> :

Montrons que

$$d'\Big(\sum_{\beta,J} C^{\alpha,\beta}_{I_o,J}\ v^{-\beta-1}\ dv^J\Big) = 0 \qquad (*)$$

pour tout α fixé :

Soit $K \subset [k+1,n]$ avec Card $K = n-k-p$ où $p = |I_o|$.

Le coefficient de dv^K dans l'expression $(*)$ est le même que le coefficient de dv^K dans

$$d'\Big(\sum_{\beta,J\subset K} C^{\alpha,\beta}_{I_o,J}\ v^{-\beta-1}\ dv^J\Big) \qquad (**) \qquad .$$

Soit $\sigma : I_o \longleftrightarrow [k+1,n] - K$ une bijection.

On définit des variétés linéaires projectives de dimension n-k-1 ne rencontrant pas $\mathbb{P}_k$ par les équations (la famille "bien choisie") :

$$\left\{\begin{array}{l} \left.\begin{array}{l} u_i = b_i \quad \text{si} \quad i \notin I_o \\ u_i = c_i\, v_{\sigma(i)} \quad \text{si} \quad i \in I_o \end{array}\right\} \quad i \in [1,k] \\ \displaystyle\sum_{k+1}^{n} a_j\, v_j = 1 \end{array}\right.$$

où a, b et c sont des paramètres complexes, les a_j étant non nuls.

La restriction de $\Psi_{I,J}$ à l'une de ces variétés linéaires est nulle si $I \neq I_o$: si $I < I_o$ c'est évident vu notre hypothèse $\Psi_{I,J} = 0$ si $I < I_o$; si $I > I_o$, il existe $i \in I$ avec $i \notin I_o$ (puisque Card $I \geqslant p$) et comme $u_i = b_i$ pour cet i, on aura $du^I = 0$ ce qui prouve ce que l'on veut.

Sur la variété linéaire considérée

$$\Psi_{I_o,J} = \sum_{\substack{\alpha,\beta,J\subset K \\ |\alpha|\leq|\beta|}} C^{\alpha,\beta}_{I_o,J}\, b^{\alpha_o} \cdot c^{\alpha_1+1}\, v^{\sigma(\alpha_1)}\, (dv)^h \times (-1)^K$$

avec $(dv)^h = dv_{k+1} \wedge \ldots \wedge \widehat{dv_h} \wedge \ldots \wedge dv_n$.

Il suffit de sommer sur $J \subset K$ car le du^{I_o} devient $\lambda(dv)^{\overline{K}}$ où $\overline{K} = [k+1,n] - K$ $(\lambda \in \mathbb{C})$

$$\text{donc} \quad (dv)^{\overline{K}} \wedge (dv^J) \neq 0 \Longrightarrow J \subset K \quad .$$

On a posé $\{h\} = K-J$, $\alpha = (\alpha_o,\alpha_1)$ correspondant à la décomposition de $[1,k]$ en I_o et son complémentaire, et $\sigma(\alpha_1)$ est le multi-indice de $\mathbb{N}^{n-k}$ ayant des composantes 0 sur K et $\alpha_1(j)$ sur la composante $\sigma(j)$.
On suppose que l'on choisit σ comme étant la bijection croissante de I_o sur $\overline{K}$ et $(-1)^K$ le facteur d'orientation permettant de passer de l'ordre naturel de $[k+1,n]$ à l'ordre $[\overline{K},K]$; l'intégrale est alors

$$0 = \sum_{\alpha} b^{\alpha_o} c^{\alpha_1+1} \frac{1}{a^{\sigma(\alpha_1)}} \sum_{\beta,h} (-1)^h C^{\alpha,\beta}_{I_o,h}\, a^\beta\, a_h\, (\beta_h + 1)$$

(où h définit J); notons que $h \in K$ et $\sigma(\alpha_1) = 0$ sur K ce qui fait que $[\beta - \sigma(\alpha_1)]_h = \beta_h$.
Pour que la fonction analytique de a, b et c obtenue soit identiquement nulle, on doit avoir

$$\forall\alpha\ \forall\beta\ \sum (-1)^h C^{\alpha,\beta-1_h}_{I_o,h}\, \beta_h = 0$$

ce qui exprime exactement que le coefficient de dv^K dans (**) et donc dans (*) est nul. Alors

$$\sum_{\beta,J} C^{\alpha,\beta}_{I_o,J}\, v^{-\beta-1}\, dv^J = d'\varphi_\alpha$$

où l'on peut facilement calculer φ_α et obtenir $d''\varphi_\alpha = 0$ et des majorations

$$\lim_{|\alpha|\to\infty} \sqrt[|\alpha|]{\|\varphi_\alpha\|} = 0.$$

Alors

$$\Psi_{I_o,J} = (\sum_\alpha u^\alpha d'\varphi_\alpha) \wedge du^{I_o} \text{ et donc}$$

$$\Psi_{I_o,J} = \sum u^\alpha d'(\varphi_\alpha \wedge du^{I_o})$$

$$= d'\left[(\sum_\alpha u_\alpha \varphi_\alpha) \wedge du^{I_o}\right] - \sum_\alpha d'(u^\alpha) \wedge \varphi_\alpha \wedge du^{I_o} \quad ;$$

alors

$$\sum d'(u^\alpha) \wedge \varphi_\alpha \wedge du^{I_o} = \sum_{|I|>p} \theta_{I,J}$$

et $d''(\sum_{|I|>p} \theta_{I,J}) = 0$ et

$$\Psi = \sum_{I>I_o} \Psi_{I,J} + d'\underbrace{\left[(\sum u_\alpha \varphi_\alpha) \wedge du^{I_o}\right]}_{x} - \sum_{|I|>p} \theta_{I,J}$$

avec $d'' x = 0$ c.q.f.d.

c) Retour en Dolbeault.

Lemme. Si $\hat{\Psi} \in H^{n-k-1}(\mathbb{P}_n - \mathbb{P}_k, \Omega^{n-k-1})$ admet la forme différentielle Ψ comme représentant de Dolbeault et la cochaîne z comme représentant de Čech, l'existence d'une cochaîne x vérifiant $d'x = z$ et $d''x = 0$ implique l'existence de deux formes α et β C^∞ sur $\mathbb{P}_n - \mathbb{P}_k$ de types $(n-k-1, n-k-2)$ et $(n-k-2, n-k-1)$ avec $\Psi = d''\alpha + d'\beta$.

Preuve : Soit $x \in H^0(U_{k+1} \cap .. \cap U_n, \Omega^{n-k-2})$; x définit un cocycle alterné de degré n-k-1 du recouvrement $\mathcal{U}$ à valeurs dans Ω^{n-k-2}. Soit ξ le représentant de Dolbeault associé ; alors $\Psi \pm d'\xi = 0 \bmod d''$; en effet soit $x_o \in \mathcal{C}^{n-k-2}(\mathcal{U}, \mathcal{A}^{n-k-2,0})$ telle que $\delta x_o = x$; alors $d'\delta x_o = d'x = z$ donc $z = d'\delta x_o = \delta d' x_o$.
Donc en remontant l'isomorphisme de Dolbeault de z à Ψ on peut choisir $z_o = d' x_o$. Comme $d''\delta = \delta d''$, $d'' x_o \in Z^{n-k-1}(\mathcal{U}, \mathcal{A}^{n-k-2,1})$ et il existe $x_1 \in \mathcal{C}^{n-k-2}(\mathcal{U}, \mathcal{A}^{n-k-2,1})$ avec $\delta x_1 = d'' x_o$

d'où $d' \delta x_1 = - d'' d' x_o = - d'' z_o = \delta d' x_1$; on peut choisir $z_1 = - d' x_1$ avec $\delta z_1 = d'' z_o$ et ainsi de suite jusqu'au résultat annoncé.

Enonçons le théorème.

Théorème. Soit ψ une forme différentielle C^∞ de type $(n-k-1,n-k-1)$ sur $\mathbb{P}_n - \mathbb{P}_k$, avec $d'' \psi = 0$; une condition nécessaire et suffisante pour que l'intégrale de ψ sur tout cycle analytique compact de dimension $n-k-1$ (linéaire suffirait) soit nulle est qu'il existe des formes $C^\infty \alpha$ et β sur $\mathbb{P}_n - \mathbb{P}_k$ avec $\psi = d''\alpha + d'\beta$. On peut de plus exiger $d''\beta = 0$.

Remarque. Il est évident d'après les calculs faits que l'on a obtenu pour $k = 0$ toutes les fonctions analytiques sur l'espace des hyperplans projectifs de $\mathbb{P}_n - \{0\}$(qui est isomorphe à $\mathbb{C}^n$).

Corollaire. Si φ est une forme différentielle C^∞ de type $(n-k-1,n-k-1)$ sur $\mathbb{P}_n - \mathbb{P}_k$, vérifiant $d' d''\varphi = 0$ et $\int_c \varphi = 0$ pour tout cycle analytique linéaire de $\mathbb{P}_n - \mathbb{P}_k$, on a $\varphi = d' a + d'' b$ où a et b sont des formes C^∞ sur $\mathbb{P}_n - \mathbb{P}_k$.

Preuve. On a la suite exacte (cf [4] ou [2])

$$H^d(\mathbb{P}_n - \mathbb{P}_k , \Omega^d) \oplus H^d(\mathbb{P}_n - \mathbb{P}_k, \bar{\Omega}^d) \xrightarrow{\theta} V^{d,d} \longrightarrow H^{2d+1}(\mathbb{P}_n - \mathbb{P}_k,\mathbb{C}) \longrightarrow 0$$

où $\theta(a+b) = a-b$ et $d = n-k-1$; comme $H^{2d+1}(\mathbb{P}_n - \mathbb{P}_k,\mathbb{C}) = 0$, θ est surjective (pour la définition de V^{dd} cf. p.1).
Si $\varphi \in V^{d,d}$ on a donc $\varphi = a+b$ avec $d'' a = 0$, $d' b = 0$ et, pour tout cycle analytique de $\mathbb{P}_n - \mathbb{P}_k$, $\int_c a = - \int_c b$.

Mais $\int_c a$ est holomorphe (par rapport à c) et $\int_c b$ est antiholomorphe donc $\int_c a = - \int_c b = k_o$ avec $k_o \in \mathbb{C}$. Alors $\int_c a - k_o \omega^d = 0$ pour tout cycle linéaire c de $\mathbb{P}_n - \mathbb{P}_k$ et de même $\int_c b + k_o \omega^d = 0$. Donc $a - k_o \omega^d = d'u + d'' v$ et $b + k_o \omega^d = d's + d''t$ par le conjugué du théorème établi. Donc $a+b = d'(u+s) + d''(t+v) = \varphi$, c.q.f.d.

BIBLIOGRAPHIE

1 A. ANDREOTTI et F. NORGUET. Problème de Levi et convexité holomorphe pour les classes de cohomologie, Ann. Sc. Norm. Sup. Pisa, 20, 1966, 197-241.

2 A. ANDREOTTI et F. NORGUET. Cycles of algebraic manifolds and $\partial\bar{\partial}$ -cohomology, Ann. Sc. Norm. Sup. Pisa, 25, 1971, 59-114.

3 J. FRENKEL. Cohomologie non abélienne et espaces fibrés, Bull. Soc. Math. France 85, 1957, 135-230

4 F. NORGUET. Remarques sur la cohomologie des variétés analytiques complexes, dans ce volume.

SUR UN CRITERE D'EQUISINGULARITE

par

LE DUNG TRANG

1. Topologie des variétés algébriques

(1.0) Nous allons rappeler dans ce paragraphe quelques résultats concernant la topologie des variétés algébriques. Comme nous allons surtout nous intéresser aux courbes du plan complexe, nous rappellerons aussi les résultats obtenus sur la topologie des singularités isolées d'hypersurfaces complexes. L'essentiel de ce qui suit se trouve dans [28] et [21].

(1.1) Soit K un corps commutatif. Un sous-ensemble algébrique V de K^n est un sous-ensemble de K^n, ensemble des zéros d'une famille de polynômes à n variables et à coefficients dans K. L'ensemble des polynômes à n variables et à coefficients dans K qui s'annulent sur V forme un idéal de l'anneau $K[X_1,...,X_n]$ des polynômes à n variables à coefficient dans K. On note I(V) cet idéal. Le théorème de finitude d'Hilbert (cf. [12] p. 144) montre que I(V) est engendré par un nombre fini d'éléments de $K[X_1,...,X_n]$. On considère un système $(f_1,...,f_p)$ de générateurs de I(V). Soit $(\partial f_i/\partial X_j)$ la matrice Jacobienne associée à ce système. On note :

$$\rho_x = rg(\partial f_i/\partial X_j(x))$$

le rang de cette matrice Jacobienne en un point x de V et $\rho = \max_{x \in V} \rho_x$.

Les points x de V où $\rho_x = \rho$ sont appelés points simples (ou points réguliers ou points non-singuliers) de V et les points x de V où $\rho_x < \rho$ sont les points singuliers de V.

Evidemment l'ensemble $\Sigma(V)$ des points singuliers de V est le sous-ensemble de V où les mineurs de rang ρ de la matrice Jacobienne $(\partial f_i/\partial X_j)$ s'annulent. On montre alors :

Théorème (1.1.1) (Whitney). Si K est le corps des réels (ou celui des complexes) l'ensemble $V - \Sigma(V)$ des points non-singuliers de V est une variété analytique réelle (ou complexe) non vide de dimension $n - \rho$.

Théorème (1.1.2) (Whitney). Pour toute paire d'ensembles algébriques (E,F) réels (ou complexes), E - F n'a qu'un nombre fini de composantes connexes.

Corollaire (1.1.3). Pour tout couple d'ensembles algébriques (E,F) réels (ou complexes), la différence E - F est réunion disjointe d'un nombre fini de variétés différentiables (M_i)

$$E - F = M_1 \cup \ldots \cup M_l$$

où M_i n'a qu'un nombre fini de composantes connexes.

Nous allons donner une preuve du théorème (1.1.2) et du corollaire (1.1.3) qui est tirée de [21]. Comme dans [21], pour une preuve élégante du théorème (1.1.1), nous renvoyons le lecteur à [28].

Lemme (1.1.4). Si V est un sous-ensemble algébrique (réel) de $\mathbb{R}^n$ et si les points de V sont isolés alors V est un ensemble fini.

Preuve : On peut supposer V non vide.

Soit I(V) l'idéal des polynômes dans $\mathbb{R}[X_1,\ldots,X_n]$ qui s'annulent sur V. Soit $(f_1,\ldots,f_p)$ un système de générateurs de I(V). Notons encore ρ_x le rang de la matrice Jacobienne $(\partial f_i/\partial X_j)$ en un point x de V et soit $\rho = \operatorname{Max}_{x\in V} \rho_x$. Nous allons tout d'abord démontrer que, du fait que les points de V soient isolés, résulte $\rho = n$. En effet si $\rho < n$ alors $\rho \leq n-1$ et V contiendrait une variété différentiable $V - \Sigma(V)$ de dimension $n - \rho \geq 1$ d'après le théorème admis (1.1.1) de Whitney et ceci contredirait l'hypothèse faite sur V. Nous allons alors montrer que si $x \in V - \Sigma(V)$, i.e. $\rho_x = \rho = n$ alors $V_1 = V - x$ est encore un sous-ensemble algébrique de $\mathbb{R}^n$ et si V_1 est non vide alors $n = \operatorname{Max}_{y\in V_1} \rho_y$. En effet ceci provient du lemme suivant :

Lemme (1.1.5) Soit K un corps commutatif infini et soit V un sous-ensemble algébrique de K^n. Soient $f_1,\ldots,f_n$ des polynômes de $K[X_1,\ldots,X_n]$ qui s'annulent sur V. Si la matrice $(\partial f_i/\partial X_j)$ est non singulière en un point $x_o \in V$, alors $V - \{x_o\}$ est encore un sous-ensemble algébrique de K^n.

<u>Preuve</u> : On peut supposer que $x_o = 0$, origine de K^n. Comme les polynômes f_i s'annulent en 0, on peut écrire :

$$f_i(x) = g_{i1}(x)x_1 + \ldots + g_{in}(x)x_n$$

où $g_{ij} \in K[X_1, \ldots, X_n]$. Considérons l'ensemble algébrique W des points x de V où :

$$\text{dét}((g_{ij}(x))) = 0$$

alors $W = V - \{0\}$. En effet $x_o \notin W$ car :

$$(\partial f_i/\partial X_j(0)) = (g_{ij}(0))$$

et si $x \in V$ avec $x \neq 0$ alors les relations linéaires :

$$\sum_{j=1}^{n} g_{ij}(x)x_j = 0$$

montrent que $\text{dét}(g_{ij}(x)) = 0$. Donc $V - \{0\} = W$.

Revenons à la preuve du lemme (1.1.4).

On trouve alors une suite décroissante :

$$V \supset V_1 \supset \ldots$$

de sous-ensembles algébriques de V où V_i est obtenu en enlevant un point à V_{i-1}. En utilisant à nouveau le théorème de finitude d'Hilbert appliqué aux ensembles algébriques on en déduit que cette suite est stationnaire, i.e. il existe un entier n tel que $V_n = V_{n+1}$. Donc nécessairement $V_n = \emptyset$ et V est fini.

Du lemme (1.1.4) nous allons tirer :

Théorème (1.1.6) Un sous-ensemble algébrique non singulier V de $\mathbb{R}^n$ a le type d'homotopie d'un complexe cellulaire fini.

Démonstration : Pour établir ce théorème nous allons utiliser la théorie de Morse (Cf. [20]). Pour permettre au lecteur de suivre la démonstration nous ouvrons ici une parenthèse pour rappeler ce que l'on entend par théorie de Morse.

(Soit M une variété différentiable et soit $f : M \to \mathbb{R}$ une fonction différentiable. On dit que le point x de M est un point critique de f si la dérivée de f en x est nulle : $df_x = 0$. Si x est un point critique de f, on dit que f(x) est une valeur critique de f, on dit que f(x) est une valeur critique de f. Le théorème de Sard (Cf. [19] p. 10) appliqué dans ce cas-ci montre que l'ensemble des valeurs critiques de f est de mesure nulle. Ceci montre en particulier que presque tout nombre λ de $\mathbb{R}$ n'est pas une valeur critique de f et que par conséquent pour presque tout λ de $\mathbb{R}$, $f^{-1}(\lambda)$ est une sous-variété de M. Soit x un point critique de $f : M \to \mathbb{R}$. On dit que x est un point critique non dégénéré de f si pour un système $(x_1,\ldots,x_p)$ de coordonnées locales de M en x la matrice symétrique $(\partial^2 f/\partial x_i \partial x_j(x))$ est non singulière. On définit ainsi une forme bilinéaire symétrique sur l'espace tangent en M à x appelée Hessien de f en x : cette forme bilinéaire est non dégénérée si et seulement si x est un point critique non dégénérée. Dans la signature de cette forme bilinéaire le nombre des valeurs propres négatives comptées avec leur multiplicité est appelé l'indice du point critique non dégénéré.

On a alors le lemme fondamental suivant :

Lemme de Morse (1.1.7) (Cf. [20] p. 6) Soit x_0 un point critique non dégénéré de $f : M \to \mathbb{R}$. Alors il existe un système de coordonnées locales $(y_1,\ldots,y_p)$ définies sur un voisinage ouvert U de x_0 où $y_i(x_0) = 0$ pour tout $i = 1,\ldots,p$ et où l'on a l'identité :

$$f(x) = f(x_0) - y_1^2(x) - \ldots - y_\lambda^2(x) + y_{\lambda+1}^2(x) + \ldots + y_p^2(x)$$

avec λ égal à l'indice de f en x_0.

Il résulte de ce lemme qu'un point critique non dégénéré est nécessairement isolé.

Notons $M^a = f^{-1}(]-\infty,a]) = \{x \mid x \in M,\ f(x) \leq a\}$. On a alors :

Théorème (1.1.8) (cf.[20] p.12) Soit $b > a$. Supposons que $f^{-1}([a,b])$ soit un sous-espace compact de M et que $f^{-1}([a,b])$ ne contienne aucun point critique de f. Alors M^a est difféomorphe à M^b et de plus M^a est un rétracte par déformation de M^b.

Théorème (1.1.9) (cf.[20] p.14) Supposons que $x_0 \in M$ soit un point critique non dégénéré d'indice λ de f. Posons $f(x_0) = c$ et supposons que l'on ait pour $\varepsilon > 0$, $f^{-1}([c-\varepsilon, c+\varepsilon])$ compact et ne contient aucun autre point critique de f que x_0. Alors pour tout ε assez petit, $M^{c+\varepsilon}$ a le type d'homotopie de $M^{c-\varepsilon}$ auquel on a attaché une cellule de dimension λ.

Ces deux théorèmes démontrés dans [20] sont fondamentaux dans la théorie de Morse et ce sont ceux que nous utiliserons par la suite).

Après cette longue parenthèse où nous avons essayé de rappeler l'essentiel de la théorie de Morse, nous revenons à la démonstration du théorème (1.1.6).

Considérons un point $a \in \mathbb{R}^n$ tel que $a \notin V$. On note r_a la fonction de V dans $\mathbb{R}$ définie par :

$$r_a(x) = \|x - a\|^2$$

Remarquons que les points critiques de r_a sur V sont précisément les points x où le vecteur $x - a$ est orthogonal à V. Dans [3], Andreotti et Frankel ont montré :

Théorème (1.1.10) Si M est une sous-variété de $\mathbb{R}^n$ pour presque tout

$a \in \mathbb{R}^n$, i.e. à l'exception d'un ensemble de mesure nulle, la fonction $r_a : M \to \mathbb{R}$ définie par $r_a(x) = \|x - a\|^2$ n'a que des points critiques non dégénérés.

Donc si V est un ensemble algébrique réel non singulier, le théorème de Witney (1.1.1) montre que V est une variété différentiable. Les points critiques de r_a forment un sous-ensemble algébrique de V car r_a est un polynôme réel. Comme ces points critiques sont non dégénérés pour un choix convenable de a (d'après 1.1.10), ils sont isolés (cf. (1.1.7).

Le lemme (1.1.4) montre alors que r_a n'a qu'un nombre fini de points critiques non dégénérés. En utilisant le théorème (1.1.9) on trouve que V a le type d'homotopie d'un complexe cellulaire fini. Ceci achève la démonstration du théorême (1.1.6).

Corollaire (1.1.11) Soit V un ensemble algébrique réel et W un sous-ensemble algébrique de V tel que V - W soit non singulier alors V - W a le type d'homotopie d'un complexe cellulaire fini.

Preuve : Supposons que W soit défini par les équations polynomiales $f_1 = \dots = f_r = 0$. Considérons $s = \Sigma f_i^2$. Considérons alors le sous-ensemble algébrique G de $V \times \mathbb{R}$ des points (x,y) tels que $s(x)y = 1$. On trouve que G est difféomorphe à V - W et que par conséquent G est non-singulier. On applique alors le théorème (1.1.6).

On obtient ainsi le théorème (1.1.2) et son corollaire (1.1.3). En effet soit la suite décroissante d'ensembles algébriques définie par :

$$E_1 = E$$

$$E_2 = \Sigma(E_1) \qquad \text{(points singuliers de } E_1\text{)}$$

$$\dots$$

$$E_r = \Sigma(E_{r-1})$$

On sait que pour un certain entier r on a :

$$E_r \neq \emptyset \quad \text{et} \quad E_{r+1} = \emptyset$$

On a alors :

$$E - F = \coprod_{i=1}^{r} (M_i - F) \qquad \text{(réunion disjointe)}$$

avec $$E_i - E_{i+1} = M_i \quad \text{(points réguliers de } E_i)$$

et $$M_i - F = E_i - (\Sigma(E_i) \cup F)$$

Donc $M_i - F$ est une variété différentiable ayant un nombre fini de composantes connexes et $E - F$ n'a aussi qu'un nombre fini de composantes connexes. Ceci établit le théorème (1.1.2) et son corollaire (1.1.3).

Remarque : Dans l'énoncé du corollaire (1.1.3) nous n'avons pas utilisé le mot "stratification" pour exprimer que $E - F$ était réunion disjointe des M_i. Nous réservons l'emploi de ce mot dans le cas où l'on a des propriétés d'incidence entre les M_i (cf [25]).

(1.2) Nous allons utiliser le corollaire (1.1.3) pour obtenir :

Théorème (1.2.1) (cf [21] p. 16). Soit K le corps des nombres réels ou celui des nombres complexes. Soit $g : E \to K$ un polynôme sur l'ensemble algébrique E défini sur K. Alors la restriction de g à la partie non singulière de E n'a qu'un nombre fini de valeurs critiques.

Démonstration : On montre que les points critiques de g sur la partie non singulière $E - \Sigma(E)$ de E forment un ensemble, différence $C - \Sigma(E)$ d'ensembles algébriques. D'après le corollaire (1.1.3) $C - \Sigma(E)$ est réunion disjointe de variétés différentiables $M_1, \ldots, M_r$, n'ayant chacune qu'un nombre fini de composantes connexes par arcs. La restricti[on] de g à chacune de ces composantes connexes est constante, donc g ne prend sur $C - \Sigma(E)$ qu'un nombre fini de valeurs qui ne sont autres que les valeurs critiques de la restriction de g à $E - \Sigma(E)$.

Corollaire (1.2.2) Si E est un ensemble algébrique non singulier et $g : E \to K$ un polynôme à valeurs dans K, pour tout $a \in K$ sauf éventuellement un nombre fini, $g^{-1}(a)$ est un sous-ensemble algébrique non singulier de E.

En particulier si $g : \mathbb{C}^n \to \mathbb{C}$ alors pour tout $a \in \mathbb{C}$, sauf un nombre fini, les hypersurfaces $g^{-1}(a)$ sont non singulières.

(1.3) Nous consacrons ce dernier paragraphe à un rappel de résultats sur les singularités isolées des hypersurfaces complexes.

Soit $f : \mathbb{C}^n \to \mathbb{C}$ un polynôme complexe avec $n \geq 2$. On suppose, pour simplifier, que f s'annule à l'origine de $\mathbb{C}^n$. De plus on suppose que l'origine est isolée dans l'ensemble des points où f et ses dérivées partielles $\partial f/\partial X_i$ s'annulent. On trouve ainsi que l'origine 0 de $\mathbb{C}^n$ est un point singulier isolé de l'hypersurface $H = f^{-1}(0)$. En utilisant (1.2.2), on remarque alors que pour $c \in \mathbb{C}$ suffisamment petit et $c \neq 0$, l'hypersurface $f^{-1}(c)$ est non singulière. Par conséquent :

Lemme (1.3.1) Si 0 est un point singulier isolé de $H = f^{-1}(0)$, 0 est un point critique isolé de f.

En utilisant le théorème (1.2.1) on trouve alors que la fonction $r_0 : H \to \mathbb{R}$ définie par $r_0(x) = \|x\|^2$ n'a pas de valeurs critiques dans l'intervalle $]0, \varepsilon_0]$ où ε_0 est assez petit. Par conséquent :

Lemme (1.3.2) Pour tout ε, $0 < \varepsilon \leq \varepsilon_0$, la sphère réelle, centrée en 0 et de rayon ε, coupe transversalement la partie non singulière de H.

On a également vu que, si $c \neq 0$, $c \in \mathbb{C}$, est assez petit l'hypersurface $f^{-1}(c)$ est non singulière. On peut alors trouver un disque D centré à l'origine de $\mathbb{C}$ tel que :

Lemme (1.3.3) Pour tout $c \in D - (0)$ l'hypersurface $f^{-1}(c)$ coupe transversalement S_{ε_o} et $f^{-1}(c) \cap B_{\varepsilon_o}$, où B_{ε_o} est la boule de bord S_{ε_o}, est une variété différentiable à bord, de bord $S_{\varepsilon_o} \cap f^{-1}(c)$.

On remarque également que le bord $S_{\varepsilon_o} \cap f^{-1}(c)$ de $B_{\varepsilon_o} \cap f^{-1}(c)$ est difféomorphe à $S_{\varepsilon_o} \cap H$, plus précisément, on a une isotopie de la paire $(S_{\varepsilon_o}, S_{\varepsilon_o} \cap H)$ sur $(S_{\varepsilon_o}, S_{\varepsilon_o} \cap f^{-1}(c))$.

Nous allons rappeler les résultats de J. Milnor exposés dans [21] et [13bis].

Théorème (1.3.4) i) La variété à bord $B_{\varepsilon_o} \cap f^{-1}(c)$ a le type d'homotopie d'un bouquet de sphères réelles de dimension $n-1$, i.e. d'un ensemble fini de sphères ayant toutes un point en commun et un seul.

ii) Le bord $S_{\varepsilon_o} \cap f^{-1}(c)$ est une variété différentiable $(n-3)$-connexe.

iii) On a un homéomorphisme de la paire $(B_{\varepsilon_o}, B_{\varepsilon_o} \cap H)$ sur $(B_{\varepsilon_o}, C(K))$, où $C(K)$ est le cône réel formé des segments d'extrémité 0 et x, avec $x \in H \cap S_{\varepsilon_o}$.

On trouve ainsi que l'homologie de $B_{\varepsilon_o} \cap H$ est triviale, puisque $B_{\varepsilon_o} \cap H$, homéomorphe à un cône, est contractile, et que l'homologie de $B_{\varepsilon_o} \cap f^{-1}(c)$ est nulle en toute dimension sauf dans la dimension 0 et la dimension $n-1$. Dans la dimension $n-1$, l'homologie de $B_{\varepsilon_o} \cap f^{-1}(c)$ est un groupe libre dont le rang égale le nombre de sphères du bouquet. Les générateurs du groupe d'homologie de $B_{\varepsilon_o} \cap f^{-1}(c)$ en dimension $n-1$ s'appellent les cycles évanouissants de la singularité 0. La proposition suivante démontrée dans [13] permet de calculer le nombre de sphères du bouquet :

Proposition (1.3.5) Le nombre μ des sphères du bouquet dont on parle dans (1.3.4) - i) égale :

$$\mu = \dim_{\mathbb{C}} \mathbb{C}\{X_1,\ldots,X_n\}/J$$

où $\mathbb{C}\{X_1,\ldots,X_n\}$ est l'anneau des séries convergentes à n variables et J est l'idéal de $\mathbb{C}\{X_1,\ldots,X_n\}$ engendré par les dérivées partielles $\partial f/\partial X_i$ de f.

Remarquons que le fait que μ soit fini équivaut au fait que 0 soit un point singulier isolé de $H = f^{-1}(0)$.

Dans la suite, nous allons nous consacrer à l'étude des singularités de courbes sur lesquelles nous allons rappeler quelques résultats bien connus et enfin nous allons montrer comment résoudre une conjecture de H. Hironaka concernant des familles analytiques de courbes planes ayant le même nombre de cycles évanouissants à l'origine.

Singularité des courbes algébriques planes

(2.0) Soit $f : \mathbb{C}^2 \to \mathbb{C}$ un polynôme complexe à deux variables. Soit $C = f^{-1}(0)$ la courbe complexe plane définie par f. Supposons comme dans (1.3) que l'origine 0 de $\mathbb{C}^2$ soit un point singulier de C. Soit (f) l'idéal principal de $\mathbb{C}\{X,Y\}$ engendré par f. On suppose que f est sans facteur carré analytique, ce qui signifie, en d'autres termes, que l'anneau $\mathbb{C}\{X,Y\}/(f)$ est réduit. On remarque alors que $0 \in C$ est un point singulier isolé de C. D'après (1.1) ceci signifie que 0 est isolé dans l'ensemble des points où f, $\partial f/\partial X$ et $\partial f/\partial Y$ s'annulent. En effet, si ce n'était pas le cas un petit raisonnement élémentaire conduirait au fait que l'un des facteurs analytiques de f, soit f_1, est identiquement nul, ce qui est absurde. On est donc bien dans le cas d'une singularité isolée $0 \in C$ d'une hypersurface complexe.

Tout ce qui va être dit dans la suite eût été valable en considérant un germe de fonction analytique $f : (\mathbb{C}^2,0) \to (\mathbb{C},0)$- sans facteur carré analytique (cf [11]).

On gardera pour tout le §2 les notations précédentes.

(2.1) Nous allons reprendre les résultats exposés dans (1.3) et considérer plus précisément le cas des courbes complexes planes.

Nous appelons encore S_{ε_o} la sphère réelle de centre 0 et de rayon ε_o tel que, pour tout ε, $0 < \varepsilon \leq \varepsilon_o$, on ait S_ε transverse à la partie non singulière de C. On désigne par B_{ε_o} la boule de bord S_{ε_o}. On appelle C_t la courbe de $\mathbb{C}^2$ donnée par $f = t$. Evidemment à cause de (1.2.2), C_t est une courbe non singulière pour tout $t \in \mathbb{C}$ non nul et assez petit.

Dans [21] la méthode utilisée ne montre pas que $B_{\varepsilon_o} \cap C_t$ a le type d'homotopie d'un bouquet de cercles, car on est précisément dans le cas de la dimension non étudiée, c'est pourquoi on utilise la méthode de [13] qui nous donne :

<u>Proposition</u> (2.1.1) L'ensemble $B_{\varepsilon_o} \cap C_t$ est une variété à bord compacte, connexe et orientable de dimension réelle 2 qui a l'homologie d'un bouquet de μ cercles avec

$$\mu = \dim_{\mathbb{C}} \mathbb{C}\{X,Y\}/J$$

où J est l'idéal de $\mathbb{C}\{X,Y\}$ engendré par les dérivées partielles $\partial f/\partial X$, $\partial f/\partial Y$ de f.

En fait, $B_{\varepsilon_o} \cap C_t$ a le type d'homotopie d'un bouquet de cercles car on a :

<u>Proposition</u> (2.1.2) Une variété différentiable compacte, connexe, orientable, à bord non vide, et de dimension réelle deux, a le type d'homotopie d'un bouquet de cercles.

<u>Preuve</u> : On peut trianguler un tel objet. On exhibe alors une déformation continue qui élimine successivement les triangles bordant le bord jusqu'à ce que l'on obtienne un graphe qui est donc un rétracte par déformation de notre variété. Or un graphe a clairement le type d'homotopie d'un bouquet de cercles.

En ce qui concerne le bord $S_{\varepsilon_0} \cap C_t$ de $B_{\varepsilon_0} \cap C_t$, on a la description suivante.

<u>Proposition</u> (2.1.3) Le bord $S_{\varepsilon_0} \cap C_t$ de $B_{\varepsilon_0} \cap C_t$ est difféomorphe à l'union disjointe de k cercles plongés dans S_{ε_0}, une telle figure s'appelle un <u>link</u> à k composantes et dans le cas particulier où $k = 1$ on dit aussi que c'est un <u>noeud</u>.

<u>Preuve</u> : Chaque composante connexe de $S_{\varepsilon_0} \cap C_t$ est une variété de dimension réelle un, compacte, connexe et sans bord, donc est difféomorphe au cercle S^1 ; en effet :

<u>Lemme</u> (2.1.4) Une variété de dimension réelle compacte, connexe, sans bord est difféomorphe au cercle S^1.

En effet, on remarque par exemple qu'une telle variété est nécessairement orientable sur $\mathbb{Z}/2\mathbb{Z}$ et donc orientable sur $\mathbb{Z}$ car elle n'a de l'homologie qu'en dimension 0 et 1 et que l'homologie en dimension 0 est toujours un groupe libre (utiliser par exemple la formule des coefficients universels). La caractéristique d'Euler-Poincaré est alors nulle : en dimension 0 le rang de l'homologie est un, car la variété est connexe, et un en dimension 1, car elle est compacte, connexe, orientable sans bord et de dimension 1. Il existe alors un champ de vecteurs non nul qui ne s'annule pas sur la variété (cf [19] p. 40). En intégrant ce champ on trouve que $\mathbb{R}$ opère transitivement et sans point fixe sur cette variété qui est alors difféomorphe à $\mathbb{R}/\Gamma$ où Γ est un sous-groupe discret de $\mathbb{R}$.

En fait, on peut compter le nombre k de composantes du link $S_{\varepsilon_o} \cap C_t$. En effet dans la remarque qui suit le lemme (1.3.3), on a trouvé que la paire $(S_{\varepsilon_o}, S_{\varepsilon_o} \cap C)$ est isotope à la paire $(S_{\varepsilon_o}, S_{\varepsilon_o} \cap C_t)$: on exprime ceci en disant que les links $S_{\varepsilon_o} \cap C$ et $S_{\varepsilon_o} \cap C_t$ sont de même type. Or le nombre de composantes de $S_{\varepsilon_o} \cap C$ est égal au nombre de facteurs analytiques irréductibles de f. En effet dans [18] p. 97 ou dans [1] p. 295 on trouve que si f est analytiquement irréductible alors, si ε_o est assez petit, $B_{\varepsilon_o} \cap C - \{0\}$ est connexe. On en déduit facilement que, si f est sans facteur analytique carré et égal au produit de k facteurs analytiques irréductibles, pour ε_o assez petit, $B_{\varepsilon_o} \cap C - \{0\}$ a k composantes connexes. On utilise alors le iii) de (1.3.4) pour en conclure que $S_{\varepsilon_o} \cap C$ a k composantes connexes, car $B_{\varepsilon_o} \cap C$ est homéomorphe à $C(K)$ où $K = S_{\varepsilon_o} \cap C$ et $C(K)$ est le cône réel formé de segments d'extrémité 0 et x, avec $x \in K = S_{\varepsilon_o} \cap C$.

Nous consacrons le paragraphe suivant à la description du link $S_{\varepsilon_o} \cap C$ de S_{ε_o}.

(2.2) L'essentiel de ce qui suit se trouve dans [4], [30] p. 7-43, [18] p. 99-104, [29], [6], [23] et [14].

Nous allons commencer par le cas où k = 1, i.e. $S_{\varepsilon_o} \cap C$ est un noeud dans S_{ε_o} et n'a donc qu'une seule composante connexe. On suppose donc dans ce cas que f est analytiquement irréductible. Les résultats obtenus sont dus à K. Brauner ([4]). Pour les exposer nous avons besoin de définir le <u>développement de Puiseux de C au voisinage de 0.</u>

Si $0 \in C$ est un point non singulier, alors on sait bien que, l'une des dérivées partielles $\partial f/\partial X$ ou $\partial f/\partial Y$ étant non nulle en 0, soit par exemple $\partial f/\partial Y \neq 0$, le théorème des fonctions implicites montre que dans un voisinage ouvert U de 0 dans $\mathbb{C}^2$ les points de $U \cap C$ sont les points de U, où $Y = \varphi(X)$, pour une certaine fonction analytique φ telle que $f(X,\varphi(X)) \equiv 0$. Dans le cas qui nous intéresse $0 \in C$ est singulier et nous n'avons pas une telle fonction φ. Bienheureusement nous avons le théorème suivant (cf [8] p. 115-118) :

<u>Théorème</u> (2.2.1) On suppose que f est sous la "forme de Weierstraß" en Y, i.e. :

$$f(X,Y) = Y^n + a_{n-1}(X)Y^{n-1} + \dots + a_0(X)$$

où $a_i(X) \in (X^i)\mathbb{C}\{X\}$. Il existe alors un entier k et une série convergente $\varphi(X^{1/k})$, où $X^{1/k}$ est l'une des déterminations d'une racine k-ième de X, tels que :

$$f(X, \varphi(X^{1/k})) \equiv 0$$

A un changement linéaire de variables près, le théorème de préparation de Weierstraß permet de supposer que f est sous la "forme de Weierstraß" sans restriction de généralité. On dit que φ est le <u>développement de Puiseux</u> de f en 0.

Soit $\mathcal{O} = \mathbb{C}[[X,Y]]/(f)$ où $\mathbb{C}[[X,Y]]$ est l'anneau des séries formelles et (f) l'idéal de $\mathbb{C}[[X,Y]]$ engendré par f. Remarquons que, f étant analytiquement irréductible, $\mathcal{O}$ est intègre. Appelons x et y les images de X et Y dans $\mathcal{O}$. Supposons que x soit un paramètre transverse de $\mathcal{O}$, c'est-à-dire l'idéal $(x,y)\overline{\mathcal{O}}$, engendré par x et y dans la fermeture intégrale de $\mathcal{O}$ dans son corps des fractions F, est principal et engendré par x. Rappelons que $\overline{\mathcal{O}}$ est un anneau local régulier isomorphe à un anneau de séries formelles à une variable sur $\mathbb{C}$. Comme $\mathbb{C}$ est algébriquement clos et de caractéristique zéro on peut montrer que, le corps des fractions F de $\mathcal{O}$ étant une extension finie du corps des fractions $\mathbb{C}((x))$ de $\mathbb{C}[[x]]$, le corps F égale $\mathbb{C}((x^{1/n}))$ où n égale la valuation de x dans $\overline{\mathcal{O}}$. En d'autres termes n égale la multiplicité de C à l'origine, i.e. le degré en X et Y du terme homogène de plus bas degré dans f. Evidemment, la notation $x^{1/n}$ désigne une racine n-ième de x fixée. On peut en fait avoir :

$$\mathcal{O} = \mathbb{C}[[x,y]] \hookrightarrow \overline{\mathcal{O}} = \mathbb{C}[[x^{1/n}]]$$

et $y = \sum_k a_k(x^{1/n})^k = \varphi(x^{1/n})$. On retrouve ainsi le développement de Puiseux de f en 0.

Nous sommes maintenant en mesure de définir <u>les exposants caractéristiques de Puiseux</u>.

Soit $y = \sum_k a_k(x^{1/n})^k$ le développement de Puiseux de f en 0. On va scinder ce développement en plusieurs parts tout en respectant l'ordre des termes. On commence par rendre irréductibles les fractions en exposants. Le développement de y commence alors <u>éventuellement</u> par un polynôme en x :

$$y = P(x) + \sum_{k \geq k_0} a_k(x^{1/n})^k$$

où $a_{k_0} \neq 0$ et k_0/n n'est pas entier. Ecrivons alors $\frac{k_0}{n} = \frac{m_1}{n_1}$ où $\mathrm{pgcd}(m_1,n_1) = (m_1,n_1) = 1$.

Alors si :

1) $n_1 = n$: on a fini

2) $n_1 < n$, alors évidemment n_1 divise n et on regroupe tous les termes non nuls du développement qui suivent le k_0-ième jusqu'au premier des termes non nuls dont l'exposant k/n ne peut pas être égal à une fraction (non nécessairement irréductible) avec n_1 au dénominateur ; alors :

$$y = P(x) + a_{k_o} x^{\frac{m_1}{n_1}} + \sum_{l_1=1}^{r_1} a_{l_1}^1 x^{\frac{m_1+l_1}{n_1}} + \sum_{k \geq k_1} a_k x^{\frac{k}{n}}$$

avec $a_{k_1} \neq 0$ et $\frac{n}{n_1}$ ne divise pas k_1.

On peut alors écrire $\frac{k}{n} = \frac{m_2}{n_1 n_2}$ avec $(m_2, n_2) = 1$. Dans ce cas on a :

1) ou bien $n_1 n_2 = n$: on a fini

2) ou bien $n_1 n_2 < n$ et $n_1 n_2$ divise n. On regroupe tous les termes non nuls suivant le k_1-ième terme jusqu'au premier des termes non nuls dont l'exposant k/n ne peut pas être égal à une fraction (non nécessairement irréductible) avec $n_1 n_2$ au dénominateur ; alors :

$$y = P(x) + a_{k_o} x^{\frac{m_1}{n_1}} + \sum_{l_1=1}^{r_1} a_{l_1}^1 x^{\frac{m_1+l_1}{n_1}}$$

$$+ a_{k_1} x^{\frac{m_2}{n_1 n_2}} + \sum_{l_2=1}^{r_2} a_{l_2}^2 x^{\frac{m_2+l_2}{n_1 n_2}}$$

$$+ \sum_{k \geq k_2} a_k x^{\frac{k}{n}}$$

avec $a_{k_2} \neq 0$ et $\frac{n}{n_1 n_2}$ ne divise pas k_2.

Et ainsi de suite on peut écrire le développement de Puiseux sous la forme :

$$y = P(x) + a_{k_0} x^{\frac{m_1}{n_1}} + \sum_{l_1=1}^{r_1} a^1_{l_1} x^{\frac{m_1+l_1}{n_1}}$$

$$+ a_{k_1} x^{\frac{m_2}{n_1 n_2}} + \sum_{l_2=1}^{r_2} a^2_{l_2} x^{\frac{m_2+l_2}{n_1 n_2}}$$

$$+ \dots + a_{k_g} x^{\frac{m_g}{n_1 \dots n_g}} + \sum_{k \geq m_g} a_k x^{\frac{k}{n}}$$

avec $a_{k_i} \neq 0$, $\frac{n}{n_1 \dots n_i}$ ne divise pas k_i, $n_1 \dots n_g = n$, et $\text{pgcd}(m_i, n_i) = 1$.

On appelle <u>exposants caractéristiques de Puiseux</u> de f en 0 les exposants $\frac{m_i}{n_1 \dots n_i} = \frac{\beta_i}{n}$ mis en évidence ci-dessus. Les paires (m_i, n_i) d'entiers premiers entre eux sont appelées <u>paires caractéristiques de Puiseux</u> de f en 0.

Remarquons que :

$$\frac{m_i}{n_1 \dots n_i} > \frac{m_{i-1}}{n_1 \dots n_{i-1}}$$

Donc :

(2.2.2) $$m_i > m_{i-1} n_i$$

et $$\beta_i > \beta_{i-1}$$

Inversement dans [22] on montre que toute suite finie de paires (m_i, n_i) vérifiant (2.2.2) est la suite des paires caractéristiques d'un certain polynôme f en 0. Mais celui-ci n'est pas uniquement déterminé, loin de là. Cependant ces paires permettent de déterminer la topologie de C au voisinage de 0, comme nous le verrons plus loin.

Maintenant nous allons donner une façon plus agréable de trouver les exposants caractéristiques de Puiseux.

Reprenons les notations utilisées ci-dessus :

- $\mathcal{O} = \mathbb{C}[[X,Y]]/_{(f)} = \mathbb{C}[[x,y]]$

- $\mathcal{O} \subset \overline{\mathcal{O}} \subset F$ avec F corps des fractions de $\mathcal{O}$ et $\overline{\mathcal{O}}$ fermeture intégrale de $\mathcal{O}$ dans F.

- $\overline{\mathcal{O}} = \mathbb{C}[[x^{\frac{1}{n}}]]$ où n est la multiplicité de f en 0 et $x^{\frac{1}{n}}$ une racine n-ième choisie de x.

On appelle G le groupe de Galois de $F = \mathbb{C}((x^{\frac{1}{n}}))$ sur $\mathbb{C}((x))$. Evidemment G est un groupe cyclique. On note v la valuation de $\overline{\mathcal{O}}$. On définit le sous-groupe G_i de G :

$$G_i = \{\sigma | \sigma \in G \wedge v(\sigma y - y) \geq i\}$$

On obtient ainsi une suite décroissante de sous-groupes de G :

$$G_o = G \supset G_1 \supset \ldots \supset G_m \supset \ldots$$

Comme G est fini cette suite est stationnaire. On définit alors la suite $\beta_1,\ldots,\beta_g$ par récurrence :

1) $\beta_1 = \operatorname{Sup} \{m | G_m = G\}$

2) $\beta_i = \operatorname{Sup} \{m | G_m = G_{\beta_i+1}\}$

On vérifie alors que les β_i/n sont les exposants caractéristiques de Puiseux.

Pour montrer comment on obtient le noeud $S_{\varepsilon_0} \cap C$ de S_{ε_0} nous allons encore donner quelques définitions.

Soit $T = S^1 \times S^1$ un tore que l'on plonge dans $\mathbb{R}^3$. Le cercle $S^1 \times \{1\}$ est envoyé sur le "cercle de gorge" a et $\{1\} \times S^1$ est envoyé sur le "cercle transversal" b (cf. figure)

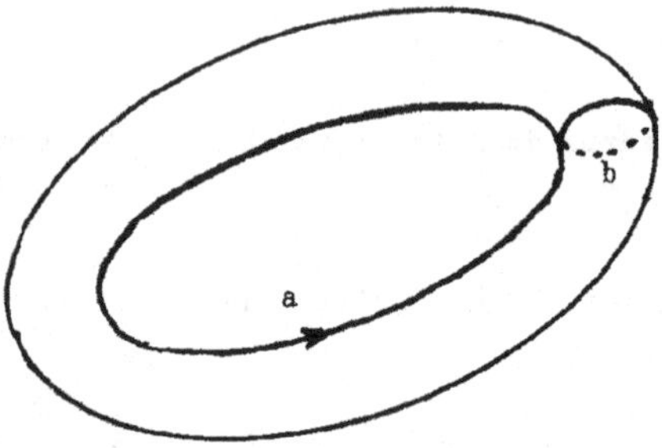

Considérons le plongement k de S^1 dans $S^1 \times S^1$ qui envoie Z sur (Z^n, Z^m). En composant k avec la projection de $S^1 \times S^1$ sur le premier ou le second facteur on trouve donc deux applications de S^1 dans S^1 ayant respectivement les degrés n et m. De plus si $\text{pgcd}(m,n) = 1$ alors l'image de k est une courbe compacte et connexe.

Enfin à l'aide d'une projection stéréographique on peut plonger le tore T dans S^3. On obtient ainsi un plongement de S^1 dans S^3 qui nous définit un noeud (cf [9]) appelé <u>noeud torique de type (m,n)</u>. On a alors :

<u>Proposition</u> (2.2.3) (cf.[4]) Si f n'a qu'une seule paire caractéristique (m_1, n_1) en 0, alors le noeud $S_{\varepsilon_0} \cap C$ dans S_{ε_0} a le type d'un noeud torique de type (m_1, n_1).

Exemple : $f(X,Y) = X^3 - Y^2$

Alors le développement de Puiseux de f en 0 est :

$$Y = X^{\frac{3}{2}}$$

et on n'a qu'une seule paire caractéristique (3,2) et le noeud obtenu (sur T) est alors :

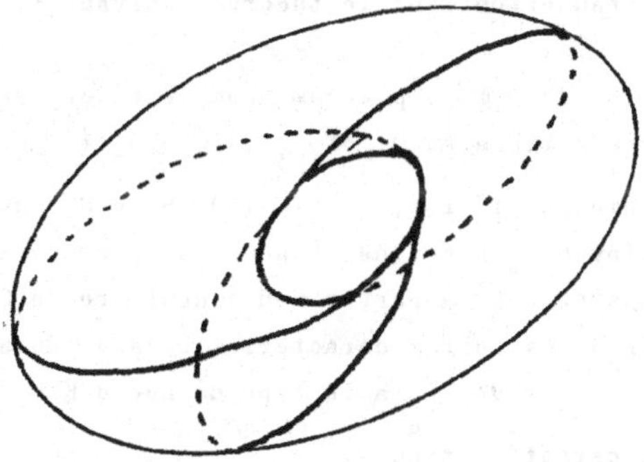

appelé communément <u>noeud de trèfle.</u>

Donnons-nous alors une suite finie M_h de paires d'entiers : $(\mu_1,\nu_1),\dots,(\mu_h,\nu_h)$.

On va construire des courbes fermées de $\mathbb{R}^3$ dont les images dans S^3 par la projection stéréographique convenable définissent des noeuds. Par abus de langage on appellera également noeuds ces courbes fermées. Par récurrence sur h nous allons définir le noeud $K(M_h)$ associé à la suite de paires d'entiers M_h :

1) $K(M_1)$ est le noeud torique de type (μ_1,ν_1) ;

2) Soit T_h le tore noué selon $K(M_{h-1})$, i.e. T_h est le bord d'un voisinage tubulaire de $K(M_{h-1})$. On construit sur ce tore noué une courbe fermée dont la projection sur un translaté de $K(M_{h-1})$ sur ce tore a le

degré ν_h et dont la projection sur un méridien a le degré μ_h. (Un parallèle étant une courbe fermée du tore ayant un nombre d'entrelacement nul avec l'axe $K(M_{h-1})$ et un méridien étant une courbe fermée transversale à un parallèle définissant l'autre générateur du groupe fondamental de T_h).

Dans [1], K. Brauner obtient le théorème suivant :

<u>Théorème</u> (2.2.4) Soit $f : \mathbb{C}^2 \to \mathbb{C}$ un polynôme complexe tel que $f(0) = 0$, f est analytiquement irréductible en 0, $\partial f/_{\partial X}(0) = \partial f/_{\partial Y}(0) = 0$. Soit C la courbe complexe définie par f, i.e. $C = f^{-1}(0)$. Soit S_{ε_0} une sphère réelle centrée en 0 de rayon ε_0 assez petit pour que pour tout ε, $0 < \varepsilon \leq \varepsilon_0$, S_ε soit transverse à la partie non singulière de C. Enfin soient $(m_1,n_1),\ldots,(m_g,n_g)$ les paires caractéristiques de Puiseux de f en 0. Alors le noeud $S_{\varepsilon_0} \cap C$ de S_{ε_0} a le type du noeud $K(M_g)$ où M_g est la suite des paires caractéristiques.

On obtient ainsi la description du noeud $S_{\varepsilon_0} \cap C$ annoncée. Dans le cas où $S_{\varepsilon_0} \cap C$ est un link dont les composantes sont les noeuds $K_1,\ldots,K_m$. Alors dans [23] on trouve :

<u>Proposition</u> (2.2.5) Le nombre d'entrelacements de K_i et K_j (cf. [24]) égale le nombre d'intersection en 0 des branches C_i et C_j de C qui correspondent à K_i et K_j.

Enfin, réciproquement, si une suite finie $M_g = \{(m_1,n_1),\ldots$ $\ldots,(m_g,n_g)\}$ de paires d'entiers premiers entre eux vérifie les inégalités (2.2.2), le noeud $K(M_g)$ est obtenu en coupant une courbe irréductible C en 0 définie par $f = 0$ par une sphère centrée en 0 et de rayon assez petit. C'est pourquoi on appellera, dans la suite, <u>noeud algébrique</u>, un noeud du type de $K(M_g)$ où la suite M_g vérifie (2.2.2).

(2.3) Dans [9], on trouve que l'on peut associer à tout noeud K de S^3, le <u>groupe du noeud</u> qui est, par définition le groupe fondamental de

$S^3 - K$ en un point de $S^3 - K$. Ce groupe a, pour "abélianisé", le groupe $\mathbb{Z}$. De plus, dans les meilleurs cas, en particulier dans le cas des noeuds algébriques, on peut définir ce groupe par générateurs et relations (cf [9]). En général la connaissance du groupe du noeud ne permet pas d'obtenir univoquement le type du noeud. Mais, évidemment, deux noeuds de même type ont même groupe.

D'autre part, au groupe d'un noeud K défini par un nombre fini de générateurs et de relations, on associe un élément de l'algèbre de l'abélianisé $\mathbb{Z}$ du groupe du noeud (cf [9] p. 123). On appelle cet élément le <u>polynôme d'Alexander</u> du noeud (cf [2]) car l'algèbre du groupe $\mathbb{Z}$ est isomorphe à $\mathbb{Z}[t,t^{-1}]$. Le polynôme d'Alexander est donc un polynôme d'une seule variable à coefficients entiers. Comme le groupe du noeud ne donne pas le type du noeud, a fortiori le polynôme d'Alexander ne donne pas le type du noeud. Cependant dans le cas qui nous intéresse on obtient le théorème suivant :

<u>Théorème</u> (2.3.1) Si deux noeuds K et K' de S^3 sont algébriques, ils ont le même type si leurs polynômes d'Alexander sont égaux. A fortiori, ils ont le même type si leurs groupes sont isomorphes.

Démonstration : La démonstration (cf. [6]) de ce théorème est basée sur le fait que le polynôme d'Alexander d'un noeud algébrique a des propriétés arithmétiques convenables. Nous ne ferons pas ici le calcul du polynôme d'Alexander d'un noeud algébrique. Ce calcul a été fait indépendamment par O. Zariski dans [29] et W. Burau dans [6]. Ils ont obtenu le résultat suivant :

<u>Proposition</u> (2.3.2) Soit M_g la suite de paires d'entiers premiers entre eux : $(m_1,n_1),\ldots,(m_g,n_g)$ - où $m_i > m_{i-1}\, n_i$. Soit $K(M_g)$ dans S^3 le noeud algébrique défini par cette suite de paires d'entiers. Soit λ_i la suite d'entiers définie pour $i = 1,\ldots,g$ par :

1) $\lambda_1 = m_1$

2) $\lambda_i = \lambda_{i-1}\, n_{i-1}\, n_i + m_i - m_{i-1}\, n_i$

Soit $P_{m,n}$ le polynôme à coefficients entiers défini par :

$$P_{m,n}(t) = \frac{(t^{mn}-1)(t-1)}{(t^m-1)(t^n-1)}$$

Alors le polynôme d'Alexander du noeud $K(M_g)$ de S^3 s'écrit :

$$\Delta(t) = \prod_{i=1}^{g} P_{\lambda_i, n_i}(t^{n_{i+1}\cdots n_g})$$

Remarquons que $\Delta(t)$ est un polynôme cyclotomique, i.e. $\Delta(t)$ n'a que des racines qui sont racines de l'unité. D'autre part le fait que pgcd $(m_i, n_i) = 1$ implique que chaque polynôme $P_{\lambda_i, n_i}(t^{n_{i+1}\cdots n_g})$ n'a que des racines simples. En effet pgcd$(m_i, n_i) = 1$ implique pgcd$(\lambda_i, n_i) = 1$ donc $P_{\lambda_i, n_i}(t)$ n'a que des racines simples ainsi que $P_{\lambda_i, n_i}(t^{n_{i+1}\cdots n_g})$. Rappelons que les polynômes cyclotomiques irréductibles de $Q[t]$ sont les polynômes dont les racines sont les racines α-ièmes primitives de l'unité où α est un certain entier (cf [12] p.206). Le polynôme cyclotomique irréductible associé à l'entier α sera noté $p_\alpha(t)$. Soit A la famille des entiers α tels que $p_\alpha(t)$ divise $\Delta(t)$. On a alors :

<u>Lemme</u> (2.3.3) On a :

1) $\lambda_g n_g = \sup_{\alpha \in A} \alpha$;

2) L'entier λ_g est le plus grand diviseur de $\lambda_g n_g$ qui ne soit pas un élément de A ;

3) Pour tout diviseur α de $\lambda_g n_g$ tel que $\alpha > \lambda_g$, les racines α-ièmes primitives de l'unité sont des racines simples de $\Delta(t)$.

<u>Preuve</u> : On remarque que $\lambda_g n_g$ appartient à A, puisque

$$P_{\lambda_g, n_g}(t) = \frac{(t^{\lambda_g n_g}-1)(t-1)}{(t^{\lambda_g}-1)(t^{n_g}-1)}$$ divise $\Delta(t)$. Et cela implique aussi

que tout diviseur α de $\lambda_g n_g$ avec $\alpha > \lambda_g$ appartient à A. D'autre part on a :

$$(*) \qquad \lambda_g > \lambda_i \, n_i \dots n_g \qquad i = 1,\dots,g-1$$

ceci provient de la définition de λ_i :

$$\begin{cases} \lambda_1 = m_1 \\ \lambda_i = \lambda_{i-1}\, n_{i-1}\, n_i + m_i - m_{i-1} n_i & i = 2,\dots,g \end{cases}$$

qui implique : $\lambda_g > \lambda_{g-1}\, n_{g-1}\, n_g$

car $m_g > m_{g-1}\, n_g$ et par récurrence on établit les inégalités (*).

Donc si α divise $\lambda_g n_g$ et $\alpha \geq \lambda_g$, comme $\alpha > \lambda_i \, n_i \dots n_g$, les racines α-ièmes primitives de l'unité ne peuvent pas être racines de

$$P_{\lambda_i, n_i}(t^{n_{i+1}\dots n_g}) = \frac{(t^{\lambda_i n_i \dots n_g} - 1)(t^{n_{i+1}\dots n_g} - 1)}{(t^{\lambda_i n_{i+1}\dots n_g} - 1)(t^{n_i \dots n_g} - 1)}$$

pour $i = 1,\dots,g-1$. On en déduit les assertions 2) et 3) de (2.3.3). comme $\lambda_g > \lambda_i n_i \dots n_g$ implique a fortiori $\lambda_g n_g > \lambda_i n_i \dots n_g$ pour $i = 1,\dots,g-1$, l'assertion 1) en résulte immédiatement car tout α de A divise soit $\lambda_g n_g$ soit l'un des $\lambda_i n_i \dots n_g$ pour $i = 1,\dots,g-1$.

Le lemme (2.3.3) permet de démontrer le théorème (2.3.1). En effet, si le polynôme d'Alexander $\Delta_K(t)$ de K égale le polynôme d'Alexander $\Delta_{K'}(t)$ de K' et si $M_g = \{(m_1,n_1),\dots,(m_g,n_g)\}$ et $M'_h = \{(m'_1, n'_1),\dots,(m'_h,n'_h)\}$ sont les suites de paires caractéristiques de K et K', on a d'après le lemme (2.3.3) :

$$\lambda_g n_g = \lambda'_h n'_h$$

(où λ_i et λ'_j sont définis clairement comme ci-dessus à partir de M_g et M'_h). En utilisant l'assertion 2) on trouve également :

$$\lambda_g = \lambda'_h$$

d'où $n_g = n'_h$. D'où :

$$\tilde{\Delta}_K(t) = \frac{\Delta_K(t)}{P_{\lambda_g, n_g}(t)} = \frac{\Delta_{K'}(t)}{P_{\lambda'_h, n'_h}(t)} = \tilde{\Delta}_{K'}(t)$$

Comme $n_g = n'_h$ on peut écrire :

$$\tilde{\Delta}_K(t) = \Delta_{K_1}(u)$$

$$\tilde{\Delta}_{K'}(t) = \Delta_{K'_1}(u)$$

en posant $t^{n_g} = t^{n'_h} = u$. On trouve alors que $\Delta_{K_1}(u)$ et $\Delta_{K'_1}(u)$ sont les polynômes d'Alexander des noeuds algébriques associés respectivement aux suites $\tilde{M}_{g-1} = \{(m_1,n_1),\dots,(m_{g-1}\ n_{g-1})\}$ et

$\tilde{M}'_{h-1} = \{(m'_1,n'_1),\dots,(m'_{h-1},n'_{h-1})\}$. Comme :

$$\Delta_{K_1}(u) = \Delta_{K'_1}(u)$$

en raisonnant par récurrence sur sup(h,g) on obtient g = h et :

$$M_g = M'_h$$

Ce qui établit le théorème (2.3.1).

3. Un critère d'équisingularité

(3.0) Nous dirons que deux courbes algébriques planes C et C' ayant en 0 un point singulier sont <u>équisingulières en 0</u> s'il existe une boule B_ε centrée en 0 et de rayon ε assez petit ainsi qu'un homéomorphisme de B_ε sur lui-même dans lequel l'image de C égale C'. D'après le iii) de (1.3.4) il faut et il suffit que les links $S_\varepsilon \cap C$ et $S_\varepsilon \cap C'$ de S_ε soient du même type.

On trouve dans [31] d'autres critères d'équisingularité équivalents au précédent. On remarque que deux courbes C et C' analytiquement irréductibles en 0 sont équisingulières en 0 si les noeuds $S_\varepsilon \cap C$ et $S_\varepsilon \cap C'$ sont de même type et d'après le théorème (2.3.1) si et seulement si les paires caractéristiques de Puiseux de C et C' sont les mêmes en 0. Dans le cas où $S_\varepsilon \cap C$ et $S_\varepsilon \cap C'$ dans S_ε sont des links, on peut vérifier que les links sont de même type si l'on a une correspondance biunivoque entre les composantes des links telle qu'une composante et sa correspondante soient des noeuds de même type et que deux à deux les composantes d'un link et leurs correspondantes sur l'autre link aient même nombre d'entrelacements. D'après [23] ces nombres d'entrelacements sont égaux au nombres d'intersection des branches qui portent les noeuds en question.

(3.1) Dans ce dernier chapitre notre intention est de montrer qu'une famille analytique de courbes planes ayant une singularité à l'origine et ayant même nombre de cycles évanouissants est composée de courbes équisingulières. En fait, pour simplifier, nous nous contenterons de germes de familles algébriques de courbes planes et non pas de famille analytique. De plus nous ne parlerons que du cas des familles de courbes analytiquement irréductibles à l'origine. Le cas des familles de courbes réductibles et réduites sera traité dans une publication ultérieure. Enfin le cas des hypersurfaces à singularité isolée est traité dans [15]. D'autres résultats algébriques concernant ce problème sont donnés dans [17].

Nous allons énoncer les hypothèses sous lesquelles nous allons travailler dans la suite.

Soit $F : \mathbb{C}^3 \to \mathbb{C}$ un polynôme complexe. Soit S la surface de $\mathbb{C}^3$ définie par l'équation $F(X,Y,T) = 0$. On considère la projection de $\mathbb{C}^3$ définie par la coordonnée en T. La restriction p de cette projection à S fait de S une famille de courbes planes paramétrée par $\mathbb{C}$. On se place en un point 0 de S qu'on supposera pour simplifier être l'origine des coordonnées de $\mathbb{C}^3$. On fait les hypothèses suivantes sur F :

i) Le polynôme $F(X,Y,T)$ est analytiquement irréductible en 0, c'est-à-dire l'idéal principal de l'anneau des séries convergentes $\mathbb{C}\{X,Y,T\}$ engendré par F est premier.

ii) Le polynôme $F(X,Y,0)$ est analytiquement irréductible en 0, c'est-à-dire l'idéal principal de l'anneau des séries convergentes $\mathbb{C}\{X,Y\}$ engendré par $F(X,Y,0)$ est premier.

iii) L'idéal principal engendré par F dans $\mathbb{C}\{X,Y,T\}$ est contenu dans l'idéal (X,Y) de $\mathbb{C}\{X,Y,T\}$ engendré par X et Y.

iv) Dans l'anneau $\mathbb{C}\{X,Y,T\}$, la racine de l'idéal J engendré par les dérivées partielles F'_X et F'_Y de F par rapport à X et Y égale (X,Y).

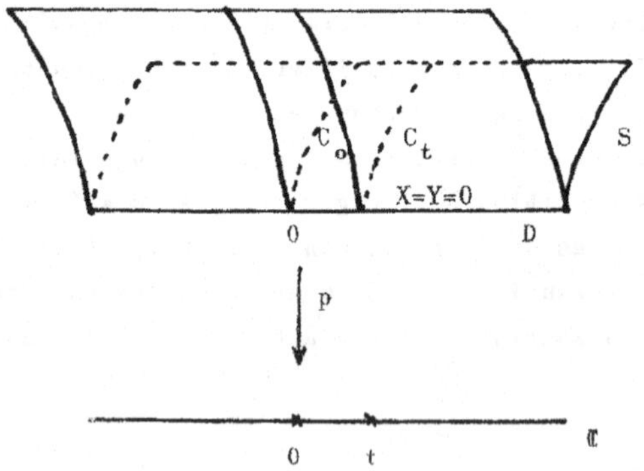

Rappelons que iii) signifie que, pour tout $t \in \mathbb{C}$ assez petit, on a $F(0,0,t) = 0$. Comme F est ici un polynôme, on a pour tout $t \in \mathbb{C}$, $F(0,0,t) = 0$. En fait dans les hypothèses ci-dessus on aurait pu se contenter d'une fonction analytique F définie sur un voisinage ouvert de 0 et l'ensemble de ce qui suit serait encore valable. Nous n'avons fait l'hypothèse que F est un polynôme que pour faciliter un peu la rédaction.

L'hypothèse iv) ci-dessus est la plus importante. Elle signifie que l'ensemble des points où F'_X et F'_Y s'annulent coïncide avec la droite D, où X et Y s'annulent, dans un voisinage ouvert de 0 dans $\mathbb{C}^3$. De plus cela implique que pour tout t assez petit les courbes $C_t = p^{-1}(t)$ ont une singularité isolée au point $(0,0,t)$. Comme C_t est une courbe du plan affine d'équation $T = t$, on peut appliquer les propositions (2.1.1) et (2.1.2). Ainsi le nombre de cycles évanouissants de la courbe plane C_t en $(0,0,t)$ égale μ_t avec :

$$\mu_t = \dim_{\mathbb{C}} \mathbb{C}\{X,Y\}/J_t$$

où J_t est l'idéal de $\mathbb{C}\{X,Y\}$ engendré par $F'_X(X,Y,t)$ et $F'_Y(X,Y,t)$. L'hypothèse iv) implique :

<u>Lemme</u> (3.1.1) Pour tout t assez petit $\mu_t = \mu_o$.

<u>Preuve</u> : On a une inclusion canonique de $\mathbb{C}\{T\}$ dans $\mathbb{C}\{X,Y,T\}/J$. Comme $F(X,Y,0)$ est analytiquement irréductible et que 0 est un point singulier isolé de C_o, la $\mathbb{C}$-algèbre $\mathbb{C}\{X,Y\}/J_o$ est de dimension finie sur $\mathbb{C}$ (cf. la remarque faisant suite à la proposition (1.3.5)). Ainsi $\mathbb{C}\{X,Y,T\}/_J \underset{\mathbb{C}\{T\}}{\otimes} \mathbb{C}$, isomorphe à $\mathbb{C}\{X,Y\}/J_o$, est un $\mathbb{C}$-espace vectoriel de dimension finie μ_o. On exprime ce fait en disant que $\mathbb{C}\{X,Y,T\}/J$ est une <u>$\mathbb{C}\{T\}$-algèbre quasi-finie</u>. Le théorème de préparation de Weierstraß (cf. [36]) exprime qu'en fait $\mathbb{C}\{X,Y,T\}/J$ est une $\mathbb{C}\{T\}$-algèbre finie. L'anneau $\mathbb{C}\{X,Y,T\}/J$ est donc de dimension de Krull 1 (cf. corollaire 3, p. 291 de [34]). Or J est engendré par deux éléments de $\mathbb{C}\{X,Y,T\}$ qui est de dimension de Krull 3, $\mathbb{C}\{X,Y,T\}/J$ est donc un anneau local de Cohen-Macaulay (dans ce cas-ci c'est en fait un anneau d'in-

tersection complète) (cf [37] 0_{IV} (16.5.6)). Comme l'anneau $\mathbb{C}\{T\}$ est régulier, que l'inclusion canonique de $\mathbb{C}\{T\}$ dans $\mathbb{C}\{X,Y,T\}/J$ fait de $\mathbb{C}\{X,Y,T\}/J$ un $\mathbb{C}\{T\}$-module de type fini et que $\mathbb{C}\{X,Y,T\}/J$ est un anneau de Cohen-Macaulay, le corollaire 0_{IV} (17.3.5) de [37] montre alors que $\mathbb{C}\{X,Y,T\}/J$ est un $\mathbb{C}\{T\}$-module libre de rang μ_0. Considérons alors un disque ouvert Δ centré à l'origine de $\mathbb{C}$ et de rayon assez petit pour que les zéros communs de F'_X et F'_Y coïncident avec les points $(0,0,t)$ avec $t \in \Delta$.

Soit un polydisque ouvert $V = \Delta \times U$ voisinage de 0 dans $\mathbb{C}^3$. Notons $\mathcal{O}_V$ et $\mathcal{O}_\Delta$ les faisceaux des fonctions holomorphes sur V et Δ. Soit $\mathfrak{I}$ le faisceau restriction du faisceau $\mathcal{O}_V/J$, quotient de $\mathcal{O}_V$ par l'idéal cohérent J de $\mathcal{O}_V$ engendré par F'_X et F'_Y, à son support $V \cap D$. Comme $\mathcal{O}_V/J$ est un $\mathcal{O}_V$-module cohérent et que $(p_* \mathfrak{I})_0 = \mathbb{C}\{X,Y,T\}/J$ est un $\mathbb{C}\{T\}$-module libre de rang μ_0, avec p désignant encore la projection de $V \cap D$ sur Δ, la restriction de $p_* \mathfrak{I}$ (à un disque ouvert $\Delta_0 \subset \Delta$) est un $\mathcal{O}_{\Delta_0}$-module cohérent, libre et de rang μ_0. Pour tout $t \in \Delta_0$ on a alors $(p_* \mathfrak{I})_t$ est un $\mathbb{C}$-espace vectoriel de dimension μ_0. Il est facile de voir que $(p_* \mathfrak{I})_t$ est isomorphe à $\mathbb{C}\{X,Y\}/J_t$. Or cet espace vectoriel a la dimension μ_t sur $\mathbb{C}$. Ceci démontre le lemme (3.1.1).

En utilisant 0_{IV} (16.5.4) et (16.5.6) de [37], le fait que $\mathbb{C}\{X,Y,T\}/J$ est un anneau de Cohen-Macaulay entraîne :

<u>Lemme</u> (3.1.2) L'idéal J est un idéal primaire de $\mathbb{C}\{X,Y,T\}$ pour l'idéal premier (X,Y).
(Pour la définition d'un idéal primaire cf. [12]).

(3.2) Nous terminons ces exposés par la démonstration du théorème suivant qui a été conjecturé par H. Hironaka :

<u>Théorème</u> (3.2.1) Sous les hypothèses énoncées dans (3.1), pour tout $t \in \mathbb{C}$ assez petit, les courbes C_0 et C_t sont équisingulières.

Nous donnerons la démonstration de ce théorème plus loin. Cette démonstration consiste à montrer que l'hypothèse $\mu_t = \mu_0$ pour tout $t \in \mathbb{C}$ assez petit implique :

1) La courbe C_t est analytiquement irréductible en $(0,0,t)$ pour tout $t \in \mathbb{C}$ assez petit ;

2) Les noeuds de C_0 en $(0,0,0)$ et de C_t en $(0,0,t)$ sont égaux pour tout $t \in \mathbb{C}$ assez petit.

Dans [15] on trouvera une démonstration différente que celle qui est exposée ici. Cette autre démonstration est d'ailleurs beaucoup plus simple, mais celle qui suit a été trouvée la première et a été exposée seule au cours du séminaire.

On note $B_\varepsilon(t)$ la boule réelle du plan $T = t$, centrée au point $(0,0,t)$ et de rayon ε. On note $S_\varepsilon(t)$ la sphère qui borde $B_\varepsilon(t)$.

D'après le lemme (1.3.2) pour tout $t \in \mathbb{C}$ assez petit, on peut choisir un nombre $\varepsilon(t) > 0$ tel que pour tout ε, $0 < \varepsilon \leq \varepsilon(t)$, dans le plan $T = t$, la sphère $S_\varepsilon(t)$ soit transverse à la partie non singulière de C_t. De plus on peut supposer $\varepsilon(t) \leq \varepsilon(0)$ car, si $\varepsilon(t) > \varepsilon(0)$, l'assertion de (3.2.1) est vraie. (Cf. ci-dessous le corollaire (3.3.7))

(3.2.2) Ainsi on peut choisir un disque ouvert Δ de $\mathbb{C}$ centré à l'origine tel que pour tout $t \in \Delta$:

1) Il existe un tel nombre $\varepsilon(t)$

2) $\mu_t = \mu_o$

3) la courbe C_t soit transverse dans le plan d'équation $T = t$ à la sphère $S_{\varepsilon(o)}(t)$.

En effet on remarque que si C_o est transverse à $S_{\varepsilon(o)}(0)$ dans le plan d'équation $T = 0$, alors pour tout $t \in \mathbb{C}$ assez petit C_t est transverse à $S_{\varepsilon(o)}(t)$ dans le plan d'équation $T = t$.

On remarque alors :

<u>Lemme</u> (3.2.3) Les points (x,y,t) de S tels que, dans le plan d'équation $T = t$, $S_\varepsilon(t)$ ne soit pas transverse à C_t, avec $\varepsilon = |x|^2 + |y|^2$, se trouvent sur l'ensemble Γ des points de $\mathbb{C}^3$ où F et $X\bar{F}'_Y - Y\bar{F}'_X$ s'annulent.

Considérons dans $\mathbb{C}^2$ la sphère réelle $S_{\varepsilon(o)}$ centrée en $(0,0)$ et de rayon $\varepsilon(0)$, où $\varepsilon(0)$ a été défini ci-dessus. Comme la courbe $C_{o,o}$ d'équation $F(X,Y,0) = 0$ est transverse à $S_{\varepsilon(o)}$, la courbe $C_{t,c}$ d'équation $F(X,Y,t) = c$ est transverse à $S_{\varepsilon(o)}$ pour tout (t,c) dans un voisinage ouvert de l'origine de $\mathbb{C} \times \mathbb{C}^3$ suffisamment petit. On peut choisir ce voisinage ouvert pour que cela soit un polydisque $\Delta_0 \times W$, où Δ_0 est un disque ouvert de $\mathbb{C}$ centré à l'origine et W une boule ouverte de $\mathbb{C}^3$ centrée à l'origine de $\mathbb{C}^3$.

Quitte à choisir le disque Δ de (3.2.2) plus petit, on peut supposer $\Delta \subset \Delta_0$.

On notera encore $C_{t,c}$ la courbe du plan $T = t$ de $\mathbb{C}^3$ d'équation $F(X,Y,t) = c$.

D'après le corollaire (1.2.2) on peut choisir $c \in W$ tel que la surface d'équation $F = c$ soit non singulière. En fait on a le lemme suivant :

<u>Lemme</u> (3.2.4) Soit $t_0 \in \Delta$. On peut alors choisir $c \in W$ tel que

1) La surface S_c d'équation $F = c$ est non singulière.

2) Dans le plan $T = 0$, la courbe $C_{o,c}$ d'équation $F(X,Y,0) = c$ est non singulière et transverse à $S_{\varepsilon(o)}(0)$ et $S_{\varepsilon(t_0)}(0)$.

3) Dans le plan $T = t_0$ la courbe $C_{t_0,c}$ d'équation $F(X,Y,t_0) = c$ est non singulière et transverse à $S_{\varepsilon(o)}(t_0)$ et $S_{\varepsilon(t_0)}(t_0)$.

4) On demande que 1), 2) et 3) soient vrais pour tout c', $0 < |c'| \leq |c|$.

<u>Preuve</u> : On utilise le corollaire (1.2.2) et le fait que $C_{o,o}$ et $C_{t_o,o}$ soient transverses à $S_{\varepsilon(o)}(0)$ et $S_{\varepsilon(t_o)}(0)$, $S_{\varepsilon(o)}(t_o)$ et $S_{\varepsilon(t_o)}(t_o)$ respectivement dans les plans d'équations $T = 0$ et $T = t_o$.

Les propositions (2.1.1) et (2.1.2) montrent que les variétés à bord $C_{o,c} \cap B_{\varepsilon(o)}(0)$ et $C_{t_o,c} \cap B_{\varepsilon(t_o)}(t_o)$ ont le type d'homotopie de bouquet de cercles. Le nombre des cercles du bouquet de $C_{o,c} \cap B_{\varepsilon(o)}(0)$ est μ_o, celui de $C_{t_o,c} \cap B_{\varepsilon(t_o)}(t_o)$ est μ_t. Mais on sait que $\mu_o = \mu_t$ d'après le lemme (3.1.1)

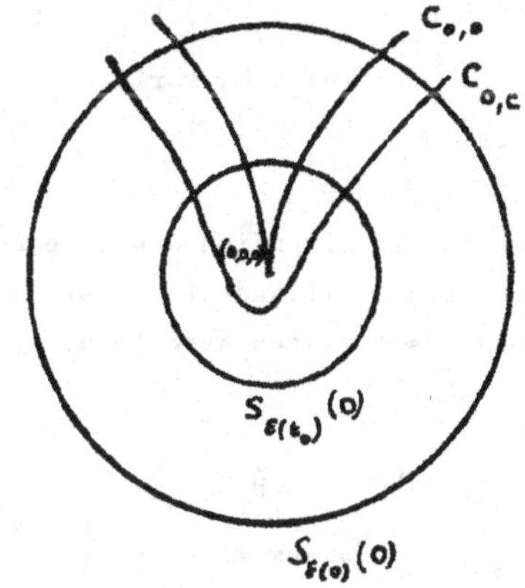

Dans $T = 0$

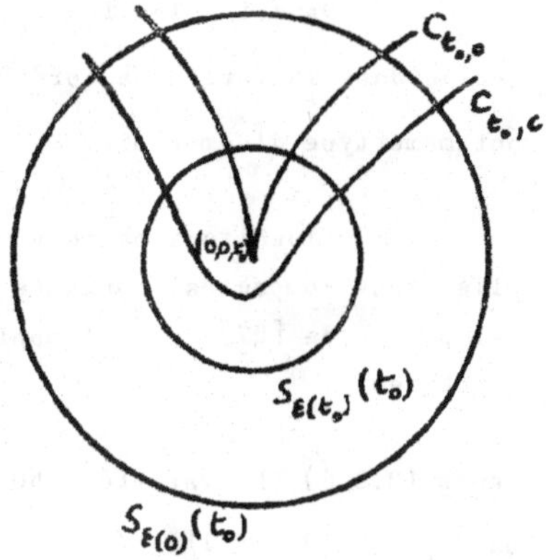

Dans $T = t_o$

De plus on a :

<u>Lemme</u> (3.2.5) On a une isotopie de $C_{o,c} \cap B_{\varepsilon(o)}(0)$ sur $C_{t_o,c} \cap B_{\varepsilon(o)}(t_o)$. Donc ces deux variétés à bord sont difféomorphes. De plus on peut construire l'isotopie pour que les noeuds $C_{o,c} \cap S_{\varepsilon(o)}(0)$ de $S_{\varepsilon(o)}(0)$ et

$C_{t_0,c} \cap S_{\varepsilon(o)}(t_0)$ de $S_{\varepsilon(o)}(t_0)$ soient isotopes.

<u>Preuve</u> : On remarque que $(t_0,c) \in \Delta_0 X W$. Par conséquent pour tout (t,c) tel que $|t| \leq t_0$, on a $(t,c) \in \Delta_0 XW$. Par définition la partie non singulière de $C_{t,c}$ est transverse à $S_{\varepsilon(o)}(0)$ pour tout $(t,c) \in \Delta_0 X W$. D'autre part le corollaire (1.2.2) montre qu'il existe dans Δ_0 un nombre fini de t tels que $C_{t,c}$ soit singulière. On peut tracer un arc analytique connexe joignant $(0,c)$ et (t_0,c) qui ne passe par aucun point (t,c) tel que $C_{t,c}$ soit singulière. La restriction de la projection p de S_c sur $\mathbb{C}$, définie par la coordonnée T, à $\Gamma_{\varepsilon(o)} \cap S_c$, où $\Gamma_{\varepsilon(o)}$ est le cylindre "plein" de base $B_{\varepsilon(o)}(0)$ et dont les génératrices sont parallèles à la droite D d'équation $X = Y = 0$, induit un morphisme propre submersif de $S_c \cap \Gamma_{\varepsilon(o)} \cap L$ sur L. Il est alors facile de construire l'isotopie désirée avec un champ de vecteurs.

Dans le plan $T = t_0$, la variété à bord $B_{\varepsilon(t_0)}(t_0) \cap C_{t_0,c}$ est inclue dans la variété à bord $B_{\varepsilon(o)}(t_0) \cap C_{t_0,c}$ et ces deux variétés ont même type d'homotopie.

N'oublions pas que ces variétés ont la dimension deux. Comme elles sont compactes, connexes et orientables en utilisant le théorème 7-1 p. 110 de [27] pour l'appliquer au cas des surfaces avec bord, on obtient :

<u>Lemme</u> (3.2.6) La variété à bord $T = B_{\varepsilon(o)}(t_0) \cap C_{t_0,c} - \overset{o}{B}_{\varepsilon(t_0)}(t_0) \cap C_{t_0,c}$, où $\overset{o}{B}_{\varepsilon(t_0)}(t_0)$ est l'intérieur de $B_{\varepsilon(t_0)}(t_0)$, est homéomorphe au produit $(S_{\varepsilon(t_0)}(t_0) \cap C_{t_0,c}) \times [0,1]$. De plus la courbe $C_{t_0,o}$ est analytiquement irréductible en $(0,0,t_0)$.

La deuxième assertion du lemme provient de ce que $S_{\varepsilon(t_0)}(t_0) \cap C_{t_0,c}$ dans $S_{\varepsilon(t_0)}(t_0)$ et $S_{\varepsilon(t_0)}(t_0) \cap C_{t_0,o}$ dans $S_{\varepsilon(t_0)}(t_0)$ sont des links de même type.

Clairement, T est plongé dans $S_{\varepsilon(t_0)}(t_0) \times [\varepsilon(t_0),\varepsilon(0)]$.

On obtient alors que les noeuds $S_{\varepsilon(t_o)}(t_o) \cap C_{t_o,c}$ de $S_{\varepsilon(t_o)}(t_o)$ et $S_{\varepsilon(o)}(t_o) \cap C_{t_o,c}$ de $S_{\varepsilon(o)}(t_o)$ sont FM-équivalents (cf [35] p. 80). On appellera dans la suite respectivement ces deux noeuds K et $\tilde{K}$. (On dit que deux noeuds K et $\tilde{K}$ sont FM-équivalents s'il existe une surface différentiable V plongée dans $S^3 \times [0,1]$, homéomorphe à une couronne $[0,1] \times S^1$ et bordée par $K \times \{0\}$ et $\tilde{K} \times \{1\}$).

Dans [35] p. 81 on trouve que si deux noeuds K et $\tilde{K}$ sont FM-équivalents on a :

Théorème (3.2.6) (Fox-Milnor)

Le produit $\Delta(t)\ \tilde{\Delta}(t)$ des polynômes d'Alexander de K et $\tilde{K}$ est égal au produit de deux polynômes à coefficients entiers symétriques l'un de l'autre :

$$\Delta(t)\tilde{\Delta}(t) = F(t)t^n F(1/t)$$

De ce théorème et de ce qui précède résulte la démonstration suivante du théorème annoncé (3.2.1). François Laudenbach m'a attiré l'attention sur une telle démonstration utilisant les noeuds FM-équivalents.

Tout d'abord :

Lemme (3.2.7) Deux noeuds algébriques FM-équivalents sont égaux.

Preuve : On constate que les polynômes d'Alexander de noeuds algébriques sont distingués et cyclotomiques. Il en résulte que si $\Delta(t)$ et $\tilde{\Delta}(t)$ sont les polynômes d'Alexander des noeuds K et $\tilde{K}$ qui nous intéressent on a :

$$\Delta(t)\ \tilde{\Delta}(t) = (F(t))^2.$$

Donc les racines simples de $\Delta(t)$ sont nécessairement racines de $\tilde{\Delta}(t)$. Soient $(m_1,n_1),\dots,(m_g,n_g),\lambda_1,\dots,\lambda_g$ et $(\tilde{m}_1,\tilde{n}_1),\dots,(\tilde{m}_h,\tilde{n}_h),\ \tilde{\lambda}_1,\dots,\tilde{\lambda}_h$ les paires caractéristiques de K et $\tilde{K}$

et les suites (λ_i) et $(\tilde{\lambda}_j)$ qu'on leur associe comme dans (2.3). En utilisant le 3) du lemme (2.3.3) on trouve que, avec $\beta = n_g\lambda_g$, les racines β-ièmes primitives de l'unité sont racines simples de $\Delta(t)$, donc racines de $\tilde{\Delta}(t)$. Si, avec $\tilde{\beta} = \tilde{n}_h\ \tilde{\lambda}_h$, $\tilde{\beta} > \beta$, alors, les racines $\tilde{\beta}$-ièmes primitives de l'unité étant racines simples de $\tilde{\Delta}(t)$, elles sont racines de $\Delta(t)$ mais ceci contredirait le 1) du lemme (2.3.3). Donc nécessairement :

$$n_g\lambda_g = \tilde{n}_h\tilde{\lambda}_h$$

On peut supposer $\tilde{\lambda}_h \geq \lambda_g$. Si on a $\tilde{\lambda}_h > \lambda_g$ alors en utilisant le 3) du lemme (2.3.3) les racines $\tilde{\lambda}_h$-ièmes primitives de l'unité sont racines simples de $\Delta(t)$, donc sont racines de $\tilde{\Delta}(t)$, ce qui contredirait le 2) du lemme (2.3.3) pour $\tilde{\Delta}(t)$. Donc nécessairement $\tilde{\lambda}_h = \lambda_g$ et $\tilde{n}_h = n_g$. On divise les deux membres de l'égalité :

$$\Delta(t)\ \tilde{\Delta}(t) = (F(t))^2$$

par le polynôme $\left(\dfrac{(t^{\lambda_g n_g} - 1)(t - 1)}{(t^{\lambda_g} - 1)(t^{n_g} - 1)}\right)$ et on pose $t^{n_g} = u$. On obtient alors :

$$\Delta_1(u)\ \tilde{\Delta}_1(u) = (F_1(u))^2$$

où $\Delta_1(u)$ et $\tilde{\Delta}_1(u)$ sont les polynômes de deux noeuds algébriques. On raisonne alors par récurrence sur sup (g,h) pour obtenir :

$$\Delta(t) = \tilde{\Delta}(t)$$

D'après le théorème (2.3.1), les noeuds K et $\tilde{K}$ sont donc égaux.

Les noeuds $S_{\varepsilon(t_0)}(t_0) \cap C_{t_0,c}$ de $S_{\varepsilon(t_0)}(t_0)$ et $S_{\varepsilon(o)}(t_0) \cap C_{t_0,c}$ de $S_{\varepsilon(o)}(t_0)$ sont donc de même type. Le lemme (3.2.5) nous a appris que les noeuds $S_{\varepsilon(o)}(t_0) \cap C_{t_0,c}$ de $S_{\varepsilon(o)}(t_0)$ et $S_{\varepsilon(o)}(0) \cap C_{o,c}$ de $S_{\varepsilon(o)}(0)$ sont de même type. Les noeuds $S_{\varepsilon(t_0)}(t_0) \cap C_{t_0,c}$ de $S_{\varepsilon(t_0)}(t_0)$

et $S_{\varepsilon(o)}(0) \cap C_{o,c}$ de $S_{\varepsilon(o)}(0)$ sont donc de même type. Il est clair alors que les noeuds de $C_{o,o}$ en $(0,0,0)$ et $C_{t_o,o}$ en $(0,0,t_o)$ respectivement dans les plans d'équations $T = 0$ et $T = t_o$ sont de même type. Ceci achève la démonstration du théorème.

BIBLIOGRAPHIE

[1] S. Abhyankhar, Local Analytic Geometry, Academic Press.

[2] J.W. Alexander, Topological invariants of Knots and Links, Trans. Amer. Math. Soc., 30 (1928) p. 275-306.

[3] A. Andreotti et T. Frankel, The Lefschetz theorem on hyperplane sections, Annals of Math, 69 (1959), p. 713-717.

[4] K. Brauner, Zur Geometrie der Funktionen Zweier komplexen veränderlichen, III, IV, Abh. Math. Sem. Hamburg, 6 (1928), p. 8-54.

[5] E. Brieskorn, Singularitäten von Hyperflächen, notes miméographiées (Bonn).

[6] W. Burau, Kennzeichnung der Schlauchknoten, Abh. Sem. Hamburg, 9(1932) p. 125-133.

[7] W. Burau, Kennzeichnung der Schlauch verkettungen, vol. 10 (1934), p. 285-397

[8] M. Eichler, Introduction to the theory of Algebraic numbers and functions, Academic Press.

[9] R. Fox, R. Crowel, Introduction to knot theory, Blaisdell Pul. Co.

[10] H. Hamm, Die Topologie isolierter Singularitäten von vollständigen Durchsnitten komplexer hyperflächen, Notes miméographiées, Thèse (Bonn).

[11] E. Kähler, Uber die Verzweigung einer algebraischen Funktion Zweier Veränderlichen in der Umgebung einer singulären Stellen, Math. Zeit., 30 (1929), p. 188-204.

[12] S. Lang, Algebra, Addison-Wesley.

[13] Lê Dung Trang, Singularités isolées des hypersurfaces complexes, Pub. du Centre de Math. de l'Ecole Polytechnique, 1969.

[13bis] Lê Dung Trang, Singularités isolées des intersections complètes, Séminaire du professeur Shih, I.H.E.S., Bures 1970.

[14] Lê Dung Trang, Sur μ constant, Communication au 1er congrès des mathématiciens vietnamiens, Hanoï 1970 (Vietnam).

[15] Lê Dung Trang, Sur un critère d'équisingularité, Note à paraître aux Comptes-Rendus de l'Acad. des Sc., Janvier 1971.

[16] Lê Dung Trang, Deux noeuds FM-équivalents sont égaux, Note à paraître aux Comptes-Rendus de l'Acad. des Sc., Janvier 1971.

[17] M. Lejeune, Lê Dung Trang, B. Teissier, Sur un critère d'équisingularité, Notes aux Comptes Rendus de l'Acad. des Sc., Décembre 1970.

[18] S. Lefschetz, Algebraic Geometry, Princeton Univ. Press.

[19] J. Milnor, Topology from differentiable viewpoint, Univ. Virginia Press, 1965.

[20] J. Milnor, Morse theory, Annals of Math. Sutdy N° 51, Princeton University Press, 1963.

[21] J. Milnor, Singularities of complex hypersurfaces, Annals of Math. Stud. N° 61, Princeton University Press, 1969.

[22] F. Pham, Cours de 3e cycle, 1969/1970, à paraître aux Pub. du Centre de Maths de l'Ecole Polytechnique.

[23] J. Reeve, A summary of results in the topological classification of plane algebroid singularities, Rendiconti Sem. Mat. Torino, 14 (1954-1955) p. 159-187.

[24] H. Seifert, W. Threllfall Lehrbuch der Topologie, Chelsea Pub. Co.

[25] R. Thom, Ensembles et Morphismes stratifiés, Bull. Amer. Math. Soc., Vol. 75, 1969, p. 240-284.

[26] G. Tiourina, Sur les propriétés topologiques des singularités isolées des espaces complexes de codimension 1 (en russe), Isvestia akademii Naouk SSSR, Séria Matématitchesskaia 32 (1968), p. 605-620.

[27] A. Wallace, Differential Topology (first steps), Benjamin.

[28] H. Whitney, Elementary properties of real algebraic varieties, Annals of Math., 66 (1957) p. 545-556.

[29] O. Zariski, On the topology of algebroid singularities, Amer. J. Math., 54 (1932) p. 453-465.

[30] O. Zariski, Algebraic surfaces, Dover.

[31] O. Zariski, Studies in equisingularity I. Equivalent singularities of plane algebroid curves, Amer. Jour. of Math., vol. 87 (1965), p. 507-536.

[32] O. Zariski, Studies in equisingularity II. Equisingularity in codimension 1 (and characteristic zero), American Journal of Mathematics, vol. 87 (1965) p. 972-1006.

[33] O. Zariski, Studies in equisingularity III, Saturation of local rings and équisingularity. American Journal of Mathematics, vol. 90 (1968) p. 961-1023.

[34] P. Samuel, O. Zariski, Commutative Algebra, Van Nostrand.

[35] Séminaire de G. de Rahm, S. Maumary, M.A. Kervaire, Torsion et Type simple d'homotopie, Lectures Notes in Math. 48 (1967), Springer-Verlag.

[36] C. Houzel, Exposé 18 du Séminaire Cartan 1960/1961, Familles d'espaces complexes, Notes polycopiées à l'I.H.P., 11, rue Pierre Curie, Paris V.

[37] A. Grothendieck, Elements de géométrie algébrique en plusieurs volumes, Presses Univ. de France.

FONCTIONS HOLOMORPHES DEFINIES PAR DES INTEGRALES

par

François NORGUET

Utilisant des notations introduites ou utilisées dans [1] , [2] , [3] et [4] et le langage des espaces fibrés holomorphes , on établit le développement en série convergente

$$\int_{\tilde{\sigma}} \frac{d^{|q|}\omega}{d\tilde{s}^{\mathbf{1}+q}}\Big|_{\tilde{S}} = \sum_{p \in \mathbb{N}^m} \frac{1}{p!} \int_{\sigma} \frac{d^{|p+q|}((s-\tilde{s})^p \omega)}{ds^{\mathbf{1}+p+q}}\Big|_{S} .$$

On en précise les hypothèses de validité . On en déduit des résultats analogues à ceux de [1], n° 10 , ainsi que les développements en séries de [2] et [3]. Une rédaction détaillée sera faite prochainement , et on espère donner ultérieurement de cette théorie la présentation suggérée dans [5].

BIBLIOGRAPHIE

1 . J. LERAY . Le calcul différentiel et intégral sur une variété analytique complexe (Problème de Cauchy , III) , Bull. Soc. Math. France , 87 (1959) 81-180 .

2 . F. NORGUET . Séries de Taylor pour les intégrales de formes différentielles sur les variétés analytiques complexes , C.R. Acad. Sci. Paris , 252 (1961) 1264-1266 .

3 . F. NORGUET . Intégrales de formes différentielles extérieures non fermées , Rend. di Mat. , 20 (1961) 355-372 ; Sém. P. Lelong , 3è année , 1961 .

4 . F. NORGUET . Introduction à la théorie cohomologique des résidus , Sém. P. Lelong (Analyse) , Année 1970 , Lecture Notes in Math. 205 , Springer-Verlag .

5 . F. NORGUET . Sur l'espace des cycles analytiques compacts d'un espace analytique complexe réduit , Colloque International du C.N.R.S. sur les Fonctions de plusieurs variables complexes , Paris , 14-20 Juin 1972 .

REMARQUES SUR LA COHOMOLOGIE DES VARIETES ANALYTIQUES COMPLEXES

par

François NORGUET

0. Introduction. Ce travail précise les relations entre les d, d', d" et d'd" - cohomologies d'une variété analytique complexe quelconque. Les résultats sont contenus dans deux suites exactes cohomologiques (§ 2, a et b) qui, convenablement exploitées, fournissent des énoncés simples (propositions et corolaires du § 2) exprimés (selon la méthode de Serre : Groupes d'homotopie ...,cf : bibliographie) modulo des classes bien définies d'espaces vectoriels. De ces énoncés, et grâce à des hypothèses de finitude ou de nullité pour la d" - cohomologie, on déduit systématiquement (§ 3) des propriétés plus précises des autres cohomologies ; compte-tenu des théorèmes de finitude et de nullité connus pour les variétés de Stein, les variétés compactes et les variétés q-pseudoconvexes, les propriétés obtenues englobent des résutlats antérieurs de Aeppli, Andreotti et Norguet, Bigolin, Dolbeault, Frenkel et Norguet, Serre (cf. bibliographie). Dans le § 4, on exprime les espaces de cohomologie et les suites exactes du § 2 dans le langage usuel de la théorie des faisceaux.

1. Notations. Les formes différentielles extérieures considérées sont toutes à valeurs complexes et de classe C^{∞} . Dans une variété analytique complexe X de dimension n , on désigne par $\mathcal{A}^p$ (resp. $\mathcal{Z}^p$) le faisceau des germes de formes de degré p (resp.de degré p et fermées), et par $\mathcal{A}^{p,q}$ (resp. $\mathcal{Z}^{p,q}$, $\Theta^{p,q}$, $\bar{\Theta}^{q,p}$, $\mathcal{H}^{p,q}$) le faisceau des germes de formes de type (p,q) (resp. de type (p,q) et d, d'', d', $d'd''$ - fermées) ; on pose encore

$$\mathcal{O}\!\mathcal{C}_r^{p,q} = \bigoplus_{\substack{i,j \in \mathbb{N} \\ i+j=r}} \mathcal{A}^{p+i,q+j} \quad ;$$

pour $r + \min(p,q) \geq n$, on a donc $\mathcal{O}\!\mathcal{C}_r^{p,q} = \mathcal{A}^{p+q+r}$; en particulier $\mathcal{O}\!\mathcal{C}_{2n-p-q}^{p,q} = \mathcal{A}^{2n}$ et, pour p et $q < n$, $\mathcal{O}\!\mathcal{C}_{2n-p-q-1}^{p,q} = \mathcal{A}^{2n-1}$.

Pour tout faisceau $\mathcal{F}$ sur X , $\mathcal{F}(X)$ désigne l'espace des sections de $\mathcal{F}$ dans X .

Un ensemble non vide Φ d'espaces vectoriels sera appelé classe de Serre si, pour toute suite exacte $E \dashrightarrow F \dashrightarrow G$ d'espaces vectoriels dont les termes E et G appartiennent à Φ , F appartient aussi à Φ . Une application linéaire d'un espace vectoriel E dans un espace vectoriel F sera dite Φ-injective (resp. Φ-surjective) si son noyau (resp. son conoyau) est dans Φ ; elle sera dite Φ-bijective si elle est à la fois Φ-injective et Φ-surjective. Si Ψ est une famille non vide d'espaces vectoriels, on appelle classe de Serre engendrée par Ψ la plus petite classe de Serre qui contient Ψ .

2. Cohomologie des formes différentielles. On pose $H^p(X) = \mathcal{Z}^p(X) / d\mathcal{A}^{p-1}(X)$, $H^{p,q}_{d''}(X) = \Theta^{p,q}(X) / d''\mathcal{A}^{p,q-1}(X)$ et $H^{p,q}_{d'}(X) = \bar{\Theta}^{q,p}(X) / d'\mathcal{A}^{p-1,q}(X)$; on désigne par $\Phi_r^{p,q}(X)$ la classe de Serre engendrée par les espaces vectoriels $H^{p+i,q+j}_{d''}(X)$, $i,j \in \mathbb{N}$, $i + j = r$, et par $\Theta_r^{p,q}(X)$ la classe de Serre engendrée par $\Phi_{q-1}^{0,p+r+1}(X)$ et $\Phi_{p-1}^{0,q+r+1}(X)$, c'est-à-dire par les espaces vectoriels $H^{s,p+q+r-s}_{d''}(X)$, $0 \leq s < \max(p,q)$. On pose encore

$$H_r^{p,q}(X) = \operatorname{Ker}\left[\mathcal{O}\!\mathcal{C}_r^{p,q}(X) \xrightarrow{d} \mathcal{O}\!\mathcal{C}_{r+1}^{p,q}(X)\right] / d\,\mathcal{O}\!\mathcal{C}_{r-1}^{p,q}(X) \quad ;$$

vu la remarque qui suit la définition de $\mathcal{O}_r^{p,q}$, l'homomorphisme de $H_r^{p,q}(X)$ dans $H^{p+q+r}(X)$ induit par l'inclusion de $\mathcal{O}_r^{p,q}(X)$ dans $\mathcal{A}^{p+q+r}(X)$ est bijectif si $r + \min(p,q) > n$, surjectif si $r + \min(p,q) = n$.

a. <u>Première suite exacte</u>. la suite

$$\mathcal{A}^{p,q}(X) \xrightarrow{d'} \mathcal{O}_0^{p+1,q}(X) \longrightarrow \mathcal{O}_1^{p,q}(X) \longrightarrow \mathcal{A}^{p,q+1}(X) \xrightarrow{d'} \cdots$$

$$\longrightarrow \mathcal{A}^{p,q+r}(X) \xrightarrow{d'} \mathcal{O}_r^{p+1,q}(X) \longrightarrow \mathcal{O}_{r+1}^{p,q}(X) \longrightarrow \mathcal{A}^{p,q+r+1}(X) \xrightarrow{d'} \cdots$$

où les homomorphismes $\mathcal{O}_r^{p+1,q}(X) \longrightarrow \mathcal{O}_{r+1}^{p,q}(X)$ sont des inclusions et les homomorphismes $\mathcal{O}_{r+1}^{p,q}(X) \longrightarrow \mathcal{A}^{p,q+r+1}(X)$ des projections, induit la première suite exacte

$$\Theta^{p,q}(X) \xrightarrow{d} H_0^{p+1,q}(X) \longrightarrow H_1^{p,q}(X) \longrightarrow H_{d''}^{p,q+1}(X) \xrightarrow{d} \cdots \longrightarrow$$
$$H_{d''}^{p,q+r}(X) \xrightarrow{d} H_r^{p+1,q}(X) \longrightarrow H_{r+1}^{p,q}(X) \longrightarrow H_{d''}^{p,q+r+1}(X) \xrightarrow{d} \cdots ;$$

on le vérifie à partir des définitions ; comme me l'a fait remarquer G. Roos, cette suite n'est autre que la suite exacte de cohomologie associée à la suite exacte de complexes cohomologiques

$$0 \longrightarrow \mathcal{O}_{-1+.}^{p+1,q}(X) \longrightarrow \mathcal{O}_{.}^{p,q}(X) \longrightarrow \mathcal{A}^{p,q+.}(X) \longrightarrow 0 ;$$

les différentielles de ces complexes sont respectivement d,d et d" ; les deux homomorphismes médians sont définis, comme ci-dessus, par inclusion et projection.

En posant

$$K_r^{p,q}(X) = H_r^{p,q}(X) \,/\, d\, H_{d''}^{p-1,q+r}(X) \qquad \text{pour} \qquad r > 0 ,$$

$$K_0^{p,q}(X) = H_0^{p,q}(X) \,/\, d\, \Theta^{p-1,q}(X)$$

et

$$L_r^{p,q}(X) = \operatorname{Ker}\left[H_r^{p,q}(X) \longrightarrow H_{d''}^{p,q+r}(X) \right] ,$$

on a un isomorphisme

$$K_r^{p+1,q}(X) \approx L_{r+1}^{p,q}(X) .$$

De la première suite exacte résultent les propositions suivantes.

Proposition 1. L'inclusion de $\mathfrak{A}_r^{p+s+1,q}(X)$ dans $\mathfrak{A}_{r+s+1}^{p,q}(X)$ induit un homomorphisme

$$K_r^{p+s+1,q}(X) \longrightarrow L_{r+s+1}^{p,q}(X)$$

qui est $\Phi_{s-1}^{p,q+r+1}(X)$ -injectif et $\Phi_{s-1}^{p+1,q+r+1}(X)$ - surjectif.

Proposition 2. L'inclusion de $\mathfrak{A}_r^{p,q}(X)$ dans $\mathcal{A}^{p+q+r}(X)$ induit un homomorphisme

$$K_r^{p,q}(X) \longrightarrow H^{p+q+r}(X)$$

qui est $\Theta_r^{p-1,q}(X)$ - injectif et $\Theta_r^{p,q}(X)$ - surjectif, et un homomorphisme

$$H_r^{p,q}(X) \longrightarrow H^{p+q+r}(X)$$

qui est $\Theta_{r-1}^{p,q}(X)$ - injectif et $\Theta_r^{p,q}(X)$ - surjectif.

On obtient évidemment des résultats analogues en remplaçant d" par d' . En particulier, on pose

$$\bar{K}_r^{q,p}(X) = H_r^{p,q}(X) \Big/ d\, H_{d'}^{p+r,q-1}(X) \quad \text{pour } r > 0 \quad ;$$

$$\bar{K}^{q,p}(X) = H_o^{p,q}(X) \big/ d\, \bar{\Theta}^{q-1,p}(X)$$

et

$$\bar{L}_r^{q,p}(X) = \operatorname{Ker}\ \left[H_r^{p,q}(X) \longrightarrow H_{d'}^{p+r,q}(X)\right] .$$

b. Seconde suite exacte. On pose

$$\Lambda^{p+1,q+1}(X) = \mathcal{Z}^{p+1,q+1}(X) \Big/ d'd''\,\mathcal{A}^{p,q}(X) \quad ,$$

$$\Lambda^{p,o}(X) = K_o^{p,o}(X) \ , \quad \Lambda^{o,q}(X) = \bar{K}_o^{q,o}(X)$$

La suite

$$\mathcal{A}^{p,q}(X) \oplus \mathcal{A}^{p,q}(X) \xrightarrow{\ u\ } \mathfrak{A}_o^{p,q}(X) \xrightarrow{d'-d''} \mathfrak{A}_1^{p,q}(X) \longrightarrow$$

$$\mathcal{A}^{p,q+1}(X) \oplus \mathcal{A}^{p+1,q}(X) \xrightarrow{d'\oplus d''} \mathfrak{A}_o^{p+1,q+1}(X) \longrightarrow \mathfrak{A}_2^{p,q}(X) \longrightarrow \cdots \longrightarrow$$

$$\mathcal{A}^{p,q+r}(X)\oplus\mathcal{A}^{p+r,q}(X)\xrightarrow{d'\oplus d''}\mathfrak{A}_{r-1}^{p+1,q+1}(X)\longrightarrow$$

$$\mathfrak{A}_{r+1}^{p,q}(X)\longrightarrow\mathcal{A}^{p,q+r+1}(X)\oplus\mathcal{A}^{p+r+1,q}(X)\longrightarrow\cdots$$

où $u(\varphi\oplus\psi)=\varphi-\psi$, les homomorphismes $\mathfrak{A}_r^{p+1,q+1}\longrightarrow\mathfrak{A}_{r+2}^{p,q}$

sont des inclusions et les homomorphismes $\mathfrak{A}_r^{p,q}(X)\longrightarrow\mathcal{A}^{p,q+r}(X)\oplus\mathcal{A}^{p+r,q}(X)$

des projections, induit la seconde suite exacte

$$\Theta^{p,q}(X)\oplus\bar{\Theta}^{q,p}(X)\longrightarrow\mathcal{H}^{p,q}(X)\xrightarrow{d'-d''}H_1^{p,q}(X)\longrightarrow$$

$$H_{d''}^{p,q+1}(X)\oplus H_{d'}^{p+1,q}(X)\xrightarrow{d}\Lambda^{p+1,q+1}(X)\longrightarrow H_2^{p,q}(X)\longrightarrow\cdots\longrightarrow$$

$$H_{d''}^{p,q+r}(X)\oplus H_{d'}^{p+r,q}(X)\xrightarrow{d}H_{r-1}^{p+1,q+1}(X)\longrightarrow$$

$$H_{r+1}^{p,q}(X)\longrightarrow H_{d''}^{p,q+r+1}(X)\oplus H_{d'}^{p+r+1,q}(X)\longrightarrow\cdots\qquad;$$

on le vérifie à partir des définitions, selon une remarque de G. Roos également, cette suite est, aux premiers termes près, la suite exacte de cohomologie associée à la suite exacte de complexes

$$0\longrightarrow\mathfrak{A}_{-1+\cdot}^{p+1,q+1}(X)\longrightarrow\mathfrak{A}_{1+\cdot}^{p,q}(X)\longrightarrow\mathcal{A}^{p,q+1+\cdot}(X)\oplus\mathcal{A}^{p+1+\cdot,q}(X)\longrightarrow0\ ;$$

les différentielles des quatre complexes sont respectivement d , d , d'' et d' ; les deux homomorphismes médians sont définis, comme ci-dessus, par inclusion et projection.

En posant

$$W_0^{p,q}(X)=\mathcal{H}^{p,q}(X)\ /\ \left[\Theta^{p,q}(X)+\bar{\Theta}^{q,p}(X)\right]$$

$$W_1^{p,q}(X)=\Lambda^{p+1,q+1}(X)\ /\ d\ \left[H_{d''}^{p,q+1}(X)+H_{d'}^{p+1,q}(X)\right]$$

et, pour $r>1$,

$$W_r^{p,q}(X)=H_{r-1}^{p+1,q+1}(X)\ /\ d\ \left[H_{d''}^{p,q+r}(X)+H_{d'}^{p+r,q}(X)\right]\ ,$$

on a un isomorphisme

$$W_r^{p,q}(X) \approx L_{r+1}^{p,q}(X) \cap \bar{L}_{r+1}^{q,p}(X) .$$

De la suite exacte ci-dessus résulte la proposition suivante :

Proposition 3. L'homomorphisme

$$W_r^{p,q}(X) \longrightarrow H^{p+q+r+1}(X)$$

induit, pour $r = 0$, par $d'-d'' : \mathcal{H}^{p,q}(X) \longrightarrow \mathcal{A}^{p+q+1}(X)$ et, pour $r > 0$, par l'inclusion de $\mathcal{O}\!\!\!\!\mathcal{C}_{r-1}^{p+1,q+1}(X)$ dans $\mathcal{A}^{p+q+r+1}(X)$, est $\Theta_r^{p,q}(X)$ - injectif et $\Theta_{r-1}^{p+1,q+1}(X)$ - surjectif. Il est en particulier bijectif si $r + \min(p,q) \geq n$.

c. Applications de la seconde suite exacte. Pour $r = 1$, et compte-tenu de la définition de $W_1^{p,q}(X)$, on obtient

Corollaire 1. La suite

$$H_{d''}^{p-1,q}(X) \oplus H_{d'}^{p,q-1}(X) \xrightarrow{\ d\ } \Lambda^{p,q}(X) \longrightarrow H^{p+q}(X) \longrightarrow 0 ,$$

dans laquelle l'homomorphisme

$$\Lambda^{p,q}(X) \longrightarrow H^{p+q}(X)$$

est induit par l'inclusion de $\mathcal{A}^{p,q}(X)$ dans $\mathcal{A}^{p+q}(X)$, est $\Theta_1^{p-1,q-1}(X)$ - exacte au terme $\Lambda^{p,q}(X)$ et $\Theta_o^{p,q}(X)$ - exacte au terme $H^{p+q}(X)$. Elle est exacte, en particulier, si $p = q = n$.

Pour $r = 0$, on obtient

Corollaire 2. La suite

$$\sigma^{p,q}(X) \oplus \bar{\sigma}^{q,p}(X) \xrightarrow{\ u\ } \mathcal{H}^{p,q}(X) \longrightarrow H^{p+q+1}(X) \longrightarrow 0 ,$$

où $u(\varphi \oplus \psi) = \varphi - \psi$ et où l'homomorphisme

$$\mathcal{H}^{p,q}(X) \longrightarrow H^{p+q+1}(X)$$

est induit par

$$d'-d'' : \mathcal{A}^{p,q}(X) \longrightarrow \mathcal{A}^{p+q+1}(X) ,$$

<u>est</u> $\Theta_0^{p,q}(X)$ - <u>exacte au terme</u> $\mathcal{H}^{p,q}(X)$ <u>et</u> $\Theta_{-1}^{p+1,q+1}(X)$ - <u>exacte au terme</u> $H^{p+q+1}(X)$.

On pose encore

$$V^{p,q}(X) = \mathcal{H}^{p,q}(X) \Big/ \left[d' \mathcal{A}^{p-1,q}(X) + d'' \mathcal{A}^{p,q-1}(X)\right],$$

définition où l'on convient de remplacer $d' \mathcal{A}^{-1,q}(X)$ par $\bar{\mathcal{O}}^{q,0}(X)$ et $d'' \mathcal{A}^{p,-1}(X)$ par $\mathcal{O}^{p,0}(X)$; on a la suite exacte

$$\Lambda^{p,q}(X) \longrightarrow H_{d''}^{p,q}(X) \oplus H_{d'}^{p,q}(X) \xrightarrow{u} V^{p,q}(X) \longrightarrow W_0^{p,q}(X) \longrightarrow 0$$

où le premier homomorphisme est induit par l'application qui à φ associe $\varphi \oplus \varphi$, le second par u , le troisième par l'application identité de $\mathcal{A}^{p,q}$. On obtient donc

<u>Corollaire 3</u>. <u>La suite</u>

$$\Lambda^{p,q}(X) \longrightarrow H_{d''}^{p,q}(X) \oplus H_{d'}^{p,q}(X) \xrightarrow{u} V^{p,q}(X) \xrightarrow{d'-d''} H^{p+q+1}(X) \longrightarrow 0 ,$$

<u>où l'homomorphisme</u>

$$V^{p,q}(X) \longrightarrow H^{p+q+1}(X)$$

<u>est induit par</u>

$$d' - d'' : \mathcal{A}^{p,q}(X) \longrightarrow \mathcal{A}^{p+q+1}(X) ,$$

<u>est</u> $\Theta_0^{p,q}(X)$ - <u>exacte au terme</u> $V^{p,q}(X)$ et $\Theta_{-1}^{p+1,q+1}(X)$ - <u>exacte au terme</u> $H^{p+q+1}(X)$.

Les suites d'homomorphismes des corollaires 1 et 3 s'assemblent en un diagramme commutatif

$$\begin{array}{ccccccc}
H_{d''}^{p-1,q}(X) \oplus H_{d'}^{p,q-1}(X) & \xrightarrow{d} & \Lambda^{p,q}(X) & \longrightarrow & H^{p+q}(X) & \longrightarrow & 0 \\
 & \searrow^{d' \oplus d''} & \downarrow & & & & \\
 & & H_{d''}^{p,q}(X) \oplus H_{d'}^{p,q}(X) & & & & \\
 & & \downarrow u & & & & \\
 & & V^{p,q}(X) & & & & \\
 & & \downarrow d' - d'' & & & & \\
 & & H^{p+q+1}(X) & & & & \\
 & & \downarrow & & & & \\
 & & 0 & & & &
\end{array}$$

On en déduit

Corollaire 4. Si $H^{p+q}(X) = 0$, la suite

$$H_{d''}^{p-1,q}(X)\oplus H_{d'}^{p,q-1}(X) \xrightarrow{d'\oplus d''} H_{d''}^{p,q}(X) \oplus H_{d'}^{p,q}(X) \xrightarrow{u} V^{p,q}(X) \xrightarrow{d'-d''} H^{p+q+1}(X) \to 0$$

est exacte, au terme $H_{d''}^{p,q}(X)\oplus H_{d'}^{p,q}(X)$, modulo la classe de Serre engendrée par $\Theta_1^{p-1,q-1}(X)$ et $\Theta_o^{p,q}(X)$; $\Theta_o^{p,q}(X)$ - exacte au terme $V^{p,q}(X)$ et $\Theta_{-1}^{p+1,q+1}(X)$ - exacte au terme $H^{p+q+1}(X)$.

On a encore le résultat suivant, de vérification immédiate.

Proposition 4. On a une suite exacte

$$H_{d''}^{p,q}(X) \longrightarrow V^{p,q}(X) \xrightarrow{d''} \Lambda^{p,q+1}(X) \longrightarrow H_{d''}^{p,q+1}(X)$$

dont les homomorphismes extrêmes sont induits par l'application identité de $\mathcal{A}^{p,q}(X)$ et celle de $\mathcal{A}^{p,q+1}(X)$, et l'homomorphisme noté d'' par $d'' : \mathcal{A}^{p,q}(X) \longrightarrow \mathcal{A}^{p,q+1}(X)$. On a de même une suite exacte

$$H_{d'}^{p,q}(X) \longrightarrow V^{p,q}(X) \xrightarrow{d'} \Lambda^{p+1,q}(X) \longrightarrow H_{d'}^{p+1,q}(X) .$$

3. Application aux variétés vérifiant des conditions de finitude. On désigne par Φ la classe de Serre des espaces vectoriels de dimension finie.

Proposition 5. Soit X une variété analytique complexe, et soit s un nombre entier ≥ -1 , tels que

$$\dim_{\mathbb{C}} H_{d''}^{p,q}(X) < +\infty \qquad \text{(resp.} \quad H_{d''}^{p,q}(X) = 0) \quad \text{pour} \quad q > s, \quad p \in \mathbb{N} .$$

Alors :

i) l'homomorphisme $K_r^{p+u,q}(X) \longrightarrow K_{r+u}^{p,q}(X)$ est Φ - bijectif (resp. bijectif) si $r + q \geq s$;

ii) L'homomorphisme $K_r^{p,q}(X) \longrightarrow H^{p+q+r}(X)$ est Φ - bijectif (resp. bijectif) si $r + \min(p-1,q) \geq s$, et Φ - surjectif (resp. surjectif) si $p \leq q$ et $r+p = s$;

iii) L'homomorphisme $H_r^{p,q}(X) \longrightarrow H^{p+q+r}(X)$ est Φ - bijectif (resp. bijectif) si $r + \min(p,q) > s$, et Φ -surjectif (resp. surjectif) si $r+\min(p,q) = s$;

iv) l'homomorphisme $W_r^{p,q}(X) \longrightarrow H^{p+q+r+1}(X)$ est Φ - bijectif (resp. bijectif) si $r + \min(p,q) \geq s$;

v) les suites

$$H^{p-1,q}_{d''}(X) \oplus H^{p,q-1}_{d''}(X) \xrightarrow{d} \Lambda^{p,q}(X) \longrightarrow H^{p+q}(X) \longrightarrow 0$$

$$\Lambda^{p,q}(X) \longrightarrow H^{p,q}_{d''}(X) \oplus H^{p,q}_{d'}(X) \xrightarrow{u} V^{p,q}(X) \xrightarrow{d'-d''} H^{p+q+1}(X) \longrightarrow 0$$

sont Φ - exactes (resp. exactes) si min $(p,q) \geqslant s$;

vi) les homomorphismes

$$\Lambda^{p,q}(X) \longrightarrow H^{p+q}(X) \quad \text{et} \quad V^{p,q}(X) \longrightarrow H^{p+q+1}(X)$$

sont Φ- bijectifs (resp. bijectifs) pour min $(p,q) > s$.

C'est une application immédiate des résultats du § 2 .

Corollaire 5. Sous les mêmes hypothèses, et pour $r > n+s$, où n est la dimension de X , on a

$$\dim_{\mathbb{C}} H^r(X) < +\infty \qquad (\text{resp } H^r(X) = 0) .$$

En effet, de v) résulte la Φ -surjectivité (resp. la surjectivité) de l'application

$$\Lambda^{n+1,q-1}(X) \longrightarrow H^{n+q}(X)$$

pour $q-1 \geqslant s$; or $\Lambda^{n+1,q-1}(X) = 0$.

Corollaire 6. Si tous les espaces vectoriels $H^{p,q}_{d''}(X)$ et $H^p(X)$ sont de dimension finie, alors tous les espaces vectoriels $K^{p,q}_r(X)$, $H^{p,q}_r(X)$, $W^{p,q}_r(X)$, $\Lambda^{p,q}(X)$ et $V^{p,q}(X)$ sont de dimension finie .

Corollaire 7. Si $H^{p,q}_{d''}(X) = 0$ pour $p \geqslant 0$ et $q > 0$, on a des isomorphismes

$$K^{p,q}_o(X) \approx H^{p+q}(X) \qquad \text{pour } p > 0 ,$$

$$H^{p,q}_r(X) \approx H^{p+q+r}(X) \qquad \text{pour } r > 0 ,$$

$$W_r^{p,q}(X) \approx H^{p+q+r+1}(X) \quad ,$$

$$\Lambda^{p,q}(X) \approx H^{p+q}(X) \quad \underline{\text{et}} \quad V^{p,q}(X) \approx H^{p+q+1}(X)$$

<u>Corollaire 8</u>. <u>Si</u> $H_{d''}^{p,q}(X) = 0$ <u>pour</u> $p \geq 0$ <u>et</u> $q > 0$, <u>et si</u> $H^p(X) = 0$ <u>pour</u> $p > 0$, <u>on a</u>

$$K_o^{p,q}(X) = 0 \quad \underline{\text{pour}} \quad p > 0 \quad , \quad H_r^{p,q}(X) = 0 \quad \underline{\text{pour}} \quad r > 0 \; ,$$

$$W_r^{p,q}(X) = 0 \; , \; \Lambda^{p,q}(X) = 0 \quad \underline{\text{pour}} \quad p+q>0 \; , \; \underline{\text{et}} \; V^{p,q}(X) = 0 \; .$$

<u>Proposition 6. Soit X une variété analytique complexe, et soit s un nombre entier ≥ -1 , tels que</u>

$$\dim_{\mathbb{C}} H_{d''}^{p,q}(X) < +\infty \quad \underline{\text{pour}} \quad q < s \quad \underline{\text{et}} \quad p \geq 0 \; .$$

<u>Alors</u> :

i) <u>l'homomorphisme</u> $K_r^{p+u,q}(X) \longrightarrow K_{r+u}^{p,q}(X)$ <u>est</u> Φ <u>-bijectif si</u> $p+q+u < s$;

ii) <u>les homomorphismes</u>

$$K_r^{p,q}(X) \longrightarrow H^{p+q+r}(X) \qquad \underline{\text{et}} \qquad H_r^{p,q}(X) \longrightarrow H^{p+q+r}(X)$$

<u>sont</u> Φ - <u>bijectifs si</u> $p+q+r < s$, Φ - <u>injectifs si</u> $p+q+r = s$;

iii) <u>l'homomorphisme</u> $W_r^{p,q}(X) \longrightarrow H^{p+q+r+1}(X)$ <u>est</u> Φ <u>-bijectif si</u> $p+q+r+1 < s$, Φ <u>-injectif si</u> $p+q+r+1 = s$;

iv) <u>l'homomorphisme</u> $\Lambda^{p,q}(X) \longrightarrow H^{p+q}(X)$ <u>est</u> Φ <u>-bijectif si</u> $p+q < s$, Φ <u>-injectif si</u> $p+q = s$;

v) <u>l'homomorphisme</u> $V^{p,q}(X) \longrightarrow H^{p+q+1}(X)$ <u>est</u> Φ - <u>bijectif si</u> $p+q < s-1$, Φ <u>-injectif si</u> $p+q = s-1$.

4. Cohomologie des faisceaux. De la résolution fine

$$0 \longrightarrow \mathcal{O}^{p,q} \longrightarrow \mathcal{A}^{p,q} \xrightarrow{d''} \mathcal{A}^{p,q+1} \xrightarrow{d''} \mathcal{A}^{p,q+2} \longrightarrow \cdots$$

résulte l'isomorphisme canonique

$$H^r(X, \mathcal{O}^{p,q}) \approx H^{p,q+r}_{d''}(X) \qquad \text{pour } r > 0$$

généralisant celui de Dolbeault; on a de même l'isomorphisme

$$H^r(X, \bar{\mathcal{O}}^{q,p}) \approx H^{p+r,q}_{d'}(X) \qquad \text{pour } r > 0 \text{ .}$$

De la résolution fine

$$0 \longrightarrow \mathcal{Z}^{p,q} \longrightarrow \mathcal{C}^{p,q}_{0} \xrightarrow{d} \mathcal{C}^{p,q}_{1} \xrightarrow{d} \mathcal{C}^{p,q}_{2} \longrightarrow \cdots$$

$$\cdots \longrightarrow \mathcal{C}^{p,q}_{2n-p-q-1} \xrightarrow{d} \mathcal{C}^{p,q}_{2n-p-q} \longrightarrow 0$$

(qui est une conséquence du Corollaire 8) résulte l'isomorphsime canonique

$$H^r(X, \mathcal{Z}^{p,q}) \approx H^{p,q}_{r}(X) \qquad \text{pour } r > 0$$

que nous appellerons isomorphisme de Dolbeault et Bigolin.

La suite exacte de faisceaux

$$0 \longrightarrow \mathcal{Z}^{p,q} \longrightarrow \mathcal{O}^{p,q} \xrightarrow{d'} \mathcal{Z}^{p+1,q} \longrightarrow 0$$

donne naissance à une suite exacte de cohomologie

$$\cdots \longrightarrow H^r(X, \Omega^{p,q}) \longrightarrow H^r(X, \mathcal{Z}^{p+1,q}) \longrightarrow$$

$$H^{r+1}(X, \mathcal{Z}^{p,q}) \longrightarrow H^{r+1}(X, \Omega^{p,q}) \longrightarrow \cdots$$

qui, compte-tenu des isomorphismes de Dolbeault et de Dolbeault et Bigolin, est canoniquement isomorphe (aux signes près) à la première suite exacte du § 2 .

Cela résulte de l'injection naturelle de résolutions

$$\begin{array}{ccccccccccc} 0 & \longrightarrow & \mathcal{Z}^{p,q} & \longrightarrow & \mathcal{O}^{p,q} & \xrightarrow{d} & \mathcal{C}_0^{p+1,q} & \xrightarrow{d} & \mathcal{C}_1^{p+1,q} & \to \cdots \to & \mathcal{C}_r^{p+1,q} \longrightarrow \cdots \\ & & \downarrow & & \downarrow & & \downarrow & & \downarrow & & \downarrow \\ 0 & \longrightarrow & \mathcal{Z}^{p,q} & \longrightarrow & \mathcal{C}_0^{p,q} & \xrightarrow{d} & \mathcal{C}_1^{p,q} & \xrightarrow{d} & \mathcal{C}_2^{p,q} & \to \cdots \to & \mathcal{C}_{r+1}^{p,q} \longrightarrow \cdots \end{array}$$

et du diagramme commutatif (ci-dessous) de résolutions, où les flèches verticales de la première à la seconde ligne sont des projections :

$$\begin{array}{ccccccccccc} 0 & \longrightarrow & \mathcal{Z}^{p,q} & \longrightarrow & \mathcal{C}_0^{p,q} & \xrightarrow{d} & \mathcal{C}_1^{p,q} & \xrightarrow{d} \cdots \xrightarrow{d} & \mathcal{C}_r^{p,q} & \longrightarrow & \cdots \\ & & \downarrow & & \downarrow & & \downarrow & & \downarrow & & \\ 0 & \longrightarrow & \mathcal{O}^{p,q} & \longrightarrow & \mathcal{A}^{p,q} & \xrightarrow{d''} & \mathcal{A}^{p,q+1} & \xrightarrow{d''} \cdots \xrightarrow{d''} & \mathcal{A}^{p,q+r} & \longrightarrow & \cdots \\ & & \downarrow & & \downarrow & & \downarrow & & \downarrow & & \\ 0 & \longrightarrow & \mathcal{Z}^{p+1,q} & \longrightarrow & \mathcal{C}_0^{p+1,q} & \xrightarrow{d} & \mathcal{C}_1^{p+1,q} & \xrightarrow{d} \cdots \xrightarrow{d} & \mathcal{C}_r^{p+1,q} & \longrightarrow & \cdots \end{array}$$

Vu le Corollaire 8 , on a la suite exacte

$$0 \longrightarrow \mathcal{H}^{p,q} \longrightarrow \mathcal{A}^{p,q} \xrightarrow{d'd''} \mathcal{Z}^{p+1,q+1} \longrightarrow 0 \ ;$$

de la suite exacte de cohomologie associée résultent des isomorphismes canoniques

$$H^1(X, \mathcal{H}^{p,q}) \approx \Lambda^{p+1,q+1}(X) \ ,$$

$$H^{r+1}(X, \mathcal{H}^{p,q}) \approx H^r(X, \mathcal{Z}^{p+1,q+1}) \approx H_r^{p+1,q+1}(X) \quad \text{pour } r > 0 \ .$$

La suite exacte de faisceaux

$$0 \longrightarrow \mathcal{Z}^{p,q} \xrightarrow{\alpha} \mathcal{O}^{p,q} \oplus \bar{\mathcal{O}}^{q,p} \xrightarrow{\beta} \mathcal{H}^{p,q} \longrightarrow 0 \ ,$$

où $\alpha(\varphi) = \varphi \oplus \varphi$ et $\beta(\varphi \oplus \psi) = \varphi - \psi$, donne naissance à une suite exacte de cohomologie

$$\cdots \longrightarrow H^r(X, \mathcal{O}^{p,q}) \oplus H^r(X, \bar{\mathcal{O}}^{q,p}) \longrightarrow H^r(X, \mathcal{H}^{p,q}) \longrightarrow$$

$$H^{r+1}(X, \mathcal{Z}^{p,q}) \longrightarrow H^{r+1}(X, \mathcal{O}^{p,q}) \oplus H^{r+1}(X, \bar{\mathcal{O}}^{q,p}) \longrightarrow \cdots$$

qui, compte-tenu des isomorphismes de Dolbeault, de Dolbeault et Bigolin, et de ceux établis ci-dessus, est canoniquement isomorphe, à des coefficients constants près, à la seconde suite exacte du § 2 .

En ce qui concerne la flèche médiane, cela résulte de l'homomorphisme de résolutions

$$\begin{array}{ccccccccccc}
0 \longrightarrow \mathcal{Z}^{p,q} & \xrightarrow{\alpha} & \mathcal{O}^{p,q} \oplus \bar{\mathcal{O}}^{q,p} & \xrightarrow{\beta} & \mathcal{A}^{p,q} & \xrightarrow{d'd''} & \mathfrak{A}_0^{p+1,q+1} & \xrightarrow{d} & \mathfrak{A}_1^{p+1,q+1} & \xrightarrow{d} & \cdots \\
\downarrow & & \downarrow\gamma & & \downarrow\eta & & \downarrow & & \downarrow & & \\
0 \longrightarrow \mathcal{Z}^{p,q} & \longrightarrow & \mathfrak{A}_0^{p,q} & \xrightarrow{d} & \mathfrak{A}_1^{p,q} & \xrightarrow{d} & \mathfrak{A}_2^{p,q} & \xrightarrow{d} & \mathfrak{A}_3^{p,q} & \xrightarrow{d} & \cdots
\end{array}$$

où $\gamma(\varphi \oplus \psi) = \varphi + \psi$, $\eta(\varphi) = \frac{1}{2}(d'\varphi - d''\varphi)$, la première flèche verticale, l'identité et les autres flèches verticales, les inclusions changées de signes. En ce qui concerne les deux autres flèches, cela résulte du diagramme commutatif de résolutions

$$\begin{array}{ccccccccc}
0 \longrightarrow & \mathcal{Z}^{p,q} & \longrightarrow & \mathfrak{A}_0^{p,q} & \xrightarrow{d} & \mathfrak{A}_1^{p,q} & \xrightarrow{d} & \cdots \\
& \downarrow\alpha & & \downarrow\alpha & & \downarrow & & \\
0 \longrightarrow & \mathcal{O}^{p,q} \oplus \bar{\mathcal{O}}^{q,p} & \longrightarrow & \mathcal{A}^{p,q} \oplus \mathcal{A}^{p,q} & \xrightarrow{d'' \oplus d'} & \mathcal{A}^{p,q+1} \oplus \mathcal{A}^{p+1,q} & \xrightarrow{d'' \oplus d'} & \cdots \\
& \downarrow\beta & & \downarrow\beta & & \downarrow & & \\
0 \longrightarrow & \eta\mathcal{H}^{p,q} & \longrightarrow & \mathcal{A}^{p,q} & \xrightarrow{d'd''} & \mathfrak{A}_0^{p+1,q+1} & \xrightarrow{d} & \cdots
\end{array}$$

$$\begin{array}{ccccc}
\cdots & \xrightarrow{d} & \mathfrak{A}_r^{p,q} & \xrightarrow{d} & \cdots \\
& & \downarrow & & \\
\cdots & \xrightarrow{d'' \oplus d'} & \mathcal{A}^{p,q+r+1} \oplus \mathcal{A}^{p+r+1,q} & \xrightarrow{d'' \oplus d'} & \cdots \\
& & \downarrow (-1)^r(d',d'') & & \\
\cdots & \xrightarrow{d} & \mathfrak{A}_r^{p+1,q+1} & \xrightarrow{d} & \cdots
\end{array}$$

où les flèches verticales de la première à la seconde ligne (à l'exception des deux premières) sont des projections, et où

$$(-1)^r(d',d'')(\varphi \oplus \psi) = (-1)^r(d'\varphi + d''\psi).$$

Bibliographie

A. Aeppli. On the cohomology structure of Stein manifolds, Proceedings of the conference on complex analysis (Minneapolis, 1964), Springer - Verlag 1965, p. 58-70.

A. Andreotti et F. Norguet. Cycles of algebraic manifolds and $\partial\bar{\partial}$ - cohomology, Ann. Sc. Norm. Sup. di Pisa, sous presse (cf. n°s 2 et 3 du § 1).

B. Bigolin. Gruppi di Aeppli, Ann. Sc. Norm. Sup. di Pisa, 23, 1969, p. 259 - 287.

B. Bigolin. Osservazioni sulla coomologia del $\partial\bar{\partial}$, Ann. Sc. Norm. Sup. di Pisa, 24, 1970, p. 571 - 583.

P. Dolbeault. Formes différentielles et cohomologie sur une variété analytique complexe, I, Ann. of Math. 64, 1956, p. 83 - 130 (cf. p 99 - 106).

J. Frenkel et F. Norguet. Sur la cohomologie à coefficients complexes des variétés de Stein, C. R. Acad. Sc. Paris 256, 1963, p. 2988 - 2989

J.P. Serre. Groupes d'homotopie et classes de groupes abéliens, Ann. of Math. 58 , 1953, p. 258 - 294

J.P. Serre. Quelques problèmes globaux relatifs aux variétés de Stein Colloque sur les fonctions de plusieurs variables, Bruxelles, 1953, p. 57 - 68 (cf. p. 57 et 58).

G. Sorani. Omologia degli spazi q-pseudoconvessi, Ann. Sc. Norm. Sup. Pisa, III, 16, 1962, p. 299 - 304.

G. Sorani et V. Villani. q-complete spaces and cohomology, Trans. Amer. Math. Soc. 125, 1966, p. 432 - 448.

L'INTEGRALE DE CAUCHY DANS $\mathbb{C}^n$

Par Guy ROOS

1. On rappelle dans cette section les principales propriétés de l'intégrale de Cauchy dans $\mathbb{C}$, dont on exposera ensuite les diverses généralisations à $\mathbb{C}^n$.

Soit γ un cycle compact C^∞ de dimension 1 dans $\mathbb{C}\setminus\{0\}$, bord d'une chaîne compacte β de $\mathbb{C}$ et qui est d'indice 1 par rapport à l'origine. Si f est une fonction holomorphe au voisinage du support $|\beta|$ de β, on a la formule de Cauchy

(1.1) $$2\,i\,\pi\, f(0) = \int_\gamma \frac{dz}{z}\, f(z) \quad .$$

Plus généralement, si f est une fonction C^∞ au voisinage de $|\beta|$, on a la relation

(1.2) $$2\,i\,\pi\, f(0) = \int_\gamma \frac{dz}{z}\, f(z) + \int_\beta \frac{dz}{z} \wedge d''\, f(z) \quad .$$

Rappelons que ces deux formules résultent de la propriété suivante : la forme dz/z est localement intégrale dans $\mathbb{C}$ et définit un courant $[dz/z]$ qui est tel que

(1.3) $$d''\,[dz/z] = 2\,i\,\pi\,[\{0\}] \quad ,$$

où $[\{0\}]$ désigne le courant d'intégration sur l'ensemble $\{0\}$, i.e. le courant Dirac à l'origine. On a également les relations

(1.4) $$2\,i\,\pi\, \frac{\partial^\alpha f}{\partial z^\alpha}(0) = \alpha! \int_\gamma \frac{dz}{z^{\alpha+1}}\, f(z) \quad ,$$

pour f holomorphe au voisinage de $|\beta|$, ainsi que

(1.5) $$2\,i\,\pi \int_{\beta\cap\{g(t)=0\}} f = \int_{t\in\gamma} g^*\left(\frac{dz}{z}\right) f(t) \quad ,$$

g étant une application holomorphe non constante d'un voisinage de $|\beta|$ dans $\mathbb{C}$, telle que $g(t) \neq 0$ pour tout $t\in|\gamma|$; le premier membre de (1.5) est simplement la somme (finie) des valeurs de la fonction holomorphe f aux points où g s'annule, comptés avec leur ordre de multiplicité dans $\beta \cap \{g(t) = 0\}$. Les relations (1.2) et (1.5) sont utilisées en théorie des fonctions d'une variable complexe, notamment pour démontrer le théorème d'inversion locale des fonctions holomorphes, la fonction inverse $\check{f}$ étant donnée localement par

$$(1.6)\qquad \check{f}(t) = \frac{1}{2\pi i}\int_{u\in\gamma} (f-t)^*\left(\frac{dz}{z}\right).u \quad ,$$

avec un cycle γ convenable ($f-t$ désignant la fonction $u \longmapsto f(u)-t$) ,ainsi que pour exhiber un inverse à droite continu h, de l'opérateur d'' sur les formes C^∞ et bornées dans un domaine D borné à bord ; h est alors défini par

$$(hu)\ (t) = \frac{1}{2\pi i}\int_D \frac{dz}{z-t} \wedge u(z)$$

pour toute forme u de type $(0,1)$, C^∞ et bornée dans D .

2. Le noyau de Martinelli - Bochner .

On considère $\mathbb{C}^n$ avec sa structure hermitienne naturelle.
Une première généralisation de la forme dz/z utilisée dans $\mathbb{C}$ est donné par le noyau K de Martinelli - Bochner :

$$2.1)\qquad K(z) = \|z\|^{-2n}\ \omega(z) \wedge \omega'(\bar{z}) \qquad (z \neq 0) \quad ,$$

où

$$\omega(z) = dz_1 \wedge\ldots\wedge dz_n \quad ,$$

$$\omega'(\bar{z}) = \sum_{j=1}^{n} (-1)^{j-1}\ d\bar{z}_1 \wedge\ldots\wedge \widehat{d\bar{z}_j} \wedge\ldots\wedge d\bar{z}_n \quad .$$

En effet, la forme K est localement intégrable et définit un courant $[K]$ vérifiant

$$(2.2)\qquad d''[K] = \sigma_n\,[\{0\}] \quad ,$$

où $\sigma_n = (2i\pi)^n / (n-1)\,!$. Les relations (1.1) et (1.2) se généralisent, β et γ étant maintenant de dimensions réelles respectives $2n$ et $2n-1$, en

$$(2.3)\qquad \sigma_n\ f(0) = \int_\gamma K(z) \wedge f(z)$$

et

$$(2.4)\qquad \sigma_n\ f(0) = \int_\gamma K(z)\wedge f(z) + \int_\beta K(z) \wedge d''f(z) \quad .$$

Les relations (1.4) et (1.5) se généralisent également, avec des modifications convenables qui seront indiquées plus loin dans un cadre plus général (cf. no7) .

Il est par contre exclu que l'opérateur (1.7), ou plutôt sa généralisation , existe avec les mêmes propriétés pour un domaine D de $\mathbb{C}^n$ qui ne soit pas pseudo-convexe ;

et même pour D pseudoconvexe, la généralisation convenable de $dz/(z-t)$ ne peut être $\tau_t^* K$ (où τ_t désigne la translation $z \longmapsto z-t$) car $\tau_t^* K$ n'est pas fonction holomorphe de t. Il faut donc chercher à remplacer la famille de noyaux $\tau_t^* K$ par une famille spécialement adaptée à un domaine D donné.

On exposera pour commencer des procédés très généraux d'obtention de noyaux ayant des propriétés similaires à celles de K.

3. La formule de Cauchy - Fantappié (d'après J. LERAY [9].)

Soit L l'ensemble des couples (z,h) formés d'un point $z \in \mathbb{C}^n$ et d'un hyperplan complexe affine passant par ce point. On munit L d'une structure de variété analytique complexe (de dimension $2n-1$) en l'identifiant comme suit à une sous-variété d'un ouvert de $(\mathbb{C}^n \setminus \{0\}) \times \mathbb{P}_n(C)$ de coordonnées homogènes $[\xi_0, \xi_1, \ldots, \xi_n]$, les ξ_i étant les cofficients d'une équation

$$\xi_0 - \sum_{j=1}^{n} \xi_j \, u_j = 0$$

de l'hyperplan h. On identifie ainsi L à l'ensemble des points $(z,[\xi])$ de $(\mathbb{C}^n \setminus \{0\}) \times \mathbb{P}_n(\mathbb{C})$ qui vérifient les conditions

$$(3.1) \qquad \xi_0 \neq 0 \quad , \quad \xi . z = 0 \quad , \text{ où } \xi . z = \xi_0 - \sum_{j=1}^{n} \xi_j \, z_j \ .$$

La première projection de $\mathbb{C}^n \times \mathbb{P}_n(\mathbb{C})$ induit alors sur L une application surjective $p : L \longrightarrow \mathbb{C}^n \setminus \{0\}$.

Cette projection possède les propriétés suivantes : soit γ un cycle (C^∞, compact, de dimension $2n-1$) dans $\mathbb{C}^n \setminus \{0\}$; alors

1o) il existe un cycle dans L qui est de la forme $\overset{o}{s}\gamma$, ou $\overset{o}{s}$ est une section C^∞ de p définie au voisinage de $|\gamma|$ (un tel cycle sera appelé un relèvement de γ dans L) ;

2o) si $s\gamma$ est un autre relèvement de γ dans L, il existe une chaîne $c(\gamma,s)$ dans L telle que

$$s\gamma = \overset{o}{s}\gamma + bc(\gamma,s) \ .$$

En effet, on peut toujours définir $\overset{o}{s}$ (dans $\mathbb{C}^n \setminus \{0\}$, donc indépendamment du cycle γ) par

(3.2) $$s^o(z) = (z\ ,\ [\ \|z\|^2\ ,\ \bar z_1\ ,\ \dots\ ,\ \bar z_n])$$

On désignera dorénavent toujours par s^o la section précédente ("relèvement de Bochner - Martinelli") .

Si s_γ est un autre relèvement de γ , on peut prendre (ce qu'on fera toujours dans la suite)

$$c(\gamma,s) = \tilde s\ ([0,1] \times \gamma)\ ,$$

$\tilde s$ étant défini par

(3.3) $$\tilde s(\lambda,\ z) = (z\ ,\ [1\ ,(1-\lambda)\ \frac{\bar z_1}{\|z\|^2} + \lambda \frac{s_1(z)}{s_o(z)}\ ,\ \dots\ ,\ (1-\lambda)\ \frac{\bar z_n}{\|z\|^2} + \lambda\ \frac{s_n(z)}{s_o(z)}])$$

si

$$s(z) = (z\ ,\ [s_o(z)\ ,\ \dots\ ,\ s_n(z)])$$

D'autre part,il existe sur $(\mathbb{C}^n \setminus \{0\}) \times (\mathbb{P}_n(\mathbb{C}) \setminus \{\xi_o = 0\})$

une forme différentielle qui est l'image directe par le "passage au quotient" $(z,\xi) \longmapsto (z\ ,[\xi\ ])$ de la forme définie en coordonnées homogènes (i.e. sur $(\mathbb{C}^n \setminus \{0\}) \times (\mathbb{C}^{n+1} \setminus (\{0\} \times \mathbb{C}^n))$)

(3.4) $$\frac{\omega(z) \wedge \omega'(\xi)}{\xi_o^n}\ ,$$

où

$$\omega'(\xi) = \sum_{j=1}^{n} (-1)^{j-1}\ \xi_j\ \ d\xi_1 \wedge \dots \wedge \widehat{d\xi_j} \wedge \dots \wedge d\xi_n\ .$$

On note Φ sa restriction à L . La forme Φ est de type (2n-1 , 0) sur L et on a

(3.5)

$$d\ \Phi = d''\ \Phi = 0\ .$$

De plus, on a

(3.6) $$s^{o*}\ \Phi = K\ .$$

Soit f une fonction C^∞ sur $\mathbb{C}^n$; on notera encore f son image réciproque sur L par p .

Soient γ , β comme dans (2.3) et (2.4). Soit $s\gamma$ un relèvement de γ dans L . On déduit alors des relations (3.5) , (3.6) et (2.4) (ou (2.2)) la relation générale suivante, appelée par HENKIN [6] formule de Leray -Stokes :

$$(3.7) \qquad \sigma_n f(0) = \int_{s\gamma} \Phi \wedge f + \int_{s^o \beta' + c(\gamma,s)} \Phi \wedge d''f \quad , \text{ où } \beta' = \beta \cap (\mathbb{C}^n \setminus \{0\}) \; .$$

Si f est holomorphe, la formule (3.7) se réduit à la formule appelée par J. LERAY [9] (première) formule de Cauchy - Fantappié :

$$(3.8) \qquad \sigma_n f(0) = \int_{s\gamma} \Phi \wedge f \quad .$$

4. Obtention de formules intégrales.

A chaque relèvement $s\gamma$ d'un cycle dans L , il correspond par la formule (3.8) une formule intégrale dans $\mathbb{C}^n$, valable pour le cycle γ et les fonctions holomorphes sur $|\beta|$ (β est une chaîne C^∞ de dimension 2n dans $\mathbb{C}^n$, $\gamma = b\beta$) , qui s'écrit

$$(4.1) \qquad \sigma_n f(0) = \int_\gamma s^* \Phi \wedge f$$

L'étude des noyaux $s^* \Phi$ ainsi obtenus se trouve notamment dans les articles de NORGUET [11] et KOPPELMAN [7] ; cf. également [12] .

A une section $s = [s_o , \ldots , s_n]$, définie dans un ouvert U de $\mathbb{C}^n \setminus \{0\}$, de l'application $p : L \longrightarrow \mathbb{C}^n \setminus \{0\}$, on associe dans le même ouvert la forme de type (1,0)

$$\psi_s = s_o^{-1} \sum_{j=1}^{n} s_j \, dz_j \quad .$$

Réciproquement, on associe à une forme $\psi = \sum_{j=1}^{n} \psi_j \, dz_j$

la section $s\psi$ définie par

$$(s_\psi)_j\,(z) = \psi_j\,(z) \qquad (1 \leq j \leq n) ,$$

$$(s_\psi)_o\,(z) = \sum_{j=1}^{n} \psi_j(z)\, z_j = i(z) \cdot \psi ;$$

s_ψ est une section de p dans tout ouvert où $i(z) \cdot \psi$ ne s'annule pas. Un calcul simple (NORGUET [11,12] , KOPPELMAN [7]) montre que l'on a alors

$$(4.2) \qquad s^* \Phi = \frac{(-1)^{n(n-1)/2}}{(n-1)!} \psi_s \wedge (d'' \psi_s)^{n-1} ,$$

ou, ce qui est équivalent ,

$$(4.3) \qquad (s_\psi)^* \Phi = \frac{(-1)^{n(n-1)/2}}{(n-1)!} \hat{\psi} \wedge (d'' \hat{\psi})^{n-1} ,$$

avec

$$\hat{\psi} = \psi / \ i(z) \cdot \psi = \sum_{j=1}^{n} \psi_j\, dz_j \Big/ \sum_{j=1}^{n} \psi_j\, z_j ;$$

Dans [7], KOPPELMAN a introduit les expressions plus générales

$$(4.4) \qquad \hat{\psi}^1 \wedge \bigwedge_{k=2}^{n} d''\, \hat{\psi}^k ,$$

formées à partir de n formes différentielles de type $(1,0)$ $\psi^1 , \ldots , \psi^n$, et a annoncé le résultat suivant : <u>la forme</u> (4.4) <u>est indépendante du choix de</u> ψ^1 . On en déduit que deux expressions du type (4.4) sont d" - cohomologues (dans leur domaine commun de définition) ; en particulier , elles sont d'après (4.2) d" - cohomologues à un multiple des noyaux $s^*\Phi$ et fournissent par conséquent de nouveaux noyaux pour formules intégrales du type (4.1) .

On va maintenant décrire une situation géométrique, analogue au cadre de la formule de Cauchy - Fantappiè, qui fait apparaître ces nouveaux noyaux dans le cadre d'une formule intégrale unique.

5. <u>Généralisation de la formule de Cauchy - Fantappiè</u> .

On désignera par $L^{(n)}$ l'ensemble des $(n+1)$ - uples $(z, h^1 , \ldots , h^n)$ formés d'un point z de $\mathbb{C}^n$ et de n hyperplans complexes passant par ce point et ne passant pas par l'origine.

On munira $L^{(n)}$ d'une structure de variété analytique complexe(de dimension n^2) en l'identifiant à l'ensemble des points $(z, [\xi^1], \ldots, [\xi^n])$ de $(\mathbb{C}^n \setminus \{0\}) \times (\mathbb{P}_n(\mathbb{C}))^n$ qui vérifient les relations

(5.1) $$\xi_0^j = 0 \ , \ \xi^j \cdot z = 0 \qquad (1 \leq j \leq n).$$

La première projection de $\mathbb{C}^n \times (\mathbb{P}_n(\mathbb{C}))^n$ induit sur $L^{(n)}$ une application surjective $p^{(n)} : L^{(n)} \longrightarrow \mathbb{C}^n \setminus \{0\}$.

Soit $\theta(z,[\xi])$ la forme différentielle induite sur L par la forme définie en coordonnées homogènes :

(5.2) $$(\xi_o)^{-1} \ (\xi^* \cdot dz) \ ,$$

où

$$\xi^* = (\xi_1, \ldots, \xi_n) \ , \quad \xi^* \cdot dz = \sum_{j=1}^{n} \xi_j \, dz_j \ .$$

On définit alors sur $L^{(n)}$ la forme de degré 2n - 1

(5.3) $$\Phi^{(n)}(z,[\xi^1], \ldots, [\xi^n]) = \frac{(-1)^{n(n-1)/2}}{(n-1)!} \ \theta(z, [\xi^1]) \wedge \bigwedge_{k=2}^{n} d\theta(z,[\xi^k]).$$

La forme ainsi définie possède les propriétés suivantes :

1o) $\Phi^{(n)}$ est fermée ;

2o) $\Phi^{(n)}$ est indépendante de $[\xi^1]$.

Ces deux propriétés sont équivalentes entre elles, ainsi qu'à la propriété citée plus haut pour les formes (4.4) ; une démonstration (dans un cadre plus général, cf. no 8) vient d'être publiée par I.LIEB [10] ; on trouvera une démonstration simplifiée dans [16] .

On identifiera dans la suite L à son image dans L^{n} par l'application "diagonale"

$$\Delta^{(n)} : (z, [\xi]) \longrightarrow (z,[\xi], \ldots, [\xi]) \ ,$$

qui est compatible avec les projections p et $p^{(n)}$.

Les relations (4.2) et (4.3) sont alors équivalentes à la relation

(5.4) $$\Phi^{(n)}|_L = \Phi \ .$$

La totalité des résultats du no3 se généralisent alors mutatis mutandis à $\Phi^{(n)}$ et $L^{(n)}$; compte-tenu de l'identification précédente, le "relèvement de Martinelli - Bochner" s^o est à remplacer par $\Delta^{(n)} \circ s^o$ (qu'on notera encore s^o). On obtient en particulier une formule généralisée de Cauchy - Fantappie

$$\sigma_n f(0) = \int_{s\gamma} \Phi^{(n)} \wedge f \,, \tag{5.5}$$

où γ est comme dans (3.8), s étant une section de $p^{(n)}$ au-dessus de $|\gamma|$, f une fonction holomorphe au voisinage de $|\beta|$.

On a également une formule généralisée de Leray - Stokes

$$\sigma_n f(0) = \int_{s\gamma} \Phi^{(n)} \wedge f + \int_{s^o\beta' + c(\gamma,s)} \Phi^{(n)} \wedge d'' f \,, \tag{5.6}$$

où $c(\gamma,s) = \tilde{s}([0,1]\times\gamma)$, la "famille de relèvement" $\tilde{s}$ étant définie par

$$\tilde{s}(\lambda,z) = (z, \underbrace{[1,(1-\lambda)\frac{\bar{z}_j}{\|z\|^2} + \lambda\frac{s_j^1(z)}{s_o^1(z)}]}_{1 \leq j \leq n}, \ldots, [1,(1-\lambda)\frac{\bar{z}_j}{\|z\|^2} + \lambda\frac{s_j^n(z)}{s_o^n(z)}]) \tag{5.7}$$

si $s(z) = (z \,, s^1(z) \,, \ldots, s^n(z))$,

avec $s^k(z) = [s_o^k(z) \,, \ldots, s_n^k(z)]$.

6. Famille de noyaux dépendant d'un paramètre.

Jusqu'à présent, on n'a considéré que des noyaux de formules intégrales qui donnent la valeur à l'origine d'une fonction holomorphe dans un domaine D de $\mathbb{C}^n$. Les formules (1.6) et (1.7) montrent la nécessité d'avoir des familles de noyaux dépendant du paramètre $t \in D$ et donnant respectivement la valeur en t d'une fonction holomorphe sur D. On a déjà noté (cf. no 2) que la famille $\tau_t^* K$ est en général insuffisante, du fait qu'elle ne dépend pas analytiquement de t.

On considérera la variété Λ des triples $(t\ ,\ z\ ,\ [\xi])$, appartenant à $\mathbb{C}^n \times \mathbb{C}^n \times \mathbb{P}_n(\mathbb{C})$, formés de deux points z,t de $\mathbb{C}^n$ et d'un hyperplan complexe affine $[\xi]$, d'équation $\xi_o - \sum_{j=1}^{n} \xi_j\, u_j = 0$, passant par z :

$$\xi_o - \sum_{j=1}^{n} \xi_j\, z_j = 0$$

et ne passant pas par t :

$$\xi_o - \sum_{j=1}^{n} \xi_j\, t_j \neq 0 \ .$$

Si on désigne par Λ_t la fibre de Λ au-dessus d'un point $t \in \mathbb{C}^n$ pour la première projection de $\mathbb{C}^n \times \mathbb{C}^n \times \mathbb{P}_n(C)$, on définit un isomorphisme ("changement d'origine dans $\mathbb{C}^n$")

(6.1) $\qquad \tau_t : \Lambda_t \longrightarrow L$

par la formule

(6.2) $\qquad \tau_t\,(t,z,[\xi_o , \xi_1 ,\dots, \xi_n]) = (z-t\ ,\ [\xi'_o , \xi_1 ,\dots, \xi_n])$,

où

$$\xi'_o = \xi_o - \sum_{j=1}^{n} \xi_j\, t_j \ .$$

On notera que Λ est munie d'une application surjective

$$P : \Lambda \longrightarrow \mathbb{C}^n \times \mathbb{C}^n \setminus \Delta \quad ,$$

induite par la projection de $\mathbb{C}^n \times \mathbb{C}^n \times \mathbb{P}_n(\mathbb{C})$ sur $\mathbb{C}^n \times \mathbb{C}^n$, Δ désignant la diagonale de $\mathbb{C}^n \times \mathbb{C}^n$.

La formule (6.2) définit en fait une application holomorphe

$$\tau : \Lambda \longrightarrow L$$

dont la restriction à Λ_t est τ_t ; le diagramme

$$\begin{array}{ccc} \Lambda & \xrightarrow{\ \tau\ } & L \\ {\scriptstyle P}\downarrow & & \downarrow{\scriptstyle p} \\ \mathbb{C}^n \times \mathbb{C}^n \setminus \Delta & \xrightarrow{\ \sigma\ } & \mathbb{C}^n \setminus \{0\} \end{array}$$

est commutatif, si σ est l'application $(t,z) \longrightarrow z - t$.

Soit D un domaine de $\mathbb{C}^n$ relativement compact, de bord ∂D. On appellera <u>relèvement de D pour la projection</u> P une section C^∞ de P définie sur $D \times \partial D$. Un relèvement S de D pour P peut être considéré comme <u>une famille de relèvements</u> de ∂D pour p : $(S_t)_{t \in D}$;il suffit en effet de définir S_t par

(6.3) $$S_t(u) = \tau_t \; S(t,t+u) \qquad (u \in \partial D) .$$

La famille de relèvements $(S_t)_{t \in D}$ sera dite <u>holomorphe</u> si S est une fonction de $t \in D$.

Les propositions énoncées au no3 pour les relèvements de p se généralisent aux relèvements de P :

1°) il existe un relèvement S^o de P pour tout domaine D de $\mathbb{C}^n$:

(6.4) $$S^o = \mathbb{C}^n \times \mathbb{C}^n \setminus \Delta \longrightarrow \Lambda ,$$

défini par

$$S^o(t,z) = (t,z, [\sum_{j=1}^{n} z_j (\bar{z}_j - \bar{t}_j) , \bar{z}_1 - \bar{t}_1 ,\ldots, \bar{z}_n - \bar{t}_n]) ;$$

2°) Si S est un autre relèvement de P au-dessus d'un domaine D de $\mathbb{C}^n$, il existe une homotopie $(S^\lambda)_{0 \leq \lambda \leq 1}$ où les S^λ sont des relèvements de D pour P , $S^1 = S$ et S^o le relèvement défini ci-dessus; il suffit en effet de prendre, si

$$S(t,z) = (t,z,[s_o(t,z),\ldots, s_n(t,z)]) \qquad (t \in D , z \in \partial D)$$

les relèvements S^λ $(0 \leq \lambda \leq 1)$ définis par

(6.5) $$S^\lambda(t,z) = (t,z,[s_o^\lambda(t,z),\ldots, s_n^\lambda(t,z)] ,$$

où

$$s_j^\lambda(t,z) = (1-\lambda) \frac{\bar{z}_1-\bar{t}_1}{\|z-t\|^2} + \lambda \frac{s_j(t,z)}{s_o(t,z) - \sum_{j=1}^{n} t_j \, s_j(t,z)} \qquad (1 \leq j \leq n)$$

et

$$s_o^\lambda(t,z) = \sum_{j=1}^{n} z_j \, s_j^\lambda(t,z) .$$

On définit sur Λ la forme différentielle <u>fermée</u>

(6.6) $$\tilde{\Phi} = \tau^* \Phi \quad ,$$

dont l'écriture en "coordonnées homogènes" est par conséquent

(6.7) $$\Phi(t,z,[\xi]) = \frac{\omega(z-t) \wedge \omega'(\xi^*)}{(\xi . t)^n}$$

où $$[\xi] = [\xi_o, \ldots, \xi_n] \quad , \quad \xi = (\xi_o, \ldots, \xi_n) \quad ,$$

$$\xi^* = (\xi_1, \ldots, \xi_n) \quad , \quad \xi . t = \xi_o - \sum_{j=1}^{n} t_j \xi_j \quad .$$

Soit D un domaine relativement compact de $\mathbb{C}^n$, S un relèvement de D pour la projection P ; on désignera par $c(D, \partial D, S)$ la chaîne dans Λ définie par

$$\tilde{S} : D \times [0,1] \times \partial D \longrightarrow \Lambda$$

où

$$\tilde{S}(t, \lambda, z) = S^{\lambda}(t,z)$$

(Cf. la définition (6.5)). On désigne par P_2 la restriction à Λ de la projection de $\mathbb{C}^n \times \mathbb{C}^n \times \mathbb{P}_n(\mathbb{C})$ sur le second facteur $\mathbb{C}^n$. On a alors, pour toute fonction f C^∞ sur $\bar{D}$, la généralisation (évidente) suivante de la relation (3.7) :

(6.8) $$\sigma_n f(t) = \int_{S(D \times \partial D) \cap \Lambda_t} \Phi \wedge P_2^* f$$
$$+ \int_{(S^o(D \times D) \setminus \Delta) + c(D, \partial D, S)) \cap \Lambda_t} \Phi \wedge d'' P_2^* f$$

La formule (6.8) peut encore s'écrire comme une formule intégrale dans $\mathbb{C}^n$, analogue à (4.1) :

(6.9) $$\sigma_n f(t) = \int_{\partial d} (S_t)^* \Phi \wedge f + \int_D \tau_t^* K \wedge d'' f$$
$$+ \int_{[0,1) \times \partial D} (\tilde{S}_t)^* \Phi \wedge d'' f \qquad (t \in D)$$

où $\widetilde{S}_t : [0,1] \times \partial D \dashrightarrow L$ est défini par

$$\widetilde{S}_t (\lambda , u) = \tau_t \widetilde{S}(t,\lambda , t + u) \quad .$$

La construction précédente tire son intérêt des deux résultats suivants :

Théorème I (RAMIREZ [14], HENKIN [5]).
Si D est un ouvert relativement compact de $\mathbb{C}^n$, à bord C^∞ et fortement pseudoconvexe, il existe un relèvement S de la projection P pour le domaine D qui est holomorphe (c'est-à-dire une section C^∞ $S : D \times \partial D \dashrightarrow \Lambda$ de la projection P , holomorphe par rapport à la variable $t \in D$).

Théorème II (HENKIN [6] , GRAUERT - LIEB [4]).
Sous les hypothèses du théorème I , le relèvement S peut de plus être choisi de telle façon que l'opérateur h , défini par

$$(6.10) \qquad (h\,u)\,(t) = \int_D \tau_t^* K \wedge u + \int_{[0,1] \times \partial D} (\widetilde{S}_t)^* \Phi \wedge u$$

sur l'espace des formes u de type $(0,1)$, C^∞ sur $\bar{D}$ et d" fermées à D , soit un opérateur à valeurs dans l'espace des fonctions C^∞ et bornées dans D , continu lorsque les espaces précédents sont munis de la norme de la convergence uniforme.

Il est d'autre part immédiat que $f = hu$ est une solution de l'équation $d''f = u$.

La norme de l'opérateur h dépend essentiellement, non seulement du diamètre de D comme dans le cas L^2 , mais encore de la constante qui caractérise la forte pseudoconvexité de son bord (cf. notamment HENKIN [6]).

Les démonstrations du théorème I s'appuient notamment sur les généralisations de E. BISHOP et L. BUNGART ([2], [3]) du théorème B de H. CARTAN aux fonctions holomorphes à valeurs dans des espaces de Fréchet.

7 . Formules de résidus.

Les formules (1.4) et (1.5) sont, en théorie des fonctions d'une variable complexe, des cas particuliers de la formule générale des résidus.

La propriété de la forme (4.4) d'être indépendante de ψ^1 a permis à W. KOPPELMAN de donner dans [7] (proposition 3.1) une formule généralisant la relation (1.5) lorsque l'application holomorphe $g : \mathbb{C}^n \longrightarrow \mathbb{C}^n$ vérifie $g(0) = 0$ et $Jg(0) \neq 0$, Jg étant le jacobien complexe de g . On peut donner à cette formule une expression plus générale dans le cadre utilisé aux numéros 3 et 5 . On peut alors généraliser également la relation (1.4) , ce qui avait déjà été fait dans un cas particulier par A. ANDREOTTI et F. NORGUET ([1], proposition 1) .

Soit $g : D \longrightarrow \mathbb{C}^n$ une application holomorphe définie dans un domaine D de $\mathbb{C}^n$; on suppose que la fibre $g^{-1}(a)$ est discrète pour tout $a \in \mathbb{C}^n$ et que $g(0)$ n'est pas vide. On désigne par L_g l'ensemble des points $(z,[\xi])$ de $D \times \mathbb{P}_n(\mathbb{C})$ tels que

$$\xi_o - \sum_{j=1}^{n} \xi_j z_j = 0$$

et

$$\xi_o - \sum_{j=1}^{n} \xi_j t_j \neq 0 \qquad \text{si} \qquad g(t) = 0 \quad .$$

La première projection de $D \times \mathbb{P}_n(\mathbb{C})$ induit une application surjective p de L_g sur $D \setminus g^{-1}(0)$. Soit $\tilde{g} : L_g \longrightarrow L$ l'application induite par

$$(z,[\xi]) \longrightarrow (g(z) , [\xi']) \quad , \text{ où } [\xi'] \text{ est défini,}$$

si $$[\xi] = [\xi_o ,\ldots,\xi_n] \quad , \text{ par } \quad \xi'_j = \xi_j \ (1 \leqslant j \leqslant n) \quad ,$$

$$\xi'_o = \sum_{j=1}^{n} \xi_j \, g_j(x) \quad .$$

L'application $\tilde{g}$ est holomorphe et le diagramme

$$\begin{array}{ccc} L_g & \xrightarrow{\ \tilde{g}\ } & L \\ p \downarrow & & \downarrow p \\ D \setminus g^{-1}(0) & \xrightarrow{\ g\ } & \mathbb{C}^n \setminus \{0\} \end{array}$$

est commutatif . Soit Φ_g la forme différentielle (fermée) sur L_g :

$$(7.1) \qquad \Phi_g = \tilde{g}^* \Phi \quad ,$$

i.e. la restriction à L_g de la forme définie en coordonnées homogènes

$$(7.2) \qquad \frac{g^* \omega(z) \wedge \omega'(\xi)}{\left(\sum_{j=1}^{n} \xi_j \, g_j(z)\right)^n}$$

(cf. la définition de la forme (3.4)) .

Si γ est un cycle (C^∞ , compact, de dimension $2n - 1$) de $D \setminus g^{-1}(0)$ et si γ est le bord d'une chaîne (compacte) β de D , on aura pour tout relèvement (définition évidente) $s\gamma$ de γ dans L_g et pour toute fonction holomorphe f définie au voisinage de $|\beta|$, la relation

$$(7.3) \qquad \sigma_n \int_{g^{-1}(0) \cap \beta} f = \int_{s\gamma} \Phi_g \wedge f \quad .$$

Comme dans (1.5) que cette relation généralise, l'intégrale du premier membre est la somme (finie) des valeurs de f aux points de $g^{-1}(0)$ comptés avec leur ordre de multiplicité.

Soit $\alpha = (\alpha_1, \dots, \alpha_n) \in \mathbb{N}^n$ un multiindice ; on note $\mathbb{1}$ le multiindice $(1, \dots, 1)$ et $\alpha^{\mathbb{1}}$ le produit $\alpha_1 \cdots \alpha_n$. Soit $\pi_{\alpha+\mathbb{1}} : \mathbb{C}^n \longrightarrow \mathbb{C}^n$ l'application

$$z = (z_1, \dots, z_n) \longrightarrow (z_1^{\alpha_1+1}, \dots, z_n^{\alpha_n+1}) \quad .$$

On peut alors appliquer à $g = \pi_{\alpha+\mathbb{1}}$ les définitions précédentes.
On notera

$$L_{\alpha+\mathbb{1}} = L_{\pi_{\alpha+\mathbb{1}}} \quad , \quad \Phi_{\alpha+\mathbb{1}} = \Phi_{\pi_{\alpha+\mathbb{1}}}$$

et

$$(7.4) \qquad \Psi_{\alpha+\mathbb{1}}(z,[\xi]) = \frac{1}{(\alpha+\mathbb{1})^{\mathbb{1}} \, z^\alpha} \, \Phi_{\alpha+\mathbb{1}}(z,[\xi])$$

la forme différentielle (fermée, holomorphe, de degré 2n − 1) ainsi définie sur $L_{\alpha+1\!\!1}$, qui s'écrit encore en coordonnées homogènes

$$(7.5) \qquad \frac{\omega(z) \wedge \omega'(\xi)}{\left(\sum_{j=1}^{n} \xi_j \, z_j^{\alpha_j+1}\right)^n} .$$

Soient alors β et γ comme dans (2.3) et (2.4) et soit $s\gamma$ un relèvement de γ dans $L_{\alpha+1\!\!1}$; on a alors, pour toute fonction holomorphe sur $|\beta|$ (cf.[16]), la relation

$$(7.6) \qquad \frac{\sigma_n}{\alpha!} \, D^\alpha f(0) = \int_{s\gamma} \Psi_{\alpha+1\!\!1} \wedge f .$$

La formule démontrée par A. ANDREOTTI et F. NORGUET dans [1] correspond au cas particulier où s est la section

$$s^{o,\alpha+1\!\!1} : z \longrightarrow (z,[\xi])$$

avec

$$[\xi] = [\xi_0, \dots, \xi_n] , \ \xi_j = \bar{z}_j^{\alpha_j+1} \ (1 \leq j \leq n) , \ \xi_0 = \sum_{j=1}^{n} (z_j \bar{z}_j)^{\alpha_j+1})$$

de la projection $p : L_{\alpha+1\!\!1} \longrightarrow \mathbb{C}^n \setminus \{0\}$.

On peut bien entendu combiner les formules du type (7.3) et (7.6). On peut également les généraliser dans le cadre donné au no 5 .

8. Formules intégrales pour les formes différentielles et les classes de d" cohomologie.

Dans [8], W. KOPPELMAN a introduit des formes doubles qui mènent à des formules intégrales pour les formes différentielles de type (0,q). En fait, les noyaux introduits ne sont autres (cf. [15]) que les composantes, du même type partiel (0,q) par rapport au premier facteur de $\mathbb{C}^n \times \mathbb{C}^n$, de la forme $S^o * \widehat{\Phi}$ où S^o et $\widetilde{\Phi}$ sont définis comme au no 6 . On notera que $\widetilde{K} = S^o * \widetilde{\Phi}$ est également l'image réciproque, dans $\mathbb{C}^n \times \mathbb{C}^n \setminus \Delta$, du noyau K de Bochner-Martinelli par l'application $\delta : (t,z) \longrightarrow z - t$.

Les formules de Koppelman se généralisent à une forme α quelconque, C^∞ sur $\overline{D}$ et à un relèvement quelconque S de P ([15], proposition 1.7 et remarque 1.8). On a ainsi la généralisation suivante de la formule (6.8) :

$$\sigma_n \alpha(t) = \int_{S(D \times \partial D) \cap \Lambda_t} \tilde{\Phi} \wedge P_2^* \alpha \tag{8.1}$$

$$+ \int_{S^o(D \times D \setminus \Delta) + c(D, \partial D, S)) \cap \Lambda_t} \tilde{\Phi} \wedge d'' P_2^* \alpha$$

$$+ d''_t \int_{S^o(D \times D \setminus \Delta) + c(D, \partial D, S)) \cap \Lambda_t} \tilde{\Phi} \wedge P_2^* \alpha$$

$(t \in D)$.

Si α est de type (p,q), on a plus précisement, en désignant par $\tilde{\Phi}_{p,q}$ <u>la composante de</u> $\tilde{\Phi}(t,z,[\xi])$ <u>qui est de degrés partiels</u> p <u>en</u> t <u>et</u> q <u>en</u> $[\xi]$:

$$\sigma_n \alpha(t) = \int_{S(D \times \partial D) \cap \Lambda_t} \tilde{\Phi}_{p,q} \wedge P_2^* \alpha \tag{8.2}$$

$$+ \int_{S^o(D \times D \setminus \Delta) + c(D, \partial D, S)) \cap \Lambda_t} \tilde{\Phi}_{p,q} \wedge d'' P_2^* \alpha$$

$$+ d''_t \int_{(S^o(D \times D \setminus \Delta) + c(D, \partial D, S)) \cap \Lambda_t} \tilde{\Phi}_{p,q-1} \wedge P_2^* \alpha$$

Dans le cas où $S = S^o$, on a, compte tenu de $S^{o*} \tilde{\Phi}(t,z) = \tilde{K}(t,z) = K(z-t)$ la relation

$$(8.3) \qquad \sigma_n\, \alpha(t) = \int_{z\in\partial D} K(z-t) \wedge \alpha(z) + \int_{z\in D} K(z-t) \wedge d''\alpha(z) + d''_t \int_{z\in D} K(z-t) \wedge \alpha(z) \qquad (t \in D),$$

ou encore, si α est de type (p,q) , en notant

$\widetilde{K}_{p,q} = S^{o} * \widetilde{\Phi}_{p,q}$ (qui est aussi la composante, de type (p,q) en t , de $\widetilde{K}(t,z) = K(z-t)$) :

$$(8.4) \qquad \sigma_n\, \alpha(t) = \int_{z\in\partial D} \widetilde{K}_{p,q}(t,z) \wedge \alpha(z) + \int_{z\in D} \widetilde{K}_{p,q}(t,z) \wedge d''\alpha(z) + d''_t \int_{z\in D} K_{p,q-1}(t,z) \wedge \alpha(z) \qquad (t \in D).$$

Les formules (8.1) - (8.4) peuvent être interprétées comme des formules intégrales pour des classes de d'' - cohomologie : soit $\{\alpha\}$ une classe de d'' - cohomologie sur $\bar{D}$; la relation (8.1) exprime alors que la classe de cohomologie dans D de la forme

$$t \longrightarrow \int_{S(D\times\partial D)\cap\Lambda_t} \widetilde{\Phi} \wedge P_2^{*}\alpha$$

ne dépend pas du choix du représentant α ; cette classe sera notée

$$P_{1\,*}\left((\widetilde{\Phi} \wedge P_2^{*}\{\alpha\}) \big|_{S(D\times\partial D)} \right).$$

On a alors la relation intégrale (formule de Cauchy - Fantappiè pour les classes de d" - cohomologie) :

(8.5) $$\sigma_n \{\alpha\} \Big|_D = P_{1\,*} \left((\tilde{\Phi} \wedge P_2^* \{\alpha\}) \Big|_{S(D \times \partial D)} \right).$$

Si $\{\alpha\}$ est de type (p,q) , on peut remplacer $\tilde{\Phi}$ par $\tilde{\Phi}_{p,q}$.

Cette relation peut, comme d'ailleurs les précédentes, être généralisée dans la situation examinée au no5 . On notera $\Lambda^{(n)}$ la variété des points $(t,z,[\xi^1],\ldots,[\xi^n])$ de $(\mathbb{C}^n \times \mathbb{C}^n \setminus \Delta) \times (\mathbb{P}_n(\mathbb{C}))^n$ qui vérifient les relations

$$\xi^j \cdot z = 0 \qquad (1 \leqslant j \leqslant n) \quad ,$$

$$\xi^j \cdot t \neq 0 \qquad (1 \leqslant j \leqslant n) \quad ,$$

On a encore une application naturelle $\tau^{(n)} : \Lambda^{(n)} \dashrightarrow L^{(n)}$, induite par

$$(t,z,[\xi^1],\ldots,[\xi^n]) \dashrightarrow (z - t \ , \ [\xi'^1],\ldots,[\xi'^n]) \quad ,$$

où $$\xi'^j_k = \xi^j_k \qquad (1 \leqslant j \leqslant n \quad , \quad 1 \leqslant k \leqslant n)$$

et $$\xi'^j = \xi^j \cdot t = \xi^j_0 - \sum_{j=1}^{n} \xi^j_k \ t_k \qquad (1 \leqslant j \leqslant n) \ .$$

On désignera alors par $\tilde{\Phi}^{(n)}$ la forme différentielle (holomorphe, de degré 2n - 1)

(8.7) $$\tilde{\Phi}^{(n)} = \tau^{(n)} * \Phi^{(n)} .$$

Les relations (8.1) , (8.2) et (8.5) se généralisent alors avec des modifications évidentes. On aura notamment l'équivalent de (8.5) :

(8.8) $$\sigma_n \{\alpha\} \Big|_D = P_{1\,*} \left((\tilde{\Phi}^{(n)} \wedge P_2^* \{\alpha\}) \Big|_{S^{(n)}(D \times \partial D)} \right) \quad ,$$

où $\{\alpha\}$ est une classe de d" - cohomologie sur $\bar{D}$ et $S^{(n)}$ une section au-dessus de $D \times \partial D$ de la projection $p^{(n)} : \Lambda^{(n)} \longrightarrow \mathbb{C}^n \times \mathbb{C}^n \setminus \Delta$, induite par la projection de $(\mathbb{C}^n \times \mathbb{C}^n \setminus \Delta) \times (\mathbb{P}_n(\mathbb{C}))^n$, cependant que P_1 et P_2 désignent toujours les applications induites par les projections de $\mathbb{C}^n \times \mathbb{C}^n \times (\mathbb{P}_n(\mathbb{C}))^n$ sur le premier et le second facteur $\mathbb{C}^n$.

Si $\{\alpha\}$ est de type (p,q) , la relation (8.8) s'écrit

$$(8.9) \qquad \sigma_n \{\alpha\} \Big|_D = P_{1\,*} \left((\tilde{\Phi}^{(n)}_{p,q} \wedge P_2^* \{\alpha\}) \Big|_{S^{(n)}(D \times \partial D)} \right) ,$$

où $\tilde{\Phi}^{(n)}_{p,q}$ est la composante de $\tilde{\Phi}^{(n)}(t,z[\xi^1],\ldots,[\xi^n])$ qui est de degrés partiels p en t et q par rapport à $([\xi^2],\ldots,[\xi^n])$. Le noyau $\tilde{\Phi}^{(n)}_{p,q}$ ainsi obtenu est, comme $\tilde{\Phi}^{(n)}$, indépendant de $[\xi^1]$, ce qui entraîne le résultat annoncé par W. KOPPELMAN ([8] , proposition 1) , dont une démonstration est donnée par I. LIEB dans [10] .

BIBLIOGRAPHIE

1. A. ANDREOTTI et F. NORGUET, Problème de Levi et convexité holomorphe pour les classes de cohomologie, Ann. Sc. Norm. Sup. Pisa, 20 (1966) , 197 - 241 .

2. E. BISHOP, Analytic fonctions with values in a Fréchet space, Pacific J. Math. , 12 (1962) , 1177 - 1192 .

3. L. BUNGART, Holomorphic functions with values in locally convex space and applications to integral formulas, Trans. Amer. Math. Soc. , 111 (1964) , 317 - 344 .

4. H. GRAUERT et I. LIEB, Das Ramirezsche Integral und die Gleichung $\bar{\partial} f = \alpha$ im Bereich der beschränkten Formen, Rice Univ. Studies,

5. G. M. HENKIN, Integral'noe predstavlenie funkcij, golomorfnyh v strogo psevdovypuklyh oblastjah i nekotorye priloženija, Matem. Sbornik, 78 (120) (1969), 611 - 632 .

6. G. M. HENKIN, Integral'noe predstavlenie funkcij v strogo psevdovypuklyh oblastijah i priloženija k $\bar{\partial}$ - zadače, Matem. Sbornik, 82 (124) (1970), 300 - 308 .

7. W. KOPPELMAN, The Cauchy integral for functions of several complex variables, Bull. Amer. Math. Soc. , 73 (1967) , 373 - 377.

8. W KOPPELMAN, The Cauchy integral for differential forms, Bull. Amer. Math. Soc. 73 (1967), 554 - 556.

9. J. LERAY, Le calcul différentiel et intégral sur une variété analytique complexe, (Problème de Cauchy III), Bull. Soc. Math. de France, 87 (1959), 81 - 180 .

10. I. LIEB, Die Cauchy - Riemannschen Differential gleichungen auf streng pseudokonvexen Gebieten, I Beschränkte Lösungen, Math. Ann. , 190 (1970), 6 - 44 .

11. F. NORGUET, Problèmes sur les formes différentielles et les courants, Ann. Inst. Fourier Grenoble, 11 (1961), 1 - 82 .

12. F. NORGUET, Fonctions de plusieurs variables complexes, cours de 3e cycle, Paris, 1971.

13. N. ØVRELID, Integral representation formulas and L^p - estimates for the $\bar{\partial}$ - equation, à paraître.

14. E. RAMIREZ de A. , Ein Divisions problem und Randintegraldarstellungen in der komplexen Analysis, Math. Ann. , 184 (1970) , 172 - 187.

15. G. ROOS, Formules intégrales pour les formes différentielles sur $\mathbb{C}^n$, I , Ann. Sc. Norm. Sup. Pisa, à paraître .

16. G. ROOS, Formules intégrales pour les formes différentielles sur $\mathbb{C}^n$, II , en préparation.

LE FAISCEAU $\mathcal{C}$ DE M. SATO

par

Pierre SCHAPIRA

INTRODUCTION

Le faisceau $\mathcal{C}$ a été introduit en 1969 par M. Sato pour l'étude des équations aux dérivées partielles. Son originalité tient à ce qu'il est défini sur le fibré en sphères cotangentes à une variété analytique réelle et permet d'interpréter dans ce fibré les singularités d'une hyperfonction. Nous procéderons de manière inverse dans cet exposé en commençant par définir le support singulier, puis le faisceau $\mathcal{C}$, mais en omettant les démonstrations.

Signalons que Hörmander (1) a récemment défini, dans le cas des distributions, une notion du support singulier dans le fibré cotangent à l'aide de la transformation de Fourier.

Ce texte doit être considéré comme une amélioration non définitive de (12), amélioration qui doit beaucoup aux remarques de M.M. Kashiwara et Kawaï que nous remercions.

1. Hyperfonctions et valeurs au bord des fonctions holomorphes

On désignera par M une variété analytique réelle orientée de dimension $n > 1$, et par $\tilde{M}$ un complexifié de M que l'on choisira de Stein.

On désignera par $\mathcal{A}$, B et $\mathcal{O}$ les faisceaux des germes de fonctions analytiques sur M, des germes d'hyperfonctions sur M, des germes de fonctions holomorphes sur $\tilde{M}$. Rappelons que le faisceau B a été défini par M. Sato (8) par :

$$\Gamma(M,B) = H^n_M(\tilde{M},B)$$

et que le faisceau B a les deux propriétés suivantes qui le caractérisent (4) :

1. Le faisceau B est flasque

2. Pour tout compact K de M, $\Gamma_K(M,B) = \mathcal{A}'(K)$, ce dernier espace désignant le dual de l'espace $\Gamma(K,\mathcal{A}_{\bar{1}})$ des densités analytiques au voisinage de K, muni de sa topologie naturelle (cf 6 et 13 pour plus de détails).

Plaçons nous maintenant dans un ouvert Ω de $\mathbb{R}^n$, et soit $\tilde{\Omega}$ un voisinage d'holomorphie de Ω dans $\mathbb{C}^n$. Soit Γ un cône convexe ouvert de $\mathbb{R}^n$, f une fonction holomorphe dans $(\Omega \times i\Gamma) \cap \tilde{\Omega}$. Nous allons définir en suivant (5) la valeur au bord de f.

On peut, par un changement linéaire de coordonnées, supposer que Γ contient le cône $\{y_1 > 0, \ldots, y_n > 0\}$. Désignons alors par $\mathcal{U}$ le recouvrement de $\tilde{\Omega} - \Omega$ par les ouverts $\tilde{\Omega} \cap \{y_i \neq 0\}$ $(i = 1\ldots n)$ et posons $\tilde{\Omega} \#\, \Omega = \bigcap_{i=1}^{n} (\tilde{\Omega} \cap \{y_i \neq 0\})$. On définit $\tilde{f} \in H^0(\tilde{\Omega} \#\, \Omega, \mathcal{O})$ en posant $\tilde{f} = f$ sur $\tilde{\Omega} \cap \{y_1 > 0, \ldots, y_n > 0\}$, $f = 0$ sur les autres composantes convexes de $\tilde{\Omega} \#\, \Omega$. On peut naturellement considérer $\tilde{f}$ comme une $(n-1)$-cochaine du recouvrement acyclique $\mathcal{U}$, et cette cochaine sera fermée car le recouvrement n'a que n éléments. Désignons par $\mu(f)$ l'image de f dans $H^{n-1}(\mathcal{U},\mathcal{O})$ ainsi définie. Soit λ l'isomorphisme de Leray de $H^{n-1}(\mathcal{U},\mathcal{O})$ sur $H^{n-1}(\tilde{\Omega} - \Omega, \mathcal{O})$ et δ l'isomorphisme de $H^{n-1}(\tilde{\Omega} - \Omega, \mathcal{O})$ sur $H^n_\Omega(\Omega,\mathcal{O})$ (on a pris $n > 1$). On pose

$$b(f) = \left(\frac{2}{i}\right)^n \delta \circ \lambda \circ \mu(f)$$

On vérifie que cette définition ne dépend pas du cône choisi, est invariante par difféomorphisme analytique, et que si par exemple $f(x+iy)$ a une limite T dans l'espace $\mathcal{D}'(\Omega)$ des distributions sur Ω quand y tend vers 0 (en restant dans un cône "relativement compact" de Γ), on a bien $b(f) = T$ (5).

Exemple.

La valeur au bord de la fonction $(1/2i\pi)^n\ 1/z_1\ldots z_n$, définie dans $\mathbb{C}^n \nparallel \mathbb{R}^n$ est la masse de Dirac δ à l'origine de $\mathbb{R}^n$.

Il en résulte trivialement que si u est une fonctionnelle analytique sur $\mathbb{R}^n$, u est la valeur au bord de la fonction

$$\left(\frac{1}{2i\pi}\right)^n \left(u * \frac{1}{z_1\ldots z_n}\right)$$

Pour plus de détails cf (13).

2. Support singulier des hyperfonctions.

Soit S^*M le fibré en sphères cotangentes à M $(S^*M = (T^*M - M)/\mathbb{R}^+$

Définition 1 (Sato)

Soit $u \in \Gamma(M,B)$. On dit qu'un point $(x_0 , \eta_0) \in S^*(M)$ n'appartient pas au support singulier de u (en abrégé : S.S(u)) 'il existe un voisinage V de x_0 contenu dans une carte, tel que, identifiant V à un ouvert Ω de $\mathbb{R}^n$, et u à son image sur Ω , u est somme (finie) de valeurs au bord de fonctions f_α , holomorphes dans des ouverts de la forme $(\Omega \times i\,\Gamma_\alpha) \cap \tilde{\Omega}$, où $\tilde{\Omega}$ est un voisinage complexe de Ω , Γ_α un cône ouvert convexe de $\mathbb{R}^n$ contenu dans le demi-espace $\{\langle y , \eta_0\rangle < 0\}$.

Remarquons que S.S(u) est fermé dans S^*M.

Soit I une partie de S^{n-1} . Nous dirons que I est convexe (resp. propre) si le cône engendré par I est convexe (resp. propre).

Nous désignerons par I^0 le cône polaire de I défini par

$$I^0 = \bigcap_{\eta \in I} \{y \mid \langle y,\eta\rangle > 0\}$$

De même si Γ est un cône de $\mathbb{R}^n$ on considèrera son polaire I sur S^{n-1} défini de manière analogue.

Théorème 1

1) Si $u \in \Gamma(M,B)$ et si $S.S(u) = \emptyset$, u est analytique.

2) Soit F un fermé de S^*M union de deux fermés F_1 et F_2 . Soit $u \in \Gamma(M,B)$ avec $S.S(u) \subset F$. Il existe u_1 et u_2 appartenant à $\Gamma(M,B)$ avec

$$u = u_1 + u_2 \ , \quad S.S(u_i) \subset F_i \qquad (i = 1,2)$$

3) Supposons que M soit un ouvert Ω de $\mathbb{R}^n$, et soit I une partie convexe fermée propre de S^{n-1}. Soit $u \in \Gamma(\Omega,B)$ avec $S.S(u) \subset \Omega \times I$. Il existe alors pour tout voisinage I' de I un voisinage Ω' de Ω dans $\mathbb{C}^n$, et une fonction holomorphe f définie dans $\bigcup_{I' \supset I} ((\Omega \times i\Gamma') \cap \tilde{\Omega})$, où l'on désigne par Γ' l'intérieur du polaire de I', telle que $u = b(f)$. De plus f est unique.

Ce théorème est étroitement lié au théorème du Edge of the Wedge de Martineau (6) (cf. 7).

Il est naturel dans l'étude du support singulier de considérer le faisceau $B/\mathcal{A}$ plutôt que le faisceau B. Il résulte du théorème de Grauert que l'application $\Gamma(M,B) \to \Gamma(M,B/\mathcal{A})$ est surjective et que le faisceau $B/\mathcal{A}$ est flasque.

Soit F un fermé de S^*M. On désignera par $H_F^0(B/\mathcal{A})$ le sous-faisceau de $B/\mathcal{A}$ défini par :

$$u \in \Gamma(M\,,\, H_F^0(B/\mathcal{A})) \iff u \in \Gamma(M,B/\mathcal{A})$$

et $S.S(u) \subset F$.

Corollaire 1

Soit F un fermé de S^*M. Le faisceau $H_F^0(B/\mathcal{A})$ est flasque.

Ce corollaire résulte immédiatement du théorème 1.2 et de la flasquitude du faisceau $B/\mathcal{A}$.

Exemple.

Pour $\eta \in S^{n-1}$ désignons par $1/\langle z,\eta\rangle^n$ la fonction holomorphe définie pour $\langle \mathrm{Im}\, z,\eta\rangle > 0$ par cette expression. Soit $\omega(\eta)$ la forme différentielle de degré $n-1$ sur S^{n-1} (orientée) :

$$\omega(\eta) = \frac{(n-1)!}{(-2i\pi)^n} \sum_{j=1}^{n} (-1)^j \eta_j \, d\eta_1 \wedge \ldots \wedge \widehat{d\eta_j} \wedge \ldots \wedge d\eta_n$$

On peut démontrer à l'aide de la formule de Cauchy-Fantappiè (3) que si $(I_\alpha)_\alpha$ est un recrouvrement fini de S^{n-1} par des parties convexes fermées propres, telles que $I_\alpha \cap I_\beta$ soit de mesure nulle pour $\alpha \neq \beta$, on a

$$\delta = \sum_\alpha b(f_\alpha)$$

où $f_\alpha(z) = \displaystyle\int_{I_\alpha} \frac{\omega(\eta)}{\langle z,\eta\rangle^n}$

(cf. 12 pour un calcul plus détaillé).

Pour toute partie I de S^{n-1} posons

$$\delta_I = \sum_\alpha b(f_{\alpha,I})$$

$$f_{\alpha,I} = \int_{I \cap I_\alpha} \frac{\omega(\eta)}{\langle z,\eta\rangle^n}$$

Les δ_I ne dépendent évidemment que de I et pas du recouvrement $(I_\alpha)_\alpha$ choisi, et l'on a donc :

$$S.S(\delta - \delta_I) \subset \mathbb{R}^n \times \overline{S^{n-1}-I}$$

Si u est une fonctionnelle analytique on peut poser $u_I = u * \delta_I$, et l'on aura

$$S.S(u - u_I) \subset \mathbb{R}^n \times \overline{S^{n-1}-I}$$

3. Le faisceau $\mathcal{C}$.

Soit $S^*(S^*M)$ le fibré en sphères cotangentes à S^*M , M^* le fermé de $S^*(S^*M)$ défini par

$$M^* = \{(x,\eta,\eta,0) \in S^*(S^*M)\}$$

On désignera par $(B/\mathcal{A})^p_S$ le faisceau des p-formes différentielles sur les fibres de S^*M à coefficients dans $(B/\mathcal{A})_S$, quotient du faisceau B_S des hyperfonctions sur S^*M par le faisceau $\mathcal{A}_S$ des fonctions analytiques sur S^*M (ne pas confondre $(B/\mathcal{A})_S$ définit sur S^*M avec $B/\mathcal{A}$ défini sur M).

Notation.

Pour simplifier l'écriture on posera

$$H^0_{M^*}((B/\mathcal{A})^p_S) = \mathcal{A}^p_+$$

Les faisceaux $\mathcal{A}^p_+$ sont donc définis sur S^*M .

On désignera par d la différentiation extérieure suivant les fibres de S^*M .

Lemme 1

La suite de faisceaux sur S^*M :

$$0 \to \mathcal{A}^0_+ \xrightarrow{d} \mathcal{A}^1_+ \to \dots \to \mathcal{A}^{n-1}_+$$

est exacte.

Définition.

Le faisceau $\mathcal{C}$ est le faisceau quotient :

$$\mathcal{C} = \mathcal{R}_{+}^{n-1}/d\mathcal{R}^{n-2}$$

Théorème 2 (Kashiwara)

1) Le faisceau $\mathcal{C}$ est flasque

2) Si V est un ouvert de $S^{*}M$, l'application naturelle

$$\frac{\Gamma(V , \mathcal{R}_{+}^{n-1})}{d\Gamma(V , \mathcal{R}_{+}^{n-2})} \longrightarrow \Gamma(V,\mathcal{C})$$

est un isomorphisme.

Ce théorème résulte immédiatement du lemme 1 et de la flasquitude des faisceaux $\mathcal{R}_{+}^{p}$, cas particulier du corollaire 1 du théorème 1.

Les sections du faisceau $\mathcal{R}_{+} = \mathcal{R}_{+}^{o}$ peuvent s'interpréter de la manière suivante. Soit Ω un ouvert de $\mathbb{R}^{n}$, I un ouvert de S^{n-1} , $\tilde{\Omega}$ et $\tilde{I}$ des voisinages complexes de Ω et I . Une hyperfonction u de $\Gamma(\Omega \times I, (B/\mathcal{R})_{S})$ sera dans $\mathcal{R}_{+}$ si localement elle est valeur au bord d'une fonction f holomorphe dans un ouvert $\tilde{\omega}$ de $\tilde{\Omega} \times I$ tangent en chaque point (x,η) de $\Omega \times I$ à l'ouvert $\{\operatorname{Im} \langle x+iy , \eta + i\mu \rangle > 0\}$. Remarquons que la fonction $1/\langle z,\eta\rangle^{n}$ ne définit pas une section de $\mathcal{R}_{+}$.

4. Intégration suivant les fibres.

Soient X et Y deux variétés analytiques réelles orientées, π une application analytique propre de Y sur X dont les fibres sont des variétés de dimension p .

Désignons par B_{Y}^{p} le faisceau des hyperfonctions sur Y tensorisé par le faisceau des p-formes différentielles sur les fibres de π . Si $u \in \Gamma(Y , B_{Y}^{p})$ on pose :

$$\langle \int_{\pi^{-1}} u , g \rangle = \langle u , g \circ \pi \rangle \quad , \; g \in \Gamma(X , \mathcal{R})$$

Comme π est propre, $\int_{\pi^{-1}}$ se prolonge en un morphisme de $\pi_{*}B_{Y}^{p}$ dans B_{X} (rappellons que par définition $\Gamma(V , \pi_{*}\mathcal{F}) = \Gamma(\pi^{-1}(V),\mathcal{F})$).

On démontre facilement que $\int_{\pi^{-1}}$ "diminue" le support singulier dans le sens suivant. Soit $u \in \Gamma(Y , B_Y^p)$

$$(x,\xi) \in S.S(\int_{\pi^{-1}} u) \Rightarrow \exists\, y \in Y$$

$$(y, \pi^{*}\xi) \in S.S(u)$$

En particulier $\int_{\pi^{-1}}$ se prolonge en un morphisme de $\pi_{*}(B/\mathcal{A})_Y^p$ dans $(B/\mathcal{A})_Y$.

Revenons alors à la situation antérieure avec $X = M$, $Y = S^{*} M$ et désignons pour simplifier les notations par α l'intégration suivant les fibres de π . l'application $\alpha : \Gamma(S^{*} M , (B/\mathcal{A})_S^{n-1}) \longrightarrow \Gamma(M , B/\mathcal{A})$

induit une application (encore notée α)

$$\alpha : \Gamma(S^{*} M , \mathcal{A}_{+}^{n-1}) \longrightarrow \Gamma(M , B/\mathcal{A})$$

et d'après la formule de Stokes, α est nulle sur $d\,\Gamma(S^{*} M , \mathcal{A}_{+}^{n-2})$. Il résulte alors du théorème 2.2 que α définit une application de $\Gamma(S^{*} M, \mathcal{C})$ dans $\Gamma(M,B/\mathcal{A})$

<u>Théorème 3</u> (Sato)

1) Le morphisme $\alpha : \pi_{*} \, C \longrightarrow B/\mathcal{A}$ est un isomorphisme.

2) Si $u \in \Gamma(S^{*} M,C)$, on a :

$$\mathrm{supp}_{\mathcal{C}}(u) = S.S(\alpha(u))$$

<u>Remarques</u>

- Le théorème 1 se déduit des théorèmes 2 et 3 qui lui sont antérieurs (9,10,11).

- Les théorèmes précédents permettent de développer une théorie des opérateurs pseudo-différentiels et des opérateurs Fourier-Intégraux dans le cadre analytique (2).

BIBLIOGRAPHIE

1. L. Hörmander. Uniqueness theorem and wawe front sets for solutions of linear differential equations with analytic coefficients. preptint.

2. M. Kashiwara et T. Kawaî. Pseudò-differential operator in the theory of hyperfunctions. Proc. Jap. Acad. 46, 10, 1970, pp. 1130-1134.

3. J. Leray. Le calcul differentiel et integral sur une variété analytique complexe. Bull. Soc. Math. France 87, 1959, pp. 80-81.

4. A. Martineau. Les hyperfonctions de M. Sato, Sem. Bourbaki 13e année 1960-61, n° 214.

5. A. Martineau. Distributions et valeurs au bord des fonctions holomorphes Proc. of the Int. Summer Institute, Lisbon 1964.

6. A. Martineau. Théorèmes sur le prolongement analytique du type "Edge of the Wedge" Sem. Bourbaki 20e année 1967-68 n° 340.

7. M. Morimoto. Sur la décomposition du faisceau des germes de singularités d'hyperfonctions. J. Fac. Sci. Univ. Tokyo sect 1, 17, 1970, pp. 215-239.

8. M. Sato. Theory of hyperfunctions. J. Fac. Univ. Tokyo sect 1, 8, 1959 60, pp. 139-193 et pp. 398-437.

9. M. Sato et T. Kawai. Structure of hyperfunctions. Symposium on algebraic geometry and hyperfonction theory, Katata 1969 (in Japanese)

10. M. Sato et M. Kashiwara. Structure of hyperfunctions. Sugaku no Ayumi 15 (1970) pp. 9-72 (in Japanese)

11. M. Sato. Hyperfonctions and partial differential equations. Congres Int. Math. Nice 1970.

12. P. Schapira. Construction de solutions élémentaires dans le faisceau $\mathcal{C}$ de M. Sato. Sem. Goulaouic - Schwartz 1970-71.

13. P. Schapira. Théorie des hyperfonctions. Lecture Notes in Math Springer 126-1970.

PLONGEMENT PROJECTIF DES ESPACES PSEUDOCONCAVES

par

Aldo ANDREOTTI

1. Variétés pseudoconcaves. a) Pour ne pas alourdir l'exposé, nous nous bornerons aux cas des variétés, en indiquant les résultats qui s'étendent aux espaces.

Soit X une variété complexe purement dimensionnelle de $\dim_{\mathbb{C}} X = n$. Nous dirons que X est une variété q-pseudoconcave si on s'est donné une fonction C^∞ $\varphi: X \longrightarrow R$ ayant les propriétés suivantes :

i) pour tout $c > \inf\limits_X \varphi$, l'ensemble $\{\varphi \geq c\}$ est compact ;

ii) il existe un compact $K \subset X$ tel que sur $X - K$ la fonction φ est strictement q-pseudoconvexe, c'est-à-dire en tout point $x_o \in X - K$ la forme de Levi

$$\sum \left(\frac{\partial^2 \varphi}{\partial z_\alpha \partial \bar{z}_\beta}\right) u_\alpha u_\beta$$

(où $z_1, \ldots, z_n$ sont des coordonnées locales en x_o) a au moins $n-q$ valeurs propres positives.

Exemples (1) Toute variété complexe compacte X est pseudoconcave pour tout entier q (il suffit de prendre φ = const. $K = X$).

(2) Soit Z une variété compacte connexe ; alors Z - un point $= X$ est 0 - concave.

(3) Soit encore Z une variété compacte connexe de dimension n et Y une sous-variété complexe purement dimensionnelle de dimension q. Alors $Z - Y = X$ est q-pseudoconcave.

Nous nous bornerons à considérer seulement des variétés q-pseudoconcaves pour les valeurs de q entre 0 et $n-2$, $0 \leq q \leq n-2$. Ces variétés seront appelées brièvement pseudoconcaves. En particulier, si nous parlons d'une variété connexe 0-pseudoconcave, ou bien elle est compacte, ou bien sa dimension est ≥ 2.

La raison de cette distinction est que l'une des valeurs propres de la forme de Levi n'a aucune signification géométrique.

<u>Exemple</u>. Soit H un domaine borné symétrique homogène et irréductible de dimension $\geqslant 2$ dans $\mathbb{C}^n$. Soit Γ un groupe arithmétique sans points fixes sur H ; alors H/Γ est une variété pseudoconcave.(théorème de A. Borel [6], généralisation d'un théorème pour le groupe modulaire de [1]).

b) Pour les variétés connexes pseudoconcaves X on démontre les propriétés suivantes (cf [0]) :

1°) toute fonction holomorphe sur X est constante ;

2°) plus généralement pour tout fibré holomorphe F sur X $\dim_{\mathbb{C}} \Gamma(X,F) < \infty$;

3°) le corps $\mathcal{K}(X)$ des fonctions méromorphes sur X est un corps de fonctions algébriques de degré de transcendance $\leq \dim_{\mathbb{C}} X$ (c'est-à-dire isomorphe au corps des fonctions rationnelles sur une variété algébrique de dimension $\leq \dim_{\mathbb{C}} X$) .

4°) (Corollaire de 3°) Si $\tau : X \dashrightarrow P_n(\mathbb{C})$ est un plongement holomorphe et biunivoque de X dans un espace projectif $P_N(\mathbb{C})$, alors $\tau(X)$ est contenu dans une variété algébrique irréductible de la même dimension (en particulier il en découle que X est isoporphe à un ouvert d'une variété algébrique projective, en passant à la normalisation).

Tous ces résultats s'étendent, avec des définitions appropriées, aux cas des espaces complexes (réduits).

2. <u>Problème du plongement projectif des variétés pseudoconcaves</u> a) Ce problème pourrait s'énoncer comme suit : Soit X une variété pseudoconcave ; trouver un critère UTILE qui nous dise quand X est isomorphe à un ouvert d'une variété algébrique projective. Nous dirons alors que X admet un plongement projectif.

Dans le cas de X compacte par exemple on a le théorème de K.Kodaira [8] (généralisé aux espaces par H.Grauert [7]) qui nous dit que

(a) X compacte admet un plongement projectif si et seulement si il existe sur X une métrique kählerienne dont la forme extérieure est à périodes entières.

Un examen de la demonstration de Kodaira nous démontre que la condition (a) est équivalente à la condition suivante

(b) Il existe sur X un fibré holomorphe en droites F qui est une variété O-pseudoconcave.

Ceci à son tour en vertu des théories d'annulation de la cohomologie (cf[2] pg 256) entraîne la condition suivante

(c) l'anneau gradué

$$\mathcal{A}(X,F) = \bigcup_{l=o}^{\infty} \Gamma(X,F^l)$$

des sections d'un fibré holomorphe en droites F (celui de la condition (b)) sépare les points de X et donne des coordonnées locales[(1)] en tout point de X .

Lorsque X est compacte, alors pour des raisons de compacité on trouve un entier l_o tel, que les sections de $\Gamma(X,F^{l_o})$ n'aient pas de zéros communs, séparent les points de X et donnent des coordonnées locales partout de sorte que l'application naturelle $x \dashrightarrow s(x)$ où $s = (s_o, \ldots, s_k)$ est une base sur $\mathbb{C}$ de $\Gamma(X,F^{l_o})$ donne un plongement projectif de X dans $P_k(\mathbb{C})$.

La condition (c) est donc nécessaire et suffisante.

b) Dans le cas non compact , ce dernier raisonnement ne marche plus bien qu'on ait de bons critères du type (a) ou(b) pour assurer que la condition c) est vérifiée[(2)]. Aussi par exemple, dans le cas d'un quotient par un groupe proprement discontinu (sans points fixes) d'un domaine borné de $\mathbb{C}^n$, on vérifie la condition (c) directement à l'aide des séries de Poincaré.

Nous énoncerons donc le problème du plongement projectif d'une espace pseudoconcave X sous la forme suivante.

(1) "Séparer les points" signifie que si $x \neq y$, $x,y \in X$ existe un l entier > o et s_o , $s_1 \in \Gamma(X,F^l)$ tels que $\det\begin{pmatrix} s_o(x) & s_o(y) \\ s_1(x) & s_1(y)\end{pmatrix} \neq o$. "Donner des coordonnées locales" au point $x \in X$ signifie qu'il existe un l entier > o et $s_o, \ldots, s_n \in \Gamma(X,F^l)$ tels que $(\sum (-1)^i s_i ds_o \wedge \ldots \wedge \widehat{ds_i} \wedge \ldots ds_n)_x \neq o$.

(2) Par exemple il suffit que le fibré en droites F soit "positif" et que, si K désigne le fibré canonique, $F \otimes K^{-1}$ soit "positif et complet" (cf[7]).

Problème : Soit X pseudoconcave et soit F un fibré holomorphe en droites sur X tel que l'anneau $\mathcal{A}(X,F)$ sépare les points et donne des coordonnées locales partout sur X. Est-ce-que X admet un plongement projectif ?
Ces considérations s'étendent aux espaces.

3. Solution du problème du plongement projectif dans le cas des espaces pseudoconcaves

Théorème 1 Soit X une variété 0-pseudoconcave ; s'il existe sur X un fibré holomorphe en droites F tel que l'anneau $\mathcal{A}(X,F)$ sépare les points et donne des coordonnées locales partout sur X, la variété X admet un plongement projectif.

Esquisse de la démonstration (suivant une idée de Grauert cf [4] et [3]).

(α) on commence par choisir $C_o \in \mathbb{R}$ $\inf_X \varphi < C_o < \inf_K \varphi$ de sorte que l'ouvert relativement compact $D_{C_o} = \{\varphi > C_o\} \supset K$ ait un bord différentiable. Ensuite on choisit un entier l suffisamment grand de sorte que les sections de $\Gamma(X,F^l)$ séparent les points et donnent des coordonnées locales partout dans $\bar{D}_{C_o}$.

(β) si l est choisi suffisamment grand, on peut aussi supposer que les fonctions méromorphes quotients des éléments de $\Gamma(X,F^l)$ engendrent le corps $\mathcal{K}(X)$ des fonctions méromorphes sur X (n.1.b) 3°)(1).

(γ) Soit $\tau : D_{C_o} \dashrightarrow P_N(\mathbb{C})$ $(N+1=\dim_{\mathbb{C}} \Gamma(X,F^l))$ l'application naturelle définie par les sections de $\Gamma(X,F^l)$. En vertu de (n1,b), 4)), on a $\tau(D_{C_o}) \subset Z$ où Z est irréductible de même dimension que X. D'après (β) on aura $\mathcal{K}(X) \simeq \mathcal{R}(Z)$ où $\mathcal{R}(Z)$ est le corps des fontions rationnelles sur Z. Il n'est pas restrictif de supposer que Z est normale.

(1) Le corps quotient $Q(X,F)$ de l'anneau gradué $\mathcal{A}(X,F)$ est algébriquement fermé dans $\mathcal{K}(X)$ et de même degré de transcendance n donc $Q(X,F) = \mathcal{K}(X)$. Le fait que transc. $Q(X,F) = \dim_{\mathbb{C}} X$ découle du fait que $\mathcal{A}(X,F)$ donne des coordonnées locales.

(δ) Une vérification facile montre que τ s'étend à une application méromorphe $\tilde{\tau} : X \dots \to P_N(\mathbb{C})$ (i.e telle que la fermeture du graphe de l'application définie sur la partie de X où τ est holomorphe est un ensemble analytique).
A ce stage on vérifie que

i) l'ensemble A où $\tilde{\tau}$ n'est pas holomorphe est de dimension 0 et analytique (ceci par l'hypothèse de 0-pseudoconcavité) ;

ii) en dehors de A, $\tilde{\tau}$ est biunivoque ;

iii) pour tout $a \in A$, $\tilde{\tau}(a)$ est compact de codimension 1 dans $Z-\tau(D_{C_0})$ (par un théorème de Douady) ;

iv) dans $Z-\tau(P_{C_0})$ il n'existe qu'un nombre fini d'ensembles analytiques compacts de codimension 1.

(ε) Il en découle que l'ensemble A est fini. Il suffit alors de remplacer le plongement choisi par celui donné par $\Gamma(X,F^{kl})$ avec un k suffisamment grand.

Ce théorème s'étend aux espaces ([3]) et ([9])
Dans le cas de la dimension minimale, i.e. $\dim_{\mathbb{C}} X = 2$, le théorème donne une réponse complète à notre problème. Dans le cas où $\dim_{\mathbb{C}} X > 2$, on se demande si l'on peut affaiblir l'hypothèse de concavité.

4. Le cas de la dimension ≥ 3. Dans le cas où $\dim_{\mathbb{C}} X \geq 3$, on a le théorème suivant qui améliore le théorème 1.

Théorème 2. Soit X une variété o-pseudoconcave de $\dim_{\mathbb{C}} X \geq 3$ sur laquelle il existe un fibré holomorphe en droites tel que l'anneau $\mathcal{A}(X,F)$ donne des coordonnées locales partout sur X. Alors $\mathcal{A}(X,F)$ sépare aussi les points de sorte que X admet un plongement projectif.

La démonstration de ce théorème est plus compliquée; elle est fondée sur les possibilités de prolongement de faisceaux analytiques cohérents donnés en dehors d'un compact sur une variété de Stein et utilise une idée de H. Rossi sur la possibilité de prolonger certains espaces (cf. [3])

On ne connait pas de démonstration du théorème 2 pour les espaces (ici il faudra supposer, au lieu de $\dim_{\mathbb{C}} X \geq 3$, que prof $\mathcal{O}_X \geq 3$).

L'intérêt du théorème précédent réside plutôt dans le fait qu'il est faux en dimension 2 (de sorte que dans le théorème 1 la condition de séparation des points est essentielle en dimension 2).

Pour terminer nous donnerons une idée de la construction du contre-exemple pour la dimension 2.

On se base sur le lemme suivant

Lemme Soit V une variété connexe ; soit U un ouvert de Stein dans V et K un compact contenu dans U. Soit X une variété connexe et $\pi: X \dashrightarrow V - K$ une application holomorphe de X sur $V-K$ qui fait de X un revêtement non ramifié de $V-K$ à s-feuillets. Si $\dim_{\mathbb{C}} V \geqslant 2$ et si V est simplement connexe, alors ou bien $s = 1$ ou bien X ne peut pas se compactifier (i.e. X n'est pas isomorphe à un ouvert d'une variété complexe compacte.)

La raison de la validité de ce lemme peut se dire brièvement comme suit : si X pouvait se compactifier en $\tilde{X}$, l'application π s'étendrait à une application $\tilde{\pi}: \tilde{X} \dashrightarrow V$ qui doit forcément se ramifier car V est simplement connexe. Or la ramification dans V serait un sous-ensemble analytique compact de codimension 1, donc de dimension $\geqslant 1$, contenu dans K, donc dans U. Ceci est impossible car une variété de Stein ne contient pas d'ensembles analytiques compacts de dimension $\geqslant 1$.

Ceci étant admis, on construit un exemple d'une variété X de dimension 2 connexe 0-pseudoconcave admettant un fibré holomorphe en droites F tel que $\mathcal{A}(X,F)$ donne des coordonnées locales partout et telle que X ne puisse pas se compactifier. L'idée de cet exemple vient aussi de Grauert.

Construction de l'exemple On part d'une variété abélienne à diviseurs unitaires (i.e. d'un tore algébrique complexe avec matrice de périodes (I,Z) avec ${}^tZ = Z$, $\operatorname{Im} Z > 0$) de dimension complexe 2. Soit $\tau: T \dashrightarrow T$ l'application qui envoie chaque point de T sur son inverse. L'application τ est telle que $\tau^2 = 1$ et τ a 16 points fixes. Soit $K = T/\tau$ l'espace quotient; c'est une surface avec 16 points doubles de nature conique non dégénérée. On démontre que K est isomorphe à une surface ϕ_o d'ordre 4 dans $\mathbb{P}_3(\mathbb{C})$ avec 16 points doubles. On choisit 16 petites boules fermées B_α dans $\mathbb{P}_3(\mathbb{C})$ entourant les 16 points doubles de ϕ_o et soit $\tilde{U} = \bigcup_{\alpha=1}^{16} B_\alpha$. Soit $V = \phi_\varepsilon$ une surface du 4ème ordre dans $\mathbb{P}_3(\mathbb{C})$ très voisine de ϕ_o et non singulière.

Alors il n'est pas difficile de voir que

(i) V est simplement connexe ;

(ii) $U = V \cap \tilde{U}$ est de Stein ;

(iii) $\Phi_\varepsilon - U$ est différentiablement isomorphe à $\Phi_o - \Phi_o \cap \tilde{U}$.

Alors $\Phi_\varepsilon - U$ admet un revêtement connexe à deux feuillets comme $\Phi_o - \Phi_o \cap \tilde{U}$, c'est le tore T privé de 16 petits voisinages de 16 points fixes de $\tilde{U}$.
On prend pour X ce revêtement muni de la structure complexe qui lui vient de manière naturelle de la projection $\pi : X \dashrightarrow \Phi_\varepsilon - U$. On voit alors immédiatement que X est 0-pseudoconcave car tel est $\Phi_\varepsilon - U$, que le fibré F de la section hyperplane sur F_ε est tel que $\mathcal{A}(X, \pi^* F)$ donne des coordonnées locales partout sur X car $\mathcal{A}(\Phi_\varepsilon, F)$ a la même propriété. On n'a plus qu'à appliquer le lemme précédent pour conclure.

Bibliographie

0 A. Andreotti. Théorèmes de dépendance algébrique sur les espaces complexes pseudoconcaves. Bull. Soc. Math. France, t. 91. 1963 p. 1-38 .

1 A. Andreotti et H. Grauert, Algebraische Körper von automorphen Funktionen. Narchr. Akad. Wiss. Göttingen, 1961, p. 39-48.

2 A. Andreotti et H. Grauert. Théorèmes de finitude pour la cohomologie des espaces complexes. Bull. Soc. Math. France. 90, 1963, p. 193-259.

3 A. Andreotti et Yum - Tong Siu. Projective embedding of pseudoconcave spaces. Ann. Sc. Norm. Sup. Pisa 1970, p. 231-278 .

A. Andreotti et G. Tomassini. Some remarks on pseudoconcave manifods. Essays in topology and related topics. Mémoires dédiées à Goerges de Rham. Springer 1970, p. 85-104.

5 A. Andreotti et E. Vesentini. Sopra un teorema di Kodaira. Ann. Sc. Norm. Sup. Pisa s. 3 ; 15 , 1961, p. 283-309 .

6 A. Borel Pseudoconcavité et groupes arithmétiques. Essays on topology and related topies, Mémoires dédiées à Georges de Rham. Springer 1970. p. 70-84 .

7 H. Grauert. Über Modifikationen umd exzeptionelle analytische Mengen. Math. Ann. 146, 1962, p. 331-368.

8 K. Kodaira. On Kähler varieties of restricted type (an intrinsic characterisation of algebraic varieties) Ann. Math. 60, 1954, p. 28-48 .

9 G. Tomassini. Inviluppo d'olomorfia e spazi pseudoconcavi. Annali di Mat. s. 4. 87, p. 59-86

PROBLEME DE LEWY

par

Aldo ANDREOTTI

1. Nous nous placerons dans $\mathbb{C}^n$ pour simplifier l'exposé. Les résultats sont valables sur n'importe quelle variété complexe.

Soit U un ouvert de $\mathbb{C}^n$ et $\rho : U \dashrightarrow \mathbb{C}$ une fonction différentiable C^∞. Nous poserons par définition

$$U^- = \{x \in U \mid \rho(x) \leqslant 0\}$$
$$U^+ = \{x \in U \mid \rho(x) \geqslant 0\}$$
$$S = \{x \in U \mid \rho(x) = 0\}$$

et nous supposerons que $d\rho \neq 0$ sur S de sorte que S est une hypersurface lisse.

Sur U nous considérerons le complexe de Dolbeault

$$C^*(U) = \left\{ C^{oo}(U) \xrightarrow{d''} C^{o1}(U) \xrightarrow{d''} C^{o2}(U) \longrightarrow \cdots \right\}$$

où $C^{os}(U)$ désigne l'espace des formes différentielles C^∞ de type (o,s) et où d'' est la dérivation extérieure par rapport aux "coordonnées locales antiholomorphes".

De même, si $C^{os}(U^\pm)$ désigne l'espace des formes différentielles de type (o,s) dont les coefficients sont définis et C^∞ sur $U^\pm$, on a deux complexes analogues.

A noter que la cohomologie de $C^*(U)$ est la cohomologie usuelle à valeurs dans $\mathcal{O}$ (le faisceau structural), tandis que celle de $C^*(U^+)$ ou $C^*(U^-)$ est une cohomologie de type spécial car U^+ et U^- ne sont ni ouverts ni fermés, et que $C^{os}(U^\pm)$ ne désigne pas l'espace des sections sur $U^\pm$ d'un faisceau des germes de formes différentielles de type o,s sur $\mathbb{C}^n$.
Introduisons à présent l'idéal différentiel

$$\mathcal{J}^{os}(U) = \{ \varphi \in C^{os}(U) \mid \varphi = \rho\alpha + d''\rho \wedge \beta \text{ pour quelque } \alpha \in C^{os}(U) \text{ et } \beta \in C^{os-1}(U) \}$$

On a $d''\mathcal{J}^{os}(U) \subset \mathcal{J}^{os+1}(U)$ de sorte qu'on obtient un sous-complexe

$$\mathcal{J}^*(U) = \left\{ \mathcal{J}^{oo}(U) \xrightarrow{d''} \mathcal{J}^{o1}(U) \xrightarrow{d''} \mathcal{J}^{or}(U) \longrightarrow \cdots \right\}$$

du complexe $C^*(U)$.

De même on pourrait définir les complexes $\mathcal{J}^*(U^+)$ et $\mathcal{J}^*(U^-)$.
Finalement on peut considérer le complexe quotient $Q^*(U) \equiv Q^*(S)$:

$$0 \longrightarrow \mathcal{J}^*(U) \longrightarrow C^*(U) \longrightarrow Q^*(S) \longrightarrow 0$$

défini par cette suite exacte. On le désigne par $Q^*(S)$ car il est "concentré" sur l'hypersurface S. Explicitement on aura donc

$$Q^*(S) \equiv \left\{ Q^{oo}(S) \xrightarrow{d''_S} Q^{o1}(S) \xrightarrow{d''_S} Q^{o2}(S) \longrightarrow \cdots \right\}.$$

On obtiendrait le même complexe en utilisant $C^*(U^\pm)$ et $\mathcal{J}^*(U^\pm)$ au lieu de $C^*(U)$ et $\mathcal{J}^*(U)$.

La cohomologie de

$C^*(U)$	sera désignée par			$H^*(U)$
$C^*(U^\pm)$	"	"	"	$H^*(U^\pm)$
$Q^*(S)$	"	"	"	$H^*(S)$

Pour les fonctions u, C^∞ sur S, la condition $d''_S u = o$ est nécessaire pour que u soit la trace sur S d'une fonction holomorphe d'un côté U^+ ou U^- de S. De même pour une forme $u \in Q^{os}(S)$ la condition $d''_S u = o$ est nécessaire pour qu'elle soit "trace" sur S d'une forme v d''-fermée d'un côté de S [soit $\tilde{u}$ une extension C^∞ de u ; on aura $\tilde{u} = v + \rho\theta + d''\rho \wedge u$ et $d''\tilde{u} = d''v + d''\rho\,\theta + \rho\, d''\theta' = d''\rho\theta + \rho\, d''\theta' \in \mathcal{J}^{os+1}$].

2. La suite de Mayer - Vietoris

On a le théorème suivant ([0](b))

Théorème 1. Dans les hypothèses spécifiées (U ouvert de $\mathbb{C}^n$, S non singulière) on a la suite exacte

$$0 \longrightarrow H^{oo}(U) \xrightarrow{\alpha_o} H^{oo}(U^+) \oplus H^{oo}(U^-) \xrightarrow{\beta_o} H^{oo}(S) \xrightarrow{\gamma_o}$$

$$\longrightarrow H^{o1}(U) \xrightarrow{\alpha_1} H^{o1}(U^+) \oplus H^{o1}(U^-) \xrightarrow{\beta_1} H^{o1}(S) \xrightarrow{\gamma} \cdots$$

où α est défini par restriction
β est défini par le saut sur S c'est à dire la différence des "restrictions" naturelles $H^{os}(U^\pm) \longrightarrow H^{os}(S)$.

γ est défini de la manière suivante : on se donne $\xi \in H^{os}(S)$; on peut choisir un représentant u de ξ sur U , $u \in C^{os}(U)$, de sorte que $d''u^{os}$ ait ses coefficients nuls d'ordre infini sur S . Ceci est possible en vertu d'un théorème d'extension de Whitney[(1)]. On pose

$$\gamma(u) = \begin{cases} d''u & \text{sur } U^+ \\ -d''u & \text{sur } U^- \end{cases}$$

et on considère comme $\gamma(\xi)$ la classe de $\gamma(u)$ dans $H^{os+1}(U)$.

Remarque on a une suite analogue à supports compacts ; avec des notations évidentes :

$$0 \longrightarrow H_c^{oo}(U) \longrightarrow H_c^{oo}(U^+) \oplus H_c^{oo}(U^-) \longrightarrow H_c^{oo}(S) \longrightarrow$$

$$\longrightarrow H_c^{o1}(U) \longrightarrow H_c^{o1}(U^+) \oplus H_c^{o1}(U^+) \longrightarrow H_c^{o1}(S) \longrightarrow \cdots$$

(1) La question est de montrer d'abord qu'on peut choisir u de sorte que d"u s'annule sur S à l'ordre k entier arbitraire. Ensuite par le théorème de Whitney on démontre l'existence d'un u comme l'on veut.

Exemple : $u \in Q^{os}(S)$ $d''_S u = o, s \geq 1$. Soit $\tilde{u}$ une extension de u ; on a $d''\tilde{u} = \rho\alpha + d''\rho\beta$ d'où $d''(\tilde{u} - d''(\rho\beta)) = \rho\alpha_1$.

Sur S $d''\rho \wedge \alpha_1 = o$ donc $\alpha_1 = d''\rho\beta_1 + \rho\theta_1$ et $d''(\tilde{u} - d''(\rho\beta)) =$ $= \rho^2\theta_1 + \rho d''\rho\beta_1$ d'où

$$d''(\tilde{u} - d''(\rho\beta) - \tfrac{1}{2} d''(\rho^2\beta_1)) = \rho^2\alpha_2 \quad \text{etc .}$$

Du théorème de Whitney on n'utilise que le fait que il existe toujours a priori une fontion C^∞ sur l'espace $\mathbb{R}^m$ dont on s'est donné a priori les dérivés normales le long d'un hyperplan.

<u>Exercice.</u> Soit $U = \mathbb{C}^n, n \geq 2$ (ou une variété complexe connexe M)
Soit S compacte connexe dans $\mathbb{C}^n$ de sorte que $\mathbb{C}^n - S$ se décompose en deux morceaux connexes $\overset{\circ}{U}{}^-$ e $\overset{\circ}{U}{}^+$ dont $\overset{\circ}{U}{}^-$ est la partie relativement compacte.

Comme $H^1_c(\mathbb{C}^n, \mathcal{O}) = 0$ on trouve que

$$H^{oo}(U^-) \simeq H^{oo}(S)$$

i.e. quelle que soit S , si une fonction f C^∞ satisfait sur S à la condition de compatibilité necessaire $d''_S f = 0$, alors f est la trace d'une fonction C^∞ dans U^- et holomorphe dans $\overset{\circ}{U}{}^-$.

Ceci est un théorème de Bochner. Notre démonstration prouve sa validité sur une variété M de Stein quelconque de dimension ≥ 2 ou même seulement (n-2)-complète.

3. <u>Le problème de Riemann - Hilbert et celui de Cauchy</u>. Revenons à une étude locale de la situation ; de la suite de Mayer - Vietoris on tire le <u>Corollaire</u>
<u>Si</u> U <u>est un ouvert d'holomorphie, alors on a les suites exactes courtes</u>

$$0 \longrightarrow H^{oo}(U) \longrightarrow H^{oo}(U^+) \oplus H^{oo}(U^-) \longrightarrow H^{oo}(S) \longrightarrow 0$$

$$0 \longrightarrow H^{os}(U^+) \oplus H^{os}(U^-) \longrightarrow H^{os}(S) \longrightarrow 0$$

Ceci nous montre que

si U est de Stein on peut toujours résoudre le "problème du saut" (ou problème de <u>Riemann - Hilbert</u>) :

tout élément $\xi \in H^{os}(S)$ peut toujours s'écrire comme le saut de deux classes $\alpha^+ \in H^{os}(U^+)$ $\alpha^- \in H^{os}(U^-)$: $\beta(\alpha^+ \oplus \alpha^-) = \xi$

et ceci d'une seule manière si $s > 0$.

Si $s = 0$ et si $U^- \subset$ "enveloppe d'holomorphie" de U^+ (i.e. $H^{oo}(U) \xrightarrow{\sim} H^{oo}(U^+)$) , alors on peut résoudre le "<u>problème de Cauchy</u>" (ou de <u>H. Lewy</u> [3]) de manière unique dans U^- :

étant donné $f \in H^{oo}(S)$, $d''_S f = 0$, il existe F C^∞ sur U^- et holomorphe dans $\overset{\circ}{U}{}^-$ telle que $F|_S = f$.

Si $s \geq 1$, résoudre la problème de Cauchy sur U^- (i.e. étant donné $\xi \in H^{os}(S)$ trouver $\alpha^- \in H^{os}(U^-)$ telle que $\beta(0 \oplus \alpha^-) = \xi$ équivaut à démontrer la nullité du groupe $H^{os}(U^+)$.

4. Le problème de Cauchy et le théorème d'annulation de la cohomologie.

Pour étudier la nullité (éventuelle) des groupes $H^{os}(U^{\pm})$ on va introduire la forme de E. E. Levi de S :

$$\mathcal{L}(\rho) = \begin{cases} \sum \left(\frac{\partial^2 \rho}{\partial z_\alpha \partial \bar{z}_\beta}\right)_{z_0} u_\alpha \bar{u}_\beta \\ \sum \left(\frac{\partial \rho}{\partial z_\alpha}\right)_{z_0} u_\alpha = 0 \end{cases} \qquad z_0 \in S,$$

et on supposera qu'elle a p valeurs propres > 0 et q valeurs propres < 0 $(p+q \leq n-1)$, le long de toute la surface S.

On a le théorème suivant qui se démontre à l'aide des théorèmes de régularisation de J.J. Kohn et L. Nirenberg [2], (voir [0](c))

Théorème 2. Sous les hypothèses précédentes sur la signature de la forme de Levi on a un système fondamental de voisinages de Stein U de z_0 tels que

$$H^{os}(U^+) = 0 \quad \text{si} \quad \begin{cases} s > n-q-1 \\ 0 < s < p \end{cases}$$

de même

$$H^{os}(U^-) = 0 \quad \text{si} \quad \begin{cases} s > n-p-1 \\ 0 < s < q \end{cases}.$$

De plus : si $p > 0$, on peut choisir U de sorte que

$U^- \subset$ enveloppe d'holomorphie de U^+

de même si $q > 0$, on peut choisir U de sorte que

$U^+ \subset$ enveloppe d'holomorphie de U^-

Par exemple (a) supposons la forme de Levi non dégénérée avec

$$0 < p < q = n - p - 1 \quad ;$$

alors

i) $s = 0$: on a résolution du problème de Cauchy de chaque côté :

$$H^{oo}(U^-) \xrightarrow{\simeq} H^{oo}(S)$$

$$H^{oo}(U^+) \xrightarrow{\simeq} H^{oo}(S)$$

ii) $s = p$, on peut résoudre le problème de Cauchy

$$H^{op}(U^+) \xrightarrow{\simeq} H^{op}(S)$$

ii) $s = q$, on peut résoudre le problème de Cauchy

$$H^{oq}(U^-) \xrightarrow{\simeq} H^{oq}(S)$$

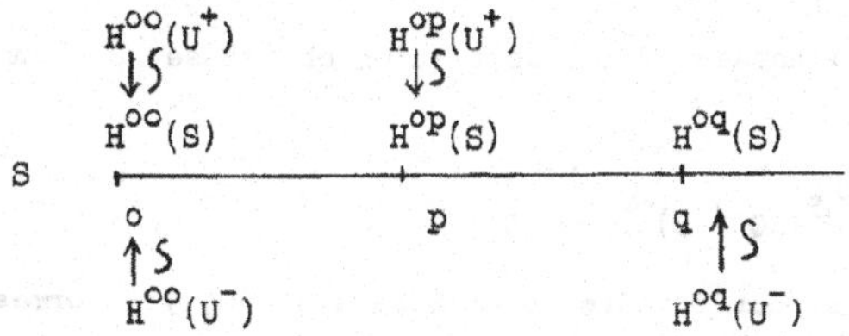

Les autres dimensions sont sans interêt car tous les groupes sont nuls.

(b) Si $p = q = \frac{n-1}{2}$ $(n \geq 3)$, alors le problème de Cauchy n'est résoluble ni dans U^+ ni dans U^- et on ne peut résoudre le problème du saut, (Riemann - Hilbert) (dans ce cas le nombre d'équations est égal au nombre de fonctions inconnues)

<u>Remarque</u> : on démontre effectivement que non seulement $H^{oo}(S)$ mais $H^{op}(S)$ et $H^{oq}(S)$ sont de dimension infinie en utilisant une méthode employée ailleurs pour des raisons semblables dans [1] .

5. <u>Un exemple</u>. Je me place dans $\mathbb{C}^2$ où $z_1 = x_1 + ix_2$, $z_2 = x_3 + ix_4$ sont les coordonnées et j'envisage le "paraboloïde"

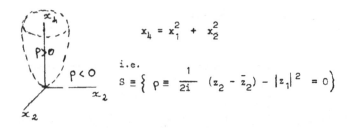

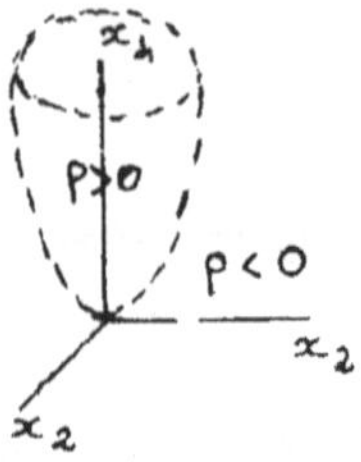

$$x_4 = x_1^2 + x_2^2$$

i.e.

$$S \equiv \left\{ \rho \equiv \frac{1}{2i} (z_2 - \bar{z}_2) - |z_1|^2 = 0 \right\}$$

C'est une surface Levi - convexe (même convexe au sens élémentaire), donc $p = 0$, $q = 1$ et on a

$$H^{os}(U^+) = 0 \qquad \text{si } s \neq 0$$

$$H^{os}(U^-) = 0 \qquad \text{si } s \neq 1,0 \ .$$

Soit qu'on prenne pour U tout l'espace C^n , soit qu'on choisisse U comme au théorème 2 .

Sur S on a le complexe

$$Q^{oo}(S) \xrightarrow{d''_S} Q^{o1}(S) \longrightarrow 0$$

pour des raisons de dimension. On peut prendre comme base des (0,1) - formes le long de S les formes $d''\rho$ et $d\bar{z}_1$, de sorte que

$$Q^{oo}(S) \simeq C^{\infty}(S) \qquad , \qquad Q^{o1}(S) \simeq C^{\infty}(S) \wedge d\bar{z}_1 \ .$$

Avec cette deuxième identification, on calcule l'opérateur d''_S en utilisant, comme coordonnées sur S , $z_1 = x_1 + ix_2$ et x_3; on a [(1)]

$$d''_S u = \left(\frac{\partial u}{\partial \bar{z}_1} - iz_1 \frac{\partial u}{\partial x_3} \right) \wedge d\bar{z}_1$$

L'étude de la cohomologie sur la surface S est donc réduite à l'étude du complexe

$$C^{\infty}(S) \xrightarrow{L} C^{\infty}(S) \longrightarrow 0$$

où

$$L \equiv \frac{\partial u}{\partial \bar{z}_1} - i\, z_1 \frac{\partial u}{\partial x_3} \ .$$

(1) Voir bas de page 8 .

L'équation

$$L\,u = f$$

est l'équation de H. Levy [4]. Elle n'admet de solution (même locale) que si f est de type très particulier.

Ceci est bien naturel car on a dans notre cadre un bon problème de Cauchy en dimension 0

$$H^{00}(U^{+}) \xrightarrow{\sim} H^{00}(S)$$

et un autre de dimension 1

$$H^{00}(U^{-}) \xrightarrow{\sim} H^{01}(S)$$

L'exemple de H. Lewy nous démontre à nouveau que $\dim H^{01}(U^{-}) = \infty$ et en effet même plus c'est à dire que pour le complexe $Q^{00} \xrightarrow{d''_S} Q^{01} \to 0$ même le lemme de Poincaré n'est pas valable.

(1)

Voici le calcul explicite. Etant donné la fonction u, C^{∞} sur S, on l'étend en une fonction C^{∞} $\tilde{u}$ dans U. Vu la forme de l'hypersurface S, on peut supposer $\tilde{u}$ indépendant de la variable x_4. Alors on a :

$$d''\tilde{u} = \frac{\partial \tilde{u}}{\partial \bar{z}_1}\, d\bar{z}_1 + \frac{\partial \tilde{u}}{\partial \bar{z}_2}\, d\bar{z}_2 \quad \text{et} \quad -d''\rho = \frac{1}{2i}\, d\bar{z}_2 + z_1\, d\bar{z}_1 ,$$

donc $$d''\tilde{u} = \frac{\partial \tilde{u}}{\partial \bar{z}_1}\, d\bar{z}_1 - \frac{\partial \tilde{u}}{\partial \bar{z}_2}\,(2i\, d''\rho + 2i\, z_1\, d\bar{z}_1)$$

et $$d''_S u = \left(\frac{\partial \tilde{u}}{\partial \bar{z}_1} - 2iz_1 \frac{\partial \tilde{u}}{\partial \bar{z}_2} \right)\Big|_S\, d\bar{z}_1$$

Mais $\dfrac{\partial \tilde{u}}{\partial \bar{z}_2} = \dfrac{1}{2}\dfrac{\partial \tilde{u}}{\partial x_3}$, et finalement on a $d''_S u = \left(\dfrac{\partial u}{\partial \bar{z}_1} - i\, z_1 \dfrac{\partial u}{\partial x_3}\right) d\bar{z}_1$

6. <u>Les systèmes du premier ordre et l'opérateur</u> d''_S . Les définitions du § 1 s'étendent sans difficulté au cas d'une sous-variété S C^∞ de dimension réelle $n+k$ quelconque localement fermée dans C^n . Si S est localement donnée par des équations.

$$S = \{ x \in U \mid \rho_1(x) = \dots = \rho_{n-k}(x) = 0 \}$$

avec ρ_i C^∞ est telles que $d\rho_1 \wedge \dots \wedge d\rho_{n-k} \neq 0$, au point de S on définit l'idéal différentiel $\mathcal{J}^*(U)$ comme le sous-espace de $C^*(U)$ des formes φ du type

$$\varphi = \sum_1^{n-k} \rho_i \alpha_i + \sum_1^{n-k} d''\rho_i \wedge \beta_i$$

avec α_i et β_i formes différentielles C^∞ de degré convenable.

Au démarrage, i.e. dans le cas de fonction on vérifie aisément que dans le cas "générique" où l'espace analytique tangent à S en tout point est de dimension complexe k , l'opérateur d''_S équivaut à la donné sur S de k champs de vecteurs complexes

$$(*) \qquad X_i = \sum_1^{n+k} P_{is} \frac{\partial}{\partial x_s}$$

où $x_1, \dots, x_{n+k}$ désignent les coordonnées locales sur S et où les P_{is} sont des fonctions C^∞ à valeurs complexes.

Soit H_x l'espace engendré en chaque point x par les X_i . On vérifie aisément que les conditions suivantes sont satisfaites

i) $\dim_{\mathbb{C}} H_x = k \quad \forall x \in S$

ii) $H_x \cap \bar{H}_x = 0$

iii) le système est involutif :

$$[X_i, X_j] = \sum C_{ij}^k X_k$$

Il se présente alors le problème de savoir si tout système (*) de vecteurs C^∞ complexes donnés sur un ouvert Ω de $\mathbb{R}^{n+k}$ et vérifiant les conditions ci-dessus, peut être représenté (du moins localement) comme un opérateur d''_S sur les fonctions moyennant un plongement convenable de Ω sur une sous-variété localement fermée S de $\mathbb{C}^n$ de type générique.

Si les opérateurs X_i sont à coefficients analytiques réels (à valeurs complexes) la réponse est affirmative [O (a)].

Dans le cas C^∞ général on ne sait pas encore répondre de manière satisfaisante à la question.

<u>Par exemple</u> si $n = 2, k = 1$, on aurait sur un ouvert de $\mathbb{R}^3$ un champ de vecteurs complexes pouvant se mettre sous la forme

$$X \equiv \frac{\partial}{\partial x_1} + i \left(a \frac{\partial}{\partial x_2} + b \frac{\partial}{\partial x_3}\right)$$

où a et b sont des fonctions C^∞ à valeurs réelles et telles que

$$\det \begin{pmatrix} a & b \\ a_{x_1} & b_{x_1} \end{pmatrix} \neq 0$$

Résoudre le problème proposé signifie trouver deux solutions locales complexes u_1, u_2 de $Xu = 0$ telles que

$$\text{rang} \frac{\partial (u_1 , u_2 , \bar{u}_1 , \bar{u}_2)}{\partial (x_1 , x_2 , x_3)} = 3$$

Or mes amis analystes ne savent pas me dire si l'équation $Xu = 0$ admet des solutions locales autres que les constantes.

L'étude locale du complexe $Q^*(S)$ dans le cas général est encore à faire. Il n'est pas coutumier, pour des raisons d'avarice, de dire quels sont les problèmes non résolus dans une théorie. Donc je m'excuse d'avoir ainsi dit ce que je n'ai pas su (encore) faire.

Bibliographie

0 A. Andreotti et D.C. Hill. (a) Complex characteristic coordinates and tangential Cauchy - Riemann equations

(b) E.E. Levi convexity and H. Lewy problem ; reduction to vanishing theorems

(c) E.E. Levi convexity and H. Lewy problem ; the vanishing theorems à paraître aux Ann. Sc. Norm. Sup. Pisa.

The utilisation of Whitney theorem was suggested to us by R. Nirenberg.

1 A. Andreotti et F. Norguet. Problème de Levi et convexité holomorphe pour les classes de cohomologie. Ann. Sc. Norm. Sup. Pisa 20, 1966, p. 197-241

2 J.J. Kohn and L. Nirenberg. Non coercive boundary problems. Comm. Pure and Appl. Math. t. 18 1965 p. 443-492.

3 H. Lewy. On the local character of the solution of an atypical linear differential equation in three variables and a related theorem for regular functions of two complex variables. Ann. of Math. s.2 t: 54 , 1956 , p. 514-522

4 H. Lewy. An exemple of a smooth linear partial differential equation without solutions Ann. of Math. s.2. t. 66 , 1957, p. 155-158 .

CHAMPS DE VECTEURS HOLOMORPHES

ET

TRAJECTOIRES SUR LES ESPACES PROJECTIFS COMPLEXES(*)

par

Charles SADLER

(*) : En dehors du §.2, ceci est le résumé de la thèse de 3e Cycle soutenue le 11 juin 1971 à l'U.E.R. de Mathématiques, Université Louis Pasteur , Strasbourg I .

§ 1. Détermination des champs de vecteurs holomorphes sur $\mathbb{P}_n(\mathbb{C})$.

1. Définitions.

1.1. Notations.

On désigne par $m(z_1, \ldots, z_{n+1})$ un point de $\mathbb{C}^{n+1}$, par $m(z_1 : z_2 : \ldots : z_{n+1})$ le point correspondant dans l'espace projectif complexe $\mathbb{P}_n(\mathbb{C})$ repéré en coordonnées homogènes, par (O_i, h_i) les cartes de l'atlas naturel de $\mathbb{P}_n(\mathbb{C})$, par $z_{i,j} = \frac{z_j}{z_i}$ les coordonnées locales dans (O_i, h_i), par $h_i : (z_1, \ldots, z_{n+1}) \longrightarrow (z_{i,1}, \ldots, z_{i,n+1})$ l'isomorphisme analytique de O_i sur $\mathbb{C}^n$.

1.2 Définition.. Se donner un champ de vecteurs holomorphes sur $\mathbb{P}_n(\mathbb{C})$ revient à se donner sur chaque carte (O_i, h_i) un champ

$$X_i = \sum_{\substack{1 \leqslant k \leqslant n+1 \\ k \neq i}} Q_{i,k}(z_{i,k}) \frac{\partial}{\partial z_{i,k}}$$

où les $Q_{i,k}$ sont des fonctions holomorphes en les coordonnées locales $z_{i,k}$ de (O_i, h_i) et sont en outre assujetties aux conditions de recollement suivantes :

$$\text{(i)} \quad Q_{j,r}(z_{j,r}) = z_{j,i}\, Q_{i,r}\left(\frac{z_{j,r}}{z_{j,i}}\right) - z_{j,r}\, z_{j,i}\, Q_{i,j}\left(\frac{z_{j,r}}{z_{j,i}}\right)$$

$$\text{(ii)} \quad Q_{j,i}(z_{j,r}) = - z_{j,i}^2\, Q_{i,j}\left(\frac{z_{j,r}}{z_{j,i}}\right)$$

2. Champs linéaires sur $\mathbb{C}^{n+1}$.

2.1. Considérons sur $\mathbb{C}^{n+1}$ le champ de vecteurs suivant :

$$X = \sum_{1 \leqslant i \leqslant n+1} P_i(z_1, \ldots, z_{n+1}) \frac{\partial}{\partial z_i}$$

où les P_i sont des polynomes homogènes de degré un en les variables $z_1, \ldots, z_{n+1}$.

Le champ X restreint à $\mathbb{C}^{n+1} - \{0\}$ induit par passage au quotient un champ de vecteurs holomorphes $\dot{X}$ sur $\mathbb{P}_n(\mathbb{C})$.

En effet, considérons l'application p_i de $\mathbb{C}^{n+1} - \{z_i = 0\}$ sur (O_i, h_i) induite par la projection canonique. Alors l'image de X par l'application linéaire tangente à p_i, p_i^T, est

$$X_i = \sum_{\substack{1 \leqslant k \leqslant n+1 \\ k \neq i}} Q_{i,k}(z_{i,k}) \frac{\partial}{\partial z_{i,k}}$$

avec :

$$Q_{i,k}(z_{i,k}) = \frac{1}{z_i}\left[P_k(z_1, \dots, z_{n+1}) - z_{i,k}\, P_i(z_1, \dots, z_{n+1})\right]$$

3. Remarques.

3.1. Considérons sur $\mathbb{C}^{n+1}$ le champ canonique défini par

$$C = \sum_{1 \leq i \leq n+1} z_i \frac{\partial}{\partial z_i}$$

Le champ C restreint à $\mathbb{C}^{n+1} - \{0\}$ induit par passage au quotient le champ nul sur $\mathbb{P}_n(\mathbb{C})$. Il en est de même pour tout multiple complexe de C. De plus il est facile de voir que si un champ polynomial homogène de degré un sur $\mathbb{C}^{n+1}$ induit par passage au quotient le champ nul sur $P_n(C)$, c'est un multiple du champ canonique C.

3.2 Un champ linéaire sur $\mathbb{C}^{n+1}$, X, définit une équation différentielle sur $\mathbb{P}_n(\mathbb{C})$. Par exemple, avec les notations précédentes, on a dans la carte (O_i, h_i)

$$\frac{dz_{i,1}}{Q_{i,1}} = \frac{dz_{i,2}}{Q_{i,2}} = \dots\dots\dots = \frac{dz_{i,n+1}}{Q_{i,n+1}}$$

Pour que deux champs linéaires sur $\mathbb{C}^{n+1}$, X et X' définissent la même équation différentielle sur $\mathbb{P}_n(\mathbb{C})$, il faut et il suffit que l'on ait :

$$X' = \lambda X + \mu C$$

où λ et μ sont des constantes complexes ($\lambda \neq 0$)

4. Théorème. Soit $\dot{X}$ un champ de vecteurs holomorphes sur $\mathbb{P}_n(\mathbb{C})$.
Il existe une et une seule classe de champs linéaires sur $\mathbb{C}^{n+1}$ dont un représentant restreint à $\mathbb{C}^{n+1} - \{0\}$ induise par passage au quotient le champ $\dot{X}$ donné

Deux champs linéaires appartiennent à la même classe si et seulement si leur différence est un multiple du champ canonique.

Remarque. Soit X un champ linéaire sur $\mathbb{C}^{n+1}$. Ce champ définit de manière naturelle un endomorphisme de $\mathbb{C}^{n+1}$. En effet, si

$$X = \sum_{1 \leq i \leq n+1} P_i(z_1, \dots, z_{n+1}) \frac{\partial}{\partial z_i}$$

on pose :

$$f(z_1, \dots, z_{n+1}) = \begin{pmatrix} P_1(z_1, \dots, z_{n+1}) \\ \\ P_{n+1}(z_1, \dots, z_{n+1}) \end{pmatrix}$$

Le théorème précédent montre qu'à tout champ de vecteurs holomorphe sur $\mathbb{P}_n(\mathbb{C})$ on peut faire correspondre une classe et une seule $\hat{f}$ d'endomorphismes de $\mathbb{C}^{n+1}$. Deux endomorphismes sont dans la même classe si et seulement si leur différence est un multiple de l'idendité.

5. Singularités des champs.

5.1. Définition. Soit $\dot{X}$ un champ de vecteurs holomorphe sur $\mathbb{P}_n(\mathbb{C})$, et $m(z_1 : \ldots : z_{n+1})$ un point de $\mathbb{P}_n(\mathbb{C})$. On dit que m est singulier pour $\dot{X}$ si dans (O_i , h_i) carte contenant m les composantes $Q_{i,k}$ sont nulles en ce point.

5.2. Interprétation dans $\mathbb{C}^{n+1}$.

Soit f un endomorphisme de la classe déterminée par $\dot{X}$. Les singularités de $\dot{X}$ correspondent aux sous-espaces de vecteurs propres de f.
Si un sous-espace propre est une droite complexe, la singularité qu'il définit est un point singulier isolé pour $\dot{X}$.
Si un sous-espace propre est de dimension $i+1$ il détermine un ensemble de points singuliers non isolés pour $\dot{X}$ qui est un $\mathbb{P}_i(\mathbb{C})$.
Deux ensembles de points singuliers pour $\dot{X}$ n'ont pas de points communs.
Tout champ de vecteurs holomorphes sur $\mathbb{P}_n(\mathbb{C})$ admet au moins un point singulier.
Soit D une droite complexe propre correspondant à la valeur propre λ. Si λ est racine d'ordre r du polynome caractéristique de f, on dit que la singularité isolée définie par D est d'ordre r.

5.3. Classification.

Cette classification se fait de manière évidente à partir du nombre de racines du polynome caractéristique de f, de leur ordre de multiplicité et de la dimension des sous-espaces propres correspondants.

§ 2. Commutation des champs de vecteurs holomorphes sur $\mathbb{P}_n(\mathbb{C})$

1. Définitions.

1.1 **Définition**. Deux champs de vecteurs holomorphes $\dot{X}$ et $\dot{Y}$ sur $\mathbb{P}_n(\mathbb{C})$ commutent si et seulement si pour tout $i (1 \leqslant i \leqslant n+1)$ les champs X_i et Y_i sur (O_i , h_i) commutent, c'est-à-dire que leur crochet de Lie $[X_i , Y_i]$ est nul.

1.2 **Lemme**. Soit X (resp. Y) un champ de la classe $\hat{X}$ (resp. $\hat{Y}$) associée à $\dot{X}$ (resp. $\dot{Y}$). Alors pour tout i,

$$p_i^T([X , Y]) = [p_i^T X , p_i^T Y]$$

où p_i est l'application de $\mathbb{C}^{n+1} - \{z_i = 0\}$ sur O_i induite par la projection canonique.

1.3 **Interprétation de la commutation dans** $\mathbb{C}^{n+1}$.

Proposition. *Soit f (resp. g) un endomorphisme de la classe $\hat{f}$ (resp. $\hat{g}$) définie par $\dot{X}$ (resp. $\dot{Y}$). Pour que $\dot{X}$ et $\dot{Y}$ commutent il faut et il suffit que les endomorphismes f et g commutent.*

Notons d'abord que si X (resp. Y) est un champ linéaire sur $\mathbb{C}^{n+1}$, λ_1, λ_2 des constantes complexes,

$$[X + \lambda_1 C , Y + \lambda_2 C] = [X , Y]$$

D'autre part, le crochet $[X , Y]$ s'interprète comme le crochet $[f , g]$ des endomorphismes correspondants.

En vertu du lemme, $[X_i , Y_i]$ est nul si et seulement si $p_i^T [X , Y]$ est nul pour tout i, c'est-à-dire si $[X , Y]$ est un multiple du champ canonique.

La relation de commutation est donc :

$$[f , g] = \lambda I$$

où I est l'identité de $\mathbb{C}^{n+1}$. Mais comme la trace de $[f , g]$ est nulle et comme $n+1$ est positif cela implique que $\lambda = 0$.

2. L'algèbre de Lie $L_{\dot{X}}$ et sa dimension.

2.1. Généralités.

Soit $\dot{X}$ un champ de vecteurs holomorphe sur $\mathbb{P}_n(\mathbb{C})$ et $L_{\dot{X}}$ l'ensemble des champs de vecteurs holomorphes $\dot{Y}$ sur $\mathbb{P}_n(\mathbb{C})$ qui commutent avec $\dot{X}$.

Alors $L_{\dot{X}}$ est une sous-algèbre de Lie de l'algèbre de Lie des champs de vecteurs holomorphes sur $\mathbb{P}_n(\mathbb{C})$.

La seule vérification non triviale est celle-ci : si $\dot{Y}$ et $\dot{Z}$ sont dans $L_{\dot{X}}$, il en est de même de $[\dot{Y}, \dot{Z}]$. Mais ceci résulte de l'identité de Jacobi :

$$[\dot{X}, [\dot{Y}, \dot{Z}]] + [\dot{Y}, [\dot{Z}, \dot{X}]] + [\dot{Z}, [\dot{X}, \dot{Y}]] = 0 .$$

<u>Définition</u> La dimension (sur $\mathbb{C}$) de l'algèbre de Lie $L_{\dot{X}}$ est la dimension sur $\mathbb{C}$ de l'espace vectoriel $L_{\dot{X}}$.

2.2. Calcul de la dimension de l'algèbre de Lie $L_{\dot{X}}$.

D'après 1.3. il suffit de calculer la dimension de L_f, algèbre de Lie des endomorphismes g qui commutent avec f.

Il existe une base de $\mathbb{C}^{n+1}$ par rapport à laquelle la matrice $M(f)$ de f s'écrit :

$$M(f) = \begin{pmatrix} M_1 & & & 0 \\ & M_2 & & \\ & & \ddots & \\ 0 & & & M_p \end{pmatrix}$$

où M_i est une matrice $N_i \times N_i$ avec $\sum_{1 \leq i \leq p} N_i = n+1$. De plus :

$$M_i = \begin{pmatrix} \lambda_i & & & & 0 \\ \varepsilon_i & \lambda_i & & & \\ & \varepsilon_i & \lambda_i & & \\ & & \ddots & \ddots & \\ 0 & & & \varepsilon_i & \lambda_i \end{pmatrix}$$

avec ε_i valant 0 ou 1, et si $i \neq k$, $\lambda_i \neq \lambda_k$.

a) Lemme Si g commute avec f, la matrice de g s'écrit dans la base considérée :

$$M(g) = \begin{pmatrix} L_1 & & & 0 \\ & L_2 & & \\ & & \ddots & \\ 0 & & & L_p \end{pmatrix}$$

où L_i est une matrice $N_i \times N_i$

b) <u>Proposition</u> Soit f un endomorphisme nilpotent de $\mathbb{C}^{n+1}$, E_i le noyau de f_i ($E_q \subsetneq \mathbb{C}^{n+1}$ et $E_{q+1} = \mathbb{C}^{n+1}$).

Alors :

$$\dim L_f = \sum_{1 \leq i \leq q+1} (\dim E_i - \dim E_{i-1})^2$$

<u>Preuve</u> On pose $\dim F_{q+1} = r_1$, $\dim F_q = r_1 + r_2$

$$\dim F_{q+1-p} = r_1 + \dots + r_p + r_{p+1} .$$

On obtient une base de $\mathbb{C}^{n+1}$:

(x_{1,j_1})

(fx_{1,j_1}) (x_{2,r_1+j_1})

$(f^p x_{1,j_1})$ .... $(fx_{p,r_{p-1}+j_{p-1}})$ (x_{p+1,r_p+j_p})

$(f^q x_{1,j_1})$ .... (x_{q+1,r_q+j_q})

avec $1 \leq j_k \leq r_k$, $1 \leq k \leq q+1$

Soit g dans L_f . Cherchons les images par g des vecteurs de base. On a :

$$g(x_{p+1,r_p+j_p}) \in E_{q+1-p}$$

de même

$$g(fx_{p+1,r_p+j_p}) \in E_{q-p}$$

$$g(f^i x_{p+1,r_p+j_p}) \in E_{q+1-i-p}$$

Le vecteur $g(x_{p+1,r_p+j_p})$ s'écrit comme combinaison linéaire des $\dim (E_{q+1-p})$ vecteurs de base de E_{q+1-p} , donc introduit $\dim (E_{q+1-p})$ constantes arbitraires. Le vecteur $g(fx_{p+1,r_p+j_p})$ introduit $\dim (E_{q-p})$ nouvelles constantes, mais la relation

$$f(g(x_{p+1,r_p+j_p})) = g(fx_{p+1,r_p+j_p})$$

introduit $\dim (E_{q-p})$ relations entre ces constantes. Un raisonnement par récurrence évident montre que les vecteurs :

$$g(x_{p+1,r_p+j_p}), \dots\dots\dots\dots, g(f^{q-p} x_{p+1,r_p+j_p})$$

n'introduisent que $\dim (E_{q+1-p})$ paramètres. Il est immédiat que les images par g des vecteurs

$$x_{p+1,r_p+j_p}\ ,\ldots\ldots\ldots\ldots,\ f^{q-p}x_{p+1,r_p+j_p}\quad (1\leq j_p\leq r_{p+1})$$

introduisant

$$(\dim(F_{q+1-p}) - \dim(F_{q+2-p}))\ .\ \dim E_{q+1-p}$$

paramètres.

c) Proposition Lorsque f parcourt $\mathrm{End}(\mathbb{C}^{n+1})$ les dimensions de L_f sont données par

$$\sum_{1\leq i\leq q+1} s_i^2$$

avec

$$\sum_{1\leq i\leq q+1} s_i = n+1 \quad \text{et} \quad 0\leq q\leq n$$

En effet, grâce aux remarques qui précèdent on peut appliquer la proposition précédente à chacun des p $(1\leq p\leq n+1)$ sous-espaces stables de f en supposant que la restriction de f à chacun de ces sous-espaces est nilpotente.

d) Corollaires

1) La dimension de L_f est minimale (égale à $n+1$) lorsque f n'admet que des sous-espaces de vecteurs propres de dimension un.

2) Lorsque $\dot{X}$ parcourt l'ensemble des champs de vecteurs holomorphes sur $P_n(\mathbb{C})$ les dimensions des algèbres de Lie $L_{\dot{X}}$ sont données par :

$$\sum_{1\leq i\leq q+1} s_i^2 - 1$$

avec

$$\sum_{1\leq i\leq q+1} s_i = n+1 \quad \text{et} \quad 0\leq q\leq n$$

2.3. Théorème. Pour que l'algèbre de Lie $L_{\dot{X}}$ soit commutative il faut et il suffit que X n'admette que des singularités isolées.

Preuve supposons que $\dot{X}$ n'admette que des singularités isolées. Considérons un endomorphisme de la classe $\hat{f}$ déterminée par $\dot{X}$, soit f. On peut supposer que f est nilpotent et n'admet qu'un seul sous-espace de vecteurs propres qui est une droite complexe. Alors tout endomorphisme g qui commute avec f est un polynome en f, et deux polynomes en f commutent. Le reste résulte du lemme 2.2.a).

Réciproquement, supposons que $\dot{X}$ n'ait pas toutes ses singularités isolées. Soit f un endomorphisme de la classe $\hat{f}$ déterminée par $\dot{X}$. On peut supposer f nilpotent. Il existe une base de $\mathbb{C}^{n+1}$ par rapport à laquelle la matrice $M(f)$ de f s'écrit :

$$M(f) = \begin{pmatrix} 0 & & & & \\ \varepsilon_1 & 0 & & 0 & \\ & \varepsilon_2 & 0 & & \\ & & \ddots & \ddots & \\ 0 & & & \varepsilon_n & 0 \end{pmatrix}$$

ε_i valant 0 ou 1.

Si g commute avec f, la matrice $M(g)$ s'écrit

$$M(g) = (A^i_j)$$

$$- \varepsilon_i A^1_{i+1} = 0 \qquad (1 \leqslant i \leqslant n)$$

$$\varepsilon_i A^i_j - \varepsilon_j A^{i+1}_{j+1} = 0 \quad (1 \leqslant i \leqslant n+1 \quad , \quad 1 \leqslant j \leqslant n+1) \quad (\varepsilon_{n+1} = 0)$$

Si h commute avec f, la matrice $M(h)$ de h s'écrit

$$M(h) = (B^i_j)$$

avec les conditions analogues de commutation.

L'hypotèse permet d'affirmer que l'un au moins des ε_i est nul, soit par exemple ε_i. Posons

$$\left[(A^i_j) \; , \; (B^i_j)\right] = (C^i_j)$$

Montrons qu'on peut déterminer g et h tels que C^i_{i+1} non nul.

Cela résulte immédiatement du fait que les relations de commutation n'imposent pas que

$$A^i_i = A^{i+1}_{i+1}$$

$$B^i_i = B^{i+1}_{i+1}$$

$$A^i_i = B^i_i = A^i_{i+1} = B^i_{i+1} = 0 \; .$$

Ceci montre qu'il existe g et h dans L_f qui ne commutent pas entre eux.

3. Aspect géométrique.

3.1. Généralités.

Soit $\dot{X}$ (resp. $\dot{Y}$) un champ de vecteurs holomorphe sur $\mathbb{P}_n(\mathbb{C})$.

Alors $\dot{X}$ (resp. $\dot{Y}$) détermine un groupe de Lie (ψ_t) (resp. (ψ_s)) global de transformations à un paramètre complexe t (resp. s) (car, (2) $\mathbb{P}_n(\mathbb{C})$ est compacte) dont les orbites sont les trajectoires de $\dot{X}$ (resp. $\dot{Y}$).

De plus, $\dot{X}$ et $\dot{Y}$ commutent si et seulement si, pour tous t et s

$$\varphi_t \circ \psi_s = \psi_s \circ \varphi_t$$

(cf. (2)).

3.2. Remarques.

On suppose que $\dot{X}$ et $\dot{Y}$ commutent. Alors on a les remarques évidentes suivantes :

a) Si x est singulier pour $\dot{X}$, la trajectoire de x pour $\dot{Y}$ est constituée de points singuliers pour $\dot{X}$.

b) Si x est singulier isolé pour $\dot{X}$, alors x est singulier pour $\dot{Y}$.

c) Si $\dot{X}$ admet un $\mathbb{P}_i(\mathbb{C})$ $(i<n)$ singulier, ce $\mathbb{P}_i(\mathbb{C})$ est un invariant pour $\dot{Y}$. En particulier, la trajectoire d'un x de ce $\mathbb{P}_i(\mathbb{C})$ pour $\dot{Y}$ peut se réduire à x , auquel cas x est singulier pour $\dot{Y}$. Mais ceci n'a lieu que pour i+1 points de $\mathbb{P}_i(\mathbb{C})$ au plus.

3.3. Applications au cas où $\dot{X}$ n'admet que des singularités isolées.

On suppose que $\dot{X}$ n'admet que des singularités isolées et que $\dot{Y}$ commute avec $\dot{X}$.

a). Les singularités isolées de $\dot{Y}$ sont les singularités isolées de $\dot{X}$. Si $\dot{Y}$ admet un $\mathbb{P}_i(\mathbb{C})$ singulier, celui-ci contient au moins un point singulier pour $\dot{X}$.

En effet, si x est singulier isolé pour $\dot{Y}$, x est singulier pour $\dot{X}$, donc isolé. La restriction de $\dot{X}$ au $\mathbb{P}_i(\mathbb{C})$ est un champ de vecteurs holomorphe sur $\mathbb{P}_i(\mathbb{C})$, donc admet au moins un point singulier.

b). Si $\dot{Y}$ admet un $\mathbb{P}_i(\mathbb{C})$ singulier contenant un point singulier d'ordre un pour $\dot{X}$, il contient un autre point singulier pour $\dot{X}$.

En effet, la restriction de $\dot{X}$ au $\mathbb{P}_i(\mathbb{C})$ est un champ de vecteurs holomorphe sur $\mathbb{P}_i(\mathbb{C})$ qui ne peut admettre un seul point singulier d'ordre un (le polynome caractéristique d'un endomorphisme de $\mathbb{C}^{i+1}$ associé à ce champ doit être de degré supérieur à un si ($i \geq 1$) .

c). Si $\dot{Y}$ admet un $\mathbb{P}_i(\mathbb{C})$ singulier contenant k points singuliers d'ordre un pour $\dot{X}$, et n'en contient pas d'autres, alors

$$i = k - 1$$

Le polynome caractéristique d'un endomorphisme de $\mathbb{C}^{i+1}$ associé à la restriction de X au $\mathbb{P}_i(\mathbb{C})$ est le degré $i+1$. S'il n'a que des racines distinctes en nombre k, on a nécessairement:

$$i + 1 = k .$$

d). <u>Si $\dot{Y}$ admet un</u> $\mathbb{P}_i(\mathbb{C})$ <u>singulier contenant k points d'ordre un pour $\dot{X}$, m points singuliers pour $\dot{X}$ d'ordres respectifs</u> $N_1, \dots, N_m$ <u>et ne contient aucun autre point singulier pour $\dot{X}$, alors</u> :

$$\underline{k + m - 1 \leq i \leq N_1 + \dots + N_m + k - 1}$$

Même preuve que précédemment.

3.4. <u>Exemple sur</u> $\mathbb{P}_3(\mathbb{C})$.

Pour illustrer ce qui précède, montrons que si $\dot{X}$ est un champ de vecteurs holomorphe sur $\mathbb{P}_3(\mathbb{C})$ n'ayant qu'un $\mathbb{P}_1(\mathbb{C})$ singulier, soit E, il ne peut commuter avec $\dot{Y}$ ayant deux points singuliers isolés x_1 et x_2 et un $\mathbb{P}_1(\mathbb{C})$ singulier, soit E' .

En effet, la restriction de $\dot{X}$ à E' est un champ de vecteurs holomorphes. Donc $E \cap E' \neq \emptyset$. De plus, E doit contenir x_1 et x_2 d'ordre un. Alors il ne peut contenir un autre point singulier, et il est absurde de supposer que $\dot{X}$ et $\dot{Y}$ commutent.

§ 3. Intégration des champs de vecteurs holomorphes.

1. <u>Réduction</u>

Soit $\dot{X}$ un champ de vecteurs holomorphe sur $\mathbb{P}_n(\mathbb{C})$, $\hat{X}$ la classe de champs linéaires déterminés par $\dot{X}$, f l'endomorphisme de $\mathbb{C}^{n+1}$ défini par un représentant de la classe $\hat{X}$.

On montre facilement qu'il existe une base de $\mathbb{C}^{n+1}$ par rapport à laquelle la matrice $M(f)$ de f s'écrit :

$$\begin{pmatrix} 0 & & & & \\ \varepsilon_1 \mu_2 & & & 0 & \\ & \varepsilon_2 \mu_3 & & & \\ & & \ddots & & \\ 0 & & & \varepsilon_n \mu_{n+1} & \end{pmatrix}$$

avec :

- si $\mu_i = \mu_k$ $(k < i)$ alors $\mu_j = \mu_k$ pour $k \leqslant j \leqslant i$
- ε_i prend les valeurs 0 ou 1
- si $\mu_i \neq \mu_{i+1}$, ε_i est nul.

2. Proposition Pour un champ X donné, la trajectoire d'un point m admet le paramétrage suivant :

$$z_1 = K_1$$

$$z_i = \begin{cases} R_{i-1}(t) & \text{si } \mu_i = \mu_{i-1} = \dots\dots\dots = \mu_2 = 0 \\ R_{i-2}(t)\, e^{\mu_i t} & \text{si } \mu_i = \mu_{i-1} = \dots\dots\dots = \mu_2 \neq 0 \\ R_1(t)\, e^{\mu_i t} & \text{si } \mu_i = \mu_{i-1} \neq \mu_{1-2} \\ R_o\, e^{\mu_i t} & \text{si } \mu_i \neq \mu_{i-1} \end{cases}$$

les $R_k(t)$ étant des polynomes de degré au plus égal à k.

En effet, on est amené à résoudre le système différentiel.

$$\begin{cases} \dfrac{dz_1}{dt} = 0 \\ \dfrac{dz_i}{dt} = \varepsilon_{i-1}\, z_{i-1} + \mu_i\, z_i & (2 \leqslant i \leqslant n+1) \end{cases}$$

et l'assertion résulte immédiatement par un raisonnement par réccurence.

3. Rappels de quelques résultats (cf. (1) et (3)).

3.1. Le théorème d'existence et d'unicité locale des solutions d'un système différentiel holomorphe du premier ordre associe à tout champ de vecteurs holomorphe sur $\mathbb{P}_n(\mathbb{C})$ un groupe de Lie (φ_t) de transformations à un paramètre complexe t dont les orbites sont les trajectoires de X . Comme $\mathbb{P}_n(\mathbb{C})$ est compacte, (φ_t) est un groupe global.

3.2. Topologie fine.

Pour $x \in \mathbb{P}_n(\mathbb{C})$, considérons les parties $\Omega(x)$ de $\mathbb{P}_n(\mathbb{C})$ ensembles des $\varphi_t(x)$, $t \in \Omega$, Ω ouvert de $\mathbb{C}$. Les $\Omega(x)$ engendrent une topologie $\mathcal{E}'$ plus fine que la topologie naturelle $\mathcal{E}$ de $\mathbb{P}_n(\mathbb{C})$.
Les trajectoires de $\dot{X}$ sont les composantes connexes de $\mathcal{E}'$. En dehors des singularités de $\dot{X}$ ce sont des variétés analytiques complexes à une dimension.

3.3. Définition. La période en $x \in \gamma$ d'une trajectoire γ est l'ensemble P_x des $t \in \mathbb{C}$ tels que $\varphi_t(x) = x$.

C'est un sous-groupe de $\mathbb{C}$. En fait, P_x est indépendant de x, ce qui permet de parler de la période de γ.

3.4. Lemme [1]. Les seuls groupes de Lie connexes à un paramètre complexe sont :

- Le plan $\mathbb{C}$
- Les ensembles C_α quotient de $\mathbb{C}$ par le sous-groupe discret engendré par α ($\alpha \in \mathbb{C}$)
- Les ensembles $C_{\alpha,\beta}$ quotient de $\mathbb{C}$ par le sous-groupe discret engendré par α et β (α et β complexes, $\dfrac{\alpha}{\beta}$ non réel).
- Le groupe $\{0\}$.

3.5. Nature des trajectoires.

Les rappels ci-dessus montrent qu'en dehors des trajectoires qui se réduisent à un point singulier (la période d'une telle trajectoire étant $\mathbb{C}$), une trajectoire en tant que variété complexe à une dimension dans $\mathbb{P}_n(\mathbb{C})$ peut être :

- Isomorphe à un groupe $C_{\alpha,\beta}$, sa période étant le sous-groupe discret de $\mathbb{C}$ engendré par α et β. Relativement à $\mathcal{E}'$, γ est homéomorphe au tore réel à 2 dimensions T^2.

- Isomorphe à un groupe C_α, sa période étant le sous-groupe discret de $\mathbb{C}$ engendré par α. Relativement à $\mathcal{E}'$, γ est homéomorphe à un cylindre.

- Isomorphe à $\mathbb{C}$, sa période étant 0. Relativement à $\mathcal{E}'$, γ est homéomorphe au plan $\mathbb{R}^2$.

4. Proposition En dehors des singularités, les trajectoires d'un champ de vecteurs holomorphe sur $\mathbb{P}_n(\mathbb{C})$ peuvent être homéomorphes relativement à $\mathcal{E}'$

- à un cylindre
- au plan $\mathbb{R}^2$.

En aucun cas, une trajectoire n'est homéomorphe au tore T^2.

Cela résulte immédiatement de la proposition 2 et des définitions qui ont été rappelées.

§ 4. Etude d'un champ générique. Propriétés des trajectoires.

1. Rappels. (cf. (1))

1.1. Définition Une trajectoire γ est propre si la topologie induite sur γ par la topologie naturelle de $\mathbb{P}_n(\mathbb{C})$ coïncide avec la topologie fine sur γ.

1.2. Critère Pour qu'une trajectoire γ soit propre il faut et il suffit que relativement à $\mathcal{C}$, γ soit ouverte dans son adhérence.

1.3. Définition Le bout de γ, $B(\gamma)$, est égal par définition à $\overline{\overline{\gamma} - \gamma}$ (les adhérences étant relatives à $\mathcal{C}$).

1.4. On a les propriétés suivantes :

- $\overline{\gamma}$ est un ensemble invariant
- $B(\gamma)$ est un ensemble fermé invariant
- γ propre équivaut à $B(\gamma) = \overline{\gamma} - \gamma$
- γ non propre équivaut à $B(\gamma) = \overline{\gamma}$

1.5. Soit $\dot{X}$ un champ générique sur $\mathbb{P}_n(\mathbb{C})$. ($\dot{X}$ a $n+1$ points singuliers isolés). Il existe une base de $\mathbb{C}^{n+1}$ par rapport à laquelle la matrice d'un endomorphisme f de la classe $\hat{f}$ définie par $\dot{X}$ s'écrit :

$$\begin{pmatrix} \lambda_1 & & & & & \\ & \lambda_2 & & & 0 & \\ & & \ddots & & & \\ & 0 & & \lambda_{n-1} & & \\ & & & & 1 & \\ & & & & & 0 \end{pmatrix}$$

(comme on ne s'intéresse qu'aux variétés intégrales, on peut, en vertu de la remarque 2.2. du paragraphe 1, supposer $\lambda_n = 1$, $\lambda_{n+1} = 0$).

On notera encore par $(z_1, \ldots, z_{n+1})$ les coordonnées dans cette nouvelle base. Les points singuliers de $\dot{X}$ sont les points ξ_i $(1 \leqslant i \leqslant n+1)$ définis en coordonnées homogènes par $z_k = 0$ $(k \neq i)$ et $z_i = 1$.

L'intégration donne :

$$z_i = A_i\, e^{\lambda_i t} \qquad (1 \leqslant i \leqslant n-1)$$

$$z_n = A_n\, e^{t}$$

$$z_{n+1} = A_{n+1}$$

les A_i étant des constantes.

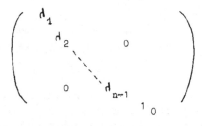

Il y a $n+1$ trajectoires particulières : les cylindres de coordonnées (ξ_i , ξ_j) avec $1 \leq i < j \leq n+1$ joignant deux à deux les points singuliers définis en coordonnées homogènes par $z_k = 0$ pour $k \neq i,j$ et $z_i \cdot z_j \neq 0$

D'autre part, on supposera désormais les A_i tous non nuls et l'on étudiera les trajectoires de X qui sont dans $\bigcap_{1 \leq i \leq n+1} O_i$.

2. Cas n°I

On suppose que $\lambda_i = \frac{p_i}{q_i}$ $(1 \leq i \leq n-1)$, p_i et q_i premiers entre eux. On pose K ppcm des q_i .

Proposition La trajectoire d'un point $x\,(A_1 : \ldots : A_{n+1})$ $\left(\prod_{1 \leq i \leq n+1} A_i \neq 0 \right)$ est un cylindre propre de période engendrée par $i2\pi K$, dont le bout est constitué par deux et deux seulement des $n+1$ points singuliers ξ_i .

En effet, plaçons-nous par exemple dans la carte (O_{n+1} , h_{n+1})

$$z_{n+1,i} = \frac{A_i}{A_{n+1}} \, e^{\frac{p_i}{q_i} t}$$

$$z_{n+1,n} = \frac{A_n}{A_{n+1}} \, e^{t}$$

alors, si $t' = t + i2\pi K$,

$$z_{n+1,i}(t') = z_{n+1,i}(t)$$

$$z_{n+1,n}(t') = z_{n+1,n}(t)$$

Pour la topologie fine, γ est homéomorphe à un cylindre. Il est facile de voir que ce cylindre est propre. D'autre part désignons par

$$\lambda_i = \inf \lambda_k \qquad \text{et} \qquad \lambda_j = \sup \lambda_k$$

Pour $|t| \longrightarrow +\infty$,

$z_{i,k} \longrightarrow 0 \;(k \neq i \;;\; k = 1, \ldots, n+1)$

$z_{j,m} \longrightarrow 0 \;(m \neq j \;;\; m = 1, \ldots, n+1)$

On en déduit que $B(\gamma)$ est réduit aux points ξ_i et ξ_j

3. Etude du cas n° II

On suppose que tous les λ_i sont réels et que l'un au moins d'entre eux est irrationnel

Proposition La trajectoire d'un point x $(A_1 : \dots A_{n+1})$ $(\prod_{1 \leq i \leq n+1} A_i \neq 0)$ est un plan non propre. Le nombre de points singuliers qui sont dans le bout de γ est réduit à deux.

Plaçons-nous par exemple dans la carte (O_{n+1}, h_{n+1}). Il est clair que la période de γ se réduit à 0. Pour la topologie fine, γ est homéomorphe au plan $\mathbb{R}^2$.

S'il y a des λ_i rationnels, supposons que ce sont

$$\lambda_r = \frac{p_n}{q_r} \quad (k \leq r \leq n-1)$$

Considérons la suite

$$(z_{n+1,i})_m = \frac{A_i}{A_{n+1}} e^{i 2\pi m \prod_{k \leq r \leq n-1} q_r \lambda_i}$$

correspondant à $t_m = i2\pi m \prod_{k \leq r \leq n-1} q_r$, $m \in \mathbb{N}$,

On sait que cette suite contient une sous-suite qui converge vers

$$\left(\frac{A_1}{A_{n+1}}, \dots\dots, \frac{A_n}{A_{n+1}}\right).$$

Le bout de γ se réduit à $\bar{\gamma}$ dont on pourrait déterminer l'équation dans $\bigcap_{1 \leq i \leq n+1} O_i$

Il faut rajouter à cet ensemble obtenu les points ξ_i et ξ_j (pour la même raison qu'en I).

4. Cas n° III

On suppose que l'un au moins des λ_i est complexe non réel, soit par exemple λ_1. On pose :

$$\lambda_i = a_i + i\, b_i \qquad\qquad t = \alpha + i\beta$$

4.1. Proposition La trajectoire d'un point x $(A_1 : \dots : A_{n+1})$ $\left(\prod_{1 \leq i \leq n+1} A_i \neq 0\right)$ est un plan propre.

Plaçons-nous dans (O_{n+1}, h_{n+1}). Pour toute suite $t_m (m \in \mathbb{N})$ tendant en module vers $+\infty$, $\varphi_{t_m}(x)$ ne converge pas vers

$\left(\frac{A_1}{A_{n+1}}, \dots, \frac{A_n}{A_{n+1}}\right)$. En effet, si $|t_m| \longrightarrow +\infty$, soit α_m n'est pas voisin de 0 et $z_{n+1,n}$ n'est pas voisin de $\frac{A_n}{A_{n+1}}$, soit α_m est voisin de 0 et β_m n'est pas voisin de 0, donc $z_{n+1,1}$ n'est pas voisin de $\frac{A_1}{A_{n+1}}$.

4.2. <u>Proposition</u> Soit γ la trajectoire d'un point $x\ (A_1 : \dots : A_{n+1})$. <u>D'un point singulier partent au plus deux cylindres de coordonnées qui sont contenus dans</u> $B(\gamma)$.

<u>Corollaire</u> <u>Sous les hypothèses de la proposition il y a au plus $n+1$ cylindres de coordonnés dans $B(\gamma)$.</u>

On pose $u_{j,i} = a_j - a_i$ et $v_{j,i} = b_j - b_i$

<u>Lemme</u> <u>Le cylindre</u> (ξ_i , ξ_j) <u>est dans</u> $B(\gamma)$ <u>si et seulement si les $n-1$ nombres</u> $\Delta^k_{i,j} = u_{k,i}\, v_{j,i} - u_{j,i}\, v_{k,i}$ <u>sont de même signe</u> $(k \neq i,j)$

Si les $n-1$ nombres ci-dessus sont de même signe, il existe une suite de points t_m, $|t_m| \longrightarrow +\infty$, telle que $z_{i,j}(t_m)$ soit constant non nul, et que $z_{i,k}(t_m)$ tende vers 0. Ceci prouve qu'un point de coordonnées $z_{i,j}$ constante et $z_{i,k} = 0$ (qui est un point du cylindre) est dans $B(\gamma)$, donc tout le cylindre.

Réciproquement, supposons que l'un des $\Delta^k_{i,j}$ est nul ou bien qu'aucun des $\Delta^k_{i,j}$ nul, mais que $\Delta^k_{i,j} \cdot \Delta^n_{i,j} < 0$. Ceci va impliquer que le cylindre (ξ_i , ξ_j) n'est pas dans $B(\gamma)$. En effet, sinon il existerait une suite de points t_m telle que :

$$|z_{i,j}(t_m)| \longrightarrow \text{constante (non nulle)}$$

$$|z_{i,k}(t_m)| \longrightarrow 0$$

donc,

$$u_{j,i}\,\alpha_m - v_{j,i}\,\beta_m \longrightarrow K$$

$$u_{k,i}\,\alpha_m - v_{k,i}\,\beta_m \longrightarrow -\infty$$

si l'un des $\Delta^k_{i,j}$ est nul, ceci est en contradiction avec les conditions limites précédentes. Supposons qu'il existe $r \neq k$ tel que

$$\Delta^k_{i,j} \cdot \Delta^r_{i,j} < 0$$

Alors les conditions limites précédentes conduisent à une contradiction. (car on doit aussi avoir $u_{r,i}\,\alpha_m - v_{r,i}\,\beta_m \longrightarrow -\infty$).

Preuve de la proposition. Supposons que (ξ_i, ξ_j) et (ξ_i, ξ_k) soient dans $B(\gamma)$. Du lemme on déduit que pour tout $r (r \neq i,j,k)$

$$\Delta^k_{i,j} \cdot \Delta^r_{i,j} > 0$$

$$\Delta^j_{i,k} \quad \Delta^r_{i,k} > 0$$

Or on a les relations suivantes entre les expressions considérées :

$$\Delta^k_{i,j} = - \Delta^i_{k,j} = - \Delta^k_{j,i} = - \Delta^j_{i,k}$$

On en déduit qu'on ne peut avoir $\Delta^j_{i,r} \cdot \Delta^k_{i,r} > 0$

ce qui prouve qu'aucun cylindre (ξ_i, ξ_r) $(r \neq j,k)$ ne peut être dans $B(\gamma)$.

Un problème naturel se pose alors : étant donnés p cylindres de coordonnées (ξ_i, ξ_j) $(p \leqslant n+1)$ déterminer un champ de $\mathbb{P}_n(\mathbb{C})$ ayant la propriété suivante la trajectoire d'un point $x(A_1 : \dots : A_{n+1})$ $(\prod_{1 \leqslant i \leqslant n+1} A_i \neq 0)$ est telle que son bout contienne ces p cylindres. On va résoudre ce problème dans $\mathbb{P}_3(\mathbb{C})$.

5. Etude d'un cas particulier : $\mathbb{P}_3(\mathbb{C})$.

5.1. On suppose qu'aucun des $\Delta^k_{i,j}$ nul (i,j,k, distincts variant de 1 à 4)

Lemme Il y a au moins trois parmi les six cylindres (ξ_i, ξ_j) dans $B(\gamma)$.

En effet, il y a au moins un cylindre dans $B(\gamma)$, car sinon la relation :

$$\Delta^k_{i,j} = \Delta^k_{i,r} + \Delta^i_{j,r} + \Delta^j_{k,r}$$

conduirait à une contradiction.

De plus, si d'un point ξ_i part un cylindre qui est dans $B(\gamma)$, il en part un autre. (ceci résulte de façon évidente des propriétés des $\Delta^k_{i,j}$ et du lemme précédent)

Proposition Les seules situations possibles sont :

- il y a trois cylindres dans $B(\gamma)$.
- il y a quatre cylindres dans $B(\gamma)$.

Cas 1

Cas 2

5.2. On suppose que pour i,j,k,r fixés on a $\Delta^{k}_{i,r}$ nul et plus particulièmment $v_{i,k} = v_{i,r} = 0$, ce qui implique $v_{k,r}$ nul et $v_{j,i} = v_{j,k} = v_{j,r}$ (car sinon on est amené au cas où λ_1 , λ_2 réels, $\lambda_3 = 1$, $\lambda_4 = 0$)

Soit γ la trajectoire du point $x(A_1 : \dots : A_{n+1})$ $A_i \neq 0$

On pose $Z_{r,k} = \frac{A_r}{A_k} z_{r,k}$ et $\rho = \frac{u_{i,r}}{u_{k,r}}$

Proposition Sous les hypothèses ci-dessus

1° Aucun des cylindres (ξ_k , ξ_r) , (ξ_i , ξ_r) , (ξ_i , ξ_k) n'est dans $B(\gamma)$.

2° Deux et deux seulement des trois cylindres restants sont dans $B(\gamma)$

3° a) Si ρ est rationnel, tous les points de l'hyperplan $Z_{r,j} = 0$ dont les coordonnées $e^K e^{i\varphi}$ et $e^{K'} e^{i\varphi'}$ vérifient $K' = \rho K$ et $\varphi' = \rho \varphi$ sont dans $B(\gamma)$.

b) Si ρ est irrationnel, tous les points de l'hyperplan $Z_{r,j} = 0$ vérifiant $|Z_{r,i}| = |Z_{r,k}|^{\rho}$ sont dans $B(\gamma)$.

La preuve de cette proposition est immédiate.

BIBLIOGRAPHIE

(1) Jean MARTINET : Champs de vecteurs holomorphes sur le plan projectif complexe (thèse de 3e cycle Grenoble 1962).

(2) KOBAYASHI et NOMIZU : Foundation of Differential Geometry, Vol. 1 .

(3) G. REEB : Sur les variétés feuilletées (Hermann, 1952).

UN THEOREME DU TYPE DE LEFSCHETZ

par

LE DUNG TRANG

1. Introduction

(1.1) Suivant une idée de R. Thom, A. Andreotti et T. Frankel ont démontré à l'aide de la théorie de Morse le théorème suivant (cf. [1]).

Théorème (1.1.1) : Soit V une variété algébrique irréductible de dimension n dans l'espace projectif $\mathbb{P}_n(\mathbb{C})$. Soit W une hypersurface de $\mathbb{P}_N(\mathbb{C})$ qui contient le lieu singulier de V et ne contient pas V. Alors l'homomorphisme :

$$H^i(V,\mathbb{Z}) \to H^i(V \cap W, \mathbb{Z})$$

défini par l'injection $V \cap W \subset V$ est :

(i) bijectif si $i < n-1$

(ii) injectif si $i = n-1$

et le groupe quotient $H^{n-1}(V \cap W,\mathbb{Z})/ H^{n-1}(V,\mathbb{Z})$ n'a pas de torsion.

Ce théorème énoncé par S. Lefschetz dans [12] porte le nom de théorème de Lefschetz sur les sections hyperplanes. Partant de la même idée de R. Thom, R. Bott a constaté que l'on pouvait obtenir un énoncé de ce théorème concernant les groupes d'homotopie (cf. [2]). En fait ces deux énoncés du même théorème, l'un concernant la cohomologie, l'autre les groupes d'homotopie, se démontrent à l'aide de la théorie de Morse dans sa version plus "moderne" comme l'a fait J. Milnor dans [15].

(1.2) Dans [5] A. Grothendieck a proposé diverses conjectures concernant des théorèmes du type précédent et qu'il appelle théorèmes de Lefschetz locaux et globaux suivant la nature de leurs énoncés. Ainsi dans [7] et [9] H. Hamm et Lê Dũng Tráng ont démontré à l'aide de la théorie de Morse le théorème suivant :

Théorème (1.2.1) : Soit $V \subset U$ un sous-ensemble analytique d'un ouvert U de $\mathbb{C}^n$. Soit $f: V \to \mathbb{C}$ une fonction analytique complexe sur V non identiquement nulle. Supposons que $W = f^{-1}(0)$ contienne les points singuliers de V. Soit $x \in W$. Alors il existe une boule B contenue dans U, centrée en x, de rayon assez petit, telle que, pour toute boule $B' \subset B$, centrée en x, l'homomorphisme :

$$\pi_i(B' \cap W - \{x\}, y) \to \pi_i(B' \cap V - \{x\}, y)$$

défini par l'inclusion avec $y \in B' \cap W$, soit :

i) bijectif si $i < \dim_x W - 1$

ii) surjectif si $i = \dim_x W - 1$.

Comme ce théorème est obtenu en appliquant la théorie de Morse, on obtient au choix du lecteur un énoncé homologique ou cohomologique du même théorème. L'intérêt d'un tel théorème est d'obtenir des renseignements concernant la topologie d'un ensemble analytique au voisinage d'un point singulier. Plus précisément dans [16] J. Milnor établit :

Théorème (2.2.2) : L'espace topologique $K = H \cap S_\varepsilon$, où H est une hypersurface analytique d'un ouvert de $\mathbb{C}^n$ passant par 0 et S_ε, la sphère centrée en 0 de rayon ε assez petit, est $(n-3)$-connexe.

Ce théorème est évidemment un corollaire du théorème (1.2.1). On obtient également (cf. [6]) :

Corollaire (1.2.3) : Soit V une intersection complète de $\mathbb{C}^N$ de dimension n en un point 0. Alors, si $0 \in V$ est un point singulier isolé de V, et S_ε est une sphère centrée en 0 de rayon ε assez petit, la variété différentiable $K = V \cap S_\varepsilon$ est $(n-2)$-connexe.

Un tel théorème caractérise topologiquement les intersections complètes, et permet par exemple de donner des exemples d'espaces analytiques qui ne sont pas des intersections complètes. En effet on déduit de (1.2.3) :

Proposition (1.2.4) : Soit G un groupe fini qui opère linéairement sur $\mathbb{C}^n$ librement en dehors de l'origine, alors pour $n \geq 3$, l'espace analytique $\mathbb{C}^n/G$ n'est pas une intersection complète en 0, classe de l'origine dans $\mathbb{C}^n/G$.

(1.3) Dans ce séminaire, nous nous proposons de donner une idée de la démonstration du théorème suivant :

Théorème (1.3.1) : Soit $f : U \to \mathbb{C}$ une fonction holomorphe définie sur un ouvert U de $\mathbb{C}^n$. Soit $H = f^{-1}(0)$ l'hypersurface définie par f dans U. On suppose que $f(0) = 0$. Alors il existe dans l'espace projectif des hyperplans de $\mathbb{C}^n$ un ouvert dense $\mathcal{H}$ tel que, pour tout hyperplan $L \in \mathcal{H}$, il existe une boule B_e, centrée en 0, de rayon e assez petit pour lesquels on ait que :

a) l'homomorphisme :

$$\pi_i((B_\varepsilon - H) \cap L, y) \to \pi_i(B_\varepsilon - H, y)$$

défini par l'inclusion $(B_\varepsilon - H) \cap L \subset (B_\varepsilon - H)$ avec $y \in (B_\varepsilon - H) \cap L$ et $0 < \varepsilon \leq e$, est :

i) bijectif si $i < n-2$

ii) surjectif si $i = n-2$

b) si u est la forme linéaire qui définit L et si L_η désigne l'hyperplan affine d'équation $u = \eta$, pour tout ε, $0 < \varepsilon \leq e$, il existe $\eta(\varepsilon) > 0$ tel que l'homomorphimse :

$$\pi_i((B_\varepsilon - H) \cap L_\eta, y) \to \pi_i(B_\varepsilon - H, y)$$

défini par l'inclusion $(B_\varepsilon - H) \cap L_\eta \subset (B_\varepsilon - H)$ avec $y \in (B_\varepsilon - H) \cap L_\eta$

et $0 < |\eta| \leq \eta(\varepsilon)$ soit :

i) bijectif si $i < n-1$

ii) surjectif si $i = n-1$.

La démonstration de ce théorème est due à H. Hamm et Lê Dũng Tráng (cf. [8] et [11]). Etant donné l'énoncé de ce théorème, "on voit bien" qu'il mérite sa dénomination de "Théorème du type de Lefschetz". Avant de passer à la démonstration du théorème nous allons faire un certain nombre de remarques :

A - La partie b) du théorème (1.3.1) est la forme la "plus intéressante" du théorème dans la mesure où on a gagné une dimension sur la partie a). En fait on utilise la partie a) pour se ramener au cas d'une hypersurface dans $\mathbb{C}^3$. Plus précisément on obtient :

<u>Corollaire (1.3.2)</u> : Il existe un ouvert dense $\mathcal{E}$ de la grassmanienne des 3-plans passant par 0 tel que pour tout $E \in \mathcal{E}$ on ait un $\varepsilon_0 > 0$ assez petit pour lequel l'homomorphisme :

$$\pi_1((B_\varepsilon - H) \cap E, y) \to \pi_1(B_\varepsilon - H, y)$$

défini par l'inclusion $(B_\varepsilon - H) \cap E \subset (B_\varepsilon - H)$ avec $y \in (B_\varepsilon - H) \cap E$ et $0 < \varepsilon \leq \varepsilon_0$ est bijectif.

Pour "gagner une dimension" on utilise la partie b) appliquée à l'hypersurface $H \cap E$ de E. On obtient alors :

<u>Corollaire (1.3.3)</u> : Il existe un ouvert dense $\mathcal{P}$ des hyperplans de E tel que si $P \in \mathcal{P}$ et $u : E \to \mathbb{C}$ définit P on ait un $\varepsilon_1 > 0$ assez petit pour lequel l'homomorphisme :

$$\pi_1((B_\varepsilon - H) \cap P_\eta, y) \to \pi_1(B_\varepsilon - H, y)$$

défini par l'inclusion $(B_\varepsilon - H) \cap P_\eta \subset (B_\varepsilon - H)$ avec $y \in (B_\varepsilon - H) \cap P_\eta$,

P_η défini par $u=\eta$ et $0<\varepsilon\leq\varepsilon_1$, est bijectif.

B - On aurait pu énoncer les théorèmes (1.2.1) et (1.3.1) en parlant des groupes d'homotopie locaux comme dans [5]. En fait, comme on a que localement un ensemble analytique est homéomorphe à un cône, en utilisant par exemple le théorème de triangulation de Giesecke-Lojasiewicz (cf. [13]), on peut se convaincre que les groupes d'homotopie dont il est question sont homéomorphes aux groupes d'homotopie locaux correspondants.

C - Le théorème (1.3.1) et le corollaire (1.3.3) ont été énoncés sous une forme "globale" par O. Zariski dans [24]. En fait les méthodes de démonstration utilisées ici diffèrent de celles utilisées par O. Zariski. Cependant la partie a) du théorème (1.3.1) implique le théorème de Zariski.

D - Avant de terminer cette introduction, nous allons donner quelques motivations sur la nécessité d'établir le théorème (1.3.1). La démonstration de ce théorème nous a été demandée par E. Brieskorn. Plus précisément considérons la situation suivante. Soit (H,0) un germe d'hypersurface analytique ayant en 0 une singularité isolée. En utilisant les résultats de G. Tiourina ([22]), on sait qu'il existe une déformation semi-universelle de (H,0). Celle-ci est donnée par un germe de morphisme analytique $f:(\mathbb{C}^n\times\mathbb{C}^p,0)\to(\mathbb{C}\times\mathbb{C}^p,0)$ tel que $(f^{-1}(0),0)$ soit isomorphe à (H,0). Soit Δ le discriminant de f, i.e. l'image du lieu critique de f. Ainsi $x\in\Delta$ si et seulement si $f^{-1}(x)$ est singulier. Afin de donner un sens à ce que nous venons d'écrire, nous supposons que nous avons choisi un représentant de f défini sur un voisinage ouvert de l'origine assez petit. On remarque alors que le groupe fondamental en un point y du complémentaire de Δ dans un voisinage assez petit de 0 opère sur l'homologie de la fibre non singulière de f au-dessus de y. Si on connaît ce groupe fondamental local du complémentaire de Δ en 0 ainsi que la façon dont ce groupe opère sur l'homologie de la fibre non singulière de f au-dessus de y, en suivant une idée de F. Pham (cf. [17] et [3]), on espère obtenir des renseignements sur la topologie de H. Le théorème (1.3.1) permet de ramener le calcul du groupe fondamental local du complémentaire de Δ en 0 à celui du groupe fondamental local du complémentaire dans un voisinage de 0 assez petit de l'intersection de Δ par un 2-plan générique passant près de 0 (cf. corollaire (1.3.3)) : on espère alors utiliser le résultat de E. Brieskorn selon lequel la courbe obtenue dans un voisinage de 0 assez petit par l'intersection de Δ par un 2-plan générique de $\mathbb{C}\times\mathbb{C}^p$ parallèle à $\mathbb{C}\times\{0\}$ est une courbe analytique dont les seules singularités sont des "cusps" et des points doubles ordinaires.

2. Cas d'une singularité isolée

(2.1) Pour pouvoir bien éclairer les difficultés que l'on rencontre, nous allons tout d'abord supposer que l'hypersurface H du théorème (1.3.1) a une singularité isolée en 0.

Fixons les notations. On a $f : U \to \mathbb{C}$ une fonction analytique. On note H_b l'hypersurface définie par $f = b$. On suppose que $f(0) = 0$. On a donc $H = H_o$. On note B_ε la boule fermée de centre 0 et de rayon ε, S_ε désigne la sphère qui borde B_ε. On note $\mathring{B}_\varepsilon$ l'intérieur $B_\varepsilon - S_\varepsilon$ de B_ε. Remarquons que :

Lemme (2.1.1) : Il existe $\varepsilon_o > 0$ et $b_o > 0$ tels que $H_b \cap \mathring{B}_\varepsilon$ soit une hypersurface non singulière pour tout ε, $0 < \varepsilon \leq \varepsilon_o$, et tout b, $0 < b \leq b_o$.

Preuve : Dans le cas où f est un polynôme on utilise le lemme (1.3.1) de [10].

Dans le cas genéral où f est un fonction analytique on utilise le lemme des petits chemins :

Lemme (2.1.2) (Lemme des petits chemins (Milnor [16])) : Soit E un sous-ensemble semi-analytique de $\mathbb{R}^m$ et soit x un point adhérent à E. Alors il existe un chemin analytique réel $p : [0,\delta[\to \mathbb{R}^n$ tel que $p(0) = x$ et $p(t) \in E$ pour tout $t \neq 0$.

Dans [16], on suppose que E est un sous-ensemble semi-algébrique de $\mathbb{R}^m$ (cf. Lemma 3.1). En fait on peut appliquer cette démonstration dans le cas présent.

Ainsi, si pour tout ε il existe un point x de $B_\varepsilon - H$ tel que f ait un point critique en x on peut construire une suite de points (x_n) dans $B_\varepsilon - H$ qui converge vers 0. Comme l'ensemble des points critiques de f dans $B_\varepsilon - H$ est un ensemble semi-analytique le lemme des petits chemins donne l'existence d'un chemin analytique $p: [0,\delta[\to B_\varepsilon - H$ tel que $p(0) = 0$ et $p(t)$ est un point critique de f pour tout $t \in [0,\delta[$. Donc :

$$\frac{d}{dt} f(p(t)) = 0$$

et f est constante sur l'image de p, ce qui est contradictoire avec $f(p(0)) = 0$ et $p(t) \notin H$ pour $t \neq 0$.

Dans la suite de ce paragraphe nous utiliserons [10] comme référence bien qu'on y suppose que f est un polynôme. La plupart du temps les lemmes et propositions énoncés sont démontrés à l'aide du lemme des petits chemins quand f est analytique.

En fait dans le cas considéré ici où f a une singularité isolée en 0, un théorème de Samuel [18] montre que f est analytiquement équivalente à un polynôme dans un voisinage ouvert assez petit de 0.

Ainsi une application d'un théorème de H. Whitney donne (cf. [10] Lemme (1.3.2)) :

Lemme (2.1.3) : Il existe $\varepsilon_1 > 0$ tel que pour tout ε, $0 < \varepsilon \leq \varepsilon_1$, la sphère S_ε soit transverse à H_o.

Il en résulte que :

Corollaire (2.1.4) : Pour tout $\varepsilon > 0$, $0 < \varepsilon \leq \varepsilon_1$, il existe $b_\varepsilon > 0$ tel que pour tout b, $0 \leq |b| \leq b_\varepsilon$, la sphère S_ε soit tranverse à H_b.

Considérons alors l'ensemble $\mathfrak{J}$ des hyperplans de $\mathbb{C}^n$ qui sont limites de suites d'hyperplans tangents à $H - \{0\}$ en des suites de points $x_n \in H - \{0\}$ qui tendent vers 0. Plus précisément soit V un voisinage ouvert de 0 dans $\mathbb{C}^n$ tel que $0 \in H \cap V$ soit l'unique point singulier de $H \cap V$ et soit $\Phi : H \cap V - \{0\} \to \mathbb{P}^{n-1}(\mathbb{C})$ l'application analytique de $H \cap V - \{0\}$ dans l'espace projectif $\mathbb{P}^{n-1}(\mathbb{C})$ des hyperplans de $\mathbb{C}^n$ qui à un point $z \in H \cap V - \{0\}$ fait correspondre l'hyperplan $T(z, H \cap V)$ tangent à $H \cap V$ en z. Le graphe G de Φ est une sous-variété analytique de $(H \cap V) \times \mathbb{P}^{n-1}(\mathbb{C})$. Soit $\bar{G}$ la fermeture de G dans $(H \cap V) \times \mathbb{P}^{n-1}(\mathbb{C})$; dans ce cas $\bar{G} - G$ n'est autre que $\{0\} \times \mathfrak{J}$. Dans [23], § 16, on montre que $\mathfrak{J}$ est en fait une sous-variété algébrique fermée de $\mathbb{P}^{n-1}(\mathbb{C})$ de dimension strictement plus petite que n-1 (on peut montrer que cette dimension est n-2, mais nous n'en aurons pas besoin ici).

Choisissons alors un hyperplan $L \in \mathbb{P}^{n-1}(\mathbb{C}) - \mathfrak{J}$. Nous allons montrer qu'un tel hyperplan est transverse à $H - \{0\}$ dans un voisinage ouvert de 0 :

Lemme (2.1.5) : Il existe un voisinage ouvert U_o de 0 tel que L soit transverse à $H \cap U_o - \{0\}$.

Preuve : Supposons que, pour tout $\varepsilon > 0$, il existe un point $x \in H \cap \mathring{B}_\varepsilon - \{0\}$ tel que L ne soit pas transverse à $H \cap \mathring{B}_\varepsilon - \{0\}$ en x. Ceci signifie que :

$$T(x, H \cap \mathring{B}_\varepsilon) = L \quad .$$

En utilisant la compacité de $\mathbb{P}^{n-1}(\mathbb{C})$, on peut alors trouver une suite de points (x_n) de $H - \{0\}$ qui converge vers 0 telle que la suite $(T(x_n,H))$ des hyperplans tangents à H correspondante converge vers T dans $\mathbb{P}^{n-1}(\mathbb{C})$.

Par hypothèse $L \notin \mathfrak{J}$ et $T \in \mathfrak{J}$ donc $T \neq L$ et ceci est contradictoire avec le fait que pour tout n on ait : $T(x_n,H) = L$.

Il résulte de ce lemme qu'en particulier $L \cap H$ est une hypersurface de L ayant éventuellement une singularité isolée en 0. Ainsi en appliquant le lemme (2.1.3) il existe $\varepsilon_2 > 0$ tel que pour tout ε, $0 < \varepsilon \leq \varepsilon_2$, la sphère S_ε soit transverse à $L \cap H$. On obtient ainsi :

<u>Lemme (2.1.6)</u> : Pour tout ε, $0 < \varepsilon \leq \inf(\varepsilon_1, \varepsilon_2)$, il existe des nombres réels b_ε et η_ε, pour tout b, $0 \leq |b| \leq \tilde{b}_\varepsilon$, et pour tout η, $0 \leq |\eta| \leq \eta_\varepsilon$, l'hyperplan L_η est tranverse à $S_\varepsilon \cap H_b$.

Ce dernier lemme exprime la propriété suivante. Montrons T_c l'ensemble des points z où $|f(z)| \leq c$:

$$T_c = \{z \mid z \in U \wedge |f(z)| \leq c\} \quad .$$

Soit ∂T_c le bord de T_c :

$$\partial T_c = \{z \mid z \in U \wedge |f(z)| = c\} \quad .$$

Fixons ε, $0 < \varepsilon \leq \inf(\varepsilon_1, \varepsilon_2)$ et c, $0 < c \leq \inf(b_\varepsilon, \tilde{b}_\varepsilon)$. En utilisant le corollaire (2.1.4) on obtient que ∂T_c est transverse à S_ε. Donc $\partial T_c \cap S_\varepsilon$ est une variété différentiable réelle. En utilisant la terminologie de [4], on trouve également que $(B_\varepsilon - \mathring{T}_c)$, où $\mathring{T}_c$ est l'intérieur de T_c, est une <u>variété à coins</u> (ou <u>à bords anguleux</u>). Dans ce cas le bord anguleux est $(S_\varepsilon - \mathring{T}_c) \cup (\partial T_c \cap B_\varepsilon)$.

Les coins sont alors $\partial T_c \cap S_\varepsilon$. Le lemme (2.1.6) dit alors qu'il existe η_ε ne dépendant pas de c, $0 \leq c \leq \inf(b_\varepsilon, \tilde{b}_\varepsilon)$ tel que pour tout η, $0 \leq |\eta| \leq \eta_\varepsilon$, l'hyperplan L_η est transverse aux "coins" $\partial T_c \cap S_\varepsilon$.

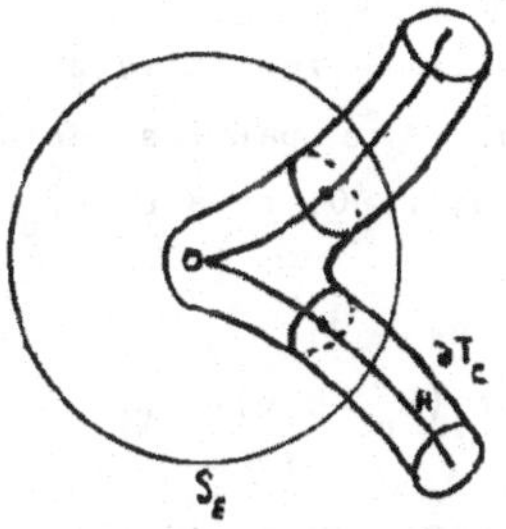

(2.2) Nous allons maintenant esquisser comment dans le cas d'une singularité isolée il est relativement facile d'obtenir le théorème (1.3.1).

L'idée de la démonstration est d'utiliser la théorie de Morse sur la variété à coins $B_\varepsilon - \mathring{T}_c$. En fait, grâce au lemme (2.1.6), les "coins" ne jouent aucun rôle et seuls les bords $S_\varepsilon - T_c$ et $\partial T_c \cap \mathring{B}_\varepsilon$ vont intervenir. Plus précisément on a les lemmes suivants :

<u>Lemme (2.2.1)</u> : Il existe ε_3 tel que pour tout ε et ε', $0 < \varepsilon \leq \varepsilon_2$, $0 < \varepsilon' \leq \varepsilon_2$, $B_\varepsilon - H$ et $B_{\varepsilon'} - H$ ont même type d'homotopie.

<u>Preuve</u> : On utilise le théorème 2.10 de [16].

De plus :

<u>Lemme (2.2.2)</u> : Soit ε, $0<\varepsilon\leq\inf(\varepsilon_1,\varepsilon_2)$. Alors il existe c_ε tel que pour tout c, $0<c\leq c_\varepsilon$, les espaces $B_\varepsilon-\overset{o}{T}_c$ et $B_\varepsilon-H$ ont le même type d'homotopie.

<u>Preuve</u> : Choisissons $c_\varepsilon\leq\inf(b_\varepsilon,\tilde{b}_\varepsilon)$. Soit $y\in B_\varepsilon-\overset{o}{T}_{c_\varepsilon}$. On peut alors définir $\pi_i=\varinjlim_{c}\pi_i(B_\varepsilon-\overset{o}{T}_c,y)$, limite inductive des $\pi_i(B_\varepsilon-\overset{o}{T}_c,y)$ pour les homomorphismes définis pour $c'\geq c$ par les inclusions $B_\varepsilon-\overset{o}{T}_{c'}\subset B_\varepsilon-\overset{o}{T}_c$. Comme pour tout $c>0$, on a $B_\varepsilon-\overset{o}{T}_c\subset B_\varepsilon-H$, on obtient un homomorphisme canonique :

$$\xi:\pi_i\to\pi_i(B_\varepsilon-H,y) \quad .$$

En fait, ξ est un isomorphisme. En effet c'est un épimorphisme, car si $[\gamma]\in\pi_i(B_\varepsilon-H,y)$ est la classe d'homotopie de $\gamma:(\mathbb{S}^i,e)\to(B_\varepsilon-H,y)$ l'image de γ est dans un certain $(B_\varepsilon-\overset{o}{T}_c)$ et l'image dans π_i de la classe de γ dans $\pi_i(B_\varepsilon-\overset{o}{T}_c,y)$ s'envoie sur $[\gamma]$ par ξ. De même c'est un monomorphisme, car si $[\gamma]$ est homotope à l'application constante d'image y de $(\mathbb{S}^i,e)$ dans $(B_\varepsilon-H,y)$, l'homotopie peut être réalisée dans un certain $B_\varepsilon-\overset{o}{T}_c$.

Il reste à montrer que l'application canonique de $\pi_i(B_\varepsilon-\overset{o}{T}_{c_\varepsilon},y)$ dans π_i est un isomorphisme. Il suffit pour cela de montrer que pour tout c, $0<c\leq c_\varepsilon$, l'homomorphisme :

$$\pi_i(B_\varepsilon-\overset{o}{T}_{c_\varepsilon},y)\to\pi_i(B_\varepsilon-\overset{o}{T}_c,y)$$

défini par l'inclusion est un isomorphisme. Et ceci provient d'un lemme analogue à celui de J. Milnor [15] p. 12 dans le cas des variétés à bord :

Lemme (2.2.3) : Soit V une variété à bord, de bord ∂V. Soit $f : V \to \mathbb{R}$ une fonction différentiable sur V. On suppose que, pour $a < b$, on ait $f^{-1}([a,b])$ compact et que f n'ait aucun point critique dans $f^{-1}([a,b])$. Alors, en notant $M_a = f^{-1}(]-\infty,a])$ les espaces M_a et M_b sont homéomorphes et l'inclusion de M_a dans M_b est une équivalence d'homotopie.

Preuve : Cf. [8] ou [11].

On applique ce lemme à la variété à bord B_ε et la fonction $-|f|^2$ restreinte à B_ε.

Pour établir la partie a) du théorème (1.3.1) on considère la restriction de la fonction $|u|^2$ à $B_\varepsilon - \mathring{T}_c$, où $u = 0$ est une équation linéaire qui définit L. On considère un c assez petit tel que d'une part les points critiques de la restriction de $|u|^2$ à $\partial T_c \cap \mathring{B}_\varepsilon$ soient contenus dans l'ensemble $\mathring{\mathcal{T}}_{\eta_\varepsilon} = \{z \mid z \in B_\varepsilon \wedge |u(z)| < \eta_\varepsilon\}$ et que d'autre part, pour $0 < c' \leq c$, ∂T_c soit transverse à L. Ceci est possible grâce au lemme (1.3.1) de [10]. Fixons alors c pour que toutes les conditions précédentes soient vérifiées. Quand η est assez petit, L_η est transverse à ∂T_c, S_ε et $S_\varepsilon \cap \partial T_c$ (cf. lemme (2.1.6)). On peut alors montrer que l'espace $\mathcal{T}_{\tilde{\eta}} = \{z \mid z \in B_\varepsilon \wedge |u(z)| \leq \tilde{\eta}\}$ a le type d'homotopie de $(L - H) \cap B_\varepsilon$. On calcule alors les indices des points critiques de la restriction de $|u|^2$ à $B_\varepsilon - \mathring{T}_c$. On constate que les points critiques contenus dans $\mathcal{T}_{\eta_\varepsilon}$ sont sur $\partial T_c \cap \mathring{B}_\varepsilon$. De plus, <u>si L a été bien choisi</u>, le calcul du Hessien montre que les indices de $|u|^2$ aux points critiques sont minorés par n-1. En modifiant $|u|^2$ pour obtenir une fonction de Morse qui coïncide avec $|u|^2$ dans un voisinage ouvert de $(\mathcal{T}_{\tilde{\eta}} - \mathring{T}_c)$ et dans $(B_\varepsilon - \mathcal{T}_{\eta_\varepsilon}) - \mathring{T}_c$, on obtient que $\mathcal{T}_{\eta_\varepsilon} - \mathring{T}_c$ a le type d'homotopie de $\mathcal{T}_{\tilde{\eta}} - \mathring{T}_c$ auquel on a attaché des cellules de dimension $k \geq n-1$. Enfin, on établit que $B_\varepsilon - \mathring{T}_c$ a le même type d'homotopie que $\mathcal{T}_{\eta_\varepsilon} - \mathring{T}_c$ et un théorème classique (cf. [19] p. 402) donne le résultat.

Pour établir la partie b) du théorème (1.3.1), on procède comme précédemment mais on considère la fonction $\mathrm{Log}\,|u-t_0|$ où $t_0 \in \mathbb{C}$ est assez petit.

En fait, la démarche générale, quand on ne suppose pas que $0 \in H$ est un point singulier isolé, est la même. C'est pourquoi nous ne donnons pas pour le moment plus de précisions sur la démonstration. Nous allons alors considérer le cas général.

3. Les bonnes stratifications

(3.1) Nous allons fixer les notations pour le reste du séminaire. On a $f : U \to \mathbb{C}$ une fonction analytique définie sur un voisinage ouvert U de l'origine 0 dans $\mathbb{C}^n$. On note H_b l'hypersurface définie par $f = b$ dans U. On suppose $f(0) = 0$. Donc $0 \in H_o$. On désigne par B_ε, S_ε respectivement la boule fermée de centre 0 et de rayon ε et son bord. On note T_c et ∂T_c l'ensemble $\{z \mid z \in U \wedge |f(z)| \leq c\}$ et son bord.

On remarque que le lemme (2.1.1) est encore vrai sans l'hypothèse de singularité isolée. Donc il existe $\varepsilon_o > 0$ et $b_o > 0$ tels que $H_b \cap \overset{\circ}{B}_\varepsilon$ est une hypersurface non singulière pour tout ε, $0 < \varepsilon \leq \varepsilon_o$, et tout b, $0 < b \leq b_o$.

En revanche, le lemme (2.1.3) n'est pas vrai. Tout ce que l'on peut dire est qu'il existe $\tilde{\varepsilon}_1 > 0$ tel que, pour tout ε, $0 < \varepsilon \leq \tilde{\varepsilon}_1$, la sphère S_ε soit tranverse à la partie non singulière de H_o. Il en résulte que, si nous choisissons un tel S_ε, nous ne sommes pas assurés que, pour b assez petit, H_b est transverse à S_ε. Cependant il est vrai que pour S_ε fixé, il existe un $c(\varepsilon) > 0$ tel que, pour tout nombre réel c, $0 < c \leq c(\varepsilon)$ l'hypersurface réelle ∂T_c est transverse à S_ε. Pour démontrer ceci il suffit de considérer la restriction de $|f|^2$ à S_ε et d'appliquer le théorème (1.2.1) de [10] si f est un polynôme. Si f est une fonction analytique on obtient un théorème analogue en appliquant le lemme des petits chemins (cf. (2.1.2)). Malheureusement, si ε est choisi dans un intervalle compact $I \subset]0, \tilde{\varepsilon}_1]$, nous ne sommes même pas assurés qu'il existe un $\tilde{c} > 0$ tel que pour tout $\varepsilon \in I$ et tout nombre réel c, $0 < c \leq \tilde{c}$, la sphère S_ε soit transverse à ∂T_c. Pour pallier à ce genre de difficultés et pour obtenir un lemme analogue au lemme (2.1.6), nous allons introduire la notion de bonne stratification.

(3.2) Nous allons définir les stratifications d'ensembles analytiques complexes comme H. Whitney le fait dans [24].

Rappelons qu'un ensemble analytique complexe local V de $\mathbb{C}^n$ est un ensemble (éventuellement vide) tel que pour tout point $p \in V$ il existe un voisinage ouvert Ω de p et un ensemble de fonctions holomorphes sur Ω dont l'ensemble des zéros communs est $V \cap \Omega$. Rappelons qu'on peut ne choisir qu'un nombre fini de telles fonctions sur Ω. Un ensemble analytique complexe dans l'ouvert U de $\mathbb{C}^n$ est un sous-ensemble analytique complexe local dans U qui est fermé dans U. Un ensemble analytique complexe local est évidemment ensemble analytique complexe d'un certain ouvert de $\mathbb{C}^n$. Un sous-ensemble analytique complexe d'un ensemble analytique complexe V d'un ouvert U de $\mathbb{C}^n$ est un sous-ensemble de V qui est lui-même un ensemble analytique complexe de U. Dans la mesure où aucune confusion ne sera possible on dira ensemble analytique au lieu d'ensemble analytique complexe et on notera $V \subset U \subset \mathbb{C}^n$ pour exprimer que la dénomination est relative à l'ouvert U.

Définition (3.2.1) : Soit M une sous-variété analytique d'un ouvert U de $\mathbb{C}^n$. Notons $\overline{M}$ la fermeture de M dans U. On dira que M est U-stricte si $\overline{M}$ et $\overline{M} - M$ sont des ensembles analytiques de U.

Définition (3.2.2) : On dit qu'une partition $(V_i)_{i \in I}$ d'un ensemble analytique V de U est une stratification si la partition $(V_i)_{i \in I}$ vérifie les propriétés suivantes :

a) Chaque V_i est une sous-variété analytique connexe de U ;

b) Chaque V_i est U-stricte ;

c) La partition $(V_i)_{i \in I}$ est localement finie ;

d) La partition $(V_i)_{i \in I}$ possède la <u>propriété de frontière</u>, i.e. si l'on a :

$$V_i \cap \overline{V}_j \neq \emptyset \quad \text{pour } i \neq j \text{ avec } \overline{V}_j \text{ fermeture de } V_j \text{ dans } U,$$

alors $V_i \subset \overline{V}_j$.

On appelle les V_i les <u>strates</u> de la stratification.

<u>Exemples (3.2.3)</u> :

1 - Soit V le sous-ensemble de $\mathbb{C}^2$ défini par $XY = 0$, où X et Y sont les deux fonctions coordonnées de $\mathbb{C}^2$. Considérons la partition de V par les sous-ensembles :

$$V_1 = \{(X,Y) \mid X = 0\}$$

$$V_2 = \{(X,Y) \mid Y = 0 \wedge X \neq 0\} \quad .$$

La partition (V_1, V_2) de V vérifie bien les conditions a), b), c) de la définition (3.2.2) mais ne vérifie pas la propriété de frontière.

2 - Soit V le sous-ensemble de $\mathbb{C}^3$ défini par $X^2 - Y^2 Z = 0$ (cf. dessin dans $\mathbb{R}^3$ ci-dessous) :

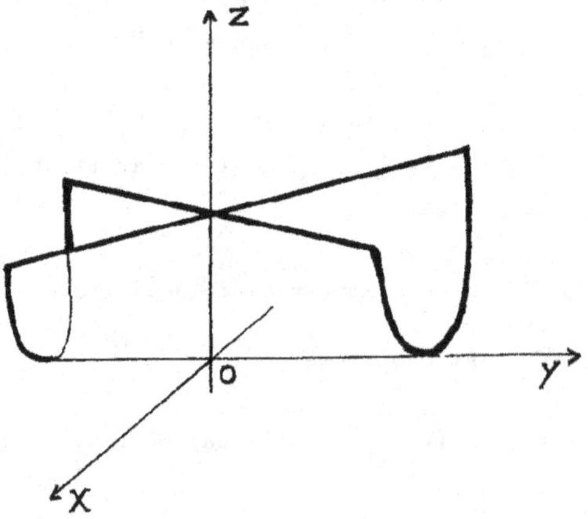

Considérons la partition de V définie par :

$$V_1 = \{(X,Y,Z) \mid X = Y = 0\}$$

$$V_2 = \{(X,Y,Z) \in V - V_1\} = V - V_1 .$$

Remarque (3.2.3) : Nous ne donnons pas ici une définition générale des stratifications concernant les espaces topologiques comme il est fait dans [21] et où des propriétés "d'incidence" entre les strates sont demandées.

Dans [23], H. Whitney montre que tout ensemble analytique possède une stratification.

La première idée que l'on pourrait avoir pour stratifier un ensemble analytique V est de considérer la partition suivante :

$V_1 = V - \Sigma(V)$ où $\Sigma(V)$ est le sous-ensemble analytique des points singuliers de V.

$V_2 = \Sigma(V) - \Sigma(\Sigma(V))$

...

ou bien la partition qui provient de la précédente en considérant les composantes connexes de chaque V_i . A cause de la propriété a) nous ne retiendrons que cette dernière partition. Malheureusement, cette partition ne vérifie pas nécessairement la propriété de frontière. En effet si V est la sous-ensemble algébrique de $\mathbb{C}^3$ défini par :

$$ZX = 0 \quad \text{et} \quad ZY = 0$$

le lieu singulier de V n'est autre que l'ensemble où $X = Y = 0$ et la partition obtenue ne vérifie pas la propriété de frontière.

(3.3) Définition (3.3.1) : Soit $(V_i)_{i\in I} = \Sigma$ une stratification de H. On dit que Σ est une bonne stratification de H en 0 s'il existe un voisinage ouvert Ω de 0 dans $\mathbb{C}^n$ tel que, pour toute suite de points de $\Omega - H$ convergente vers un point x de $H \cap \Omega$ pour laquelle la suite des hyperplans $T(x_n, H_{f(x_n)})$ converge vers un hyperplan T, l'hyperplan T contienne le plan tangent en x à la strate de Σ qui contient x. On dira aussi que Σ est une bonne stratification de H dans Ω.

Exemple (3.3.2) : Reprenons l'exemple (3.2.3) - 2 ci-dessus où V est le sous-ensemble algébrique de $\mathbb{C}^3$ défini par $g = X^2 - Y^2 Z = 0$. Considérons une suite de points (z_n) du plan $Z = 0$ qui tend vers 0, où l'une des dérivées partielles de g ne s'annule pas et où $2X = -Y^2$ est réel. Remarquons :

$$\begin{cases} \partial g/\partial X = 2X \\ \partial g/\partial Y = -2YZ \\ \partial g/\partial Z = -Y^2 \end{cases}$$

et que l'hyperplan tangent à l'hypersurface $g = g(X_o, Y_o, Z_o)$ au point (X_o, Y_o, Z_o) est l'hyperplan orthogonal au vecteur $(2\bar{X}_o, -2\overline{Y_o Z_o}, -\bar{Y}_o^2)$ pour la forme hermitienne canonique de $\mathbb{C}^3$.

L'hyperplan limite des hyperplans $T(z_n, H_{g(z_n)})$ est alors l'hyperplan orthogonal au vecteur $(1,0,1)$. Si l'on considère sur V la stratification définie dans l'exemple 2 de (3.2.3), ceci démontre que cette stratification n'est pas une bonne stratification au point 0. Dans ce cas il faut prendre une stratification plus fine de manière évidente.

Nous allons montrer qu'en fait on peut munir H d'une bonne stratification en 0.

Théorème (3.3.3) (F. Pham) : On peut munir l'hypersurface H d'une bonne stratification en 0.

Preuve : Avant de commencer la démonstration de ce théorème, on va introduire une propriété importante que l'on est en droit d'exiger d'une stratification convenable (cf. [23]) :

Définition (3.3.4) : Soit $V \subset U$ un sous-ensemble analytique d'un ouvert U de $\mathbb{C}^n$. Soit $M \subset V$ une variété différentiable contenue dans V. On dit que V a la propriété (a) de Whitney le long de M si, pour toute suite de points (x_n) de la partie non singulière $V - \Sigma(V)$ de V convergente vers le point x de M pour laquelle la suite des espaces tangents $T(x_n, V)$ en x_n à V converge vers un espace vectoriel T, l'espace T contient $T(x,M)$.

Définition (3.3.5) : On dit qu'une stratification $(V_i)_{i \in I}$ de l'ensemble analytique $V \subset U \subset \mathbb{C}^n$ possède la propriété (a) de Whitney si, pour tout couple de strates (V_i, V_j) telles que $V_i \subset \overline{V}_j$, l'ensemble analytique $\overline{V}_j \subset U \subset \mathbb{C}^n$ possède la propriété (a) de Whitney le long de V_i.

Dans [23], H. Whitney montre le théorème suivant :

Théorème (3.3.6) : Soit $V \subset U \subset \mathbb{C}^n$ un ensemble analytique. Supposons qu'il existe un ouvert W de la partie non singulière $V - \Sigma(V)$ de V qui soit U-strict (cf. 3.2.1) et tel que $\overline{W} = V$. Alors il existe une stratification $(V_i)_{i \in I} = \Sigma$ de V qui possède la propriété (a) de Whitney telle que $V - W$ soit une union de strates et que les composantes connexes de W soient des strates de Σ.

Preuve : Ce théorème résulte immédiatement du théorème 18.11 et du lemme 19.3 de [23].

On est maintenant en mesure de montrer le théorème (3.3.3). Considérons dans $U \times \mathbb{C}$ l'ensemble analytique G défini par $f - t^N = 0$. D'après le théorème (3.3.6) on peut munir G d'une stratification Σ_N telle que $H \times \{0\}$ soit une union de strates et que Σ_N possède la propriété (a) de Whitney. La stratification Σ_N de G induit donc une stratification S_N de H. Nous allons montrer que pour N assez grand

S_N est une bonne stratification de H en 0.

Supposons que dans une boule compacte B dans $U \times \mathbb{C}$ de centre 0 on ait une suite de points $(x_n = (u_n, t_n))$ de $G - H \times \{0\}$ convergente vers un point x de $B \cap (H \times \{0\})$ et pour laquelle la suite $T(x_n, H \times \{t_n\})$ converge vers une limite T qui ne contient pas le plan tangent $T(x, V_x)$ en x à la strate V_x de Σ_N qui contient x.

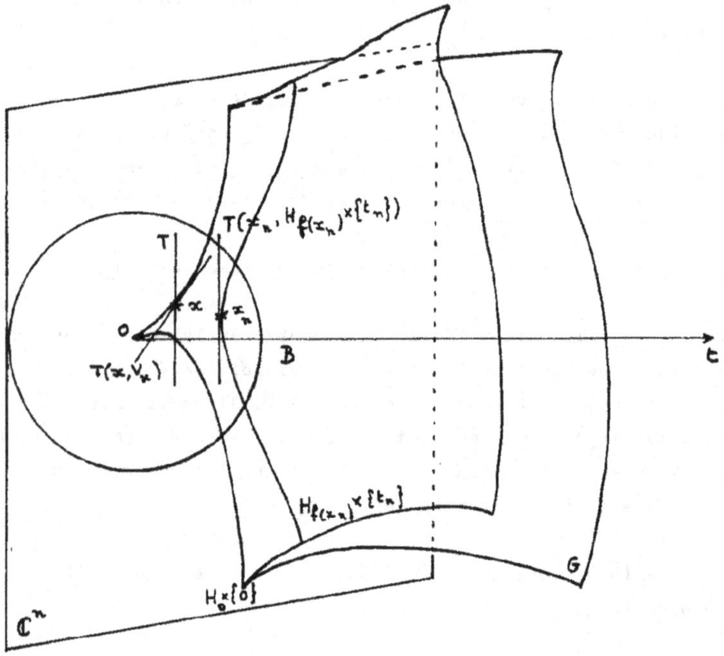

Comme Σ_N possède la propriété (a) de Whitney et que, quitte à en extraire une sous-suite, on peut toujours supposer que, pour la suite (x_n), la suite $T(x_n,G)$ converge vers $\mathcal{T}$, on obtient :

$$\mathcal{T} \supset T(x,V_x) \quad .$$

Evidemment, comme $T(x_n,G) \supset T(x_n, H_{f(x_n)} \times \{t_n\})$ pour tout entier n, on obtient que :

$$\mathcal{T} \supset T \quad .$$

Comme T est un hyperplan dans $\mathcal{T}$ et que T ne contient pas $T(x,V_x)$ on obtient que :

$$\mathcal{T} = T + T(x,V_x) .$$

Mais on obtient évidemment que :

$$T \subset \mathbb{C}^n \times \{0\}$$

$$T(x,V_x) \subset \mathbb{C}^n \times \{0\} \quad .$$

D'où : $$\mathcal{T} = \mathbb{C}^n \times \{0\} \quad .$$

Nous allons montrer que ceci est contradictoire si B est une boule de rayon assez petit et si N est assez grand.

On sait que dans un voisinage ouvert Ω de 0 dans $\mathbb{C}^n$, on a l'inégalité de Lojasiewicz suivante (cf. [14] p. 92) pour tout $z \in \Omega$:

$$\|(\underline{\text{grad}}\ f)(z)\| > |f(z)|^\theta$$

où $1 > \theta > 0$. Supposons alors que $B \subset \Omega$ $\mathbb{C}$. L'hyperplan tangent en x_n à G est orthogonal pour la forme hermitienne canonique de $\mathbb{C}^{n+1}$ au vecteur : $w_n = ((\underline{\text{grad}}\ f)(u_n), N\bar{t}_n^{N-1})$. Comme $x_n \in G$, on a :

$$f(u_n) = t_n^N \quad .$$

D'où : $|t_n|^{N-1} = |f(u_n)|^{\frac{N-1}{N}}$. On obtient donc que :

$$\frac{\|(\text{grad } f)(u_n)\|}{N|t_n|^{N-1}} \geq \frac{1}{N} \frac{|f(u_n)|^{\theta}}{|f(u_n)|^{\frac{N-1}{N}}} = \frac{1}{N} |f(u_n)|^{\theta - \frac{N-1}{N}} .$$

Donc si $\theta - \frac{N-1}{N} < 0$, i.e. $N > \frac{1}{1-\theta}$, on obtient que $\mathcal{T}$ doit être transverse à $\mathbb{C}^n \times \{0\}$, ce qui est contradictoire. On trouve donc bien que S_N est une bonne stratification de H en 0.

Nous obtenons alors facilement les propositions suivantes :

Proposition (3.3.7) : Supposons que Σ soit une bonne stratification de H en 0. Si E est une variété analytique complexe qui passe par 0 et qui est transverse à toutes les strates de dimension au moins 1, auxquelles 0 est adhérent, alors Σ induit une bonne stratification de $H \cap E$ en 0.

Proposition (3.3.8) : Supposons que Σ soit une bonne stratification de H dans le voisinage ouvert Ω de 0. Si E est une variété analytique complexe transverse à toutes les traces des strates de Σ dans $H \cap \Omega$, alors Σ induit une bonne stratification de $H \cap E \cap \Omega$.

(3.3.9) Un énoncé analogue à (3.3.8) peut être donné quand Σ est une variété différentiable réelle. Nous laissons le soin au lecteur de l'énoncer.

(3.4) Pour terminer avec ce paragraphe, nous allons donner un théorème qui nous sera très utile. Pour cela nous avons besoin de quelques définitions. Soit Σ une stratification de l'ensemble analytique $V \subset U \subset \mathbb{C}^n$:

Définition (3.4.1) : Soit $f : V \to K$ une fonction sur f à valeurs dans le corps K qui pourra être $\mathbb{R}$ ou $\mathbb{C}$. On dira alors que $x \in V$ est un point critique de f relativement à Σ si x est un point critique de la restriction de f à la strate V_x de Σ qui contient x. On dira que $y \in K$ est une valeur critique de f relativement à Σ s'il existe un point critique $x \in V$ de f relativement à Σ tel que $f(x) = y$.

On obtient alors un théorème analogue au corollaire 2.8 de [16] ou au théorème (1.2.1) de [10] :

Théorème (3.4.2) : Soit $V \subset U \subset \mathbb{C}^n$ un ensemble analytique. Soit Σ une stratification de V. Soit $x_o \in V$ et $\overset{o}{B}_\rho$ la boule ouverte de $\mathbb{C}^n$ centrée en x_o et de rayon ρ. Si ρ est assez petit, la restriction de f à $V \cap \overset{o}{B}_\rho$ n'a pas de valeurs critiques dans $K - \{f(x_o)\}$ relativement à la stratification de $V \cap \overset{o}{B}_\rho$ induite par Σ.

Preuve : On utilise essentiellement le lemme des petits chemins (cf. (2.1.2)). Pour plus de détails nous renvoyons le lecteur à [8] ou [11].

4. Choix de l'hyperplan générique

(4.1) Nous avons besoin de choisir "génériquement" un hyperplan qui sera transverse aux "coins" (cf. lemme (2.1.6)). Pour ce faire nous utiliserons les bonnes stratifications.

Nous procédons comme dans le cas où 0 est une singularité isolée. Il n'existe qu'un nombre fini de strates auxquelles 0 est adhérent, soient $V_1,\dots,V_p$ ces strates. Supposons que $0 \in \bar{V}_1$. Notons $\mathfrak{J}_i$ l'ensemble des limites de suites de plans tangents vers 0. On montre comme précédemment pour $\mathfrak{J}$, au § 2, que les $\mathfrak{J}_i$ sont des sous-ensembles algébriques fermés des grassmanniennes $G(d_i,n)$ des d_i-plans de $\mathbb{C}^n$, avec $d_i = \dim V_i$. Du fait que $\dim \mathfrak{J}_i \leq d_i - 1$ on obtient :

Lemme (4.1.1) : L'ensemble $\mathcal{K}_i$ des hyperplans de $\mathbb{C}^n$ qui ne contiennent pas un d_i-plan dans $\mathcal{J}_i$ est un ouvert de Zariski non vide de $\mathbb{P}^{n-1}(\mathbb{C})$ quand $d_i \geq 1$.

Remarquons que les strates parmi $V_1,\dots,V_p$ telles que $d_i \geq 1$, sont $V_2,\dots,V_p$ et éventuellement V_1 si $V_1 \neq \{0\}$. On note $\mathcal{K} = \bigcap_{d_i \geq 1} \mathcal{K}_i$. Evidemment $\mathcal{K}$ est un ouvert de Zariski non vide.

Choisissons alors L dans $\mathcal{K}$. Nous allons alors procéder comme dans le § 2.

Tout d'abord nous obtenons :

Lemme (4.1.2) : Soit $L \in \mathcal{K}$. Il existe alors un $\varepsilon_0 > 0$ tel que pour tout ε, $0 < \varepsilon < \varepsilon_0$, il existe $b_\varepsilon > 0$ et $\eta_\varepsilon > 0$ pour lequel on ait L_η transverse à $S_\varepsilon \cap H_b$ pour tout η, $0 \leq |\eta| \leq \eta_\varepsilon$ et tout b, $0 < b \leq b_\varepsilon$.

Preuve : On choisit $\tilde{\varepsilon}_0 > 0$ de telle sorte que pour tout ε, $0 < \varepsilon \leq \tilde{\varepsilon}_0$, S_ε soit transverse à toutes les strates de S_N et à toutes les strates de la stratification $S_N(L)$ induite sur $H \cap L$ par S_N. Ceci est possible, à cause du théorème (3.4.2). D'autre part, N est choisi assez grand pour que S_N soit une bonne stratification dans un voisinage ouvert Ω de 0. Enfin on suppose $B_{\varepsilon_0} \subset \Omega$. Remarquons alors que $S_N(L)$ est une bonne stratification dans $\Omega \cap L$.

Fixons alors ε, $0 < \varepsilon \leq \tilde{\varepsilon}_0$. Il existe alors b_0 tel que pour tout b, $0 < b \leq b_0$, S_ε soit transverse à $L \cap H_b$, i.e. L transverse à $H_b \cap S_\varepsilon$.

On sait que S_ε est transverse à toutes les strates de la stratification $S_N(L)$ induite sur $H \cap L$ par S_N. On va montrer qu'il existe η_0 telle que, pour tout n, $0 \leq |\eta| \leq \eta_0$, S_ε est transverse à toutes les strates de la stratification $S_N(L_\eta)$ induite par S_N sur

$H \cap L_\eta$. Tout d'abord le théorème (3.4.2) montre qu'il existe ε_0, $\varepsilon_0 \le \tilde{\varepsilon}_0$ tel que L_η soit transverse à toutes les strates de la stratification induite par S_N sur $H \cap \overset{o}{B}_{\varepsilon_0}$. On fixe alors ε, $0 < \varepsilon < \varepsilon_0$. Les strates de $H \cap L_\eta \cap \overset{o}{B}_{\varepsilon_0}$ sont donc les $V_i \cap L_\eta \cap \overset{o}{B}_{\varepsilon_0}$ où les V_i sont les strates des S_N pour lesquelles $H \cap L_\eta \cap \overset{o}{B}_{\varepsilon_0}$. Supposons alors que, pour tout η, il existe un x tel que S_ε ne soit pas transverse à $V_x \cap L_\eta$ en x, avec V_x désignant la strate de S_N contenant x :

$$T(x, V_x \cap L_\eta) \subset T(x, S_\varepsilon) \quad .$$

On obtient alors une suite de points (x_n) de $S_\varepsilon - H \cap L$ qui converge vers un point y de $S_\varepsilon \cap H \cap L$ et telle que $T(x_n, V_{x_n} \cap L_{\eta_n}) \subset T(x_n, S_\varepsilon)$. On peut extraire de cette suite une suite de points (y_n) contenue dans une strate V_i de S_N et une seule dont les suites de plans $(T(y_n, V_i))$ et $(T(y_n, V_i \cap L_{\tilde{\eta}_n}))$ correspondantes convergent respectivement vers T et $\tilde{T}$. Soit V_y la strate de S_N qui contient y.

En particulier S_N possède la propriété (a) de Whitney, donc :

$$T(y, V_y) \subset T$$

et

$$\tilde{T} = T \cap L \quad .$$

Par hypothèse $T(y_n, V_x \cap L_\eta) \subset T(y_n, S_\varepsilon)$. Donc $\tilde{T} \subset T(y, S_\varepsilon)$. Mais ceci contredit le fait que $T(y, S_\varepsilon)$ est transverse à $T(y, V_y) \cap L$. Ainsi S_ε est bien transverse à la stratification $S_N(L_\eta)$ induite par S_N sur $L_\eta \cap H$ si η est assez petit. On peut alors trouver $b_\eta > 0$ tel que pour tout $b \in \mathbb{C}$, $0 < b \le b_\eta$, on ait S_ε transverse à $L_\eta \cap H_b$.

Supposons que pour tout $\tilde{\eta} > 0$, et pour tout η, $0 \le |\eta| \le \tilde{\eta}$, on ne puisse pas choisir $\tilde{b}$ tel que pour tout b, $0 < b \le \tilde{b}$, $H_b \cap L_\eta$ soit transverse à S_ε. On peut alors exhiber une suite (b_n, η_n, x_n) de points de $\mathbb{C} \times \mathbb{C} \times S_\varepsilon$ telle que :

i) Le point x_n appartienne à $H_{b_n} \cap L_{\eta_n} \cap S_\varepsilon$;

ii) (b_n, η_n) tende vers $(0,0)$;

iii) $H_{b_n} \cap L_{\eta_n}$ ne soit pas transverse à S_ε en x_n.

iv) La suite x_n converge vers $x \in L \cap H \cap S_\varepsilon$.

Pour simplifier on notera $H(n)$, $L(n)$ au lieu de H_{b_n} et L_{η_n}.

On obtient alors pour tout n :

$$T(x_n, H(n) \cap L(n)) \subset T(x_n, S_\varepsilon) .$$

En fait, pour n assez grand on peut supposer que $H(n)$ et $L(n)$ sont transverses en x_n. En effet, quitte à extraire une sous-suite de la suite (x_n), on obtient que $T(x_n, H(n))$, $T(x_n, L(n))$ et $T(x_n, H(n) \cap L(n))$ convergent respectivement vers T_1, T_2 et T_3. Si pour tout n, il existe k_n tel que $H(k_n)$ et $L(k_n)$ ne sont pas transverses on obtient que :

$$T(x_{k_n}, H(k_n)) = T(x_{k_n}, L(k_n)) .$$

Donc pour la sous-suite (x_{k_n}) de (x_n) on obtient $T_1 = T_2$. Or $T(x, L_{u(x)}) = T_2$ est transverse à $T(x, V_x)$ quand ε_0 est assez petit, car dans ces conditions L étant dans $\mathcal{K}$, et est transverse à toute les strates de S_N dans $H \cap B_\varepsilon$. Comme S_N est une bonne stratification $T_1 \supset T(x, V_x)$ et on obtiendrait une contradiction. Donc $H(n)$ et $L(n)$ sont transverses en x_n et :

$$T_3 = T_1 \cap T_2 = T_1 \cap L .$$

Donc :

$$T_1 \cap L \subset T(x, S_\varepsilon) .$$

Mais on a choisi ε pour que S_ε soit transverse aux strates de $S_N(L)$. Donc $T(x,S_\varepsilon)$ est transverse à $T(x,V_x) \cap T(x,L_{u(x)})$. Donc $L = T(x,L_{u(x)})$ est transverse à $T(x,S_\varepsilon) \cap T(x,V_x)$. Comme $T(x,V_x) \subset T_1$, on a :

$$L + T_1 \cap T(x,S_\varepsilon) = \mathbb{C}^n .$$

Donc :

$$\dim_{\mathbb{R}} L + \dim_{\mathbb{R}} T_1 \cap T(x,S_\varepsilon) - \dim_{\mathbb{R}} (L \cap T_1 \cap T(x,S_\varepsilon)) = 2n .$$

Or :

$$T_1 \cap L \subset T(x,S_\varepsilon) ,$$

donc :

$$T_1 \cap L \cap T(x,S_\varepsilon) = T_1 \cap L .$$

Comme L est transverse à $T(x,V_x) \subset T_1$ on a :

$$\begin{aligned} \dim_{\mathbb{R}} T_1 \cap L &= + \dim_{\mathbb{R}} L + \dim_{\mathbb{R}} T_1 - 2n \\ &= - 2n + 2n - 2 + 2n - 2 \\ &= 2n - 4 . \end{aligned}$$

D'où :

$$\begin{aligned} \dim_{\mathbb{R}} (T_1 \cap T(x,S_\varepsilon)) &= 2n + 2n - 4 - 2n + 2 \\ &= 2n - 2 . \end{aligned}$$

Comme : $\dim_{\mathbb{R}} T_1 = 2n - 2$ -et $\dim_{\mathbb{R}} T(x,S_\varepsilon) = 2n - 1$, on obtient que :

$$T_1 \subset T(x,S_\varepsilon) .$$

Mais ceci est contradictoire avec le fait que l'on a choisi ε pour que S_ε soit transverse à toutes les strates de H, donc en particulier que $T(x,S_\varepsilon)$ soit transverse à $T(x,V_x)$.

(4.2) Le choix de l'hyperplan "générique" est également conditionné par le fait que la restriction de la fonction $|u|^2$ ou Log $|u-t|$ aux "tubes" ∂T_c soit une fonction ayant des points critiques d'indices n-1 au moins dans $\partial T_c \cap B_\varepsilon$ pour ε assez petit (cf. § 1).

Considérons alors un voisinage ouvert U' de H dans U tel que grad f ne s'annule pas dans U' - H. Rappelons que grad f désigne le gradient complexe de f, i.e. le champ de vecteurs dont les composantes sont les conjuguées des dérivées partielles de f. Soit $\Phi : U' - H \to \mathbb{P}^{n-1}(\mathbb{C})$ le morphisme défini par :

$$\Phi(z) = \overline{(\partial f / \partial X_i(z))}$$

où $\bar{l}$ est l'image canonique de $l \in \mathbb{C}^n - \{0\}$ dans $\mathbb{P}^{n-1}(\mathbb{C})$. Soit $Gr(\Phi)$ le graphe de Φ dans $U' \times \mathbb{P}^{n-1}(\mathbb{C})$ et $\overline{Gr(\Phi)}$ la fermeture de $Gr(\Phi)$ dans $U' \times \mathbb{P}^{n-1}(\mathbb{C})$. On sait que $\overline{Gr(\Phi)}$ peut être muni d'une structure d'espace analytique (cf. [23] § 16) et que si $\pi : \overline{Gr(\Phi)} \to U'$ est défini par la projection sur U', $\pi^{-1}(0)$ est un sous-ensemble algébrique fermé de $\mathbb{P}^{n-1}(\mathbb{C})$. Remarquons que π est un morphisme analytique propre.

Soit $\Phi_1 : U' \to \mathbb{P}^{n-1}(\mathbb{C})$ l'application constante d'image $\bar{l}$, où $l \in \mathbb{C}^n - \{0\}$. Soit $Gr\,\Phi_1$ le graphe de Φ_1 dans $U' \times \mathbb{P}^{n-1}(\mathbb{C})$.

On obtient :

<u>Théorème (4.2.1)</u> : Il existe un ouvert dense $\mathcal{H}'$ de $\mathbb{P}^{n-1}(\mathbb{C})$ tel que, pour tout $\bar{l}$ de $\mathcal{H}'$, $Gr\,\Phi_1$ et $Gr\,\Phi$ sont transverses dans un voisinage ouvert W de $\pi^{-1}(0)$. De plus la fermeture de $Gr\,\Phi_1 \cap Gr\,\Phi \cap W$ dans W est une courbe analytique.

<u>Esquisse de démonstration</u> : On peut stratifier $\overline{Gr\,\Phi}$ pour que sa partie non singulière soit l'union des strates de dimension maximum n et que $\pi^{-1}(0)$ soit une union de strates et que l'on ait la propriété (a) de Whitney (cf. (3.3.6)). On sait que $\pi^{-1}(0)$ est un sous-ensemble algébrique de $\mathbb{P}^{n-1}(\mathbb{C})$ et que la projection de

$U' \times \mathbb{P}^{n-1}(\mathbb{C})$ sur $\mathbb{P}^{n-1}(\mathbb{C})$ définit l'inclusion canonique de $\pi^{-1}(0)$ dans $\mathbb{P}^{n-1}(\mathbb{C})$. Donc si l'on choisit $\bar{l}$ dans les strates de dimension maximum de $\pi^{-1}(0)$ on obtient que $Gr\,\Phi_1$ est transverse aux strates de dimension maximum de $\overline{Gr\,\Phi}$ donc à $Gr\,\Phi$ dans un voisinage de $\pi^{-1}(0)$ à cause de la propriété (a) de Whitney.

Pour plus de détails, nous renvoyons le lecteur à [8] ou [11].

Théorème (4.2.2) : Soit $\bar{l} \in \mathcal{K}'$, où $\mathcal{K}'$ est l'ouvert de $\mathbb{P}^{n-1}(\mathbb{C})$ défini dans (4.2.1). Soit Γ_1 la courbe $\pi(Gr\,\Phi_1 \cap Gr\,\Phi \cap W)$ et soit $\overline{\Gamma}_1$ sa fermeture dans un voisinage ouvert W' de 0 contenu dans $\pi(W)$. Alors la restriction de la forme bilinéaire complexe des dérivées secondes de f à l'hyperplan complexe orthogonal au vecteur conjugué de l en tout point $x \in \Gamma_1$ est non dégénérée.

Esquisse de la démonstration : On exprime la transversalité de $Gr\,\Phi_1$ et $Gr\,\Phi$ en d'autres termes.

Notre conclusion sur l'indice proviendra de :

Lemme (4.2.3) : La partie réelle d'une forme quadratique complexe non dégénérée sur $\mathbb{C}^m$ a la signature (m,m).

5. Calcul de l'indice

On choisit une bonne fois pour toutes $L \in \mathcal{K} \cap \mathcal{K}'$ où $\mathcal{K}$ et $\mathcal{K}'$ sont les ouverts denses de $\mathbb{P}^{n-1}(\mathbb{C})$ définis par (4.1) et (4.2.1). On suppose que u est une forme linéaire de $\mathbb{C}^n$ qui définit L et on note L_η les hyperplans affines $u = \eta$.

(5.1) On rappelle que, pour N assez grand, S_N induit une bonne stratification sur $H \cap \Omega$. On fixe alors un tel N.

On considère alors $\varepsilon_1 > 0$ tel que pour tout ε, $0 < \varepsilon \leq \varepsilon_1$, on ait :

a) La sphère S_ε est contenue dans Ω

b) et c) La sphère S_ε est transverse à toutes les strates de S_N et de $S_N(L)$, induite par S_N sur $L \cap H$.

d) L'hyperplan L est transverse à toutes les strates de dimension 1 dans B_{ε_1}.

e) La restriction de la fonction u à $H \cap \overset{o}{B}_{\varepsilon_1}$ n'a que 0 comme seule valeur critique éventuelle relativement à la stratification induite par S_N sur $H \cap \overset{o}{B}_{\varepsilon_1}$.

f) On a $\varepsilon_1 < \varepsilon_o$, où ε_o a été défini par le lemme (4.1.2).

g) Soit Γ l'ensemble des points x de $U - H$, où l'hyperplan $T(x, H_{f(x)}) = L$ et soit $\overline{\Gamma}$ sa fermeture dans U. Alors $\overline{\Gamma} \cap \overset{o}{B}_{\varepsilon_1}$ est une courbe dont le seul point singulier est 0.

Les conditions b), c) et e) peuvent être réalisées grâce au théorème (3.4.2). La condition d) provient de ce que $L \in \mathcal{H}$ et la condition g) de ce que $L \in \mathcal{H}'$.

Fixons-nous ε, $0 < \varepsilon < \varepsilon_1$. On obtient un lemme analogue au lemme (2.2.2) :

<u>Lemme (5.1.1)</u> : Il existe $c_\varepsilon > 0$ tel que pour tout c, $0 < c < c_\varepsilon$, les espaces $B_\varepsilon - \overset{o}{T}_c$ et $B_\varepsilon - H$ ont le même type d'homotopie.

Soit $\tilde{\varepsilon}$, $0 < \tilde{\varepsilon} < \varepsilon_1$. On obtient alors :

<u>Lemme (5.1.2)</u> : Les espaces $B_\varepsilon - H$ et $B_{\tilde{\varepsilon}} - H$ ont le même type d'homotopie.

<u>Preuve</u> : Supposons $\tilde{\varepsilon} \leq \varepsilon$. Alors on peut trouver $c_2 > 0$, tel que pour tout ρ, $\tilde{\varepsilon} \leq \rho \leq \varepsilon$, et tout c, $0 < c \leq c_2$, ∂T_c est transverse à S_ρ. En effet, il suffit de trouver c_2 et montrer ceci pour H_b quand $b \in \mathbb{C}$, $0 < |b| \leq c_2$.

En utilisant une preuve analogue à celle du lemme (4.1.2), le fait que S_N induise une bonne stratification sur $H \cap \Omega$ implique que pour tout ρ il existe un voisinage ouvert W de $(0,\rho)$ dans $\mathbb{C} \times \mathbb{R}$ tel que, pour tout $(b,\rho') \in W$ avec $b \neq 0$, on a H_b transverse à $S_{\rho'}$. En utilisant la compacité du segment $[\tilde{\varepsilon},\varepsilon]$ on obtient l'assertion annoncée. Donc avec le lemme (2.2.3) où V est la variété à bord $U - \overset{\circ}{T}_c$, avec $0 < c < c_2$, et f est la fonction distance à 0 sur V, on obtient que $B_\varepsilon - \overset{\circ}{T}_c$ et $B_{\tilde{\varepsilon}} - \overset{\circ}{T}_c$ ont le même type d'homotopie et que pour c, $0 < c < \inf(c_\varepsilon, c_{\tilde{\varepsilon}})$, ils ont le même type d'homotopie que $B_\varepsilon - H$ et $B_{\tilde{\varepsilon}} - H$.

A cause de la condition f) ci-dessus sur ε_1 on sait que, pour ε, que nous nous sommes fixés, il existe η_ε et b_ε tel que, pour tout η, $0 \leq |\eta| \leq \eta_\varepsilon$ et tout b, $0 < |b| \leq b_\varepsilon$, $H_b \cap S_\varepsilon$ est transverse à L_η.

Choisissons $\theta_\varepsilon > 0$ tel que :

1. $\theta_\varepsilon \leq \eta_\varepsilon$

2. Pour tout η, $0 \leq |\eta| < \theta_\varepsilon$, L_η est transverse à S_ε.

Enfin on choisit $d_\varepsilon > 0$ tel que :

α. $d_\varepsilon \leq b_\varepsilon$

β. Pour tout $b \in \mathbb{C}$, $0 < |b| \leq d_\varepsilon$, H_b est transverse à S_ε

γ. On a $\overline{\Gamma} \cap T_{d_\varepsilon} \subset \mathcal{T}_{\theta_\varepsilon/4} \cap B_\varepsilon$ où $\mathcal{T}_\eta = \{z \in \mathbb{C}^n \mid |u(z)| \leq \eta\}$.

On a alors :

<u>Lemme (5.1.3)</u> : Il existe $d'_\varepsilon > 0$ tel que pour tout c, $0 < c \leq d'_\varepsilon$, les espaces $B_\varepsilon \cap \mathcal{T}_\eta - \overset{\circ}{T}_c$ et $B_\varepsilon \cap \mathcal{T}_\eta - H$ ont le même type d'homotopie.

<u>Preuve</u> : Elle est analogue à celle de (2.2.2).

Lemme (5.1.4) : Soit $\tilde{\varepsilon} > 0$ avec $\tilde{\varepsilon} \leq \varepsilon$. Soient $\theta_{\tilde{\varepsilon}}$ et $d_{\tilde{\varepsilon}}$ les nombres positifs associés à $\tilde{\varepsilon}$ comme ci-dessus. Alors $B_{\tilde{\varepsilon}} \cap \mathcal{T}_{\theta_{\tilde{\varepsilon}}} - H$ et $B_\varepsilon \cap \mathcal{T}_{\theta_\varepsilon} - H$ ont le même type d'homotopie.

Preuve : Elle est analogue à celle de (5.1.2).

Corollaire (5.1.5) : Les espaces $B_\varepsilon - H$ et $B_\varepsilon \cap \mathcal{T}_{\theta_\varepsilon} - H$ ont le même type d'homotopie.

Il nous reste à comparer les espaces $B_\varepsilon \cap \mathcal{T}_{\theta_\varepsilon} - H$ et $L \cap B_\varepsilon - H$ ou $L_\eta \cap B_\varepsilon - H$.

(5.2) Fixons $c > 0$ tel que :

i) $c \leq \inf(c_\varepsilon, b_\varepsilon, d_\varepsilon, d'_\varepsilon)$

ii) pour tout c', $0 < c' \leq c$, ∂T_c est transverse à $L \cap \mathring{B}_\varepsilon$

iii) Les espaces $L \cap B_\varepsilon - H$ et $L \cap B_\varepsilon - \mathring{T}_c$, pour tout c', $0 < c' \leq c$, ont le même type d'homotopie.

Ceci est possible à cause de la condition h) de (5.1) et du lemme (5.1.1). Considérons alors $\eta_1 < \theta_\varepsilon$ tel que, pour tout $\eta \in \mathbb{C}$, $0 \leq |\eta| \leq \eta_1$, L_η soit transverse à $\partial T_c \cap \mathring{B}_\varepsilon$. On obtient :

Lemme (5.2.1) : Les espaces $L \cap B_\varepsilon - \mathring{T}_c$ et $\mathcal{T}_{\eta_1} \cap \mathring{T}_c$ ont le même type d'homotopie.

Preuve : Ceci provient de la transversalité de L_η, quand $0 \leq |\eta| \leq \eta_1$, avec S_ε, ∂T_c et $S_\varepsilon \cap \partial T_c$.

Pour prouver le lemme (5.2.1) on utilise alors un analogue du lemme (2.2.3) pour les variétés à coins.

Enfin on considère la fonction $|u|^2$ et on compare l'homotopie de $\mathcal{T}_{\eta_1} \cap B_\varepsilon - \mathring{T}_c$ et $\mathcal{T}_{\theta_\varepsilon} \cap B_\varepsilon - \mathring{T}_c$. La théorie de Morse à bord et à coins (cf. [20], [8] et [11]) montre que, la restriction de $|u|^2$ à $B_\varepsilon - \overset{\circ}{T}_c$ n'ayant dans $(\mathcal{T}_{\theta_\varepsilon} \cap B_\varepsilon - \overset{\circ}{T}_c) - (\mathcal{T}_{\eta_1} \cap B_\varepsilon - \overset{\circ}{T}_c)$ que des points critiques sur $\overline{\Gamma} \cap \partial T_c \cap B_\varepsilon$, il s'agit de calculer l'indice du Hessien de la restriction de $|u|^2$ à $\partial T_c \cap \overset{\circ}{B}_\varepsilon$. On obtient :

<u>Lemme (5.2.2)</u> : Un point $x \in \partial T_c \cap \overset{\circ}{B}_\varepsilon$ est un point critique de σ si et seulement si :

$$(\text{grad } |u|^2)(x) = \lambda (\text{grad } |f|^2)(x)$$

où $\lambda \in \mathbb{R}$ et grad $|u|^2$ est le gradient réel de la fonction réelle $|u|^2$. De plus le Hessien de σ en un point critique x de σ est donné par :

$$\mathcal{H}_x(v) = 2\,|\langle v, (\underline{\text{grad}}\, u)(x)\rangle|^2 - 2\lambda\,|\langle v, (\underline{\text{grad}}\, f)(x)\rangle|^2$$
$$- 2\lambda \operatorname{Re}[\overline{f(x)}(\sum_{i,j=1}^{n} \partial^2 f/\partial X_i\, \partial X_j(x)\, v_i\, v_j)]$$

pour tout $v \in T(x, \partial T_c)$, (v_i) étant les composantes de v dans $\mathbb{C}^n$ et $(\underline{\text{grad}}\, f)(x)$ le gradient complexe $(\overline{\partial f/\partial X_i(x)})$ de f en x.

<u>Preuve</u> : Il suffit de calculer (cf. [8], [11]).

Comme $x \in \Gamma$, le théorème (4.2.2) montre que la restriction de $\mathcal{H}_x$ à l'hyperplan complexe orthogonal à $\underline{\text{grad}}\, u(x)$, i.e. $T(x, H_{f(x)})$, est non dégénérée. Le lemme (1.2.3) montre que l'indice de $\mathcal{H}_x$ est alors au moins n-1. Ceci montre que, quitte à modifier σ au voisinage des points critiques (cf. [8], [11] et comparer avec [16] p. 50), on obtient que $B_\varepsilon \cap \mathcal{T}_{\theta_\varepsilon} - \overset{\circ}{T}_c$ a le type d'homotopie de $B_\varepsilon \cap \mathcal{T}_{\eta_1} - \overset{\circ}{T}_c$ auquel on aurait adjoint des cellules de dimension n-1 au moins. Ceci, grâce de [19], donne la partie a) du théorème (1.3.1) :

(5.3) Pour obtenir la partie b) du théorème (1.3.1) il faut que l'on gagne une dimension, i.e. montrer que les cellules que l'on adjoint à l'espace de départ sont de dimension n au moins (et non pas n-1 comme précédemment).

Pour cela on demande que ε_1 du (5.1) soit choisi pour que les deux conditions supplémentaires suivantes soient vraies :

h) $\overline{\Gamma} \cap \overset{\circ}{B}_{\varepsilon_1} - \{0\}$ est non-singulière

i) La restriction de $|f|^2$ à $\Gamma \cap \overset{\circ}{B}_{\varepsilon_1} - \{0\}$ n'a pas de points critiques.

Ceci est possible car Γ est une courbe et d'après le théorème (3.4.2).

On définit θ_ε comme dans (5.1). Fixons t tel que $|t| \leq \theta_\varepsilon/4$. On peut alors choisir $0 < f_\varepsilon \leq \inf(d_\varepsilon, d'_\varepsilon)$ tel que :

δ. il existe $\tau > 0$ tel que pour tout t', $|t-t'| \leq \tau$, pour tout $b \in \mathbb{C}$, $0 < |b| \leq f_\varepsilon$, $L_{t'}$ est transverse à H_b.

Ceci est possible en utilisant un argument de compacité et la bonne stratification de Π (cf. lemme (4.1.2)).

Soit $\eta > 0$. Appelons $\widetilde{\mathcal{T}}_\eta$ l'ensemble :

$$\widetilde{\mathcal{T}}_\eta = \{z \mid z \in \mathbb{C}^n \wedge |u(z) - t| \leq \eta\} .$$

Comme auparavant dans (5.2) on obtient (cf. lemme (5.2.1)), en fixant $c > 0$, $0 < c \leq f_\varepsilon$:

<u>Lemme (5.3.1)</u> : Les espaces $L_t \cap B_\varepsilon - H$ et $\widetilde{\mathcal{T}}_\tau \cap B_\varepsilon - H$ ont le même type d'homotopie.

La condition γ. de (5.1) sur d_ε implique le lemme suivant :

Lemme (5.3.2) : Les espaces $\tilde{\mathcal{T}}_{\theta_\varepsilon/4} \cap B_\varepsilon - H$ et $\mathcal{T}_{\theta_\varepsilon} \cap B_\varepsilon - H$ ont le même type d'homotopie.

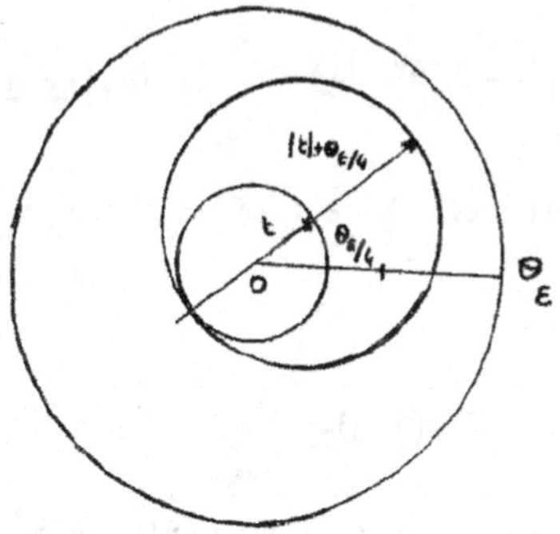

Enfin nous allons montrer :

Lemme (5.3.3) : L'espace $\tilde{\mathcal{T}}_{\theta_\varepsilon/4} \cap B_\varepsilon - \mathring{T}_c$, pour $c > 0$ assez petit, a le type d'homotopie de $\tilde{\mathcal{T}}_\tau \cap B_\varepsilon - \mathring{T}_c$ auquel on a adjoint des cellules de dimension n.

Ce dernier lemme avec les précédents et un lemme du type (5.1.3) donne la partie b) du théorème (1.3.1).

Nous allons seulement esquisser la preuve de ce lemme.

On considère la restriction $\tilde{\sigma}$ de la fonction $\mathrm{Log}\,|u-t|$ à $B_\varepsilon - \mathring{T}_c$. On a remarqué dans (5.2) qu'il nous suffisait de considérer sa restriction à $\partial T_c \cap \mathring{B}_\varepsilon$. Nous allons montrer que, pour c assez petit, $\tilde{\sigma}$ est une fonction de Morse sur $\partial T_c \cap \mathring{B}_\varepsilon$.

Lemme (5.3.4) : Les points critiques x de $\tilde{\sigma}$ sont les points où :

$$(\text{grad Log } |u-t|)(x) = \lambda(\text{grad } |f|^2)(x)$$

avec $\lambda \in \mathbb{R}$. En un point critique x de $\tilde{\sigma}$ le Hessien $\tilde{\mathcal{H}}_x$ est défini par :

$$\tilde{\mathcal{H}}_x(v) = -\operatorname{Re}\left(\frac{\langle v, (\underline{\text{grad}}\, u)(x)\rangle}{u(x)-\theta}\right)^2 - \lambda\,|\langle v, (\underline{\text{grad}}\, f)(x)\rangle|^2$$

$$-\lambda \operatorname{Re}(\bar{f}(x) \sum_{i,j=1}^{n} \partial^2 f/\partial X_i\, \partial X_j(x)\, v_i\, v_j)$$

pour $v \in T(x, \partial T_c)$.

Preuve : On calcule (cf. [8], [11]).

Lemme (5.3.5) : Pour c assez petit, l'hyperplan complexe $T(x, H_{f(x)})$ et la droite $T(x, \partial T_c) \cap T(x, \Gamma)$ sont orthogonaux pour $\tilde{\mathcal{H}}_x$ quand x est un point critique de $\tilde{\sigma}$ sur $\partial T_c \cap \mathring{B}_\varepsilon$.

Preuve : On le vérifie (cf. [8], [11]).

Comme la restriction de $\tilde{\mathcal{H}}_x$ à $T(x, H_{f(x)})$ est non dégénérée à cause du théorème (4.2.2), il suffit de montrer que la restriction de $\tilde{\mathcal{H}}_x$ à $T(x, \partial T_c) \cap T(x, \Gamma)$ est non nulle pour que $\tilde{\mathcal{H}}_x$ soit non dégénérée. On a alors :

Lemme (5.3.6) : Pour c assez petit la restriction de $\tilde{\mathcal{H}}_x$ à $T(x, \partial T_c) \cap T(x, \Gamma)$ est non nulle et a le signe de $-\lambda$ où λ est donné par :

$$(\text{grad Log } |u-t|)(x) = \lambda(\text{grad } |f|^2)(x) \quad .$$

Preuve : On remarque que le hessien de la restriction de $\tilde{\sigma}$ à $\Gamma \cap \partial T_c$ égale la restriction de $\tilde{\mathcal{H}}_x$ à $T(x, \partial T_c \cap \Gamma)$. On vérifie l'assertion du lemme en choisissant c assez petit pour que Log (u-t) soit une coordonnée locale de $\mathbb{C}^n$ en 0 dans un voisinage contenant x et en normalisant la courbe Γ pour que la restriction de Log (u-t) à Γ donne une puissance de l'uniformisante de la normalisée (cf. [8], [11]).

Comme la théorie de Morse à bord ne fait intervenir que les points critiques où λ est positif (cf. [20], [8] et [11]), on obtient que l'on n'a adjoint que des cellules de dimension n. Le lemme (5.3.3) en résulte.

On obtient ainsi l'assertion b) du théorème (1.3.1).

BIBLIOGRAPHIE

[1] A. Andreotti et T. Frankel : The Leschetz theorem on hyperplane sections, Ann. of Math. 69, 1959, p. 713-717.

[2] R. Bott : On the Lefschetz theorem, Mich. Math. J., 1959.

[3] E. Brieskorn : Exposés au séminaire Shih Weishu sur les singularités des variétés algébriques, 1969-70, I.H.E.S., Bures-sur-Yvette.

[4] H. Cartan : Exposé 1 de A. Douady - Séminaire 14, 1961-1962, Topologie différentielle, I.H.P., 11 rue Pierre Marie Curie, Paris V.

[5] A. Grothendieck : Cohomologie locale des faisceaux cohérents et théorèmes de Lefschetz locaux et globaux (S G A 2), Masson et Cie, North-Holland Pub.

[6] H. Hamm : Die topologie isolierter Singularitäten von vollständigen Durchschnitten kompler Hyperflächen, Doctorat, Bonn 1969.

[7] H. Hamm : Lokale topologische Eigenschaften komplexer Raüme, Math. Ann. 191, p. 235-252.

[8] H. Hamm et Lê Dũng Tráng : Un théorème du type de Lefschetz, à paraître.

[9] Lê Dũng Trang : Singularités isolées des intersections complètes, séminaire Shih Weishu sur les singularités des variétés algébriques, 1969-1970, I.H.E.S.

[10] Lê Dũng Trang : Sur un critère d'équisingularité , ce volume , exposés du 29 Octobre et du 5 Novembre 1970 .

[11] Lê Dũng Trang : Thèse, à paraître.

[12] S. Lefschetz : L'analysis situs et la géométrie algébrique, Paris, Gauthier-Villars.

[13] S. Lojasiewicz : Triangulation of semi-analytic sets, Annali Scu. Norm. Sup. Pisa, Sc. Fis. Mat. Ser. 3, 18, fasc. 4 (1964) p. 449-474.

[14] S. Lojasiewicz : Ensembles semi-analytiques, cours minéographié à l'I.H.E.S., Bures-sur-Yvette.

[15] J. Milnor : Morse Theory, Ann. Math. Stud., Princeton.

[16] J. Milnor : Singular points of complex hypersurfaces, Ann. of Math. Stud., Princeton.

[17] F. Pham : Séminaire Leray 1968-1969, Formules de Picard-Lefschetz (12/03/69).

[18] P. Samuel : Algébricité de certains points singuliers algébroïdes, J. Math. Pures Appl., 35 (1956) p. 1-6.

[19] E. Spanier : Algebraic Topology, McGraw Hill.

[20] R. Thom : L'homologie des variétés algébriques réelles, in Differential and Combinatorial Topology, edited by Cairns, Princeton.

[21] R. Thom : Ensembles et morphismes stratifiés, Bull. Amer. Math. Soc. 75, n° 2, 1969, p. 240-284.

[22] G. Tiourina : Déformations plates localement semi-universelles des singularités isolées d'espaces analytiques (en russe), Izvestia, Série Mathématique, tome 33, 1969.

[23] H. Whitney : Tangents to analytic varieties, Ann. of Math. 81, n° 3, 1965, p. 496-549.

[24] O. Zariski : On the Poincaré Group of a projective hypersurface, Ann. of Math. 38, n° 1, 1937, p. 131-141.

MEROMORPHIC FUNCTIONS ON COMPLEX SPACES [1)]

by

Aldo ANDREOTTI and Wilhelm STOLL [2)]

1. Preliminaries. Let X be a (reduced) complex space. Let $\mathfrak{O}$ be the sheaf of germs of holomorphic functions on X. Then $\mathfrak{H}(X) = H^0(X, \mathfrak{O})$ is the ring of global holomorphic functions on X. The set $\mathfrak{D}(X)$ of zero divisors of $\mathfrak{H}(X)$ is the set of holomorphic functions vanishing on some branch of X. The complement $\mathfrak{T}(X) = \mathfrak{H}(X) - \mathfrak{D}(X)$ is closed under multiplication. We denote by $\mathfrak{Q}(X)$ the total ring of quotients of $\mathfrak{H}(X)$, i.e. the localization of $\mathfrak{H}(X)$ with respect to $\mathfrak{D}(X)$.

These notations apply to any open subset $U \neq \emptyset$ of X, since U is a complex subspace of X. If U and $V \neq \emptyset$ are open in X with $V \subseteq U$, the restriction homomorphism $r^U_V\colon \mathfrak{H}(U) \to \mathfrak{H}(V)$ maps $\mathfrak{T}(U)$ into $\mathfrak{T}(V)$, which defines a homomorphism $r^U_V\colon \mathfrak{Q}(U) \to \mathfrak{Q}(V)$. We obtain a presheaf $\{\mathfrak{Q}(U), r^U_V\}$, which is not complete. The associate presheaf $\mathfrak{M}$ is called the sheaf of germs of meromorphic functions on X. The ring $\mathfrak{K}(X) = H^0(X, \mathfrak{M})$ is called the ring of meromorphic functions on X. A meromorphic function is an element of $\mathfrak{K}(X)$.

We observe that $\mathfrak{O}$ is a subsheaf of $\mathfrak{M}$. If $f \in \mathfrak{K}(X)$, then $P_f = \{x \in X \mid f_x \in \mathfrak{M}_x - \mathfrak{O}_x\}$ is a thin analytic subset

1) This is an enlarged version of the talk given by the first author .

2) In this research , the second author was partially supported by the National Science Foundation under grant NSF GP 20.139.

of X, called the pole set of f. The restriction of f to $X - P_f$ is holomorphic. Let S be a thin analytic subset of X. A holomorphic function $f \in \mathfrak{H}(X-S)$ extends to a meromorphic function on X, if and only if the closure Γ_f of

$$\{(x,f(x))|x \in X - S\}$$

is analytic in $X \times \mathbb{P}$, where $\mathbb{P}$ is the Riemann sphere. If f extends to a continuous function F on X, then F is meromorphic on X and

$$\Gamma_f = \{(x,F(x))|x \in X\}$$

is analytic in $X \times \mathbb{C}$.

The presheaf $\{\mathfrak{Q}(U), r_V^U\}$ injects into the canonical presheaf of $\mathfrak{M}$. Expecially, $\mathfrak{Q}(X)$ is a subring of $\mathfrak{K}(X)$. Thus a complex space carries two rings of meromorphic functions, the ring $\mathfrak{K}(X)$ of all meromorphic functions and the ring $\mathfrak{Q}(X)$ of "principal" meromorphic functions which are the quotients of two holomorphic functions. These rings may be different; for instance, on each compact, irreducible complex space, $\mathfrak{Q}(X) = \mathbb{C}$, whereupon $\mathfrak{K}(X)$ may contain non-constant meromorphic functions, for example if X is algebraic.

When is $\mathfrak{A}(X) = \mathfrak{K}(x)$? What type of extension is $\mathfrak{K}(X)$ of $\mathfrak{A}(X)$? To simplify this exposition, we will assume that X is irreducible. Then (and only then) $\mathfrak{K}(X)$ and $\mathfrak{A}(X)$ are fields.

2. The pseudoconcave case. Let $V \neq \emptyset$ and U be open subsets of a complex space X with $V \subseteq U$. The holomorphically convex envelope of V in U is defined by

$$\mathfrak{L}(V\|U) = \{x \in U \,|\, |f(x)| \leq \sup|f(V)| \text{ for all } f \in \mathfrak{H}(U)\}.$$

For notational purpose, we use this notation instead of the customary $\hat{V}_U$.

An irreducible complex space X is said to be pseudoconcave, if and only if a relative compact, open subset $Y \neq \emptyset$ of X exists such that, for each boundary point $z_0 \in \overline{Y} - Y$ of Y, each neighborhood W of z_0 contains an open neighborhood U of z_0 such that $\mathfrak{L}(U \cap Y\|U)$ is a neighborhood of z_0. For example, X may be compact, then Y = X can be taken and no boundary point of Y exists. Hence, each compact complex space is pseudoconcave. Another example is given by a complex manifold X with the following properties. Let $\varphi: X \to \mathbb{R}$ be a C^∞-function such that $d\varphi \neq 0$ on $\varphi^{-1}(0) \neq \infty$ and such that $Y = \{x \in X \,|\, \varphi(x) < 0\}$ is relative compact in X. Take any $a \in \overline{Y} - Y$. Let $\alpha: U_\alpha \to U'_\alpha$ be a biholomorphic map of an open neighborhood U_α of a onto an open subset U'_α of $\mathbb{C}^n$ with $\alpha(a) = 0$. Define $\psi = \varphi \circ \alpha^{-1}$ on U'_α. Suppose that the restriction of the Levi form

$$\sum_{\mu,\nu=1}^{n} \psi_{z_\mu \bar{z}_\nu}(0)\, u_\mu \bar{u}_\nu$$

to the complex tangent plane $\sum_{\mu=1}^{n} \psi_{z_\mu}(0)\, u_\mu$ has at least one negative eigenvalue. If this is true for each $a \in \bar{Y} - Y$, then X is pseudoconcave.

We recall, that a field K is an algebraic function field over a subfield L, if and only if K is a finite algebraic extension of a pure transcendental extension $L(\xi_1,\ldots,\xi_k)$ of L, where $L(\xi_1,\ldots,\xi_k)$ has finite transcendence degree k over L.

Theorem 1. The field $\mathfrak{K}(X)$ of meromorphic functions on a normal, irreducible and pseudoconcave complex space X of dimension n is an algebraic function field of transcendence degree k over $\mathbb{C}$ with $k \leq n$. (See [1]).

3. The Poincaré Problem. If X is not pseudoconcave, Theorem 1 becomes wrong in general. For instance, the functions e^z, e^{z^2}, e^{z^3},.... are algebraically independent over $\mathbb{C}$. Hence $\mathfrak{K}(\mathbb{C})$ has an infinite transcendence degree

over $\mathbb{C}$. For irreducible, normal complex spaces, the following theorem can be proved by methods of [1].

Theorem 2. On an irreducible, normal complex space X, the field $\mathfrak{A}(X)$ is algebraically closed in $\mathfrak{K}(X)$.

The Weierstrass product theorem implies $\mathfrak{A}(\mathbb{C}) = \mathfrak{K}(\mathbb{C})$. This result is generalized by the following theorems:

Theorem 3. If X is an irreducible Stein space, then $\mathfrak{A}(X) = \mathfrak{K}(X)$.

Theorem 4. If X is an open, non-empty subset of a Stein manifold, then $\mathfrak{A}(X) = \mathfrak{K}(X)$.

Is $\mathfrak{A}(X) = \mathfrak{K}(X)$ true on any non-empty open subset of a normal Stein space? Is $\mathfrak{A}(X) = \mathfrak{K}(X)$ true on a normal complex space X, where the holomorphic functions separate points.

These questions are only part of a deeper, almost unexplored problem. Let X be a connected complex manifold. Let $\mathfrak{F}$ be a subfield of $\mathfrak{K}(X)$ with $\mathfrak{F} \supseteq \mathbb{C}$. Let $\mathfrak{G}$ be the integral domain of holomorphic functions in $\mathfrak{F}$. Call $\mathfrak{F}$ a Poincaré field if and only if $\mathfrak{F}$ is the field of quotients of $\mathfrak{G}$. Call $\mathfrak{F}$ a strict Poincaré field if and only if every $f \in \mathfrak{F}$ is the quotient $f = g/h$ of two functions $g \in \mathfrak{G}$ and $h \in \mathfrak{G}$ whose germs g_x and h_x are coprime in $\mathcal{O}_x$ for every $x \in X$. Theorem 4 states that $\mathfrak{K}(X)$ is a Poincaré field, if X is an open, connected, non-empty subset of a Stein manifold. Many examples of open, connected, non-empty subsets of Stein manifolds are known, where $\mathfrak{K}(X)$ is not a strict Poincaré field. This phenomena is not new even in one variable.

For instance, let $\lambda: \mathbb{R}_+ \to \mathbb{R}_+$ be an increasing, continuous function on the positive real axis $\mathbb{R}_+$. Let T_f be the characteristic of $f \in \mathfrak{K}(\mathbb{C}^n)$. Then f is said to be of finite λ-type if and only if constants $A > 0$ and $B > 0$ exist such that $T_f(r) \leqq A\,\lambda(Br)$ for all sufficiently large $r \in \mathbb{R}_+$. The functions $f \in \mathfrak{K}(\mathbb{C}^n)$ of finite λ-type form a field $\mathfrak{F}^n_\lambda$. If $\lambda(r) = r^p$ with $p \in \mathbb{R}_+$, then $\mathfrak{F}^n_\lambda$ is a Poincaré field which is strict if and only if p is not an integer. (See Nevanlinna [13] for $n = 1$ and [16] for $n > 1$.) Recently, Miles [12] proved that $\mathfrak{F}^1_\lambda$ is a Poincaré field. If λ is slowly growing, the problem was solved by Rubel and Taylor [15] for $n = 1$ and by Kujala [9] for $n > 1$. With proper modifications, some of these results can be carried over to the unit ball. Seemingly, the problem has not been studied on other Stein manifolds. The general problem, when a subfield $\mathfrak{F}$ of $\mathfrak{K}(X)$ is a Poincaré field or strict Poincaré field, is wide open.

The proof of Theorems 3 and 4 is contained in the following five lemmata:

Lemma (α). Let f be a meromorphic function on the complex space X. For $x \in X$, denote by f_x the germ of f at x. Consider the sheaf $\mathfrak{J} = \mathfrak{J}(f)$ of ideals in $\mathcal{O}$ whose stalk $\mathfrak{J}_x$ at $x \in X$ is given by

$$\mathfrak{J}_x = \{h \in \mathcal{O}_x \mid h \cdot f_x \in \mathcal{O}_x\}.$$

Then $\mathfrak{J}$ is coherent.

Proof. Since coherence is a local property, we may assume that $f = p/q$ with $p \in \mathfrak{H}(X)$ and $q \in \mathfrak{T}(X)$. Let $\rho: \mathcal{O} \to \mathcal{O}/q\mathcal{O}$ be the residual homomorphism. A homomorphism $\pi: \mathcal{O} \to \mathcal{O}$ is defined by $\pi(h) = hp_x$ if $h \in \mathcal{O}_x$ and $x \in X$. Then

$$\sigma = \rho \circ \pi: \mathcal{O} \to \mathcal{O}/q\mathcal{O}$$

is a sheaf homomorphism between coherent sheaves. Hence, Ker σ is coherent. If $h \in (\operatorname{Ker} \sigma)_x$, then $0 = \sigma(h) = \rho(hp_x)$, which implies $h \cdot p_x = q_x u$ with $h \cdot f_x = u \in \mathcal{O}_x$. Hence $h \in \mathfrak{J}_x$. If $h \in \mathfrak{J}_x$, then $u = hf_x \in \mathcal{O}_x$ and $\sigma(h) = \rho(hp_x) = \rho(uq_x) = 0$. Hence $h \in (\operatorname{Ker} \sigma)_x$. Therefore $\mathfrak{J} = \operatorname{Ker} \sigma$ is coherent, q.e.d.

Lemma (β). Let f be a meromorphic function on a Stein space X, which has at most finitely many branches. Let D be an atmost countable subset of X - P_f such that the closure $\overline{D}$ of D is compact. Then holomorphic functions g and h exist on X such that hf = g, such that h ∈ $\mathcal{O}$(X) is not a zero divisor in $\mathfrak{F}$(X) and such that h(x) ≠ 0 for each x ∈ D. (See Lemma 3.2 of [3].)

Proof. Let $\mathfrak{B}$ be the set of branches of X. For each B ∈ $\mathfrak{B}$, pick a point x_B ∈ B - P_f. The set E = $\{x_B | B \in \mathfrak{B}\}$ is finite and contained in X - P_f. Hence, F = D ∪ E is contained in an open neighborhood U such that $\overline{U}$ is compact. By Cartan's Theorem A, the coherent sheaf $\mathfrak{J}$ = $\mathfrak{J}$(f) is generated over U by finitely many function h_μ ∈ Γ(X, $\mathfrak{J}$)

$$\mathcal{O} = \mathcal{O}h_1 + \ldots + \mathcal{O}h_p \quad \text{(on U)}$$

If x ∈ P_f ∩ U, then f is not holomorphic at x. Hence, $h_\mu(x) = 0$ for μ = 1,...,p. If x ∈ U - P_f, then f is holomorphic at x, therefore $1_x \in \mathfrak{J}_x$. Hence $h_\mu(x) \neq 0$ for at least one index μ. Therefore

$$P_f \cap U = \{x \in U | h_1(x) = \ldots = h_p(x) = 0\}.$$

If $x \in U - P_f$, then

$$L_x = \{(z_1,\ldots,z_p) \in \mathbb{C}^p \mid \sum_{\mu=1}^{p} z_\mu h_\mu(x) = 0\}$$

is a (p-1)-dimensional linear subspace of $\mathbb{C}^p$. Since $F \subseteq U - P_f$ is atmost countable, we can pick a point $a = (a_1,\ldots,a_p) \in \mathbb{C}^p$ with $a \in \mathbb{C}^p - L_x$ for all $x \in F$. Then the holomorphic function $h = a_1h_1 + \ldots + a_ph_p$ is a section of $\mathfrak{J}$ over X. Therefore, $g = hf$ is holomorphic on X. If $B \in \mathfrak{B}$, then $x_B \in F$ and $h(x_p) \neq 0$, since $a \in \mathbb{C}^p - L_{x_B}$. Therefore $h|B \not\equiv 0$ for each $B \in \mathfrak{B}$. The function h is not a zero divisor in $\mathfrak{G}(X)$. Also if $x \in D$, then $x \in F$ and $h(x) \neq 0$, because $a \in \mathbb{C}^p - L_x$; q.e.d.

Theorem 3 is proved by Lemma (β). If $\varphi: X \to Y$ is a holomorphic map between complex spaces, then a homomorphism $\varphi^*: \mathfrak{G}(Y) \to \mathfrak{G}(X)$ is defined by $\varphi^*(f) = f\circ\varphi$. If no open, non-empty subset of X is mapped into a thin analytic subset of Y, then $\varphi^*(\mathfrak{T}(Y)) \subseteq \mathfrak{T}(X)$ and φ^* extends to an homomorphism $\varphi^*: \mathfrak{K}(Y) \to \mathfrak{K}(X)$ uniquely.

<u>Lemma (γ). Let X be an open subset of $\mathbb{C}^n$. Let $f \in \mathfrak{K}(X)$ be a meromorphic function on X. Let D be an atmost countable subset of $X - P_f$ such that $\overline{D}$ is compact and contained in X. Then holomorphic functions g and h exist</u>

on X, such that $hf = g$, such that $h \in \mathfrak{F}(X)$ is not a zero divisor in $\mathfrak{F}(X)$ and such that $h(x) \neq 0$ if $x \in D$.

Proof. Without loss of generality, we may assume that X is connected. Let $\pi: \mathfrak{M} \to \mathbb{C}^n$ be the sheaf projection. Define $\hat{X} = \{h_x \in \mathfrak{M} \mid x \in X\}$. Then $\hat{X}$ is open and connected in $\mathfrak{M}$. Let $\tilde{X}$ be the connectivity component of $\mathfrak{M}$ which contains $\hat{X}$. One and only one complex structure exists on $\tilde{X}$ such that $\tilde{\pi} = \pi: \tilde{X} \to \mathbb{C}^n$ is locally biholomorphic. Then $\hat{\pi} = \tilde{\pi}: \hat{X} \to X$ is biholomorphic. One and only one meromorphic function $\tilde{f}$ exists on $\tilde{X}$ such that $\tilde{f}|\hat{X} = \hat{\pi}^*(f)$. Here $(\tilde{X}, \tilde{\pi})$ is the envelope of meromorphy of f. Then $\tilde{X}$ is a Stein manifold. (See E. E. Levi [11], H. Kneser [7] and Behnke-Thullen [4].) The set $E = \hat{\pi}^{-1}(D)$ is atmost countable and contained in $\tilde{X} - P_{\tilde{f}}$. Moreover, $\overline{E}$ is compact in $\hat{X}$ and $\tilde{X}$. By Lemma (β), holomorphic functions $\tilde{g}$ and $\tilde{h} \not\equiv 0$ exist on $\tilde{X}$ such that $\tilde{h}\tilde{f} = \tilde{g}$ and such that $h(z) \neq 0$ if $z \in E$. Then $g = \tilde{g} \circ \hat{\pi}^{-1}$ and $h = \tilde{h} \circ \pi^{-1} \not\equiv 0$ are holomorphic on X such that $hf = g$ and such that $h(x) \neq 0$ if $x \in D$; q.e.d.

Lemma (δ). Let X be an irreducible complex space. Let $G \neq \emptyset$ be an open, connected subset of $\mathbb{C}^n$. Suppose that holomorphic maps $\sigma: X \to G$ and $r: G \to X$ are given such that $r \circ \sigma: X \to X$ is the identity. Let f be a meromorphic function on X. Let D be an atmost countable subset of $X - P_f$ such that $\overline{D}$ is compact. Then holomorphic functions g and $h \not\equiv 0$ exist on X such that $hf = g$ and such that

$h(x) \neq 0$ if $x \in D$.

Proof. Without loss of generality, we may assume that D is not empty. Obviously, σ is injective and r is surjective. Let S be a thin analytic subset of X. If $r^{-1}(S)$ contains a non-empty open subset of G, then $r^{-1}(S) = G$, because G is connected. Then $S = r(G) = X$, which is wrong. Therefore $\tilde{f} = r^*(f) \in \mathfrak{K}(G)$ is defined. If $a \in X - P_f$, an open neighborhood U of $\sigma(a)$ with $U \subset G$ exists such that $r(U) \subseteq X - P_f$, since $r(\sigma(a)) = a$. Then $\tilde{f}|U = f \circ r|U$ is holomorphic on U. Therefore $\sigma(X - P_f) \subset G - P_{\tilde{f}}$. Especially, σ maps no non-empty, open subset of X into $P_{\tilde{f}}$. Therefore $\sigma^*(\tilde{f}) \in \mathfrak{K}(X)$ exists. Because $r \circ \sigma$ is the identity, $(r \circ \sigma)^*$ exists and is the identity. Hence $\sigma^* \circ r^* = (r \circ \sigma)^* = \mathrm{Id}$ where defined. Especially $\sigma^*(\tilde{f}) = f$.

The set $\sigma(D) = E$ is atmost countable and contained in $G - P_{\tilde{f}}$. Also $\overline{E} \subseteq \sigma(\overline{D}) \subseteq G$ where $\sigma(\overline{D})$ is compact. Hence $\overline{E}$ is compact. By Lemma (γ), holomorphic functions $\tilde{g}$ and $\tilde{h} \not\equiv 0$ exist on G such that $\tilde{h}\tilde{f} = \tilde{g}$ and such that $\tilde{h}(\sigma(x)) \neq 0$ if $x \in D$. The functions $g = \tilde{g} \circ \sigma$ and $h = \tilde{h} \circ \sigma$ are holomorphic on X with $hf = g$. Moreover, $h(x) \neq 0$ if $x \in D$. Since $D \neq \emptyset$, the function h does not vanish identically; q.e.d.

Lemma (ε). Let $X \neq \emptyset$ be an open subset of a Stein manifold Y. Let f be a meromorphic function on X. Let D

be an atmost countable subset of $X - P_f$ such that $\bar{D}$ is compact and contained in X. Then holomorphic functions g and h exist in X with hf = g such that h is not a zero divisor in $\mathfrak{H}(X)$ and such that $h(x) \neq 0$ if $x \in D$.

Proof. Without loss of generality, we may assume that X and Y are connected and that $D \neq \emptyset$. According to Docquier and Grauert [6], a biholomorphic map $\sigma_o: Y \to Z$ onto a closed, smooth submanifold Z of $\mathbb{C}^n$ for some n and an open connected neighborhood G_o of Z exist such that there is a holomorphic map $r_o: G_o \to Z$ with $r_o(z) = z$ for $z \in Z$. Let G be the connectivity component of G_o containing $\sigma_o(X)$. Define $r: G \to X$ by $r = \sigma_o^{-1} \circ r_o | G$. Define $\sigma: X \to G$ by $\sigma(x) = \sigma_o(x)$ for $x \in X$. The maps r and σ are holomorphic and $r \circ \sigma: X \to X$ is the identity. By Lemma (δ), holomorphic functions g and $h \not\equiv 0$ exist on X such that $h \cdot f = g$ and such that $h(x) \neq 0$ if $x \in D$; q.e.d.

Clearly, Theorem 4 is proved by Lemma (ε).

4. The separation space. Let X be a complex space. An equivalence relation $\mathfrak{R}$ is defined on X by setting $x \sim y$ if and only if $f(x) = f(y)$ for all $f \in \mathfrak{H}(X)$. Let $Y = X/\mathfrak{R}$ be the quotient space with the quotient topology and let $\rho: X \to Y$ be the residual map. Then Y is a Hausdorff space. For every open subset $U \neq \emptyset$ of Y, let D(U) be the

ring of those continuous functions $f: U \to \mathbb{C}$ for which $\rho^*(f) = f \circ \rho | \rho^{-1}(U)$ belongs to $\mathfrak{H}(\rho^{-1}(U))$. If g is holomorphic on $\rho^{-1}(U)$ and if $g | \rho^{-1}(y)$ is constant for each $y \in U$, one and only one $f \in D(U)$ exists such that $g = \rho^*(f)$. Especially, $\rho^*: D(Y) \to \mathfrak{H}(X)$ is an isomorphism. The function algebra D(Y) on Y separates the points on Y.

If U and $V \neq \emptyset$ are open in Y with $V \subseteq U$, then the natural restriction map r^U_V sends D(U) into D(V). A complete presheaf $D = \{D(U), r^U_V\}$ of rings is defined, whose associated sheaf is denoted by $\mathcal{O}_Y$. Then $(Y, \mathcal{O}_Y)$ is a ringed space called the <u>separation space</u> of X. Since D was complete, $D(U) = \Gamma(U, \mathcal{O}_Y)$ can be identified for each open subset U of Y.

When is the separation space $(Y, \mathcal{O}_Y)$ a complex space? If so, then $\rho: X \to Y$ is holomorphic. If, for example, X is irreducible and holomorphically convex, then $(Y, \mathcal{O}_Y)$ is an irreducible Stein space, the Stein reduction of X according to the theory of H. Cartan [5]. In this case, $\mathfrak{A}(Y) = \mathfrak{K}(Y)$ and $\rho^* \mathfrak{A}(Y) = \mathfrak{A}(X)$. Also ρ is holomorphic, surjective and proper. Hence $\mathfrak{K}(X)$ is an algebraic function field over $\mathfrak{A}(X) = \rho^* \mathfrak{A}(Y)$ according to Theorem 6 below.

In order to formulate a more general answer, two concepts have to be mentioned. Let X and Y be locally compact Hausdorff spaces. Let $\varphi: X \to Y$ be a continuous map. Then φ is said to be semiproper if and only if for every compact subset K of Y a compact subset K' of X exists such that $\varphi(K') = K \cap \varphi(X)$ [or equivalently, $\varphi^{-1}(y) \cap K' \neq \emptyset$ whenever $y \in X \cap \varphi(X)$]. If X and Y are complex spaces, and if $\varphi: X \to Y$ is semiproper and holomorphic, then $\varphi(X)$ is analytic in Y according to Kuhlmann [10].

Let X be a complex space. A continuous function on X is said to be *weakly holomorphic* on X if it is holomorphic on the complement of a thin analytic subset of X. The weakly holomorphic functions on X are exactly the continuous meromorphic functions $f: X \to \mathbb{C}$ on X. Hence, a continuous function $f: X \to \mathbb{C}$ is weakly holomorphic on X if and only if its graph

$$\Gamma_f = \{(x, f(x)) \mid x \in X\}$$

is an analytic subset of $X \times \mathbb{C}$. For each open subset $U \neq 0$ of X, the ring of weakly holomorphic functions on U is denoted by $\mathfrak{h}_o(U)$. If $V \neq \emptyset$ and U are open in X with $V \subseteq U$, the natural restriction map r_V^U sends $\mathfrak{h}_o(U)$ into $\mathfrak{h}_o(V)$. So, a complete presheaf $\{\mathfrak{h}_o(U), r_V^U\}$ of rings is obtained, whose associated sheaf Ω is called the sheaf of germs of weakly holomorphic functions. The ringed space (X,Ω) is a (reduced) complex space, called the *weak normalization of* X. The identity $\iota: X \to X$ defines an injective homomorphism ι: $(X, \Omega) \to (X, \mathcal{O})$ where $\mathcal{O}$ is the sheaf of germs of holomorphic functions on X. The complex space X is said to be weakly normal, if and only if $\iota : (X, \Omega) \to (X, \mathcal{O})$ is an isomorphism, i.e., if $\Omega = \mathcal{O}$, i.e. if on every open subset $U \neq \emptyset$ every weakly holomorphic function $f: U \to \mathbb{C}$ is holomorphic, i.e. $\mathfrak{H}(U) = \mathfrak{H}_0(U)$.

Now, the following theorem can be stated:

Theorem 5. Let X be an irreducible, weakly normal complex space, whose separation space Y is locally compact. Assume that the residual map ρ: $X \to Y$ is semiproper. Then, the separation space $(Y, \mathcal{O}_Y)$ of X is a weakly normal complex space.

For the proof, some preparations will be needed.

Lemma (a). Let X be a complex space with separation space $(Y, \mathcal{O}_Y)$. Let ρ: $X \to Y$ be the residual map. Let K be a compact subset of X. Then finitely many holomorphic functions $f_1, \ldots, f_t$ exist on X such that $\rho(x_1) = \rho(x_2)$ for $x_1 \in K$ and $x_2 \in K$ if and only if $f_\mu(x_1) = f_\mu(x_2)$ for $\mu = 1, \ldots, t$. (see [5], lemma p. 7).

Proof. If $f \in \mathfrak{H}(X)$, define $\hat{f}$: $X \times X \to \mathbb{C}$ by

$$\hat{f}(x,y) = f(x) - f(y)$$

if $(x,y) \in X \times X$. Then $\hat{f}$ is holomorphic and $R(f) = \hat{f}^{-1}(0)$

is an analytic subset of $X \times X$. Hence

$$R = \bigcap_{f \in \mathfrak{F}(X)} R(f)$$

is analytic in $X \times X$. Since $K \times K$ is compact, finitely many holomorphic functions $f_1, \ldots, f_t$ exist on X such that

$$R \cap (K \times K) = R(f_1) \cap \ldots \cap R(f_t) \cap (K \times K).$$

Take $x_1 \in K$ and $x_2 \in K$. If $\rho(x_1) = \rho(x_2)$, then $f(x_1) = f(x_2)$ for all $f \in \mathfrak{F}(X)$, especially $f_\mu(x_1) = f_\mu(x_2)$ for $\mu = 1, \ldots, t$. If $f_\mu(x_1) = f_\mu(x_2)$ for $\mu = 1, \ldots, t$, then $(x_1, x_2) \in R(f_\mu) \cap (K \times K)$ for $\mu = 1, \ldots, t$. Hence $(x_1, x_2) \in R$ which implies $f(x_1) = f(x_2)$ for all $f \in \mathfrak{F}(X)$. Therefore $\rho(x_1) = \rho(x_2)$; q.e.d.

Lemma (b). Let X and Y be locally compact Hausdorff spaces. Let Z be a closed subset of Y. Let $\varphi: X \to Y$ be a continuous map with $\varphi(X) \subseteq Z$. Define $\varphi_o = \varphi: X \to Z$ as the restriction. Then φ is semiproper, if and only if φ_o is semiproper.

Proof. 1) Let φ be semiproper. Take a compact subset K of Z. Then K is compact in Y. A compact subset K' of X exists such that $\varphi(K') = K \cap \varphi(X)$. Since $\varphi(K') = \varphi_o(K')$ and $\varphi(X) = \varphi_o(X)$, this implies $\varphi_o(K') = K \cap \varphi_o(X)$. Hence, φ_o

is semiproper.

2) Let φ_o be semiproper. Take a compact subset K of Y. Then $K_o = K \cap Z$ is compact in Z. A compact subset K' of X exists such that $\varphi_o(K') = K_o \cap \varphi_o(X) = K \cap \varphi_o(X)$. Since $\varphi(K') = \varphi_o(K')$ and $\varphi(X) = \varphi_o(X)$, this implies $\varphi(K') = K \cap \varphi(X)$. Hence, φ is semiproper; q.e.d.

Lemma (c). Let X and Y be complex spaces. Let $\varphi: X \to Y$ be a holomorphic map. Let $f: Y \to \mathbb{C}$ be a continuous function.

1) If f is weakly holomorphic, then $f \circ \varphi$ is weakly holomorphic.

2) If φ is semiproper and surjective, and if $f \circ \varphi$ is weakly holomorphic, then f is weakly holomorphic.

Proof. Let Γ and $\tilde{\Gamma}$ be the graphs of the continuous functions f and $f \circ \varphi$ respectively. The projection $\pi: \Gamma \to Y$ and $\tilde{\pi}: \tilde{\Gamma} \to X$ are homeomorphisms. The map

$$\psi = \varphi \times \mathrm{Id}: X \times \mathbb{C} \to Y \times \mathbb{C}$$

is biholomorphic with $\tilde{\Gamma} = \psi^{-1}(\Gamma)$.

If f is weakly holomorphic, then Γ is analytic in $Y \times \mathbb{C}$. Therefore, $\tilde{\Gamma} = \psi^{-1}(\Gamma)$ is analytic in $X \times \mathbb{C}$. Hence, $f \circ \varphi$ is weakly holomorphic on X.

Now, suppose that φ is semiproper and surjective. Let $\chi_o = \psi: \tilde{\Gamma} \to \Gamma$ be the restriction. The diagram

$$\begin{array}{ccc} X & \xleftarrow{\;\tilde{\pi}\;} & \tilde{\Gamma} \\ \downarrow{\scriptstyle \varphi} & & \downarrow{\scriptstyle \chi_o} \\ Y & \xleftarrow{\;\pi\;} & \Gamma \end{array}$$

commutes. Because π and $\tilde{\pi}$ are homeomorphisms, the map χ_o is semiproper and surjective. Let $\chi = \psi: \tilde{\Gamma} \to Y \times \mathbb{C}$ be the restriction of ψ. Since Γ is closed in $Y \times \mathbb{C}$, the map χ is semiproper by Lemma (b).

If $f \circ \varphi$ is weakly holomorphic, then $\tilde{\Gamma}$ is analytic in $X \times \mathbb{C}$. By Kuhlmann's theorem [10], $\chi(\tilde{\Gamma}) = \chi_o(\tilde{\Gamma}) = \Gamma$ is analytic in $Y \times \mathbb{C}$. Hence f is weakly holomorphic on Y; q.e.d.

Part 1 is remarkable, since $\varphi(X)$ may be contained in the set P_f where f is not holomorphic.

Let X be a locally compact Hausdorff space and let $\mathcal{O}$ be a sheaf of rings on X. Then $(X, \mathcal{O})$ is a complex space, if and only if every point $a \in X$ has an open neighborhood U such that $(U, \mathcal{O}|U)$ is isomorphic to a complex space within the category of ringed spaces.

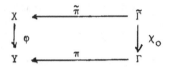

Proof of Theorem 5. Now, $(X, \mathcal{O}_X)$ is an irreducible, weakly normal complex space, whose separation space $(Y, \mathcal{O}_Y)$ is locally compact and where the residual map $\rho: X \to Y$ is semiproper. Take $b \in Y$. Let V be an open neighborhood of b in Y such that $\overline{V}$ is compact. Then $W = \rho^{-1}(V)$ is open and not empty in X. A compact subset K' of X exists such that $\rho(K') = \overline{V}$, because ρ is semiproper and surjective.

By Lemma (a), finitely many holomorphic functions $f_1,\ldots,f_t$ exist on X such that $\rho(x_1) = \rho(x_2)$ for $x_1 \in K'$ and $x_2 \in K'$ if and only if $f_\mu(x_1) = f_\mu(x_2)$ for $\mu = 1,\ldots,t$. Because each f_μ is constant on $\rho^{-1}(y)$ for each $y \in Y$, one and only one continuous function $g_\mu \in D(Y)$ on Y exists such that $g_\mu \circ \rho = f_\mu$ for $\mu = 1,\ldots,t$. A continuous map $\chi: \overline{V} \to \mathbb{C}^t$ is defined by

$$\chi(y) = (g_1(y),\ldots,g_t(y))$$

for $y \in \overline{V}$. If $\chi(y_1) = \chi(y_2)$ for $y_1 \in \overline{V}$ and $y_2 \in \overline{V}$, then $g_\mu(y_1) = g_\mu(y_2)$ for $\mu = 1,\ldots,t$. Take $x_\lambda \in K'$ such that $\rho(x_\lambda) = y_\lambda$ for $\lambda = 1,2$. Then $f_\mu(x_1) = f_\mu(x_2)$ for $\mu = 1,\ldots,t$. Hence $y_1 = \rho(x_1) = \rho(x_2) = y_2$. The map χ is injective. Its image $K = \chi(\overline{V})$ is compact. Hence $\chi_o = \chi: \overline{V} \to K$ is a bijective continuous map of a compact space $\overline{V}$ onto a compact space K. Hence, $\chi_o: \overline{V} \to K$ is a homeomorphism. Especially, $Z = \chi_o(V)$ is open and dense in K. An open subset G of $\mathbb{C}^t$ exists such that $Z = K \cap G = \overline{Z} \cap G$. Hence, Z is closed in the space G.

The restriction $\psi = \chi_o\colon V \to Z$ is an homeomorphism. The restriction $\rho_o\colon W \to V$ is semiproper and surjective. Hence, the continuous map $\varphi_o = \psi\circ\rho_o\colon W \to Z$ is semiproper and surjective. A holomorphic map $\varphi\colon W \to G$ is defined by $\varphi(x) = (f_1(x),\ldots,f_t(x))$ such that $\varphi_o = \varphi\colon W \to Z$ is the restriction. By Lemma (b), φ is semiproper. By Kuhlmann's theorem [10], $\varphi(W) = \varphi_o(W) = Z$ is an analytic subset of G. Let $\mathcal{O}_Z$ be the induced structure sheaf on Z. Let (Z,Ω) be the weak normalization of the complex space $(Z, \mathcal{O}_Z)$. Then (Z,Ω) is a weakly normal complex space.

We claim that $\psi\colon (V, \mathcal{O}_Y|V) \to (Z,\Omega)$ is an isomorphism within the category of ringed spaces.

Let $A \neq \emptyset$ be an open subset of Z. Take a weakly holomorphic function f on A. Then $B = \psi^{-1}(A) \neq \emptyset$ is open in V and $C = \rho^{-1}(B) = \varphi_o^{-1}(A) \neq \emptyset$ is open in W. Then $\varphi_1 = \varphi_o\colon C \to A$ is semiproper and surjective. By Lemma (c), $f\circ\varphi_1$ is weakly holomorphic on C. Since X is weakly normal, $f\circ\varphi_1$ is holomorphic on C. Let $\rho_1 = \rho\colon C \to B$ and $\psi_1 = \psi\colon B \to A$ be the restrictions. Then $\varphi_1 = \psi_1\circ\rho_1$ and $f\circ\psi_1\circ\rho_1 = f\circ\varphi_1 \in \mathfrak{H}(C)$. Hence $f\circ\psi_1 \in D(B)$. The map $\psi\colon (V, \mathcal{O}_Y|V) \to (Z, \Omega)$ is a morphism within the category of ringed spaces.

Let B be an open subset of V. Take $g \in D(B)$. Then $A = \psi(B)$ is open in Z and $C = \rho^{-1}(B)$ is open in W. The restriction $\rho_1 = \rho$: $C \to B$ is semiproper and surjective. The restriction $\psi_1 = \psi$: $B \to A$ is an homeomorphism. The restriction $\varphi_1 = \varphi$: $C \to A$ is given by $\varphi_1 = \psi_1 \circ \rho_1$. Hence φ_1: $C \to A$ is semiproper and surjective. The function $g \circ \rho_1 = g \circ \psi_1^{-1} \circ \varphi_1$ is holomorphic. By Lemma (b), $g \circ \psi_1^{-1}$ is weakly holomorphic on A. Hence, the map

$$\psi_1^{-1}: (Z,\Omega) \to (V, \mathcal{O}_Y|V)$$

is a morphism. Therefore ψ: $(V, \mathcal{O}_Y|V) \to (Z,\Omega)$ is an isomorphism. This fact shows, that $(Y, \mathcal{O}_Y)$ is a weakly complex space; q.e.d.

5. Relative Theorems. The previous considerations lead us to the following situation: Let X and Y be irreducible complex spaces. Let φ: $X \to Y$ be a surjective holomorphic map. Then φ induces an injective homomorphism φ^*: $\mathfrak{K}(Y) \to \mathfrak{K}(X)$.

Problem. When is $\mathfrak{K}(X)$ an algebraic function field over $\varphi^* \mathfrak{K}(Y)$? In [3], we prove

Theorem 6. If X and Y are irreducible complex spaces of dimension m and n respectively with $q = m - n \geq 0$, and if $\varphi: X \to Y$ is a proper, surjective, holomorphic map, then $\mathfrak{K}(X)$ is an algebraic function field over $\varphi^*\mathfrak{K}(Y)$ whose transcendence degree is at most q.

As already mentioned before, this implies

Corollary. If X is an irreducible, holomorphically convex complex space, then $\mathfrak{K}(X)$ is an algebraic function field over $\mathfrak{O}(X)$ whose transcendence degree does not exceed dim X - dim Y, where Y is the Stein reduction of X.

The result of Theorem 6 can be refined. Let X and Y be irreducible complex spaces of dimension m and n respectively with $q = m - n \geq 0$. Let $\varphi: X \to Y$ be a holomorphic map of rank n. Let $f_1,\ldots,f_k$ be meromorphic functions on X and consider the largest open subset A where all functions $f_1,\ldots,f_k$ are holomorphic. Let $\mathbb{P}_k$ be the complex projective space of dimension k. The closure Γ of

$$\{(x,f_1(x),\ldots,f_k(x)) \mid x \in A\}$$

in $X \times \mathbb{P}_k$ is analytic and irreducible with $\dim \Gamma = m$. The analytic set Γ is said to be the graph of $f_1,\ldots,f_k$ over X. The projections $\pi: \Gamma \to X$ and $\chi: Y \times \mathbb{P}_k \to Y$ are holomorphic. Let $\psi: \Gamma \to Y \times \mathbb{P}_k$ be the restriction of

$$\varphi \times \mathrm{Id}\colon X \times \mathbb{P}_k \to Y \times \mathbb{P}_k$$

to Γ. Then ψ is holomorphic. The diagram

$$\begin{array}{ccc} X & \xleftarrow{\ \pi\ } & \Gamma \\ {\scriptstyle\varphi}\downarrow & & \downarrow{\scriptstyle\psi} \\ Y & \xleftarrow{\ \chi\ } & Y \times \mathbb{P}_k \end{array}$$

commutes. The meromorphic functions $f_1,\ldots,f_k$ are said to be φ-dependent (φ-independent) if and only if rank $\psi < n + k$ (respectively, rank $\psi = n + k$). If they are φ-independent, then $k \leq q$. This defines a "dependence" relation in the sense of Zariski-Samuel [17] p. 97 in $\mathfrak{K}(X)$. Especially, every subfield of $\mathfrak{K}(X)$ has a base whose length depends only on the subfield and does not exceed q. The length of a base of $\mathfrak{K}(X)$ is called the dimension of φ and denoted by dim φ. Let $f_1,\ldots,f_k$ be φ-independent meromorphic functions on X. Define $F = \{f_1,\ldots,f_k\}$. Then

$$\mathfrak{K}_\varphi(X,F) = \{f \in \mathfrak{K}(X) \mid f_1,\ldots,f_k, f \quad \varphi\text{-dependent}\}$$

is a subfield of $\mathfrak{K}(X)$. Also

$$\mathfrak{K}_\varphi(X) = \{f \in \mathfrak{K}(X) \mid f \quad \varphi\text{-dependent}\}$$

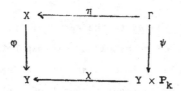

is a subfield of $\mathfrak{K}(X)$ with $\mathfrak{K}_\varphi(X) \subseteq \breve{\mathfrak{K}}_\varphi(X,F)$.

We ask: *When is $\mathfrak{K}_\varphi(X)$ a finite algebraic extension of $\varphi^*\mathfrak{K}(Y)$? When is $\breve{\mathfrak{K}}_\varphi(X,F)$ an algebraic function field over $\varphi^*\mathfrak{K}(Y)$?*

The answers are related to the geometric behavior of the map φ. Let $\varphi: X \to Y$ be a holomorphic map betweeen complex spaces X and Y. Then φ is said to be *quasiproper*, if and only if for every compact subset K of Y a compact subset K' of X exists such that $B \cap \varphi^{-1}(Y) \neq \emptyset$ for every branch B of $\varphi^{-1}(y)$ if $y \in K \cap \varphi(X)$. The map φ is said to be *quasiproper of codimension* k, if and only if for every compact subset K of Y a compact subset K' of X exists satisfying the following condition: *"Let $y \in K \cap \varphi(X)$. Let B be a branch of $\varphi^{-1}(y)$. Let C be an irreducible analytic subset of B with $\dim B - \dim C \leqq k$. Then $C \cap K' \neq \emptyset$."* A quasiproper map is semiproper. A holomorphic map is quasiproper of codimension 0, if and only if it is quasiproper. A holomorphic map which is quasiproper of codimension k is also quasiproper of codimension k' if $k' \leqq k$. A holomorphic map is proper if and only if it is quasiproper of codimension k for each integer $k \geqq 0$. Here, a whole scale of "properness" conditions between "semiproper" and "proper" is constructed. Observe that "semiproper" and "proper" are topological conditions, where upon "quasiproper" depends on the complex structure.

In [3], we prove the following refinements of Theorem 6:

Theorem 7. Let X and Y be irreducible complex spaces of dimension m and n respectively with $m - n = q \geqq 0$. Let $\varphi: X \to Y$ be a quasiproper, holomorphic map of rank n. Then $\mathfrak{K}_{\varphi}(X)$ is a finite algebraic extension of $\varphi^* \mathfrak{K}(Y)$.

The degree of the extension can be estimated by the geometry of φ.

Theorem 8. Let X and Y be irreducible complex spaces of dimension m and n respectively with $m - n = q \geqq 0$. Let $\varphi: X \to Y$ be a holomorphic map of rank n which is quasiproper of codimension k. Let $f_1,\ldots,f_k$ be φ-independent meromorphic functions on X. Define $F = \{f_1,\ldots,f_k\}$. Then $\mathfrak{K}_{\varphi}(X,F)$ is an algebraic function field of transcendence degree k over $\varphi^* \mathfrak{K}(Y)$. (Observe, $k \leqq q$).

Corollary 9. Let X and Y be irreducible complex spaces of dimension m and n respectively with $m - n = q \geqq 0$. Let $\varphi: X \to Y$ be a holomorphic map of rank n. Define $d = \dim \varphi$. Suppose that φ is quasiproper of codimension k with $k \geqq d$. Then $\mathfrak{K}(X)$ is an algebraic function field over $\varphi^* \mathfrak{K}(Y)$ and the transcendence degree of this extension is d. (Observe that $d \leqq q$ and that $k = q$ can be taken).

If Y is a point, we return to theorem 1 in the case of a compact space X. The analogon to the case of a pseudoconcave space X is provided by the concept of a pseudoconcave map which shall be defined now:

Let X and Y be complex spaces. Let $\varphi: X \to Y$ be a holomorphic map. Let G be an open subset of Y with $\tilde{G} = \varphi^{-1}(G) \neq \emptyset$. Then φ is said to be pseudoconcave over G if and only if an open subset $\Omega \neq \emptyset$ of $\tilde{G}$ exists such that

1. The restriction $\varphi: \bar{\Omega} \cap \tilde{G} \to G$ is proper.

2. If $y \in G \cap \varphi(X)$ and if B is a branch of $\varphi^{-1}(y)$, then $B \cap \Omega \neq \emptyset$.

3. If $x \in (\bar{\Omega} - \Omega) \cap \tilde{G}$ and if U is an open neighborhood of X, then open neighborhoods A and B exist such that $\bar{A}$ is compact and

$$x \in B \subseteq \bar{B} \subset A \subseteq \bar{A} \subset U \cap \tilde{G}$$

$$\Sigma(A \cap \Omega \,\|\, A) \supseteq B$$

$$\Sigma(A \cap \Omega \cap \varphi^{-1}(y) \| A \cap \varphi^{-1}(y)) \supseteq B \cap \varphi^{-1}(y)$$

with $A \cap \Omega \cap \varphi^{-1}(y) \neq \emptyset$ if $y \in \varphi(A)$.

If G = Y, we simply say that φ is pseudoconcave. In [3] we prove

Theorem 10. Let X and Y be irreducible complex spaces of dimension m and n respectively with $m - n = q \geqq 0$. Suppose that X is normal. Let $\varphi: X \to Y$ be a holomorphic, pseudoconcave map of rank n. Then $\mathfrak{K}(X)$ is an algebraic function field over $\varphi^* \mathfrak{K}(Y)$. The transcendence degree of this extension does not exceed q.

Actually, the pseudoconcavity is only locally required, if another weaker property of φ is known. A holomorphic map $\varphi: X \to Y$ between complex spaces X and Y is said to be full, if and only if every point $y \in Y$ has an open neighborhood U such that

$$\varphi^{-1}(U) = \bigcup_{\nu \in \mathbb{N}} U_\nu$$

where each set U_ν is open and where the restriction $\varphi_\nu = \varphi: U_\nu \to U$ is quasiproper if $U_\nu \neq \emptyset$. Full maps generalize the concept of a covering space. They may be of independent interest as the following result in [3] shows

Theorem 11. Let X and Y be irreducible spaces of dimension m and n respectively with $m \geqq n$. Let $\varphi: X \to Y$ be a full map of rank n. Then φ is surjective. Let $G \neq \emptyset$ be an open subset of Y. Define $\tilde{G} = \varphi^{-1}(G)$. Let $\varphi_G = \varphi: \tilde{G} \to G$ be the restriction. Suppose that meromorphic functions $f \in \mathfrak{K}(X)$ and $g \in \mathfrak{K}(G)$ are given such that $f|\tilde{G} = \varphi_G^*(g)$. Then one and only one meromorphic function $h \in \mathfrak{K}(Y)$ exists such that $\varphi^*(h) = f$. Moreover $h|G = g$.

Theorem 10 is contained in the following result of [3]:

Theorem 12. Let X and Y be irreducible complex spaces of dimension m and n respectively with $m - n = q \geq 0$. Let $\varphi: X \to Y$ be a full holomorphic map of rank n which is pseudoconcave over an open subset $G \neq \emptyset$ of Y. Then $\mathfrak{K}(X)$ is an algebraic function field over $\varphi^* \mathfrak{K}(Y)$. The transcendence degree of this extension does not exceed q.

The proof of these pseudoconcavity theorems is very complicated.

In [2], a family $\varphi: V \to \Delta$ over the unit disc $\Delta = \{t \in \mathbb{C} \mid |t| < 1\}$ was constructed, where φ is a pseudoconcave holomorphic map of pure fiber dimension 2. Each fiber $V_t = \varphi^{-1}(t)$ is a connected, non-compact, pseudoconcave surface which cannot be compactified. Thus, $\mathfrak{K}(V)$ is an algebraic function field over $\varphi^* \mathfrak{K}(\Delta)$ of transcendence degree atmost 2 and in fact precisely 2 as one easily sees. Hence, Theorem 10 is actually more general than Theorem 6.

For a moment, let us return to the relation between the fields $\mathfrak{K}(X)$ and $\mathfrak{A}(X)$ on an irreducible complex space. Suppose that the separation space $(Y, \mathcal{O}_Y)$ is a complex space and that the residual map $\rho: X \to Y$ is pseudoconcave. Then $\mathfrak{K}(X)$ is an algebraic function field over $\mathfrak{A}(X)$ with a transcendence degree not exceeding dim X - dim Y.

The condition of pseudoconcavity cannot be relaxed as an example of Kodaira [6] and Kas shows:

6. Example. We take countable many copies Δ_k of the unit disc Δ and $\mathbb{C}_k^*$ of $\mathbb{C}^* = \mathbb{C} - \{0\}$. We consider the disjoint

unions

$$M = \bigcup_{k \in \mathbb{Z}} \Delta_k \times \mathbb{C}^*_k$$

$$S = \bigcup_{k \in \mathbb{Z}} \{0\} \times \mathbb{C}^*_k$$

On $M - S$, we consider the automorphism

$$g(t_k, w_k) = (t_k, t_k w_k)$$

if $(t_k, w_k) \in \Delta_k \times \mathbb{C}^*_k$ and $t_k \neq 0$. Let Γ be the cyclic group generated by g. The action of Γ on S is defined by the identity action. Then $X = M/\Gamma$ is a connected complex manifold of dimension 2, namely, X is obtained by replacing $\{0\} \times \mathbb{C}^*$ in $\Delta \times \mathbb{C}^*$ by S. We have a natural surjective, holomorphic map $\varphi: X \to \Delta$ of pure fiber dimension 1. The map φ is full. Easily, $\mathfrak{h}(X) = \varphi^* \mathfrak{h}(\Delta)$ is shown which implies $\mathfrak{O}(X) = \varphi^* \mathfrak{O}(\Delta)$. The unit disc is the separation space of X. On X, we consider two meromorphic functions which are given on $\Delta_o \times \mathbb{C}^*_o$ by

$$f(t_o, w_o) = w_o$$

$$h(t_o, w_o) = \sum_{n \in \mathbb{Z}} t_o^{n^2} w_o^n .$$

The substitution $t_o = e^{\pi i \tau}$ with Im $\tau > 0$ and $w = e^{2\pi iz}$ transforms h into a Jacobi Theta function θ. Since this theta function θ has infinitely many zeros for each fixed τ, we see that f and h are algebraically independent over $\mathfrak{A}(X)$. (See [3]). Thus $\mathfrak{K}(X)$ has at least transcendence degree 2 over $\mathfrak{A}(X) = \varphi^* \mathfrak{F}(\Lambda)$ while φ has pure fiber dimension 1.

The theory as outlined in section 5 and 6 is developed in [3], where all the proofs are given and where the related techniques are expounded in detail. Thus, these remarks can be considered as an introduction to [3].

REFERENCES

[1] Andreotti, A.: Théorèmes de dependance algébrique sur les espaces complexes pseudoconcaves. Bull. Soc. Math. France 91, (1963), 1-38.

[2] Andreotti, A. and Yum-Tong Siu: Projective embedding of pseudoconcave spaces. Ann. Sc. Nor. Sup. Pisa 24 (1970), 231-278.

[3] Andreotti, A. and W. Stoll: Analytic and algebraic dependence of meromorphic functions. (To appear in Lecture Notes in Mathematics Springer-Verlag)

[4] Behnke, H. and P. Thullen: Theorie der Funktionen mehrerer komplexer Veränderlichen. 2 ed. Erg. d. Math. 51 Springer-Verlag Berlin-Heidelberg-New York 1970.

[5] Cartan, H.: Quotients of complex analytic spaces. Contribution to Function Theory - Tata Institute of Fundamental Research (1960), 1-15.

[6] Docquier, F. and H. Grauert: Levisches Problem und Rungescher Satz für Teilgebiete Steinscher Mannigfaltigkeiten. Math. Ann. 140 (1960), 94-123.

[7] Kneser, H.: Ein Satz über die Meromorphiebereiche analytischen Funktionen von mehreren Veränderlichen. Math. Ann. 106 (1932) 648-655.

[8] Kodaira, K.: On the structure of compact complex analytic surfaces III. Amer. J. of Math. 90 (1968), 55-83.

[9] Kujala, R.: Functions of finite λ-type in several complex variables, Bull. Amer. Math. Soc. 75 (1969), 104-107.

[10] Kuhlmann, N.: Ueber holomorphe Abbildungen komplexer Räume. Archiv d. Math. 15 (1964), 81-90.

[11] Levi, E.E.: Studii sui punti singolari essenziali delle funzioni analitiche di due o pui variabili. Opere ed Cremonese Roma (1958), 187-213.

[12] Miles, J.: Representing a meromorphic function as the quotient of two entire functions of small characteristic. Bull. Amer. Math. Soc. 76 (1970), 1308-1309.

[13] Nevanlinna, R.: Eindeutige analytische Funktionen. D. Grundl. d. Math Wiss. i. Einzeldarst. 46. 2 ed., Springer-Verlag Berlin-Göttingen-Heidelberg (1953).

[14] Remmert, R.: Projectionen analytischer Mengen. Math. Ann. 130 (1956), 410-461.

[15] Rubel, L.A. and B.A. Taylor: "A Fourier series method for meromorphic and entire functions" Bull. Amer. Math. Soc. 72 (1966) 858-860.

[16] Stoll, W.: About entire and meromorphic functions of exponential types. Proc. Symp. in Pure Math. 11 (1968) 392-430.

[17] Zariski, O. and P. Samuel: Commutative algebra I. D. Van Nostrand Company, Inc. Princeton, N.J. (1958) pp. 329.

SOLUTIONS BORNEES DES EQUATIONS DE CAUCHY-RIEMANN

par

Ingo LIEB

1. Position du problème.

Soit α une forme différentielle de type (p,q) à coefficients indéfiniement différentiables sur un ouvert U de l'espace numérique complexe $\mathbb{C}^n$, ce veut dire

$$\alpha = \sum_{\substack{1\le i_1<\dots<i_p\le n \\ 1\le j_1<\dots<j_q\le n}} \alpha_{i_1\dots i_p j_1\dots j_q}\, dx_{i_1}\wedge\dots\wedge dx_{i_p}\wedge d\bar{x}_{j_1}\wedge\dots\dots\wedge d\bar{x}_{j_q} ,$$

les $\alpha_{i_1\dots j_q}$ étant des fonctions indéfiniement différentiables sur U. On introduit l'opérateur $\bar\partial$ des équations de Cauchy-Riemann de la manière suivante:

$$\bar\partial\alpha = \sum_{\substack{i_1,\dots,i_p \\ j_1\dots j_q}} \bar\partial\alpha_{i_1\dots j_q}\wedge\; dx_{i_1}\wedge\dots\wedge d\bar{x}_{j_q} ,$$

où l'on pose pour une fonction f

$$\bar\partial f = \sum_{\nu=1}^{n}\frac{\partial f}{\partial\bar{x}_\nu}\, d\bar{x}_\nu ,$$

$$\frac{\partial f}{\partial\bar{x}_\nu} = \frac{1}{2}\left(\frac{\partial f}{\partial x'_\nu} + i\,\frac{\partial f}{\partial x''_\nu}\right),$$

$x_\nu = x'_\nu + ix''_\nu$ étant la décomposition de la fonction coordonnée x_ν en patie réelle resp. imaginaire. C'est un opérateur biholomorphiquement in variant; une fonction f est holomorphe si et seulement si $\bar\partial f = o$; en plus, $\bar\partial^2 = o$. Le système des équations de Cauchy-Riemann est le système

$$\bar\partial\alpha = \beta ,$$

où β est une forme de type (p,q+1), indéfiniement différentiable et sou mise à la condition d'intégrabilité

$$\bar{\partial}\beta = o.$$

(En $\mathbb{C}^n$, on peut évidemment se limiter au cas p=o, ce qu'on va faire dès maintenant; en plus, toutes les fonctions et formes qu'on considère seront supposées indéfiniement différentiables).

D'après Dolbeult-Cartan-Serre, le système ci-dessus admet des solutions pour n'importe quels q et β si et seulement si U est un ouvert d'holomorphie. On va montrer, dans cet exposé, que, si U est strictement pseudoconvexe , il existe toujours une solution α bornée pourvu que β soit une forme bornée.

2. Résultats.

Definition 1. Un domaine $G \subset\subset \mathbb{C}^n$ s'appelle strictement pseudoconvexe s'il existe un voisinage ouvert U de la frontiere ∂G de G et une fonction réelle indéfiniement différentiable φ sur U tel que l'on a:

i) $U \cap G = \{ x \in U: \varphi(x) < o \}$;

ii) $d\varphi \neq o$ partout;

iii) la forme de Levi de φ,

$$L(\varphi) = \sum_{\nu,\mu=1} \frac{\partial^2 \varphi}{\partial x_\nu \partial \bar{x}_\mu} dx_\nu d\bar{x}_\mu$$

est définie positive (càd. φ est strictement plurisousharmonique).

Exemple typique d'un domaine strictement pseudoconvexe: une boule. La pseudoconvexité stricte implique la convexité holomorphe (solution du problème de Levi).

Definition 2. On pose, pour une fonction f sur G,

$$|f| = |f|_G = \sup_{x \in G} |f(x)|$$

(norme du suprémum). La norme du supremum de

$$\alpha = \sum \alpha_{i_1 \ldots i_p} \, d\bar{x}_{i_1} \wedge \ldots \wedge d\bar{x}_{i_p}$$

est

$$|\alpha| = |\alpha|_G = \max_{i_1, \ldots, i_p} |\alpha_{i_1 \ldots i_p}|_G .$$

Soit $\varepsilon > o$ un nombre réel et f une fonction.

$$|f|_\varepsilon = |f|_{\varepsilon, G} = \sup_{x \neq y \in G} \frac{f(x)-f(y)}{|x-y|^\varepsilon}$$

s'appelle l'ε-norme (höldérienne) de f. La ε-norme d'une forme α est

$$|\alpha|_\varepsilon = |\alpha|_{\varepsilon, G} = \max_{i_1, \ldots, i_p} |\alpha_{i_1 \ldots i_p}|_{\varepsilon, G} .$$

($|.|$ désigne la distance euclidienne).

Théorème principal. Soit G un domaine strictement pseudoconvexe. Il existe des nombres réels K, K_ε (pour $o < \varepsilon < \frac{1}{2}$) tels que l'on a: Si β est une forme $\bar{\partial}$-fermee de type (o,q+1) sur G il existe une forme α de type (o,q) sur G avec $\bar{\partial}\alpha = \beta$ et

$$|\alpha| \leq K|\beta|$$

et même

$$|\alpha|_\varepsilon \leq K_\varepsilon |\beta| \qquad , \; o < \varepsilon < \frac{1}{2} .$$

Remarques: 1. Les K, K_ε restent inavariants sous perturbations "suffisamment petites" de la frontière de G.

2. On connaît le théorème depuis longtemps pour n=1, où l'on peut même admettre tout $\varepsilon<1$ dans les majorations höldériennes. Par contre, le théorème ne subsiste plus pour n>1, q=o et $\varepsilon>\frac{1}{2}$, même pas dans le cas d'une boule [5].

3. Les majorations höldériennes impliquent en particulier: Si β est une forme bornée, il existe des solutions α de $\bar\partial\alpha=\beta$ qui se prolongent continuement sur $\bar G$.

4. Des résultats non publiés de G. M. Henkin indiquent qu'une partie du théorème précédent (savoir les majorations uniformes) subsiste pour une classe plus étendue de domaines d'holomorphie.

3. Applications.

31. Cohomologie de Čech.

Soit $U\subset\bar G$ un ensemble relativement ouvert. On désigne par $\underline{F}(U)$ l'anneau des fonctions holomorphes et bornées sur U G. De la manière on obtient un préfaisceau dont le faisceau associé sera encore désigné par $\underline{F}$: c'est le faisceau des germes de fonctions holomorphes et bornées sur $\underline{\bar G}$. On a évidemment $\underline{F}_x=\underline{O}_x$ pour $x\in G$, mais $\underline{F}_x$ est un objet très compliqué si x est un point frontière de G. - On définit de façon tout à fait analogue le faisceau $\underline{S}$ des germes de fonctions continues sur $\bar G$ et holomorphes sur G.

<u>Proposition</u> 1. Si G est strictement pseudoconvexe, alors

$$H^q(\bar G,\underline{F})=o \quad \text{et} \quad H^q(\bar G,\underline{S})=o$$

pour tout q>o.

On a même un résultat plus précis qu'on ne va formuler que pour q=1 et le faisceau $\underline{F}$. Soit $\underline{U} = \{ U_1, \ldots, U_r \}$ un recouvrement de $\bar{G}$ par des ouverts de l'espace ambiant, $\underline{U} \cap \bar{G} = \{U_1 \cap G, \ldots, U_r \cap G\}$, et $c \in C^0(\underline{U} \cap G, \underline{O})$ une cochaîne. Posons

$$|c| = \max_{\rho} |c_\rho| \quad .$$

(Rappel ons que c_ρ est une fonction holomorphe sur $U_\rho \cap G$ et c le r-uple des c_ρ). Définissons de la même manière la norme du supremum d'un élément $c \in C^1(\underline{U} \cap G, \underline{O})$.

<u>Proposition</u> 1'. Il existe un nombre réel K tel qu'on peut trouver pour tout cocycle $c \in C^1(\underline{U} \cap G, \underline{O})$ une cochaîne $a \in C^0(\underline{U} \cap G, \underline{O})$ avec $\delta a = c$ et $|a| \leq K|c|$. K dépend "continu ment" de G.

<u>Démonstration</u>. On choisit des fonctions réelles indéfini ment différentiables $\varphi_1, \ldots, \varphi_r$ avec

$$0 \leq \varphi \leq 1, \qquad \sum \varphi_\rho \equiv 1 \text{ sur } \bar{G}, \qquad \operatorname{supp} \varphi_\rho \subset U_\rho \; .$$

Soit $c = \{ c_{\rho\sigma} \}$, $c_{\sigma\rho} \in \Gamma(U_\rho \cap U_\sigma \cap G, \underline{O})$ et $|c| < \infty$. Si l'on pose

$$b_\rho = \sum_\sigma c_{\rho\sigma} \varphi_\sigma \; , \qquad b = \{ b_\rho \} ,$$

on a $\delta b = c$ et $|b| \leq |c|$. En plus,

$$\bar{\partial} b = \sum c_{\rho\sigma} \bar{\partial} \varphi_\sigma \; ,$$

donc $|\bar{\partial} b| \leq M|c|$, ou M ne dépend que du recouvrement $\underline{U}$. Puisque

$$\delta \bar{\partial} b = \bar{\partial} \delta b = \bar{\partial} c = 0,$$

$\bar{\partial} b$ est une (o,1)-forme sur G qui est évidemment $\bar{\partial}$-fermée.

Grâce au théorème principal, on peut trouver une fonction f sur G avec $\bar{\partial} f = \bar{\partial} b$ et $|f| \leq R|\bar{\partial} b|$. Posons $a_\varrho = b_\varrho - f$ et $a = \{a_\varrho\}$. Alors on a bien $\delta a = c$, $a \in C^0(\underline{U} \cap G, \underline{O})$ et $|a| \leq K|c|$.

La démonstration de la proposition 1 suit le même schéma [10].

32. Idéaux maximaux.

Soit $A = \Gamma(\bar{G}, \underline{S})$ l'algèbre des fonctions continues sur $\bar{G}$ et holomorphes sur G. Supposons $o \in G$, et soit $\underline{M}$ l'idéal maximal des $f \in A$ avex $f(o)=o$.

Proposition 2. Si G est strictement pseudoconvexe, $\underline{M}$ est engendré par les coordonnées $x_1, \ldots, x_n$.

Démonstration. Soit $\underline{I} \subset \underline{S}$ le faisceau d'idéaux associé à o. On a une suite exacte

$$o \to \underline{S}^{\binom{n}{n}} \to \underline{S}^{\binom{n}{n-1}} \to \ldots \to \underline{S}^{\binom{n}{1}} \to \underline{I} \to o,$$

où la flèche $\underline{S}^n \to \underline{I}$ est donnée par

$$(f_1, \ldots, f_n) \to \sum_\nu f_\nu x_\nu .$$

Désignons par $\underline{K}$ le noyau de cet homomorphisme; d'où une suite exacte

$$o \to \underline{K} \to \underline{S}^n \to \underline{I} \to o.$$

Puisque $H^q(\bar{G}, \underline{S}^{(p)}) = o$ pour $q > o$, on en déduit immédiatement

$$H^1(\bar{G}, \underline{K}) = o,$$

càd. l'homomorphisme

$$A = H^0(\bar{G}, \underline{S}) \to H^0(\bar{G}, \underline{I}) = \underline{M}$$

est surjectif.

(La démonstration précédente est due a Kerzman et Nagel [6] ; la proposition fut établie par Leibenzon dans le cas des domaines convexes, et par Henkin dans le cas general [4]).

33. Questions d'approximation

Proposition 3. Soit G strictement pseudoconvexe et f une fonction continue sur $\bar{G}$ et holomorphe sur G. Alors il existe une suite de fonctions f_ν holomorphes sur $\bar{G}$ (càd. f_ν holomorphe dans un voisinage U_ν de $\bar{G}$) qui converge vers f uniformément sur $\bar{G}$.

Démonstration [5,9] . Soit $\varepsilon > o$. Choisissons un recouvrement $\underline{U} = \{U_1, \ldots, U_r\}$ de $\bar{G}$ tel qu'on peut trouver des fonctions f_ρ holomorphes sur $\overline{U_\rho \cap G}$ avec $|f_\rho - f| < \varepsilon$ sur $U_\rho \cap G$. Il est facile de trouver un voisinage strictement pseudoconvexe $\hat{G}$ de $\bar{G}$ qui est encore recouvert par $\underline{U}$, tel que les fonctions $c_{\rho\sigma} = f_\rho - f_\sigma$ forment un cocycle holomorphe sur $\hat{G} \cap \underline{U}$ avec $|c|_{\hat{G}} < 4\varepsilon$ (mêmes notations que dans la proposition 1). En appliquant la proposition 1' on obtient une cochaîne $a \in C^o((\underline{U} \cap \hat{G}, \underline{O})$ avec $\delta a = c$ et $|a| \leq K\varepsilon$. Posons $h_\rho = f_\rho - a_\rho$, $h = \{h_\rho\}$, alors $\bar{\partial} h = o$, $\delta h = o$ et

$$|f-h|_{\mathcal{G}} \leq |a|_{\mathcal{G}} + |f_\rho - f| \leq L\varepsilon,$$

ou L ne dépend ni de f ni d'ε.

Remarque. On peut établir des majoration L^p pour les solutions données par le théorème principal [5, 11] . Ceci permet d' appliquer la méthode précédente pour obtenir le résultat suivant:

Proposition 4. Soit f holomorphe et bornée sur G, G étant strictement pseudoconvexe. Alors il existe une suite bornée f_ν de fonctions holomorphes sur $\bar{G}$ qui converge vers f localement uniformément sur G.

(La proposition 3 est due a Henkin [2] , la proposition 4 a Kerzman (non publié). On trouve des généralisations dans [13]).

4. Démonstration du théorème principal.

On se borne, en ce qui suit, au cas q=o et à la norme du supremum. Rappel ons d'abord qu'en dimension 1 une solution de

$$\frac{\partial f}{\partial \bar{y}} = g$$

est donnée par l'intégrale

$$f(y) = \frac{1}{2\pi i} \int_G \frac{g(x)}{x-y} \, dx \wedge d\bar{x} ,$$

g étant supposée bornée sur le domaine borné G. Or, comme on établit facilement l'inégalité

$$\frac{1}{2\pi} \int_G \frac{d\lambda(x)}{|x-y|} \leq K,$$

ou $\lambda(x)$ est la mesure de Lebesgue et K un nombre qui ne dépend que du diamètre de G, cette solution f est bien bornée. Les propriétés du noyau de Cauchy

$$\Omega_y(x) = \frac{1}{2\pi i} \frac{dx}{x-y}$$

qu'on utilise dans cet argument sont les suivantes:

i) $\Omega_y(x)$ est holomorphe en y.

ii) On a pour f holomorphe sur $\bar{G}$ et $y \in G$

$$f(y) = \int_{\partial G} f(x)\Omega_y(x) \quad .$$

iii) $\int_G |\Omega_y(x)| = \frac{1}{2\pi}\int_G \frac{d\lambda(x)}{|x-y|} \leq K$

indépendamment de y dans G.

Le théorème principal sera demontré par la construction d'un noyau $\Omega_y(x)$ sur un domaine strictement pseudoconvexe qui jouit (essentiellement) des mêmes propriétés i, ii et iii.

41. Formules de Cauchy-Fantappiè.

Soit $W \subset \underline{C}^n \times \underline{C}^n$ un ouvert et supposons données n fonctions $f_1, \ldots, f_n$ sur W. Posons en plus

$$f(x,y) = \sum_{\nu=1}^{n} f_\nu(x,y)(x_\nu - y_\nu),$$

ou $x = (x_1,\ldots,x_n)$ et $y = (y_1, \ldots, y_n)$, et faisons l'hypothèse essentielle

$$f(x,y) \neq 0 \text{ pour tout } (x,y) \in W.$$

La forme différentielle

$$\Omega_y(x) = \frac{(n-1)!}{(2\pi i)^n} \frac{\sum_{\nu=1}^{n}(-1)^{\nu+1} f_\nu \bigwedge_{\substack{\mu=1\\ \mu\neq\nu}}^{n} \bar{\partial}_x f_\mu}{f(x,y)^n} \bigwedge_{\kappa=1}^{n} dx_\kappa$$

s'appelle le noyau de Cauchy-Fantappiè (CF) défini par les f_ν. Ces noyaux jouissent des propriétés suivantes ([7][8] [10]):

i) La difference de deux nouyaux (définis sur le même ouvert) est d_x-exacte.

ii) $d_x \Omega_y(x) = 0$.

iii) Si G est un domaine borné à frontière lisse par morceaux (et orientée de façon convenable), on a pour toute fonction f holomorphe sur $\bar{G}$ et tout $y \in G$:

$$f(y) = \int_{\partial G} f(x) \Omega_y(x) .$$

Exemple: Posons $W = \mathbb{C}^n \times \mathbb{C}^n$ moins la diagonale et $f_\nu = \overline{x_\nu - y_\nu}$. Le noyau correspondant $B_y(x)$ est le noyau de Bochner-Martinelli. On remarquera que ce noyau a les propriétés ii et iii, mais non pas la première propriété (sauf en dimension 1, où il se réduit au noyau de Cauchy).

42. Le noyau de Ramirez-Henkin.

Les propositions suivantes sont dues a E. Ramirez et indépendamment a G. M. Henkin [2][12].

Proposition 5. Soit $G \subset \mathbb{C}^n$ un domaine strictement pseudoconvexe. Il existe des voisinages U de ∂G et V de $\bar{G}$ et une fonction g(x,y) sur $U \times V$ tels que:

i) g est indéfiniement différentiable sur $U \times V$ et holomorphe en tant que fonction de y (pour $x \in U$ fixe).

ii) $g(x,x) \equiv 0$.

iii) Re $g(x,y) > 0$ sur $\partial G \times \bar{G}$ moins la diagonale.

Indiquons rapidement la démonstration. Soit φ une fonction strictement plurisousharmonique qui définit la frontière (v. déf. 1). Posons $\varphi_i = \frac{\partial \varphi}{\partial x_i}$, $\varphi_{\bar{i}} = \frac{\partial \varphi}{\partial \bar{x}_i}$, $\varphi_{i\bar{j}} = \dots$ etc.

et considérons pour $x \in \partial G$ donné la fonction

$$P(x,y) = 2\sum_{i=1}^{n} \varphi_i(x)(x_i - y_i) - \sum_{i,j=1}^{n} \varphi_{ij}(x)(x_i - y_i)(x_j - y_j).$$

C'est bien une fonction différentiable, holomorphe en y, avec $P(x,x) = o$. Le développement de Taylor de φ autour de x donne

$$\varphi(y) = - \text{Re } P(x,y) + L(x;x-y) + O(|x-y|^3),$$

ou L désigne la forme de Levi de φ en x. Comme celle-ci est définie positive, on a donc dans un petit voisinage U_x de x

$$\text{Re } P(x,y) > -\varphi(y) \geq o \quad ; y \in U_x \cap \overline{G} \; - \{x\}.$$

Ceci montre que P(x,y) satisfait déjà, pour x fixe, aux conditions voulues. La construction définitive de la fonction cherchée se fait, a partir de ce résultat préliminaire, par solution d'un problème de Cousin pour des fonctions analytiques à valeurs dans l'espace des fonctions différentiables, puis par recollement différentiable par rapport à x.

En raison de la deuxieme condition de la proposition on peut décomposer

$$g(x,y) = \sum_{\nu=1}^{n} g_\nu(x,y)(x_\nu - y_\nu),$$

ou les g_ν sont différentibles et holomorphes en y [12] . Le noyau $\Omega_\gamma(x)$ qu'on obtiendrait à l'aide des g_ν ne serait défini que pour x dans un voisinage de la frontière de G; une expression

$$\int_G a(x) \wedge \Omega_\gamma(x),$$

ou α est une forme de type (o,1), ne ferait donc pas de sens. En plus, les zéros du dénominateur $g(x,y)$ ne sont pas concentrés sur la diagonale, les singularités de Ω ne seront pas intégrables, en général. C'est pourquoi on recolle ce noyau de manière indéfini ment différentiable avec le noyau de Bochner-Martinelli pour obtenir finalement:

Proposition 6. Si G est strictement pseudoconvexe, il existe un voisinage U de $\bar{G}$, un voisinage V de la diagonale Δ dans $U \times G$, un voisinage W de $\partial G \times G$ et un noyau CF, $\Omega_y(x)$, défini sur $U \times G - \Delta$, tels que:

i) $\Omega_y(x)$ est holomorphe par rapport à y pour $(x,y) \in W$.

ii) $\Omega_y(x)$ coincide avec le noyau de Bochner-Martinelli dans $V - \Delta$.

En particulier, les singularités de $\Omega_y(x)$ sont concentrées sur la diagonale et intégrables.

43. Solution de $\bar{\partial}f=\alpha$.

Proposition 7. Soit α une forme bornee de type (o,1) sur G avec $\bar{\partial}\alpha=o$. Alors la fonction

$$f(y) = - \int_G \alpha(x) \wedge \Omega_y(x)$$

satisfait a $\bar{\partial}f=\alpha$.

Ω est bien entendu le noyau construit dans la proposition 6.

Démonstration. a) Soit $G' \subset\subset G$ un sousdomaine à frontière suffisamment lisse et f une fonction indéfini ment différentiable sur G'. On a

$$\bar{\partial}_x f(x) \wedge \Omega_y(x) = d_x\,(f(x)\,\Omega_y(x)).$$

Soit $y \in G'$ et $B_r(y) \subset\subset G'$ la boule de rayon r et centre y. En utisisant la formule de Stokes, on obtient

$$\int_{G'} \bar{\partial}_x f(x) \wedge \Omega_y(x) = \int_{G'} d_x\,(f(x)\,\Omega_y(x))$$

$$= \int_{G'-B_r(y)} \cdots + \int_{B_r(y)} \cdots$$

$$= \int_{\partial G'} f(x)\,\Omega_y(x) - \int_{\partial B_r(y)} f(x)\,\Omega_y(x) + \int_{B_r(y)} \bar{\partial}_x f(x) \wedge \Omega_y(x).$$

Pour $r \to o$, la dernière intégrale converge vers o et la première ne change pas. Pour la deuxième intégrale on obtient

$$\int_{\partial B_r(y)} f(x)\,\Omega_y(x) = \int_{\partial B_r(y)} f(y)\,\Omega_y(x) + \int_{\partial B_r(y)} [f(x)-f(y)]\,\Omega_y(x)$$

$$\longrightarrow f(y).$$

Par conséquent:

$$f(y) = \int_{\partial G'} f(x)\,\Omega_y(x) - \int_{G'} \bar{\partial}_x f(x) \wedge \Omega_y(x)$$

b) Choisissons une suite $G_1 \subset\subset G_2 \subset\subset \ldots\ldots\ldots \subset\subset G$ de sous-domaines à frontière lisse avec $\bigcup_\nu G_\nu = G$. Comme G est un domaine d'holomorphie, il existe une fonction indéfiniement différentiable F (non bornée) sur G avec $\bar{\partial}F=\alpha$. Soit $y_0 \in G$, j_0 un entier tel que $\Omega_y(x)$ est holomorphe par rapport à y sur $(G-G_{j_0}) \times U$, U étant un petit voisinage de y_0. La formule a) donne

$$F(y) = \int_{\partial G_j} F(x)\,\Omega_y(x) - \int_{G_j} \alpha(x) \wedge \Omega_y(x)$$

pour $y \in U$ et $j \geq j$. Les fonctions

$$F_j(y) = \int_{\partial G_j} F(x) \Omega_y(x)$$

sont holomorphes; les

$$f_j(y) = - \int_{G_j} \alpha(x) \wedge \Omega_y(x)$$

sont donc indéfini ment différentiables. Comme les f_j convergent évidemment vers f (la convergence étant uniforme sur U) les F_j forment elles aussi une suite uniformément convergente vers une fonction limite F_0. Compte tenu de l'analyticité des F_j, toutes leurs dérivées convergent uniformément sur U. Par conséquent, les dérivées des f_j convergent vers les dérivées correspondantes de f, et on a finalement

$$\bar{\partial} f = \bar{\partial} \lim f_j = \lim \bar{\partial} f_j = \bar{\partial} F = \alpha.$$

44. Majorations.

Pour montrer

$$\left| \int \alpha(x) \wedge \Omega_y(x) \right| \leq K|\alpha|,$$

K un nombre réel convenable, le point essentiel est une minoration de la fonction g(x,y) qui était construite dans la proposition 5. Reprenons les notations de la démonstration de cette proposition. Soit $y \in G$, et considérons le développement taylorien de g autour de y (en tant que fonction de x). Pour décrire plus clairement l'idée des estimations qui vont suivre, on supposera que ce développement est de la forme

$$g(x,y) = P(x,y) + O(|x-y|^3).$$

(En réalité il y figure un autre terme de deuxième ordre en $|x-y|$ qui fait les choses un peu plus compliquées). La démonstration de la proposition 5 donne

$$\operatorname{Re} g(x,y) = \varphi(x) - \varphi(y) + L(x;x-y) + O(|x-y|^3),$$

et, puisque φ est plurisousharmonique,

$$\mathrm{Re}\ g(x,y) \geq C|x-y|^2, \qquad C>0,$$

si $\varphi(x) \geq \varphi(y)$ et $|x-y| \leq R$.Les constantes R et C>o ne dépendent pas de x ou de y. Cela prend soin de la partie réelle de g. Pour la partie imaginaire, on obtient par développement jusqu'au premier ordre:

$$\mathrm{Im}\ g(x,y) = \sum_{i=1}^{n} \varphi_i(x)(x_i - y_i) - \sum \overline{\varphi_i(x)}(\overline{x}_i - \overline{y}_i) + O(|x-y|^2)$$

$$= \sum \varphi_i(y)(x_i - y_i) - \sum \overline{\varphi_i(y)}(\overline{x}_i - \overline{y}_i) + O(|x-y|^2)$$

(la dernière formule par développement des φ_i). Par un choix convenable des coordonnées et de la fonction φ (v. [1]), on peut supposer

$$\varphi_2(y) = \ldots = \varphi_n(y) = 0$$

et $\dfrac{\partial \varphi}{\partial x_1''}(y) = 0.$

Alors $\dfrac{\partial \varphi}{\partial x_1'}(y) \geq C' > o$ indépendamment de y. Il s'ensuit

$$\mathrm{Im}\ g(x,y) = \varphi_1(y)(x_1 - y_1) - \overline{\varphi_1(y)}(\overline{x}_1 - \overline{y}_1) + O(|x-y|^2)$$

$$= \frac{\partial \varphi}{\partial x_1'}(y)\, x_1'' + O(|x-y|^2).$$

(On a donné au point y les coordonnées $(y_1', o, \ldots, o)$).

Par conséquent

$$|\mathrm{Im}\ g| \geq C'|x_1''| - C'|x-y|^2.$$

En combinant des estimations pour les parties réelles et imaginaires on obtient finalement

Proposition 8. Il y a des nombres positifs C et R, tels que pour $|x-y|\leq R$ et $\varphi(x)\geq\varphi(y)$ et y dans un voisinage de la frontière de G on a

$$|g(x,y)| \geq C(|x-y|^2 + |x_1''|)$$

(les coordonnées étant choisies comme ci-dessus).

De là on tire, par un calcul immédiat mais fastidieux, l'existence du nombre K, ce veut dire la démonstration des majorations uniformes.

BIBLIOGRAPHIE

1. Grauert, H./Lieb, I. Das Ramirezsche Integral und die Lösung der Gleichung $\bar{\partial}f=\alpha$ im Bereich der beschränkten Formen. Rice Univ. Studies 56, 29-50 (1970)

2. Henkin, G. M. Une représentation intégrale pour des fonctions holomorphes sur un domaine strictement pseudoconvexe et quelques appliquations (en russe). Matem. Sborn. 78, 611-632 (1969)

3. ---. Une représentation intégrale pour des fonctions sur un domaine strictement pseudoconvexe et applications au $\bar{\partial}$-probleme de Neumann. Matem. Sborn. 82, 300-308 (1970) (en russe)

4. ---. Approximation de fonctions sur un domaine strictement pseudoconvexe et un théorème de Leibenzon (en russe), à paraître dans Bull. Pol. Acad. Sci.

5. Kerzman, N. Hölder and L^p-estimates for solutions of $\bar{\partial}u=f$ in strongly pseudoconvex domains, à paraître dans Comm. Pure Appl. Math.

6. ---/Nagel, A. On finitely generated ideals in certain function algebras. J. Funct. Anal. 7, 212-215 (1971)

7. Koppelman, W. The Cauchy integral for functions of several complex variables. Bull. Amer. Math. Soc. 73, 373-377 (1967)

8. ---. The Cauchy integral for differential forms. Bull. Amer. Math. Soc. 73, 554-556 (1967)

9. Lieb, I. Ein Approximationssatz auf streng pseudokonvexen Gebieten. Math. Ann. 184, 65-6o (1969)

1o. ---. Die Cauchy-Riemannschen Differentialgleichungen auf streng pseudokonvexen Gebieten. Math. Ann. 19o, 6-44 (197o)

11. Øvrelid, N. Integral formulas and L^p-estimates for the $\bar\partial$-equation, à paraître

12. Ramirez, E. Ein Divisionsproblem und Randintegraldarstellungen in der komplexen Analysis. Math. Ann. 184, 172-187 (197o)

13. Range, M. Bounded holomorphic functions on strictly pseudoconvex domains. Thèse Los Angeles 1971

CONVEXITE HOLOMORPHE DANS LES VARIETES ALGEBRIQUES

par

Aldo ANDREOTTI

1. Rappel de choses connues. Soit D un ouvert relativement compact dans une variété complexe connexe X avec un bord $\partial D = \overline{D} - D$ différentiable

On peut supposer que

$$D = \{x \in X \mid \phi(x) < 0\}$$

où $\phi : X \longrightarrow \mathbb{R}$ est C^∞ et $d\phi \neq 0$ sur ∂D.

Envisageons l'espace $H^0(D,\mathcal{O}) = \mathcal{H}(D)$ des fonctions holomorphes sur D Nous dirons que $f \in \mathcal{H}(D)$ est holomorphiquement prolongeable au point $z_0 \in \partial D$ si il existe un voisinage ouvert $V(z_0)$ de z_0 dans X, une fonction holomorphe $\hat{f} \in \mathcal{H}(D \cup V(z_0))$ telle que

$$\hat{f}|_D = f \quad .$$

Nous dirons que D est un "domaine d'holomorphie" si pour $\forall z_0 \in \partial D$ il $\exists f \in \mathcal{H}(D)$ qui n'est pas prolongeable en z_0.

Si $X = \mathbb{C}$ tout domaine D est d'holomorphie. Mais si $\dim_{\mathbb{C}} X \geqslant 2$ ceci n'est plus vrai. On a en effet le :

Théorème de E.E. Levi. Envisageons la forme hermitienne pour $\forall z_0 \in \partial D$

$$(*) \quad \mathcal{L}(\phi)|_{T(z_0)} \equiv \begin{cases} \mathcal{L}(\phi) \equiv \sum \left(\dfrac{\partial^2 \phi}{\partial z_\alpha \partial \bar{z}_\beta}\right)_{z_0} u_\alpha \, \bar{u}_\beta \\ \sum \left(\dfrac{\partial \phi}{\partial z_\alpha}\right)_{z_0} u_\alpha = 0 \end{cases}$$

où z_α sont des coordonnées locales au point z_0.

Alors si D est d'holomorphie $\mathcal{L}(\phi)$ n'a pas de valeurs propres < 0.

(A remarquer que cette condition est vide si $\dim_{\mathbb{C}} X = 1$).

Le problème de Levi consiste à se demander si la condition (*) est aussi une condition suffisante pour assurer que D est d'holomorphie. La réponse à cette question est négative, comme le montre l'exemple suivant (dû à Grauert).

Exemple. Soit $n \geq 2$; envisageons le tore réel $\mathbb{R}^{2n}/\mathbb{Z}^{2n} = X$ et soit $\tau : \mathbb{R}^{2n} \longrightarrow X$ l'application naturelle correspondante. T est l'image par τ du cube $Q = \{x = (x_1, \dots, x_{2n}) \in \mathbb{R}^{2n} |\ |x_i| \leq 1/2$ pour $1 \leq i \leq 2n\}$.

Soit

$$Q_\varepsilon = \{x \in Q |\ |x_1| > \varepsilon\}$$

et soit $D = \tau(Q_\varepsilon)$. D est un ouvert connexe de X dont le bord est lisse et donné dans Q par les deux hyperplans $x_1 = \pm \varepsilon$.

Choisissons maintenant (moyennant une application linéaire de $\mathbb{R}^{2n}$ sur $\mathbb{C}^n$) une structure complexe $\mathbb{R}^{2n} \simeq \mathbb{C}^n$ sur $\mathbb{R}^{2n}$. Alors X et D acquièrent une structure complexe. De plus le bord ∂D de D est lisse et la forme de Levi $\mathcal{L}(\Psi)|_{T(z_0)}$ identiquement nulle $\forall z_0 \in \partial D$. Donc pour D la condition de Levi est satisfaite.

Envisageons dans D l'image par τ de l'hyperplan $\{x_1 = \frac{1}{2}\}$. C'est une variété de dimension réelle 2n-1. L'hyperplan $\{x_1 = \frac{1}{2}\}$ est une collection d'une famille à un paramètre réel d'espaces $\{\mathbb{C}_t^{n-1}\}_{t \in R}$ parallèles. La position de ces espaces dépend du choix de la structure complexe dans $\mathbb{C}^n$. Si le choix de cette structure est "générique" alors $\tau(\mathbb{C}_t^{n-1})$ est partout dense dans $\tau(\{x_1 = \frac{1}{2}\})$.

Soit $f \in \mathcal{H}(D)$; $|f|\big|_{\tau(\{x_1 = 1/2\})}$ aura un maximum en un point $q \in \tau(\{x = \frac{1}{2}\})$. Envisageons la feuille $\tau(\mathbb{C}_{to}^{n-1})$ qui passe par q. Par le principe du maximum $|f|$ est constante sur $\tau(\mathbb{C}_{to}^{n-1})$. Donc par continuité sur $(\{x_1 = \frac{1}{2}\})$. Mais cette dernière variété est de codimension réelle 1 donc $|f|$ = constante sur D.

Par conséquence $\mathcal{H}(D) = \mathbb{C}$ et toutes les fonctions holomorphes sont prolongeables en tout point de ∂D.

Cet exemple nous montre la nécessité de renforcer la condition de Levi par exemple supposer que $\mathcal{L}(\phi)|_{T(z_0)}$ est positive non dégénérée en tout point $z_0 \in \partial D$. On a alors

Théorème de Grauert [4] . Si D vérifie la condition (*) de Levi et si la forme $\mathcal{L}(\phi)|_{T(z_o)}$ est non dégénérée en tout point de ∂D alors D est un domaine d'holomorphie.

Appelons un domaine d'holomorphie D un bon domaine d'holomorphie si $\mathcal{H}(D)$ sépare les points de D . On peut alors démontrer que

Si on peut choisir ϕ de sorte que $\mathcal{L}(\phi)$ soit positive définie partout sur D , alors D est aussi un bon domaine d'holomorphie.

2. Extension aux groupes de cohomologie supérieurs . Soit $\mathcal{F}$ un faisceau analytique localement libre, par exemple $\mathcal{F} = \mathcal{O}$ ou bien $\mathcal{F} = \Omega^d$, faisceau des germes des formes différentielles holomorphes de degré d .

Par analogie on dira que D est un "d-domaine d'holomorphie" pour $\mathcal{F}$ si pour tout $z_o \in \partial D$ on peut trouver un élément $\xi \in H^d(D,\mathcal{F})$ qui n'est pas prolongeable au point z_o . (La notion d'élément prolongeable se donne exactement comme le cas d = 0).

Il y a un analogue au théorème de Levi ; précisément on a

Théorème. [1] Si D est un "d-domaine d'holomorphie" (pour $\mathcal{F}$) alors pour tout $z_o \in \partial D$ on a

$$(*)_d \begin{cases} \mathcal{L}(\phi)|_{T(z_o)} & \text{a un nombre de valeurs propres négatives} \leq d \\ \mathcal{L}(\phi)|_{T(z_o)} & \text{a un nombre de valeurs propres positives} \leq n-d-1. \end{cases}$$

Ce théorème est une conséquence des théorèmes d'annulation de la cohomologie dans des voisinages $V \cap D$, où V est un voisinage de $z_o \in \partial D$. Ceci tient au fait qu'une classe de cohomologie $\xi \in H^d(X,\mathcal{F})$ est prolongeable au point z_o si et seulement si pour un voisinage V de z_o , $\xi|_{V\cap D} = 0$ lorsque $d \geq 1$.

On peut se poser ici l'analogue du problème de Levi. L'exemple de Grauert nous montre que la condition * est insuffisante à assurer pour D d'être un d-domaine d'holomorphie.

Pour résoudre le problème de Levi pour $\mathcal{F}$ en dimension d il faut supposer que $\mathcal{L}(\phi)|_{T(z_o)}$ est non dégénérée en tout point $z_o \in \partial D$. Précisément, on a le théorème suivant (qui se démontre comme le théorème de Grauert),

Théorème [1] Si D satisfait à la condition $(*)_d$ et si la forme de Levi $\mathcal{L}(\phi)|_{T(z_o)}$ est non dégénérée en tout point $z_o \in \partial D$, alors D est un d-domaine d'holomorphie pour tout faisceau $\mathcal{F}$ localement libre

On appelera un tel domaine strictement d-convexe. Si on peut choisir ϕ de sorte que $\mathcal{L}(\phi)$ ait au moins n-d valeurs propres positives, alors on dira que D est aussi d-complet

A ce point il nous manque la notion de d-domaine d'holomorphie bon car les classes de cohomologie ne s'évaluent pas sur les points.
On va exquisser dans la suite comment on peut rétablir l'analogie avec le cas $q = 0$.

3. Convexité holomorphe et cycles Revenons pour un moment au cas $d = 0$. Soit Y un espace analytique. On dit que Y est holomorphiquement convexe si pour toute suite $\{x_\nu\} \subset Y$ divergente on peut trouver $f \in \mathcal{H}(Y)$ telle que

$$\sup |f(x_\nu)| = \infty$$

De plus, si $\mathcal{H}(Y)$ sépare les points de Y, on dit que Y est holomorphiquement complet

Soit D un ouvert de X. Envisageons l'espace $C_o^+(D)$ des cycles positifs de dimension 0 de D i.e.

$$C_o^+(D) = \{\sum n_i\, p_i \mid n_i \text{ entiers } \geq 0 \text{ presque tous nuls, } p_i \in D\}$$
$$= D \cup D^{(2)} \cup D^{(3)} \cup \ldots$$

où $D^{(k)}$ est le produit symétrique k-fois de D. Cet espace est de façon naturelle un espace analytique et on a une application aussi naturelle

$$\rho_o : H^o(D,\mathcal{O}) \longrightarrow H^o(C_o^+(D),\mathcal{O})$$

donnée par

$$\rho_o(f)(\sum n_i\, p_i) = \sum n_i\, f(p_i)$$

Si D est un ouvert de 0-holomorphie $C_o^+(D)$ est holomorphiquement convexe.

Si D est un bon ouvert de 0-holomorphie $C_o^+(D)$ est holomorphiquement complet

Ces propriétés se démontrent facilement seulement en utilisant l'image de ρ_o car, pour $\forall f \in \mathcal{H}(D)$, $\rho(f)$ est une fonction holomorphe sur $C_o^+(D)$.

Venons au cas des domaines D de d-holomorphie. On va faire l'hypothèse que X est une variété algébrique. Considérons l'espace,

$$C_d^+(D) = \left\{ \sum n_i A_i \;\middle|\; n_i \text{ entiers } \geq 0 \text{ presque tous nuls, } A_i \text{ ensemble analytique irréductible de } \dim_{\mathbb{C}} A_i = d \text{ compact et contenu dans } D \right\}$$

i.e. le monoïde abélien engendré sur les entiers ≥ 0 par les sous-ensembles analytiques irréductibles et compacts de D .

L'hypothèse que X est algébrique nous permet de dire que $C_d^+(X)$ a une structure d'espace analytique et même faiblement normal (c'est-à-dire que les fonctions continues et holomorphes aux points non singuliers sont holomorphes partout).

Exemples : 1) $D = X = P_n(\mathbb{C})$ $d = n-1$ alors

$$C_{n-1}^+(P_n(\mathbb{C})) = P_n(\mathbb{C}) \cup P_{\binom{n+2}{2}-1}(\mathbb{C}) \cup P_{\binom{n+3}{3}-1}(\mathbb{C}) \cup \dots$$

2) $X = P_n(\mathbb{C})$, $D = P_n(\mathbb{C}) - \text{pt}$, $d = n-1$ alors

$$C_{n-1}^+(D) = \mathbb{C}^n \cup \mathbb{C}^{\binom{n+2}{2}-1} \cup \mathbb{C}^{\binom{n+3}{3}-1} \cup \dots$$

Comme analogue de $H^0(D,\mathcal{O})$, on va prendre l'espace de cohomologie $H^d(X,\Omega^d)$.

Etant donné $\xi \in H^d(X,\Omega^d)$, elle se représente par une forme différentielle φ^{dd} de type (dd) , $d''\varphi = 0$, modulo le d" des formes de type (d,d-1). Par un théorème de Lelong [5] pour $\forall C \in C_d^+(D)$ on peut envisager l'intégrale $\int_C \varphi^{dd}$ et de plus on a $\int_C d'' \mu^{dd-1} = 0 \ \forall \mu$ donc l'intégrale ne dépend que de la classe de cohomologie ξ ;

$$\xi(C) = \int_C \varphi^{dd}$$

C'est une fonction bien définie sur $C_d^+(D)$.

On a alors le théorème suivant

Théorème [2] a) La fonction $\xi(C)$ est holomorphe de sorte que l'on a une application linéaire

$$\rho_o : H^d(X, \Omega^d) \longrightarrow H^o(C_d^+(D), \mathcal{O})$$

b) Si D est strictement d-convexe, alors pour toute suite $\{C_\nu\} \subset C_+^d(D)$ divergente il existe $\xi \in H^d(X, \Omega^d)$ telle que

$$\sup | \xi (C_\nu)| = \infty$$

(c'est-à-dire $C_d^+(D)$ est holomorphiquement convexe).

c) si D est strictement d-convexe et d-complet, alors étant donnés C_1, $C_2 \in C_d^+(D)$ avec $C_1 \neq C_2$ il existe $\xi \in H^d(X, \Omega^d)$ telle que

$$\xi(C_1) \neq \xi(C_2)$$

(c'est-à-dire $C_d^+(D)$ est holomorphiquement complet).

Remarque. Ces considérations s'étendent à une variété D sans bord pourvu qu'elle soit réunion croissante d'ouverts strictement d-convexes (resp. d-complets) $\{D_\nu\}$, $D_\nu \Subset D_{\nu+1}$ $\cup D_\nu = D$, satisfaisant une condition du type Runge (i.e. $r : H^d(D_{\nu+1}, \Omega^d) \longrightarrow H^d(D_\nu, \Omega^d)$ a une image dense pour tout ν).

Par exemple si D est obtenu d'une variété projective X non singulière irréductible en supprimant une sous-variété Y de codimension d+1 intersection complète, D = X-Y alors D a la propriété des domaines strictement d-convexes et d-complets.

Aussi $D = P_n(\mathbb{C})$ - pt est strictement (n-1)-complet et on a bien que $C_{n-1}^+(D) = \mathbb{C}^n \cup \mathbb{C}^{\binom{n+1}{2}-1} \cup \dots$ est une variété de Stein.

4. L'image de ρ_o . L'application

$$\rho_o : H^d(D, \Omega^d) \longrightarrow H^o(C_d^+(D), \mathcal{O})$$

produit déjà une infinité de fonctions holomorphes sur $C_d^+(D)$ (si D est strictement d-convexe). Toutefois elle n'est pas en général injective.

Pour décrire l'image de ρ_o il est utile de négliger les espaces vectoriels de dimension finie (c'est une "classe" au sens de Serre).

Supposons de plus que D soit obtenu en supprimant une intersection complète (de codimension d+1) d'une variété algébrique X irréductible comme on a dit tout à l'heure alors on a

Théorème [3] Sous les hypothèses spécifiéesci-dessus, la suite

$$H^d(D, \Omega^{d-1}) \xrightarrow{d} H^d(D, \Omega^d) \xrightarrow{\rho_o} (C_d^+(D), \mathcal{O})$$

est Φ-exacte (i.e. Im d est de codimension finie dans Ker ρ_o)

Ce théorème peut se formuler aussi de la manière suivante.

Envisageons le groupe

$$V^{dd}(D) = \frac{\mathrm{Ker}\ \{A^{dd\ d'd''}(D) \longrightarrow A^{d+1\ d+1}(D)\}}{d'\ A^{d-1\ d}(D) + d''\ A^{dd-1}(D)}$$

où $A^{r,s}(D)$ désigne l'espace des formes différentielles C^∞ sur D de type (r,s) . Soit $\mathcal{H}$ le faisceau des germes de fonctions pluriharmoniques sur $C_d^+(D)$. On a une application naturelle (par intégration)

$$\rho_o : V^{dd}(D) \longrightarrow H^o(C_d^+(D), \mathcal{H})$$

Eh bien, sous les hypothèses précédentes ρ_o est Φ-injective.

5. Il reste un grand nombre de problèmes ouverts. je ne mentionne que quelques uns.

(a). Donner à $C_d^+(D)$ une structure analytique aussi dans le cas où D n'est pas algébrique.

(b). Le groupe $H^d(D,\Omega^d)$ si D est strictement d-convexe est un espace de Fréchet (séparé). Démontrer que l'image de ρ_o est fermée dans $H^o(C_d^+(D), \mathcal{O})$.

(c) Voir si les derniers résultats donnés ici pour des espaces D strictement d-convexes spéciaux peuvent s'étendre au cas général. En particulier déterminer la nature des Φ-homomorphismes ; peut-être l'introduction de la classe Φ , quoique utile du point de vue technique, n'est pas nécessaire.

(d) A cause du dernier théorème énoncé :

$$\rho_o : V^{dd}(D) \longrightarrow H^o(C_d^+(D), \mathcal{H})$$

on a le droit d'appeler les fonctions de $\rho_o(V^{dd}(D))$ les périodes des classes de cohomologie de $V^{dd}(D)$ en tant que ces fonctions (à un espace de dimension finie près) caractérisent les classes de $V^{dd}(D)$. Est-ce qu'il existe un espace plus grand que $C_d^+(D)$ qui jouerait un rôle analogue par rapport à la cohomologie du d'' ?

(e) Etendre les considérations précédentes au cas d'un faisceau $\mathcal{F}$ analytique cohérent quelconque.

BIBLIOGRAPHIE

[1] A. Andreotti et F. Norguet. Problème de Levi et convexité holomorphe pour les classes de cohomologie. Ann. Sc. Norm. Sup. Pisa 20, 1966, p. 197-241.

[2] A. Andreotti et F. Norguet. La convexité holomorphe dans l'espace des cycles d'une variété algébrique. Ann. Sc. Norm. Sup. Pisa 21, 1967, p. 31-82.

[3] A. Andreotti et F. Norguet. Cycles of algebraic manifolds and $\partial\bar{\partial}$-cohomology. Ann. Sc. Norm. Sup. Pisa 25, 1971, p. 59-114.

[4] H. Grauert. On Levi's problem and imbeddings of real analytic manifolds. Ann. of Math. 68, 1958, p. 450-472.

[5] P. Lelong. Intégration sur un ensemble analytique complexe. Bull. Soc. Math. France 85, 1957, p. 239-262.

[6] J.P. Serre. Groupes d'homotopie et classes de groupes abéliens. Ann. of Math. 58, 1953, p. 258-294.

OPERATEURS DIFFERENTIELS SUR LES SINGULARITES QUOTIENTS

par

Jean-Marie KANTOR

Introduction

Les espaces analytiques complexes méritent d'être étudiés du point de vue de l'Analyse, comme le montrent des résultats récents (extensions de la théorie des résidus, travaux de Herrera-Liebermann...).
Cependant, l'étude des opérateurs différentiels sur ces espaces n'a encore que peu progressé (cf. 4,5) .

Nous présentons ici une description de la structure locale des opérateurs différentiels à coefficients holomorphes définis sur l'espace analytique-quotient d'une variété analytique complexe par un groupe proprement discontinu d'automorphismes (cf. 1) .

Les démonstrations correspondantes seront l'objet d'une publication ultérieure.

L'auteur remercie vivement Monsieur Henri CARTAN des remarques et des suggestions qui ont stimulé l'élaboration de ce travail.

I - Quotient d'une variété analytique par un groupe. Opérateurs différentiels.

1/

Rappelons les résultats principaux de (1) : soit V une variété analytique complexe, sur lequel agit un groupe d'automorphismes analytiques G vérifiant les conditions suivantes :

(a) l'espace-quotient

$$X = \frac{V}{G}$$

est séparé;

(b) le groupe d'isotropie $G(x)$ de tout point x de V est fini; et il existe un voisinage ouvert U_x de x, stable par $G(x)$, tel que

$$g \in G \quad , \quad y \in U_x \quad , \quad g(y) \in U_x \Longrightarrow g \in G(x)$$

On dit alors que le groupe G est proprement discontinu.

Soit

$$\pi : V \longrightarrow X$$

la projection canonique.

Théorème (1) :

1/ L'espace topologique X peut être muni (canoniquement) d'une structure d'espace analytique normal tel que l'anneau des germes de fonctions holomorphes au point

$$y = \pi(x)$$

soit identique au sous-anneau des germes de fonctions holomorphes au point x , invariantes par G(x) .

2/ Quitte à effectuer un isomorphisme analytique au voisinage du point x , on peut supposer que V est l'espace numérique $\mathbb{C}^n$, et x l'origine de $\mathbb{C}^n$, et que le groupe G(x) est un sous-groupe fini G_o du groupe des automorphismes linéaires de $\mathbb{C}^n$. Alors, il existe une application polynomiale

$$\Psi : \mathbb{C}^n \longrightarrow \mathbb{C}^q$$

telle que l'image de $\mathbb{C}^n$ s'identifie à l'espace analytique-quotient $\mathbb{C}^n/G_o = \frac{V}{G(x)}$ au voisinage de x .

Pour les besoins de notre étude, introduisons la

Définition 1 : On appelle espace d'isotropie du groupe G dans V l'ensemble analytique

$$V(G) = \{x \in V ; \exists g \in G , g \neq 1 , g(x) = x\}$$

C'est l'ensemble des points de V dont le groupe d'isotropie n'est pas réduit à l'élément neutre. En dehors de cet ensemble, la projection canonique est un isomorphisme local. Enfin, dans la situation décrite par la deuxième partie du théorème, l'espace d'isotropie se compose d'une réunion finie de sous-espaces vectoriels stricts de $\mathbb{C}^n$.

2/ Opérateurs différentiels sur X .

Dorénavant, nous supposerons que

$$V = \mathbb{C}^n$$

$$G \subset Gl[n,C] \quad , \quad G \text{ fini.}$$

Cela ne restreint pas la généralité d'une étude locale.

Soient $\mathcal{D}$ l'anneau des germes d'opérateurs différentiels à coefficients holomorphes à l'origine de $\mathbb{C}^n$, $\mathcal{D}_X$ l'anneau correspondant à l'origine de X . Si $\mathcal{O}$ (resp. $\mathcal{O}_X$) désigne l'anneau des germes de fonctions holomorphes à l'origine de $\mathbb{C}^n$ (resp. X) , on a

$$\mathcal{O}_X = \mathcal{O}^G ,$$

anneau des éléments de $\mathcal{O}$ invariants sous l'action de G .
On renvoie le lecteur à (3,4) pour la définition des opérateurs différentiels sur un espace analytique.
Les opérateurs différentiels à l'origine de X s'identifient à des opérateurs différentiels à coefficients méromorphes à l'origine de $\mathbb{C}^n$, comme nous allons le montrer.

Définition 2 :

Soit

$$\lambda : M \longrightarrow N$$

un isomorphisme analytique entre deux variétés analytiques complexes.

Si P est un opérateur différentiel à coefficients holomorphes sur N , on appelle <u>image inverse</u> de P , notée $\lambda^*(P)$, l'opérateur différentiel à coefficients holomorphes sur M défini par le transport de structure associé à λ .
Par exemple, si G est un groupe d'automorphismes analytiques de M , il définit ainsi une action sur l'anneau $\mathcal{D}$ des opérateurs différentiels à coefficients holomorphes sur M . On notera $\mathcal{D}^G$ l'anneau des éléments invariants de $\mathcal{D}$

Remarquons que l'opération qui à P associe son image inverse $\lambda^*(P)$ a un caractère local vis-à-vis de la source de l'application λ .

Soit maintenant

$$\varphi : V \dashrightarrow W$$

une application analytique d'une variété analytique complexe connexe dans une autre, de même dimension, telle que l'application φ soit, en dehors d'un vrai sous-ensemble analytique S , un isomorphisme local.

Soient

$$a \in S , \quad b = \varphi(a) \quad , \quad b \in W ,$$

et soit J le jacobien de φ au voisinage de a (pour des choix arbitraires de coordonnées locales).

Théorème 1

Sous les hypothèses précédentes, si P est un germe d'opérateur différentiel à coefficients holomorphes au voisinage du point b ,
on a :

$$\varphi^*(P) = \frac{1}{J^{2k-1}} \; Q ,$$

où k désigne l'ordre de P , et où Q est un opérateur différentiel à coefficient holomorphes au voisinage du point a .

Cette assertion constitue essentiellement la première partie du théorème suivant :

Théorème 2

i/ L'anneau $\mathcal{D}_X$ des opérateurs différentiels à coefficients holomorphes à l'origine de X s'identifie canoniquement à un anneau d'opérateurs différentiels à coefficients méromorphes à l'origine de $\mathbb{C}^n$.

ii/ L'anneau $\mathcal{D}^G$ s'identifie canoniquement à un sous-anneau de l'anneau $\mathcal{D}_X$. Ces deux anneaux sont identiques si et seulement si la condition suivante à lieu :

(*) l'espace d'isotropie de G dans $\mathbb{C}^n$ ne contient aucun hyperplan.

De plus, on peut se ramener à la situation décrite par la condition (*) d'après la

Proposition 1 :

L'espace-quotient X est isomorphe au voisinage de l'origine à l'espace-quotient de $\mathbb{C}^n$ par un groupe fini d'automorphismes linéaires vérifiant la condition (*) .

En effet, le quotient de $\mathbb{C}^n$ par le sous-groupe distingué de G engendré par les automorphismes laissant invariant des hyperplans, est isomorphe à $\mathbb{C}^n$ (d'après (2)).

II - Propriétés algébriques de l'algèbre $\mathcal{D}_X$

On démontre en premier lieu le

Théorème 3 :

Soit A un anneau filtré (par une filtration positive croissante); soit A_o le sous-anneau des éléments de filtration nulle. Enfin soit G un groupe fini d'automorphismes de A . Supposons l'anneau gradué associé Gr(A) noethérien à gauche. Désignons par A^G l'anneau des éléments de A,G-invariants.
Il existe un nombre fini d'éléments $(u_i)_{i=1,\dots,p}$ de A^G , tels que les monômes en ces éléments engendrent A^G comme module à gauche sur $(A_o)^G$.

En fait, pour que des (u_i) aient cette propriété, il suffit que leurs images dans $Gr(A)$ forment un système générateur de l'idéal à gauche de $Gr(A)$ engendré par les éléments homogènes, de degré strictement positif, G-invariants (on démontre ce fait par une opération de moyenne).
Soit $Gr(\mathcal{D}_X)$ l'anneau gradué associé à l'anneau $\mathcal{D}_X$:

$$Gr(\mathcal{D}_X) = \bigoplus_{k \geq 0} \frac{\mathcal{D}_X^k}{\mathcal{D}_X^{k-1}} \qquad , \qquad (\mathcal{D}_X^{-1} = \{0\})$$

en désignant par $\mathcal{D}_X^k$ le module des germes d'opérateurs d'ordre au plus égal à k .
C'est une $\mathcal{O}_X$ - algèbre commutative.

Théorème 4

Soit X l'espace analytique-quotient d'une variété analytique par un groupe proprement discontinu d'automorphismes.
L'algèbre $\mathcal{D}_X$ des germes d'opérateurs différentiels en un point de X , ainsi que l'algèbre graduée commutative associée, sont de type fini sur l'anneau des germes de fonctions holomorphes au point considéré.

Précisément, ceci signifie pour l'anneau $\mathcal{D}_X$, qu'il existe un système fini d'opérateurs différentiels $(P_i)_{i=1,\dots,q}$ tel que les monômes en ces éléments engendrent $\mathcal{D}_X$ comme module (à gauche ou à droite) sur $\mathcal{O}_X$.

La démonstration de ce théorème est une conséquence du théorème 3, d'après la Proposition 1 et le théorème 2, ii).

Remarquons enfin que le théorème 3 permet de démontrer plus généralement que si un espace analytique $\mathcal{Y}$ vérifie les propriétés énoncées dans le théorème 4 , il en est de même de tout quotient de $\mathcal{Y}$ par certains groupes proprement discontinus d'automorphismes de $\mathcal{Y}$.

BIBLIOGRAPHIE

1 CARTAN H.

Quotient d'un espace analytique par un groupe d'automorphismes.
p. 90-102, Algebraic Geometry and Topology, a Symposium in honor of S. Lefschetz.
(Princeton Univ. Press, 1957)

2 CHEVALLEY Cl.

Invariants of finite groups generated by reflections.
Amer. Journ. of Maths, vol. LXXVII, 1955, p. 778-782

3 GROTHENDIECK A.

Eléments de Géométrie algébrique. Ch. IV
Publications Mathématiques de l'Institut des Hautes Etudes Scientifiques, n° 32

4 MALGRANGE B.

Analytic spaces ·
p. 1-28, Monographie de l'Enseignement Mathématique, Genève 1968

5 SINGER J.M.

Future extensions of index theory and elliptic operators
(Conférence à Princeton)

FINITUDE DE LA MONODROMIE LOCALE DES COURBES PLANES

par

LE DUNG TRANG

Soit $f : U \to \mathbb{C}$ une fonction analytique définie sur le voisinage ouvert U de l'origine dans $\mathbb{C}^{n+1}$. Supposons que $f(0) = 0$ et notons H_b l'hypersurface analytique définie par $f = b$.

Nous faisons l'hypothèse que $0 \in H_0$ est un point singulier isolé de H_0, i.e. que 0 est un point isolé dans l'ensemble analytique des points où f et toutes ses dérivées partielles s'annulent. Remarquons que cette hypothèse entraîne que dans la décomposition de f dans $\mathbb{C}[[X_0,\dots,X_n]]$ en facteurs irréductibles, il n'y a pas de facteurs carrés. On dit alors que f est réduite. En fait f est même irréductible si $n \geq 2$.

<u>Lemme</u> (1.1) : Le point 0 est un point critique isolé de f.

<u>Preuve</u> : Rappelons qu'un point critique de f est un point où toutes les dérivées partielles de f s'annulent. Il s'agit donc de montrer que dans l'ensemble analytique J défini par l'annulation des dérivées partielles, 0 est un point isolé.

Supposons que $0 \in J$ ne soit pas un point isolé de J, alors, d'après le Nullstellensatz, l'anneau analytique local $\mathbb{C}\{X_0,\dots,X_n\}/(\partial f/\partial X_0,\dots,\partial f/\partial X_n)$ n'est pas artinien et il existe alors une courbe C contenue dans J et passant par 0. Soit $p : D \to C$ une paramétrisation de C où D est un disque ouvert de $\mathbb{C}$ centré en 0 et de rayon assez petit. On a $p(0) = 0$ et pour tout $t \in D - \{0\}$ on a $p(t) \in C - \{0\}$. On obtient alors :

$$\frac{d}{dt} f(p(t)) = \sum_{i=0}^{n} \frac{\partial f}{\partial X_i}(p(t)) \frac{dp_i}{dt}(t)$$

où p_i est la i-ème composante de p. Or $p(t) \in J$ implique $\partial f/\partial X_i(p(t))=0$ donc :

$$\frac{d}{dt} f(p(t)) = 0$$

et :

$$f(p(t)) = f(p(0)) = f(0) = 0 .$$

Ainsi C est contenue dans $H_0 \cap J$ et 0 ne peut pas être un point singulier isolé de H_0. Ceci contredit l'hypothèse.

Dans [4] J. Milnor démontre les théorèmes suivants :

<u>Théorème</u> (1.2) : Pour tout $\varepsilon > 0$ assez petit, S_ε est transverse à H_0.

<u>Théorème</u> (1.3) : Pour tout $\varepsilon > 0$ assez petit, l'application $\varphi_\varepsilon : S_\varepsilon - H_0 \to \mathbb{S}^1$ définie par $\varphi_\varepsilon(z) = f(z)/|f(z)|$ pour tout $z \in S_\varepsilon - H_0$ est une fibration localement triviale.

<u>Théorème</u> (1.4) : Fixons $\varepsilon > 0$ tel que l'assertion du théorème (1.3) soit vraie, alors il existe $c_\varepsilon > 0$ tel que pour tout c, $0 < c \leq c_\varepsilon$, f induit des applications $\psi_{\varepsilon,c} = \overset{\circ}{B}_\varepsilon \cap f^{-1}(\mathbb{S}^1_c) \to \mathbb{S}^1_c$ où $\mathbb{S}^1_c$ est le cercle de $\mathbb{C}$ centré en 0 et de rayon c et qui sont des fibrations localement triviales isomorphes à celles du théorème (1.3) quand ε est assez petit.

<u>Théorème</u> (1.5) : Les fibres des fibrations φ_ε et $\psi_{\varepsilon,c}$ pour lesquelles les conclusions des théorèmes (1.3) et (1.4) sont vraies sont des variétés différentiables qui ont le type d'homotopie d'un bouquet de μ sphères où :

$$\mu = \dim_{\mathbb{C}} \mathbb{C}[[X_0,\ldots,X_n]]/(\partial f/\partial X_0,\ldots,\partial f/\partial X_n)$$

Il résulte du théorème (1.5) que, pour $n \geq 1$, l'homologie réduite de la fibre est nulle en toute dimension, sauf dans la dimension n où c'est un groupe abélien libre de rang μ.

Par ailleurs on sait que toute fibration sur $\mathbb{S}^1$ est définie par un difféomorphisme d'une fibre sur elle-même $h : F_0 \simeq F_0$. En général h n'est pas homotope à l'identité de F_0 sauf dans le cas où la fibration est triviale. L'homomorphisme h_* induit par h en homologie s'appelle la monodromie de la fibration. Dans le cas de la fibration φ_ε ou $\psi_{\varepsilon,c}$ de (1.3) ou (1.4), on appelle cette monodromie la monodromie locale de la singularité $0 \in H_0$. Remarquons que l'on peut décrire cette monodromie d'une autre façon, soient $e_0 \in \mathbb{S}^1$ et $F_0 = \varphi_\varepsilon^{-1}(e_0)$. Alors le groupe $\pi_1(\mathbb{S}_1, e_0)$ opère sur l'homotopie et l'homologie de F_0 et l'action du générateur de $\pi_1(\mathbb{S}^1, e_0)$ sur l'homologie redonne la monodromie locale. Ainsi, quand $n = 1$, on a la suite exacte d'homotopie de la fibration φ_ε :

$$1 \to \pi_1(F_0, x_0) \to \pi_1(S_\varepsilon - H_0, x_0) \to \pi_1(\mathbb{S}^1, e_0) \to 1 .$$

On sait alors qu'une telle extension est définie par l'action de $\pi_1(\mathbb{S}^1, e_0)$ sur $\pi_1(F_0, x_0)$. Quand on abélianise $\pi_1(F_0, x_0)$, cette action donne la monodromie locale.

Remarquons enfin que la monodromie locale est déterminée à conjugaison près et à inversion près.

<u>Conjecture de Brieskorn</u> : Il existe un entier N pour lequel $h_*^N = \mathrm{Id}$.

En fait on sait maintenant que :

<u>Théorème de monodromie</u> (cf. [1], [2], etc...) : L'endomorphisme h_* est quasi-unipotent, i.e. il existe un entier N tel que $h_*^N - \mathrm{Id}$ soit nilpotent.

D'autre part, on sait démontrer la conjecture de Brieskorn dans deux cas :

a) cas des polynômes quasi-homogènes ;
b) cas des courbes analytiques planes analytiquement irréductibles à l'origine (cf. [3]).

A. On a dans le cas des polynômes quasi-homogènes une expression explicite du difféomorphisme h. Rappelons tout d'abord la définition d'un polynôme quasi-homogène.

On dit que le polynôme P est quasi-homogène relativement aux variables $z_o,\dots,z_n$ et aux poids rationnels $r_o,\dots,r_n$ si

$$P = \Sigma\ C_{i_o\dots i_n}\ z_o^{i_o}\dots z_n^{i_n}$$

et $\sum_{k=o}^{n} \frac{i_k}{r_k} = m$ pour tout $(i_o,\dots,i_n) \in \mathbb{N}^{n+1}$ tel que $C_{i_o\dots i_n} \neq 0$.

Pour un polynôme quasi-homogène à singularité isolée la monodromie locale peut être définie par le difféomorphisme de H_o sur H_o défini par :

$$h(z_o,\dots,z_n) = (e^{\frac{2\pi_i}{r_o}} z_o,\dots, e^{\frac{2\pi_i}{r_n}} z_n) \qquad \text{(cf [ ])}$$

On remarque alors que, quand $r_o,\dots,r_n$ sont entiers, l'ordre de la monodromie égale le plus petit commun multiple de $r_o,\dots,r_n$. Ainsi la monodromie est finie dans le cas des singularités isolées définies par les polynômes de Pham-Brieskorn $\sum_{i=o}^{n} z_i^{a_i}$ qui sont évidemment quasi-homogènes. Notons aussi que dans ce cas l'ordre de la monodromie est un multiple de la multiplicité.

B. Le but de cet exposé est d'indiquer comment les calculs de O. Zariski de [5] permettent de montrer la finitude de la monodromie locale dans le cas des courbes planes analytiquement irréductibles à l'origine. Nous renvoyons le lecteur à [3] pour cette démonstration. Nous nous contentons de faire ici une remarque : l'ordre de la monodromie locale dans le cas des courbes planes analytiquement irréductibles est un multiple de la multiplicité. Plus précisément si $(m_1,n_1),\dots,(m_g,n_g)$ sont les paires de Puiseux de la singularités et si $\lambda_1,\dots,\lambda_g$ sont définis par :

a) $\lambda_1 = m_1$

b) $\lambda_i = m_i - m_{i-1} n_i + \lambda_{i-1} n_{i-1} n_i$

Alors l'ordre de la monodromie locale est :

$$N = n_1 \dots n_g [\text{p.p.c.m.} (\lambda_1, \dots, \lambda_g)]$$

où $[\text{p.p.c.m.} (\lambda_1, \dots, \lambda_g)]$ est le plus petit commun multiple de $\lambda_1, \dots, \lambda_g$.

Conjectures : 1. Si la conjecture de Brieskorn est vraie est-ce que l'ordre de la monodromie locale h_* est toujours un multiple de la multiplicité ? Sinon est-ce que le plus petit entier positif non nul N tel que $h_*^N - Id$ soit nilpotent est toujours un multiple de la multiplicité.

2. En relation avec une conjecture de O. Zariski énoncée dans [6], est-ce que la détermination de la monodronie locale permet le calcul de la multiplicité ?

BIBLIOGRAPHIE

[1] E. Brieskorn, Die Monodromie..., Manusc. Math., Vol. 2 (1970), 103-160.

[2] A. Grothendieck SGA VII, à paraître.

[3] Lê Dũng Trang, Sur les noeuds algébriques, à paraître dans Compositio Mathematica.

[4] J. Milnor, Singular points of complex hypersurfaces, Ann. of Math. Stud. 61, Princeton.

[5] O. Zariski, On the topology of algebroid singularities, Amer. J. Math., 54 (1932), 453-465.

[6] O. Zariski, Some open questions in the theory of singularities, Bull. Amer. Math. Soc., Vol. 77 (1971), 481-491.

ADDENDUM

A la suite de ce séminaire, N. A'Campo a donné une autre démonstration de la finitude de la monodromie locale des courbes planes analytiquement irréductibles. De plus il a donné un contre-exemple à la conjecture de E. Brieskorn. En fait il montre que la monodromie locale de $f = (x^2 + y^3)(x^3 + y^2)$ n'est pas finie. Grâce à un théorème de R. Thom et M. Sébastiani (cf. [7]), ce contre-exemple permet de montrer que la conjecture est également fausse pour les hypersurfaces à singularité isolée de $\mathbb{C}^n$ avec $n \geq 2$. On trouve aussi que la conjecture 1 ci-dessus est fausse.

Utilisant d'autres méthodes, P. Deligne a également donné une démonstration de la finitude de la monodromie locale des courbes planes analytiquement irréductibles.

[7] M. Sébastiani-R. Thom : Un résultat sur la monodromie, Inv. Mat., vol. 13, p. 90-96.

SUR LA COHERENCE DES IMAGES DIRECTES

par

Norbert KUHLMANN

1. a. Soient D un domain dans $\mathbb{C}^n(z_1,\ldots,z_n)$, $q \in \mathbb{N}$, $q \geq 1$, $\tilde{\varphi}: D \to \mathbb{R}$ une $\mathcal{C}^\infty$-fonction. $\tilde{\varphi}$ est appelée fortement pseudoconvexe, si la forme hermitienne

$$L(\tilde{\varphi}) := \sum \frac{\partial^2 \tilde{\varphi}}{\partial z_\alpha \partial \bar{z}_\beta} u_\alpha \bar{u}_\beta$$

a n-q+1 valeurs propres > O en tout point $x \in D$.

Si $V \subset D$ est un sous-espace analytique complexe de D, la restriction $\tilde{\varphi}|V$ est nommée une fonction fortement q-pseudoconvexe sur V.

Soit X un espace analytique complexe. Une fonction $\varphi: X \to \mathbb{R}$ est dite fortement q-pseudoconvexe, si elle est localement du type expliquée plus haut.

b. Soient r et p des nombres entiers, $r \geq 0$, soient X et Y des espaces analytiques complexes, soit $\tau : X \to Y$ une application holomorphe.

τ est nommée (p,r)-convexe-concave, si pour tout point $Q \in Y$ il existe un Y-voisinage V de Q avec la propriété suivante:

Il existe un $a \in \{-\infty\} \cup \mathbb{R}$, un $b \in \mathbb{R} \cup \{+\infty\}$, des nombres rèels a',b' avec $a < a' < b' < b$ et une application propre

$$\varphi : \tau^{-1}(V) \to (a,b)$$

de la classe $\mathcal{C}^\infty$, tels que les conditions suivantes sont remplies:

1) Si r=O, alors $\{P \in \tau^{-1}(V) | \varphi(P) < a'\} = \emptyset$. - Si $r \geq 1$ et si $\{P \in \tau^{-1}(V) | \varphi(P) < a'\} \neq \emptyset$, alors $\varphi | \{P \in \tau^{-1}(V) | \varphi(P) < a'\}$ est fortement r-pseudoconvexe.

2) Si $p \leq 0$, alors $\{P \in \tau^{-1}(V) | \varphi(P) > b'\} = \emptyset$. Si $p \geq 1$ et si $\{P \in \tau^{-1}(V) | \varphi(P) > b'\} \neq \emptyset$, alors $\varphi | \{P \in \tau^{-1}(V) | \varphi(P) > b'\}$ est fortement p-pseudoconvexe et nous avons

$$\overline{\{P \in \tau^{-1}(V) | \varphi(P) < b''\}} \cap \tau^{-1}(V) = \{P \in \tau^{-1}(V) | \varphi(P) \leq b''\}$$

pour tous les $b'', b' \leq b'' \leq b$.

La fonction φ est appelée une fonction exhaustive de $\tau^{-1}(V)$, a' une limite de concavité de φ, b' une limite des convexité de φ.

La notion d'une application holomorphe (p,r)-convexe-concave a été introduite par Siu et Knorr. - Cum grano salis on peut dire cela: Une application $\tau : X \to Y$ est (p,r)-convexe-concave, si les fibres $\tau^{-1}(Q)$ sont d'un type tel qu'on peut appliquer les résultats de l'oeuvre [1] par A. Andreotti et H. Grauert à $\tau^{-1}(Q)$, $Q \in Y$.

c. Considérons les exemples suivants:

α) Une application $\tau : X \to Y$ holomorphe et propre est (O,O)-convexe-concave.

β) Une application $\tau : X \to Y$ holomorphe et (p,r)-convexe-concave est (p+1,r)- et (p,r+1)-convexe-concave.

γ) Soient $D \subset \mathbb{C}^n(z_1,\dots,z_n)$ un domain borné, $\mathbb{P}^N$ l'espace complexe projectif de dimension N avec les coordonnées inhomogenes $w_1,\dots,w_N$, $\varphi(z_1,\dots,z_n,w_1,\dots,w_N) := \sum_\gamma z_\gamma \bar{z}_\gamma + \sum w_\gamma \bar{w}_\gamma$, $a < b$, b suffisamment grand, $G_{a,b} := \{P \in D \times \mathbb{P}^N | a < \varphi(P) < b\}$, X un sous-espace complexe fermé de $G_{a,b}$. - Alors la projection

$\tau : X \to D$

est une application (1,1)-convexe-concave. - La projection $\{P \in D \times \mathbb{P}^N | a > \varphi(P)\} \to D$ est une application holomorphe (0,1)-convexe-concave. La projection $\{P \in D \times \mathbb{P}^N | \varphi(P) < b\} \to D$ est une application (1,0)-convexe-concave.

2. Si X est un espace analytique complexe nous dénotons le faisceau de structure de X par $\mathcal{O}_X$. - Nous discutons une généralisation des théorèmes bien connus de Grauert, Knorr et Siu ([3], [4], [8]):

Soit $\tau : X \to Y$ une application holomorphe et (p,r)-convexe-concave avec une fonction exhaustive $\varphi: X \to (a,b)$, où nous supposons $a \in \{-\infty\} \cup \mathbb{R}$, $b \in \mathbb{R} \cup \{+\infty\}$. Soit a' une limite de concavité et soit b' une limite de convexité.

Si $\tilde{a},\tilde{b} \in \{-\infty\} \cup \mathbb{R} \cup \{+\infty\}$ avec $a \leq \tilde{a} \leq \tilde{b} \leq b$ et si V est un ensemble ouvert dans Y nous écrions

$$B_{\tilde{a},\tilde{b},V} := \{P \in \tau^{-1}(V) | \tilde{a} < \varphi(P) < \tilde{b}\}$$

$$B_{\tilde{a},\tilde{b}} := B_{\tilde{a},\tilde{b},Y}.$$

Soit $\mathcal{T}$ un faisceau analytique cohérent sur X avec

$$\mathrm{prof}_{\mathfrak{M}(\tau(P))_{\tau(P)}} \mathcal{T}_P \geq \mathrm{rang}_P \tau$$

pour tous les points $P \in B_{a,a'}$. Ici nous supposons que $\mathfrak{M}(\tau(P))_{\tau(P)}$ soit l'idéal maximal de $\mathcal{O}_{Y,\tau(P)}$. Soit q un nombre entier avec

$$(+') \quad p \leq q < \mathrm{prof}_{\mathcal{O}_{X,P}} \mathcal{T}_P - r - \mathrm{rang}_P \tau$$

ou

$$(+) \quad p \leq q < \mathrm{prof}_{\mathcal{O}_{X,P}} \mathcal{T}_P - r - 2 \cdot \mathrm{rang}_P \tau$$

pour tous les points $P \in B_{a,a'}$.

Soient $\tilde{a}'', b'', b'', \tilde{b}''$ des nombres réels avec

$$a < \tilde{a}'' < a'' < a' < b' < b'' < \tilde{b}'' < b.$$

Nous énoncons

Théorème 1 ([5]) α) Si (+') est valable, Y possède un recouvrement de Stein {V} (dependant de $\tilde{a}'', \tilde{b}''$), tel que pour tous les $V \in \{V\}$ les applications canoniques

$$H^q(B_{\tilde{a}'',\tilde{b}'',V}, \mathcal{T}) \to H^q(B_{a'',b'',V}, \mathcal{T})$$
$$H^q(B_{a'',b'',V}, \mathcal{T}) \to \Gamma(V, (\tau|B_{a'',b''})_{(q)}(\mathcal{T}|B_{a'',b''}))$$
$$\Gamma(V, (\tau|B_{\tilde{a}'',\tilde{b}''})_{(q)}(\mathcal{T}|B_{\tilde{a}'',\tilde{b}''})) \to \Gamma(V, (\tau|B_{a'',b''})_{(q)}(\mathcal{T}|B_{a'',b''}))$$

sont des isomorphismes d'espaces de Fréchet.

β) Si (+) est vérifié, alors

$$(\tau|B_{a'',b''})_{(q)}(\mathcal{T}|B_{a'',b''})$$

est un faisceau cohérent sur Y et l'homomorphisme canonique

$$(\tau|B_{\tilde{a}'',\tilde{b}''})_{(q)}(\mathcal{T}|B_{\tilde{a}'',\tilde{b}''}) \to (\tau|B_{a'',b''})_{(q)}(\mathcal{T}|B_{a'',b''})$$

est un $\mathcal{O}_Y$-isomorphisme.

La preuve qui est donnée dans [5] est très difficile et utilise les idées de Grauert [3]. -

Il est possible que les idées nouvelles de Forster-Knorr et Kiehl-Verdier concernant le théorème d'image directe des faisceaux cohérents donnent une preuve simple du théorème 1.

3. Nous voulons discuter une application de l'assertion α) du théorème 1.

Le théorème d'Hartogs suivant est bien connu: Soit f une fonction holomorphe dans $\tilde{G}_{a,b}^{(n)} := \{\mathfrak{z} = (z_1,\ldots,z_n) \in \mathbb{C}^n \mid a < |\mathfrak{z}|^2 = \sum z_i \bar{z}_i < b\}$, $n \geq 2$. Alors f est prolongeable comme une fonction holomorphe sur $K_b^{(n)} := \{\mathfrak{z} \in \mathbb{C}^n \mid |\mathfrak{z}|^2 < b\}$.

Un théorème correspondant, qui a été prouvé par Rothstein, est valable pour les ensembles analytiques.

Soient $n \geq 3$, A un ensemble analytique fermé dans $\tilde{G}_{a,b}^{(n)}$ avec $\dim_P A \geq 2$ pour tout $P \in A$. Alors A est prolongeable comme un ensemble analytique fermé sur $K_b^{(n)}$, i.e., il existe un ensemble analytique fermé $\hat{A}$ dans $K_b^{(n)}$ avec $\hat{A} \cap \tilde{G}_{a,b}^{(n)} = A$.

Ces théorèmes sont des cas spéciaux du théorème suivant, qui a été prouvé par Trautmann, Frisch, Guenot, Siu ([2], [7], [9]) et que j'énonce en une forme prouvée par Siu.

Avant de décrire ce théorème il est nécessaire d'expliquer une notation:

Si X est un espace analytique complexe et si $U \neq \emptyset$ est un ensemble ouvert dans X, nous dénotons pour tout $\varsigma \in \mathbb{N}$

$$\mathfrak{A}_\varsigma(U) := \{A \text{ ensemble analytique fermé} \subset U \text{ avec } \dim A \leq \varsigma\}$$

et nous definissons

$$\Gamma(U, \mathcal{F}^{[\varsigma]}) := \operatorname*{ind\ lim}_{A \in \mathfrak{A}_\varsigma(U)} \Gamma(U-A, \mathcal{F}).$$

Ici nous supposons que $\mathcal{F}$ soit un faisceau analytique cohérent sur X.

Les $\Gamma(U, \mathcal{F}^{[\varsigma]})$, U ouvert dans X, définissent un faisceau nommé $\mathcal{F}^{[\varsigma]}$.

Ici le théorème (Nous utilisons les notations de l'exemple 1.c.γ). Soit $n \in \mathbb{N}$):

<u>Théorème 2</u> Soit $\mathcal{T}$ un faisceau analytique cohérent sur $X = G_{a,b}$ avec la condition

$$\mathcal{T}^{[n+1]} = \mathcal{T}.$$

Alors $\mathcal{T}$ est prolongeable sur $K_b^{(n)}$ comme un faisceau analytique cohérent $\mathcal{T}^*$ avec $\mathcal{T}^{*[n+1]} = \mathcal{T}^*$.

Théorème 2 est - plus au moins - une conséquence triviale du théorème 1 en usant une idée de Trautmann [9], que Trautmann a employé en prouvant le cas spécial du théorème 2 pour n=0.

Nous voulons indiquer cette idée:

La projection $\tau : X = G_{a,b} \to Y = D$ est (1,1)-convexe-concave. Supposons que $\mathcal{T}$ est τ-plat et que prof $\mathcal{T} \geq n+2$. Lorsque

$$1 < n+2-1-n \leq \text{prof}\,\mathcal{T} - 1 - \text{rang}\,\tau$$

ou peut appliquer l'assertion α) du théorème 1.

Soient

$$a < a' < \tilde{a} < \tilde{b} < b' < b, \; P \in G_{a',b'}, \; P \in G_{\tilde{a},\tilde{b}}.$$

Soit $\mathfrak{P} \subset \mathcal{O}_{G_{a,b}}$ l'idéal maximal tel que l'ensemble des zéros de $\mathfrak{P}$ est précisement $\{P\}$, soient

$$\tilde{\mathcal{T}} := \mathcal{T}|G_{\tilde{a},\tilde{b}}, \quad \widetilde{\mathfrak{P}\cdot\mathcal{T}} := \mathfrak{P}\mathcal{T}|G_{\tilde{a},\tilde{b}} (=\tilde{\mathcal{T}}),$$

$$\mathcal{T}' := \mathcal{T}|G_{a',b'}, \; \mathfrak{P}\cdot\mathcal{T}' := \mathfrak{P}\cdot\mathcal{T}|G_{a',b'}$$

Nous avons $H^1(G_{\tilde{a},\tilde{b}}, \tilde{\mathcal{T}}) = H^1(G_{\tilde{a},\tilde{b}}, \widetilde{\mathfrak{P}\mathcal{T}})$.

En utilisant le théorème 1 α) (si D est un voisinage de $\tau(P)$ convenablement choisi) ou peut supposer que les applications canoniques

$$H^1(G_{a',b'},\mathcal{T}') \overset{i}{\to} (H^1(G_{\tilde{a},\tilde{b}},\tilde{\mathcal{T}})$$

$$H^1(G_{a',b'},\mathfrak{P}\cdot\mathcal{T}') \overset{\varkappa}{\to} H^1(G_{\tilde{a},\tilde{b}},\widetilde{\mathfrak{P}\mathcal{T}}) = H^1(G_{\tilde{a},\tilde{b}},\tilde{\mathcal{T}})$$

sont des isomorphismes surjectifs.

Envisageons le diagramme commutatif suivant (les lignes sont exactes)

$$\begin{array}{ccccccccc} 0\to H^0(G_{a',b'},\mathfrak{P}\cdot\mathcal{T}') \to H^0(G_{a',b'},\mathcal{T}') & \to & H^0(G_{a',b'},\mathcal{T}/\mathfrak{P}\cdot\mathcal{T}') & \to & H^1(G_{a',b'},\mathfrak{P}\mathcal{T}') & \to & H^1(G_{a',b'},\mathcal{T}') \\ & & \downarrow & & \varkappa\downarrow & & i\downarrow \\ & & H^0(G_{\tilde{a},\tilde{b}},\tilde{\mathcal{T}}/\widetilde{\mathfrak{P}\mathcal{T}}) & \to & H^1(G_{\tilde{a},\tilde{b}},\widetilde{\mathfrak{P}\mathcal{T}}) & \to & H^1(G_{\tilde{a},\tilde{b}},\tilde{\mathcal{T}}) \end{array}$$

Lorsque $\varkappa$ et i sont des isomorphismes surjectifs, l'application

$$H^0(G_{a',b'},\mathcal{T}') \to H^0(G_{a',b'},\mathcal{T}'/\mathfrak{P}\mathcal{T}')$$

est surjective.

Le support de $\mathcal{T}'/\mathfrak{P}\cdot\mathcal{T}'$ est P et en conséquence

$$H^0(G_{a',b'},\mathcal{T}'/\mathfrak{P}\cdot\mathcal{T}')$$

est un espace vectoriel complexe de dimension finie. Ou déduit aisement:

Il existe une suite exacte (si D est un voisinage de $\tau(P)$ passablement choisi)

$$\mathcal{O}^t_{G_{a',b'}} \overset{\varkappa'}{\to} \mathcal{T}' \to 0.$$

Supposons que le noyeau $\mathfrak{K}$ de $\varkappa'$ est τ-plat. Ou applique la même idée que voici et on obtient une suite exacte

$$\mathcal{O}^l_{G_{a',b'}} \to \mathcal{O}^t_{G_{a',b'}} \overset{\varkappa'}{\to} \mathcal{T}' \to 0$$

(si D est un voisinage de $\tau(P)$ convenablement choisi). Tout élément de $\Gamma(G_{a',b'},\mathcal{O}^l_{G_{a',b'}})$ et de $\Gamma(G_{a',b'},\mathcal{O}^t_{G_{a',b'}})$ peut être prolongé sur $K_{b'}$ (Théorème d'Hartog!) et on obtient une suite exacte

$$(*)\quad \mathcal{O}^l_{K_{b'}} \to \mathcal{O}^t_{K_{b'}} \to \mathcal{T}^* \to 0$$

avec $\mathcal{T}^*|G_{a',b'} = \mathcal{T}'$.

Il est possible de construire une suite (*) tel que $\mathcal{F}^{*[n+1]} = \mathcal{F}^*$ et on obtient un prolongement uniquement déterminé. - C'est l'idée. - Ou trouve plus de details dans [5], § VIII.

4. Il y a des connexions plus fortes entre le théorème 1 et le théorème 2 que celles indiquées ci-dessus.

Une possibilité d'obtenir des généralisations de [3] est la suivante: D'abord on prouve un théorème très général qui garantit le prolongement de certains faisceaux cohérents.

Pour la preuve on emploie seulement la condition (+') et non la condition (+).

Alors on va a prouver un théoréme sur la cohérence des images directes des faisceaux cohérents en faisant usage du théorème sur le prolongement

Par cet accès ou peut espérer obtenir un théorème où la condition (+) est remplacée par la condition plus faible (+').

Les meilleurs résultats à cet égard (que je connais) ont été gagnés par H.S. Ling [6] en généralisant un théorème de prolongement d'Andreotti et Siu (et - par exemple - en faisant usage du théorème 2):

D'abord une notation: Un espace complexe X est nommé p-normal ($p \in \mathbb{N}$) si $\mathcal{O}_X^{[p]} = \mathcal{O}_X$.

<u>Théorème 3 ([6]).</u> Soient X et Y des espaces complexes, dim Y = n, $\tau : X \to Y$ une application (0,1)-convexe-concave avec une fonction exhaustive $\varphi : X \to (a,\infty)$ qui est fortement 1-pseudoconvexe sur $B_{a,c} := \{x \in X | \varphi(x) < c\}$ pour un $c \in (a,\infty)$, $\mathcal{O}_{B_{a,c}} := \mathcal{O}_X | B_{a,c}$. Supposons que l'espace complexe $B_{a,c}$ soit (n+1)-normal et que $\mathcal{F}$ soit un faisceau analytique cohérent sur X avec $\text{prof}_{B_{a,c}} \mathcal{F} \geq r \geq n+3$. Alors $\tau_{(q)}\mathcal{F}$ est cohérent sur Y pour $0 \leq q < r-n-1$.

<u>Théorème 4 ([6]).</u> Soient X et Y des espaces complexes, dim Y = n, $\tau : X \to Y$ une application holomorphe (1,1)-convexe-concave avec une fonction exhaustive $\varphi : X \to (a,b)$ qui est fortement 1-pseudoconvexe sur X. Soient $B_{a,c} := \{x \in X | \varphi(x) < c\}$, $\mathcal{O}_{B_{a,c}} := \mathcal{O}_X | B_{a,c}$. Supposons qu'il existe un $c \in (a,b)$ tel que l'espace complexe $B_{a,c}$ (avec le faisceau structural $\mathcal{O}_{B_{a,c}}$) est (n+1)-normal. Soit $\mathcal{F}$ un faisceau analytique cohérent sur X avec $\text{prof}_{B_{a,c}} \mathcal{F} \geq r \geq n+3$. Alors $\tau_{(q)}\mathcal{F}$ est cohérent sur X pour $1 \leq q < r-n-1$.

BIBLIOGRAPHIE

[1] Andreotti, A. et H. Grauert — Théorème de finitude pour la cohomologie des espaces complexes. Bull. Soc. Math. France 9o (1962), 193-259

[2] Frisch, J. et J. Guenot — Prolongement de faisceaux analytiques cohérents. Invent. Math. 7 (1969), 321-343

[3] Grauert, H. — Ein Theorem der analytischen Garbentheorie und die Modulräume komplexer Strukturen. Publ. Math., Inst. Hautes Études, No. 5, 196o

[4] Knorr, K. — Noch ein Theorem der analytischen Garbentheorie, Manuscrit

[5] Kuhlmann, N. — Über die Kohärenz von Bildgarben, Manuscrit

[6] Ling, H.S. — Extending families of pseudoconcave complex spaces. Dissertation, Notre Dame, Indiana, 197o

[7] Siu, Y.T. — Extending coherent analytic sheaves, Ann. of Math. 9o (1969), 1o8-143

[8] Siu, Y.T. — A pseudoconcave generalisation of Grauert's direct image theorem, I et II, Ann. d. Sc. Normale Superiori di Pisa, Ser. III, vol. XXIV (197o), 279-33o et 439-49o

[9] Trautmann, G. — Ein Kontinuitätssatz für die Fortsetzung kohärenter analytischer Garben, Archiv Math. 18 (1967), 188-196

THEOREMES DE FINITUDE POUR LES ESPACES p-CONVEXES, q-CONCAVES ET (p,q)-CONVEXES-CONCAVES

par

Jean-Pierre RAMIS

INTRODUCTION

Cet exposé (et l'article [R.] , où l'on trouvera les démonstrations qui manquent ici...) est une retombée de quelques exposés faits par B. Malgrange au "Séminaire Clandestin" de Géométrie Analytique à l'ex-Faculté des Sciences d'Orsay en mars-avril 1968. Les principales idées sont empruntées à ces exposés et à divers travaux antérieurs sur la convexité : [M] , [A.G.] , [A.V.],...

Les deux outils essentiels employés sont les théorèmes de dualité de [R.R.] et les critères de séparation de [R.R.V.] : ils permettent de "traduire" des théorèmes portant sur l'injectivité ou la surjectivité de certaines applications naturelles en des théorèmes de séparation et de finitude sur les espaces de cohomologie et les espaces de cohomologie à support compact. Ces résultats (i.e. les théorèmes de dualité et de séparation), connus dans le cas lisse, avaient été conjecturés par B. Malgrange, et ses exposés se basaient sur ces conjectures. La nécessité d'établir ces dernières est l'une des raisons du large délai entre cet exposé et ceux de 1968...(*).

On trouvera ici des résultats plus complets que dans l'exposé oral, où l'on n'avait traité que le cas convexe.

Le principal théorème établi ci-dessous est le suivant

(*) La construction d'un complexe dualisant (qui conduit aux théorèmes de dualité) nous était connue en mai 1968 , lorsque fut, pour les raisons que l'on sait, interrompu le séminaire.

Théorème.

Soit X un espace analytique complexe, fortement (p,q)-convexe-concave. Pour tout O_X-module cohérent F

(i) Les espaces $H^k(X;F)$ sont séparés pour $p \leq k \leq -q + \text{prof}_X F$ et de dimension finie pour $p \leq k \leq -q-1 + \text{prof}_X F$.

(ii) Les espaces $H^k_c(X;F)$ sont séparés pour $q+1 \leq k \leq -p+1 + \text{prof}_X F$ et de dimension finie pour $q+1 \leq k \leq -p + \text{prof}_X F$.

Voici le plan de l'exposé :

1°. On traite le cas d'un ouvert p-convexe d'un espace analytique. La p-convexité introduite(stricte) est locale à la frontière (c'est un cas particulier de la convexité introduite dans [M] pour les opérateurs différentiels). On démontre des résultats de séparation et de finitude qui, une fois "traduits", étendent un théorème de [N].

Nous ne connaissons pas de résultats analogues dans le cas concave.

2°. On définit les espaces analytiques stablement p-convexes (resp. q-concaves, resp. (p,q)-convexes-concaves). On démontre pour ces espaces des théorèmes de séparation et de finitude qui, une fois "traduits", donnent le théorème évoqué ci-dessus.

Dans le cas convexe les résultats se déduisent facilement de ceux de la partie 1°. (En d'autres termes, on retrouve dans ce cas les résultats de [A.C.] en évitant la délicate technique d'approximation de cet article, ainsi d'ailleurs que la technique de la "bosse glissante").

Malheureusement le cas concave semble plus délicat. On est obligé de revenir à la technique de bosse glissante et d'employer une méthode tout à fait analogue à celle de [A.V.] . (On se console toutefois en obtenant un résultat un peu plus précis que celui de [A.G.].)

Le cas convexe-concave est presque une conséquence formelle des deux précédents.

3°. On compare les notions de convexité introduites et les notions classiques, ce qui permet les"traductions" évoquées plus haut.

4°. On dit rapidement quelques mots du cas relatif : ce que donnent les résultats ci-dessus dans le cas relatif (pour des images directes à supports propres), et qu'il semble raisonnable d'en déduire.

5°. On expose rapidement la méthode de [A.G.] (tout au moins ce qui n'utilise pas l'approximation) : essentiellement pour montrer que les critères de convexité utilisés diffèrent des nôtres pour un même résultat.

1°. OUVERTS STRICTEMENT p-CONVEXES.

Dans toute cette partie, Y désigne un espace analytique complexe, dénombrable à l'infini, X un ouvert de Y, et ∂X la frontière de X dans Y.

On utilisera la famille de supports suivante :

Si U est un ouvert de Y , on désigne par $\Phi(U)$ la famille des sous-ensembles de $X \cap U$, fermés dans U .

Cette famille a été introduite par B. Malgrange dans [M] , pour étudier la p-convexité des complexes elliptiques d'opérateurs différentiels ; elle est évidemment relative à Y, ce que nous nous dispenserons de répéter quand il n'y aura pas d'ambiguïté.

L'espace Y et l'ouvert X étant fixés, on utilisera la condition suivante, où $a \in \partial X$, $k \in \mathbb{N}$, et F est un O_Y-module :

$(C_k^a(F_c))$ Pour tout voisinage ouvert U de a dans Y, il existe un voisinage ouvert U' de a, $U' \subset U$, tel que l'application naturelle

$$H_\Phi^k(X \cap U;F) \to H_\Phi^k(X \cap U';F) \text{ ait une image nulle .}$$

On utilisera également ($k \in \mathbb{Z}$) :

$(C_k^a(F))$ Pour tout voisinage ouvert U de a dans Y, il existe un voisinage ouvert U' de a, $U' \subset U$, tel que l'application naturelle

$$\mathrm{Ext}_\Phi^k(X \cap U;F,K_X^\cdot) \to \mathrm{Ext}_\Phi^k(X \cap U';F,K_X^\cdot) \text{ ait une image nulle.}$$

Si Y est une variété et si $F = O_Y$, on posera $(C_k^a(F_c)) = (C_k^a)$.

Si $a \in \partial X$, nous allons introduire certaines notions de stricte-convexité de X dans Y en a ; l'une "intrinsèque", les autres relatives à un O_Y-module F. Si l'on ne s'intéresse qu'aux F cohérents, la convexité intrinsèque suffit, mais on verra qu'il est bien utile d'envisager des hypothèses plus larges.

Définition.

On dira que X est strictement p-convexe en a dans Y, s'il existe un voisinage V de a dans Y, un prolongement $\pi : V \to V'$, où V' est un ouvert de C^n ($\pi(a) = a'$), et un sous-ouvert X' de V', tels que

(i) $\pi(X \cap V) = X' \cap \pi(V)$.

(ii) La condition $(C_k^{a'})$ (relative à l'espace V' et à son ouvert X') soit vérifiée si $k \leq n-p$.

Définition.

On dira que X est F-strictement p-convexe en a dans Y, si la condition $(C_k^a(F))$ est vérifiée pour $k \leq -p$.

Définition(*).

On dira que X est F_c-strictement p-convexe en a dans Y, si la condition $(C_k^a(F_c))$ est vérifiée pour $k \leq \mathrm{prof}_a F - p$.

Les deux propotions suivantes relient ces différents types de convexité, quand le faisceau F est cohérent.

(*) Si F est un O_X-module cohérent, on désignera par $\mathrm{prof}_a F$ la profondeur ordinaire. Si l'on s'intéresse à des faisceaux plus généraux, on fera les hypothèses suivantes :

(i) X est un ouvert d'un espace topologique annelé Y de dimension bornée.

(ii) $\mathrm{prof}_x F$ est une fonction de x (sur Y), à valeurs dans $\mathbb{N}$ et semi-continue supérieurement.

(iii) $K_Y^{\cdot}$ est un complexe localement borné de O_Y-modules.

(iv) F est un O_Y-module.

Proposition 1.1.

Soit F un O_Y-module cohérent. Si X est strictement p-convexe en a dans Y, X est F-strictement p-convexe en a dans Y.

Proposition 1.2.

Sous les mêmes hypothèses, X est F_c-strictement p-convexe en a dans Y.

Ces deux propositions se démontrent par récurrence sur la profondeur de F, après s'être ramené au cas lisse.

Remarque : Si Y est lisse au voisinage de a , X est strictement p-convexe en a si et seulement si (C_k^a) est vérifiée pour $k \leq \dim_a Y-p$.

Notation : $\mathrm{prof}_{\partial X} F = \inf_{x \in \partial X} \mathrm{prof}_x F$.

Définition.

On dira que X est strictement (resp. F-strictement, resp. F_c-strictement) p-convexe dans Y, s'il l'est en tout point de sa frontière.

Le résultat essentiel est le suivant

Théorème 1.3.

Si X est relativement compact et F-strictement p-convexe dans Y

(i) les limites inductives $\mathrm{Ext}_c^k(X;F,K_X^{\cdot}) = \varinjlim_{K} \mathrm{Ext}_K^k(X;F,K_X^{\cdot})$ sont essentiellement injectives pour $k \leq -p+1$.

(ii) Il existe un ouvert relativement compact X' de X, tel que l'application naturelle $\mathrm{Ext}_c^k(X';F,K_X^{\cdot}) \longrightarrow \mathrm{Ext}_c^k(X;F,K_X^{\cdot})$ soit surjective pour $k \leq -p$.

Pour la notion de limite inductive essentiellement injective, on se reportera à [R.R.V.].

Théorème 1.4.

Si X est relativement compact et F_c-strictement p-convexe dans Y

(i) Les limites inductives $H^k_c(X;F)$ sont essentiellement injectives pour $k \leq -p+1 + \text{prof}_{\partial X} F$.

(ii) Il existe un ouvert relativement compact X' de X, tel que l'application naturelle $H^k_c(X';F) \to H^k_c(X;F)$ soit surjective pour $k \leq \text{prof}_{\partial X} F - p$.

Si le faisceau F est cohérent, les théorèmes précédents prennent les formes plus frappantes (obtenues en appliquant le critère de séparation de [R.R.V.] : assertions (i), la compacité de l'application naturelle et le théorème de Schwartz sur les homomorphismes : assertions (ii), et les théorèmes de dualité de [R.R.], compte tenu des séparations : assertions (iii)) :

Corollaire.

Dans les conditions du théorème 1.3., si, de plus F est cohérent, on a

(i) Les espaces $\text{Ext}^k_c(X;F,K^{\bullet}_X)$ sont séparés pour $k \leq -p+1$.

(ii) Les espaces $\text{Ext}^k_c(X;F,K^{\bullet}_X)$ sont de dimension finie pour $k \leq -p$.

(iii) Les espaces $H^k(X;F)$ sont de dimension finie pour $p < k$.

Remarquons que X est F-strictement p-convexe pour tout faisceau cohérent F , s'il est strictement p-convexe : c'est généralement ainsi que l'on appliquera le corollaire.

Corollaire.

Dans les conditions du théorème 1.4., si, de plus, F est cohérent, on a

(i) Les espaces $H^k_c(X;F)$ sont séparés pour $k \leq \text{prof}_{\partial X} F - p+1$.

(ii) Les espaces $H^k_c(X;F)$ sont de dimension finie pour $k \leq \text{prof}_{\partial X} F-p$.

(iii) Les espaces $\text{Ext}^k(X;F,K^{\bullet}_X)$ sont de dimension finie pour $p - \text{prof}_{\partial X} F \leq k$.

Les deux théorèmes précédents se déduisent respectivement des lemmes 1.5. et 1.6. qui suivent. (Selon la même méthode que dans [M])

On désigne par U un voisinage arbitraire de $\overline{X}$ dans Y.

Lemme 1.5.

Dans les conditions du théorème 1.3., pour tout compact K de X , il existe un compact K' de X, $K \subset K'$, tel que l'application naturelle

$$\mathrm{Ext}^k_\Phi(U - K;F,K^\cdot_X) \longrightarrow \mathrm{Ext}^k_\Phi(U - K';F,K^\cdot_X) \text{ ait une image nulle}$$

pour $k \leq -p$.

Lemme 1.6.

Dans les conditions du théorème 1.4., pour tout compact K de X, il existe un compact K' de X , $K \subset K'$, tel que l'application naturelle

$$H^k_\Phi(U - K;F) \longrightarrow H^k_\Phi(U - K';F) \text{ ait une image nulle pour}$$

$k \leq \mathrm{prof}_{\partial X}\, F - p$.

Les démonstrations étant voisines, nous nous contenterons d'établir 1.5.

Démonstration du lemme 1.5.

On suit les idées de [M].

Désignons par $I^\cdot$ une résolution injective de $K^\cdot_Y$ ($I^\cdot$ est localement bornée à gauche), et posons $E^r = \underline{\mathrm{Hom}}\,(Y;F,I^r)$. Les E^r sont les objets d'un complexe borné à gauche de O_Y-modules, dont on note d^r la différentielle. Les E^r sont des faisceaux flasques, donc Φ-mous. On note E^r_Φ le faisceau des germes de sections de E^r à supports dans Φ . Les E^r_Φ sont les objets d'un complexe dont on note d^r_Φ la différentielle ; on désigne par Z^r_Φ le sous-faisceau de E^r_Φ formé des germes de sections de bord nul.

Si $\underline{U}$ et $\underline{U}'$ sont deux recouvrements ouverts finis de ∂X , $\underline{U}'$ étant plus fin que $\underline{U}$, on désigne par $r_{t,s}(\underline{U},\underline{U}')$ l'application de restriction :

$$r_{t,s} : H^s(\underline{U}\ ;\ Z^t_\Phi) \longrightarrow H^s(\underline{U}'\ ;\ Z^t_\Phi)\ .$$

Un raisonnement très élémentaire (Cf. [M]) montre alors que le lemme 1.5. se déduit du :

Lemme 1.7.

Etant donné un recouvrement ouvert fini $\underline{U}$ de ∂X, il existe un recouvrement ouvert fini $\underline{U}'$ de ∂X , plus fin que $\underline{U}$, tel que $r_{t,s}(\underline{U},\underline{U}')$ soit d'image nulle, pour $t \leqslant -p$ et $s \geqslant 1$.

On peut énoncer ce lemme sous la forme : "le système inductif

$$H^{t,s} : \underline{U} \longrightarrow H^s(\underline{U} ; Z^t_\Phi) \text{ est nul au voisinage de } \partial X".$$

Remarque : on va raisonner par récurrence descendante sur t. Ceci est possible car les hypothèses de convexité locale assurent la nullité d'une certaine application pour tout indice k inférieur à un entier donné. Il est impossible de traiter le cas concave par les mêmes méthodes, les hypothèses raisonnables de concavité locale donnent en effet la nullité d'une certaine application pour tout indice k supérieur à un entier donné.

Démonstration du lemme.

On établit le résultat préliminaire.

Lemme 1.8.

Soient $t \leqslant -p$ et $s \geqslant 0$ fixés. Pour tout recouvrement fini ouvert $\underline{U}$ de ∂X, il existe un recouvrement fini ouvert plus fin $\underline{U}'$, et un homomorphisme $d_{t,s}(\underline{U},\underline{U}') : H^s(\underline{U} ; Z^t_\Phi) \longrightarrow H^{s+1}(\underline{U}', Z^{t-1}_\Phi)$, possèdant, si $s \geqslant 1$, la propriété suivante :

Pour tout recouvrement ouvert fini $\underline{U}''$ de ∂X , plus fin que $\underline{U}'$, si

$$r_{t-1,s}(\underline{U}',\underline{U}'')\, d_{t,s}(\underline{U},\underline{U}') = 0 \text{ , alors } r_{t,s}(\underline{U},\underline{U}'') = 0 .$$

Le lemme 1.7. se déduit immédiatement de ce résultat par récurrence descendante sur t : pour des valeurs "assez négatives" de t , Z^t_Φ est nul.

Il reste donc à montrer le lemme 1.8.

On remarque que, d'après la p-convexité à la frontière, si U est un voisinage ouvert de $a \in \partial X$, il existe un voisinage ouvert U' de a , $U' \subset U$, tel que $d_{\Phi}^{k-1} E_{\Phi}^{k-1}(U')$ contienne la restriction à U' de $Z_{\Phi}^{k}(U)$, pour $k \leq -p$.

On va maintenant construire $d_{t,s}$ comme un homomorphisme de connection. Le recouvrement $\underline{U}$ étant donné, on construit le recouvrement $\underline{U}'$ en utilisant l'hypothèse de p-convexité : tout ouvert U' de $\underline{U}'$ est contenu dans un ouvert U de $\underline{U}$ et l'application $H^k(U ; E_{\Phi}^{\cdot}) \longrightarrow H^k(U' ; E_{\Phi}^{\cdot})$ est nulle pour $k \leq -p$. Soit alors $\alpha \in C^s(\underline{U} ; Z_{\Phi}^{t})$. Sa restriction $r(\alpha)$ à $C^s(\underline{U}' ; Z_{\Phi}^{t})$ est l'image d'un élément γ de $C^s(\underline{U}' ; E_{\Phi}^{t-1})$. Si α est un cycle $(\alpha \in Z^s(\underline{U} ; Z_{\Phi}^{t}))$, l'image de γ dans $C^{s+1}(\underline{U}' ; E_{\Phi}^{t-1})$ est en fait dans $Z^{s+1}(\underline{U}' ; Z_{\Phi}^{t-1})$. En passant aux espaces de cohomologie on obtient une application indépendante des représentants choisis qui répond à la question. (On le vérifie en remarquant que $H^s(\underline{U} ; E_{\Phi}^{t-1}) = 0$, pour $s \geq 1$).

2°. ESPACES STABLEMENT p-CONVEXES. ESPACES STABLEMENT q-CONCAVES. ESPACES STABLEMENT (p,q)-CONVEXES-CONCAVES.

Le § 1 traite des espaces stablement p-convexes (espaces X sur lesquels il existe une "fonction de Morse" $\varphi : X \longrightarrow R$, telle que $X_c = \{\varphi < c\}$ est relativement compact, strictement p-convexe dans X, pour c assez grand, et le reste si l'on perturbe φ par une constante négative assez petite en valeur absolue (c restant fixe)). On établit pour ces espaces divers théorèmes de finitude et de séparation. Si au lieu de supposer l'espace p-convexe, on fait des hypothèses de p-convexité vis-à-vis d'un faisceau donné F (non nécessairement cohérent), on a des résultats tout à fait analogues.

Les théorèmes de finitude et de séparation sont déduits de ceux établis au 1°, moyennant quelques remarques simples.

Le §2 traite des espaces stablement q-concaves. La situation est plus délicate que dans le cas convexe, puisque l'on ne dispose pas de résultats analoguesà ceux démontrés dans 1°. La technique de démonstration des théorèmes de séparation et de finitude est différente et repose sur la méthode de la "bosse glissante" (ou plutôt ici du creux glissant !!) de [A.G.] (utilisée dans l'esprit de [A.V.]) ; elle nécessite une notion de "stable-concavité" un peu plus forte que celle de "stable-convexité" : on s'autorise non seulement des petites perturbations constantes, mais aussi des petites perturbations C^{∞}.
Enfin le §3 synthétise les résultats précédents pour l'étude du cas mixte : convexe-concave. On ne rencontre évidemment pas de difficulté nouvelle.

§ 1. OUVERTS STABLEMENT p-CONVEXES. ESPACES STABLEMENT p-CONVEXES.

A. Ouverts stablement p-convexes.

Dans cette partie Y désigne un espace analytique complexe, dénombrable à l'infini, X un ouvert de Y, et F un O_Y-module. On se donne également une fonction semi-continue supérieurement $Y \to \mathbb{N}$, que l'on notera $x \mapsto \text{prof}_X F$; si l'on suppose F cohérent, sauf spécification contraire, cette fonction sera la profondeur ordinaire. Mises à part les assertions relatives au cas où F est cohérent, tout ce qui suit est valable en fait en supposant seulement que $(Y;O_Y)$ est un espace annelé et $K_Y^{\cdot}$ un complexe borné de O_Y-modules (situation qui se rencontre effectivement quand on étudie les cas relatifs...).

On suppose également donnée une fonction $\mathcal{C}^\infty$ φ, définie au voisinage de la frontière ∂X de X, à valeurs réelles, et telle que $\{\varphi < 0\} = X$ au voisinage de ∂X. Nous supposerons de plus que φ n'admet pas de minimum locaux en dehors de X (ou, ce qui revient au même, que $\partial X = \{\varphi = 0\}$). L'espace Y, l'ouvert X, et la fonction φ étant fixés, on utilisera les conditions suivantes (qui renforcent respectivement les conditions $(C_k^a(F_c))$ et $(C_k^a(F))$ du 1°) où $a \in \partial X$, $k \in \mathbb{Z}$ et F est un O_Y-module :

$(SC_k^a(F_c))$. Pour tout voisinage ouvert U de a dans Y, il existe un voisinage ouvert U' de a, $U' \subset U$, et un réel $t_{U,U'} > 0$, tels que l'application naturelle

$$H_\Phi^k(\{\varphi - \alpha < 0\} \cap U;F) \to H_\Phi^k(\{\varphi - \alpha < 0\} \cap U';F)$$

(où Φ est la famille de parties relative à l'ouvert $\{\varphi - \alpha < 0\}$ (et non à X)) ait une image nulle, pour tout réel $0 \leq \alpha \leq t_{U,U'}$.

Cette condition signifie que $(C_k^a(F))$ est vérifiée et le reste pour certaines perturbations de la frontière de X.

$(SC_k^a(F))$ Pour tout voisinage U de a dans Y, il existe un voisinage ouvert U' de a, $U' \subset U$, et un réel $t_{U,U'} > 0$, tels que l'application naturelle

$$\text{Ext}_\Phi^k(\{\varphi - \alpha < 0\} \cap U;F,K_Y^{\cdot}) \to \text{Ext}_\Phi^k(\{\varphi - \alpha < 0\} \cap U';F,K_Y^{\cdot})$$

ait une image nulle, pour tout réel $0 \leq \alpha \leq t_{U,U'}$.

Si Y est une variété et $F = O_Y$, on posera $(SC_k^a(F_c)) = (SC_k^a)$

Définition.

On dira que (X,φ) (i.e. "X défini par φ ") est stablement p-convexe en a dans Y, s'il existe un voisinage V de a dans Y, un plongement $\pi: V \longrightarrow V'$ où V' est un ouvert de $C^n(\pi(a) = a')$, une fonction continue $\varphi' : V' \longrightarrow \mathbb{R}$, tels que

(i) $\varphi' \circ \pi = \varphi$.

(ii) La condition $(SC_k^{a'})$ soit vérifiée si $k \leqslant n-p$.

Définition.

On dira que (X,φ) est F-stablement p-convexe en a, si la condition $(SC_k^a(F))$ est vérifiée pour $k \leqslant -p$.

Définition.

On dira que (X,φ) est F_c-stablement p-convexe en a, si la condition $(SC_k^a(F_c))$ est vérifiée pour $k \leqslant \text{prof}_a F-p$.

Comme en 1°, on établit la proposition :

Proposition 1.1.1.

Soit F un O_Y-module cohérent. Si (X,φ) est stablement p-convexe en a,

(i) (X,φ) est F-stablement p-convexe en a.

(ii) (X,φ) est F_c-stablement p-convexe en a.

Définition.

On dira que (X,φ) est stablement p-concave dans Y (resp. F-stablement..., F_c-stablement...), s'il l'est en tout point de sa frontière.

Notation : $X_\varepsilon = \{\varphi < \varepsilon\}$.

Proposition 1.1.2.

Si X est relativement compact dans Y, et F-stablement p-convexe dans Y

(i) Pour tout compact K de X, et tout entier $k \leqslant -p+1$, il existe $\varepsilon > 0$, tel que si $\alpha \in \text{Ext}_K^k(X;F,K_X^\cdot)$ a une image nulle dans $\text{Ext}_c^k(X_\varepsilon;F,K_Y^\cdot)$, il a déjà une image nulle dans $\text{Ext}_c^k(X;F,K_X^\cdot)$.

(ii) Pour tout $k \leq -p$, il existe $\varepsilon > 0$, tel que l'application

$$\mathrm{Ext}_c^k(X;F,K_Y^\cdot) \longrightarrow \mathrm{Ext}_c^k(X_\varepsilon;F,K_Y^\cdot) \text{ soit surjective.}$$

Cette proposition donne des résultats analogues à ceux du théorème 1.3., mais en "poussant la frontière vers l'extérieur", au lieu de la "pousser vers l'intérieur". On va en déduire certains "passages à la limite".

Proposition 1.1.3.

Si X est relativement compact et F_c-stablement p-convexe dans Y

(i) Pour tout compact K de X, et tout entier $k \leq -p+1 + \mathrm{prof}_{\partial X} F$, il existe $\varepsilon > 0$, tel que si $\alpha \in H_K^k(X;F)$ a une image nulle dans $H_c^k(X_\varepsilon;F)$, il a déjà une image nulle dans $H_c^k(X;F)$.

(ii) Pour tout $k \leq -p + \mathrm{prof}_{\partial X} F$, il existe $\varepsilon > 0$, tel que l'application

$$H_c^k(X;F) \longrightarrow H_c^k(X_\varepsilon;F) \text{ soit surjective.}$$

La démonstration de ces propositions est facile : on reprend la preuve des théorèmes 1.3. et 1.4., en tenant compte des conditions de stabilité. (Par exemple les recouvrements U et U', construits au lemme 1.7, sont des recouvrements de ∂X possédant une certaine propriété vis à vis de X : si ε est assez petit, ce sont aussi des recouvrements de ∂X_ε , possèdant la propriété analogue vis à vis de X_ε .).

Remarque : les deux propositions précédentes restent valables si l'on remplace l'hypothèse "X relativement compact dans Y", par "∂X compact dans Y" (On remplace les compacts par les fermés de Φ).

B. Espaces stablement p-convexes.

Notation :

Si $\varphi : X \longrightarrow \mathbb{R}$ est une application, on note, pour $c \in \mathbb{R}$, $X_c = \{\varphi < c\}$.

Définition.

On dira que l'espace analytique X est stablement p-convexe, s'il existe une fonction continue $\varphi : X \longrightarrow \mathbb{R}$, et un réel c_o , tels que

(i) Pour tout $c \in \mathbb{R}$, X_c est relativement compact dans X .

(ii) $(X_c, \varphi - c)$ est stablement p-convexe dans X, pour tout $c > c_o$.

(iii) La restriction de φ à $\varphi^{-1}(]c_o, +\infty[)$ n'a que des minimums locaux isolés (ou pas de minimum local...).

On définit également, un O_X-module F étant donné, la notion d'espace X F-stablement p-convexe ou F_c-stablement p-convexe. Si F est cohérent et X stablement p-convexe, X est F-stablement p-convexe et F_c-stablement p-convexe.

Théorème 2.1.4.

Soient X un espace analytique et F un O_X-module. Si X est F-stablement p-convexe.

(i) Pour tout $c > c_o$, l'application $Ext_c^k(X_c;F,K_X^\cdot) \longrightarrow Ext_c^k(X;F,K_X^\cdot)$ est injective (et la limite inductive $Ext_c^k(X;F,K_X^\cdot)$ est essentiellement injective), pour $k \leq -p+1$.

(ii) Pour tout $c > c_o$, l'application $Ext_c^k(X_c;F,K_X^\cdot) \longrightarrow Ext_c^k(X;F,K_X^\cdot)$ est bijective pour $k \leq -p$.

Théorème 2.1.5.

Soient X un espace analytique et F un O_X-module. Si X est F_c-stablement p-convexe

(i) Pour tout $c > c_o$, l'application $H_c^k(X_c;F) \longrightarrow H_c^k(X;F)$ est injective (et la limite inductive $H_c^k(X;F)$ est essentiellement injective) pour $k \leq prof_X\, F - p+1$.

(ii) Pour tout $c > c_o$, l'application $H_c^k(X_c;F) \longrightarrow H_c^k(X;F)$ est bijective pour $k \leq prof_X\, F - p$.

Si F est un O_X-module cohérent, on obtient les précisions suivantes (qui, on le verra, redonnent les résultats de [A.G.] et certains résultats de [A.V.], en les complétant.).

Corollaire.

Dans les conditions du théorème 2.1.4., si, de plus, F est cohérent

(i) Les espaces $Ext_c^k(X;F,K_X^\cdot)$ sont séparés pour $k \leq -p+1$ et de dimension finie pour $k \leq -p$.

(ii) Les espaces $H^k(X;F)$ sont de dimension finie pour $p \leq k$.

Corollaire.

Dans les conditions du théorème 2.1.5., si, de plus, F est cohérent

(i) Les espaces $H_c^k(X;F)$ sont séparés pour $k \leq \mathrm{prof}_X F -p+1$ et de dimension finie pour $k \leq \mathrm{prof}_X F-p$.

(ii) Les espaces $Ext^k(X;F,K_X^\cdot)$ sont de dimension finie pour $p - \mathrm{prof}_X F \leq k$.

Remarque : on appliquera essentiellement ces corollaires dans le cas où X est stablement p-convexe.

Il reste à donner quelques indications sur les démonstrations des théorèmes 2.1.4. et 2.1.5. Celles-ci étant similaires, nous nous contenterons du cas de la F-convexité.

Le résultat suivant joue un rôle essentiel

Lemme 2.1.6.

Dans les conditions du théorème 2.1.4.

(i) pour $c > c_o$, $k \leq -p+1$ et K compact de X_c fixés, l'ensemble des $\varepsilon \geq 0$, tels que, si $\alpha \in Ext_K^k(X;F,K_X^\cdot)$ a une image nulle dans $Ext_c^k(X_{c+\varepsilon};F,K_X^\cdot)$, il a déjà une image nulle dans $Ext_c^k(X_c;F,K_X^\cdot)$, est la demi-droite $[c,+\infty[$ toute entière.

(ii) Pour $c > c_o$, $k \leq -p$ fixés, l'ensemble des $\varepsilon \geq 0$, tels que l'application

$$Ext_c^k(X_c;F,K_X^\cdot) \longrightarrow Ext_c^k(X_{c+\varepsilon};F,K_X^\cdot)$$ soit surjective, est la demi-droite $[c,+\infty[$ toute entière.

En effet, dans les deux cas, l'ensemble considéré est non vide (il contient c), ouvert (proposition 2.1.2.) et fermé (évident) dans $[c,+\infty[$ (qui est connexe). (Argument tout à fait analogue à celui de [A.G.] p. 243).

Il est ensuite facile de conclure.

§ 2. OUVERTS STABLEMENT q-CONCAVES. ESPACES STABLEMENT q-CONCAVES.

A. Ouverts stablement q-concaves.

Dans cette partie Y désigne un espace analytique complexe, dénombrable à l'infini, X un ouvert de Y, et F un O_X-module. On se donne également une fonction $x \mapsto \text{prof}_x F$, comme en 2°§1A. (Les résultats ne portant pas sur les O_X-modules cohérents s'étendent en fait au cas où $(Y;O_Y)$ est un espace annelé sur lequel on a une notion raisonnable de faisceau de fonctions C^∞.)

On suppose également donnée une fonction $\mathcal{E}^\infty$ φ, définie au voisinage de ∂X, à valeurs réelles, et telle que $\{0 < \varphi\} = X$ au voisinage de ∂X.

L'espace Y, l'ouvert X et la fonction φ étant fixés, on utilisera les conditions suivantes, où $a \in \partial X$, $k \in \mathbb{Z}$, et F est un O_X-module :

$(SK_k^a(F))$. Pour tout voisinage ouvert U de a dans Y, il existe un voisinage ouvert U' de a, $U' \subset U$, et un réel $t_{U,U'} > 0$, tels que l'application naturelle

$$\text{Ext}_\Phi^k(\{0 < \varphi + \alpha\} \cap U;F,K_Y^\cdot) \longrightarrow \text{Ext}_\Phi^k(\{0 < \varphi + \alpha\} \cap U';F,K_Y^\cdot)$$ ait une image nulle pour toute fonction α C^∞ sur U, telle que $\|\alpha\|_2 < t_{U,U'}$.

($\|f\|_2 = \sup_{x \in U^*} \|f(x)\| + \|f'(x)\| + \|f''(x)\|$, où U^* est la partie régulière de U, et $\|\cdot\|_2$ est relative à un plongement arbitraire fixé de U dans un ouvert de $\mathbb{C}^n$ (il en existe si U est assez petit)).

$(SK_k^a(F_c))$ Pour tout voisinage ouvert U de a dans Y, il existe un voisinage ouvert U' de a, $U' \subset U$, et un réel $t_{U,U'} > 0$, tels que l'application naturelle

$$H_\Phi^k(\{0 < \varphi + \alpha\} \cap U;F) \longrightarrow H_\Phi^k(\{0 < \varphi + \alpha\} \cap U';F)$$ ait une image nulle pour toute fonction α C^∞ sur U, telle que $\|\alpha\|_2 < t_{U,U'}$.

Si Y est une variété et $F = O_Y$, on posera $(SK_k^a(F_c)) = (SK_k^a)$.

Définition.

On dira que (X,φ) est stablement q-concave en a dans Y, s'il existe un voisinage ouvert V de a dans Y, un plongement $\pi : V \longrightarrow V'$, où V' est un ouvert de $\mathbb{C}^n(\pi(a) = a')$, une fonction continue $\varphi' : V' \to \mathbb{R}$,tels que

(i) $\varphi' \circ \pi = \varphi$.

(ii) La condition (SK_k^a) soit vérifiée si $q+1 \leq k$.

<u>Définition</u>.

On dira que (X,φ) est F-stablement q-concave en a dans Y, si la condition $(SK_k^a(F))$ est vérifiée pour $q+1 - \text{prof}_a F \leq k$.

<u>Définition</u>.

On dira que (X,φ) est F_c-stablement q-concave en a dans Y, si la condition $(SK_k^a(F_c))$ est vérifiée pour $q+1 \leq k$.

Comme dans le cas convexe, on montre la

<u>Proposition 2.2.1.</u>

Soit F un O_Y-module cohérent. Si (X,φ) est stablement q-concave en a,

(i) (X,φ) est F-stablement q-concave en a.

(ii) (X,φ) est F_c-stablement q-concave en a.

<u>Définition</u>.

On dira que (X,φ) est stablement q-concave dans Y (resp. F-stablement...), s'il l'est en tout point de sa frontière.

<u>Notation</u> : $X_{-\alpha} = \{-\alpha < \varphi\}$ (où α est une fonction $\mathcal{C}^\infty$ au voisinage de ∂X).

<u>Proposition 2.2.2.</u>

<u>Si</u> (X,φ) <u>est relativement compact dans Y</u>, <u>et</u> F-<u>stablement</u> q-<u>concave</u> <u>dans</u> Y

(i) Pour tout compact K de X, et tout entier $k \geq q+2 - \text{prof}_{\partial X} F$, il existe un réel $\varepsilon > 0$, tel que si $\beta \in \text{Ext}_K^k(X;F,K_X^\cdot)$ a une image nulle dans $\text{Ext}_c^k(X_{-\varepsilon};F,K_X^\cdot)$, il a déjà une image nulle dans $\text{Ext}_c^k(X;F,K_X^\cdot)$.

(ii) Pour tout $k \geq q+1 - \text{prof}_{\partial X} F$, il existe un réel $\varepsilon > 0$, tel que l'application

$\mathrm{Ext}_c^k(X;F,K_X^\cdot) \to \mathrm{Ext}_c^k(X_{-\varepsilon};F,K_Y^\cdot)$ soit surjective.

Proposition 2.2.3.

Si (X,φ) est relativement compact dans Y, et F_c-stablement q-concave dans Y

(i) Pour tout compact K de X, et tout entier $q+2 \leq k$, il existe un réel $\varepsilon > 0$, tel que si $\beta \in H_K^k(X;F)$ a une image nulle dans $H_c^k(X_{-\varepsilon};F)$, il a déjà une image nulle dans $H_c^k(X;F)$.

(ii) Pour tout $q+1 \leq k$, il existe un réel $\varepsilon > 0$, tel que l'application

$H_c^k(X;F) \to H_c^k(X_{-\varepsilon};F)$ soit surjective.

La démonstration de ces propositions utilise la méthode de la "bosse glissante" de [A.G.]. On démontre l'énoncé analogue avec ε fonction C^∞ strictement positive au voisinage de ∂X.

Les démonstrations sont tout à fait analogues dans les deux cas, et nous nous contenterons d'établir la proposition 2.2.3.

Lemme ("bosse glissante") 2.2.4. Dans la situation de la proposition 2.2.3. :

Pour tout recouvrement ouvert fini $\{U_i\}_{i=1,\dots,m}$ de ∂X , il existe une suite $\{\alpha_i\}_{i=1,\dots,m}$ de fonctions C^∞ dans un même voisinage de ∂X, telles que

(i) $\alpha_i \geq 0$; $X_i = X_{-\alpha_i}$; $\alpha_i \leq \alpha_{i+1}$, i.e. $X_i \subset X_{i+1}$.

(ii) $X_{i+1} - X_i \subset\subset U_{i+1}$ $(i = 0,\dots,m-1 ;\ X_o = X)$.

(iii) α_m est strictement positive au voisinage de ∂X, i.e. $\overline{X} \subset X_m$.

(iv) $(X_i , \varphi - \alpha_i)$ est F_c-stablement q-concave.

Pour la démonstration de ce lemme, on se reportera à [A.G.] ou [A.V.].

Tout est alors terminé, si l'on prouve le

<u>Lemme</u> 2.2.5.

Dans la situation de la proposition 2.2.3.

(i) Pour tout compact K de X, et tout entier $q+1 \leq k$, il existe un recouvrement ouvert fini $\underline{U}'' = \{U''_i\}_{i=1,\dots,m}$ de X, et une suite de fonctions $\{\alpha_i\}_{i=1,\dots,m}$, tels que

a) Cette suite satisfait pour le recouvrement $\underline{U}''$ aux conditions du lemme.

b) Il existe deux recouvrements ouverts $\underline{U}$, $\underline{U}'$ de X, $\underline{U} = \{U_i\}_{i=1,\dots,m}$, $\underline{U}' = \dots$, avec $\left| \begin{array}{l} U''_i \subset U'_i \\ U'_i \subset U_i \end{array} \right.$, la condition $(SK^a_k(F_c))$ étant vérifiée par les couples U_i et U'_i et U'_i et U''_i, α_i vérifiant : $\|\alpha_i\|_2 \leq t/m$ $\left(t = \sup_i \left| \begin{array}{l} t_{U_i, U'_i} \\ t_{U'_i, U''_i} \end{array} \right.\right)$.

c) $K \subset X - \bigcup_{i=1,\dots,m} U_i$.

(ii) Dans la situation de (i) et si $q+2 \leq k$, si $\beta \in H^k_K(X;F)$ a une image nulle dans $H^k_c(X_m;F)$, il a déjà une image nulle dans $H^k_c(X;F)$.

(iii) Dans la situation de (i), l'application

$$H^k_c(X;F) \to H^k_c(X_m;F) \text{ est surjective.}$$

La partie (i) est facile ; les assertions (ii) et (iii) s'établissent par récurrence descendante sur (i). On prouve pour cela :

$(ii)_i$ Dans la situation de (i), si $\beta \in H^k_K(X;F)$ a une image nulle dans $H^k_c(X_{i+1};F)$, il a déjà une image nulle dans $H^k_c(X_i;F)$ $(q+2 \leq k)$.

$(iii)_i$ Dans la situation de (i), l'application

$$H^k_c(X_i;F) \to H^k_c(X_{i+1};F) \text{ est surjective.}$$

Considérons le diagramme commutatif, dont les lignes sont exactes

$$\begin{array}{ccccccccc}
\longrightarrow H^k_\Phi(X_{i+1} - K;F) & \longrightarrow & H^{k+1}_K(X_{i+1};F) & \longrightarrow & H^{k+1}_c(X_{i+1};F) & \longrightarrow & H^{k+1}_\Phi(X_{i+1} - K;F) \longrightarrow \\
\downarrow & & \downarrow & & \downarrow \mathrm{id} & & \downarrow \\
\longrightarrow H^k_\Phi(U_i;F) & \longrightarrow & H^{k+1}_{\Phi\cap X_{i+1}-U_{i+1}}(X_{i+1};F) & \longrightarrow & H^{k+1}_c(X_{i+1};F) & \longrightarrow & H^{k+1}_\Phi(U_i;F) \longrightarrow \\
\downarrow \varphi_k & & \downarrow & & \downarrow \mathrm{id} & & \downarrow \varphi_{k+1} \\
\longrightarrow H^k_\Phi(U'_{i+1};F) & \longrightarrow & H^{k+1}_{\Phi\cap X_{i+1}-U'_{i+1}}(X_{i+1};F) & \longrightarrow & H^{k+1}_c(X_{i+1};F) & \longrightarrow & H^{k+1}_\Phi(U'_{i+1};F) \longrightarrow \\
\downarrow \varphi'_k & & \downarrow & & \downarrow \mathrm{id} & & \downarrow \varphi'_{k+1} \\
\longrightarrow H^k_\Phi(U''_{i+1};F) & \longrightarrow & H^{k+1}_{\Phi\cap X_{i+1}-U''_{i+1}}(X_{i+1};F) & \longrightarrow & H^{k+1}_c(X_{i+1};F) & \longrightarrow & H^{k+1}_\Phi(U''_{i+1};F) \longrightarrow
\end{array}$$

En constatant que l'on a une application surjective

$H^{k+1}_{\Phi\cap X_{i+1}-U''_{i+1}}(X_{i+1}) \longrightarrow H^{k+1}_c(X_i;F)$, et que les applications φ_k , φ'_k , φ_{k+1} , φ'_{k+1} ont une image nulle, un peu de "diagram-chasing" permet de terminer la démonstration.

Remarque :

On verra plus loin que l'assertion (ii) des propositions 2.2.2. et 2.2.3. permet d'obtenir, dans le cas absolu, tous les théorèmes de finitude. L' assertion (i) donne cependant des résultats plus précis (et semble intéressante dans le cas relatif...).

Remarque : les propositions 2.2.2. et 2.2.3 restent valables si l'on remplace l'hypothèse "X relativement compact dans Y" par "∂X compact dans Y".

B. Espaces stablement q-concaves.

Notation :

Si $\varphi : X \to \mathbb{R}$ est une application, on pose, pour $c \in \mathbb{R}$, $X_c = \{\varphi > c\}$.

Définition.

On dira que l'espace analytique X est stablement q-concave, s'il existe une fonction continue $\varphi : X \to \mathbb{R}$, et un réel c_o, tels que

(i) Pour tout $c \in \mathbb{R}$, X_c est relativement compact dans X.

(ii) $(X_c, \varphi - c)$ est stablement q-concave dans X, pour tout $c > c_o$.

Un O_X-module F étant donné, on définit également la notion d'espace F-stablement q-concave ou F_c-stablement q-concave. Si F est cohérent et X stablement q-concave, X est F-stablement q-concave et F_c-stablement q-concave.

Théorème 2.2.6.

Soient X un espace analytique et F un O_X-module. Si X est F-stablement q-concave.

(i) Pour tout $c > c_o$, l'application $\mathrm{Ext}^k_c(X_c;F,K^\bullet_X) \longrightarrow \mathrm{Ext}^k_c(X;F,K^\bullet_X)$ est bijective pour $q+2 - \mathrm{prof}_X F \leq k$.

(ii) Pour tout $c > c_o$, l'application $\mathrm{Ext}^k_c(X_c;F,K^\bullet_X) \longrightarrow \mathrm{Ext}^k_c(X;F,K^\bullet_X)$ est surjective pour $q+1 - \mathrm{prof}_X F \leq k$(*).

Théorème 2.2.7.

Soient X un espace analytique et F un O_X-module. Si X est F_c-stablement q-concave

---

(*) Si $\mathrm{Ext}^k_c(X;F,K^\bullet_X)$ est de dimension finie, l'application $\mathrm{Ext}^k_c(X_c;F,K^\bullet_X) \longrightarrow \mathrm{Ext}^k_c(X;F,K^\bullet_X)$ est bijective pour $k = q+1 - \mathrm{prof}_X F$ et c assez grand. J'ignore si c'est vrai pour tout $c > c_o$ (Il en est ainsi dans les cas classiques : cf. 3°B.).

(i) Pour tout $c > c_o$, l'application $H^k_c(X_c;F) \longrightarrow H^k_c(X;F)$ est bijective pour $q+2 < k$.

(ii) Pour tout $c > c_o$, l'application $H^k_c(X_c;F) \longrightarrow H^k_c(X;F)$ est surjective pour $q+1 \leq k$.

Si F est un O_X-module cohérent, on obtient les précisions suivantes (qui, comme dans le cas convexe, redonnent et précisent les résultats de [A.G.] et certains résultats de [A.V.]).

On remarquera que contrairement au cas convexe on utilise seulement les assertions (ii) des théorèmes 2.2.6 et 2.2.7 : ici les résultats de séparation se déduisent des résultats de finitude .
Par application directe des résultats d'essentielle injectivité on n'obtiendrait la séparation qu'en degrés $k \geq q+2 - \text{prof}_X F$ (resp. q+2) , c'est-à-dire un résultat moins bon (alors qu'il était meilleur dans le cas convexe)!

Corollaire.

Dans les conditions du théorèmes 2.2.6., si, de plus, F est cohérent, les espaces

(i) $\text{Ext}^k_c(X;F,K^{\bullet}_X)$ sont de dimension finie pour $q+1 - \text{prof}_X F \leq k$.

(ii) $H^k(X;F)$ sont séparés pour $k \leq \text{prof}_X F - q$ et de dimension finie pour $k \leq \text{prof}_X F - q-1$.

Corollaire.

Dans les conditions du théorème 2.2.7., si, de plus, F est cohérent les espaces

(i) $H^k_c(X;F)$ sont de dimension finie pour $q+1 \leq k$.

(ii) $\text{Ext}^k(X;F,K^{\bullet}_X)$ sont séparés pour $k \leq -q$ et de dimension finie pour $k \leq -q-1$.

Remarque : ces corollaires s'appliquent essentiellement au cas où X est stablement q-concave.

Les théorèmes 2.2.6. et 2.2.7. se déduisent des propositions 2.2.2. et 2.2.3. par une méthode tout à fait analogue à celle esquissée dans le cas convexe.

§ 3. OUVERTS STABLEMENT (p,q)-CONVEXES-CONCAVES. ESPACES STABLEMENT (p,q)-CONVEXES-CONCAVES.

A. Ouverts stablement (p,q)-convexes-concaves.

Les notations de cette partie sont les mêmes que dans § 2.A. On suppose que la frontière ∂X de X est compacte et réunion disjointe de deux compacts $\partial^1 X$ et $\partial^2 X$.

Définition.

On dira que (X,φ) est stablement (resp. F-stablement, resp. F_c-stablement) (p,q)-convexe-concave dans Y (et pour $\partial X = \partial^1 X \cup \partial^2 X$) si X est stablement p-convexe en tout point de $\partial^1 X$ et stablement q-concave en tout point de $\partial^2 X$.

Notation : $X^{\varepsilon} = X \cup \{\varepsilon > \varphi\} \cup \{\varphi > -\varepsilon\}$.

Proposition 2.3.1.

Si (X,φ) est F-stablement (p,q)-convexe-concave et relativement compact dans Y

(i) Pour tout compact K de X, et tout entier $q+2 - \mathrm{prof}_{\partial X} F \leq k \leq -p+1$, il existe $\varepsilon > 0$, tel que, si $\alpha \in \mathrm{Ext}^k_K(X;F,K^{\cdot}_X)$ a une image nulle dans $\mathrm{Ext}^k_c(X^{\varepsilon};F,K^{\cdot}_X)$, il a déjà une image nulle dans $\mathrm{Ext}^k_c(X;F,K^{\cdot}_X)$.

(ii) Pour tout $q+1 - \mathrm{prof}_X F \leq k \leq -p$, il existe $\varepsilon > 0$, tel que l'application $\mathrm{Ext}^k_c(X;F,K^{\cdot}_X) \longrightarrow \mathrm{Ext}^k_c(X^{\varepsilon};F,K^{\cdot}_X)$ soit surjective.

Proposition 2.3.2.

Si (X,φ) est F_c-stablement (p,q)-convexe-concave et relativement compact dans Y

(i) Pour tout compact K de X, et tout entier $q+2 \leq k \leq -p+1 + \mathrm{prof}_{\partial X} F$, il existe $\varepsilon > 0$, tel que, si $H^k_K(X;F)$ a une image nulle dans $H^k_c(X^{\varepsilon};F)$, il a déjà une image nulle dans $H^k_c(X;F)$.

(ii) Pour tout entier $q+1 \leq k \leq -p + \mathrm{prof}_{\partial X} F$, il existe $\varepsilon > 0$, tel que l'application $H^k_c(X;F) \longrightarrow H^k_c(X^{\varepsilon};F)$ soit surjective.

La démonstration de ces deux propositions est immédiate, compte tenu des résultats analogues dans les cas p-convexe et q-concave et des remarques, pages 13 et 11.

B. Espaces stablement (p,q)-convexes-concaves.

Notations :

Si $\varphi : X \mapsto \mathbb{R}$ est une application, on note, pour $c,d \in \mathbb{R}$, $\underset{d<c}{X_{c,d}} = \{d < \varphi < c\}$

Définition.

On dira que l'espace X est stablement (p,q)-convexe-concave, s'il existe une fonction continue $\varphi : X \longrightarrow \mathbb{R}$, et deux réels $d_o < c_o$, tels que

(i) Pour tous $c,d \in \mathbb{R}$, $d < c$, $X_{c,d}$ est relativement compact dans X.

(ii) $(X_{c,d}, \varphi - c, \varphi - d)$ est stablement (p,q)-convexe-concave dans X, pour tous $c > c_o$ et $d < d_o$.

(iii) La restriction de φ à $\varphi^{-1}(]-\infty,d_o[\cup]c_o,+\infty[)$ est C^∞ et n'a que des minimums locaux isolés (ou n'en a pas...).

Un O_X-module F étant donné, on définit également la notion d'espace X F-stablement (p,q)-convexe-concave ou F_c-stablement (p,q)-convexe-concave.

Théorème 2.3.3.

Soient X un espace analytique et F un O_X-module. Si X est F-stablement (p,q)-convexe-concave.

(i) Pour tous $d < d_o < c_o < c$, l'application

$$\mathrm{Ext}^k_c(X_{c,d};F,K^\bullet_X) \longrightarrow \mathrm{Ext}^k_c(X;F,K^\bullet_X) \text{ est injective pour}$$

$q+2 - \mathrm{prof}_X F \leqslant k \leqslant -p+1$.

(ii) Pour tous $d < d_o < c_o < c$, l'application

$$\mathrm{Ext}^k_c(X_{c,d};F,K^\bullet_X) \longrightarrow \mathrm{Ext}^k_c(X;F,K^\bullet_X) \text{ est surjective pour}$$

$q+1 - \mathrm{prof}_X F \leqslant k \leqslant -p$.

Théorème 2.3.4.

Soient X un espace analytique et F un O_X-module. Si X est F_c-stablement (p,q)-convexe-concave

(i) Pour tous $d < d_o < c_o < c$, l'application

$$H_c^k(X_{c,d};F) \longrightarrow H_c^k(X;F) \text{ est injective pour}$$

$q+2 \leq k \leq -p+1 + \text{prof}_X F$.

(ii) Pour tous $d < d_o < c_o < c$, l'application

$$H_c^k(X_{c,d};F) \longrightarrow H_c^k(X;F) \text{ est surjective pour}$$

$q+1 \leq k \leq -p + \text{prof}_X F$.

Si F est un O_X-module cohérent, on obtient les précisions suivantes.

Corollaire.

Dans les conditions du théorème 2.3.3., si, de plus, F est cohérent

(i) Les espaces $\text{Ext}_c^k(X;F,K_X^{\cdot})$ sont séparés pour $q+1 - \text{prof}_X F \leq k \leq -p+1$ et de dimension finie pour $q+1 - \text{prof}_X F \leq k \leq -p$.

(ii) Les espaces $H^k(X;F)$ sont séparés pour $p \leq k \leq -q + \text{prof}_X F$ et de dimension finie pour $p \leq k \leq -q - 1 + \text{prof}_X F$.

Corollaire.

Dans les conditions du théorème 2.3.4., si, dc plus, F est cohérent

(i) Les espaces $H_c^k(X;F)$ sont séparés pour $q+1 \leq k \leq -p+1 + \text{prof}_X F$ et de dimension finie pour $q+1 \leq k \leq -p + \text{prof}_X F$.

(ii) Les espaces $\text{Ext}^k(X;F,K_X^{\cdot})$ sont séparés pour $p - \text{prof}_X F \leq k \leq -q$ et de dimension finie pour $p - \text{prof}_X F \leq k \leq -q-1$.

La démonstration des théorèmes se fait comme dans les cas convexe et concave.

3°. CRITERES DE p-CONVEXITE ET q-CONCAVITE.

A. Nous nous proposons maintenant de comparer les notions de convexité et concavité introduites plus haut ("stable" concavité et convexité), aux notions classiques ("forte" concavité et convexité). Cette comparaison ne s'éclaire qu'en faisant appel à une troisième notion ("fidèle" concavité et convexité) qui est pratiquement celle utilisée dans [A.G.] (nous reviendrons là dessus au 5°).

Rappelons tout d'abord quelques définitions classiques.

Définition.

Si X est un ouvert de $\mathbb{C}^n$ et $\varphi : X \to \mathbb{R}$, on dira que φ est fortement p-convexe (ou p-pseudoconvexe) en $a \in X$ si

(i) φ est de classe C^∞ en a.

(ii) Le Hessien de φ en a a, au moins, $n - p + 1$ valeurs propres strictement positives.

Définition.

Si X est un ouvert de $\mathbb{C}^n$ et $\varphi : X \to \mathbb{R}$, on dira que φ est fortement p-convexe sur X, si elle l'est en tout point de X.

Définition.

Si X est un espace analytique et $\varphi : X \to \mathbb{R}$, on dira que φ est fortement p-convexe en $a \in \partial X$, s'il existe un voisinage V de a, ouvert dans X, un plongement $\pi : V \to V'$, où V' est un ouvert de $\mathbb{C}^n$, et une fonction φ, fortement p-convexe sur V', tels que $\varphi = \varphi' \circ \pi$.

On dira que φ est fortement p-convexe sur X si elle l'est en tout point de X.

Définition.

On dira que l'espace analytique X est fortement p-convexe s'il existe un compact K de X, et une fonction $\varphi : X \to \mathbb{R}$, fortement p-convexe sur X - K et telle que

(i) Les $X_c = \{\varphi < c\}$ soient relativement compacts dans X.

(ii) la fonction φ n'ait que des minimums locaux isolés en dehors de K.

Définition.

Si X est un ouvert de $\mathbb{C}^n$ et $\varphi : X \to \mathbb{R}$, on dira que φ est fortement q-concave en a X si $-\varphi$ est fortement q-convexe en a.

Définition.

On dira que l'espace analytique X est fortement q-concave s'il existe un compact K de X, et une fonction $\varphi : X \to \mathbb{R}$, fortement q-concave sur X - K et telle que

(i) les $X_c = \{c < \varphi\}$ soient relativement compacts dans X,

(ii) la fonction φ n'ait que des minimums locaux isolés en dehors de K (ou pas de minimum en dehors de K).

On suppose maintenant donnés un ouvert Y de $\mathbb{C}^n$, un ouvert X de Y, et une fonction φ , à valeurs réelles, de classe C^∞, définie au voisinage de la frontière ∂X de X dans Y.

On rappelle les conditions suivantes, introduites plus haut ($a \in \partial X$, $k \in \mathbb{N}$)

(SC_k^a) Pour tout voisinage ouvert U de a dans Y, il existe un voisinage ouvert U' de a, $U' \subset U$, et un réel $t_{U,U'} > 0$, tels que l'application

$$H^k_\Phi(\{\varphi - \alpha < 0\} \cap U; \mathcal{O}_Y) \to H^k_\Phi(\{\varphi - \alpha < 0\} \cap U'; \mathcal{O}_Y) \text{ ait une image}$$

nulle pour tout réel $0 \leq \alpha \leq t_{U,U'}$.

(On désigne par Φ la famille relative à l'ouvert $\{\varphi - \alpha < 0\}$ et on suppose X défini par $\varphi < 0$ au voisinage de ∂X).

(SK_k^a) Pour tout voisinage ouvert U de a dans Y, il existe un voisinage ouvert U' de a, dans Y, $U' \subset U$, et un réel $t_{U,U'} > 0$, tels que l'application

$$H^k_\Phi(\{0 < \varphi + \alpha\} \cap U; \mathcal{O}_Y) \to H^k_\Phi(\{0 < \varphi + \alpha\} \cap U'; \mathcal{O}_Y) \text{ ait une image}$$

nulle pour toute fonction α C^∞ sur U, telle que $\|\alpha\|_2 \leq t_{U,U'}$.

(On suppose X défini par $\{0 < \varphi\}$ au voisinage de ∂X).

On introduit les nouvelles conditions

(FC_k^a) Il existe un système fondamental de voisinages ouverts de Stein $\{U_i\}_{i\in I}$ de a dans Y et des constantes réelles $t_i > 0$, tels que

$H^k(U_i \cap \{\varphi - \alpha < 0\};\mathcal{O}_Y) = 0$, pour toute fonction α C^∞ sur U_i , telle que $\|\alpha\|_2 \leq t_i$ ($\|\alpha\|_2$ est la "norme" sur U_i).

(On suppose X défini par $\{\varphi < 0\}$ au voisinage de ∂X.)

(FK_k^a) Il existe un système fondamental de voisinages ouverts de Stein $\{U_i\}_{i\in I}$ de a dans Y et des constantes réelles $t_i > 0$, tels que

$H^k(U_i \cap \{0 < \varphi + \alpha\};\mathcal{O}_Y) = 0$ pour toute fonction α C^∞ sur U_i , telle que $\|\alpha\|_2 \leq t_i$.

(On suppose X défini par $\{0 < \varphi\}$ au voisinage de X).

On a alors les notions suivantes de p-convexité et q-concavité (il sera sous-entendu dans les cas convexes que X = $\{\varphi < 0\}$ au voisinage de X, et dans les cas concaves que X = $\{0 < \varphi\}$ au voisinage de X).

Définition.

L'ouvert X, défini par φ , est

(i) stablement p-convexe en a dans Y, si la condition (SC_k^a) est satisfaite pour $k \leq n-p$.

(ii) fidèlement p-convexe en a dans Y, si la condition (FC_k^a) est satisfaite pour $p \leq k$.

Définition.

L'ouvert X, défini par φ , est

(i) stablement q-concave en a dans Y, si la condition (SK_k^a) est satisfaite pour $q+1 \leq k$.

(ii) fidèlement q-concave en a dans Y, si la condition (FK_k^a) est satisfaite pour $1 \leq k \leq n-q-1$, et si la condition I^a est vérifiée.

On a introduit

(I^a) Il existe un système fondamental de voisinages ouverts de Stein $\{U_i\}_{i\in I}$ de a dans Y, et des constantes réelles $t_i > 0$, tels que

$H^k(U_i;O_Y) \to H^k(U_i \cap \{0 < \varphi + \alpha\};O_Y)$ soit un isomorphisme pour toute fonction α C^∞ sur U_i, telle que $||\alpha||_2 \leq t_i$.

La proposition suivante relie la forte convexité et la fidèle convexité

Proposition 3.1

Soient Y un ouvert de $\mathbb{C}^n$, $\varphi : Y \to \mathbb{R}$, une fonction, $a \in Y$ et $X = \{\varphi < \varphi(a)\}$. Si φ est fortement p-convexe en a, $(X, \varphi - \varphi(a))$ est fidèlement p-convexe en a.

Ce n'est qu'une reformulation de [A.G.] Proposition 11, page 217.

De même dans le cas concave, on a la

Proposition 3.2.

Soient Y un ouvert de $\mathbb{C}^n$, $\varphi : Y \to \mathbb{R}$ une fonction, $a \in Y$ et $X = \{\varphi(a) < \varphi\}$. Si φ est fortement q-concave en a, $(X, \varphi - \varphi(a))$ est fidèlement q-concave.

La proposition suivante relie la fidèle concavité et la stable convexité

Proposition 3.3.

Soient Y un ouvert de $\mathbb{C}^n$, $\varphi : Y \to \mathbb{R}$ une fonction continue. On suppose que $\{\varphi = 0\}$ est l'adhérence de $X = \{\varphi < 0\}$ dans Y, et l'adhérence de $Z = \{0 < \varphi\}$ dans Y. Soit $a \in Y, \varphi(a) = 0$. Alors, si (Z,φ) est fidèlement p-concave en a, (X,φ) est stablement p-convexe.

On a de même la

Proposition 3.4.

Soient Y un ouvert de $\mathbb{C}^n$, $\varphi : Y \to \mathbb{R}$ une fonction continue. On suppose que $\{\varphi = 0\}$ est l'adhérence de $X = \{0 < \varphi\}$ dans Y, et l'adhérence de $Z = \{\varphi < 0\}$ dans Y. Soit $a \in Y$, avec $\varphi(a) = 0$. Alors, si (Z, φ) est fidèlement q-convexe en a, (X, φ) est stablement q-concave en a.

Ces deux propositions se démontrant de manière analogue, nous nous contenterons d'établir la première. (On démontre en fait un peu plus : (X,φ) est stablement p-convexe pour des petites perturbations C^∞, et pas seulement pour les perturbations constantes.).

Soit U un voisinage ouvert de a dans Y. On a la suite exacte longue (où $O = O_U$)

$$0 \to \Gamma_\Phi(U;O) \to \Gamma(U;O) \to \Gamma(U-X;O) \to H^1_\Phi(U;O) \to H^1(U;O) \to H^1(U-X;O) \to$$

$$\to H^2_\Phi(U;O) \to \dots \to H^k(U;O) \to H^k(U-X;O) \to H^{k+1}_\Phi(U;O) \to H^{k+1}(U;O) \to$$

Si l'on suppose U de Stein, on obtient la suite exacte

$$0 \to \Gamma_\Phi(U;O) \to \Gamma(U;O) \to \Gamma(U-X;O) \to H^1_\Phi(U;O) \to 0 ,$$

et les isomorphismes $H^k(U-X;O) \to H^{k+1}_\Phi(U;O)$, pour $1 \leq k$.

(La famille Φ est évidemment relative à Y.).

Introduisons les conditions suivantes

(K'^a_k) Pour tout voisinage ouvert V de a dans U, il existe un voisinage ouvert V' de a, $V' \subset V$, tel que l'application

$$H^k(V-X,O) \to H^k(V'-X;O) \quad \text{ait une image nulle.}$$

(I'^a) Pour tout voisinage V de a, il existe un voisinage ouvert V' de a, $V' \subset V$, tel que l'application

$$\Gamma(V';O) \to \Gamma(V'-X;O) \quad \text{soit un isomorphisme.}$$

Il est facile de voir qu'il suffit maintenant de prouver le

<u>Lemme 3.5.</u>

Dans les conditions de la proposition 3.3. (i.e. Z est fidèlement p-concave en a), la condition (I'^a) est vérifiée, ainsi que les conditions (K'^a_k) pour $1 \leq k \leq n - p - 1$. Ces conditions restant satisfaites par un même couple (V,V'), pour toute perturbation C^∞ assez petite de x (i.e. de φ).

La vérification de ce lemme est facile. Il est bien clair que (I'^a) est satisfaite. Par ailleurs (pour $1 \leq k \leq n - p - 1$), $(K_k'^a)$ est satisfaite si $V' \subset\subset V$, avec V et V' ouverts de Stein (si W est un voisinage ouvert de $V \cap \overline{Z} = V - X$ dans V, il existe une fonction α C^∞ sur V, aussi petite que l'on veut, strictement positive sur $\overline{\{\varphi = 0\} \cap V'}$, telle que

$$V' \cap \overline{Z} \subset V' \cap \{0 < \varphi + \alpha\} \subset V' \cap W .$$

Le choix de V et V' est tel qu'il reste convenable, même si l'on perturbe φ .

B. Nous pouvons maintenant traduire nos résultats en termes de convexité classique .

Définition.

On dit que l'espace analytique X est fortement (p,q)-convexe-concave, s'il existe une fonction continue $\varphi : X \to \mathbb{R}$, et deux réels $d_o < c_o$, tels que

(i) Pour tous $c < d$, $X_{c,d}$ est relativement compact dans X.

(ii) φ est fortement p-convexe sur $\varphi^{-1}(]c_o,+\infty[)$ et fortement q-convexe sur $\varphi^{-1}(]-\infty,d_o[)$.

(iii) La restriction de φ à $\varphi^{-1}(]-\infty,d_o[\cup]c_o,+\infty[)$ n'a que des minimums locaux isolés (ou pas de minimum).

Théorème 3.6.

Soient X un espace analytique fortement (p,q)-convexe-concave (et φ , d_o , c_o les données correspondantes) et F un O_X-module cohérent

(i) Pour $d < d_o < c_o < c$, l'application

$$\mathrm{Ext}_c^k(X_{c,d};F,K_X^\bullet) \longrightarrow \mathrm{Ext}_c^k(X;F,K_X^\bullet) \text{ est injective pour}$$

$q+2 - \mathrm{prof}_X F \leq k \leq -p+1$ et surjective pour $q+1 - \mathrm{prof}_X F \leq k \leq -p$.

(ii) L'application $H^k(X_{c,d};F) \leftarrow H^k(X;F)$ est d'image dense pour $k = p - 1$, bijective pour $- q - 2 + \mathrm{prof}_X F \geq k \geq p$, injective pour $k = - q - 1 + \mathrm{prof}_X F$

(iii) L'application

$H^k_c(X_{c,d};F) \to H^k_c(X;F)$ est <u>injective</u> pour

$q + 2 \leqslant k \leqslant - p + 1 + \mathrm{prof}_X F$ et <u>surjective</u> pour $q + 1 \leqslant k \leqslant - p + \mathrm{prof}_X F$.

(iv) L'application

$\mathrm{Ext}^k(X_{c,d};F,K^{\cdot}_X) \leftarrow \mathrm{Ext}^k(X;F,K^{\cdot}_X)$ est d'image dense

pour $k = p - 1 - \mathrm{prof}_X F$, bijective pour $p - \mathrm{prof}_X F \leqslant k \leqslant - q - 2$, injective pour $k = - q - 1$.

<u>Théorème 3.7.</u>

Soient X un espace analytique fortement (p,q)-convexe-concave et F un O_X-module cohérent

(i) Les espaces $\mathrm{Ext}^k_c(X;F,K^{\cdot}_X)$ sont <u>séparés</u> pour $q + 1 - \mathrm{prof}_X F \leqslant k \leqslant -p+1$ et <u>de dimension finie</u> pour $q + 1 - \mathrm{prof}_X F \leqslant k \leqslant - p$.

(ii) Les espaces $H^k(X;F)$ sont <u>séparés</u> pour $p \leqslant k \leqslant - q + \mathrm{prof}_X F$ et <u>de dimension finie</u> pour $p \leqslant k \leqslant - q - 1 + \mathrm{prof}_X F$.

(iii) Les espaces $H^k_c(X;F)$ sont <u>séparés</u> pour $q + 1 \leqslant k \leqslant - p + 1 + \mathrm{prof}_X F$., et de <u>dimension finie</u> pour $q + 1 \leqslant k \leqslant - p + \mathrm{prof}_X F$.

(iv) Les espaces $\mathrm{Ext}^k(X;F,K^{\cdot}_X)$ sont <u>séparés</u> pour $p - \mathrm{prof}_X F \leqslant k \leqslant - q$ et <u>de dimension finie</u> pour $p - \mathrm{prof}_X F \leqslant k \leqslant - q - 1$.

Remarque : par les méthodes de [A.G.] (et c'est assez simple), on obtient le complément suivant au théorème

Dans (ii) : on a surjectivité pour $k = - q - 1 + \mathrm{prof}_X F$.

Dans (iv) : on a surjectivité pour $k = - q - 1$.

On en déduit

Dans (i) : on a injectivité pour $k = q + 1 - \mathrm{prof}_X F$.

Dans (iii) : on a injectivité pour $k = q + 1$.

Remarque : les résultats pour les cas p-convexe et q-concave s'obtiennent en faisant respectivement $p = - \infty$ et $q = - \infty$ dans les assertions du cas (p,q)-convexe-concave.

4° - QUELQUES RESULTATS DANS LE CAS RELATIF.

Soient Z un espace analytique, et S un polydisque ouvert de centre 0 dans $\mathbb{C}^n$, $f : Z \longrightarrow S$ une application analytique, $\Psi : Z \longrightarrow \mathbb{R}$ une application continue, fortement p-convexe sur $\{c_o < \Psi\}$ et fortement q-concave sur $\{\Psi < d_o\}$ $(d_o < c_o)$. On suppose que la restriction de f à l'adhérence de $Z_{c,d} = \{d < \Psi < c\}$ est propre pour tous $c < d$.

Soit F un O_Z-module cohérent, on se propose d'étudier la fibre en 0 : $(Rf_! F)_o$ de l'image directe à supports propres $Rf_! F$.

On notera $X = f^{-1}(0)$, F_X le faisceau de $(O_Z)_X$-modules dont la fibre en $x \in X$ est F_x (ce n'est <u>pas</u> la restriction de F à X !!). On a

$$(Rf_! F)_o = R\Gamma_c(X;F_X).$$

On pose $\varphi = \Psi_{|X}$ et $X_{c,d} = Z_{c,d} \cap X$. Il est clair que $X_{c,d}$ est compact, pour tous $c < d$.

On note $\partial X_c = \partial X_{c,d} \cap \{\varphi = c\}$ et $\partial X_d = \partial X_{c,d} \cap \{\varphi = d\}$.

<u>Lemme 4.1.</u>

(i) Si $c_o < c$ et $a \in \partial X_c$, $(X_{c,d}, \varphi - \varphi(c))$ est F-stablement $(p + n)$-convexe et F_c-stablement $(p + n)$-convexe en a.

(ii) Si $d < d_o$ et $a \in \partial X_d$, $(X_{c,d} , \varphi - \varphi(d))$ est F-stablement q-concave et F_c-stablement q-concave en a.

Les assertions (i) et (ii) se déduisent respectivement (en utilisant un plongement local convenable) des lemmes suivants

<u>Lemme 4.2.</u>

Soient Z un ouvert de $\mathbb{C}^m$ $(m \geq 2)$, $f : Z \longrightarrow S$ une application analytique (où S est un polydisque ouvert de centre 0 de $\mathbb{C}^n$) , $\Psi : Z \longrightarrow \mathbb{R}$ une application fortement p-convexe (C^∞). Soit $a \in Z$, $f(a) = 0$. On note, pour $b > 0$, et α fonction C^∞ sur Z, $Y_{b,\alpha} = \{z \in Z/0 < \varphi(z) - \varphi(a) + \alpha$ et $\|f(z)\| < b\}$.
Alors, on peut trouver un système fondamental de voisinages ouverts de Stein

$\{V_i\}_{i\in\mathbb{N}}$ de a dans Z, et deux réels $0 < b_o$, $0 < t_o$, tels que

(i) $H^o(V_i;O_Z) \longrightarrow H^o(V_i \cap Y_{b,\alpha};O_Z)$ est bijective pour $b \leqslant b_o$ et $\|\alpha\|_2 \leqslant t_o$.

(ii) $H^k(V_i \cap Y_{b,\alpha};O_Z) = 0$ pour $1 \leqslant k \leqslant m - n - p - 1$ et $b \leqslant b_o$, $\|\alpha\|_2 \leqslant t_o$.

Ce lemme se démontre sans difficulté en reprenant la technique de [A.G.] pages 219 à 224 (on traite d'abord le cas p = 1). Il permet de voir que, dans le lemme 4.1. (i) , le complémentaire de $X_{c,d}$ au voisinage de a est F et F_c-fidèlement (p + n)-concave(*) , on en déduit (comme pour la proposition 3.3) que $X_{c,d}$ est stablement (p + n)-convexe en a.

Lemme 4.3.

Soient Z un ouvert de $\mathbb{C}^m$ $(m \geqslant 2)$, $f : Z \longrightarrow S$ une application analytique, $\psi : Z \longrightarrow \mathbb{R}$ une application fortement q-concave (C^∞). Soit $a \in Z$, avec $f(a) = 0$. On note, pour $0 < b$ et α fonction C^∞ sur Z,

$$Y_{b,\alpha} = \{z \in Z / \varphi(z) - \varphi(a) - \alpha < 0 \text{ et } \|f(z)\| < b\}.$$

Alors on peut trouver un système fondamental de voisinages ouverts de Stein $\{V_i\}_{i\in\mathbb{N}}$ de a dans Z, et deux réels b_o et t_o strictement positifs, tels que

$$H^k(V_i \cap Y_{b,\alpha};O_Z) = 0 \quad \text{pour} \quad q < k .$$

On procède comme dans [A.G.] page 217. Il permet de voir que le complémentaire de $X_{c,d}$ au voisinage de a est F et F_c-fidèlement q-convexe, d'où le lemme (ii) (on procède comme dans la proposition 3.4).

En appliquant les résultats de la partie 2° (théorèmes 2.3.3., 2.3.4.), on obtient le

Théorème 4.4.

(i) Pour tous $d < d_o < c_o < c$, l'application

$$(R^k f_{c,d!}\ R\ \underline{Hom}(Z;F,K_Z^\bullet))_o \longrightarrow (R^k f_!\ R\ \underline{Hom}\ (Z;F,K_Z^\bullet))_o \text{ est}$$

injective pour $q + 2 - \mathrm{prof}_X\ F \leqslant k \leqslant - p - n + 1$, et surjective pour $q + 1 - \mathrm{prof}_X\ F \leqslant k \leqslant - p - n$.

(*) Notion non définie, mais qui va de soi d'après les définitions de la partie 3°.

(ii) Pour tous $d < d_o < c_o < c$, l'application

$(R^k f_{c,d!}\ F)_o \longrightarrow (R^k f_!\ F)_o$ est <u>injective</u> pour

$q + 2 \leqslant k \leqslant - p - n + 1 + \mathrm{prof}_X\ F$, et <u>surjective</u> pour $q + 1 \leqslant k \leqslant - p - n + \mathrm{prof}_X\ F$.

(On a noté $f_{c,d}$ la restriction de f à $Z_{c,d}$).

On peut vraisemblablement déduire de ce genre de résultats des théorèmes de cohérence pour certaines images directes à supports propres, et par dualité relative (cf. [R.R'.]) des théorèmes pour les images directes à supports quelconques : par exemple, dans le cas "purement concave", en reprenant les méthodes d'Houzel pour le théorème de Grauert (particulièrement bien adaptées aux images directes à supports propres) on démontrerait le

Théorème. (On suppose $c_o = +\infty$: cas concave pur.)

Les O_S-modules $R^k f_!\ F$ sont cohérents pour $q + 2 \leqslant k$ et de type fini pour $k = q + 1$.

On démontre le théorème en trouvant un représentant de $Rf_!\ F$ dont les objets sont nuls pour k assez grand et libres de type fini pour $q + 1 \leqslant k$. On a un résultat analogue avec $Rf_!\ R\ \underline{\mathrm{Hom}}\ (Z;F,K_Z^{\cdot})$, et par dualité relative le théorème. (Toujours dans le cas concave pur).

Les O_S-modules $R^k f_*\ F$ sont cohérents pour $k \leqslant \mathrm{prof}_X\ F - q - 2$.

5°. ESPACES FIDELEMENT p-CONVEXES. ESPACES FIDELEMENT q-CONCAVES.

Nous nous proposons dans cette partie d'esquisser les résultats que l'on obtient par les méthodes de [A.G.] : tout au moins ce qui ne dépend pas de l'approximation, c'est-à-dire ce que l'on prouve par la méthode de la "bosse glissante" et la suite exacte de Mayer-Vietoris. Les résultats obtenus sont plus faibles en général que ceux décrits plus haut : le seul complément d'information est la surjectivité ou l'injectivité pour un degré précis dans le cas concave (Cf. page).

Définition.

On dira que X (défini par φ) est fidèlement p-convexe (resp. q-concave) en a dans Y, s'il existe un voisinage ouvert V de a dans Y, un plongement $\pi : V \longrightarrow V'$, où V' est un ouvert de $\mathbb{C}^n(\pi(a) = a')$, une fonction continue $\varphi' : V' \longrightarrow \mathbb{R}$, tels que

(i) $\varphi' = \pi \circ \varphi$.

(ii) La condition $(FC_k^{a'})$ (resp. $(FK_k^{a'})$) est satisfaite pour $p \leq k$ (resp. $1 \leq k \leq n - q - 1$ et $I^{a'}$ est satisfaite).

La définition des espaces fidèlement p-convexes ou q-concaves va maintenant de soi.

Théorème 5.1.

Si X est fidèlement p-convexe, et F est un O_X-module cohérent

(i) Pour tout $c_o < c$, l'application

$$H^k(X;F) \longrightarrow H^k(X_c;F) \text{ est surjective si } p \leq k .$$

(ii) Pour tout $c_o < c$, l'application

$$Ext^k(X;F,K_X^\cdot) \longrightarrow Ext^k(X_c;F,K_X^\cdot) \text{ est surjective, si}$$

$p - prof_X F \leq k$.

Corollaire.

Dans les mêmes conditions

(i) L'application $H^k(X;F) \to H^k(X_c;F)$ est bijective si $p + 1 \leq k$.

(ii) L'application $\mathrm{Ext}^k(X;F) \to \mathrm{Ext}^k(X_c;F,K_X^{\cdot})$ est bijective si $p + 1 - \mathrm{prof}_X\, F \leq k$.

Théorème 5.2.

Si X est fidèlement q-concave, et F un O_X-module cohérent

(i) Pour tout $d < d_o$, l'application

$H^k(X;F) \to H^k(X_c;F)$ est surjective pour $k \leq \mathrm{prof}_X\, F - q - 1$.

(ii) Pour tout $d < d_o$, l'application

$\mathrm{Ext}^k(X;F,K_X^{\cdot}) \to \mathrm{Ext}^k(X_c;F,K_X^{\cdot})$ est surjective pour $k \leq - q - 1$.

Corollaire.

Dans les mêmes conditions

(i) l'application est bijective pour $k \leq \mathrm{prof}_X\, F - q - 1$.

(ii) L'application est bijective pour $k \leq - q - 1$.

On laisse établir au lecteur les résultats de finitude correspondants.

BIBLIOGRAPHIE

[A.G.] A. Andreotti et H. Grauert. Thèorèmes de finitude pour la cohomologie des espaces complexes. Bull. Soc. Math. France, 90, 1962. p. 193 à 259.

[A.V.] A. Andreotti et E. Vesentini. Carleman Estimates... Publ. Math. I.H.E.S.

[F.] W. Fischer. Eine Bemerkung zu einem Satz von... Math. Ann. 184. 1970. p. 297-299.

[M.] B. Malgrange. Some remarks on the Notion of Convexity for Differential Operators. Bombay Colloquium. 1964.

[N.] Narasimhan R. . The Levi problem... Math. Ann. 142. 1961. p. 355-365.

[R.R.] J.P. Ramis et G. Ruget. Complexe Dualisant... . Publ. Math. I.H.E.S. n°38

[R.R'.] J.P. Ramis et G. Ruget. Article à paraître sur la dualité relative.

[R.] J.P. Ramis. Article à paraître

[R.R.V.] Dualité relative... Inv. Math. 13. 1971. p. 261-283.

LE THEOREME DE VAN KAMPEN

SUR LE GROUPE FONDAMENTAL DU COMPLEMENTAIRE D'UNE COURBE ALGEBRIQUE

PROJECTIVE PLANE

par

Denis CHENIOT

0. Introduction

(0.1) Dans [18] Zariski pensait avoir démontré, à partir d'un résultat algébrique d'Enriquès (cf. [4]) , un théorème sur la présentation du groupe fondamental du complémentaire d'une courbe algébrique dans le plan projectif complexe (ce théorème est énoncé dans le paragraphe 5. ci-dessous). Mais comme il le r marque dans [19] chap. VIII, §1, cette démonstration reposait sur la conject que dans un groupe infini à présentation finie, l'intersection des sous-groupes distingués d'indice fini est réduite à l'élément neutre. Or Higman (cf. [6]) a démontré que cette conjecture était fausse.

(0.2) Zariski avait cependant demandé à Van Kampen de donner une démonstration purem topologique du théorème en question. Or cette dernière démonstration, parue dans [17] , est correcte bien que dans un langage qui ne nous est plus famil et aussi incomplète (essentiellement dans les parties correspondant aux paragr (3.3) et (3.5) ci-dessous).

(0.3) L'idée de la démonstration de Van Kampen est la même que celle qui l'a conduit démontrer son théorème classique sur le groupe fondamental de la réunion de de espaces topologiques. Elle consiste à calculer le groupe fondamental d'un sous espace convenable où l'on sait effectuer ce calcul, puis à étudier la perturba apportée par la réintroduction de la partie de l'espace que l'on avait enlevée

(0.4) Plus précisément on montre que si l'on ôte un nombre fini de droites convenabl au complémentaire d'une courbe algébrique projective plane, on obtient un fibr localement trivial dont on sait présenter le π_1 grâce à la suite exacte d' motopie des fibrés.
Puis on observe que la réintroduction des droites que l'on avait ôtées n'ajout aucun nouveau générateur mais ajoute de nouvelles relations simples et évident dont on montre (et c'est là le point crucial) qu'elles sont les seules.

5) Au paragraphe 1 nous montrons comment on peut exhiber le fibré localement trivial dont il a été question. La démonstration de la fibration aurait pu se faire "à la main" mais nous avons préféré utiliser une méthode plus générale qui est d'ailleurs susceptible d'autres applications du même type (cf. remarque (1.4)).

Au paragraphe 2 nous donnons une présentation du groupe fondamental de ce fibré grâce à la suite exacte d'homotopie.

Au paragraphe 3 nous étudions les nouvelles relations introduites par la réadjonction des droites que l'on avait ôtées moins la droites à l'infini

Au paragraphe 4 nous étudions les nouvelles relations introduites par la réadjonction de la droite à l'infini.

Le paragraphe 5 est un énoncé du théorème de Van Kampen.

Au paragraphe 6 nous donnons **quelques** applications et mentionnons quelques questions ouvertes.

6) Tout au long de l'exposé nous utiliserons les notations suivantes

C est une courbe algébrique réduite de degré n dans le plan projectif complexe $\mathbb{P}^2(\mathbb{C})$.

f est un polynôme homogène définissant C .

e_o est un point quelconque de $\mathbb{P}^2(\mathbb{C}) - C$ qui sera choisi comme point base pour les π_1 .

Nous dirons différentiable pour C^∞ .

1 - Exhibition d'un sous ensemble fibré convenable $\mathcal{S}$ de $\mathbb{P}^2(\mathbb{C}) - C$.

(1.0) Les lemmes (1.1) et (1.3) montrent qu'en retirant à $\mathbb{P}^2(\mathbb{C}) - C$ un nombre fini de droites convenables, on obtient un fibré localement trivial dont la base a le type d'homotopie d'un graphe, fibré dont on peut aisément présenter le π_1 par générateurs et relations.

(1.1) Lemme : Soit M un point de $\mathbb{P}^2(\mathbb{C}) - C$. Toutes les droites passant par M , sauf un nombre fini d'entre elles, coupent C en n points distincts. Celles qui ne remplissent pas cette condition sont les tangentes menées par M à C et les droites issues de M passant par les points singuliers de C .

Preuve : Pour qu'une droite coupe C en n points distincts, il faut et il suff que toutes ses intersections avec C soient de multiplicité 1 . Cela montre la seconde partie du lemme.

Soient $C_1 , \dots , C_k$ les composantes irréductibles de C . Les intersections mutuelles des C_i sont en nombre fini; ce sont des points singuliers de C . Tout autre point singulier de C est point singulier d'un des C_i . Il suffit donc de démontrer notre assertion pour un C_i .

Or la polaire C_i' (cf. par exemple [14] p. 38) de M par rapport à C_i est un courbe algébrique qui passe par les points singuliers de C_i , par les points de contact des tangentes menées par M à C_i et par aucun autre point de C_i. C_i' ne contient pas C_i . C_i étant irréductible, $C_i \cap C_i'$ est donc composée d'un nombre fini de points ([14] , théorème 3.14) . Cela établit le lemme.

(1.2) Soit donc β une droite ("générique" d'après le lemme (1.1)) passant par e_o et coupant C en n points distincts (cf. fig. 1) . Soit A un point de β distinct de e_o et non situé sur C .

Soient $\delta_o , \delta_1 , \dots , \delta_m$ des droites issues de A , distinctes de β et parmi lesquelles se trouvent toutes les droites (en nombre fini d'après le lemme (1.1)) issues de A et qui ne coupent pas C en n points distincts.

Soit α une droite passant par e_o et distincte de β .
Pour $0 \leq i \leq m$, on pose $A_i = \alpha \cap \delta_i$

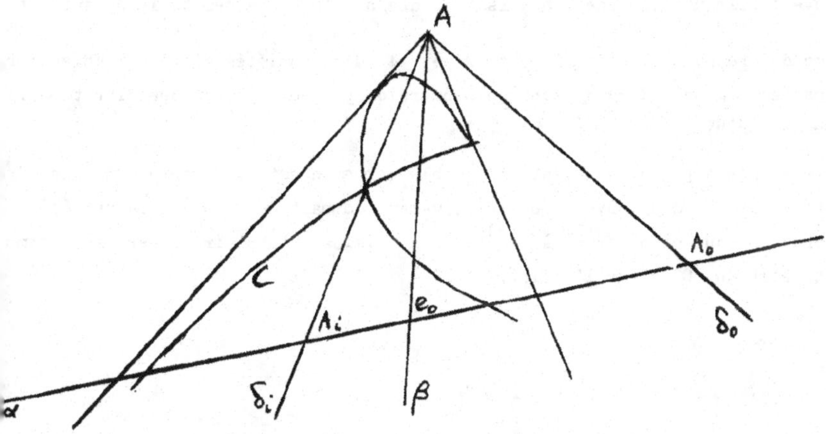

figure 1.

Posons $\mathcal{P} = \mathbb{P}^2(\mathbb{C}) - (C \cup \delta_o \cup \ldots \cup \delta_m)$

$\mathcal{B} = \alpha - \{A_o, \ldots, A_m\}$

Soit π la restriction à $\mathcal{P}$ de la projection conique sur α de centre A
On a alors le lemme :

(1.3) Lemme : $\mathcal{S}$ est un fibré différentiel localement trivial de base $\mathcal{B}$, de projection π, et dont la fibre est homéomorphe à $\mathbb{C}$ moins n points.

Preuve : Elle utilise une généralisation due à Thom et Mather du lemme suivant :

Lemme d'Ehresmann (1.3.1) Soient X et Y deux variétés différentiables paracompactes. Si $g : X \to Y$ est une submersion propre, g est une fibration localement triviale.

Ce lemme n'est pas directement utilisable car π n'est pas propre. On considère alors au dessus d'un ouvert U relativement compact de la base, la variété à bords obtenue en enlevant à $\pi^{-1}(U)$ un voisinage tubulaire ouvert suffisamment petit de C et de l'infini.

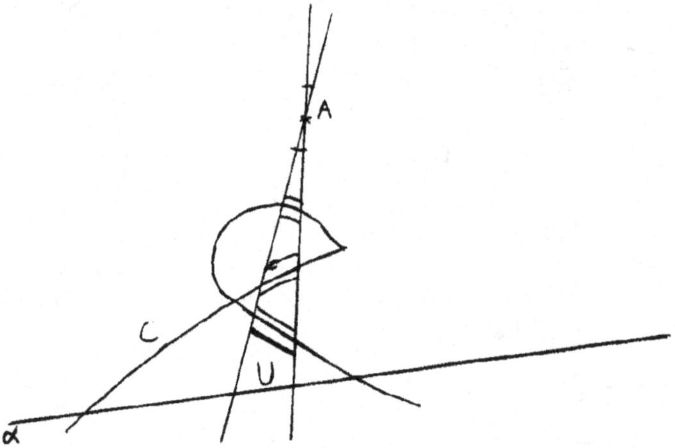

figure 2.

Que cette variété à bords soit localement trivialement fibrée par π, résulte du fait qu'on peut généraliser le lemme d'Ehresmann aux variétés à bor[ds] en convenant de dire que g est submersive si, en plus, la restriction $g|\partial X$ de g au bord est submersive. Un argument de Thom permet alors de conclure à la fibration localement triviale de $\pi^{-1}(U)$ tout entier. Tout cela est résumé dans le lemme suivant ([16] 1.B.1) :

<u>Lemme (1.3.2)</u> Soient X et Y deux variétés différentiables paracompactes, $g: X \longrightarrow Y$ une submersion telle que pour tout $x \in Y$, il existe un ouvert V de Y contenant x et une fonction différentiable strictement positive h sur $g^{-1}(V)$, appelée <u>fonction de contrôle</u>, ayant les propriétés suivantes :

- il existe $a > 0$, tel h n'ait pas de valeurs critiques dans $]0,a]$
- g restreinte à la variété à bords $h^{-1}[\varepsilon, +\infty[$ est propre et submersive pour tout ε tel que $0 < \varepsilon < a$

Alors g est une fibration localement triviale.

Nous appliquons ce lemme en prenant $\mathcal{P}$ pour X, $\mathcal{B}$ pour Y et π pour g. Il reste, étant donné un point x de $\mathcal{B}$, à pouvoir contrôler π au-dessus d'un voisinage convenable U relativement compact de x. La fonction de contrôle doit pouvoir extraire au-dessus de U des voisinages tubulaires de C et de l'infini. Nous prendrons donc comme fonction de contrôle une restriction de $\varphi_1 |f| + \varphi_2 d$, où d(M) est la distance de M à A pour la distance euclidienne dans $\mathbb{P}^2(\mathbb{C}) - \alpha$ identifié à $\mathbb{C}^2$. Si $\ell_{\bar{U}}$ est le cône de sommet A et s'appuyant sur $\bar{U}$ dans $\mathbb{P}^2(\mathbb{C})$, $\{\varphi_1, \varphi_2\}$ est une partition différentiable de l'unité subordonnée à un ouvert contenant le compact $C \cap \ell_{\bar{U}}$ et ne contenant pas A, et un ouvert contenant A et ne contenant pas $C \cap \ell_{\bar{U}}$. Que l'on obtient bien ainsi une fonction de contrôle résultera du lemme suivant :

<u>Lemme (1.3.3)</u> Si $y \in C$, on peut trouver un voisinage W de y dans $\mathbb{P}^2(\mathbb{C})$, tel que $|f|$ n'ait aucun point critique dans W-C.

Nous déduisons d'abord de ce lemme le fait qu'une restriction convenable de $\varphi_1 |f| + \varphi_2 d$ est une fonction de contrôle. En se servant du fait qu'audessus de $x \in \mathcal{B}$ il n'y a qu'un nombre fini de points de C on voit qu'on peut trouver un voisinage relativement compact U de x dans $\mathcal{B}$ tel que $|f| |\pi^{-1}(U)$ n'ait aucune valeur critique dans $]0,a_1]$, pour a_1 assez petit.

Toutes les droites issues de A et passant un point de $\mathcal{B}$ sont traverses à C, de par la contruction de $\mathcal{B}$. Il existe alors a_2, $0 < a_2 \leq a_1$ tel que les droites passant par A et un point de U soient aussi transverses à H_ε, défini par $|f| = \varepsilon$, pour $0 < \varepsilon \leq a_2$, puisque U est relativement compact dans $\mathcal{B}$ et que l'ensemble des points où la restriction de $|f|$ à chacune de ces droites n'est pas critique est un ouvert ne contenant pas de points de C.

$\pi | (\pi^{-1}(U) \cap H_\varepsilon)$ est donc submersive pour $0 < \varepsilon \leq a_2$.

Il en résulte que h, définie comme la restriction de $\varphi_1 |f| + \varphi_2 d$ à $\pi^{-1}(U)$ est une fonction de contrôle pour π au dessus de U.

La démonstration du lemme (1.3) sera donc achevée si l'on prouve (1.3.3).

<u>Preuve de (1.3.3)</u> Elle utilise à son tour le lemme suivant ([12] lemme 3.1)

<u>Lemme (1.3.4) (Lemme des petits chemins)</u> : Soit E un ensemble semi-algébrique et x un point adhérent à E. Alors il existe un chemin analytique réel $p : [0,\varepsilon[\longrightarrow \bar{E}$ tel que :

- $p(0) = x$
- $p(t) \in E$ pour tout $t \in]0,\varepsilon[$.

Supposons maintenant que (1.3.3) soit faux. Alors il existe une suite y_n de points critiques de $|f|$ dans $\mathbb{P}^2(\mathbb{C}) - C$ convergeant vers y. Or l'ensemble E des points critiques de $|f|$ situés dans $\mathbb{P}^2(\mathbb{C}) - C$ est un ensemble semi-algébrique et y lui est alors adhérent. Soit donc p défini comme dans (1.3.4) avec y à la place de x. On a donc $\frac{d}{dt} |f| (p(t)) = 0$ et $|f|$ est constante sur l'image de p, ce qui est contradictoire avec $|f| (p(0)) = 0$ et $p(t) \notin C$ pour $t \neq 0$.

Cela démontre le lemme (1.3.3) et par suite le lemme (1.3)

<u>Remarque</u> : La méthode de démonstration de (1.3), généralisée a des espaces statifiés quelconques (cf. [16] et [11]), devrait permettre de prouver le théorème de Zariski sur les sections planes d'une hypersurface projective, démontré par Hamm et Lê Dũng Tráng (cf. [10]), suivant une ligne plus proche de celle indiquée par Zariski (et notamment n'utilisant pas la théorie de Morse).

2. Détermination du π_1 de $\mathcal{P}$

.0) Nous déterminerons le π_1 de $\mathcal{P}$ à partir du π_1 de la base $\mathcal{B}$, du π_1 de la fibre $\mathcal{F} = \pi^{-1}(e_o)$ et d'une opération de $\pi_1(\mathcal{B},e_o)$ sur $\pi_1(\mathcal{F},e_o)$. Les paragraphes (2.1) et (2.2) sont consacrés au choix de "bons" générateurs pour les groupes libres $\pi_1(\mathcal{B},e_o)$ et $\pi_1(\mathcal{F},e_o)$. Ce choix interviendra surtout dans les paragraphes 3 et 4 et on pourrait s'en dispenser pour la détermination de $\pi_1(\mathcal{P},e_o)$: on obtiendrait avec n'importe quels générateurs indépendants des résultats analogues à ceux que nous trouverons dans ce paragraphe.

.1) Générateurs convenables pour $\pi_1(\mathcal{B},e_o)$.

(2.1.1) $\mathcal{B}$ a le type d'homotopie d'un bouquet de m cercles. Son π_1 est donc un groupe libre à m générateurs.
Nous voulons choisir pour générateurs $h_1,\dots,h_m$ de ce groupe les classes d'homotopie dans $\mathcal{B}$ de lacets triviaux dans $\mathbb{P}^2(\mathbb{C}) - (C \cup \delta_o)$ de manière à ce que la réintroduction dans $\mathcal{P}$ des droites $\delta_1,\dots,\delta_m$ entraîne les nouvelles relations $\tilde{h}_i = 1$ pour les classes d'homotopie $\tilde{h}_1,\dots,\tilde{h}_m$ de ces lacets dans $\mathcal{P}$. Nous prendrons donc pour h_i la classe d'homotopie d'un lacet simple entourant A_i et n'entourant ni A_j pour $j \neq i$, ni aucun point de $C \cap \alpha$.

(2.1.2) Cela suppose un choix convenable de α : il faut en effet que les A_i ne soient pas sur C . Ce choix de α est "générique". En effet chaque δ_i , $1 \leq i \leq m$, coupe C en un nombre fini de points et il suffit d'imposer à α de ne pas passer par ces points. Nous supposerons désormais α ainsi choisi.

(2.1.3) Soient donc $\mathcal{H}_1,\dots,\mathcal{H}_m$ m régions du plan $\alpha - \{A_o\}$ telles que

- pour tout i , il y ait un homéomorphisme de $\mathcal{H}_i$ sur $\mathring{D}^2$ se prolongeant en un homéomorphisme de $\bar{\mathcal{H}}_i$ sur D^2 .
- $A_i \in \mathcal{H}_i$ pour tout i
- $\bar{\mathcal{H}}_i \cap C = \emptyset$ pour tout i
- $\bar{\mathcal{H}}_i \cap \bar{\mathcal{H}}_j = \{e_o\}$ pour $i \neq j$

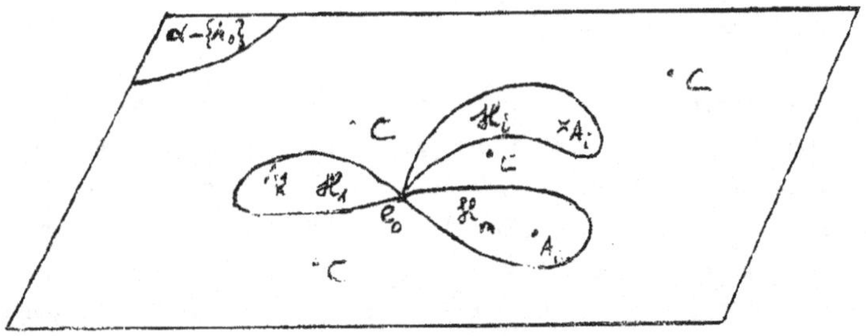

figure 3

Pour $1 \leq i \leq m$ soit h_i la classe d'homotopie dans $\mathcal{B}$ d'un lacet simple contenu dans Fr $\mathcal{H}_i$.

(2.1.4) Que l'on obtient bien ainsi des générateurs de $\pi_1(\mathcal{B},e_o)$ provient de ce que, par un corollaire du théorème de Schönflies (cf. par exemple [5]) il existe un homéomorphisme du plan sur lui même où $\bigcup_{1\leq i\leq m}$ Fr $\mathcal{H}_i$ est transformé en une figure dont il est simple de voir qu'elle est rétracte par déformation du plan moins l'image des A_i .

(2.2) Générateurs convenables pour $\pi_1(\mathcal{F},e_o)$.

Nous appellerons $F_1, \ldots, F_n$ les n intersections de β et C .

(2.2.1) $\pi_1(\mathcal{F},e_o)$ est un groupe libre à n générateurs . Cette fois, nous voulons que, lorsque nous réintroduisons la droite δ_o dans $\mathbb{P}^2(\mathbb{C}) - (C \cup \delta_o)$ nous obtenions pour les générateurs $g_1, \ldots, g_n$ la nouvelle relation simple $g_1 \ldots g_n = 1$. Nous prendrons donc pour $g_1, \ldots, g_n$ les classes d'homotopie de lacets simples entourant respectivement et exclusivement $F_1, \ldots, F_n$ et dont la composition donne un lacet homotope à un lacet simple entourant

(2.2.2) Soient donc $\mathcal{G}_0, \dots, \mathcal{G}_n$, n+1 régions de β telles que :

- pour tout i , il y ait un homéomorphisme de $\mathcal{G}_i$ sur $\mathbb{D}^2$ qui se prolonge en un homéomorphisme de $\bar{\mathcal{G}}_i$ sur $\mathbb{D}^2$
- $F_i \in \mathcal{G}_i$ pour $1 \leq i \leq n$ et $A \in \mathcal{G}_0$
- $\bar{\mathcal{G}}_i \cap \bar{\mathcal{G}}_j = \{e_0\}$ pour $i \neq j$
- on peut trouver n+1 lacets simples respectivement contenus dans

Fr $\mathcal{G}_0, \dots,$ Fr $\mathcal{G}_n$ dont le composé, dans cet ordre, soit homotope dans $\mathcal{F}$ au lacet constant en e_0 .

Soit alors, pour $1 \leq i \leq n$, g_i la calsse d'homotopie dans $\mathcal{F}$ du lacet contenu dans Fr $\mathcal{G}_i$.

(2.2.3) Que les $\mathcal{G}_i$ peuvent être choisis ainsi peut se voir en se ramenant, par un homéomorphisme de β sur elle même, à une situation simple. (β est homéomorphe à S^2 , on prend e_0 à l'un des pôles , A à l'autre et les F_i régulièrement disposés sur un parallèle dans l'ordre de leurs indices). On a, comme tout à l'heure que $g_1, \dots, g_n$ sont des générateurs de $\pi_1(\mathcal{F}, e_0)$.

3) On a la suite exacte d'homotopie des espaces fibrés (cf. p.e. [7]) :

$$\pi_2(\mathcal{B}, e_0) \longrightarrow \pi_1(\mathcal{F}, e_0) \longrightarrow \pi_1(\mathcal{P}, e_0) \longrightarrow \pi_1(\mathcal{B}, e_0) \longrightarrow 1$$

Or $\mathcal{B}$ a le type d'homotopie d'un bouquet de cercles qui est un graphe.
Donc $\pi_2(\mathcal{B}, e_0) = 1$ (cf. [15]) .
On a alors la petite suite exacte :

$$1 \longrightarrow \pi_1(\mathcal{F}, e_0) \xrightarrow{i_*} \pi_1(\mathcal{P}, e_0) \xrightarrow{\pi_*} \pi_1(\mathcal{B}, e_0) \longrightarrow 1$$

où i_* est induit par l'injection canonique de $\mathcal{F}$ dans $\mathcal{P}$ et π_* induit par π .

(2.3.1) i_* est une injection et nous identifierons $\pi_1(\mathcal{F}, e_0)$ et $i_*(\pi_1(\mathcal{F}, e_0))$. En particulier nous identifions les classes d'homotopie dans $\mathcal{F}$ et dans $\mathcal{P}$ des lacets considérés dans (2.2.2) ; nous les noterons toutes deux g_i $(1 \leq i \leq n)$.
Soit $\tilde{h}_i$ la classe d'homotopie dans $\mathcal{P}$ du lacet contenu dans Fr $\mathcal{H}_i$ considéré dans (2.1.3) . Nous avons, pour $1 \leq i \leq m$ $\pi_*(\tilde{h}_i) = h_i$.

$\pi_1(\mathcal{B},e_o)$ étant libre, il existe un homomorphisme unique s de $\pi_1(\mathcal{B},e_o)$ dans $\pi_1(\mathcal{P},e_o)$ tel que $s(h_i) = \tilde{h}_i$ pour tout i. On a $\pi_* \circ s = 1_{\pi_1(\mathcal{B},e_o)}$ et s est injectif. Nous identifierons désormais $\pi_1(\mathcal{B},e_o)$ et $s(\pi_1(\mathcal{B},e_o))$, c'est-à-dire, en particulier les classes d'homotopie dans $\mathcal{B}$ et dans $\mathcal{P}$ d'un lacet contenu dans $\mathcal{B} \cap \mathcal{P}$. Nous écrirons h_i pour $\tilde{h}_i$.

(2.3.2) $\pi_1(\mathcal{F},e_o)$ est un sous groupe distingué de $\pi_1(\mathcal{P},e_o)$, mais pas $\pi_1(\mathcal{B},e_o)$. La suite exacte donne alors que $\pi_1(\mathcal{P},e_o)$ est un produit semi direct de $\pi_1(\mathcal{F},e_o)$ et $\pi_1(\mathcal{B},e_o)$. (cf. [13], III, 4).
Contrairement au cas du produit direct, les facteurs d'un produit semi direct ne déterminent pas ce produit. Il faut en plus se donner une opération de $\pi_1(\mathcal{B},e_o)$ sur $\pi_1(\mathcal{F},e_o)$.
Plus précisément $\pi_1(\mathcal{P},e_o)$ est un groupe, avec $h_1,\dots,h_m$, $g_1,\dots,g_n$ comme générateurs et :

$$g_i\,h_j = h_j(g_i.h_j) \qquad \text{pour } 1 \leq i \leq n\ ,\ 1 \leq j \leq m$$

comme relations.

L'action de h_j sur g_i est telle que dans $\pi_1(\mathcal{P},e_o)$ on aura $g_i.h_j = h_j^{-1}g_i\,h_j$, qui est un élément de $\pi_1(\mathcal{F},e_o)$ puisque celui-ci est un sous groupe distingué. Cet élément s'écrit donc comme un mot $\varphi_{ij}(g_1,\dots,g_n)$ en $g_1,\dots,g_n$.
Mais il faut évidemment définir cette opération à droite de $\pi_1(\mathcal{B},e_o)$ sur $\pi_1(\mathcal{F},e_o)$ sans référence à $\pi_1(\mathcal{P},e_o)$.

(2.3.3) Pour ce faire, il suffit de montrer comment on peut obtenir à partir de γ_i et η_j, un lacet contenu dans $\mathcal{F}$ et homotope dans $\mathcal{P}$ à $\eta_j^{-1}\gamma_i\,\eta_j$.
Ici γ_i (resp. η_j) est un lacet contenu dans $\mathcal{F}$ (resp. $\mathcal{B} \cap \mathcal{P}$) de la classe d'homotopie g_i (resp. h_j).
Soit $\dot{I}^2$ le bord du carré unité moins le côté supérieur (c.à.d $[0,1] \times \{0\} \cup \{0,1\} \times [0,1]$) et soit

$J : \dot{I}^2 \longrightarrow \mathcal{P}$ l'application définie par

$$J(x,0) = \gamma_i(x)$$
$$J(0,y) = J(1,y) = \eta_j(y)$$

$\pi \circ J$ se prolonge facilement en $\widetilde{\pi \circ J}$ défini par $\widetilde{\pi \circ J}(x,y) = \eta_j(y)$ pour $(x,y) \in [0,1]^2$. D'après la propriété de relèvement des homotopies dans les fibrés ([7] V.1.1) , J se prolonge en une application continue $\tilde{J} : [0,1]^2 \longrightarrow \mathcal{P}$ telle que $\pi \circ \tilde{J} = \widetilde{\pi \circ J}$.
Si nous posons $(\gamma_i . \eta_j)(x) = \tilde{J}(x,1)$, pour $x \in [0,1]$, $\gamma_i . \eta_j$ est un lacet de base e_o , contenu dans $\mathcal{F}$ et homotope dans $\mathcal{P}$ à $\eta_j^{-1} \gamma_i \eta_j$.
(cf. fig.4)

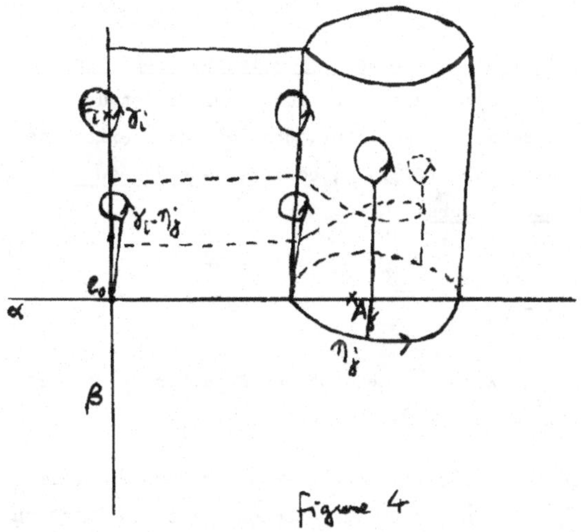

figure 4

(2.3.4) $\gamma_i . \eta_j$ est un représentant de $g_i . h_j$. Il est obtenu à partir du représentant γ_i de g_i par une déformation continue de celui-ci, déformation où il reste constamment contenu dans une droite issue de A et où son point base parcourt le représentant η_j de h_j .
On obtient donc le résultat :

(2.4) <u>Lemme</u> : $\pi_1(\mathcal{P}, e_o)$ est un groupe présenté par :

- les m+n générateurs $g_1, \ldots, g_n, h_1, \ldots, h_m$ où $g_1, \ldots, g_n$ sont les générateurs de $\pi_1(\mathcal{F}, e_o)$ définis dans (2.2) et $h_1, \ldots, h_m$ les générateurs de $\pi_1(\mathcal{B}, e_o)$ définis dans (2.1)
- les mn relations $h_j^{-1}\, g_i\, h_j = \varphi_{ij}(g_1, \ldots, g_n)$ pour $1 \leq i \leq n$, $1 \leq j \leq m$, où $\varphi_{ij}(g_1, \ldots, g_n)$ est le mot en $g_1, \ldots, g_n$ de $\pi_1(\mathcal{F}, e_o)$ égal à $g_i \cdot h_j$; $g_i \cdot h_j$ est défini par (2.3.4) .

(2.5) <u>Remarque</u> : <u>Que ces relations soient toutes les relations obtenues</u> résulte de ce que, ici, $\pi_1(\mathcal{P}, e_o)$ est un produit semi-direct de $\pi_1(\mathcal{F}, e_o)$ et $\pi_1(\mathcal{B}, e_o)$, ce qui, à son tour, provient de l'existence de la section homomorphique s du (2.3.1) , construite <u>grâce au fait que</u> $\pi_1(\mathcal{B}, e_o)$ <u>est un groupe libre</u>.

3. <u>Détermination du</u> π_1 <u>de</u> $\mathcal{P}_1 = \mathbb{P}^2(\mathbb{C}) - (C \cup \delta_o)$

Nous posons $\mathcal{P}_1 = \mathbb{P}^2(\mathbb{C}) - (C \cup \delta_o)$. $\mathcal{P}_1$ est obtenu à partir de $\mathcal{P}$ par l'introduction de $(\delta_1 \cup \ldots \cup \delta_m) \cap \mathcal{P}_1$.

(3.1) L'introduction de ces droites n'ajoute aucun générateur supplémentaire. En effet $(\delta_1 \cup \ldots \cup \delta_m) \cap \mathcal{P}_1$ est une sous variété fermée pure et de codimension 2 de $\mathcal{P}_1$. Donc ([5] x.2.3) , l'injection canonique $j : \mathcal{P} \longrightarrow \mathcal{P}_1$ induit un homomorphisme

$$j_* : \pi_1(\mathcal{P}, e_o) \longrightarrow \pi_1(\mathcal{P}_1, e_o) \text{ qui est surjectif.}$$

$\pi_1(\mathcal{P}_1, e_o)$ est donc isomorphe à $\pi_1(\mathcal{P}, e_o)/j_*^{-1}(1)$, donc est obtenu par la seule introduction de nouvelles relations.

(3.2) On obtient, étant donné le choix des h_i effectué dans (2.1) , les nouvelles relations évidentes :

$$h_i = 1 \qquad \text{pour } 1 \leq i \leq m$$

Nous allons montrer que ce sont <u>les seules</u>.

Pour cela, il suffit de montrer que tout lacet λ de base e_o, contenu dans $\mathcal{P}$ et homotope dans $\mathcal{P}_1$ au lacet constant en e_o, est homotope dans $\mathcal{P}$ à un certain lacet dont la trivialité (dans $\mathcal{P}_1$) sera clairement conséquence des relations $h_i = 1$. La relation exprimant que λ est homotope à un point sera alors conséquence des relations $h_i = 1$.

Soit donc H une homotopie dans $\mathcal{P}_1$ de λ vers le lacet constant en e_o. Nous dirons que H est <u>en position générale</u> si l'image réciproque de $\delta_1 \cup \dots \cup \delta_m$ par H est composée d'un nombre fini de points intérieurs à $[0,1]^2$. Il est possible de démontrer que s'il existe une homotopie dans $\mathcal{P}_1$ de λ vers le lacet constant en e_o, alors il en existe une en position générale. Cette démonstration est lourde bien que son idée générale soit simple. Elle consiste à approximer H par une fonction différentiable H_1. D'après le théorème de Sard, les valeurs critiques de $\pi' \circ H_1$ forment un ensemble de mesure nulle dans α (π' étant la projection conique sur α de centre A).
Il suffit alors de déplacer légèrement H_1 au dessus de voisinages des A_i, pour $1 \leq i \leq m$, pour obtenir une homotopie H_2 telle que les A_i ne soient pas valeur critique de $\pi' \circ H_2$. H_2 est alors en position générale.

Nous supposons maintenant que H est en position générale. Nous allons procéder à un "découpage" de H pour montrer le résultat annoncé dans (3.2).
Soient $k_1, \dots, k_p$ les points de $[0,1]^2$ tels que $H(k_i) \in \delta_1 \cup \dots \cup \delta_m$
Nous allons extraire p disques ouverts $D_1, \dots, D_p$ respectivement centrés en $k_1, \dots, k_p$ et d'adhérences mutuellement disjointes.

Nous montrerons dans (3.5) qu'on peut choisir les D_i suffisamment petits pour qu'ils vérifient la propriété suivante :

(3.4.1) Soit ξ_i un lacet contenu dans Fr D_i, d'origine c_i, et supposons que $H(k_i) \in \delta_j$. Alors $H \circ \xi_i$ est homotope comme application (sans point fixe) dans $\mathcal{P}$ à un lacet contenu dans un cercle S_i de centre A_j et inclus dans $\mathcal{H}_j$ (cf.2.1.3).

Dans ce paragraphe nous montrons que de (3.4.1) on peut déduire le résultat annoncé dans (3.2) .

(3.4.2) Soit ξ_i satisfaisant aux hypothèses de (3.4.1) . Alors $H \circ \xi_i$ est homotope dans $\mathcal{S}$ à un lacet de base $H(c_i)$ de la forme $\kappa'_1 \mu'_i \kappa'^{-1}_1$ où μ'_i est un lacet contenu dans le cercle $S_i \subset \mathcal{K}_j$.
Si κ'_2 est un chemin contenu dans $\overline{\mathcal{K}}_j - \{A_j\}$, d'origine e_o et de même extrêmité que μ'_i , $\kappa'_2 \mu'_i \kappa'^{-1}_2$ est homotope dans $\overline{\mathcal{K}}_j - \{A_j\}$, donc dans $\mathcal{S}$, à un lacet μ_i contenu dans $\mathrm{Fr}\,\mathcal{K}_j$ (cf. fig.5).

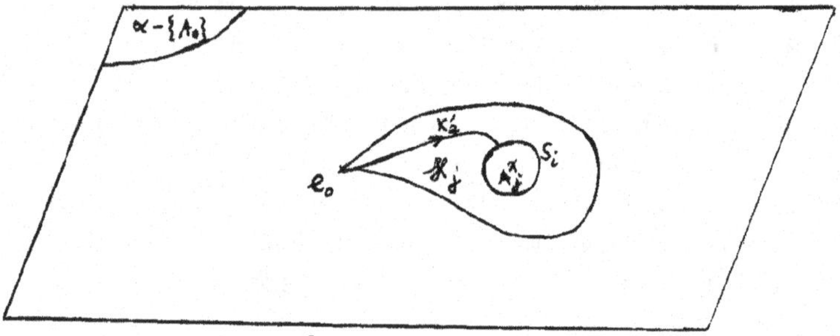

figure 5

Posons $\kappa_i = \kappa'_1 \kappa'^{-1}_2$. Alors
$H \circ \xi_i$ est homotope dans $\mathcal{S}$ à un lacet de base $H(c_i)$ de la forme $\kappa_i \mu_i \kappa_i^{-1}$, la trivialité de μ_i dans $\mathcal{S}_1$ étant conséquence de la relation $h_j = 1$.

(3.4.3) On voit, en réalisant un homéomorphisme du disque à p trous $\mathcal{D} = [0,1]^2 - (D_1 \cup \ldots \cup D_p)$ sur une figure convenable, qu'on peut trouver p lacets $\zeta_1, \ldots, \zeta_p$ dont les classes d'homotopie engendrent $\pi_1(\mathcal{D}, 0)$ et qui sont de la forme $\mathfrak{Z}_i = \rho_i \, \xi_i \, \rho_i^{-1}$ où ξ_i est un lacet contenu dans $\mathrm{Fr}\, D_i$ et ρ_i un chemin de $\mathcal{D}$ d'origine 0 et d'extrêmité située sur $\mathrm{Fr}\, D_i$ (cf. fig. 6) .

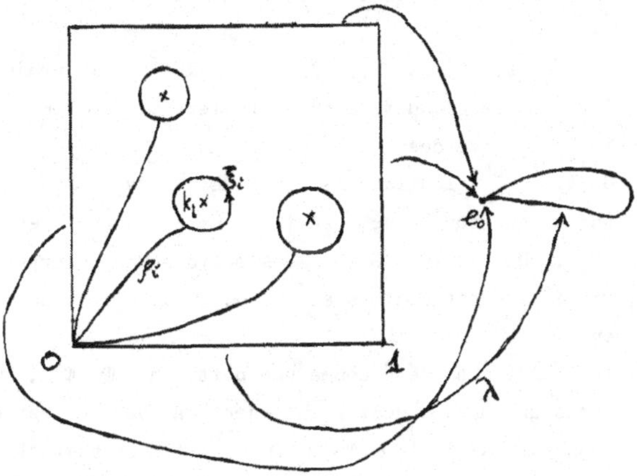

figure 6.

En paramétrant le bord de $[0,1]^2$ par l'abscisse curviligne comptée dans le sens direct, on obtient un lacet de base 0 , homotope à un composée des $\mathfrak{Z}_i$ et de leurs inverses. Posons $\sigma_i = (H \circ \rho_i)_{K_i}$ (cf. (3.4.2)). λ est donc homotope dans $\mathcal{P}$ à un composé des $\nu_i = \sigma_i \mu_i \sigma_i^{-1}$ et de leurs inverses. La trivialité des ν_i dans $\mathcal{P}_1$ est conséquence de celle des μ_i . La trivialité de λ dans $\mathcal{P}_1$ est donc conséquence des relations $h_j = 1$. On obtient bien le résultat annoncé dans (3.2) .

Il reste maintenant à montrer qu'on peut bien choisir les D_i de manière à satisfaire (3.4.1) . H étant continue, il suffit, pour cela, de prouver le lemme suivant qui est la clef de toute la démonstration :

(3.5) Lemme : Soit M un point de δ_{i_0} , $1 \leq i_0 \leq m$, non situé sur C . Alors il existe un voisinage V de M dans $\mathfrak{I}_1$ tel que tout lacet λ contenu dans $V - \delta_{i_0}$ soit homotope comme application (sans point fixe) dans $\mathfrak{I}$ un lacet μ contenu dans un cercle S de centre A_{i_0} et intérieur à $\mathcal{K}_{i_0}$

Preuve : Nous assimilons $\mathbb{P}^2(\mathbb{C}) - \delta_0$ à $\mathbb{C}^2$, la projection conique π' $\alpha - \{A_0\}$ de centre A devenant la première projection de $\mathbb{C}^2$; $\delta_{i_0} - \{A\}$ sera assimilé à l'axe des v .

Soient $G_1, \dots, G_k$ les intersections de C avec δ_{i_0} .

Soit U un disque ouvert de $\alpha - \{A_0\}$ centré en A_{i_0} et contenu dans $\mathcal{K}_{i_0}$

Soit $U \times U_0$, $U \times U_1, \dots, U \times U_k$ des polydisques ouverts mutuellement disjoints, respectivement centrés en $M, G_1, \dots, G_k$ et ne contenant pas A_{i_0}

Nous posons $\mathcal{U} = U_1 \cup \dots \cup U_k$.

Si à $\bar{U} \times (\mathbb{C} - \mathcal{U})$, considéré comme une partie de $\mathbb{P}^2(\mathbb{C})$, nous adjoingons A nous obtenons un compact dont l'intersection avec C est compacte. Mais C ne passe pas par A . $(\bar{U} \times (\mathbb{C} - \mathcal{U})) \cap C$ est donc compact. Sa projection pa est un compact ne contenant pas A_{i_0} . Il existe donc un disque fermé $\bar{V}_0$ est le disque ouvert correspondant V_0 de $\alpha - \{A_0\}$, centré en A_{i_0} , c tenu dans U et ne rencontrant pas cette projection. Alors on a :

$(\bar{V}_0 \times \mathbb{C}) \cap C = (\bar{V}_0 \times \mathcal{U}) \cap C$. $\bar{V}_0 \times (\mathbb{C} - \mathcal{U})$ ne contient pas de points de C

Nous prenons pour V l'ensemble $\bar{V}_0 \times U_0$ voisinage de M dans $\mathfrak{I}_1$. S se Fr V_0 .

$S \times \{M\}$ est rétracte par déformation de $V - \delta_{i_0}$. Donc tout lacet λ de $V - \delta_{i_0}$ est homotope comme application dans $\mathfrak{I}^0$ à un lacet μ' contenu dans $S \times \{M\}$. Il reste à drescendre μ' sur α . Mais $\mathbb{C} - \mathcal{U}$ est connex par arcs et contient M et A_{i_0} . Soit k un chemin d'origine M et d'extrêmité A_{i_0}

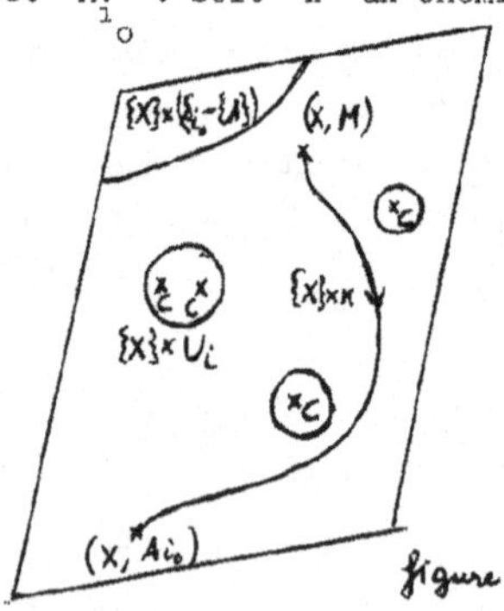

figure 7

Alors $J : [0,1]^2 \longrightarrow \mathcal{S}$ définie par

$$J(x,y) = (pr_1(\mu'(x)),k(y))$$

est une homotopie comme application de μ' vers un lacet μ contenu dans S .

Nous noterons, par abus de langage, $g_1 ,\dots, g_n$ au lieu de $j_*(g_1) ,\dots, j_*(g_n)$ (cf. (3.1)). Nous avons donc obtenu le

Lemme : $\pi_1(\mathcal{S},e_o)$ est un groupe présenté par les n générateurs $g_1 ,\dots, g_n$ et les mn relations $g_i = \varphi_{ij}(g_1 ,\dots, g_n)$ pour $1 \leq i \leq n$, $1 \leq j \leq m$.
φ_{ij} est défini dans (2.4) .

Détermination du π_1 de $\mathbb{P}^2(\mathbb{C})-C$

On procède comme dans (3.1) pour voir que l'introduction de δ_o dans $\mathcal{S}_1$ n'ajoute aucun générateur.
Le choix de "bons" générateurs pour $\pi_1(\mathcal{S},e_o)$ dans (2.2) fait qu'on obtient de manière évidente la nouvelle relation $g_1 \dots g_n = 1$.
Pour voir que c'est la seule, on considère une homotopie H dans $\mathbb{P}^2(\mathbb{C})-C$ d'un lacet λ de $\mathcal{S}_1$ vers le lacet constant en e_o .

Pour mettre H en position générale par rapport à δ_o , il suffit de procéder comme en (3.3) en se servant d'une projection conique sur β (cf. (1.2)) , à partir d'un centre situé sur δ_o mais pas sur $H([0,1])^2$, ni C , ni évidemment β . Qu'un tel point existe provient de ce que $H([0,1]^2) \cap \delta_o$ est compact mais pas $\delta_o - (C \cup \beta)$.
H étant maintenant en position générale, on voit, comme dans (3.4) et (3.5) , qu'on peut procéder à un "découpage" de H montrant que λ est homotope dans $\mathcal{S}_1$ à un lacet dont la trivialité dans $\mathbb{P}^2(\mathbb{C}) - C$ est conséquence de la relation $g_1 \dots g_n = 1$. Notant toujours $g_1 ,\dots, g_n$ pour les classes d'homotopie, dans $\mathbb{P}^2(\mathbb{C}) - C$ cette fois-ci, des lacets considérés dans (2.2) , nous avons le

Théorème (4.1) (Van Kampen) : $\pi_1(\mathbb{P}^2(\mathbb{C}) - C,e_o)$ est un groupe présenté par les n générateurs $g_1 ,\dots, g_n$ et les $mn+1$ relations $g_1 \dots g_n = 1$ et $g_i = \varphi_{ij}(g_1 ,\dots, g_n)$ pour $1 \leq i \leq n$, $1 \leq j \leq m$.

5. Scholie : Le théorème de Van Kampen

Nous **rassemblons** schématiquement les résultats des quatre premières sections.

Soit C une courbe algébrique réduite de degré n dans le plan projectif complexe $\mathbb{P}^2(\mathbb{C})$. Soit e_o un point quelconque de $\mathbb{P}^2(\mathbb{C}) - C$. Pour obtenir une présentation de $\pi_1(\mathbb{P}^2(\mathbb{C}) - C, e_o)$, on procède comme suit :

a/ On prend une droite β issue de e_o qui coupe C en n points (il en existe) et on choisit un point à l'infini A sur β , A étant distinct de et non situé sur C . (cf. fig. 1) . On prend n lacets simples $\gamma_1, \ldots, \gamma_n$ dans $\mathfrak{F} = (\beta - \{A\}) - C$ qui entourent respectivement et exclusivement chacune des intersections de β et C , et tels que $\gamma_1 \ldots \gamma_n$ soit homotope dans $\mathfrak{F}$ à un lacet simple entourant A .
Les classes d'homotopie $g_1, \ldots, g_n$ de $\gamma_1, \ldots, \gamma_n$ dans $\mathbb{P}^2(\mathbb{C}) - C$ sont des générateurs de $\pi_1(\mathbb{P}^2(\mathbb{C}) - C, e_o)$.

b/ Pour obtenir les relations, on prend des droites $\delta_o, \delta_1, \ldots, \delta_m$ issues de A parmi lesquelles celles, en nombre fini, qui ne coupent pas C en n points distincts; ces dernières sont les droites issues de A tangentes à C ou passant par un point singulier de C . On prend une droite α isssue de e_o , distincte de β et dont les intersections $A_1, \ldots, A_m$ avec $\delta_1, \ldots, \delta_m$ ne soient pas situées sur C (il en existe). On prend $A_o = \alpha \cap \delta_o$ comme point à l'infini sur α .

On prend m lacets simples $\eta_1, \ldots, \eta_m$ dans $(\alpha - \{A_o\}) - C$ qui entourent respectivement et exclusivement $A_1, \ldots, A_m$ et qui n'entourent aucun des points de $C \cap \alpha$.
Une déformation continue de γ_i , déformation où γ_i reste constamment contenu dans une droite issue de A et où son point base parcourt η_j , transforme γ_i en un lacet $\gamma_i \cdot \eta_j$ de $\mathfrak{F}$. La classe d'homotopie dans $\mathfrak{F}$ de $\gamma_i \cdot \eta_j$ s'écrit comme un mot φ_{ij} en les classes d'homotopie dans $\mathfrak{F}$ de $\gamma_1, \ldots, \gamma_n$.

Les relations entre les g_i sont alors $g_1 \dots g_n = 1$ et $g_i = \varphi_{ij}(g_1, \dots, g_n)$ pour $1 \leq i \leq n$ et $1 \leq j \leq m$

c/ $\pi_1(\mathbb{P}^2(\mathbb{C}) - C)$ est présenté par les n générateurs $g_1, \dots, g_n$ et les $mn + 1$ relations $g_1 \dots g_n = 1$ et $g_i = \varphi_{ij}(g_1, \dots, g_n)$ pour $1 \leq i \leq n$, $1 \leq j \leq m$.

lications et questions : ouvertes

(6.1) Le théorème de Van Kampen permet en fait le calcul du groupe fondamental du complémentaire d'une hypersurface projective. En effet on a le théorème de Zariski suivant (cf. [20] et [9])

Théorème (6.1.1) (Zariski) Soit H une hypersurface projective de $\mathbb{P}^n(\mathbb{C})$. Si $n > 2$, le groupe fondamental de $\mathbb{P}^n(\mathbb{C}) - H$ coïncide avec le groupe de Poincaré de $P - H \cap P$ où P est un plan générique de $\mathbb{P}^n(\mathbb{C})$. Générique signifie ici pris dans l'image d'un ouvert de Zariski de la grassmanienne des 3 - plans de $\mathbb{C}^{n+1}$ par la bijection déduite de la surjection canonique de $\mathbb{C}^{n+1} - \{0\}$ sur $\mathbb{P}^n(\mathbb{C})$.

(6.2) On a un résultat analogue à (3.6) pour un calcul local au voisinage d'un point singulier (que nous supposerons situé à l'origine) d'une courbe algébrique C de $\mathbb{C}^2$ c'est à dire pour le calcul de $\pi_1(B_\varepsilon \cap (\mathbb{C}^2 - C))$ pour $\varepsilon > 0$ asssez petit, B_ε étant la boule fermée de centre 0 et de rayon ε .
Ici n sera la multiplicité de 0 et il y aura une monodromie seulement. L'avantage dans ce cas est qu'on sait déterminer explicitement cette relation.
Exemples : - dans le cas d'un point double ordinaire (croisement normal) on a deux générateurs g_1 et g_2 et la relation $g_1 g_2 = g_2 g_1$

- dans le cas d'un cusp ordinaire, on a deux générateurs g_1 et g_2 et la relation $g_1 g_2 g_1 = g_2 g_1 g_2$.

Ces résultats sont liés à la tresse d'une singularité.

(6.3) Dans le cas global par contre, il se produit des tressages accompagnant l'approche des droites mauvaises, dont il est difficile de déterminer la nature.

On ne sait même pas démontrer, par exemple, que le π_1 du complémentaire d'un courbe algébrique irréductible ne possédant que des croisements normaux est abé Ce qu'il faudrait donc étudier c'est la nature de l'homomorphisme (cf. (1.2) pour les notations) :

$$\pi_1(\mathfrak{B}, e_0) \longrightarrow B(n)$$

où $B(n)$ est le groupe des tresses à n brins, l'homomorphisme étant déduit de l'application de $\mathfrak{B}$ dans l'ensemble C_n des polynômes unitaires à racines distincte de degré n construite comme suit : à chaque point de $\mathfrak{B}$ on fait correspondr l'ensemble des ordonnées (dans $\mathbb{P}^2(\mathbb{C}) - \delta_\infty$ identifié à $\mathbb{C}^2$ comme en (3.5)) des points de C qui sont au-dessus ; à cet ensemble correspond un polynôme unitaire de degré n à racines distinctes et un seul.

(6.4) Un troisième type de problèmes apparait dans l'étude locale au voisina d'une singularité, toujours supposée à l'origine, d'une hypersurface complexe $H \subset \mathbb{C}^n$. On peut ici aussi se ramener à un plan par un théorème du type Lefsc démontré par Hamm et Lê (cf. [9]). Ce théorème est d'ailleurs valable dan le cas plus général d'une hypersurface analytique.

Théorème (6.4.1) Il existe un ouvert partout dense K dans la grassmanie des hyperplans de $\mathbb{C}^n$ tel que si $P \in K$ et $u: \mathbb{C}^n \longrightarrow \mathbb{C}$ définit P, on ait un $\varepsilon_1 > 0$ assez petit pour lequel l'homomorphisme

$$\pi_1((B_\varepsilon - H) \cap P_\eta, y) \longrightarrow \pi_1(B_\varepsilon - H, y)$$

défini par l'inclusion $(B_\varepsilon - H) \cap P_\eta \subset B_\varepsilon - H$ avec $y \in (B_\varepsilon - H) \cap P_\eta$, P_η défini par $u = \eta$, $0 < \varepsilon \leq \varepsilon_1$ et $0 < |\eta| \leq \eta(\varepsilon)$ est bijectif.

Malheureusement, le problème local pour H se transforme en un problème ni local ni global pour $P \cap H$ et il faudrait avoir un résultat du type de Van Kampen dans ce cas.

C'est précisément ce dernier cas qui intervient dans l'étude de la topologie d'un germe (H,O) d'hypersurface analytique ayant en O une singularité isolée. On espère obtenir des renseignements sur la topologie de H en déterminant au voisinage de O le π_1 du complémentaire du discriminant d'une déformation semi-universelle de (H,O) (cf. [9] 1. Remarque D). Δ étant une hypersurface analytique, on est dans la situation du (6.4)

Dans ce cas la situation est malgré tout plus simple car E. Brieskorn a montré que la courbe obtenue dans un voisinage de O assez petit par l'intersection de Δ avec un 2-plan générique convenable est une courbe analytique dont les seules singularités sont des cusps et des points doubles ordinaires. La détermination du π_1 du complémentaire de Δ au voisinage de l'origine serait d'autant plus intéressante que l'on conjecture que l'on a affaire à un $K(\pi,1)$ (cf. (6.6)). Cette conjecture a déjà été démontrée par E. Brieskorn et P. Deligne (cf. [2] et [3]) dans plusieurs cas particuliers.

Lorsque le complémentaire d'une hypersurface analytique ayant une singularité en O est localement un $K(\pi,1)$ la connaissance de son π_1 local a encore une autre application : en effet le calcul de la cohomologie locale se ramène à celle de la cohomologie du π_1 local (cf. [1]).
Dans le cas d'une courbe plane C on a bien un $K(\pi,1)$ local.
En effet supposons que C ait une singularité (forcément isolée) à l'origine. C est défini par une application analytique h au voisinage de O . Alors si on note S_ε le bord de B_ε , pour $\varepsilon > 0$ assez petit, $\varphi_\varepsilon : S_\varepsilon - C \longrightarrow S^1$ définie par $\varphi_\varepsilon(z) = \frac{h(z)}{|h(z)|}$ est une fibration localement triviale dont la fibre est difféomorphe à la variété à bord $C_b \cap B_\varepsilon$ pour $|b|>0$ assez petit (C_b défini par $h = b$) (cf. [12]) . $C_b \cap B_\varepsilon$ étant une variété à bord connexe et compacte de dimension 2 , a le type d'homotopie d'un bouquet de cercles et est donc un $K(\pi,1)$. La suite exacte d'homotopie

des fibrés donne alors que $S_\varepsilon - C$ est un $K(\pi, 1)$. Or, toujours d'après [12] , on a un difféomorphisme de la paire $(B_\varepsilon , B_\varepsilon \cap C)$ sur $(B_\varepsilon , C_0(S_\varepsilon \cap C))$ où $C_0(S_\varepsilon \cap C)$ est le cône réel de sommet 0 et de base $S_\varepsilon \cap C$. On en déduit que $S_\varepsilon - C$ a le même type d'homotopie que $B_\varepsilon - C$ qui est donc un $K(\pi, 1)$.

Le même raisonnement s'applique au cas d'une singularité isolée d'une hypersurface analytique H dans $\mathbb{C}^{n+1}$, mais aboutit à montrer que le π_n local de H n'est pas trivial, la fibre de la fibration précédente ayant cette fois le type d'homotopie d'un bouquet de μ sphères de dimension n (cf. [8]) .

On peut d'ailleurs conjecturer que le complémentaire d'une hypersurface analytique H ne peut être un $K(\pi, 1)$ local que si le lieu singulier de H est de codimension complexe 1 dans H .

BIBLIOGRAPHIE

ARNOL'D V. Sur les tresses des fonctions algébriques et les cohomologies des queues d'aronde. Ouspekhi math. naouk, t. XXIII, 4, 142 (1968) .

BRIESKORN E. Sur les groupes de tresses. Séminaire Bourbaki. 24ème année, exposé n°401 (nov. 1971) .

DELIGNE P. Immeubles des groupes de tresses généralisés. A paraître.

ENRIQUES F. Sulla construzione delle funzioni algebriche di due variabili possedenti una data curva di diramazione. Ann. Mat. pura appl. série IV , vol. 1 (1923) .

GODBILLON C. Topologie algébrique. Hermann 1971.

HIGMAN G. A finitely generated infinite simple group. J. London Math. Soc. 26(1951) .

HILTON P.J. An introduction to homotopy theory. Cambridge University Press 1953, 1966.

LÊ Dũng Tráng Singularités isolées des intersections complètes. Séminaire Shih Weishu sur les singularités des variétés algébriques 1969-1970 I.H.E.S.

LÊ Dũng Tráng. Un théorème du type de Lefschetz. Séminaire Norguet, Université de Paris VII 1971.

LÊ Dũng Tráng Thèse de doctorat. Université de Paris VII 1971.

MATHER J. Notes on topological stability. Harvard University 1970.

MILNOR J. Singular points of complex hypersurfaces. Ann. Math. Stud 61, Princeton.

SCHENKMANN E.Group theory. Van Nostrand 1965.

SEIDENBERG A. Elements of the theory of algebraic curves. Addison-Wesley 1968.

SPANIER E. Introduction to algebraic topology. Mc Graw Hill.

THOM R. Ensembles et morphismes stratifiés. Bull. Amer. Math. Soc. 75, n°2 (1969) .

VAN KAMPEN E. On the fundamental group of an algebraic curve. Amer. J. Math. Vol. 55 (1933) .

ZARISKI O. On the problem of existence of algebraic functions of two variables possessing a given branch curve. Amer. J. Math. Vol 51 (1929) .

ZARISKI O. Algebraic surfaces. Springer Verlag 1935, 1971.

ZARISKI O. On the Poincaré group of a projective hypersurface. Ann. Math. 38, n°1 (1937) .

MESURE DE L'IRREGULARITE EN UN POINT SINGULIER D'UN SYSTEME DIFFERENTIEL

par

Raymond GERARD

Cet exposé résume une partie d'un article fait en collaboration avec A.H.M. LEVELT, et qui est à paraître aux Annales de l'Institut FOURIER et en prépublications dans les volumes de la R.C.P. 25.

§0. Introduction

Si $a_o, a_1, \ldots, a_{n-1}$ sont des fonctions méromorphes au voisinage de l'origine du plan complexe $\mathbb{C}$, il est bien connu que l'équation différentielle

$$\frac{d^n y}{dx^n} + a_{n-1}(x) \frac{d^{n-1}y}{dx^{n-1}} + \ldots + a_o(x)\, y = o$$

a un singularité régulière à l'origine si et seulement si, pour tout i, a_i a un pôle d'ordre inférieur ou égal à n-i. Un critère aussi simple n'est pas connu pour les systèmes différentiels

$$(1) \qquad \frac{dy}{dx} = A(x)\, y$$

où A(x) est une matrice carrée d'ordre n de fonctions méromorphes au voisinage de l'origine et y un vecteur colonne à n éléments. Un système (1) peut se mettre sous la forme

$$S(p) = x^p \frac{dy}{dx} = B(x)\, y \quad , \quad p \geq 1$$

où cette fois B (x) est une matrice holomorphe au voisinage de l'origine. L'origine est un point singulier régulier pour un système S(p), si tout solution est à croissance modérée au voisinage de l'origine. Ceci est le cas lorsque p = 1 mais peut également l'être pour $p \neq 1$.

Par une transformation de la forme (2) $y = T(x)\, w$, où T (x) est à déterminant non nul, le système (1) devient :

$$(1') \qquad \frac{dw}{dx} = \left(T^{-1} AT - T^{-1} \frac{dT}{dx}\right) w.$$

Si l'origine est un point singulier régulier pour (1) il existe une transformation (2) qui transforme (1) en un système S(1).

Il est parfois utile de reconnaître si un système (1) est régulier à l'origine sans avoir à utiliser la condition de croissance qu'il est difficile d'appliquer dans la pratique. Plusieurs critères ont été donnés.

Critère de J. MOSER [1] Au système (1) MOSER associe le nombre rationnel

$$m(A) = p - 1 + \frac{r}{n} \geq 0$$

où $A = \frac{B(x)}{x^p}$ et $r = \text{rang } B(0)$

et considère le nombre

$$\mu = \inf_T m\left(T^{-1} A T - T^{-1} \frac{dT}{dx}\right).$$

Alors l'origine est un point singulier si et seulement si $\mu \leq 1$.

Critère de N. KATZ ([2] p. 45 et 50).

On utilise le langage des connexions linéaires. N. KATZ associe à tou système (1) un nombre rationnel r et l'origine est un point singulier régulier si et seulement si r = o.

Critère de W.B. JURKAT et D.A. LUTZ [3]

Au système (1) on associe la suite de matrices

$$_1 = A \quad A_{k+1} = \frac{d}{dx} A_k + A_k A \quad (k = 1,2\ldots)$$

Si q_k désigne l'ordre polaire de l'origine pour la matrice A_k alors l'origine est un point singulier si et seulement si

$$q_k \leq k + (n-1)(p-1)$$

pour tout $k = n, n+1, \ldots, (n-1)(2n(q-1)-1)$.

Enfin récemment :

Critère de B. MALGRANGE [4]

On remarque que tout système (1)peut se mettre sous la forme d'un système provenant d'une équation différentielle de la forme

$$Dy = \sum_{p=o}^{n} a_p \frac{d^p y}{dx^p} = o$$

On montre alors que les opérateurs :

$$D : \mathbb{C}[[x]] \longrightarrow \mathbb{C}[[x]]$$

et

$$D : \mathbb{C}\{x\} \longrightarrow \mathbb{C}\{x\}$$

sont des opérateurs à indices dont l'indice est noté $\chi(D, \mathbb{C}[[x]])$ (resp. $\chi(D, \mathbb{C}\{x\})$).
La condition $i(D) = \chi(D, \mathbb{C}[[x]]) - \chi(D, \mathbb{C}\{x\}) = 0$ caractérise la régularité du point singulier.

Dans la théorie des singularités des systèmes différentiels il semble donc naturel d'introduire des grandeurs mesurant le degré de complication de la singularité. Nous avons déjà quelques unes de ces grandeurs : μ (Moser), r (Katz), i (D)(Malgrange) ainsi que l'ordre de la singularité qui est par définition la valeur minimale de l'entier p lorsqu'on applique toutes les transformations T du type défini ci-dessus. Nous allons introduire d'autres invariants entiers qui mesurent l'irrégularité de la singularité. Le langage adopté est celui des connexions linéaires qui semble être le plus adapté pour traiter ces questions (cf. [2]). Pour un certain nombre de définitions de nature algébrique utilisées dans la suite on pourra consulter [2] et Bourbaki (Algèbre commutative chapitre 5, 6, 7).

§1. Notations et définitions

Les données utilisées sont :

$\mathcal{O}$	:	un anneau de valuation discrète
K	:	corps des fractions de $\mathcal{O}$
v	:	la valuation sur K
$\underline{m}$	:	l'idéal de la valuation
Ω	:	un $\mathcal{O}$ module libre de rang un
d	:	$\mathcal{O} \longrightarrow \Omega$ une dérivation
t	:	une uniformisante de la valuation v telle que dt engendre Ω (on suppose l'existence d'une telle uniformisante)
V	:	un espace vectoriel de dimension n sur K
$\check{\Omega}$	:	$\mathrm{Hom}_{\mathcal{O}}(\Omega, \mathcal{O})$
Ω_K	:	$K \otimes_{\mathcal{O}} \Omega$
$\check{\Omega}_K$	:	$K \otimes_{\mathcal{O}} \check{\Omega}$

Une connexion linéaire sur V est une application additive

$$\nabla : V \longrightarrow \Omega_K \otimes_K V$$

qui vérifie l'identité de Leibniz $\nabla fv = df \otimes v + f\nabla v$ pour tout $f \in K$ et $v \in V$. On notera pour tout $\tau \in \check{\Omega}_K$

$$\partial_\tau : \quad K \longrightarrow K, \quad f \longmapsto \langle df, \tau \rangle$$

$$\nabla_\tau : \quad V \longrightarrow V, \quad v \longmapsto \langle \nabla v, \tau \rangle .$$

On vérifie aisément que ∂_τ est une dérivation et que ∇_τ est additive et vérifie l'identité de Leibniz. Le choix d'une base (e) de V identifie V à K^n et ∇_τ à un opérateur différentiel $(\nabla_\tau)_{(e)} : K^n \longrightarrow K^n$, que l'on peutécrire sous la forme:

$$\begin{pmatrix} v^1 \\ v^2 \\ \vdots \\ v^m \end{pmatrix} \longmapsto (\nabla_\tau)_{(e)} \begin{pmatrix} v^1 \\ v^2 \\ \vdots \\ v^m \end{pmatrix} = (\partial_\tau + A) \begin{pmatrix} v^1 \\ v^2 \\ \vdots \\ v^m \end{pmatrix}$$

où $A \in M_{n \times n}(K)$ (matrices carrées d'ordre n à coefficients dans K). Cette matrice sera notée $\mathrm{Mat}(\nabla_\tau, (e))$.

<u>Définition 1</u> : <u>Pour tout</u> $\tau \in \check{\Omega}_K$, <u>La connexion linéaire</u> ∇ <u>est dite</u> τ <u>régulière s'il existe une base (e) de V telle que</u> :

$$\mathrm{Mat}(\nabla_\tau, (e)) \in M_{m \times m}(\mathcal{O})$$

La connexion ∇ est <u>dite de Fuchs</u> si elle est $t\frac{d}{dt}$ régulière.

§2. Les invariants

Un réseau de V est par définition un sous $\mathcal{O}$-module de type fini de V engendrant V comme K - espace vectoriel; c'est donc un sous-module libre de rang n.

Lemme 1 : Pour tout réseau Λ de V et tout $\tau \in \check{\Omega}_K$:

$$\mathcal{F}_\tau^m(\Lambda) = \Lambda + \nabla_\tau(\Lambda) + \nabla_\tau^2(\Lambda) + \dots + \nabla_\tau^m(\Lambda)$$

est également un réseau de V.

En effet la formule de Leibniz entraîne que $\mathcal{F}_\tau^m(\Lambda)$ est un sous-$\mathcal{O}$-module de V; on vérifie alors que $\mathcal{F}_\tau^m(\Lambda)$ est de type fini; comme il contient Λ, on a le résultat.

Lemme 2 : Pour tout entier m $\geq$ 0, le $\mathcal{O}$-module quotient

$$Q_\tau^m(\Lambda) = \frac{\mathcal{F}_\tau^{m+1}(\Lambda)}{\mathcal{F}_\tau^m(\Lambda)}$$

est de longueur finie. De plus ∇_τ induit un homomorphisme surjectif $^m\overline{\nabla}_\tau$ du $\mathcal{O}$-module $Q_\tau^m(\Lambda)$ sur le $\mathcal{O}$-module $Q_\tau^{m+1}(\Lambda)$.

Pour démontrer ce lemme on utilise une base du réseau Λ ainsi que la formule de Leibniz pour ∇_τ.

Corollaire 1 : Il existe un entier $m_o \geq o$ tel que pour $m \geq m_o$

$$^m\overline{\nabla}_\tau : Q_\tau^m(\Lambda) \longrightarrow Q_\tau^{m+1}(\Lambda).$$

soit un isomorphisme.

Désignons par $Q_\tau^\infty(\Lambda)$ la limite inductive du système $\{Q_\tau^m(\Lambda), {}^m\overline{\nabla}_\tau\}_m$ et notons $e_\tau(\Lambda)$ la longueur du $\mathcal{O}$-module $Q_\tau^\infty(\Lambda)$.

Théorème 1 : Si $\tau = t^r \frac{d}{dt}$ avec $r \geq 1$ alors $e_\tau(\Lambda)$ est indépendant du choix du réseau Λ de V.

Pour la démonstration de ce théorème on utilise la propriété suivante des réseaux. Si Λ et Λ' dont deux réseaux de V alors il existe deux entiers q et q' tels que

$$\Lambda' \subset t^{-q}\Lambda$$
$$\Lambda \subset t^{-q'}\Lambda'.$$

On montre alors :

a) $\rho_\tau(\Lambda') \leq \rho(t^{-q}\Lambda)$

donc aussi $\rho_\tau(\Lambda) \leq \rho(t^{-q'}\Lambda')$

B) $\rho_\tau(\Lambda) = \rho_\tau(t^{-q}\Lambda)$

donc aussi

$\rho_\tau(\Lambda') = \rho_\tau(t^{-q'}\Lambda')$;

les deux propriétés impliquent le théorème 1.

Dans toute la suite lorsque τ est de la forme $t^r \frac{d}{dt}$ avec $r \geq 1$, on remplacera l'indice τ par l'indice r.

Théorème 2 : Il existe un entier r tel que $\rho_r = 0$ et si

$$\ell = \operatorname{Inf}\{ r \in N^+ \mid \rho_r = 0 \}$$

on a

$$\rho_1 > \rho_2 > \ldots > \rho_{\ell-1} > 0$$

Définition 2 : On appelle ordre de la singularité de ∇ l'entier ℓ défini dans le théorème 2. Les entiers $\rho_1, \rho_2, \ldots \rho_{\ell-1}$ sont les invariants de ∇. L'entier ρ_1 est aussi appelé l'invariant de Fuchs de ∇.

§3 - La régularité

Théorème 3 : Une connexion linéaire ∇ sur V est r-régulière si et seulement si : $\rho_r = 0$.

Démonstration : Supposons ∇ r-régulière, il existe donc une base (1) de V telle que $\operatorname{Mat}(\nabla_x, (e)) \in M_{m \times m}(O)$

Ici Λ désigne le réseau de V engendré par (e), on a $\nabla_r(\Lambda) \subset \Lambda$ ce qui exprime que pour tout $m \geq 0$:

$$Q_r^m(\Lambda) = 0 \quad \text{donc} \quad \rho_r = 0.$$

Réciproquement si $\rho_r = 0$, il existe un réseau Λ de V et un entier $m_o \geq 0$ tel que :

$$Q_r^m (\Lambda) = 0 \text{ pour tout } m \geq m_o.$$

Si Λ' désigne le réseau $\mathcal{F}_r^{m_o}(\Lambda)$ on a $\nabla_r \subset \Lambda'$, donc si (e') est une base de Λ' :

Mat $(\nabla_r, (e')) \in \mathcal{M}_{m\times m}(\mathcal{O})$. Ce qui prouve la r-régularité de ∇.

On déduit immédiatement des résultats ci-dessus :

<u>Corollaire 2</u> : Pour tout entier $\ell > 0$ les conditions suivantes sont équivalentes :

α) ∇ est ℓ-régulière

β) ∇ a une singularité d'ordre inférieur ou égal à ℓ

γ) il existe une base (e) de V telle que :

$$\mathrm{Mat}(\nabla_\ell, (e)) \in \mathcal{M}_{m\times m}(\mathcal{O})$$

§4 - Calcul de ρ_r

Un vecteur v $\in$ V est dit <u>cyclique</u> pour ∇_r si le système de vecteurs :

$$(v, \nabla_r v, \nabla_r^2 v, \ldots, \nabla_r^{m-1} v)$$

est libre sur K.

Si K est de caractéristique zéro, il existe pour tout r et tout ∇ un vecteur cyclique pour ∇_r.

<u>Théorème 4</u> : <u>Pour tout vecteur cyclique v $\in$ V on a</u>

$$\rho_r = \mathrm{Sup}\left\{ 0, \sup_{0\leq i\leq m-1} (-v(a_i)) \right\}$$

<u>où les, a_i sont les éléments de K donnés par la formule</u>

$$\nabla_r^m v = \sum_{i=0}^{m-1} a_i \nabla_r^i v.$$

Ce théorème est évident si $v_0 = \mathrm{Sup}_{0\leq i\leq m-1} (-v(a_i))$ est négatif ou nul. Car dans ce cas on a pour tout i = 0, 1, 2... n -1, $a_i \in \mathcal{O}$. Et $\mathcal{F}_r^m(\Lambda) = \Lambda$ pour tout m ce qui exprime que $\rho_r = 0$.

Dans le cas $v_0 > 0$, on utilise le lemme technique suivant :

<u>Lemme 3</u> : Si $k = \mathrm{Sup}\left\{ i \mid 0 \leq i \leq n-1, v(a_i) = -v_0 \right\}$ alors, pour tout entier $m \geq 0$:

a_m) il existe $b_0, b_1, \ldots, b_{k-1}, b_{k+m+1}, \ldots b_{n+m} \in \mathcal{O}$ tels que

$$(A_m) \quad \nabla_r^k v = b_0 v + \ldots + b_{k-1} \nabla_r^{k-1} v + b_{k+m+1} \nabla_r^{k+m+1} v + \ldots + b_{n+m} \nabla_r^{n+m} v$$

avec

$v(b_i) > 0$ si $i \geq k+m+1$

$v(b_{n+m}) \geq v_0$ (égalité seulement si $m = 0$)

b_m) $c_0, c_1, \ldots, c_{k-1}, c_{k+m+1}, \ldots, c_{n+m} \in \mathcal{O}$ vérifiant

$$(B_m) \quad \nabla_r^{k+m} v = c_0 v + \ldots + c_{k-1} \nabla_r^{k-1} v + c_{k+m+1} \nabla^{k+m+1} v + \ldots + c_{n+m} \nabla_r^{n+m} v,$$

avec

et $v(c_i) > 0$ si $i \geq k+m+1$

$v(c_{n+m}) = v_0$.

La démonstration de ce lemme est assez technique et utilise surtout les propriétés de la valuation v.

Donc si on a un système différentiel le théorème 4 permet théoriquement le calcul de $\mathcal{C}_r$, mais pratiquement c'est facile que si le système donné à la forme d'un système provenant d'une équation différentielle (donnée explicite d'un vecteur cyclique).

§5 Comparaison de ρ_1 au nombre rationnel de N. KATZ et à l'irrégularité de B. MALGRANGE.

A) Comparaison de ρ_1 au nombre rationnel de N. KATZ.

Rappelons brièvement la définition de Katz. Pour tout réseau M de V l'application $v_M : V \longrightarrow \mathbb{Z} \cup \{+\infty\}$

définie par

$$v_M(x) = \operatorname{Sup}\{k\}\ k \in \mathbb{Z} \cup \{+\infty\} \text{ et } x \in \underline{m}^k M\}$$

est une valuation sur V.

Théorème de Katz. Il existe un nombre rationnel $r \geqslant o$ tel que :

quels que soient le réseau M de V la base $(e) = (e_1, e_2, \ldots\ldots, e_n)$ de V il existe une constante C telle que pour tout $i \geqslant o$

$$\left| \operatorname*{Sup}_{\substack{1 \leq k \leq n \\ j \leq i}} \{-v_M(\nabla^j e_k)\} - ri \right| \leq C$$

Remarque : Si M' est un autre réseau de V, il existe un entier que

$$|v_M(x) - v_{M'}(x)| \leq N$$

pour tout $x \in V$. On peut donc dans le théorème de Katz se fixer un réseau.

Le nombre r défini par ce théorème mesure l'irrégularité de la connexion ∇ pour $\tau = t\frac{d}{dt}$ car la connexion ∇ est 1-régulière si et seulement si $r = o$. Il est donc naturel de comparer ρ_1 au nombre rationnel r. Cette comparaison est donnée par :

Théorème 5 : Pour toute connexion ∇ sur V, il existe un entier $\rho_1 \geqslant o$ et un nombre rationnel $r \geqslant o$ vérifiant la propriété suivante : quelque soit le réseau Λ de V, il existe deux constantes C_1, C_2 telles que pour tout $i \geqslant o$

$$\text{a)}\ \left| \lg\left(\frac{\mathcal{F}_\Lambda^i(\Lambda)}{\Lambda}\right) - \rho_1 i \right| \leq C_1$$

$$\text{b)}\ \left| v(\mathcal{F}_\Lambda^i(\Lambda)) + ri \right| \leq C_2$$

Ce théorème se démontre en utilisant la définition des $\mathcal{F}_\Lambda^i(\Lambda)$ ainsi que les propriétés de la longueur et de la valuation.

D'autre part si v est un vecteur cyclique pour ∇_1 on a :

$$r = \operatorname{Sup}\left\{0, \operatorname{Sup}_{0 \le i \le n-1}\left(-\frac{V(a_i)}{n-1}\right)\right\}$$

et

$$\rho_1 = \operatorname{Sup}\left\{0, \operatorname{Sup}_{0 \le i \le n-1}(-V(a_i)\right\}$$

où les a_i sont donnés par :

$$\nabla_1^n v = \sum_{i=0}^{n-1} a_i \nabla_1^i(v)$$

De ces deux formules on déduit aisément les inégalités :

$$\frac{\rho_1}{n} \le r \le \rho_1$$

B) <u>Comparaison de ρ_1 à l'irrégularité définie par B. Malgrange.</u>

A l'aide d'un vecteur cyclique, on se ramène au cas d'un opérateur différentiel de la forme

$$D = \sum_0^n a_p \frac{d^p}{dz^p}$$

avec $a_n \neq 0$ et $a_i \in \mathbb{C}\{z\}$ pour tout i.

Les deux opérateurs

$$D : \mathbb{C}[[z]] \longrightarrow \mathbb{C}[[z]]$$

$$D : \mathbb{C}\{z\} \longrightarrow \mathbb{C}\{z\}$$

sont à indice et ont respectivement pour indice

$$\chi(D, \mathbb{C}[[z]]) = \operatorname{Sup}_p [p - V(a_p)]$$

$$\chi(D, \mathbb{C}\{z\}) = n - V(a_n)$$

L'irrégularité de D est par définition

$$i(D) = \chi(D, \mathbb{C}[[z]]) - \chi(D, \mathbb{C}\{z\})$$
$$= \sup_p [v(a_n) - n - (v(a_p) - p)]$$

La considération de la suite exacte

$$0 \longrightarrow \mathbb{C}\{z\} \longrightarrow \mathbb{C}[[z]] \longrightarrow \frac{\mathbb{C}[[z]]}{\mathbb{C}\{z\}} \longrightarrow 0$$

montre que :

$$i(D) = \dim\left(\operatorname{Ker}\left(D, \frac{\mathbb{C}[[z]]}{\mathbb{C}\{z\}}\right)\right)$$

donc i (D) $\geq$ 0.

Et i (D) = 0 caractérise la régularité.

Théorème 6 : Pour tout système différentiel

$$(1)\ \frac{dy}{dz} = A(z)y. \quad A(z) \in z^{-q} M_{m\times m}(\mathbb{C}\{z\}) \quad q \geq 1.$$

on a

$$e_1 = i(D)$$

Remarque : Pour se rapprocher de la pratique nous énonçons dans ce sous-paragraphe des résultats pour les systèmes différentiels. Il est clair que l'on a les mêmes énoncés pour les connexions linéaires.

Démonstration du théorème 6 :

Pose $\theta = z \dfrac{d}{dz}$. Soit v un vecteur cyclique pour ∇_θ, on a donc

$$\nabla_\theta^m v = \sum_{i=0}^{m-1} b_i \nabla_\theta^i v$$

et dans la base $(e) = (v, \nabla_\theta^1 v, \ldots, \nabla_\theta^{m-1} v)$

$$\operatorname{Mat}(\nabla_\theta, (e)) = \begin{pmatrix} 0 & 0 \cdots\cdots\cdots & 0 & b_0 \\ 1 & 0 \cdots\cdots\cdots & 0 & b_1 \\ 0 & 1 & 0 \cdots\cdots & b_2 \\ & & & \\ 0 & 0 \cdots\cdots & 1\,0 & b_{m-2} \\ 0 \cdots\cdots\cdots & 0 & 0\,1 & b_{n-1} \end{pmatrix}$$

L'étude du système ① est alors équivalente à l'étude de l'équation différentielle

$$\theta_y^m = \sum_{i=0}^{m-1} b_i \, \theta^i y$$

et alors

$$D = \theta^m - \sum_{i=0}^{m-1} b_i \, \theta^i$$

et

$$i(D) = \sup_p \left[- \left[(v(b_p) + p) - p \right] \right]$$

$$\rho_1 = \sup \left[0, \ \sup \left[- v(b_p) \right] \right]$$

comme $i(D) \geq 0$ on a

$$\rho_1 = i(D)$$

BIBLIOGRAPHIE

[1] MOSER J., The order of a singularity in Fuchs theory Math. Zeitschrift 72 (1960) p. 379-398.

[2] DELIGNE P. Equations différentielles à points singuliers réguliers. Lecture Notes in Math. 163 Springer-Verlag (1970).

[3] JURKAT W.B. et D.A. LUTZ, On the order of solutions of analytic linear differential equations. Proc. London Math. Soc. (3) 22 (1971) 445-482.

[4] B. MALGRANGE, Remarques sur les points singuliers des équations différentielles. C.R. Acad. Sc. Paris t. 273 (1971) Série A, 1136.

THE RESIDUE CALCULUS IN SEVERAL COMPLEX VARIABLES

by

Gerald GORDON

I. Introduction

$V \subset W$, V , complex variety, W , complex manifold.

Then define

$R_p(V) = \text{Ker}\,\{H_p(W-V) \to H_p(W)\}$ = (geometric)-p-residues of V . (Note :coefficients in any abelian group).

E.g. W, Riemann surface and V = finite set of pts = $\{P_i\}$.

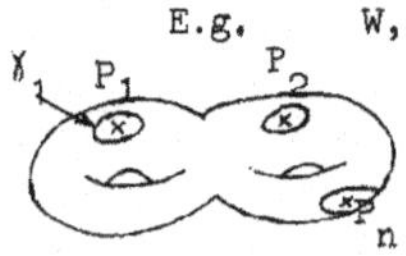

Then $R_1(V)$ is generated by small circles γ_i about the pts P_i with one relation $\sum \gamma_i \sim 0$ if W is compact.

If V is non-singular of complex codim q , then this generalizes to looking at the Gysin sequence of normal sphere bundle of V in W

$$\cdots \to H_{p+1}(W) \xrightarrow{I} H_{p-2q+1}(V) \xrightarrow{\tau} H_p(W-V) \to H_p(W) \to \cdots$$

Then, $R_p(V)$ is generated by "tubes over cycles" with the relations given by I, tra verse intersection of global (p+1)-cycles in W with V . In fact, image $\tau \subset \tau(V) \subset W$, where $\tau(V)$ is a smooth manifold of real codim one.

Suppose V is any subvariety of complex codim q in W , $\dim_{\mathbb{C}} W = n$, W not necessarily compact.

$$\text{Let } C_*(V) = \sum_{p \geq 0} C_p(V) \quad , \quad C_p(V) = \text{p-chains of } V .$$

under some triangulation with closed or compact support.

Then we will construct a smooth C^{∞}-submanifold of W, call it $\tau(V)$, of real codim one ine W, a map $\tau : C_*(V) \longrightarrow C_*(\tau(V))$ using Whitney stratification of V, and a retraction map $\pi : \tau(V) \longrightarrow V$.

Note : $\tau(V)$ is a special case of a regular tubular neighborhood of V in W.

Define $C_p(V)_\Delta = \{c \in C_*(V) \mid \tau(V) \in C_{p+2q-1}(\tau(V))\}$ and $\partial_\Delta : C_p(V)_\Delta \longrightarrow C_{p+2q-1}(\tau(V))$ by

$$\begin{array}{ccc} C_p(V)_\Delta & \xrightarrow{\ \tau\ } & C_{p+2q-1}(\tau(V)) \\ \Big\downarrow{\scriptstyle \partial_\Delta} & & \Big\downarrow{\scriptstyle \partial} \\ C_{p-1}(V)_\Delta & \xleftarrow{\ \pi_\#\ } & C_{p+2q-2}(\tau(V)) \end{array}$$

Then $(C_p(V)_\Delta, \partial_\Delta)$ is a chain complex and let $H_p(V)_\Delta$ $(H^p(V)_\Delta)$ be the associated homology (cohomology).

Note : It can be shown that $H_*(V)_\Delta$ and $H^*(V)_\Delta$ are intrinsic properties of V inedependent of the embedding into W. In fact, if $\dim_{\mathbb{C}} V = S$, then there are natural isomorphisms $H_p(V) \simeq H^{2s-p}(V)_\Delta$ and $H^p(V) \simeq H_{2s-p}(V)_\Delta$ which induce intersection pairing $H_p^c(V) \otimes H_q^F(V)_\Delta \longrightarrow H_{p+q-2s}^F(V)_\Delta$ and $H_p^F(V) \otimes H_q^c(V)_\Delta \longrightarrow H_{p+q-2s}^c(V)_\Delta$ where F = closed support, c = compact.

Then the main result is

Thm : The following is exact :

$$\cdots \longrightarrow H_{p+1}(W) \longrightarrow H_{p-2q+1}(V)_\Delta \xrightarrow{\ I\ } H_p(W-V) \longrightarrow H_p(W) \longrightarrow \cdots$$

where I is transverse intersection with V, i.e., essentially cap product with the dual cohomology class of V.

The proof will be geometric and constructive.

Note : The Thm is true for any polyhedron in a C^∞ manifold.

Note : If we pass to cohomology we get the exact sequence

$$\dots H^p(W) \longrightarrow H^p(W-V) \xrightarrow{R} H^{p-2q+1}(V)_\Delta \longrightarrow H^{p+1}(W) \longrightarrow \dots$$

where R is the (Poincaré)-residue map. If we let $q = 1$ and take coefficients in $\mathbb{C}$, one can prove.

Corollary : If one can resolve singularities of V to normal inssings, then $\omega \in H^p(W-V)$ has a representative with a pole of order one. In fact, if $\{U\}$ is a locally finite cover of W by co-ordinate charts, f_U a local defining equation of V in U , $\{e_U\}$ a partition of unity subordinate to $\{U\}$, then ω has the from

$$\left[\theta \wedge \left(\sum_U e_U \frac{df_U}{f_U}\right)\right] + \eta$$

where η is smooth in W , closed near V and $R(\omega) = \theta|V$ is closed on V , but not necessarily smooth, i.e., $\theta|V$ can have simple poles on the singular locus of V .

The proof of the Corollary just uses the topological reduction given in the Thm and mimics the proof of Leray (Cauchy Problem III) using logrithmic potentials. Before constructing $H_p(V)_\Delta$, let us look at two examples.

1) $W = \mathbb{R}^3$, $V = \{z=0\} \cup \{x=0,y=0\}$, real analytic variety. Then if $C = \{(0,0,0)\}$, $C' = \{x^2 + y^2 = 1 , z = 0\}$, $C'' = \{x^2 + y^2 \leq 1 , z = 0\}$, we have $\partial_\Delta C'' = C - C'$ with $C, C' \in C_1(V)_\Delta$.

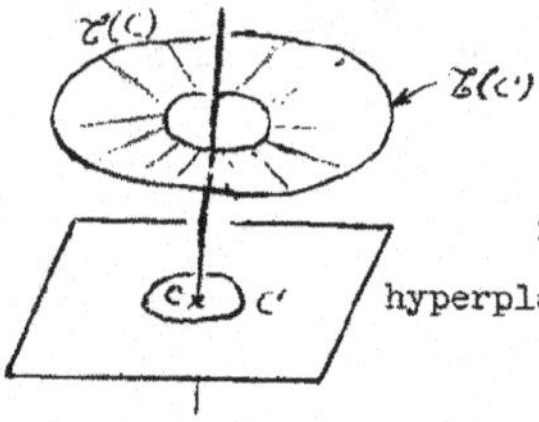

2) Let W be non-singular cubic hypersurface in $\mathbb{C}P_3$ and V hyperplane in W with quadratic singularities (topologically V is a

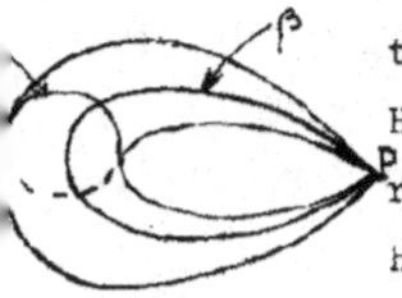

torus with a pinch pt. P. Then $\alpha \in C_1(V)_\Delta$ but β generator of $H_1(V)$ is not contained in $C_1(V)_\Delta$, since the "fibre" over P is real dimension 3. In fact $0 \neq [\alpha] \in H_1(V)_\Delta$ and $\tau(\alpha) \neq 0$ in $H_2(W-V)$ since $H_3(W) = 0$. Also note, $\alpha \cdot \beta = +1$.

II. Construction of $\tau(V)$.

Definition : A stratification of a complex variety V is the partition of V into a locally finite set of complex manifolds, called the strata such that the boundary of each stratum is union of lower dimensional strata

Reference : See Whitney's article in Diff. and Combinational Topology s.s. Cairns, ed). sp. pp. 227-230.

Defin : A stratification $\{N_i\}$ is said to be a refinement of $\{M_j\}$ if each stratum N_i is either a stratum of $\{M_j\}$ or $N_i \subset M_j$ such that $\partial N_i \cap \overline{M}_j \subset \partial N_i$ where the intersection and inclusion are considered as subsets of strata.

Note : It is easy to show that closure of each stratum is an analytic variety and boundary of each stratum is an analytic variety as well.

It follows easily from Whitney's results that if V is a variety contained in W, complex manifold, then any stratification has a refinement to $\bigcup_i M_i = V$ such that the normal disk bundle $T(M_i)$ of M_i in W meets each other stratum transversely.

We now construct the tubular neighborhood $T(V)$ of V in W, $\tau(V) = \partial T(V)$, retraction map $\pi : T(V) \longrightarrow V$ and $\tau : C_*(V) \longrightarrow C_*(\tau(V))$.

Let M_o be the lowest dim stratum and $T(M_o) \xrightarrow{\pi_o} M_o$ be a tubular neighborhood of M_o in W. Suppose $M_o \subset \partial M_1$. Let $\tilde{M}_1 = M_1 - T(M_o)$ and $P \in \partial \tilde{M}_1 \subset \tau(M_o)$ where

$\tau(M_o)$ is the associated sphere bundle to $T(M_o)$. We then have $P \in \pi_o^{-1}(Q)$ for some unique $Q \in M_o$ and since everything is transverse, we can construct $T(\tilde{M}_1) \xrightarrow{\pi_1} \tilde{M}_1$, a tubular neighborbood of $\tilde{M}_1$ in W, such that $\pi_1^{-1}(P) \subset \pi_o^{-1}(Q)$.

Continue in this fashion : Let M_i be a stratum and put $\check{M}_i = M_i - \bigcup_j T(\tilde{M}_j)$ where $T(\tilde{M}_j)$ are already constructed and $\check{M}_o = M_o$. Then one can form $T(\tilde{M}_i) \xrightarrow{\pi_i} M_i$, a tubular neighborhood of $\check{M}_i$ in W such that for $P \in \partial\check{M}_i$, then we know that $P \in \pi_j^{-1}(Q)$ for $Q \in \tilde{M}_j$ or even $P \in \pi_j^{-1}(Q) \cap \pi_k^{-1}(Q')$ for $Q' \in M_k$, then we will have $\pi_i^{-1}(P) \subset \pi_j^{-1}(Q) \cap \pi_k^{-1}(Q')$ which is possible by transversality arguments.

Then by standard arguments in differential topology, called plumbing, one can smooth corners so that we get $T(V)$, smooth manifold and $\tau(V) = \partial T(V)$, smooth mainfold of real codim one in W.

Lemma : $T(V)$ is "cone" over $\tau(V)$ with vertex V, i.e., V is a deformation retract of $T(V)$ and f_t, retraction, can be chosen so that $f_t | \tau(V)$ is a diffeomorphism for $t < 1$ (f_o = identity) and $f_t(\tau(V)) \cap f_{t'}(\tau(V)) = \emptyset$ for $t \neq t'$. Also for $Q \in M_j$, a stratum of complex dim j, then $f_1^{-1}(Q)$ is a ball of $\dim_{\mathbb{R}} 2n-2j$, for $n = \dim_{\mathbb{C}} W$.

We let $\pi = f_1 : T(V) \longrightarrow V$.

Idea of proof : Choose a Riemannian metric in W so that all the fibres in each $T(M_i)$ are of length one.

For M_o, lowest dimensional stratum, let $\pi : T(M_o) \longrightarrow M_o$ be the given retraction π_o. Suppose $Q \in M_1 \cap T(M_o)$. Then $Q \in \pi_o^{-1}(P)$ for unique P and Q is of distance t from P, $0 < t \leq 1$. Then construct a collared neighborhood of $\partial\tilde{M}_1$ in $\tilde{M}_1$, call it $\partial\tilde{M}_1 \times I$.

Let $Q' \in \partial\tilde{M}_1$ be that unique pt of $\tau(M_o)$ which goes through Q when one shrinks $T(M_o) \longrightarrow M_o$ along the fibres. Then send

$$\left.\begin{array}{lll} 0 \leq t \leq 1 & (Q',t/2) \rightsquigarrow Q \\ 1/2 \leq t & (Q',t) \rightsquigarrow (Q',2t-1) \end{array}\right\} \quad \text{Via } f_t .$$

Finally send fibre over $(Q',t/2)$ in $T(\widetilde{M}_i)$ onto Q and the fibre over (Q',t) onto $(Q',2t-1)$ for $1/2 \leq t$. Then extend this to $T(\widetilde{M}_i - \partial\widetilde{M}_i \times I) \longrightarrow \widetilde{M}_1 - \partial\widetilde{M}_1 \times I$.

Continue in this fashion.

$\mathcal{T}(V)$ is called <u>(solid)</u>-tubular neighborhood of V in W and $\tau(V)$ the <u>(associated)</u>-<u>spherical</u> <u>tubular</u> <u>neighborhood</u> of V in W.

<u>Note</u> : If we choose different normal bundles, we get $T'(V)$, then $T'(V)$ is isotopic to $T(V)$ and if g_t is the isotopy, then $g_1|f_1^{-1}(Q) = (f_1')^{-1}(Q)$ $\forall Q \in V$.

<u>Note</u> : If we take a different stratification $\{N_i\}$, getting different $T''(V)$, then again $T''(V)$ is isotopic to $T(V)$ via some h_t and $h_t(V) = V$ $\forall t$.

Is S is subvariety of V, we can take a stratification V relative to S, i.e., $M_i \cap S \neq \emptyset \Longrightarrow M_i \subset S$ and form $T(S)$ in W and define $T(S,V) = T(S) \cap V$, which again is independent of stratification and bundles, i.e., they will be PL-equivalent.

We have a natural mapping $\tau : C_*(S) \longrightarrow C_*(\tau(S,V))$ where $\tau(S,V) = \partial T(S,V) = (\partial T(S)) \cap V = \tau(S) \cap V$. Thus we can define $(C_p(V)_\Delta, \partial_\Delta)$ as in the introduction and

<u>Definition</u> : $T(S,V)$ is the <u>tubular</u> <u>neighborhood</u> of S in V (relative to W). $\gamma \in$ image $\{\tau : H_p(S)_\Delta \longrightarrow H_*(\tau(S,V))\}$ is called a tube over p-cycle in S.

III. <u>"tubes over cycles"</u>

<u>Thm</u> : V, codim q in W, manifold, then $R_p(V)$ is generated by tubes over $(p-2q+1)$-cycles in V.

Proof : Let $\gamma_p \in H_p(W-V)$. Construct $T(V,W) = T(V)$. Let $\gamma_p = \partial C_{p+1}$. We can choose C_{p+1} to intersect each stratum transversely, hence it will respect the fibres of $T(V)$, i.e., $\gamma_{p-2q+1} = C_{p+1} \cap V$ where γ_{p-2q+1} is of dim p 2q+1 and since $\partial C_{p+1} \cap V = \emptyset$, γ_{p-2q+1} is a cycle in V, and we can choose C_{p+1} so that $T\gamma_{p-2q+1} \subset C_{p+1}$ where $T\gamma_{p-2q+1} = \pi^{-1}\gamma_{p-2q+1}$.

$$\text{Hence } \partial(C_{p+1} - T\gamma_{p-2q+1}) = \gamma_p - \tau\gamma_{p-2q+1} .$$

QED.

Corollary : The following is exact

$$\cdots H_{p+1}(W) \xrightarrow{I} H_{p-2q+1}(V)_\Delta \xrightarrow{\tau} H_p(W-V) \longrightarrow H_p(W) \longrightarrow \cdots$$

Proof : Exatness at $H_*(W-V)$ is the Thm.

At $H_*(V)_\Delta$, clearly $\tau \circ I(\gamma_{p+1}) = \partial(\gamma_{p+1} - T(I(\gamma_{p+1})))$ while if $\tau(\gamma_{p-2q+1}) = \partial C_{p+1}$ then $T\gamma_{p-2q+1} - C_{p+1} = \gamma_{p+1} \in H_{p+1}(W)$ with $I(\gamma_{p+1}) = \gamma_{p-2q+1}$.

Exactness at $H_*(W)$ is just as obvious.

QED.

Corollary : Let $\gamma_p \in R_p(V)$, $\gamma_p = \tau(\gamma_{p-2q+1})$. If $\gamma_{p-2q+1} \sim 0$ in V , then $0 \neq \gamma_{p-2q+1} \in H_{p-2q+1}(\tau(S',V))$ for S' some subvariety of the singular locus of V .

I.e., we have re-iterated tubes over cycles, so that $\gamma_p = \tau_1(\gamma_{p-2q+1}) = \tau_1\tau_2(\gamma_S) = \ldots = \tau_1 \ldots \tau_j(\gamma_K)$ where $\gamma_K \neq 0$ in some subvariety S".

Note : This is why we use Whitney stratification rather than regular tubular neighborhood of V .

Note : How many tubes we must construct, i.e., how large "j" is, will be reflected in the spectral sequence which is induced inclusion map $W-V \subset V$,i.e., the inclusion map induces a $E_2^{p-k,k} \Longrightarrow H^p(W-V)$ and for $\gamma_p \in H_p(W-V)$, the number k of which it is the preimage will be the number of tubers over it. Hence $E_2^{p,o} \Longrightarrow$ image $\{H^p(W) \longrightarrow H^p(W-V)\}$ and $E_2^{p-k,k} \Longrightarrow$ cokernel $\{H^p(W) \longrightarrow H^p(W-V)\}$ for $k \geq 1$. Also the d_2 terms will be "Gysin" maps associated to some $\tau(S',V)$.

E.g., $V = \bigcup_{i=1}^{m} V_i$, V_i , non-singular submanifolds of complex codim one, and assume they intersect transversely, i.e., normal crossings. Then one shows $E_2^{p,q} \simeq \sum_{\{i_1,\ldots,i_q\}} H^p(V_{i_1} \cap \ldots \cap V_{i_q})$ and $d_2^{p,q} : H^p(V_{i_1} \cap \ldots \cap V_{i_q}) \longrightarrow \sum_{j=1}^{q} H^{p+2}(V_{i_1} \cap \ldots \cap \hat{V}_{i_j} \cap \ldots \cap V_{i_q})$ is the Gysin map and Ker $d_2^{p,q} = H^p(\overline{M}_q)_\Delta$ where M_q = q-tuple pts, i.e., $P \in M_q$ iff locally P is given by $z_1 \ldots z_q = 0$.

Also, in this case

$$H_p(V)_\Delta \simeq \bigoplus_{q=1}^{p} \underbrace{\tau_1 \ldots \tau_p \, H_{p-q}(\overline{M}_q)_\Delta}_{\underline{\text{geometric}}\ \underline{(p-q)}\text{-}\underline{\text{residues}}\ \underline{\text{of}}\ \underline{R_p(V)}}$$

Atiyah-Hodge (Annals of Math, 1955) study this spectral sequence and for $\omega \in H^p(W-V;\mathbb{C})$, they define its algebraic q-residues, q=0 ,..., p-1 . Then they show that ω is the restriction of a global form in W iff algebraic q-residues of ω are zero for all q .

One can show that the geometric (p-q)-residues are naturally isomorphic to the algebraic (p-q)-residues, q=1 ,..., p-1 .

In general, for computations one has $E_2^{p,q} \simeq H^p(W, R^q(V))$, where $R^q(V)$ is the sheaf associated to the presheaf $U \rightsquigarrow H^q(U-U \cap V)$ for U an open set.

Stalk of $R^q(V)$ at $P = \varinjlim H^q(U-U \cap V)$. Milnor (Complex Hypersurfaces) has shown a cofinal subset U can be chosen such that $\partial U - \partial U \cap V$ is a strong deformation retract of $U-U \cap V$, and by Alexander duality $H^q(\partial U - \partial U \cap V) \simeq H_{2n-2-q}(\tau(P,V))$ where $n = \dim_{\mathbb{C}} W$. For V , a hypersurface, Milnor also shows the computation of $\tau(P,V)$ is a monodromy problem.

SUR LES CHAMPS DE VECTEURS HOLOMORPHES DES VARIETES GRASSMANNIENNES(*)

par

Bernard KLARES

TABLE DES MATIERES

(*) Première partie d'une Thèse de 3ème cycle soutenue en Mars 1972 à l'U.E.R. de Mathématiques, Université Louis Pasteur, Strasbourg I.

INTRODUCTION

Cette étude des champs de vecteurs holomorphes sur la grassmannienne G(m,n) consiste essentiellement à répondre aux problèmes suivants :

- Forme des composantes d'un champ dans une carte de l'atlas défini ultérieurement
- Classification des singularités
- Etude des trajectoires (intégration)

Une telle étude a déjà été faite pour l'espace projectif $P^N(\mathbb{C})$ (J. Martinet, C. Sadler) et il se pose naturellement pour G(m,n)
La première partie montrera que dans les cartes considérées par la suite, les composantes d'un champ de vecteurs holomorphe sont des polynômes de degré deux en les variables correspondantes.
Une des conséquences de cette propriété est la donnée d'un plongement analytique de G(m,n) dans $P^N(\mathbb{C})(1+N=C_n^m)$ qui vérifie :
Tout champ de vecteurs holomorphe sur la variété plongée se prolonge en un champ de vecteurs holomorphe sur $P^N(\mathbb{C})$.
L'étude des travaux de Y. Matsushima sur les champs de vecteurs holomorphes sur les variétés kählériennes compactes permet d'envisager une autre méthode pour arriver à ces résultats (plongement, forme des composantes).
En effet on trouve dans [5] page 26 les corollaires 1et 2 qui ont pour conséquences :
Si M est une variété de Hodge il existe un plongement analytique de M dans $P^N(\mathbb{C})$ tel que tout champ de vecteurs holomorphe X, sur la variété plongée, avec zéro X non vide, se prolonge en un champ de vecteurs holomorphe sur $P^N(\mathbb{C})$.
G(m,n) n'est pas un bord (ses nombres de Pontryagin, ne sont pas nuls) donc tout champ de vecteurs holomorphe de G(m,n) admet une singularité (cf. Bott [2]). On en déduit qu'il existe un plongement de G(m,n) dans $P^N(\mathbb{C})$ tel que tout champ de vecteurs holomorphe se prolonge en un champ de vecteurs holomorphe de $P^N(\mathbb{C})$.

L'étude du plongement (cf. Blanchard [1]) permet de retrouver celui obtenu par la méthode exposée dans la suite.

On cherche ensuite les champs de vecteurs holomorphes de $P^N(\mathbb{C})$ qui sont tangents à la variété plongée .

On en déduit les formes des composantes des champs dans les cartes .

La méthode exposée ultérieurement, permet de trouver directement ces résultats et montre de plus que la recherche des singularités se ramène à un problème d'algèbre linéaire :

Recherche des sous espaces vectoriels de $\mathbb{C}^n$, de dimension m stables par un endomorphisme.

Les singularités sont alors soit des points isolés, soit isomorphes à des grassmanniennes ou des produits de grassmanniennes.

En particulier on retrouve sans utiliser les résultats de Bott que tout champ de vecteurs holomorphe sur la grassmannienne possède toujours une singularité.

L'intégration donnera un paramétrage des trajectoires qui permet de montrer qu'aucune n'est homéomorphe à un tore réel de dimension deux pour la "topologie fine" et permettrait en outre une étude des bouts (cf. Sadler) qui n'est pas faite ici.

§I - G E N E R A L I T E S - N O T A T I O N S

Dans toute la suite m et n sont deux entiers tels que $1 \leqslant m \leqslant n$.

1) DEFINITIONS

Soit $Mon(\mathbb{C}^m,\mathbb{C}^n) = \{x \in L(\mathbb{C}^m,\mathbb{C}^n) \mid x \text{ est injective}\}$
Un élément de $Mon(\mathbb{C}^m,\mathbb{C}^n)$ sera noté x et représentera soit l'application linéaire, soit la matrice (n,m) (n lignes, mcolonnes) associée dans les bases canoniques de $\mathbb{C}^m$ et $\mathbb{C}^n$. $Mon(\mathbb{C}^m,\mathbb{C}^n)$ peut donc s'identifier à un ouvert de $\mathbb{C}^{nm}$ (en considérant une matrice de $Mon(\mathbb{C}^m,\mathbb{C}^n)$ comme élément de $\mathbb{C}^{nm}$); on mettra sur $Mon(\mathbb{C}^m,\mathbb{C}^n)$ la structure de variété analytique induite.

On rappelle que $GL(m,\mathbb{C})$ opère dans $Mon(\mathbb{C}^m,\mathbb{C}^n)$ l'opération étant définie par :

$$\begin{array}{ccc} GL(m,\mathbb{C}) \times Mon(\mathbb{C}^m,\mathbb{C}^n) & \longrightarrow & Mon(\mathbb{C}^m,\mathbb{C}^n) \\ (u \ , \ x) & \longmapsto & x o u \end{array}$$

La grassmannienne G(m,n) peut être définie par :

$$G(m,n) = \frac{Mon(\mathbb{C}^m,\mathbb{C}^n)}{GL(m,\mathbb{C})}$$

ou

$$G(m,n) = \{\text{sous espaces vectoriels de dimension } m \text{ de } \mathbb{C}^n\}$$

La première relation montre que G(m,n) est une variété analytique complexe dont nous définirons un atlas par la suite.

REMARQUE

On peut supposer $2m \leqslant n$ car on a la propriété : $G(m,n) = G(n-m,m)$

2) NOTATIONS

On notera $M_{n,m}(\mathbb{C})$ l'ensemble des matrices à n lignes et m colonnes et à coefficients complexes et $M_n(\mathbb{C})$ l'ensemble des matrices carrées d'ordre n à coefficients complexes.

3) PROPRIETE

Soit $a \in GL(n,\mathbb{C})$ et f_a :

$$\begin{array}{ccc} Mon(\mathbb{C}^m,\mathbb{C}^n) & \longrightarrow & Mon(\mathbb{C}^m,\mathbb{C}^n) \\ x & \longmapsto & a o x \end{array}$$

Alors f_a est un isomorphisme analytique de $Mon(\mathbb{C}^m,\mathbb{C}^n)$ sur $Mon(\mathbb{C}^m,\mathbb{C}^n)$ compatible avec l'opération de $GL(m,\mathbb{C})$ sur $Mon(\mathbb{C}^m,\mathbb{C}^n)$ et définit par passage au quotient un isomorphisme analytique de G(m,n) sur lui-même.

DEMONSTRATION

f_a est bijective car $f_a \ o \ f_{a^{-1}} = f_{a^{-1}} \ o \ f_a = Id$

f_a est holomorphe car on multiplie la matrice x par la matrice constante a ce qui définit évidemment une fonction holomorphe de $\mathbb{C}^{nm}$ dans $\mathbb{C}^{nm}$. Donc f_a est un isomorphisme analytique de $\mathrm{Mon}(\mathbb{C}^m,\mathbb{C}^n)$ dans $\mathrm{Mon}(\mathbb{C}^m,\mathbb{C}^n)$. Il est compatible avec l'opération de $G(m,n)$ dans $\mathrm{Mon}(\mathbb{C}^m,\mathbb{C}^n)$ puisque:

$$f_a(x \circ u) = a \circ x \circ u = f_a(x) \circ u$$

On en déduit un isomorphisme analytique de $G(m,n)$ sur $G(m,n)$.

4)DEFINITION DES CARTES

Soit $x \in \mathrm{Mon}(\mathbb{C}^m,\mathbb{C}^n)$ $\qquad x = (x_{ij})_{\substack{1\leq i\leq n\\ 1\leq j\leq m}}$

Soient $\varphi : \mathrm{Mon}(\mathbb{C}^m,\mathbb{C}^n) \longrightarrow G(m,n)$ la surjection canonique et

$$x' = (x_{ij})_{\substack{1\leq i\leq m\\ 1\leq j\leq m}} \qquad x'' = (x_{ij})_{\substack{1+m\leq i\leq n\\ 1\leq j\leq m}}$$

Posons $\Theta = \{ x \mid x' \text{ soit inversible} \} \subset \mathrm{Mon}(\mathbb{C}^m,\mathbb{C}^n)$ alors

$$g : \Theta \subset \mathrm{Mon}(\mathbb{C}^m,\mathbb{C}^n) \longrightarrow M_{n-m,m}(\mathbb{C})$$
$$x \longmapsto x'' \circ x'^{-1}$$

définit par passage au quotient un isomorphisme analytique d'un ouvert $\varphi(\Theta)$ de $G(m,n)$ sur $M_{n-m,n}(\mathbb{C}) \simeq \mathbb{C}^{(n-m)m}$. On définit les cartes en considérant les différentes matices carrées d'ordre m extraites de x et en appliquant le même procédé. On obtient ainsi un atlas de $G(m,n)$ et c'est lui qu'on utilisera par la suite. Pour ne pas alourdir la rédaction on parlera de coordonnées locales et les points de $G(m,n)$ seront représentés dans une carte par une matrice $(X_{ij})_{\substack{1\leq i\leq n-m\\ 1\leq j\leq m}}$

REMARQUE

La carte correspondant à $x' = (x_{ij})_{\substack{1\leq i\leq m\\ 1\leq j\leq m}}$ $\quad x'' = (x_{ij})_{\substack{1+m\leq i\leq n\\ 1\leq j\leq m}}$

sera appelée dans la suite carte ① et les coordonnées locales correspondantes seront notées : $(X^1_{ij})_{\substack{1\leq i\leq n-m\\ 1\leq j\leq m}}$. On a :

$$X^1_{ij} = \frac{\begin{vmatrix} x_{11} & x_{12} & \cdots & x_{1m} \\ x_{21} & x_{22} & \cdots & x_{2m} \\ \vdots & \vdots & & \vdots \\ x_{j-1,1} & x_{j-1,2} & \cdots & x_{j-1,m} \\ x_{m+i,1} & x_{m+i,2} & \cdots & x_{m+i,m} \\ x_{j+1,1} & x_{j+1,2} & \cdots & x_{j+1,m} \\ \vdots & \vdots & & \vdots \\ x_{m,1} & x_{m2} & \cdots & x_{m,m} \end{vmatrix}}{\begin{vmatrix} x_{11} & x_{12} & \cdots & x_{1m} \\ x_{21} & x_{22} & \cdots & x_{2m} \\ \vdots & \vdots & & \\ x_{m1} & x_{m2} & \cdots & x_{mm} \end{vmatrix}} \qquad \longleftarrow j^e \text{ place}$$

5) PLONGEMENT DE $G(m,n)$ DANS $IP^N(\mathbb{C})$

Considérons $G(m,n)$ comme l'ensemble des sous espaces vectoriels de $\mathbb{C}^n$. Associons à $X \in G(m,n)$ le sous espace vectoriel de dimension 1 de $\overset{m}{\wedge}\,\mathbb{C}^n$ engendré par $e_1 \wedge e_2 \wedge \cdots \wedge e_m$ où $e_1, e_2, \cdots, e_m$ est une base de X. On définit ainsi un plongement analytique: $p : G(m,n) \longrightarrow P(\overset{m}{\wedge}\,\mathbb{C}^n) \simeq IP^N(\mathbb{C})$ $1+N = C_n^m$, de $G(m,n)$ dans l'espace projectif associé à $\overset{m}{\wedge}\,\mathbb{C}^n$. Ce plongement p peut être défini à partir de $Mon(\mathbb{C}^m, \mathbb{C}^n)$ par :

$$\begin{array}{ccc} Mon(\mathbb{C}^m,\mathbb{C}^n) & \longrightarrow & \mathbb{C}^{N+1} \quad 1+N = C_n^m \\ x & \longmapsto & (|x_1^!|, |x_2^!|, \cdots, |x_N^!|) \end{array}$$

où les $|x_i^!|$ sont les C_n^m déterminants **(m,m) extraits** de x .

CONSEQUENCE

$G(m,n)$ est une variété de Hodge (cf. [5] page 7)

§ II - U N E X E M P L E D E C H A M P

1) DEFINITION

Considérons le champ de vecteurs holomorphe v sur $Mon(\mathbb{C}^m,\mathbb{C}^n)$ défini par : $(p_{ij})_{\substack{1 \leq i \leq n \\ 1 \leq j \leq m}} = a \cdot x$ où $x = (x_{ij})_{\substack{1 \leq i \leq n \\ 1 \leq j \leq m}} \in Mon(\mathbb{C}^m,\mathbb{C}^n)$

où $a = (a_{ij})_{\substack{1 \leq i \leq n \\ 1 \leq j \leq n}} \in M_n(\mathbb{C})$ et où p_{ij} est la composante de v correspondant à $\dfrac{\partial}{\partial x_{ij}}$.

CONSEQUENCE

A tout endomorphisme a de $\mathbb{C}^n$ on associe un champ de vecteurs v sur $Mon(\mathbb{C}^m,\mathbb{C}^n)$. On appelle $\mathcal{V}$ l'ensemble des champs v obtenus en faisant varier a dans $L(\mathbb{C}^n,\mathbb{C}^n)$.

2) PROPOSITION

Le champ v définit "par passage au quotient" un champ de vecteurs holomorphe V sur $G(m,n)$.

DEMONSTRATION

Considérons le diagramme commutatif suivant :

$$\begin{array}{ccc} Mon(\mathbb{C}^m,\mathbb{C}^n) & \xrightarrow{\ v\ } & T(Mon(\mathbb{C}^m,\mathbb{C}^n)) \\ \downarrow \varphi & & \downarrow \varphi^T \\ G(m,n) & \overset{V}{\dashrightarrow} & T(G(m,n)) \end{array}$$

et montrons que les composantes de V ainsi défini sont des polynômes de degré inférieur ou égal à deux dans les différentes cartes de l'atlas défini précédemment. La démonstration sera faite pour la carte ①.

Rappelons que dans cette carte les coordonnées locales sont données par :

$$X_{ij}^{1} = \frac{\begin{vmatrix} x_{11} & \cdots & x_{1m} \\ \vdots & & \vdots \\ x_{m+i,1} & \cdots & x_{m+i,m} \\ \vdots & & \vdots \\ x_{m1} & \cdots & x_{mm} \end{vmatrix}}{\begin{vmatrix} x_{11} & \cdots & x_{1m} \\ \vdots & & \vdots \\ x_{m1} & \cdots & x_{mm} \end{vmatrix}} \quad \longleftarrow j^{e}\,\text{place}$$

Si P_{ij}^{1} est la composante de V correspondant à $\frac{\partial}{\partial X_{ij}^{1}}$ et p_{ij} la composante de v correspondant à $\frac{\partial}{\partial x_{ij}}$ on a :

$$P_{ij}^{1} = \sum_{\substack{1\leq k\leq n \\ 1\leq l\leq m}} \frac{\partial X_{ij}^{1}}{\partial x_{kl}} \, p_{kl}$$

Posons :

$$A_{kl} = \begin{vmatrix} x_{11} & - - & 0 & - - & x_{1m} \\ \vdots & & \vdots & & \vdots \\ 0 & - - & 1 & - - & 0 \\ \vdots & & \vdots & & \vdots \\ x_{m1} & - - & 0 & - - & x_{mm} \end{vmatrix} \longleftarrow k^{e}\text{ place, obtenu à partir de } D = \begin{vmatrix} x_{11} & \cdots & x_{1m} \\ \vdots & & \vdots \\ x_{m1} & & x_{mm} \end{vmatrix}$$

($\uparrow$ l^{e} place)

$$A'_{kl} = \begin{vmatrix} x_{11} & - & 0 & - & x_{m1} \\ \vdots & & \vdots & & \vdots \\ 0 & - & 1 & - & 0 \\ x_{m+i,1} & & \vdots & & x_{m+i,m} \\ \vdots & & \vdots & & \vdots \\ x_{m1} & - & 0 & - & x_{mm} \end{vmatrix} \longleftarrow k^{e}\text{ place, obtenu à partir de } D' = \begin{vmatrix} x_{11} & \cdots & x_{1m} \\ \vdots & & \vdots \\ x_{m+i\,1} & \cdots & x_{m+im} \\ \vdots & & \vdots \\ x_{m1} & \cdots & x_{mm} \end{vmatrix}$$

($\uparrow$ l place)

Alors
$$\frac{\partial X_{ij}^{1}}{\partial x_{kl}} = \frac{A'_{kl}\, D - A_{kl}\, D'}{D^{2}} \qquad \begin{matrix} 1\leq k\leq m \\ 1\leq l\leq m \\ k\neq j \end{matrix} \qquad\qquad \frac{\partial X_{ij}^{1}}{\partial x_{jr}} = -\frac{A_{jr}\, D'}{D^{2}}$$

$$\frac{\partial X_{ij}^{1}}{\partial x_{m+il}} = \frac{A_{jl}}{D} \qquad\qquad \frac{\partial X_{ij}^{1}}{\partial x_{m+p,l}} = 0 \quad p\neq i$$

D'où : $$P^1_{ij} = - \sum_{p=1}^{n-m} a_{j,m+p}\, X^1_{ij}.\, X^1_{pj} + \sum_{\substack{k\neq j\\ 1\leq k\leq m\\ 1\leq p\leq n-m}} a_{k,m+p}\, X^1_{ik}.X^1_{pj}$$

$$+ \sum_{\substack{1\leq k\leq m\\ k\neq j}} a_{kj}\, X^1_{ik} + \sum_{\substack{1\leq p\leq n-m\\ p\neq i}} a_{m+i,m+p}\, X^1_{pj}$$

$$+ (a_{m+i,m+i} - a_{jj})\, X^1_{ij} + a_{j,m+i}$$

P^1_{ij} est donc un polynôme de degré deux et par conséquent une fonction holomorphe.

En faisant de même pour les autres cartes, on en déduit que toutes les composantes de V dans les différentes cartes sont des polynômes de degré deux et que V est un champ de vecteurs holomorphe sur G(m,n).

3)CONCLUSION

A un endomorphisme a de $\mathbb{C}^n$ on associe un champ de vecteurs holomorphe V sur G(m,n) on définit ainsi une application :

$$\Psi : L(\mathbb{C}^n,\mathbb{C}^n) \longrightarrow \{\text{champs de vecteurs holomorphes sur } G(m,n)\}$$
$$a \longmapsto V$$

On pose $\mathcal{W} = \Psi(L(\mathbb{C}^n,\mathbb{C}^n))$

§III - RECHERCHE DES CHAMPS DE VECTEURS HOLOMORPHES SUR G(m,n)

1)THEOREME

Les composantes d'un champ de vecteurs holomorphe sur G(m,n) sont des polynômes de degré inférieur ou égal à deux dans les cartes de l'atlas défini précédemment.

DEMONSTRATION

Nous allons montrer que P^1_{11}(composante de V correspondant à $\dfrac{\partial}{\partial X^1_{11}}$ dans la carte ①) est un polynôme de degré inférieur ou égal à deux; la démonstration est identique pour P^1_{ij}, ainsi que dans les cartes autres que la carte ①.

Comme V est holomorphe les composantes dans les différentes cartes sont développables en séries entières et dans la carte ⓠ on écrira :

$$P^q_{rs}(X^q_{ij}) = \sum_{\substack{n_{ij}\in N\\ 1\leq i\leq n\\ 1\leq j\leq m}} {}^q a^{kl}_{(n_{ij})} \left[\prod_{i,j} (X^q_{ij})^{n_{ij}}\right]$$

où (n_{ij}) est une matrice à n-m lignes et m colonnes à coéfficients entiers.

a) 1ère étape

Considérons la carte (k) correspondant à :

$$x' = \begin{pmatrix} x_{21} & x_{2m} \\ & \\ x_{m,1} & x_{m,m} \\ x_{m+1,1} & x_{m+1,m} \end{pmatrix} \qquad x'' = \begin{pmatrix} x_{11} & x_{1m} \\ x_{m+2,1} & x_{m+2,m} \\ & \\ x_{n,1} & x_{n,m} \end{pmatrix}$$

Le changement de cartes (1)-(k) s'écrit :

$$\begin{cases} X^1_{11} = \dfrac{1}{X^k_{1m}} \quad X^1_{12} = -\dfrac{X^k_{11}}{X^k_{1m}} \quad \cdots \quad X^1_{1m} = -\dfrac{X^k_{1,m-1}}{X^k_{1m}} \\ X^1_{21} = \dfrac{X^k_{2m}}{X^k_{1m}} \quad X^1_{22} = X^k_{21} - \dfrac{X^k_{11}X^k_{2m}}{X^k_{1m}} \quad \cdots \quad X^1_{2m} = X_{2,m-1} - \dfrac{X^k_{1,m-1}X^k_{2m}}{X^k_{1m}} \\ \vdots \\ X^1_{n-m,1} = \dfrac{X^k_{n-m,m}}{X^k_{1m}} \quad X^1_{n-m,2} = X^k_{n-m,1} - \dfrac{X^k_{11}X^k_{n-m,m}}{X^k_{1m}} \cdots X^1_{n-m,m} = X^k_{n-m,m-1} - \dfrac{X^k_{1,m-1}X^k_{n-m,m}}{X^k_{1m}} \end{cases}$$

En particulier : $X^1_{11} = \dfrac{1}{X^k_{1m}}$ ce qui nous donne pour les composantes correspondantes :

$$P^k_{1m} = -(X^2_{1m})^2\, P^1_{11}(X^1_{ij})$$

Posons:

$$\begin{cases} \beta_{12} = -\dfrac{X^k_{11}}{X^k_{1m}} \quad \cdots\cdots \quad \beta_{1m} = -\dfrac{X^k_{1,m-1}}{X^k_{1m}} \\ \beta_{22} = X^k_{21} + \beta_{12}X^k_{2m} \quad \cdots \quad \beta_{2m} = X^k_{2,m-1} + \beta_{1m}X^k_{2m} \\ \vdots \\ \beta_{n-m,2} = X^k_{n-m,1} + \beta_{12}X^k_{n-m,m} \cdots \beta_{n-m,m} = X^k_{n-m,m-1} + \beta_{1m}X^k_{n-m,m} \end{cases}$$

Alors :

$$P^k_{1m}\begin{pmatrix} -\beta_{12}X^k_{1m} & \cdot & \cdot & -\beta_{1m}X^k_{1m} & X^k_{1m} \\ \beta_{22}-\beta_{12}X^k_{2m} & \cdot & \cdot & \beta_{2m}-\beta_{1m}X^k_{2m} & X^k_{2m} \\ \cdot & & & & \cdot \\ \cdot & & & & \cdot \\ \cdot & & & & \cdot \\ \beta_{n-m}-\beta_{12}X^k_{n-m,m} & & \cdot & \cdot & X^k_{n-m,m} \end{pmatrix} = -(X^k_{1m})^2 P^1_{11} \begin{pmatrix} \frac{1}{X^k_{1m}} & \beta_{12} & \cdots & \beta_{1m} \\ \frac{X^k_{2m}}{X^k_{1m}} & & \cdot & \cdot \\ \cdot & & \cdot & \cdot \\ \cdot & & \cdot & \cdot \\ \frac{X^k_{n-m,m}}{X^k_{1m}} & \beta_{n-m,2} & \cdots & \beta_{n-m,m} \end{pmatrix}$$

Le membre de gauche est holomorphe en les X^k_{ij} et β_{ij} et comme

$$P^k_{1m} = -(X^k_{1m})^2 \sum_{n_{ij}\in\mathbb{N}} {}^1a^{11}_{(n_{ij})} \left[\prod_{\substack{i,j\\ j\neq 1}} (\beta_{ij})^{n_{ij}}\right]\left[\left(\frac{1}{X^k_{1m}}\right)^{n_{11}} \cdots \left(\frac{X^k_{n-m,m}}{X^k_{1m}}\right)^{n_{n-m,1}}\right]$$

on a: ${}^1a^{11}_{(n_{ij})} = 0$ dès que $n_{11} + n_{21} + \cdots + n_{n-m,1} \geqslant 3$

Posons

$$\beta_{21} = \frac{X^k_{2m}}{X^k_{1m}} \quad \cdot \quad \cdot \quad \beta_{n-m,1} = \frac{X^k_{n-m,m}}{X^k_{1m}}$$

$$\beta_{i,j+1} = X^k_{ij} - \beta_{i1}X^k_{1,j-1} \qquad \text{pour } \begin{cases} i \geqslant 2 \\ j \leqslant m-1 \end{cases}$$

on a de même

$$P^k_{1m}\begin{pmatrix} X^k_{11} & \cdots & X^k_{1m} \\ & & \beta_{21}X^k_{1m} \\ & \left(-\beta_{i,j+1}+\beta_{i1}X^k_{1,j-1}\right) & \\ & & \\ & & \beta_{n-m,1}X^k_{1m} \end{pmatrix} = -(X^k_{1m})^2 P^1_{11} \begin{pmatrix} \frac{1}{X^k_{1m}} & -\frac{X^k_{11}}{X^k_{1m}} & \cdots & -\frac{X^k_{1\,m-1}}{X^k_{1m}} \\ \cdot & & & \\ \cdot & & \beta_{ij} & \\ \cdot & & & \end{pmatrix}$$

U n raisonnement analogue au précédent nous montre

$${}^1a^{11}_{(n_{ij})} = 0 \text{ dès que } n_{11} + n_{12} + \cdots + n_{1m} \geqslant 3$$

Si nous utilisons les changements de cartes correspondant à:

$$x' = \begin{pmatrix} x_{11} & & x_{1m} \\ & & \\ x_{m1} & & x_{mm} \\ x_{m+i,1} & & x_{m+i,m} \end{pmatrix} \qquad x'' = \begin{pmatrix} x_{j1} & & x_{jm} \\ x_{m+1,1} & & x_{m+1,m} \\ & & \\ x_{n1} & & x_{nn} \end{pmatrix}$$

(il manque la j^{e} ligne) (il manque la ligne correspondant à m+i)

le même raisonnement que precédemment nous donne :

$$ {}^{1}a^{ij}_{(n_{ij})} = 0 \qquad \text{quand} \qquad \begin{cases} n_{1j} + \dots + n_{n-m,j} \geqslant 3 \\ n_{i1} + \dots + n_{im} \geqslant 3 \end{cases}$$

b) 2e etape

Considérons la carte ⓚ' correspondant à

$$x' = \begin{pmatrix} x_{21} & \dots & x_{2m} \\ \cdot & & \cdot \\ \cdot & & \cdot \\ \cdot & & \cdot \\ x_{m1} & \dots & x_{mm} \\ x_{m+2,1} & \dots & x_{m+2,m} \end{pmatrix} \qquad x'' = \begin{pmatrix} x_{11} & \dots & x_{1m} \\ x_{m+1,1} & \dots & x_{m+1,m} \\ \cdot & & \cdot \\ \cdot & & \cdot \\ \cdot & & \cdot \\ x_{n,1} & \dots & x_{nm} \end{pmatrix}$$

On obtient le changement de carte suivant :

$$\begin{cases} X^{1}_{11} = \dfrac{X^{k'}_{2m}}{X^{k'}_{1m}} \qquad X^{1}_{12} = X^{k'}_{21} - \dfrac{X^{k'}_{2m} X^{k'}_{11}}{X^{k'}_{1m}} \qquad \dots \qquad X^{1}_{1m} = X^{k'}_{2,\,m-1} - \dfrac{X^{k'}_{2m}\, X^{k'}_{1,m-1}}{X^{k'}_{1,m}} \\[2ex] X^{1}_{21} = \dfrac{1}{X^{k'}_{1m}} \qquad X^{1}_{22} = -\dfrac{X^{k'}_{11}}{X^{k'}_{1m}} \qquad \dots \qquad X^{1}_{2m} = -\dfrac{X^{k'}_{1,m-1}}{X^{k'}_{1m}} \\[2ex] X^{k'}_{n-m,1} = \dfrac{X^{k'}_{n-m,1}}{X^{k'}_{1m}} \qquad \dots \qquad X^{1}_{n-m,m} = X^{k'}_{n-m,m-1} - \dfrac{X^{k'}_{n-m,m} X^{k'}_{1,m-1}}{X^{k'}_{1m}} \end{cases}$$

En particulier $X^{1}_{11} = \dfrac{X^{k'}_{2m}}{X^{k'}_{1m}}$ ce qui donne la relation:

$$P^{k'}_{2m} = (X^{k'}_{1m})\, P^1_{11} - (X^{k'}_{1m} X^{k'}_{2m})\, P^1_{21}$$

Développons P^1_{11} et P^1_{21} en séries entières et regroupons les termes.

Il vient :

$$P^{k'}_{2m} = \sum_{n_{ij}} b_{(n_{ij})} \left[\prod_{\substack{i\neq 1,2 \\ j\neq 1}} (X^1_{ij})^{n_{ij}} \right] \left(X^1_{11}\right)^{n_{11}} \left(X^1_{21}\right)^{n_{21}-2}$$

avec

⊡ $b_{(n_{ij})} = {}^1a^{11}_{(n'_{ij})} - {}^1a^{21}_{(n''_{ij})}$ pour $n_{11} \geqslant 1$ $n_{21} \geqslant 1$

où $\begin{cases} n'_{ij} = n_{ij} & i\neq 1 \quad j\neq 2 \\ n'_{12} = n_{12}-1 \end{cases}$ et où $\begin{cases} n''_{ij} = n_{ij} & i\neq 1 \quad j\neq 1 \\ n''_{11} = n_{11}-1 \end{cases}$

⊡ $\left.\begin{aligned} b_{(n_{ij})} &= {}^1a^{11}_{(n'_{ij})} & n_{21} \geqslant 1 \\ &= 0 & n_{21} = 0 \end{aligned}\right\}$ et $n_{11} = 0$

⊡ $\left.\begin{aligned} b_{(n_{ij})} &= {}^1a^{21}_{(n''_{ij})} & n_{11} \geqslant 1 \\ &= 0 & n_{11} = 0 \end{aligned}\right\}$ et $n_{21} = 0$

Nous retrouvons une situation identique à la première étape, le même raisonnement (⊡ et ⊡) appliqué ici donne :

$$b_{(n_{ij})} = 0 \text{ dès que } \begin{aligned} &n_{21} + n_{22} + \cdots + n_{2m} \geqslant 3 \\ &n_{11} + n_{21} + \cdots + n_{n-m,1} \geqslant 3 \end{aligned}$$

Ce qui entraine :

$${}^1a^{11}_{(n'_{ij})} = {}^1a^{21}_{(n''_{ij})} \quad \text{pour} \quad \begin{aligned} &n_{11} \geqslant 1 \,,\; n_{21} + \cdots + n_{2m} \geqslant 3 \\ &n_{21} \geqslant 1 \,,\; n_{11} + \cdots + n_{n-m,1} \geqslant 3 \end{aligned}$$

Mais la première étape nous a montré que :

$${}^1a^{21}_{(n_{ij})} = 0 \text{ dès que } n_{21} + n_{22} + \cdots + n_{2m} \geqslant 3$$

donc pour $n_{11} \geqslant 1$, $n_{21} \geqslant 1$, $n_{21} + n_{22} + \cdots + n_{2m} \geqslant 3$ on a :

$${}^1a^{11}_{(n'_{ij})} = {}^1a^{21}_{(n''_{ij})} = 0 \qquad \text{d'où}$$

$${}^{1}a^{11}_{(n'_{ij})} = 0 \quad \text{pour} \quad n_{11} \geqslant 1 \quad \text{et} \quad n_{21} + n_{22} + \cdot\cdot\cdot + n_{2m} \geqslant 2$$

Traitons le cas $n_{11} = 0$ alors $b_{(n_{ij})} = {}^{1}a^{11}_{(n'_{ij})}$ avec $n_{21} \geqslant 1$

donc $${}^{1}a^{11}_{(n'_{ij})} = 0 \quad \text{pour} \quad n_{21} + \cdot\cdot + n_{2m} \geqslant 2 \quad , \quad n_{11} = 0$$

c'est à dire :

$${}^{1}a^{11}_{(n_{ij})} = 0 \quad \text{pour} \quad n_{21} + \cdot\cdot + n_{2m} \geqslant 2 \quad \text{et} \quad n_{11} = 0$$

Finalement :

$${}^{1}a^{11}_{(n_{ij})} = 0 \quad \text{pour} \quad n_{21} + \cdot\cdot + n_{2m} \geqslant 2$$

On montrerait de même en utilisant des changements de cartes analogues que:

$${}^{1}a^{11}_{(n_{ij})} = 0 \quad \text{pour} \quad n_{k1} + n_{k2} + \cdot\cdot\cdot + n_{km} \geqslant 2$$

c) $3^{\text{è}}$ étape

Utilisons la carte (k") correspondant à

$$x' = \begin{pmatrix} x_{11} & x_{1m} \\ x_{31} & x_{3m} \\ & \\ x_{m1} & x_{mm} \\ x_{m+1,1} & x_{m+1,m} \end{pmatrix} \quad x'' = \begin{pmatrix} x_{21} & x_{2m} \\ x_{m+2,1} & x_{m+2,m} \\ & \\ x_{n,1} & x_{nm} \end{pmatrix}$$

Elle nous donne la relation :

$$X^{1}_{11} = -\frac{X^{k''}_{11}}{X^{k''}_{1m}} \qquad \text{d'où} \qquad P^{k''}_{11} = -X^{k''}_{1m} P^{1}_{11} + X^{k''}_{11} X^{k''}_{1m} P^{1}_{12}$$

qui est analogue à celle obtenue dans la $2^{\text{è}}$ étape.

Le même raisonnement que précédemment appliqué ici nous montre que

$${}^{1}a^{11}_{(n_{ij})} = 0 \quad \text{pour} \quad n_{12} + n_{22} + \cdots + n_{n-m,2} \geqslant 2$$

On montre aussi

$${}^{1}a^{11}_{(n_{ij})} = 0 \quad \text{pour} \quad n_{1k} + \cdots + n_{n-m,k} \geqslant 2$$

Ces diverses relations (2è étape et 3è étape) entrainent déjà que

P^{1}_{11} est un polynôme puisque ${}^{1}a^{11}_{n_{ij}} = 0$ pour $n_{ij} \geqslant 3$

Montrons plus précisément que c'est un polynôme de degré inférieur ou égal à deux en $X^{1}_{11}, X^{1}_{21}, \ldots X^{1}_{n-m,1}, X^{1}_{12}, \ldots X^{1}_{1m}$

d) 4è étape

Utilisons la carte Ⓛ correspondant à :

$$x' = \begin{pmatrix} x_{31} & x_{3m} \\ & \\ x_{m1} & x_{mm} \\ x_{m+1,1} & x_{m+1,m} \\ x_{m+2,1} & x_{m+2,m} \end{pmatrix} \qquad x'' = \begin{pmatrix} x_{11} & x_{1m} \\ x_{21} & x_{2m} \\ x_{m+3,1} & x_{m+3,m} \\ & \\ x_{n1} & x_{nm} \end{pmatrix}$$

Le changement de cartes s'écrit :

$$\begin{cases} X^{1}_{11} = \dfrac{X^{\ell}_{2m}}{X^{\ell}_{1,m-1}X^{\ell}_{2m} - X^{\ell}_{1m}X^{\ell}_{2,m-1}}, \quad X^{1}_{12} = \dfrac{-X^{\ell}_{1m}}{D_{\ell}}, \quad X^{1}_{13} = \dfrac{X^{\ell}_{21}X^{\ell}_{1m} - X^{\ell}_{11}X^{\ell}_{2m}}{D_{\ell}} \\ X^{1}_{1m} = \dfrac{X^{\ell}_{2,m-1}X^{\ell}_{1,m-2} - X^{\ell}_{1,m-2}X^{\ell}_{2m}}{D_{\ell}} \end{cases}$$

$$X^{1}_{21} = \frac{-X^{\ell}_{2,m-1}}{D_{\ell}}, \quad X^{1}_{22} = \frac{X^{\ell}_{1,m-1}}{D_{\ell}}, \quad X^{1}_{2m} = \frac{X^{\ell}_{2,m-1}X^{\ell}_{1,m-2} - X^{\ell}_{1,m-1}X^{\ell}_{2,m-2}}{D_{\ell}}$$

$$X^{1}_{31} = \frac{X^{\ell}_{2m}X^{\ell}_{3,m-1} - X^{\ell}_{3m}X^{\ell}_{2,m-1}}{D_{\ell}}, \quad X^{1}_{32} = \frac{X^{\ell}_{3m}X^{\ell}_{1,m-1} - X^{\ell}_{3,m-1}X^{\ell}_{1m}}{D_{\ell}}, \quad \ldots$$

$$X^1_{n-m,1} = \frac{X^{\ell}_{2m} X^{\ell}_{n-m,m-1} - X^{\ell}_{n-m,m} X^{\ell}_{2,m-1}}{D_{\ell}} \qquad \cdots\cdots$$

$$X^1_{n-m,1} = X^{\ell}_{n-m,m-2} + X^{\ell}_{n-m,m-1} X^1_{1m} + X^{\ell}_{n-m,m} X^1_{2m}$$

Montrons à l'aide de ce changement de cartes que P^1_{11} est indépendant de X^1_{22} .

Puisque l'on a $n_{22} + n_{23} + \cdots + n_{2m} \leq 1$ (sinon ${}^1a^{11}_{n_{ij}} = 0$) il n'y a aucun produit du type $X^1_{2k} X^1_{22}$ on peut donc supposer $X^1_{2k} = 0 \quad k \neq 2$ sans faire disparaitre de termes en X^1_{22}. De même $n_{12} + \cdots + n_{n-m,2} \leq 1$ et on peut supposer $X^1_{k2} = 0$.

De plus : $X^1_{22} = \dfrac{X^{\ell}_{1,m-1}}{X^{\ell}_{1,m-1} X^{\ell}_{2m} - X^{\ell}_{1m} X^{\ell}_{2,m-1}}$ ce qui entraine :

$$P_{1,m-1} = -\left(\frac{X^1_{22}}{X^1_{11} X^1_{22} - X^1_{12} X^1_{21}}\right)^2 P^1_{11} + \frac{X^1_{21} X^1_{22}}{D^2_1} P^1_{21} +$$

$$\frac{X^1_{12} X^1_{22}}{D^2_1} P^1_{12} - \frac{X^1_{12} X^1_{21}}{D^2_1} P^1_{21}$$

qui devient si $X^1_{2k} = X^1_{k2} = 0$

$$P_{1,m-1} = -(X_{1,m-1})^2 P^1_{11} \begin{pmatrix} \dfrac{1}{X^{\ell}_{1,m-1}} & 0 & \cdot\ \cdot & -\dfrac{X^{\ell}_{1,m-2}}{X^{\ell}_{1,m-1}} \\ 0 & \dfrac{1}{X^{\ell}_{2m}} & \cdot\ \cdot\ \cdot & 0 \\ \dfrac{X^{\ell}_{3,m-1}}{X^{\ell}_{1,m-1}} & 0 & \cdot\ \cdot\ \cdot\ \cdot\ \cdot & \\ \vdots & & & \\ \dfrac{X^{\ell}_{n-m,m-1}}{X^{\ell}_{1,m-1}} & 0 & \cdot & X^{\ell}_{n-m,m-2} - \dfrac{X^{\ell}_{1,m-2} X^{\ell}_{n-m,m-1}}{X^{\ell}_{1,m-1}} \end{pmatrix}$$

$P_{1,m-1}$ est holomorphe donc $P^1_{11}\begin{pmatrix} \cdot & 0 & \cdot & \cdot & \cdot \\ 0 & \dfrac{1}{X^{\ell}_{2,m}} & 0 & \cdot & \cdot \\ \cdot & 0 & \cdot & \cdot \\ & \vdots & & \end{pmatrix}$ est

holomorphe en X^{ℓ}_{2m} ce qui entraine que P^1_{11} est indépendant de X^1_{22}.
On montrerait de même que P^1_{11} est indépendant de X^1_{rs} $r\neq 1$ ou $s\neq 1$ en utilisant les $(m-1)(n-m+1)$ changements de cartes obtenus en "échangeant" deux lignes.
Soit finalement:

$$P^1_{11} = \sum_{\substack{1\leq p\leq m \\ 1\leq k\leq n-m}} a^{11}_{kp}\, X^1_{k1} X^1_{1p} + \sum_{1\leq k\leq n-m} b^{11}_{k1}\, X^1_{k1}$$

$$+ \sum_{1\leq p\leq m} c^{11}_{1p}\, X^1_{1p} + d^{11}$$

2)CONSEQUENCES

On remarque que les P^1_{ij} ont les mêmes monômes que les composantes des champs de vecteurs définis au § II (Un exemple de champ). Plus précisément on a :

3) THEOREME

L'application ψ qui associe à un endomorphisme de $\mathbb{C}^n$ un champ de vecteurs holomorphe sur $G(m,n)$ (§ II 3)) est surjective.

REMARQUE

Tout champ de vecteurs holomorphe sur $G(m,n)$ est donc "associé" à un endomorphisme de $\mathbb{C}^n$.

DEMONSTRATION

Soit V un champ de vecteurs holomorphe sur $G(m,n)$, d'après le théorème précédent ses composantes sont dans la carte 1 :

$$P^1_{ij} = \sum_{\substack{1\leq k\leq n-m \\ 1\leq p\leq m}} a^{ij}_{kp}\, X^1_{kj}\, X^1_{ip} + \sum_{1\leq k\leq n-m} b^{ij}_{kj}\, X^1_{kj}$$

$$+ \sum_{1\leq p\leq m} c^{ij}_{ip}\, X^1_{ip} + d^{ij}$$

Rappelons qu'un champ W appartenant à $\mathcal{W}$ (image de ψ) a dans cette même carte pour composantes:

$$Q^1_{ij} = - \sum_{p=1}^{n-m} a_{j,m+p} X^1_{ij} X^1_{pj} + \sum_{\substack{k\neq j \\ 1\leq k\leq m \\ 1\leq p\leq n-m}} a_{k,m+p} X^1_{ik} X^1_{pj} + \sum_{\substack{1\leq k\leq m \\ k\neq j}} a_{kj} X^1_{ik}$$

$$+ \sum_{\substack{p\neq j \\ 1\leq p\leq n-m}} a_{m+i,m+p} X^1_{pj} + (a_{m+i,m+i} - a_{jj}) X^1_{ij} + a_{j,m+i}$$

Les composantes peuvent être identifiées, si les relations entre les coéfficients des différents Q^1_{ij} sont vérifiées pour les P^1_{ij}.
Par exemple les coéfficients de $X^1_{11} X^1_{p1}$ de Q^1_{11} et $X^1_{21} X^1_{p1}$ de Q^1_{21} sont les mêmes, montrons que c'est aussi vrai pour P^1_{11} et P^1_{21}.
Reprenons le changement de cartes ① (k') (§ III 2^{é}étape)

$$P^{k'}_{2m} = X^{k'}_{1m} P^1_{11} - X^{k'}_{1m} X^{k'}_{2m} P^1_{21} \qquad \text{(I)}$$

Le coéfficient de P^1_{11} correspondant a $X^1_{11} X^1_{p1}$ est a^{11}_{p1} et celui de P^1_{21} correspondant à $X^1_{21} X^1_{p1}$ est a^{21}_{p1}.

Lorsque l'on regroupe les termes dans (I), le coéfficient de $\dfrac{X^{k'}_{2m} X^{k'}_{p1}}{X^{k'}_{1m}}$ est $(a^{11}_{p1} - a^{21}_{p1})$ or $P^{k'}_{21}$ est holomorphe donc $a^{11}_{p1} = a^{21}_{p1}$ C.Q.F.D.

On procède de même pour les autres relations.

CONSEQUENCE

Etant donné un champ V holomorphe sur G(m,n) il existe $W \in \mathcal{W}$ tel que Vet W coincident dans la carte ①. Comme V est déterminé par ses composantes dans la carte ① et les changements de cartes, V et W coincident dans les autres cartes et donc coincident partout.

REMARQUE

Tout champ de vecteurs V holomorphe sur G(m,n) est donc associé à un champ de vecteurs $v \in \mathcal{V}$ de Mon($\mathbb{C}^m, \mathbb{C}^n$) (v étant lui-même associé à un endomorphisme de $\mathbb{C}^n$); v n'est pas unique puisque v associé à $\lambda \, Id_{\mathbb{C}^n}$ donne le champ nul de G(m,n).

4) - C O R O L L A I R E

Le plongement défini au §1 V) est tel que:

Tout champ de vecteurs holomorphe sur $G(m,n)$ (plongée dans $IP^N(\mathbb{C})$) se prolonge en un champ de vecteurs holomorphe sur $IP^N(\mathbb{C})$.

DEMONSTRATION

Soient $p : G(m,n) \longrightarrow IP^N(\mathbb{C})$ le plongement et

$V : G(m,n) \longrightarrow T(G(m,n))$ un champ de vecteurs holomorphe. p est défini par:

$$f : Mon(\mathbb{C}^m,\mathbb{C}^n) \longrightarrow \mathbb{C}^{N+1}$$
$$x \longmapsto (|x_1^!|, |x_2^!|, \quad |x_N^!|)$$

v un champ de vecteurs de $Mon(\mathbb{C}^m,\mathbb{C}^n)$ qui donne par"passage au quotient" V (théorème précédent).

Considérons le diagramme commutatif suivant ;

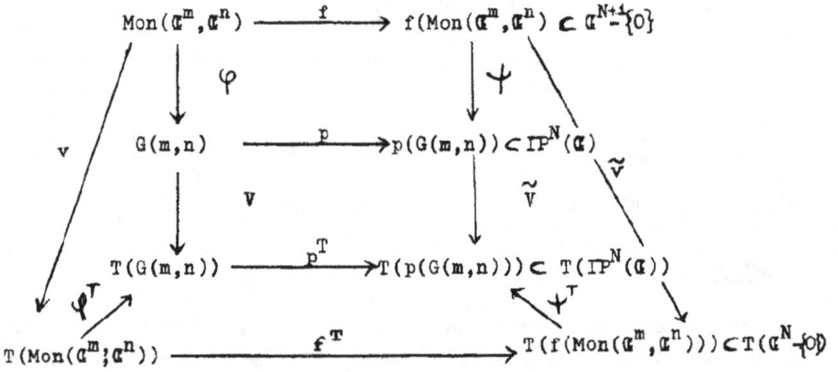

Il montre que $\tilde{V}$ s'obtient à partir de $\tilde{v}$.Or tout champ de vecteurs holomorphe de $IP^N(\mathbb{C})$ s'obtient à partir d'un endomorphisme de $\mathbb{C}^{N+1}$, donc $\tilde{V}$ se prolonge si etseulement si $\tilde{v}$ se prolonge en un endomorphisme de $\mathbb{C}^{N+1}$.

$\tilde{v} = f^T(v)$ et il faut montrer que les composantes de $\tilde{v}$ sont des polynômes homogènes de degré un.

Soit:

$$f:\ \mathrm{Mon}(\mathbb{C}^m,\mathbb{C}^n) \longrightarrow \mathbb{C}^{N+1}$$

$$x \longmapsto \left(y_1 = \begin{vmatrix} x_{11} & \cdots & x_{1m} \\ \vdots & & \vdots \\ x_{m1} & & x_{mm} \end{vmatrix}, y_2 = \begin{vmatrix} x_{11} & \cdots & x_{1m} \\ \vdots & & \\ x_{m+1,1} & & x_{m+1,m} \end{vmatrix} \cdots \right)$$

La première composante de $\tilde{v}$ sera:

$$\tilde{P}_1 = \sum_{\substack{1\leq i\leq n \\ 1\leq j\leq m}} \frac{y_1}{x_{ij}} p_{ij} \quad \text{où } (p_{ij}) = (a_{ij}).(x_{ij}) \ \& \ (a_{ij}) \in M_n(\mathbb{C})$$

matrices(n,n)

$$\text{or} \quad \frac{\partial y_1}{\partial x_{ij}} = A_{ij} \qquad \begin{matrix} 1\leq j\leq m \\ 1\leq i\leq m \end{matrix} \qquad \text{(notations de § II 2))}$$

$$\frac{\partial y_1}{\partial x_{ij}} = 0 \qquad i>m$$

$$\tilde{P}_1 = \sum_{\substack{1\leq i\leq m \\ 1\leq j\leq m}} A_{ij} \sum_{k=1}^{m} a_{ik} x_{kj} = \sum_{\substack{1\leq k\leq m \\ 1\leq i\leq m}} a_{ik} \sum_{j=1}^{m} x_{kj} A_{ij}$$

$$= \sum_{\substack{1\leq k\leq n \\ 1\leq i\leq m}} a_{ik} \begin{vmatrix} x_{11} & \cdots & x_{1m} \\ \vdots & & \vdots \\ x_{k1} & \cdots & x_{km} \\ \vdots & & \vdots \\ x_{m1} & \cdots & x_{mm} \end{vmatrix} \longleftarrow j^{\grave{e}} \text{ place} \quad = \sum_{\substack{1\leq k\leq m \\ 1\leq i\leq m}} a_{ik} y_{(k,j)}$$

donc un polynôme homogène de degré un en les y_i.

De même pour les autres composantes C.Q.F.D.

§ IV - S I N G U L A R I T E S

Nous allons montrer que l'on peut classifier les champs de vecteurs holomorphes sur $G(m,n)$ suivant leur singularité.

1) - DEFINITION

Soit V un champ de vecteurs holomorphe sur $G(m,n)$, $S \in G(m,n)$ est dit singulier pour V si et seulement si $V(S) = 0$.

2)- PROPOSITION

Soit V un champ de vecteurs holomorphe sur $G(m,n)$, v un champ associé sur $\mathrm{Mon}(\mathbb{C}^m,\mathbb{C}^n)$ (cf. théorème 4 3). S un point de $G(m,n)$ s un représentant dans $\mathrm{Mon}(\mathbb{C}^m,\mathbb{C}^n)$

$$S \text{ singulier} \Leftrightarrow \exists \lambda \in M_m(\mathbb{C}) \text{ tel que } v(s) = s.\lambda$$

matrices(m,m)

DEMONSTRATION

Quitte à transformer G(m,n) par un isomorphisme défini en §1, 2) on peut supposer que S est l'origine dans la carte (1) c'est à dire que l'on peut prendre pour

$$s=\begin{pmatrix} 1 & \dots & 0 \\ & \ddots & \\ 0 & \dots & 1 \\ & 0 & \end{pmatrix}$$

$$V(S)=0 \Leftrightarrow V(0)=0 \Leftrightarrow P^1_{ij}(0)=0 \qquad \begin{matrix} i=1,2,\dots,n \\ j=1,2,\dots,m \end{matrix}$$

Or $P^1_{ij}(X^1_{ij})=R_1(X^1_{ij})+R_2(X^1_{ij})+a_{m+i,j}$ $\begin{cases} R_1 \text{ polynôme homogène de degré 2} \\ R_2 \text{ polynôme homogène de degré 1} \end{cases}$

$$P^1_{ij}=(0)=0 \Leftrightarrow a_{m+i,j}=0 \qquad \begin{matrix} i=1,2,\dots\ n-m \\ j=1,2,\dots\ m \end{matrix}$$

avec (a_{ij}) matrice correspondant à v

$$v(s)=\begin{pmatrix} a_{11} \cdots a_{1m} & & a_{1n} \\ \vdots \quad\ \ \vdots & & \\ a_{m1} \quad a_{mm} & & \\ 0 \dots\dots 0 & a_{m+1,m+1} & \cdots \\ \vdots \quad\ \ \vdots & \vdots & \\ 0 \quad\ \ 0 & & a_{nn} \end{pmatrix}\begin{pmatrix} 1 & 0 & \cdots & 0 \\ 0 & 1 & \cdots & 0 \\ & & & \\ 0 & \cdots & \cdots & 1 \\ 0 & \cdots & \cdots & 0 \\ & & & \\ 0 & \cdots & \cdots & 0 \end{pmatrix}=\begin{pmatrix} a_{11} & & a_{1n} \\ & & \\ a_{m1} & & a_{mm} \\ 0 & \cdots & 0 \\ & & \\ 0 & \cdots & 0 \end{pmatrix}$$

$$= s.\lambda \qquad \text{avec :} \quad \lambda=\begin{pmatrix} a_{11} & \cdots & a_{1m} \\ \vdots & & \vdots \\ a_{m1} & \cdots & a_{mm} \end{pmatrix} \qquad \text{C.Q.F.D.}$$

3)- RECHERCHE DES SINGULARITE

On est donc ramené à un problème d'algèbre linéaire : étant donné $a \in M_n(\mathbb{C})$ déterminer: $\{ x \in \mathrm{Mon}(m,n) \mid \exists \lambda \in M_m(\mathbb{C}) \text{ avec } ax = x.\lambda \}$ ce qui s'interprète aussi par:

Rechercher les sous espaces vectoriels de dimension m de $\mathbb{C}^n$ stables par un endomorphisme f donné (de matrice a dans la base canonique)

a) PROPOSITION

Un champ de vecteurs holomorphe sur G(m,n) admet toujours une singularité.

DEMONSTRATION

Elle est immédiate puisque tout endomorphisme de $\mathbb{C}^n$ admet toujours un sous espace vectoriel de dimension m stable par f (triangulation).

a) Cas générique (f a toutes ses valeurs propres distinctes)

Il y a alors C_n^m points singuliers isolés

DEMONSTRATION

$\mathbb{C}^n = E_1 \oplus \cdots \oplus E_n$ (E_i est le sous espace propre associé à la valeur propre λ_i).

Si F est un sous espace vectoriel de dimension m stable par f alors $F = F_1 \oplus \cdots \oplus F_m$ où F_k est un sous espace propre associé à une valeur propre de $f|_F$. Donc $F_k = E_{i_k}$ et il y a autant de sous espace stables que de sommes $E_{i_1} \oplus \cdots \oplus E_{i_m}$ distinctes extraites de $E_1 \oplus \cdots \oplus E_n$, soit C_n^m sous espaces stables distincts et C_n^m points singuliers isolés.

b) Cas général

Les singularités sont isomorphes à des variétés grassmanniennes ou à des produits de variétés grassmanniennes, ou sont des points isolés.

DEMONSTRATION

Le théorème de Jordan montre que :
$\mathbb{C}^n$ se décompose en somme directe de sous espaces vectoriels E_i tels qu'il existe une base dans laquelle $f|_{E_i}$ a pour matrice :

[1] soit $\begin{pmatrix} \lambda_i & & 0 \\ & \ddots & \\ 0 & & \lambda_i \end{pmatrix}$

[2] soit $\begin{pmatrix} \lambda_i & 1 & & 0 \\ & \ddots & \ddots & \\ & & \ddots & 1 \\ 0 & & & \lambda_i \end{pmatrix}$

Dans le cas [1] tout sous espace vectoriel de E_i est stable par f.
Dans le cas [2] il existe pour tout $p \leq \dim E_i$ un sous espace vectoriel de E_i de dimension p et un seul stable par f.
De plus si $\mathbb{C}^n = E_1 \oplus \cdots \oplus E_k$ et si F est stable par f ($\dim F = m$) alors $F = F_1 \oplus \cdots \oplus F_p$ avec F_i sous espace vectoriel de E_{j_i}. En effet les E_i sont définis à partir de $\mathrm{Ker}(f-\lambda_i \mathrm{Id})^r$ et les F_i à partir de

$\mathrm{Ker}(f|_F - \lambda_i \mathrm{Id})^r = \mathrm{Ker}(f - \lambda_i \mathrm{Id})^r \cap F$ donc $F_i = E_i \cap F$.

Montrons sur un exemple comment ces résultats permettent d'obtenir suivant la décomposition de $\mathbb{C}^n$ relative à f, tous les sous espaces vectoriels stables, donc les singularités du champ correspondant.Le résultat général énoncé précédemment s'en déduit immédiatement.

c)Un exemple:G(2,5)

1) $\mathbb{C}^5 = E_1 \oplus E_2 \oplus E_3 \oplus E_4 \oplus E_5$ et il y a 10 points singuliers isolés (cf. b)).

2) $\mathbb{C}^5 = E_1 \oplus E_2 \oplus E_3 \oplus E_4$ $\dim E_1 = 2$ $\dim E_i = 1$ i=2,3,4

F peut être égal à :

[·] $F=E_1$, $F= E_2 \oplus E_3$, $F= E_2 \oplus E_4$, $F= E_3 \oplus E_4$ soit 4 points isolés.

[··] $F= F_1 \oplus E_i$ i=2,3,4 F_1 sous espace de dimension 1 de E_1 stable par f.

a)E_1 est du type [1] alors tous les sous espaces vectoriels conviennent et les points singuliers correspondent aux sous espaces vectoriels de dimension 1 dans E_1.On obtient ainsi trois sous variétés isomorphes à $\mathbb{P}_1(\mathbb{C})$ (i=2,3,4).

b)E_1 est du type [2], il y a un seul sous espace de dimension 1 stable par f donc trois points singuliers isolés (i=2,3,4).

Soit : 7 points singuliers isolés dans le cas b)
4 points singuliers isolés et 3 sous variétés isomorphes à $\mathbb{P}_1(\mathbb{C})$ dans le cas a) .

Résumons dans un tableau les résultats obtenus en traitant tous les autres cas de la même manière.

DECOMPOSITION DE $E = \mathbb{C}^5$	POINTS SINGULIERS ISOLES	SINGULARITES NON ISOLEES
$E = E_1 + E_2 + E_3 + E_4 + E_5$ $\dim E_i = 1$	10 points	
$E = E_1 + E_2 + E_3 + E_4$ $\dim E_1 = 2$ $\dim E_i = 1$ $i = 2,3,4$	7 points	
	4 points	$\mathbb{P}_1(\mathbb{C}), \mathbb{P}_1(\mathbb{C}), \mathbb{P}_1(\mathbb{C})$
$E = E_1 + E_2 + E_3$ $2 = \dim E_1 = \dim E_2$ $\dim E_3 = 1$	5 points	
	3 points	$\mathbb{P}_1(\mathbb{C}), \mathbb{P}_1(\mathbb{C})$
	2 points	$\mathbb{P}_1(\mathbb{C}), \mathbb{P}_1(\mathbb{C}), \mathbb{P}_1(\mathbb{C}) \times \mathbb{P}_1(\mathbb{C})$
$E = E_1 + E_2$ $\dim E_1 = 3$ $\dim E_2 = 2$	3 points	
	2 points	$\mathbb{P}_1(\mathbb{C})$
	1 points	$\mathbb{P}_1(\mathbb{C}), \mathbb{P}_2(\mathbb{C})$
	1 point	$\mathbb{P}_1(\mathbb{C}), \mathbb{P}_1(\mathbb{C}) \times \mathbb{P}_2(\mathbb{C})$
$E = E_1 + E_2$ $\dim E_1 = 4$ $\dim E_2 = 1$	2 points	
		$G(2,4), \mathbb{P}_3(\mathbb{C})$
$E = E_1$ $\dim E_1 = 5$	1 point	
		$G(2,5)$

§ V - I N T E G R A T I O N

1) REDUCTION

Soit V un champ de vecteurs holomorphe sur G(m,n) , v un champ correspondant sur Mon(m,n) associé à l'endomorphisme f de $\mathbb{C}^n$.

Quitte à transformer $\mathbb{C}^n$ par un isomorphisme approprié (qui induit un isomorphisme sur G(m,n) cf, I 2)) on peut supposer que la matrice de f est, dans la base canonique, sous la forme de Jordan.

$$a = \begin{pmatrix} \lambda_1 & \varepsilon_1 & 0 & \cdots & 0 \\ 0 & \lambda_2 & \varepsilon_2 & \cdots & 0 \\ & & \ddots & \ddots & \\ 0 & & & \lambda_{n-1} & \varepsilon_{n-1} \\ & & & & \lambda_n \end{pmatrix}$$

Intégrons le champ v, les trajectoires de V s'en déduisant.

2) INTEGRATION

$$v(x) = a.x = \begin{pmatrix} \lambda_1 x_{11} + \varepsilon_1 x_{21} & \lambda_1 x_{12} + \varepsilon_1 x_{22} & & \lambda_1 x_{1m} + \varepsilon_1 x_{2m} \\ \lambda_2 x_{21} + \varepsilon_2 x_{31} & \lambda_2 x_{22} + \varepsilon_2 x_{32} & & \lambda_2 x_{2m} + \varepsilon_2 x_{3m} \\ & & & \\ \lambda_n x_{n1} & \lambda_n x_{n2} & & \lambda_n x_{nm} \end{pmatrix}$$

On obtient un paramétrage des trajectoires en intégrant le système :

$$\frac{dx_{ij}}{dt} = \lambda_i x_{ij} + \varepsilon_i x_{i+1,j}$$

Ce qui donne:

$$x_{ij} = P_{ij}(t) e^{\lambda_i t}$$ où les $P_{ij}(t)$ sont des polynômes dont le degré dépend de la forme de la matrice ; degré $P_{ij}(t) \leqslant n-i$

On en déduit pour les trajectoires de V le paramétrage suivant:

$$X_{ij} = Q_{ij}(t) e^{\lambda_{ij} t}$$ où $Q_{ij}(t)$ est une fraction rationnelle en t.

DEMONSTRATION

On a:

$$X^1_{ij} = \frac{\begin{vmatrix} x_{11} & x_{1m} \\ x_{m+i,1} & x_{m+i,m} \\ x_{m1} & x_{mm} \end{vmatrix}}{\begin{vmatrix} x_{11} & x_{1m} \\ & \\ x_{m1} & x_{mm} \end{vmatrix}} = \frac{\begin{vmatrix} P_{11}(t) & P_{1m}(t) \\ P_{m+i,1}(t) & P_{m+i,m}(t) \\ P_{m1}(t) & P_{mm}(t) \end{vmatrix}}{\begin{vmatrix} P_{11}(t) & P_{1m}(t) \\ & \\ P_{m1}(t) & P_{mm}(t) \end{vmatrix}} \cdot e^{(\lambda_i - \lambda_j)t}$$

De même pour les autres cartes.

3)COROLLAIRE

En dehors des singularités les trajectoires d'un champ de vecteurs holomorphe sur G(m,n) sont homéomorphes relativement à la topologie fine :

- à un cylindre
- à un plan($\mathbb{R}^2$)

En aucun cas une trajectoire n'est homéomorphe à un tore.

DEMONSTRATION

La démonstration peut se faire à partir du plongement: Puisque le champ V se prolonge en un champ de vecteurs holomorphe de $\mathbb{P}^N(\mathbb{C})$ et qu'un tel champ n'admet que des trajectoires homéomorphes à un cylindre ou à un plan (pour la topologie fine), il ne peut y avoir de trajectoires homéomorphes à un tore pour V.

On peut aussi remarquer que les $X_{ij} = P_{ij}(t)e^{\lambda_{ij} t}$ ne peuvent avoir une double période commune car ils seraient constants et le champ associé le champ nul.

4)CONCLUSION

On a donc généralisé les résultats obtenus pour $\mathbb{P}^n(\mathbb{C})$ et comme pour $\mathbb{P}^n(\mathbb{C})$ on pourrait faire une étude des bouts des trajectoires et éventuellement des champs qui commuttent. La connaissance de la forme explicite et relativement simple des composantes dans les cartes permet de résoudre ces problème qui ne sont pas traités ici.

B I B L I O G R A P H I E

[1] A.Blanchard : Sur les variétés analytiques complexes
Ann. Sci. Ecole Norm. Sup. (3)73 (1956),157-202.

[2] R.Bott : Vector fields and characteristic numbers
Michigan Math. J. 14 (1967) 231-244

[3] J.Martinet :Champs de vecteurs holomorphes sur le plan projectif complexe.
Thèse de 3^{è} cycle Grenoble 1961

[4] J.Martinet et C.Sadler:
Lecture Notes- Séminaire de F.Norguet 1970-1971.

[5] Y.Matsushima : Holomorphic vector fields on compact Kähler manifolds
Amer. Math. Society,Regional conference seties in mathematics
n°7 (1971)

ETUDE DES CHAMPS DE VECTEURS HOLOMORPHES SUR LES VARIETES OBTENUES PAR ECLATEMENTS SUCCESSIFS DE $\mathbb{P}_1(\mathbb{C}) \times \mathbb{P}_1(\mathbb{C})$. PROBLEME DE LA STABILITE STRUCTURELLE (*)

par

Bernard KLARES

TABLE DES MATIERES

(*) Deuxième partie d'une Thèse de 3ème cycle soutenue en Mars 1972 à l'U.E.R. de Mathématiques, Université Louis Pasteur, Strasbourg I.

Un résumé de ce travail eat paru aux C.R. Acad. Sc. Paris , 274 (1972) p. 1281-1284 .

INTRODUCTION

L'objet de cette étude consiste essentiellement en :

1)La recherche des champs de vecteurs holomorphes sur $\mathbb{P}_1(\mathbb{C})\times\mathbb{P}_1(\mathbb{C})$ et les variétés obtenues à partir de $\mathbb{P}_1(\mathbb{C})\times\mathbb{P}_1(\mathbb{C})$ par éclatement.

2)La résolution du problème de la stabilité structurelle appliqué aux champs de vecteurs holomorphes de ces différentes variétés.

La première partie et notemment la classification des champs de vecteurs holomorphes suivant leurs singularités permet de démontrer que:

Si on éclate $\mathbb{P}_1(\mathbb{C})\times\mathbb{P}_1(\mathbb{C})$ en trois points ayant das projections ("horizontales ou verticales") sur $\mathbb{P}_1(\mathbb{C})$ distinctes,il n'y a qu'un seul champ de vecteurs holomorphe sur la variété obtenue :le champ nul.

Quant au problème de la stabilité structurelle il peut s'énoncer ici de la façon suivante:

Soit M une variété analytique complexe compacte et $\mathcal{V}(M)$ l'ensemble des champs de vecteurs holomorphes X sur M.

$X\in \mathcal{V}(M)$ et $X'\in \mathcal{V}(M)$ sont équivalents s'il existe un homéomorphisme $h : M \longrightarrow M$ qui envoie les trajectoires de X sur celles de X'.

$\mathcal{V}(M)$ étant un espace vectoriel de dimension finie on met sur $\mathcal{V}(M)$ une topologie qui en fait un espace vectoriel topologique.

$X\in \mathcal{V}(M)$ est structurellement stable si:

$\exists_{\text{ouvert}}\ U \ni X$ tel que $\forall\ X'\in U$ X et X' sont équivalents.

L'ensemble des champs de vecteurs holomorphes structurellement stables est un ouvert de $\mathcal{V}(M)$.Le problème est de savoir s'il est dense ou non dans $\mathcal{V}(M)$.

Dans les différents cas considérés ici on sait construire un ouvert $\mathcal{O}$ de $\mathcal{V}(M)$ partout dense dans $\mathcal{V}(M)$ tel que tout champ de vecteurs X de $\mathcal{O}$ soit structurellement stable.On peut donc affirmer que :

L'ensemble des champs de vecteurs holomorphes structurellement stables sur les variétés obtenues par éclatements successifs de $\mathbb{P}_1(\mathbb{C})\times\mathbb{P}_1(\mathbb{C})$ en des points isolés est partout dense dans l'ensemble des champs de vecteurs holomorphes sur ces différentes variétés.

Les résultats obtenus s'appliquent à quelques modifications près à $\mathbb{P}_2(\mathbb{C})$ ce qui généralise les résultats obtenus par J.Guckenheimer à toutes les variétés obtenues par éclatement à partir de $\mathbb{P}_2(\mathbb{C})$.

1ère PARTIE :

RECHERCHE DES CHAMPS DE VECTEURS HOLOMORPHES SUR $\mathbb{P}_1(\mathbb{C})\times\mathbb{P}_1(\mathbb{C})$ ET LES VARIETES OBTENUES PAR ECLATEMENT

§ I $\mathbb{P}_1(\mathbb{C})\times\mathbb{P}_1(\mathbb{C})$

1) NOTATIONS - CARTES

Les points de $\mathbb{P}_1(\mathbb{C})\times\mathbb{P}_1(\mathbb{C})$ sont représentés en coordonnées homogènes par (X_1,X_2,Y_1,Y_2). On rappelle que les cartes sont définies par:

$$O_1=\left\{(X_1,X_2,Y_1,Y_2)\mid X_1\neq 0\ ,\ Y_1\neq 0\right\}\quad \varphi_1:\ O_1 \longrightarrow \mathbb{C}^2$$
$$(X_1,X_2,Y_1,Y_2)\longmapsto \left(x_1=\frac{X_2}{X_1},\ y_1=\frac{Y_2}{Y_1}\right)$$

$$O_2=\left\{(X_1,X_2,Y_1,Y_2)\mid X_2\neq 0, Y_1\neq 0\right\}\qquad (x_2,y_2)$$

$$O_3=\left\{(X_1,X_2,Y_1,Y_2)\mid X_1\neq 0, Y_2\neq 0\right\}\qquad (x_3,y_3)$$

$$O_4=\left\{(X_1,X_2,Y_1,Y_2)\mid X_2=0, Y_2=0\right\}\qquad (x_4,y_4)$$

Les changements de cartes sont:

Sur $O_1\cap O_2$ on a : $x_2=\dfrac{1}{x_1}\qquad y_2=y_1$

$O_1\cap O_3\qquad x_3=x_1\qquad y_3=\dfrac{1}{y_1}$

$O_1\cap O_4\qquad x_4=\dfrac{1}{x_1}\qquad y_4=\dfrac{1}{y_1}$

2) CHAMPS DE VECTEURS HOLOMORPHES SUR $\mathbb{P}_1(\mathbb{C})\times\mathbb{P}_1(\mathbb{C})$

Si V est un champ de vecteurs holomorphe sur $\mathbb{P}_1(\mathbb{C})\times\mathbb{P}_1(\mathbb{C})$ on sait que se donner V équivaut à se donner V_1 champ de vecteurs holomorphe sur $\mathbb{P}_1(\mathbb{C})$ et V_2 champ de vecteurs holomorphe sur $\mathbb{P}_1(\mathbb{C})$. Si (P_i,Q_i) sont les composantes de V dans la carte O_i i.e. :

$$V(x_i,y_i)=P_i(x_i,y_i)\,\frac{\partial}{\partial x_i}+Q_i(x_i,y_i)\,\frac{\partial}{\partial y_i}$$

P_i et Q_i sont des polynômes de degré deux en x_i et y_i respectivement. Plus précisément dans la carte ① :

$$\begin{cases} P_1(x_1,y_1)=a_0+a_1x_1+a_2x_1^2\\ Q_1(x_1,y_1)=b_0+b_1y_1+b_2y_1^2\end{cases}$$

Les autres composantes s'en déduisant par les formules de changement de cartes.

REMARQUE

Pour $IP_2(\mathbb{C})$ les composantes d'un champ de vecteurs holomorphe sont aussi des polynômes de degré inférieur ou égal à deux ,mais à deux variables x_1 et y_1.

3)CLASSIFICATION DES CHAMPS SUIVANT LEURS SINGULARITES

La classification dépend de la forme des polynômes P_1 et Q_1 et du fait qu'ils ont soit des racines simples,soit des racines doubles, ou sont de degré un,ou sont nuls.En résumé on a:

- 4 points singuliers isolés (cas générique): intersection de deux fibres "horizontales" et de deux fibres "verticales" pour les deux projections de $IP_1(\mathbb{C})xIP_1(\mathbb{C})$ sur $IP_1(\mathbb{C})$.
- 2 points singuliers.
- 1 point singulier.
- deux fibres "horizontales" ou "verticales"(cf. au dessus) isomorphes à $IP_1(\mathbb{C})$,
- une fibre "horizomtale" ou "verticale" isomorphe à $IP_1(\mathbb{C})$.

REMARQUE

Pour $IP_2(\mathbb{C})$ on a des résultats identiques: un point,deux points, une droite projective et un point,trois points.

II $IP_1(\mathbb{C})xIP_1(\mathbb{C})$ ET E C L A T E M E N T E N U N P O I N T

1)ECLATEMENT

Soit $m \in M= IP_1(\mathbb{C})xIP_1(\mathbb{C})$ .On appelle éclatement de M au point m la donnée d'une variété M' dite éclatée et d'une projection $\pi:M' \longrightarrow M$ holomorphe telles que:

1) $\pi:M'- \pi^{-1}(m) \longrightarrow M-\{m\}$ est un isomorphisme analytique

2) Il existe un ouvert U contenant m et des coordonnées locales dans U telles que:

a) m corresponde à $z_1= z_2 = 0$

b) Il existe un isomorphisme analytique ψ de $\pi^{-1}(U)$ sur $\sigma(U)$ où: $\sigma(U)=\{(z_1z_2u_1u_2) \mid z_1u_2-z_2u_1=0 \}$ tel que $\tau\circ\psi=\pi$, τ projection de $UxIP_1(\mathbb{C})$ dans U, (u_1,u_2) coordonnées homogènes dans $IP_1(\mathbb{C})$.

Si $m \in O_1$ et a pour coordonnées locales (α_1,β_1) on peut considérer M' comme la variété obtenue par recollement des ouverts:

$\varphi_1(O_1-m)$	$\varphi_2(O_2-m)$	$\varphi_3(O_3-m)$	$\varphi_4(O_4-m)$	U_5	U_6
$\wr\wr$	$\wr\wr$	$\wr\wr$	$\wr\wr$	$\wr\wr$	$\wr\wr$
$\mathbb{C}-(\alpha_1\beta_1)$	$\mathbb{C}-(\alpha_2\beta_2)$	$\mathbb{C}-(\alpha_3\beta_3)$	$\mathbb{C}-(\alpha_4\beta_4)$	$\mathbb{C}$	$\mathbb{C}$

Les recollements étant définis par:

a)Les recollements de $\varphi_2(O_2- m)$, $\varphi_3(O_3 - m)$, $\varphi_4(O_4- m)$ sont ceux définis par les changemeats de cartes précédents(cf.§I,1))

b)Ceux de $\varphi_1(O_1- m)=U_1$, U_5 et U_6 par:

$$x_5= x_1-\alpha_1 \qquad y_5= \frac{y_1-\beta_1}{x_1-\alpha_1} \qquad y_6= y_1-\beta_1 \quad x_6= \frac{x_1-\alpha_1}{y_1-\beta_1}$$

Les autres s'en déduisant.

2)PROPOSITION 1

Soient M une variété analytique complexe (dim M $\geqslant$ 2),M' la variété éclatée au point $m\in M$, X' un champ de vecteurs holomorphe sur M' alors X' induit(par π)sur M un champ de vecteurs holomorphe et un seul $\widetilde{X}$ de plus $\widetilde{X}$ s'annule en m.

DEMONSTRATION

Soit $X= \pi^t\left[X'|M'-\pi^{-1}(m)\right]$ qui est puisque π est un isomorphisme analytique,un champ de vecteurs holomorphe sur M $-\{m\}$.Comme toute fonction analytique de plusieurs variables complexes définie sauf sur un sous ensemble de codimension$\geqslant$2 se prolonge de manière unique sur ce sous ensemble,X se prolonge de manière unique en $\widetilde{X}$ holomorphe sur tout M.

Montrons que m est un point singulier pour $\widetilde{X}$ .On suppose que dim M = n $\geqslant$ 2.Soit U l'ouvert contenant m et $z_1,z_2 \ . \ . \ z_n$ les coordonnées locales dans U.Le point m correspond à $z_1=z_2= \cdot \ \cdot =z_n= 0$ et les équations de l'éclatement donnent:

$$\begin{cases} z_1u_n - z_nu_1 = 0 \\ z_2u_n - z_nu_2 = 0 \\ \quad\vdots \\ z_{n-1}u_n - z_nu_{n-1} = 0 \end{cases}$$

Les points de $\pi^{-1}(U)$ correspondant à $u_n\neq 0$ ont pour coordonnées locales: $v_1,v_2 \quad ,v_n$ avec $v_1 = \frac{u_1}{u_n} = \frac{z_1}{z_n}, \ \cdots ,v_{n-1} = \frac{z_{n-1}}{z_n}, \ v_n = z_n$

et π est définie par :

$$\pi : \pi^{-1}(U) \longrightarrow U$$
$$(v_1,v_2,\cdot\cdot,v_n) \longmapsto (v_1v_n,v_2v_n,\cdots,v_{n-1}v_n,v_n)$$

Soit X' un champ de vecteurs holomorphe sur M' et $P_1',P_2',\cdots,P_n'$ ses composantes correspondant à $\frac{\partial}{\partial v_1}, \frac{\partial}{\partial v_2},\cdots,\frac{\partial}{\partial v_n}$.

Soit $\widetilde{X}$ le champ induit sur M et $P_1,P_2,\cdots P_n$ ses composantes correspondant à $\frac{\partial}{\partial z_1},\frac{\partial}{\partial z_2},\cdots,\frac{\partial}{\partial z_n}$

En un point de $\pi^{-1}(U) - \pi^{-1}(m)$ on a $z_n \neq 0$ et $v_i = \frac{z_i}{z_n}$ $1 \leq i \leq n-1$

D'où:

$$(1) \quad P_i'(v_1,\cdots,v_n) = \frac{1}{v_n}P_i(v_1v_n,\cdots,v_{n-1}v_n,v_n) - \frac{v_i}{v_n}P_n(v_1v_n,\cdots,v_{n-1}v_n,v_n)$$

Puisque X est holomorphe en m , P_i se développe en série entière au voisinage de m et l'on obtient :

$$(2) \quad P_i'(v_1,\cdots,v_n) = \frac{1}{v_n}P_i(0,\cdots,0) - \frac{v_i}{v_n}P_n(0,\cdots,0) + \sum_{k_i \geq 0} a_{k_1,\cdots,k_n} v_1^{k_1}\cdots v_n^{k_n}$$

On reconnait le développement en série de Laurent de P_i' au voisinage de l'origine et P_i' est holomorphe si et seulement si:

$$P_i(0,\cdots,0) = 0 \quad i=1,2,\ ,n-1 \quad P_n(0,\cdots,0) = 0$$

et $\tilde{X}$ s'annule en m.

De plus les formules (1) et (2) montrent que tout champ de vecteurs holomorphe X s'annulant en m définit un champ de vecteurs holomorphe X' sur M'.

Si l'on appelle $\mathcal{V}(M')$ l'espace vectoriels des champs de vecteurs holomorphes sur M', $\mathcal{V}_m(M)$ l'espace vectoriel des champs de vecteurs holomorphes de M ayant m comme point singulier et ψ l'application qui à $X' \in \mathcal{V}(M')$ associe $X \in \mathcal{V}_m(M)$ (proposition 1) , on peut résumer les résultats obtenus dans la propriété suivante:

3)PROPRIETE 1

ψ est un isomorphisme de $\mathcal{V}(M')$ sur $\mathcal{V}_m(M)$.

Rappellons encore la propriété suivante:

4)PROPRIETE 2

Soient $h_1 \in PL(1,\mathbb{C})$ (groupe projectif) $h_2 \in PL(1,\mathbb{C})$, $h=(h_1,h_2)$, lorsque l'on éclate $M=\mathbb{P}_1(\mathbb{C})\times\mathbb{P}_1(\mathbb{C})$ au point m , on obtient une variété M' isomorphe à la variété obtenue en éclatant M au point h(m).

5)CONSEQUENCE

On peut supposer que l'on éclate au point (0,0) de la carte (1).

6)RECHERCHE DES CHAMPS DE VECTEURS HOLOMORPHES SUR M'

On suppose donc m=(0,0) dans la carte (1) et on appelle M' la variété obtenue par éclatement de $\mathbb{P}_1(\mathbb{C})\times\mathbb{P}_1(\mathbb{C})$ au point m.

Soit X' un champ de vecteurs holomorphe sur M'.D'après 2) il existe un champ de vecteurs holomorphe et un seul $\widetilde{X}$ de $\mathbb{P}_1(\mathbb{C})\times\mathbb{P}_1(\mathbb{C})$ qui coincide avec X' dans $\mathbb{P}_1(\mathbb{C})\times\mathbb{P}_1(\mathbb{C})-\{m\}$ et de plus $X(0,0)=0$ .X' a donc pour composantes:

$$\begin{cases}P_1(x_1,y_1)=x_1(ax_1+b)\\ Q_1(x_1,y_1)=y_1(cy_1+d)\end{cases}\qquad \begin{cases}P_2(x_2,y_2)=-\quad(a+bx_2)\\ Q_2(x_2,y_2)=y_2(cy_2+d)\end{cases}$$

$$\begin{cases}P_3(x_3,y_3)=x_3(ax_3+b)\\ Q_3(x_3,y_3)=-\quad(c+dy_3)\end{cases}\qquad \begin{cases}P_4(x_4,y_4)=-\quad(a+bx_4)\\ Q_4(x_4,y_4)=-\quad(c+dy_4)\end{cases}$$

$$\begin{cases}P_5(x_5,y_5)=x_5(ax_5+b)\\ Q_5(x_5,y_5)=y_5(cx_5y_5-ax_5+d-b)\end{cases}\qquad \begin{cases}P_6(x_6,y_6)=x_6(ax_6y_6-cy_6-d+b)\\ Q_6(x_6,y_6)=y_6(cy_6+d)\end{cases}$$

6)RECHERCHE DES SINGULARITES

a)Cas générique

Il correspond à $a\neq 0$ $b\neq 0$ $c\neq 0$ $d\neq 0$.Quitte à transformer $\mathbb{P}_1(\mathbb{C})\times\mathbb{P}_1(\mathbb{C})$ par une application du type h (cf. 2))qui laisse m fixe on peut supposer que le point singulier $(-\frac{b}{a},-\frac{d}{c})$ est situé à l' origine de O_4 (carte ④).Ce qui donne:

$$\begin{cases}P_1(x_1,y_1)=Ax_1\\ Q_1(x_1,y_1)=By_1\end{cases} \begin{cases}P_2(x_2,y_2)=-Ax_2\\ Q_2(x_2,y_2)=By_2\end{cases} \begin{cases}P_3(x_3,y_3)=Ax_3\\ Q_3(x_3,y_3)=-By_3\end{cases} \begin{cases}P_4(x_4,y_4)=-Ax_4\\ Q_4(x_4,y_4)=-By_4\end{cases}$$

$$\begin{cases}P_5(x_5,y_5)=Ax_5\\ Q_5(x_5,y_5)=(B-A)y_5\end{cases}\qquad \begin{cases}P_6(x_6,y_6)=(A-B)x_6\\ Q_6(x_6,y_6)=By_6\end{cases}$$

Soit cinq points singuliers isolés:origines de O_2,O_3,O_4,O_5,O_6.

b)Cas où un des polynômes a une racine double

On a alors b=0 ou c=0.Quitte à transformer $\mathbb{P}_1(\mathbb{C})\times\mathbb{P}_1(\mathbb{C})$ par une application h (cf.2)) qui laisse m fixe et envoie $(0,-\frac{d}{c})$ au point (0,0) de O_3 on peut considérer que dans O_1 le champconsidéré a la forme:

$$\begin{cases}P_1(x_1,y_1)=ax_1^2\\ Q_1(x_1,y_1)=By_1\end{cases} \begin{cases}P_2(x_2,y_2)=-a\\ Q_2(x_2,y_2)=By_2\end{cases} \begin{cases}P_4(x_4,y_4)=-a\\ Q_4(x_4,y_4)=-By_4\end{cases} \begin{cases}P_3(x_3,y_3)=ax_3^2\\ Q_3(x_3,y_3)=-By_3\end{cases}$$

$$\begin{cases}P_5(x_5,y_5)=ax_5^2\\ Q_5(x_5,y_5)=ax_5y_5-By_5\end{cases}\qquad \begin{cases}P_6(x_6,y_6)=-ax_6^2y_6+Bx_6\\ Q_6(x_6,y_6)=By_6\end{cases}$$

On a donc trois points singuliers:l'origine de O_3, deO_5 et O_6

c)Conclusion

On ferait de même lorsque les racines sont doubles ou qu'une des composantes est nulle et on obtient en résumé:

5 points singuliers (a)) isolés

3 points singuliers (b)) isolés

Une sous variété isomorphe à $\mathbb{P}_1(\mathbb{C})$

Deux sous variétés isomorphes à $\mathbb{P}_1(\mathbb{C})$

Une sous variété isomorphe à $\mathbb{P}_1(\mathbb{C})$,2 points singuliers isolés

d)Remarque

Dans tous les cas,tous les champs de vecteurs holomorphes sur M' s'annulent aux deux points correspondant "aux origines" de O_5 et O_6 c'est à dire aux deux points de $\pi^{-1}(m)$ correspondant aux"directions horizontales et verticales"de $\mathbb{P}_1(\mathbb{C})\times\mathbb{P}_1(\mathbb{C})$.

III) ECLATEMENTS SUCCESSIFS DE $\mathbb{P}_1(\mathbb{C})\times\mathbb{P}_1(\mathbb{C})$ EN DES POINTS ISOLES

On considère M' variété éclatée au point m=(0,0) de O_1 et on éclate M' en un point m' pour obtenir une variété M".Les champs de vecteurs holomorphes de M" s'obtiennent (§ II 3)) à partir des champs de vecteurs holomorphes de M' qui s'annulent en m'.Plusieurs cas sont donc à envisager suivant que m' est sur $\pi^{-1}(m)$ ou non, ou s'il est sur $\pi^{-1}(m)$ si m' est ou n'est pas aux deux points définis ci-dessus (d)) (origines des cartes 5 ou 6).ON a donc:

1)ETUDE DES CHAMPS DE VECTEURS SUR M"

a)1er cas $m'\notin\pi^{-1}(m)$

Alors M" est isomorphe à la variété obtenue en éclatant $\mathbb{P}_1(\mathbb{C})\times\mathbb{P}_1(\mathbb{C})$ en deux points distincts.D'après ce que l'on a vu précédemment tout champ de vecteurs holomorphe de M" correspond à un champ de vecteurs holomorphe de M qui s'annule en m et m'.On peut en outre supposer que m' est l'origine d'une des cartes.

α)m' est l'origine de la carte O_2 (ou O_3)

Les champs de vecteurs holomorphes de M admettant m et m' comme points singuliers ont pour composantes dans la carte ① :

$$\begin{cases}P_1(x_1,y_1) = ax_1\\ Q_1(x_1,y_1) = by_1\end{cases} \quad \text{ou} \quad \begin{cases}P_1(x_1,y_1) = ax_1^2\\ Q_1(x_1,y_1) = by_1\end{cases}$$

Le premier avec $a \neq 0$ et $b \neq 0$ sera dit "générique".

On étudie comme précédemment les singularités dans les huit cartes : O_1- m, O_2 - m; O_3, O_4, O_5, O_6, O_7, O_8 ; O_7 et O_8 étant définis à partir de O_2 de la même façon que O_5 et O_6 à partir de O_1.

On trouve dans le cas générique :

6 points singuliers correspondant aux origines des cartes O_3, O_4, O_5, O_6 O_7 et O_8.

β)m' est l'origine de O_4

Les champs de vecteurs holomorphes de M" ont alors pour composantes dans la carte ① :
$$\begin{cases} P_1(x_1,y_1) = ax_1 \\ Q_1(x_1,y_1) = by_1 \end{cases}$$
et un champ correspondant à a≠0 et b≠0 possède alors 6 points singuliers

b)2è cas $m' \in \pi^{-1}(m)$, m' distinct de l'origine de O_5 ou O_6

Il faut donc chercher les champs de vecteurs holomorphes de M' qui ont m' comme point singulier. Comme m' est distinct des deux points remarquables que sont les origines de O_5 et O_6 (tous les champs de vecteurs holomorphes de M' s'annulent en ces deux points) les champs qui conviennent sont donc ceux qui ont $\pi^{-1}(m)$ comme singularité. Ils ont pour composantes dans la carte ① :
$$\begin{cases} P_1(x_1,y_1) = x_1(ax_1+b) \\ Q_1(x_1,y_1) = y_1(cx_1+b) \end{cases}$$
Le cas général correspond à b≠0. Quitte à transformer M" par l'application h (cf.§II)3)) qui laisse fixe m et envoie $(-\frac{b}{a}, -\frac{b}{c})$ sur l'origine de O_4 si a≠0, c≠0 , $(-\frac{b}{a}, 0)$ sur l'origine de O_3 si c=0 , $(0, -\frac{b}{c})$ sur l'origine de O_2 si a=0 , on peut supposer que les champs ont alors pour composantes dans la carte ① :
$$\begin{cases} P_1(x_1,y_1) = bx_1 \\ Q_1(x_1,y_1) = by_1 \end{cases}$$
Les singularités correspondantes sont : 5 points isolés, et une sous variété isomorphe à $\mathbb{P}_1(\mathbb{C})$.

c)Cas où $m' \in \pi^{-1}(m)$ m' origine de O_5

Tout champ de vecteurs holomorphe de M qui admet m comme point singulier convient. On peut donc supposer en général qu'un champ de vecteurs holomorphe de M" a pour composantes dans la carte ①:
$$\begin{cases} P_1(x_1,y_1) = ax_1 \\ Q_1(x_1,y_1) = by_1 \end{cases}$$
Un tel champ a 6 points singuliers.

2)ECLATEMENT EN TROIS POINTS

Soient
$$p_1 : \mathbb{P}_1(\mathbb{C}) \times \mathbb{P}_1(\mathbb{C}) \longrightarrow \mathbb{P}_1(\mathbb{C}), \quad (x, y) \longmapsto x$$
$$p_2 : \mathbb{P}_1(\mathbb{C}) \times \mathbb{P}_1(\mathbb{C}) \longrightarrow \mathbb{P}_1(\mathbb{C}), \quad (x, y) \longmapsto y$$

et m_1, m_2, m_3 trois points de $IP_1(\mathbb{C}) \times IP_1(\mathbb{C})$ tels que:

$$m_3 \notin \left[(p_1^{-1}(p_1(m_1)) \cup p_1^{-1}(p_1(m_2))\right] \cap \left[p_2^{-1}(p_2(m_1)) \cup p_2^{-1}(p_2(m_2))\right]$$

alors le seul champ de vecteurs holomorphe sur la variété éclatée est le champ nul puisque tout champ de vecteurs holomorphe non nul de $IP_1(\mathbb{C}) \times IP_1(\mathbb{C})$ a ses singularités situées sur "deux fibres horizontales" ou deux "fibres verticales". D'où le théorème:

a) Théorème

Soient m_1, m_2, m_3, trois points de $IP_1(\mathbb{C}) \times IP_1(\mathbb{C})$ tels que m_3 n'appartienne pas aux fibres (pour p_1 et p_2) passant par m_1 et m_2, alors sur la variété obtenue en éclatant $IP_1(\mathbb{C}) \times IP_1(\mathbb{C})$ aux points m_1, m_2, m_3, le seul champ de vecteurs holomorphe est le champ nul.

b) Remarque

On a un théorème identique pour $IP_2(\mathbb{C})$:
Si on éclate $IP_2(\mathbb{C})$ en quatre points dont trois quelconques sont projectivement indépendants, le seul champ de vecteurs holomorphe sur la variété éclatée est le champ nul.

3) ETUDE DES CHAMPS DE VECTEURS DE M'''

M''' est la variété obtenue à partir de M'' en éclatant en un point m''. Les champs de vecteurs holomorphes de M''' correspondent aux champs de vecteurs holomorphes de M'' qui ont m'' comme point singulier.

Si les points m, m', m'', sont quelconques d'après le théorème précédent le seul champ de vecteurs holomorphe sur M''' est le champ nul.

Sinon un champ de vecteurs holomorphe sur M''' a en général comme composantes dans la carte ① :

(1) $\begin{cases} P_1(x_1,y_1) = ax_1 \\ Q_1(x_1,y_1) = by_1 \end{cases}$ si on éclate aux "origines" des cartes

(2) $\begin{cases} P_1(x_1,y_1) = bx_1 \\ Q_1(x_1,y_1) = by_1 \end{cases}$ si $m' \in \pi_1^{-1}(m)$ et n'est pas origine d'une des cartes et m'' est origine d'une des cartes

(3) $\begin{matrix} P_1(x_1,y_1) = ax_1^2 \\ Q_1(x_1,y_1) = by_1^2 \end{matrix}$ si $m' \in \pi_1^{-1}(m)$ $m'' \in \pi_2^{-1}(m'')$ et ne sont pas à l'origine des cartes

De façon générale (1), (2), (3) donnent les composantes des champs de vecteurs holomorphes généraux sur les variétés obtenues à partir de $IP_1(\mathbb{C}) \times IP_1(\mathbb{C})$ par éclatements successifs.

π_1 et π_2 sont les projections associées aux éclatements de M en m pour π_1 et de M' en M' pour π_2 .

2e PARTIE

PROBLEME DE LA STABILITE STRUCTURELLE

I POSITION DU PROBLEME

Soit M une variété analytique complexe compacte et $\mathcal{V}(M)$ l'ensemble des champs de vecteurs holomorphes X sur M.

$X \in \mathcal{V}(M)$ et $X' \in \mathcal{V}(M)$ sont équivalents s'il existe un homéomorphisme $h: M \longrightarrow M$ tel que h envoie les trajectoires de X sur celles de X'.

$\mathcal{V}(M)$ étant un espace vectoriel de dimension finie on met sur $\mathcal{V}(M)$ une topologie qui en fait un espace vectoriel topologique.

$X \in \mathcal{V}(M)$ est structurellement stable si :

$$\underset{\text{ouvert}}{\exists\, U} \ni X \text{ tel que } \forall\, X' \in U \quad X \text{ et } X' \text{ sont équivalents.}$$

L'ensemble des champs de vecteurs holomorphes stables est un ouvert de $\mathcal{V}(M)$. Le problème est de voir s'il est dense ou non dans $\mathcal{V}(M)$.

II CAS OU $M = \mathbb{P}_1(\mathbb{C}) \times \mathbb{P}_1(\mathbb{C})$

Soit $\mathcal{O}$ l'ensemble des champs de vecteurs holomorphes de $\mathcal{V}(M)$ admettant quatre points singuliers isolés (ils correspondent aux champs appelés génériques dans la première partie). Comme les champs de vecteurs n'appartenant pas à $\mathcal{O}$ correspondent à un fermé d'intéreur vide de $\mathcal{V}(M)$ (ils correspondent à la nullité de discréminants des polynômes qui sont leurs composantes, ou à la nullité de certains des coéfficients de ces mêmes polynômes) $\mathcal{O}$ est un ouvert partout dense de $\mathcal{V}(M)$.

Soit $X \in \mathcal{O}$, quitte à transformer M par un automorphisme défini au § II 3) (ce qui revient à choisir un nouvel atlas) qui envoie les points singuliers de X sur les origines des cartes, on peut supposer que X a pour composantes dans la carte ① :

$$(I)\begin{cases} P_1(x_1,y_1) = ax_1 \\ Q_1(x_1,y_1) = by_1 \end{cases} \qquad a \neq 0 \quad b \neq 0$$

Soit $\mathcal{O}'$ l'ensemble des $X \in \mathcal{O}$ qui lorsqu'on les met sous la forme (I) vérifient: $\operatorname{Im}(\frac{a}{b}) \neq 0$. $\mathcal{O}'$ est un ouvert partout dense dans $\mathcal{O}$ donc dense dans $\mathcal{V}(M)$. Nous chercherons $U \subset \mathcal{O}'$. Donc quitte à composer l'homéomorphisme cherché par un automorphisme de $\mathbb{P}_1(\mathbb{C}) \times \mathbb{P}_1(\mathbb{C})$ défini au § II 3) qui envoie les points singuliers de X' en les origines des cartes (points singuliers de X) on peut supposer que X' a pour composantes dans la carte ①

$$\begin{cases} P_1'(x_1,y_1) = a'\, x_1 \\ Q_1'(x_1,y_1) = b' y_1 \end{cases} \qquad a' \neq 0 \quad b' \neq 0 \quad \operatorname{Im}(\frac{a'}{b'}) \neq 0$$

avec si l'on restreint U, a' et b' aussi "proches" que l'on veut de a et b.

1)PARAMETRAGE DES TRAJECTOIRES

Les trajectoires admettent le paramêtrage suivant (dans la carte ①):

$$\begin{cases} x_1 = x_0 e^{at} \\ y_1 = y_0 e^{bt} \end{cases} \quad (t \in \mathbb{C}) \text{ pour } X \qquad \begin{cases} x_1 = x_0' e^{a't} \\ y_1 = y_0' e^{b't} \end{cases} \text{ pour } X'$$

Les trajectoires $\begin{cases} y_1 = y_2 = 0 \\ x_1 \neq 0 \;\; x_2 \neq 0 \end{cases}$ $\begin{cases} x_1 = x_3 = 0 \\ y_1 \neq 0 \;\; y_3 \neq 0 \end{cases}$ $\begin{cases} y_3 = y_4 = 0 \\ x_3 \neq 0 \;\; x_4 \neq 0 \end{cases}$ $\begin{cases} x_2 = x_4 = 0 \\ y_2 \neq 0 \;\; y_4 \neq 0 \end{cases}$

(isomorphes pour la topologie fine à des cylindres) seront appelées trajectoires particulières de X et de X'.En dehors de ces trajectoires particulières,les trajectoires sont homéomorphes pour la topologie fine à des plans et si l'om pose:

$$\begin{cases} x_1 = r_1 e^{i\theta_1} \\ y_1 = s_1 e^{i\varphi_1} \end{cases}$$

et si on élimine t entre x_1 et y_1 on obtient:

$$\text{(I)} \quad \begin{cases} \varphi_1 = \dfrac{1}{\mathrm{Im} d} \log \dfrac{r_1 s_1^{\mathrm{Re} d}}{|k|} \\ \theta_1 = \mathrm{Arg} k - \dfrac{1}{\mathrm{Im} d} \log \dfrac{r_1^{\mathrm{Re} d} s_1^{|d|^2}}{|k|^{\mathrm{Re} d}} \end{cases} \qquad \text{où } d = -\frac{a}{b} \quad \mathrm{Im} d \neq 0 \text{ donc } |d| \neq 0, \qquad k = x_0 y_0^d$$

(une des détermination de y_0^d)

Pour une trajectoire donnée (correspondant à un certain k) on en déduit une bijection de $(\mathbb{R}^+)^* \times (\mathbb{R}^+)^*$ dans cette trajectoire,On aurait de même un paramêtrage d'une trajectoire de X' en remplaçant d par $d' = -\frac{a'}{b'}$ et k par $k' = x_0' y_0'^{d'}$ dans (I) .

2)CONSTRUCTION DE h

Définissons h dans la carte ① .Posons $\begin{cases} x_1 = r_1 e^{i\theta_1} \\ y_1 = s_1 e^{i\varphi_1} \end{cases}$ $, h(x_1, y_1) = (x_1', y_1')$

et $\begin{cases} x_1' = r_1' e^{i\theta_1'} \\ y_1' = s_1' e^{i\varphi_1'} \end{cases}$ alors h est défini par :

$$\begin{cases} r_1' = r_1^{\frac{\mathrm{Im} d'}{\mathrm{Im} d}} \quad s_1' = s_1^{\frac{|d|^2 \mathrm{Im} d'}{|d'|^2 \mathrm{Im} d}} \quad \theta_1' = \theta_1 - \dfrac{1}{\mathrm{Im} d} \log r_1^{\mathrm{Re} d' - \mathrm{Re} d} \\ \varphi_1' = \varphi_1 + \dfrac{1}{\mathrm{Im} d} \log s_1^{\mathrm{Re} d' \cdot \frac{|d|^2}{|d'|^2} - \mathrm{Re} d} \end{cases}$$

Montrons que lorsque h se prolonge par continuité à tout M , et définit bien un homéomorphisme de M qui envoie les trajectoires de X sur celles deX'.

a)h homéomorphisme

-Montrons que h est un homéomorphisme de l'ouvert définissant la carte ① sur lui-même.

En dehors des points vérifiant $r_1=0$ ou $s_1=0$,h est une bijection bicontinue (pour obtenir h^{-1} il suffit d'échanger dans les relations définissant h les rôles de x_1 et x_1',de y_1 et y_1',et de d et d').

Quitte à restreindre l'ouvert U contenant X on peut supposer: $\frac{\text{Im}d'}{\text{Im}d} > 0$.

Comme $r_1' = r_1^{\frac{\text{Im}d'}{\text{Im}d}}$ lorsque r_1 tend vers zéro,r_1' tend vers zéro et h est alors défini par:

$$r_1'=0 \qquad s_1' = s_1^{\frac{|d|^2 \text{Im}d'}{|d'|^2 \text{Im}d}} \qquad \varphi_1' = \varphi_1 + \log s_1^{\frac{|d|^2}{|d'|^2} \text{Re}d' - \text{Re}d}$$

Ce qui montre que h est encore une bijection bicontinue de l'ensemble des points vérifiant $r_1=0$ sur lui-même.

De même $\frac{|d|^2 \text{Im}d}{|d'|^2 \text{Im}d} > 0$ et $s_1' = s_1^{\frac{|d|^2 \text{Im}d'}{|d'|^2 \text{Im}d}}$ tend vers 0 quand s_1 tend vers 0. h est défini par:

$$s_1' = 0 \qquad r_1' = r_1^{\frac{\text{Im}d'}{\text{Im}d}} \qquad \theta_1' = \theta_1 - \frac{1}{\text{Im}d} \log r_1^{\text{Re}d' - \text{Re}d}$$

et se prolonge encore en une bijection bicontinue de l'ensemble des points vérifiant $s_1=0$ sur lui-même.

Enfin $h(0,0)=0$ car $\lim_{\substack{r_1\to 0\\ s_1\to 0}} (r_1',s_1')=(0,0)$ et h est continue en (0,0)

h est donc un homéomorphisme de O_1 (ouvert définissant la carte ①) sur lui-même. C.Q.F.D.

-Montrons que h est un homéomorphisme de M dans elle-même.

h est défini dans la carte ② par:

$$r_2' = r_2^{\frac{\text{Im}d'}{\text{Im}d}} \qquad \theta_2' = \theta_2 - \frac{1}{\text{Im}d} \log r_2^{\text{Re}d' - \text{Re}d} \qquad s_2' = s_2^{\frac{|d|^2 \text{Im}d'}{|d'|^2 \text{Im}d}}$$

$$\varphi_2' = \varphi_2 + \frac{1}{\text{Im}d} \log s_2^{\frac{|d|^2}{|d'|^2} \text{Re}d' - \text{Re}d} \qquad \text{où}$$

$$x_2 = r_2 e^{i\theta_2} \quad y_2 = s_2 e^{i\varphi_2} \qquad h(x_2,y_2)=(x_2',y_2') \quad x_2' = r_2' e^{i\theta_2'} \quad y_2' = s_2' e^{i\varphi_2'}$$

et $r_2 = \frac{1}{r_1}$, $\theta_2 = -\theta_1$, $s_2 = s_1$, $\varphi_2 = \varphi_1$.

h a la même forme que dans la carte ① et définit donc un homéomorphisme de l'ouvert correspondant à la carte ② sur lui-même;de même pour les autres cartes.

h est un homéomorphisme de M sur elle-même.

b)h envoie "trajectoire sur trajectoire"

Considérons la trajectoire de X correspondant à $k\in\mathbb{C}$.Montrons que tout point de cette trajectoire est envoyé sur la trajectoire de X' correspondant à:

$$|k'|=|k|^{\frac{Imd'}{Imd}} \qquad Argk'= Argk+ \frac{1}{Imd}\log k^{Red} - \frac{1}{Imd'}\log k'^{Red'}$$

En effet si $(r_1e^{i\theta_1},s_1e^{i\varphi_1})$ est sur la trajectoire de X correspondant à k son image par h $:(r_1'e^{i\theta_1'},s_1'e^{i\varphi_1'})$ vérifie d'après la définition de h :

$$\varphi_1'=\varphi_1+\frac{1}{Imd}\log s_1^{Red'\frac{|d|^2}{|d'|^2}-Red} = \frac{1}{Imd}\log\frac{r_1s_1^{Red}}{|k|}+\frac{1}{Imd}\log s_1^{Red'\frac{|d|^2}{|d'|^2}-Red}$$

$$=\frac{1}{Imd'}\log r_1'.s_1'^{Red'} - \frac{1}{Imd}\log|k|$$ (en remplaçant r_1 et s_1 en fonction de r_1' et s_1' dans l'égalité ci-dessus)

Comme $\frac{1}{Imd}\log|k|=\frac{1}{Imd'}\log|k'|$ (choix de k') il vient:

$$\varphi_1'=\frac{1}{Imd'}\log\frac{r_1's_1'^{Red'}}{|k'|}$$

On montrerait de même :

$$\theta_1' = Argk' - \frac{1}{Imd'}\log\frac{r_1'^{Red'}s_1'^{|d'|^2}}{|k|^{Red}}$$

C'est donc un point de la trajectoire k' C.Q.F.D.

Nous avons vu précédemment que si $r_1=0$, $r_1'=0$ et si $s_1=0$, $s_1'=0$ h envoie une trajectoire particulière de X sur une trajectoire particulière de X'.

h envoie donc toute trajectoire de X sur une trajectoire de X' et réciproquement.

3)Conclusion

Tout $X\in\mathcal{O}'$ est structurellement stable,donc l'ensemble des champs de vecteurs holomorphes structurellement stable est un ouvert partout dense de $\mathcal{V}(M)$.

III CAS OU M=M' (VARIETE OBTENUE EN ECLATANT $\mathbb{P}_1(\mathbb{C})\times\mathbb{P}_1(\mathbb{C})$ EN UN POINT)

Soit $\mathcal{O}$ l'ensemble des champs de vecteurs holomorphes de M' ayant 5 points singuliers isolés.La première partie nous a montré que $\mathcal{O}$ est partout dense dans $\mathcal{V}(M)$ et que l'on peut supposer qu'un $X\in\mathcal{O}$ a pour composantes dans la carte ①:

$$\begin{cases}P_1(x_1,y_1) = ax_1\\ Q_1(x_1,y_1) = by_1\end{cases} \qquad a\neq0 \text{ et } b\neq0 \qquad (I)$$

Comme précédemment on va considérer l'ouvert $\mathcal{O}'$ constitué par l'ensemble des X qui mis sous la forme (I) vérifient: $Im(\frac{a}{b})\neq0$,

$\mathcal{O}'$ est partout dense dans $\mathcal{O}$ (on enlève des fermés d'intérieur vide), $\mathcal{O}'$ est donc dense dans $\mathcal{V}(M)$. On prend alors $U \subset \mathcal{O}'$, c'est à dire qu'on peut alors composer l'homéomorphisme cherché par l'automorphisme de M' (cf. § II 3)) qui envoie les points singuliers de X' sur ceux de X et que finalement on peut supposer que X' a pour composantes dans la carte ①:

$$\begin{cases} P_1'(x_1,y_1) = a'x_1 \\ Q_1'(x_1,y_1) = b'y_1 \end{cases} \quad \text{avec} \begin{cases} a'\neq 0 \\ b'\neq 0 \end{cases}, \operatorname{Im}\left(\frac{a'}{b'}\right)\neq 0,$$

1) PARAMETRAGE DES TRAJECTOIRES

Avec les mêmes notations que précédemment, toute trajectoire de X située dans la carte ① et non particulière admet le paramêtrage suivant:

$$\varphi_1 = \frac{1}{\operatorname{Imd}}\log \frac{r_1 s_1^{\operatorname{Red}}}{|k|} \qquad \text{avec } (r_1,s_1)\in \mathbb{R}^{+*}\times\mathbb{R}^{+*}$$

$$\theta_1 = \operatorname{Argk} - \frac{1}{\operatorname{Imd}}\log \frac{r_1^{\operatorname{Red}} s_1^{|d|^2}}{|k|^{\operatorname{Red}}} \qquad \text{et} \quad \operatorname{Imd}\neq 0 \quad |d|\neq 0$$

On ferait de même pour X'. Indiquons encore le paramêtrage obtenu par exemple dans la carte ⑥. Les coordonnées locales (x_6,y_6) vérifient: $x_6=\frac{x_1}{y_1}$ $y_6=y_1$ et si l'on pose : $x_6=r_6e^{i\theta_6}$, $y_6=s_6e^{i\varphi_6}$ on a :

$$\varphi_6 = \frac{1}{\operatorname{Imd}}\log \frac{r_6 s_6^{\operatorname{Red}+1}}{|k|} = {}_1$$

$$\theta_6 = \operatorname{Argk} - \frac{1}{\operatorname{Imd}}\log \frac{r_6^{\operatorname{Red}+1} s_6^{1+2\operatorname{Red}+|d|^2}}{k^{\operatorname{Red}+1}} = \theta_1 - \varphi_1$$

2) CONSTRUCTION DE h

Considérons les parties de $\mathbb{P}_1(\mathbb{C})\times\mathbb{P}_1(\mathbb{C})$ suivantes :

$$E_1 = \left\{ m \in O_1 \mid m = (r_1e^{i\theta_1}, s_1e^{i\varphi_1}) \text{ et } s_1\leq r_1,\ r_1\leq 1 \right\} - (0,0)$$

$$E_2 = \left\{ m \in O_1 \mid m = (r_1e^{i\theta_1}, s_1e^{i\varphi_1}) \text{ et } r_1\leq s_1,\ s_1\leq 1 \right\} - (0,0)$$

$$E_3 = \left\{ m \in \mathbb{P}_1(\mathbb{C})\times\mathbb{P}_1(\mathbb{C}) \mid \text{si } m\in O_j \text{ (carte ⓙ) } j=2,3,4 \text{ et si } m=(r_je^{i\theta_j}, s_je^{i\varphi_j}) \text{ on ait } r_j\leq 1 \text{ et } s_j\leq 1 \right\}$$

que l'on peut schématiser de la façon suivante (plus précisément on schématise la section de $\mathbb{P}_1(\mathbb{C})\times\mathbb{P}_1(\mathbb{C})$ par θ_1 = constante , φ_1= constante):

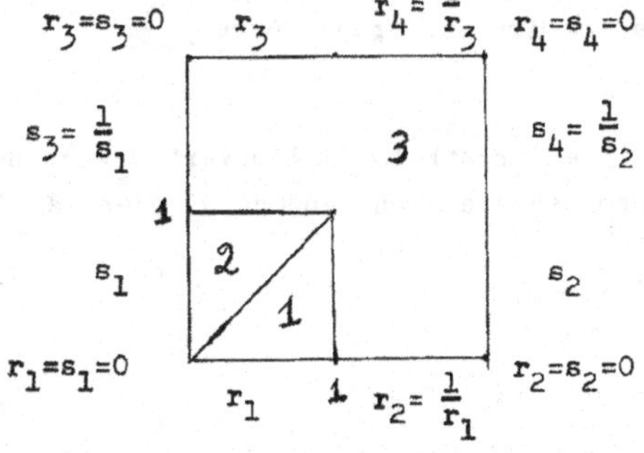

Et définissons h dans les parties 1 ,2 ,3.

a) $r_1 \leq s_1$ et $s_1 \leq 1$ (partie 2)

Avec les mêmes notations que précédemment i.e. $h(r_1 e^{i\theta_1}, s_1 e^{i\varphi_1}) = (r_1' e^{i\theta_1'}, s_1' e^{i\varphi_1'})$ on a pour h:

$$s_1' = s_1^{\frac{\alpha}{\alpha'}} \qquad \text{avec} \quad \alpha = \frac{2\mathrm{Re}d+1+d^2}{\mathrm{Im}d} \qquad \alpha \neq 0 \qquad \alpha' \neq 0$$

$$r_1' = r_1^{\frac{\mathrm{Im}d'}{\mathrm{Im}d}} \cdot s_1^{\frac{\alpha}{\alpha'} - \frac{\mathrm{Im}d'}{\mathrm{Im}d}}$$

$$\varphi_1' = \varphi_1 + \frac{1}{\mathrm{Im}d'} \log s_1^{\left(-(\mathrm{Re}d'+1) - \frac{\mathrm{Im}d'}{\mathrm{Im}d}(\mathrm{Re}d+1)\right)}$$

$$\theta_1' = \theta_1 + \frac{1}{\mathrm{Im}d} \log r_1^{\mathrm{Re}d - \mathrm{Re}d'} + \frac{1}{\mathrm{Im}d'} \log s_1^{\left(|d|^2 \frac{\mathrm{Im}d'}{\mathrm{Im}d} - \frac{\alpha}{\alpha'}|d'|^2\right)}$$

b) $s_1 \leq r_1$ et $r_1 \leq 1$ (partie 1)

On a pour h :

$$r_1' = r_1^{\frac{\alpha}{\alpha'}}$$

$$s_1' = s_1^{\frac{|d|^2 \,\mathrm{Im}d'}{|d'|^2 \,\mathrm{Im}d}} \cdot r_1'^{\frac{\alpha}{\alpha'} - \frac{|d|^2 \,\mathrm{Im}d'}{|d'|^2 \,\mathrm{Im}d}}$$

$$\varphi_1' = \varphi_1 + \frac{1}{\mathrm{Im}d'} \log r_1' + \frac{\mathrm{Re}d'}{\mathrm{Im}d'} \log s_1' - \frac{1}{\mathrm{Im}d} \log r_1 - \frac{\mathrm{Re}d}{\mathrm{Im}d} \log s_1$$

$$\theta_1' = \theta_1 + \frac{1}{\mathrm{Im}d'} \log r_1^{\frac{\mathrm{Im}d'}{\mathrm{Im}d}(\mathrm{Re}d + |d|^2) - \frac{\alpha}{\alpha'}(\mathrm{Re}d' + |d'|^2)}$$

c) Pour $r_1 \geq 1$ ou $s_1 \geq 1$, $r_i \leq 1$ $s_i \leq 1$ $(i=2,3,4)$ (partie 3)

h est défini comme précédemment:

$$r_i' = r_i^{\frac{\mathrm{Im}d'}{\mathrm{Im}d}} \qquad s_i' = s_i^{\frac{|d|^2 \,\mathrm{Im}d'}{|d'|^2 \,\mathrm{Im}d}}$$

$$\theta_i' = \theta_i - \frac{1}{\mathrm{Im}d} \log r_i^{\mathrm{Re}d' - \mathrm{Re}d} \qquad \varphi_i' = \varphi_i + \frac{1}{\mathrm{Im}d} \log s_i^{\frac{|d|^2}{|d'|^2}\mathrm{Re}d' - \mathrm{Re}d}$$

Vérifions que h défini de cette façon est un homéomorphisme de M' sur elle-même et qu'il envoie"trajectoire sur trajectoure".

d) h est un homéomorphisme

Comme précédemment, quitte à restreindre l'ouvert U contenant X, on peut supposer d'aussi"proche" que l'on veut de d c'est à dire:

$$\frac{\mathrm{Im}d'}{\mathrm{Im}d} > 0 \quad \text{et} \quad \frac{\alpha}{\alpha'} > 0$$

On en déduit que: $r_i \leq 1 \Leftrightarrow r'_i \leq 1$ et $s_i \leq 1 \Leftrightarrow s'_i \leq 1$ $(i=2,3,4)$ et que h envoie E_3 (partie 3) sur elle même.

En outre: $r'_1 \leq s'_1 \Leftrightarrow r_1^{\frac{\mathrm{Imd}'}{\mathrm{Imd}}} . s_1^{\frac{\alpha}{\alpha'} - \frac{\mathrm{Imd}'}{\mathrm{Imd}}} \leq s_1^{\frac{\alpha}{\alpha'}} \Leftrightarrow r_1 \leq s_1$

et h envoie E_2(partie 2) sur elle-même. Un raisonnement analogue montre que h envoie E_1(partie 1)sur elle-même. Il suffit donc de vérifier que h est un homéomorphisme de E_i sur E_i et qu'il se prolonge en un homéomorphisme de M'.

Remarquons que pour $r_1 = 1$ ou $s_1 = 1$ ou $r_1 = s_1$ les définitions de h (cas a) b) c)) coincident.

-Pour E_3 la démonstration est immédiate puisque h est défini comme au II.

-Etudions h dans E_2. h est une bijection bicontinue de E_2 sur E_2 sauf peut-être aux points vérifiant $r_1 = r'_1 = 0$; en effet h^{-1} est obtenu en échangeant les rôles de r_1 et r'_1, s_1 et s'_1, θ_1 et θ'_1, φ_1 et φ'_1, d et d' dans la définition de h.

En outre lorsque r_1 tend vers 0, $r'_1 = r_1^{\frac{\mathrm{Imd}'}{\mathrm{Imd}}} . s_1^{\frac{\alpha}{\alpha'} - \frac{\mathrm{Imd}'}{\mathrm{Imd}}}$ tend vers 0 puisque $\frac{\mathrm{Imd}'}{\mathrm{Imd}} > 0$ et h est défini par:

$$s'_1 = s_1^{\frac{\alpha}{\alpha'}} \qquad \varphi'_1 = \varphi_1 + \frac{1}{\mathrm{Imd}'} \log s_1^{\left(\frac{\alpha}{\alpha'}(\mathrm{Red}'+1) - \frac{\mathrm{Imd}'}{\mathrm{Imd}}(\mathrm{Red}+1)\right)}$$

ce qui est encore une bijection bicontinue de l'ensemble des points de E_2 vérifiant $r_1 = 0$.

On ferait de même pour la partie 1 ; E_1.

-Montrons que h se prolonge en un homéomorphisme de M'. Cherchons la forme de h dans les cartes O_5 et O_6 au voisinage de $s_6=0$ ou $r_5=0$.
h est défini dans O_6 pour $r_6 \leq 1$ $s_6 \leq 1$ par:

$$s'_6 = s_6^{\frac{\alpha}{\alpha'}} \qquad \varphi'_6 = \varphi_6 + \frac{1}{\mathrm{Imd}} . \log s_6^{\left(\frac{\alpha}{\alpha'}(\mathrm{Red}'+1) - \frac{\mathrm{Imd}'}{\mathrm{Imd}}(\mathrm{Red}+1)\right)}$$

$$r'_6 = r_6^{\frac{\mathrm{Imd}'}{\mathrm{Imd}}} \qquad \theta'_6 = \theta_6 + \frac{1}{\mathrm{Imd}} \log r_6^{\mathrm{Red}'-\mathrm{Red}}$$

h est défini dans O_5 pour $r_5 \leq 1$ $s_5 \leq 1$ par:

$$s'_5 = s_5^{\frac{|d|^2}{\mathrm{Imd}} . \frac{\mathrm{Imd}'}{|d'|^2}} \qquad \varphi'_5 = \varphi_5 + \frac{1}{\mathrm{Imd}} \log s_5^{(\mathrm{Red}'+|d'|^2)\frac{|d|^2}{|d'|^2} - (\mathrm{Red}+|d|^2)}$$

$$r'_5 = r_5^{\frac{\alpha}{\alpha'}} \qquad \theta'_5 = \theta_5 - \frac{1}{\mathrm{Imd}} \log r_5^{\frac{\alpha}{\alpha'} . \frac{\mathrm{Red}'+|d'|^2}{\mathrm{Imd}'} \mathrm{Imd} - (\mathrm{Red}+|d|^2)}$$

Comme h est un homéomorphisme sauf peut-être pour $s_6=0$ ou $r_5=0$ il suffit de voir quelle est la forme de h dans ces deux cas:

Si $s_6 = 0$ $r'_6 = r_6^{\frac{\mathrm{Imd}'}{\mathrm{Imd}}}$ $\theta'_6 = \theta_6 + \frac{1}{\mathrm{Imd}} \log r_6^{\mathrm{Red}'-\mathrm{Red}}$ $(r_6 \leq 1)$

Si $r_5 = 0$ $s'_5 = s_5^{\frac{\mathrm{Imd}'}{\mathrm{Imd}} \cdot \frac{|d|^2}{|d'|^2}}$ $\varphi'_5 = \varphi_5 + \frac{1}{\mathrm{Imd}} \log s_5^{(\mathrm{Red}'|d'|^2)\frac{|d|^2}{|d'|^2} - (\mathrm{Red}|d|^2)}$ $(s_5 \leq 1$

Pour $s_5 = r_6 = 1$ les deux définitions dehcoincident et h se prolonge donc bien en un homéomorphisme de $\pi^{-1}(m)$ dans lui-même($m=(0,0)$ dans la carte ①
π étant défini au §I)

h est donc un homéomorphisme de M' sur lui-même. Il reste à vérifier que:

<u>b)h envoie "trajectoire sur trajectoire"</u>

Il suffit de montrer que h envoie les trajectoires de X situées dans $M' - \pi^{-1}(m)$ sur celles de X' puisque $\pi^{-1}(m) - (\{r_5 = s_5 = 0\} \cup \{r_6 = s_6 = 0\})$ est une trajectoire particulière et que h envoie $\pi^{-1}(m)$ sur lui-même.

Pour les autres trajectoires on vérifie comme précédemment que h envoie la trajectoire correspondant à k sur celle correspondant à:

$$|k'| = |k|^{\frac{\mathrm{Imd}'}{\mathrm{Imd}}} \qquad \mathrm{Arg}k' = \mathrm{Arg}k + \frac{1}{\mathrm{Imd}} \log |k|^{\mathrm{Red}} - \frac{1}{\mathrm{Imd}'} \log |k'|^{\mathrm{Red}'}$$

(la construction de h a été faite à partir de ces relations).

Une trajectoire particulière $r_i = 0$ ou $s_i = 0$ est envoiée sur elle-même puisque $r_i = 0$ $r'_i = 0$ et $s_i = 0$ $s'_i = 0$.

h possède la propriété demandée.

<u>3)CONCLUSION</u>

Comme pour $\mathbb{P}_1(\mathbb{C}) \times \mathbb{P}_1(\mathbb{C})$, l'ensemble des champs de vecteurs holomorphes structurellement stables de M' est un ouvert partout dense dans l'ensemble des champs de vecteurs holomorphes de M'

IV C A S O U M = M" (VARIETE OBTENUE EN ECLATANT $\mathbb{P}_1(\mathbb{C}) \times \mathbb{P}_1(\mathbb{C})$ EN DEUX POINTS)

<u>1)CAS OU $m' \notin \pi^{-1}(m)$ (notations de la 1ère partie § III 1))</u>

Rappelons que l'on peut supposer que m' est l'origine de la carte ⓘ ($i \neq 1$) et que $\mathcal{O}$ ensemble des champs de vecteurs holomorphes de M" qui ont 6 points singuliers isolés est partout dense dans $\mathcal{V}(M")$. De plus on peut supposer qu'un $X \in \mathcal{O}$ a comme composantes dans la carte ①: $\begin{cases} P_1(x_1, y_1) = ax_1 \\ Q_1(x_1, y_1) = by_1 \end{cases}$

avec $a \neq 0$ et $b \neq 0$. h(l'homéomorphisme cherché) est définicomme précédemment (§ II)dans l'ensemble des points des cartes 0_j ($j \neq 1$) vérifiant: $r_j \leq 1$ et $s_j \leq 1$. Dans l'ensemble des points de la carte ① vérifiant: $r_1 \leq 1$ et $s_1 \leq 1$ on définit h de la même façon que dans la carte ① au § II, c'est à dire si $h(x_i, y_i) = (x'_i, y'_i)$ on a pour $r_i \leq s_i$ et $s_i \leq 1$:

$$s_i' = s_i^{\frac{\alpha}{\alpha'}} \qquad \text{avec} \quad \alpha = \frac{2\text{Red}+1+|d|^2}{\text{Imd}}$$

$$r_i' = r_i^{\frac{\text{Imd}'}{\text{Imd}}} \cdot s_i^{\frac{\alpha}{\alpha'} - \frac{\text{Imd}'}{\text{Imd}}}$$

$$\varphi_i' = \varphi_i + \frac{1}{\text{Imd}} \log s_i^{\frac{\alpha}{\alpha'}(\text{Red}'+1) - \frac{\text{Imd}'}{\text{Imd}}(\text{Red}+1)}$$

$$\theta_i' = \theta_i + \frac{1}{\text{Imd}} \log r_i^{\text{Red} - \text{Red}'} + \frac{1}{\text{Imd}'} \log s_i^{(|d|^2 \frac{\text{Imd}'}{\text{Imd}} - \frac{\alpha}{\alpha'}|d'|^2)}$$

On ferait de même pour $s_i \leqslant r_i$ et $r_i \leqslant 1$.
Il est aisé de vérifier que les différentes définitions de h coincident sur les parties communes, Comme h est défini d'une façon analogue à celle du § II, h se prolonge en un homéomorphisme de M" sur M", qui envoie les trajectoires de X sur celles de X' (mêmes notations qu'au § II).
On a donc une conclusion identique aux précédentes i.e. l'ensemble des champs de vecteurs holomorphes structurellement stables de M" est un ouvert partout dense de $\mathcal{V}$(M").

2)CAS OU $m' \in \pi^{-1}(m)$ (m' distinct de l'origine de 0_5 ou 0_6 (§III 2) b))

Dans ce cas l'ensemble des champs de vecteurs holomorphes de M" qui ont comme singularités: 5 points isolés et une sous variété isomorphe à $\mathbb{P}_1(\mathbb{C})$ est un ouvert $\mathcal{O}$ partout dense dans $\mathcal{V}$(M"). On peut supposer qu'un champ $X \in \mathcal{O}$ a pour composantes dans la carte ① $\begin{cases} P_1(x_1,y_1) = bx_1 \\ Q_1(x_1,y_1) = by_1 \end{cases}$

avec $b \neq 0$ (cf. § III 2) b)). Il suffit de prendre $U = \mathcal{O}$. Montrons que tout $X \in \mathcal{O}$ est structurellement stable. Si $X' \in \mathcal{O}$, quitte à composer l'homéomorphisme cherché par un automorphisme défini au § II 3) 1ère partie, on peut supposer que X' a pour composantes dans la carte ① : $\begin{cases} P_1'(x_1,y_1) = b'x_1 \\ Q_1'(x_1,y_1) = b'y_1 \end{cases}$

Les deux champs de vecteurs X et X' sont proportionnels et ils ont donc les mêmes trajectoires. Le problème est trivial: il suffit de prendre $h = Id_{M''}$ et l'on peut en déduire que:

L'ensemble des champs de vecteurs structurellement stable de M" est un ouvert partout dense dans $\mathcal{V}$(M").

Remarquons que l'on a ici non seulement un homéomorphisme de M" mais un automorphisme de M" qui se prolongera en un automorphisme par éclatement. Donc quand on peut supposer qu'un champ de vecteurs holomorphe d'un ouvert partout dense d'une variété obtenue par éclatements successifs de $\mathbb{P}_1(\mathbb{C}) \times \mathbb{P}_1(\mathbb{C})$, a pour composantes dans la carte ① $\begin{cases} P_1(x_1,y_1) = bx_1 \\ Q_1(x_1,y_1) = by_1 \end{cases}$ $b \neq 0$

l'ensemble des champs de vecteurs structurellement stables est partout dense dans l'ensemble des champs de vecteurs holomorphes de cette variété.

3) CAS OU $m' \in \pi^{-1}(m)$ m' origine de O_5 (cf. III 2) c))

La première partie nous montre que $\mathcal{O}$ ensemble des champs de vecteurs holomorphes X de M'' qui ont 6 points singuliers isolés, est partout dense dans $\mathcal{V}(M'')$ et que l'on peut supposer que $X \in \mathcal{O}$ a comme composantes dans la carte ① :

$$\begin{cases} P_1(x_1,y_1) = ax_1 \\ Q_1(x_1,y_1) = by_1 \end{cases} \quad (I) \qquad \text{avec } a\neq 0 \text{ et } b\neq 0$$

Comme précédemment on considère $\mathcal{O}'$ l'ensemble des champs X qui mis sous la forme (I) vérifient: $\mathrm{Im}(\frac{a}{b})\neq 0$,

$\mathcal{O}'$ est partout dense dans $\mathcal{V}(M'')$. On prend $U\subset \mathcal{O}'$ et quitte à composer l'homéomorphisme cherché par un automorphisme de M'' défini au § II 3), on peut supposer que $X' \in U$ a pour composantes dans la carte ①:

$$\begin{cases} P_1'(x_1,y_1) = a'x_1 \\ Q_1'(x_1,y_1) = b'y_1 \end{cases} \qquad \text{a' et b' vérifiant des conditions analogues à a et b}$$

Rappelons le paramétrage des trajectoires non particulières dans la carte ①

$$\varphi_1 = \frac{1}{\mathrm{Imd}} \log \frac{r_1 s_1^{\mathrm{Red}}}{|k|} \quad , \quad \theta_1 = \mathrm{Arg}k - \frac{1}{\mathrm{Imd}} \log \frac{r_1^{\mathrm{Red}} s_1^{|d|^2}}{|k|^{\mathrm{Red}}} \quad \text{avec } (r_1,s_1)\in \mathbb{R}^{+*}\times\mathbb{R}^{+*}$$

les notations sont les mêmes que précédemment: $x_j = r_j e^{i\theta_j}$, $y_j = s_j e^{i\varphi_j}$ j=1,2,3,4,5,6,7,8. Rappelons encore les changements de cartes $O_5 \cap O_7$:

$$x_7 = x_5 = x_1 \qquad r_7 = r_5 = r_1 \qquad \theta_7 = \theta_5 = \theta_1$$

$$y_7 = \frac{y_5}{x_5} \qquad s_7 = \frac{s_5}{r_5} = \frac{s_1}{r_1^2} \qquad \varphi_7 = \varphi_1 - 2\theta_1$$

ce qui donne pour paramétrage des trajectoires non particulières ($x_i\neq 0$ et $y_i\neq 0$) dans la carte ⑦:

$$\theta_7 = \mathrm{Arg}k - \frac{1}{\mathrm{Imd}} \log \frac{r_7^{\mathrm{Red}+2|d|^2} s_7^{|d|^2}}{|k|^{\mathrm{Red}}}$$

$$\varphi_7 = -2\mathrm{Arg}k + \frac{1}{\mathrm{Imd}} \log \frac{s_7^{\mathrm{Red}+|d|^2} r_7^{4\mathrm{Red}+4|d|^2+1}}{|k|^{2\mathrm{Red}+1}}$$

a) Construction de h

Comme précédemment (§ III 2)) considérons le schéma :

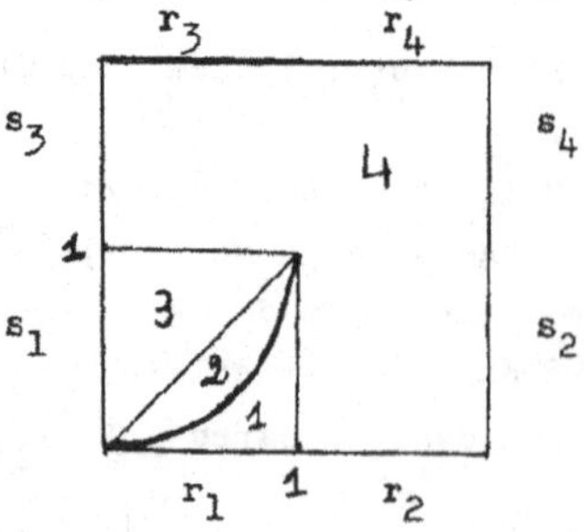

et les parties de $\mathbb{P}_1(\mathbb{C})\times\mathbb{P}_1(\mathbb{C})$ correspondantes:

$E_1 = \{ m \in O_1$ (carte ①) $| m = (r_1 e^{i\theta_1}, s_1 e^{i\varphi_1}) \quad s_1 \leq r_1^2 \quad r_1 \leq 1 \} - (0,0)$

$E_2 = \{ m \in O_1 \ | \ r_1^2 \leq s_1 \leq r_1 , \ r_1 \leq 1 \} - (0,0)$

$E_3 = \{ m \in O_1 \ | \ r_1 \leq s_1 , \ s_1 \leq 1 \} - (0,0)$

$E_4 = \{ m \in IP_1(\mathbb{C}) \times IP_1(\mathbb{C}) \ |$ si $m \in O_j$ et $m = (r_j e^{i\theta_j}, s_j e^{i\varphi_j})$ on ait

$r_j \leq 1 , \ s_j \leq 1$ pour $j = 2,3,4 \}$

Définissons h dans les parties 1,2,3,4 et montrons qu'il se prolonge à M''

- Partie E_1 : $s_1 \leq r_1^2$, $r_1 \leq 1$ (ce qui correspond à $s_5 \leq r_5$ et $r_5 \leq 1$ dans la carte ⑤ et $s_7 \leq 1$ et $r_7 \leq 1$ dans la carte ⑦)

Avec les mêmes notations que précédemment i.e. $h(r_1 e^{i\theta_1}, s_1 e^{i\varphi_1}) = (r_1' e^{i\theta_1'}, s_1' e^{i\varphi_1'})$ on a :

$$r_1' = r_1^{\frac{\beta}{\beta'}} \qquad \beta = \frac{4\text{Red} + 4|d|^2 + 1}{\text{Imd}} \qquad \beta \neq 0 \quad \beta' \neq 0$$

$$s_1' = s_1^{\frac{\text{Imd}'|d|^2}{\text{Imd}\,|d'|^2}} \cdot r_1^{2\frac{\beta}{\beta'} - 2\frac{\text{Imd}'|d|^2}{\text{Imd}\,|d'|^2}}$$

$$\theta_1' = \theta_1 + \frac{1}{\text{Imd}} \log r_1^{\text{Red} - \frac{\text{Imd}}{\text{Imd}'}(\text{Red}' - 2|d'|^2 - 2\frac{\text{Imd}'}{\text{Imd}}|d|^2)}$$

$$\varphi_1' = \varphi_1 + \frac{1}{\text{Imd}'} \log r_1' . s_1'^{\text{Red}'} - \frac{1}{\text{Imd}} \log r_1 s_1^{\text{Red}}$$

Ce qui donne dans la carte ⑤ : $s_5 \leq r_5$ et $r_5 \leq 1$ et avec des notations évidentes:

$$r_5' = r_5^{\frac{\beta}{\beta'}}$$

$$s_5' = s_5^{\frac{\text{Imd}'|d|^2}{\text{Imd}\,|d'|^2}} \cdot r_5^{\frac{\beta}{\beta'} - \frac{\text{Imd}'|d|^2}{\text{Imd}\,|d'|^2}}$$

$\theta_5' = \theta_5 + f_1(r_5)$ $\quad f_1(r_5)$ est la fonction de r_1 définie dans la relation entre θ_1' et θ_1 au dessus.

$$\varphi_5' = \varphi_5 + f_2(r_5, s_5)$$

et pour la carte ⑦: $r_7 \leq 1$, $s_7 \leq 1$ avec:

$$r_7' = r_7^{\frac{\beta}{\beta'}} \qquad s_7' = s_7^{\frac{\text{Imd}'|d|^2}{\text{Imd}\,|d'|^2}}$$

$$\theta_7' = \theta_7 + f_1(r_7) \qquad \varphi_7' = \varphi_7 + f_3(s_7)$$

où f_1 est définie au dessus et f_3 par :

$$f_3(s_7) = \frac{1}{\text{Imd}'} \log s_7^{\frac{\text{Imd}'|d|^2}{\text{Imd}\,|d'|^2}(\text{Red}' + |d'|^2)} - \frac{1}{\text{Imd}} \log s_7^{\text{Red} + |d|^2}$$

-<u>Partie E_2</u>: $r_1^2 \leq s_1 \leq r_1$, $r_1 \leq 1$ et h est définie par :

$$r_1' = r_1^{2\frac{\alpha}{\alpha'} - \frac{\beta}{\beta'}} \cdot s_1^{\frac{\beta}{\beta'} - \frac{\alpha}{\alpha'}} \qquad \alpha = \frac{2\,\mathrm{Red} + 1 + |d|^2}{\mathrm{Imd}}$$

$$s_1' = s_1^{2\frac{\beta}{\beta'} - \frac{\alpha}{\alpha'}} \cdot r_1^{2\frac{\alpha}{\alpha'} - 2\frac{\beta}{\beta'}} \qquad \beta = \frac{4\,\mathrm{Red} + 4|d|^2 + 1}{\mathrm{Imd}}$$

$$\theta_1' = \theta_1 - \frac{1}{\mathrm{Imd}'} \log r_1'^{\,\mathrm{Red}'} \cdot s_1'^{\,|d'|^2} + \frac{1}{\mathrm{Imd}} \log r_1^{\mathrm{Red}} \cdot s_1^{|d|^2}$$

$$\varphi_1' = \varphi_1 + \frac{1}{\mathrm{Imd}'} \log r_1' \cdot s_1'^{\,\mathrm{Red}'} - \frac{1}{\mathrm{Imd}} \log r_1 \cdot s_1^{\mathrm{Red}}$$

Ce qui donne dans la carte (5) : $s_5 \leq 1$, $r_5 \leq s_5$ et pour h :

$$r_5' = r_5^{\frac{\alpha}{\alpha'}} \cdot s_5^{\frac{\beta}{\beta'} - \frac{\alpha}{\alpha'}}$$

$$s_5' = s_5^{\frac{\beta}{\beta'}}$$

$$\theta_5' = \theta_5 + g_1(r_5, s_5) \qquad g_1 \text{ continue sauf peut-être en } (0.0)$$

$$\varphi_5' = \varphi_5 + g_2(s_5) \qquad g_2 \text{ continue sauf peut-être en } s_5 = 0$$

Plus précisément :

$$g_2(s_5) = \frac{1}{\mathrm{Imd}'} \log s_5^{(\mathrm{Red}' + |d'|^2)\frac{\alpha}{\alpha'}} + \frac{1}{\mathrm{Imd}'} \log s_5^{(\frac{\beta}{\beta'} - \frac{\alpha}{\alpha'})} - \frac{1}{\mathrm{Imd}} \log s_5^{\mathrm{Red} + |d|^2}$$

Et dans la carte (8) : $r_8 \leq 1$, $s_8 \leq 1$ et pour h :

$$r_8' = r_8^{\frac{\alpha}{\alpha'}} \qquad \theta_8' = \theta_8 + g_3(r_8)$$

$$s_8' = s_8^{\frac{\beta}{\beta'}} \qquad \varphi_8' = \varphi_8 + g_4(s_8)$$

avec :

$$g_3(r_8) = \frac{1}{\mathrm{Imd}} \log r_8^{3\mathrm{Red} + 2|d|^2 + 1} - \frac{1}{\mathrm{Imd}'} \log r_8^{(3\mathrm{Red}' + 1 + 2|d'|^2)\frac{\alpha}{\alpha'}}$$

$$g_4(s_8) = \frac{1}{\mathrm{Imd}} \log s_8^{3\mathrm{Red} + 1 + |d|^2} - \frac{1}{\mathrm{Imd}'} \log s_8^{(3\mathrm{Red}' + 2|d'|^2 + 1)\frac{\beta}{\beta'}}$$

-<u>Partie E_3</u>: $r_1 \leq s_1$, $s_1 \leq 1$; h est défini comme précédemment (§ III 2) a))

Rappelons rapidement ces relations :

$$s_1' = s_1^{\frac{\alpha}{\alpha'}} \qquad r_1' = r_1^{\frac{\mathrm{Imd}'}{\mathrm{Imd}}} \cdot s_1^{\frac{\alpha}{\alpha'} - \frac{\mathrm{Imd}'}{\mathrm{Imd}}}$$

$$\varphi_1' = \varphi_1 + k_1(s_1) \qquad \theta_1' = \theta_1 + k_2(r_1, s_1)$$

k_1 est continue sauf peut-être en 0 , k_2 est continue sauf peut-être en (0,0).

-**Partie E_4** : h est définie comme au § II 2) c)

Comme précédemment quitte à restreindre l'ouvert U ,on peut supposer $\frac{\operatorname{Im} d'}{\operatorname{Im} d}>0$, $\frac{\alpha}{\alpha'}>0$, $\frac{\beta}{\beta'}>0$ ce qui entraine que h envoie E_j sur elle-même; par exemple si j=1 : $r_1' = r_1^{\frac{\beta}{\beta'}}$ et $\frac{\beta}{\beta'}>0$ entrainent : $r_1 \leq 1 \Leftrightarrow r'_1 \leq 1$ et

$$s_1' \leq r_1'^2 \Leftrightarrow s_1^{\frac{\operatorname{Im} d' |d|^2}{\operatorname{Im} d \ |d'|^2}} . r_1^{2\frac{\beta}{\beta'} - 2\frac{\operatorname{Im} d' |d|^2}{\operatorname{Im} d \ |d'|^2}} \leq r_1^{2\frac{\beta}{\beta'}} \Leftrightarrow s_1 \leq r_1^2$$

c.q.f.d.

Les définitions de h coïncident aux parties communes des E_j en effet si $s_1 = r_1^2$ (partie commune à E_1 et E_2) h est défini par:

$r_1' = r_1^{\frac{\beta}{\beta'}}$ (dans E_1)

$$r_1' = r_1^{2\frac{\alpha}{\alpha'} - \frac{\beta}{\beta'}} s_1^{\frac{\beta}{\beta'} - \frac{\alpha}{\alpha'}} = r_1^{2\frac{\alpha}{\alpha'} - \frac{\beta}{\beta'}} r_1^{2\frac{\beta}{\beta'} - 2\frac{\alpha}{\alpha'}} = r_1^{\frac{\beta}{\beta'}}$$

(dans E_2) .On ferait de même pour les autres parties communes.

h est bijective bicontinue (h^{-1} est obtenue en échageant les rôles de X et X' , et de (x_j,y_j) et (x_j',y_j')) sauf peut-être sur les trajectoires particulières ($x_j=0$ ou $y_j=0$).Montrons que h se prolonge en une bijection bicontinue sur ces ensembles(ainsi qu'aux origines des cartes).

*Si dans la partie E_1 s_1 tend vers zéro h est définie par $r_1' = r_1^{\frac{\beta}{\beta'}}, s_1'=0$ $\theta_1' = \theta_1 + f_1(r_1)$ donc est bijective bicontinue pour $s_1=0$.

*Si dans la partie E_2 r_1 tend vers zéro s_1 tend aussi vers zéro, et si s_1 tend vers zéro s_1' tend vers zéro et le problème ne se pose pas.

*Si dans la partie E_3 r_1 tend vers zéro h est définie par : $r_1' = 0$ $s_1' = s_1^{\frac{\alpha}{\alpha'}}$ $\varphi_1' = \varphi_1 + k_1(s_1)$ donc est bijective bicontinue pour $r_1=0$

*Si dans la carte ⑤ s_5 tend vers zéro ,h est définie par : $s_5' = 0$ $r_5' = r_5^{\frac{\beta}{\beta'}}$ $\theta_5' = \theta_5 + f_1(r_5)$ donc h est bijective bicontinue pour $s_5=0$.

*Si dans la carte ⑤ r_5 tend vers zéro (partie E_2) h est définie par: $r_5'=0$, $s_5'= s_5^{\frac{\alpha}{\alpha'}}$ $\varphi_5' = \varphi_5 + g_2(s_5)$ donc h est bijective bicontinue pour $r_5=0$

*Si dans la carte ⑦ s_7 tend vers zéro h est définie par : $s_7'=0$ $r_7' = r_7^{\frac{\beta}{\beta'}}$ $\theta_7' = \theta_7 + g_3(r_7)$ et si r_7 tend vers zéro h est définie par : $r_7' = 0$ $s_7' = s_7^{\frac{\alpha}{\alpha'}}$ $\varphi_7' = \varphi_7 + g_4(s_7)$ donc dans les deux cas h est bijective bicontinue.On ferait de même pour la carte 8.

Il est facile de voir que si $r_j=s_j=0$ $r_j'=s_j'=0$ et h est continue aux origines des différentes cartes.

Finalement h est un homéomorphisme de M'' sur elle-même.

c) h envoie "trajectoires sur trajectoires"

A la trajectoire de X correspo ndant à k on associe comme précédemment la trajectoire de X' correspondant à k' tel que:

$$|k'| = |k|^{\frac{\mathrm{Imd}'}{\mathrm{Imd}}} \qquad \mathrm{Arg}\ k' = \mathrm{Arg}\ k - \frac{1}{\mathrm{Imd}'}\ \log|k'|^{\mathrm{Red}'} + \frac{1}{\mathrm{Imd}}\ \log|k|^{\mathrm{Red}}$$

4)CONCLUSION

Dans tous les cas étudiés, l'ensemble des champs de vecteurs holomorphes structurellement stables est un ouvert partout dense de $\mathcal{V}(M'')$.

V- E C L A T E M E N T S   S U C C E S S I F S

Si $\mathcal{O}$ l'ouvert partout dense considéré est tel que l'on puisse supposer qu'un $X\in\mathcal{O}$ a pour composantes dans la carte ①: $\begin{cases} P_1(x_1,y_1) = bx_1 \\ Q_1(x_1,y_1) = by_1 \end{cases}$ $b\neq 0$

le problème est résolu (cf. § IV 2)) .Il reste à traiter deux cas :

-Celui où l'on peut supposer que $X\in\mathcal{O}$ a pour composantes dans la carte ①: $P_1(x_1,y_1) = ax_1^2$, $Q_1(x_1,y_1) = by_1^2$ avec $a\neq 0$ et $b\neq 0$ .Il se traite comme le cas précédent i.e. on prend $U=\mathcal{O}$ et quitte à composer l'homéomorphisme cherché par un automorphisme de la variété considérée défini au § II 3) on peut supposer que $X'\in U$ a pour composantes dans la carte ①: $P_1'(x_1,y_1) = a'x_1^2$ et $Q_1'(x_1,y_1) = b'y_1^2$,Les trajectoires non particulières sont: $y_1 = \frac{ax_1}{akx_1+b}$ pour X, $y_1 = \frac{a'x_1}{a'k'x_1+b'}$ pour X' et l'homéomorphisme est donné par $h:(x_1,y_1) \longrightarrow (\frac{ab'}{ba'}x_1,y_1)$ et la correspondance des trajectoires par k=k'.On remarque que h est un automorphisme de $\mathbb{P}_1(\mathbb{C})\times\mathbb{P}_1(\mathbb{C})$ et se prolonge donc en un automorphisme des variétés éclatées. Le résultat est identique aux précédents.

-Celui où l'on peut supposer que $X\in\mathcal{O}$ a pour composante dans la carte ①: $P_1(x_1,y_1) = ax_1$, $Q_1(x_1,y_1) = by_1$ $a\neq 0$ et $b\neq 0$ (on a éclaté en les origines des cartes).Les conclusions précédentes (§ IV) restent valables, car on peut encore construire l'homéomorphisme cherché h.Montrons par quelle méthode on peut y arriver.

On enlève de $\mathcal{O}$ un certain nombre (fini)de fermés d'intérieur vide (correspondant à la non nullité d'expressions fontions de $(\frac{a}{b})$ qui apparaissent comme puissance de r_k et s_k dans les équations paramétriques des trajectoires) et on obtient un ouvert $\mathcal{O}'$ partout dense.On prend $X'\in U\subset\mathcal{O}'$

Supposons que l'on ait construit h pour j-1 éclatements en j-1 points et montrons que l'on peut construire h lorsque l'on éclate la variété obtenue à l'origine d'une des cartes.Dans la carte 2j+3 on a comme paramétrage des trajectoires du champ X considéré:

$$\theta_{2j+3} = m_j \mathrm{Arg}k + \frac{\alpha_j}{\mathrm{Imd}} \log r_{2j+3}^{a_j} \cdot s_{2j+3}^{b_j} \qquad m_j\in\mathbb{Z}\ \ \alpha_j=+1 \text{ ou } -1$$

$$\varphi_{2j+3} = n_j \operatorname{Arg} k + \frac{\beta_j}{\operatorname{Im} d} \log r_{2j+3}^{c_j} \cdot s_{2j+3}^{d_j} \qquad n_j \in \mathbb{Z} \quad \beta_j = +1 \text{ ou } -1$$

et dans la carte 2k+4 :

$$\theta_{2j+4} = p_j \operatorname{Arg} k + \frac{\gamma_j}{\operatorname{Im} d} \log r_{2j+4}^{e_j} \cdot s_{2j+4}^{f_j} \qquad p_j \in \mathbb{Z} \quad \gamma_j = +1 \text{ Ou } -1$$

$$\varphi_{2j+4} = q_j \operatorname{Arg} k + \frac{\delta_j}{\operatorname{Im} d} \log r_{2j+4}^{g_j} \cdot s_{2j+4}^{h_j} \qquad q_j \in \mathbb{Z} \quad \delta_j = +1 \text{ ou } -1$$

Quitte à composer l'homéomorphisme cherché h par un isomorphisme défini au § II, 3) ,on peut supposer que les trajectoires de X' ont un paramêtrage analogue. On définit alors h pour $r_{2j+3} \leq 1$ $s_{2j+3} \leq 1$ par :

$$h(x_{2j+3}, y_{2j+3}) = (x'_{2j+3}, y'_{2j+3}) \text{ avec,}$$

$$x_{2j+3} = r_{2j+3} e^{i\theta_{2j+3}} \qquad y_{2j+3} = s_{2j+3} e^{i\varphi_{2j+3}}$$

$$x'_{2j+3} = r'_{2j+3} e^{i\theta_{2j+3}} \qquad y'_{2j+3} = s'_{2j+3} e^{i\varphi_{2j+3}}$$

et

$$r'_{2j+3} = r_{2j+3}^{\frac{c_j}{c'_j}} \qquad \theta'_{2j+3} = \theta_{2j+3} + \frac{\alpha'_j}{\operatorname{Im} d'} \log r_{2j+3}^{\frac{c_j}{c'_j} a'_j} - \frac{\alpha_j}{\operatorname{Im} d} \log r_{2j+3}^{a_j}$$

$$s'_{2j+3} = s_{2j+3}^{\frac{c_j}{c'_j}} \qquad \varphi'_{2j+3} = \varphi_{2j+3} + \frac{\beta'_j}{\operatorname{Im} d'} \log s_{2j+3}^{\frac{b_j}{b'_j} d'_j} - \frac{\beta_j}{\operatorname{Im} d} \log s_{2j+3}^{d_j}$$

et dans la carte (2j+4) pour $r_{2j+4} \leq 1$ et $s_{2j+4} \leq 1$ par :

$$r'_{2j+4} = r_{2j+4}^{\frac{g_j}{g'_j}} \qquad \theta'_{2j+4} = \theta_{2j+4} + \frac{\gamma'_j}{\operatorname{Im} d'} \log r_{2j+4}^{\frac{g_j}{g'_j} e'_j} - \frac{\gamma_j}{\operatorname{Im} d} \log r_{2j+4}^{e_j}$$

$$s'_{2j+4} = s_{2j+4}^{\frac{f_j}{f'_j}} \qquad \varphi'_{2j+4} = \varphi_{2j+4} + \frac{\delta'_j}{\operatorname{Im} d'} \log s_{2j+4}^{\frac{f_j}{f'_j} h'_j} - \frac{\delta_j}{\operatorname{Im} d} \log s_{2j+4}^{h_j}$$

Si nous supposons que l'on a éclaté à l'origine de la carte (2j+1) on a :

$$r_{2j+3} = r_{2j+1} \,,\; s_{2j+3} = \frac{s_{2j+1}}{r_{2j+1}} \,,\; r_{2j+4} = \frac{r_{2j+1}}{s_{2j+1}} \,,\; s_{2j+4} = s_{2j+1}$$

Donc pour $r_{2j+1} \leq 1$ et $s_{2j+1} \leq r_{2j+1}$ h est défini à partir des relations précédentes par :

$$r'_{2j+1} = r_{2j+1}^{\frac{c_j}{c'_j}} \qquad \theta'_{2j+1} = \theta_{2j+1} + f_{2j+1}(r_{2j+1})$$

$$s'_{2j+1} = s_{2j+1}^{\frac{c_j}{c'_j}} \cdot r_{2j+1}^{\frac{c_j}{c'_j} - \frac{b_j}{b'_j}} \qquad \varphi'_{2j+1} = \varphi_{2j+1} + g_{2j+1}(r_{2j+1}, s_{2j+1})$$

f_{2j+1} et g_{2j+1} étant continues sauf peut-être pour $r_{2j+1} = 0$ ou $s_{2j+1} = 0$; et pour $s_{2j+1} \leq 1$, $r_{2j+1} \leq s_{2j+1}$ par :

$$r'_{2j+1} = r_{2j+1}^{\frac{g_j}{g'_j}} \cdot s_{2j+1}^{\frac{f_j}{f'_j} - \frac{g_j}{g'_j}} \qquad \theta'_{2j+1} = \theta_{2j+1} + h_{2j+1}(r_{2j+1}, s_{2j+1})$$

$$s'_{2j+1} = s_{2j+1}^{\frac{f_j}{f'_j}} \qquad \varphi'_{2j+1} = \varphi_{2j+1} + k_{2j+1}(s_{2j+1})$$

h_{2j+1} et k_{2j+1} étant continues sauf peut-être pour $r_{2j+1} = 0$ ou $s_{2j+1} = 0$.

Dans la carte (2j+2) on définit h pour $r_{2j+1} \leq 1$ $s_{2j+1} \leq 1$ à partir des relations obtenues par récurrence (on suppose bien sur dans l'hypothèse de récurrence que $r_i \leq 1 \Leftrightarrow r'_i \leq 1$ et $s_i \leq 1 \Leftrightarrow s'_i \leq 1$) On modifie ensuite h à partir des relations précédentes. Par exemple si la carte (2j+1) provient de la carte (2j-1) par éclatement à l'origine on a :

$$r_{2j+1} = r_{2j-1} \qquad s_{2j+1} = \frac{s_{2j-1}}{r_{2j-1}}$$

et pour h dans la partie $r_{2j-1} \leq 1$ $s_{2j-1} \leq r_{2j-1}^2$:

$$r'_{2j-1} = r_{2j-1}^{\frac{c_j}{c'_j}} \qquad \theta'_{2j-1} = \theta_{2j-1} + f_{2j-1}(r_{2j-1})$$

$$s'_{2j-1} = s_{2j-1}^{\frac{b_j}{b'_j}} \cdot r_{2j-1}^{2\frac{c_j}{c'_j} - 2\frac{b_j}{b'_j}} \qquad \varphi'_{2j-1} = \varphi_{2j-1} + g_{2j-1}(r_{2j-1}, s_{2j-1})$$

De même on définirait h dans la partie $r_{2j-1}^2 \leq s_{2j-1} \lneq r_{2j-1}$ à partir des relations précédentes.

h ainsi modifié est encore une bijection bicontinue car chaque fois que r_i tend vers zéro sans que s_i tende vers zéro on a pour h une expression de la forme :

$$s_i' = s_i^{\frac{\mu_i}{\mu_i'}} \qquad \varphi_i' = \varphi_i + g_i(s_i)$$

donc h se prolonge en une bijection bicontinue sur l'ensemble des points vérifiant $r_i=0$; de même lorsque $s_i=0$. De plus aux parties communes les définitions de h coïncident.

Finalement h ainsi construit est un homépmorphisme de la variété sur elle-même et envoie les trajectoires de X sur celles de X'(on a utilisé le paramêtrage des trajectoires pour construire h).

REMARQUE

Si nous reprennons un schéma analogue aux précédents, les différentes parties correspondant aux définitions de h sont séparées par des courbes du type :

$$s_1 = r_1^{\frac{p}{q}} \qquad \text{où } \frac{p}{q} \in \mathbb{Q}^+$$

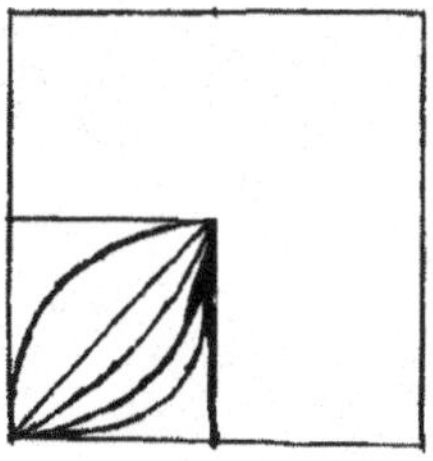

VI* C O N C L U S I O N

L'ensemble des champs de vecteurs holomorphes structurellement stables sur les variétés obtenues à partir de $\mathbb{P}_1(\mathbb{C})\times\mathbb{P}_1(\mathbb{C})$ par éclatement successifs en des points isolés, est un ouvert partout dense dans l'ensemble des champs de vecteurs holomorphes sur ces différentes variétés muni d'une topologie qui en fait un espace vectoriel topologique.

A quelques modifications près on peut appliquer ces raisonnements à $\mathbb{P}_2(\mathbb{C})$ et aux variétés obtenues par éclatement ce qui généralise les résultats obtenus pour $\mathbb{P}_2(\mathbb{C})$ par J. Guckenheimer.

B I B L I O G R A P H I E

1 J.Guckenheimer : On holomorphic Vector Fields on $IP_2(\mathbb{C})$
(à paraitre)

2 H.Grauert et R.Remmert : Komplexe Räume
Math. Annalen (1958)

3 J.Martinet :Champs de vecteurs holomorphes sur le plan projectif complexe
Thèse de 3è cycle Grenoble 1961

PROBLEME DE CAUCHY A DONNEES SINGULIERES

par

Claude WAGSCHAL

Nous présentons dans cet exposé une généralisation d'un théorème d'Hamada [3] concernant le problème de Cauchy non caractéristique lorsque les données présentent des singularités. Des calculs de développement asymptotique permettent de construire des solutions formelles de ces problèmes. La méthode des fonctions majorantes permet de prouver la convergence de ces développements; nous introduisons à cet effet, outre le paramètre classique de Goursat, un nouveau paramètre et de nouvelles inégalités qui simplifient l'utilisation de cette méthode.

1. ENONCE DU PROBLEME DE CAUCHY ET RESULTATS.

On considère une matrice (N×N) d'opérateurs différentiels linéaires à coefficients holomorphes au voisinage de l'origine de $\mathbb{C}^{n+1}$ $\left(x=(x_0,x_1,\ldots,x_n)\in\mathbb{C}^{n+1}\right)$

(1.1) $$\left(a_\mu^\nu(x,D)\right)_{1\leq\mu,\nu\leq N}$$

On pose

$$m = \sup_{\pi\in\mathcal{P}} \sum_{\nu=1}^{N} \text{ordre } \left(a_{\pi(\nu)}^{\nu}(x,D)\right) \in \mathbb{N}\cup\{-\infty\},$$

où $\mathcal{P}$ désigne l'ensemble des permutations de $\{1, \ldots, N\}$ et où l'on convient que ordre $(0) = -\infty$. Nous supposerons $m \geq 1$. Le polynôme en $\xi\in\mathbb{C}^{n+1}$, $\text{dét}\left(a_\mu^\nu(x,\xi)\right)$ est de degré au plus m; sa partie homogène de degré m, $g(x,\xi)$, est appelée le polynôme caractéristique du système (1.1). On suppose $g(x,\xi)$ non identiquement nul pour x voisin de 0.

Nous appelerons système de poids de Leray-Volevič associé à la matrice des ordres, ordre $(a_u^\nu(x,D))$, tout élément

$$\sigma = (s_1, \ldots, s_N, t_1, \ldots, t_N) = (s_u, t_\nu) \in \mathbb{N}^{2N}$$

vérifiant

$$(1.2) \qquad \begin{cases} \text{ordre } (a_u^\nu) \leq t_\nu - s_u, \\ m = \sum_{\nu=1}^N t_\nu - \sum_{u=1}^N s_u. \end{cases}$$

D'après un théorème de Volevič [10] (cf. également Hufford [5]) on peut toujours trouver de tel système de 2N entiers. On notera Σ l'ensemble de tous les systèmes de poids de Leray-Volevič associé à (1.1).

Remarque 1. L'ensemble Σ est évidemment infini : si $(s_u, t_\nu) \in \Sigma$ alors $(s_u+k, t_\nu+k) \in \Sigma$ pour tout $k \in \mathbb{N}$. Même avec une normalisation du type $\mathrm{Min}(s_u, t_\nu) = 0$, il est facile de construire des systèmes admettant une infinité de systèmes de poids.

L'hypersurface portant les données de Cauchy sera l'hyperplan

$$S : x_0 = 0$$

supposé non caractéristique (i.e. $g(0,x'; 1, 0, \ldots, 0) \neq 0$, $x' = (x_1, \ldots, x_n)$).
Le problème de Cauchy est alors le suivant : étant donné 2N fonctions $(v_u)_{1\leq u\leq N}$, $(w_\nu)_{1\leq\nu\leq N}$, déterminer $(u_\nu)_{1\leq\nu\leq N}$ tel que

$$(1.3) \qquad \begin{cases} \sum_{\nu=1}^N a_u^\nu(x,D) u_\nu(x) = v_u(x), \\ u_\nu(x) - w_\nu(x) \text{ s'annule } t_\nu \text{ fois sur } S. \end{cases}$$

Ce problème ne peut évidemment admettre de solution que si

$$(1.4) \qquad v_u(x) - \sum_{\nu=1}^N a_u^\nu(x,D) w_\nu(x) \text{ s'annule } s_u \text{ fois sur } S.$$

Si ces conditions de compatibilité (1.4) sont satisfaites et si les fonctions (v_u) et (w_ν) sont holomorphes au voisinage de S, le problème de Cauchy (1.3) admet une unique solution holomorphe au voisinage de S (théorème de Cauchy-Kowalewski généralisé par Gårding-Kotaké et Leray [2])

A chaque choix de système de poids, on associe donc un problème de Cauchy. Le lien entre tous ces problèmes de Cauchy est très simple vu la

Proposition 1. ([11]). L'ensemble $\sum$ des systèmes de poids de Leray-Volevič admet un plus petit élément $\sigma^* = (s^*_\mu, t^*_\nu)$.

Il en résulte que la solution de (1.3) est l'unique solution du problème de Cauchy associé au système de poids σ^*.

Le problème auquel nous nous intéressons ici est celui où les fonctions (v_μ) et (w_ν) présentent des singularités. Dans S ces singularités seront portées par l'hyperplan.

$$T : x_0 = x_1 = 0$$

et les singularités des fonctions (v_μ) et (w_ν) seront portées par les hypersurfaces caractéristiques issues de T que nous supposerons simples. Nous supposerons donc que l'équation en η_0

$$g(0; \eta_0, 1, 0, \ldots, 0) = 0$$

admet m racines distinctes η_0^i, $1 \leq i \leq m$; les caractéristiques

$$K^i : \phi^i(x) = 0$$

sont alors déterminées par les problèmes de Cauchy du 1er ordre

$$(1.5) \qquad \begin{cases} g(x, \operatorname{grad} \phi^i(x)) = 0, \\ \phi^i(0,x') = x_1, \\ \operatorname{grad} \phi^i(0) = (\eta_0^i, 1, 0, \ldots, 0). \end{cases}$$

Si les fonctions (v_μ) et (w_ν) sont holomorphes sur le revêtement simplement connexe de $\Omega - \bigcup_{i=1}^{m} K^i$, Ω voisinage ouvert de l'origine de $\mathbb{C}^{n+1}$, le problème de Cauchy (1.3) admet une (et une seule) solution holomorphe sur le revêtement simplement connexe d'un voisinage de $\Omega \cap (S-T)$. On se propose d'étudier le prolongement analytique de cette solution; en particulier, peut-on effectuer le prolongement analytique sur le revêtement simplement connexe de

$\Omega' - \bigcup_{i=1}^{m} K^i$, Ω' étant un voisinage ouvert de $0 \in \mathbb{C}^{n+1}$?

Nous allons répondre à ces questions en faisant des hypothèses sur la nature des singularités des fonctions (v_u) et (w_ν).

Nature des singularités. Soit $(p,q) \in \mathbb{C} \times \mathbb{N}$. Notons $H(p,q)$ l'ensemble des fonctions de la forme ($\mathbb{Z}_-$: entiers < 0)

$$\begin{cases} \sum_{i=1}^{m} [\phi^i(x)]^p P_q^i(x, \log \phi^i(x)) & , \text{ si } p \notin \mathbb{Z}_-, \\ \sum_{i=1}^{m} [\phi^i(x)]^p P_{q-1}^i(x, \log \phi^i(x)) + \sum_{i=1}^{m} P_q^i(x, \log \phi^i(x)), & \text{si } p \in \mathbb{Z}_-, \ q \geq 1, \\ P_0(x) & , \text{ si } p \in \mathbb{Z}_-, \ q = 0, \end{cases}$$

où $P_q^i(x,\zeta)$ est un polynôme en $\zeta \in \mathbb{C}$ de degré $< q$ à coefficients fonctions holomorphes de x.

Remarque 2. Si $u \in H(p,q)$ alors $\forall \alpha \in \mathbb{N}^{n+1}$, $D^\alpha u \in H(p-|\alpha|,q)$.

Théorème 1. Soient $v_u \in H(p+s_u,q)$ et $w_\nu \in H(p+t_\nu,q)$ des fonctions vérifiant les conditions de compatibilité (1.4). Le problème de Cauchy (1.3) admet alors une unique solution $u_\nu \in H(p+t_\nu-1,q)$.

Lorsque le système se réduit à une équation (N=1), on peut donner une forme plus précise de ce théorème.

Théorème 2. Lorsque N=1, si $v \in H(p,q)$, $w \in H(p+m-1,q)$ alors $u \in H(p+m-1,q)$.

Pour simplifier l'exposé, nous allons donner une idée de la démonstration du théorème 2. En ce qui concerne les systèmes, nous renverrons le lecteur à [11].

La démonstration de ces théorèmes se fait en deux étapes. Dans une première étape, on construit formellement la solution du problème de Cauchy par des méthodes de calcul de développement asymptotique (cf. P.D. Lax [6], D. Ludwig [7]). Il s'agit ensuite, dans une deuxième étape, de prouver la convergence des développements construits. Hamada [3] utilise des majorations de Mizohata ([8] ou [9]) obtenues par intégration le long des bicaractéristiques tracées sur les hypersurfaces caractéristiques $\phi^i(x) = c^t$. Nous utiliserons plus simplement la méthode des fonctions majorantes.

2. CONSTRUCTION DE LA SOLUTION.

Soient $v \in H(p,q)$, $w \in H(p+m-1,q)$. Il s'agit d'étudier le problème de Cauchy

$$(2.1) \qquad \begin{cases} a(x,D)u(x) = v(x), \\ u(x) - w(x) \text{ s'annule } m \text{ fois sur } S. \end{cases}$$

En prenant comme nouvelle inconnue u-w on peut supposer nulles les données de Cauchy : on constate en effet que $a(x,D)w(x) \in H(p,q)$ d'après le lemme ci-dessous.

Il suffit d'étudier le problème de Cauchy (2.1) lorsque v est de la forme :

$$v(x) = \sum_{i=1}^{m} f_o(\phi^i(x))v^i(x)$$

où v^i est holomorphe et

$$f_o(t) = \begin{cases} t^p(\log t)^p & \text{si } p \notin \mathbb{Z}_-,\ q > 0, \\ t^p(\log t)^{q-1} & \text{si } p \in \mathbb{Z}_-,\ q > 1. \end{cases}$$

On va alors insérer f_o dans une suite $(f_j)_{j \in \mathbb{Z}}$ de fonctions d'une variable complexe telle que

$$\frac{df_j}{dt} = f_{j-1}, \text{ pour tout } j \in \mathbb{Z},$$

et on cherchera la solution du problème (2.1) sous la forme

$$(2.2) \qquad u(x) = \sum_{i=1}^{m} \sum_{k=0}^{+\infty} f_{k+m-1}(\phi^i(x))u_k^i(x).$$

Notons $h(p,q)$, $(p,q) \in \mathbb{C} \times \mathbb{N}$, l'ensemble des fonctions f de la forme

$$f(t) = \begin{cases} t^p\, P_q(\log t), & \text{si } p \notin \mathbb{Z}_-,\ q > 0, \\ t^p\, P_{q-1}(\log t), & \text{si } p \in \mathbb{Z}_-,\ q > 1, \\ 0 \qquad\quad , & \text{si } p \in \mathbb{Z}_-,\ q = 0. \end{cases}$$

On vérifie que l'opérateur de dérivation

$$\frac{d}{dt} : h(p,q) \longrightarrow h(p-1,q)$$

est sujectif (il n'est injectif que pour $p \neq 0$). Etant donné que $f_o \in h(p,q)$, on peut donc construire une suite (en général non unique) $f_j \in h(p+j,q)$, $j \in \mathbb{Z}$, telle que $\frac{df_j}{dt} = f_{j-1}$.

Pour écrire que (2.2) est solution, nous utiliserons le

Lemme. Soit $L(x,D)$ un opérateur différentiel linéaire à coefficients holomorphes d'ordre L et de partie principale L_o et soit ϕ une fonction holomorphe Alors il existe des opérateurs $P_\ell(x,D)$ d'ordre $\leq \ell$ ne dépendant que de $L(x,D)$ et ϕ tels que

$$L(x,D)[f_j(\phi(x))u(x)] = \sum_{\ell=o}^{L} f_{j-L+\ell}(\phi(x))\; P_\ell(x,D)u(x).$$

En outre

$$P_o(x,D) = L_o(x,\ \mathrm{grad}\ \phi(x)),$$

$$P_1(x,D) = \sum_{j=o}^{n} D_{\xi_j} L_o(x,\ \mathrm{grad}\ \phi(x))D_j + a(x).$$

D'après ce lemme et (1.5), il existe donc des opérateurs $M_\ell^i(x,D)$ d'ordre $\leq \ell$ ne dépendant que de $a(x,D)$ et $\phi^i(x)$ tels que

$$a(x,D)\Big(\sum_{k=o}^{+\infty} f_{k+m-1}(\phi^i(x))u_k^i(x)\Big) = \sum_{k=o}^{+\infty}\sum_{\ell=1}^{m} f_k(\phi^i(x))M_\ell^i(x,D)u_{k+1-\ell}^i(x)$$

où l'on convient que $u_k^i \equiv 0$, si $k < 0$.

Pour que $a(x,D)u(x) = v(x)$, il suffit donc que

$$(2.3)\qquad \begin{cases} M_1^i(x,D)u_o^i(x) = v^i(x), \\ M_1^i(x,D)u_k^i(x) + \sum_{\ell=2}^{m} M_\ell^i(x,D)u_{k+1-\ell}^i(x) = 0, \text{ si } k \geq 1. \end{cases}$$

De plus

$$M_1^i(x,D) = \sum_{j=o}^{n} D_{\xi_j} g(x,\ \mathrm{grad}\ \phi^i(x))D_j + a^i(x);$$

les caractéristiques K^i étant simples, l'hyperplan S est non caractéristique pour ces opérateurs du 1er ordre. On peut donc écrire (2.3) sous la forme :

$$(2.4)\qquad \begin{cases} D_o u_o^i(x) = M_1^i(x,D')u_o^i(x) + \hat{v}^i(x), \\ D_o u_k^i(x) = M_1^i(x,D')u_k^i(x) + \sum\limits_{\ell=2}^{m} M_\ell^i(x,D)u^i_{k+1-\ell}(x),\ k \geq 1, \end{cases}$$

où les opérateurs M_ℓ^i d'ordre $\leq \ell$ sont à coefficients holomorphes, $M_1^i(x,D')$ ne contenant pas de dérivation en x_o.

En ce qui concerne les données de Cauchy, on a d'après le lemme

$$D_o^h u(x) = \sum_{i=1}^{m} \sum_{k=o}^{+\infty} \sum_{\ell=o}^{h} f_{k+m-1-h+\ell}\left(\phi^i(x)\right) N_\ell^{i,h}(x,D_o)u_k^i(x),\ 0 \leq h \leq m-1,$$

où $N_o^{i,h}(x,D_o) = [D_o\phi(x)]^h$; d'où

$$D_o^h u(x)\Big|_S = \sum_{i=1}^{m} \sum_{k=o}^{+\infty} \sum_{\ell=o}^{h} f_{k+m-1-h}(x_1)\, N_\ell^{i,h}(x',D_o)u_{k-\ell}^i(x)\Big|_S .$$

Pour que les données de Cauchy soient vérifiées, il suffit donc que (en posant $\eta_o^i(x') = D_o\phi^i(x)\big|_{x_o=0}$)

$$\begin{cases} \sum\limits_{i=1}^{m} [\eta_o^i(x')]^h\, u_o^i(0,x') = 0 & ,\ 0 \leq h \leq m-1, \\ \sum\limits_{i=1}^{m} [\eta_o^i(x')]^h\, u_k^i(0,x') = -\sum\limits_{i=1}^{m} \sum\limits_{\ell=1}^{h} N_\ell^{i,h}(x',D_o)\, u_{k-\ell}^i(0,x'), & 0 \leq h \leq m-1,\ k \geq 1. \end{cases}$$

Etant donné que les nombres $\eta_o^i(x')$, $1 \leq i \leq m$, sont distincts ces équations s'écrivent (ordre $(N_\ell^i) \leq \ell$)

$$(2.5)\qquad \begin{cases} u_o^i(0,x') = 0\,, \\ u_k^i(0,x') = \sum\limits_{i=1}^{m} \sum\limits_{\ell=1}^{m-1} N_\ell^i(x',D_o)u_{k-\ell}^i(0,x'),\quad k \geq 1. \end{cases}$$

et déterminent donc les fonctions $u_k^i(x)$ sur S.

Les relations (2.4) et (2.5) déterminent, par récurrence sur k, les fonctions u_k^i.

3. CONVERGENCE.

Il s'agit d'étudier la convergence du développement (2.2). Nous utiliserons la méthode des fonctions majorantes.

Si u et U sont deux fonctions holomorphes au voisinage de l'origine de $\mathbb{C}^{n+1}$, nous noterons $u(x) \ll U(x)$ la relation

$$"\forall\alpha \in \mathbb{N}^{n+1},\ |D^\alpha u(o)| \leq D^\alpha U(o)".$$

Etant donné deux opérateurs $L(x,D) = \sum_{|\alpha|\leq L} a_\alpha(x) D^\alpha$, $\mathcal{L}(x,D) = \sum_{|\alpha|\leq L} A_\alpha(x) D^\alpha$ nous dirons que $\mathcal{L}(x,D)$ majore $L(x,D)$, ce que nous écrivons $L(x,D) \ll \mathcal{L}(x,D)$, si pour tout α

$$a_\alpha(x) \ll A_\alpha(x)\ .$$

Si $u(x) \ll U(x)$ et $L(x,D) \ll \mathcal{L}(x,D)$, on a évidemment $L(x,D)u(x) \ll \mathcal{L}(x,D)U(x)$.

Rappelons qu'une fonction u holomorphe au voisinage du polydisque

$$\Delta = \{x \in \mathbb{C}^{n+1} \mid \operatorname*{Max}_{o\leq j\leq n} |x_j| < R\}$$

admet pour fonction majorante

$$\frac{M}{R - \sum_{j=o}^{m} x_j}\ , \quad \text{avec} \quad M = R \operatorname*{Max}_{x\in\partial_o\Delta} |u(x)|.$$

Les fonctions majorantes que nous utiliserons sont les suivantes :

$$\phi_k(\xi) = \frac{d^k}{d\xi^k}\left(\frac{1}{r-\xi}\right) = \frac{k\,!}{(r-\xi)^{k+1}}\qquad ,\ k \in \mathbb{N}\ ,$$

où

$$\xi = \alpha x_o + \sum_{j=1}^{n} x_j,\quad \alpha \geq 1,\quad r > 0.$$

<u>Proposition 1</u>. <u>On a les propriétés suivantes</u> :

1. $\phi_k(\xi) \ll r\,\phi_{k+1}(\xi), \quad k \in \mathbb{N}.$

2. Si $0 < r < R$, $\frac{1}{R-\xi}\,\phi_k(\xi) \ll \frac{1}{R-r}\,\phi_k(\xi)$.

3. Si $u(x) \ll \phi_k(\xi)$ <u>alors</u> $D^\beta u(x) \ll \alpha^{\beta_0}\,\phi_{k+|\beta|}(\xi)$, $\beta \in \mathbb{N}^{n+1}$.

La propriété 2 justifie l'introduction du paramètre $r \in]0,R[$; le fait que les opérateurs figurant dans (2.4) et (2.5) soient à coefficients variables n'introduira dans les calculs de majorantes que des constantes multiplicatives. De façon précise, on a le résultat suivant :

<u>Proposition 2</u>. <u>Soit</u> $L(x,D) = \sum_{|\beta|\leq L} a_\beta(x) D^\beta$ <u>un opérateur différentiel linéaire à coefficients holomorphes</u>. <u>Soient</u> M <u>et</u> R <u>tels que</u> :

$$a_\beta(x) \ll \frac{M}{R - \sum_{j=0}^{n} x_j}$$

<u>et</u>

$$\mathscr{L}(x,D) = \sum_{|\beta|\leq L} \frac{M}{R-\sum_{j=0}^{n} x_j}\, D^\beta .$$

<u>Soit</u> $0 < r < R$; <u>il existe alors une constante</u> $c = c(M,R,r,L)$ (<u>indépendante de</u> α) <u>telle que</u>

$$u(x) \ll \phi_k(\xi) \implies L(x,D)u(x) \ll \mathscr{L}(x,D)\phi_k(\xi) \ll c\alpha^{\ell_0}\phi_{k+L}(\xi).$$

Ces résultats préliminaires vont nous permettre de déterminer des majorantes des fonctions u_k^i.

<u>Proposition 3</u>. Soient M et R tels que $\frac{M}{R-\sum_{j=0}^{n} x_j}$ <u>majore</u> $u_o^i(x)$ <u>ainsi que les coefficients des opérateurs</u> M_ℓ^i, N_ℓ^i . <u>Soit</u> $r \in]0,R[$. <u>Il existe des constantes</u> $\alpha > 1$ et $c > 1$ <u>ne dépendant que de</u> M,R,r,m <u>tels que</u>

(3.1) $$u_k^i(x) \ll c^{k+1}\phi_k(\xi).$$

<u>Preuve</u>. On aura $u_o^i(x) \ll c\ \phi_o(\xi)$ si $\frac{M}{R-\xi} \ll \frac{c}{r-\xi}$, c'est-à-dire si $c \geq M\frac{r}{R}$.

Notons $\mathcal{M}_\ell^i$ et $\mathcal{N}_\ell^i$ les opérateurs obtenus à partir de M_ℓ^i, N_ℓ^i en substituant $\dfrac{M}{R - \sum_{j=o}^{n} x_j}$ à leurs coefficients et posons $\Phi_k(x) = c^{k+1}\phi_k(\xi)$. Pour que (3.1) soit vérifié, il suffit que, pour tout $k \geq 1$, $i \in \{1, \ldots, m\}$,

$$(3.2)\qquad \begin{cases} D_o\Phi_k(x) \gg \mathcal{M}_1^i(x,D')\Phi_k(x) + \sum_{\ell=2}^{m} \mathcal{M}_\ell^i(x,D)\Phi_{k+1-\ell}(x), \\ \Phi_k(0,x') \gg \sum_{i=1}^{m} \sum_{\ell=1}^{m-1} \mathcal{N}_\ell^i(x',D_o)\Phi_{k-\ell}(0,x'). \end{cases}$$

Soient $c(\mathcal{M}_\ell^i)$, $c(\mathcal{N}_\ell^i)$ les constantes associées aux opérateurs $\mathcal{M}_\ell^i$, $\mathcal{N}_\ell^i$ par la proposition 2. Cette proposition montre que (3.2) est vérifiée si :

$$\begin{cases} c^{k+1}\alpha\ \phi_{k+1}(\xi) \gg c(\mathcal{M}_1^i)c^{k+1}\phi_{k+1}(\xi) + \sum_{\ell=2}^{m} c(\mathcal{M}_\ell^i)c^{k+2-\ell}\alpha^\ell\phi_{k+1}(\xi), \\ c^{k+1}\phi_k(\xi) \gg \sum_{i=1}^{m} \sum_{\ell=1}^{m-1} c(\mathcal{N}_\ell^i)\alpha^\ell c^{k+1-\ell}\phi_k(\xi) \end{cases}$$

soit, avec une constante c_1 convenable, si

$$\begin{cases} \alpha\ c^{k+1} \geq c_1\ c^{k+1} + c_1\alpha^m c^k, \\ c^{k+1} \geq c_1\ \alpha^{m-1}c^k. \end{cases}$$

Il suffit donc de choisir :

$$\alpha \geq 1, \quad \alpha > c_1$$

puis

$$c \geq \mathrm{Max}\{1,\ M\frac{r}{R},\ \alpha^m \frac{c_1}{\alpha-c_1},\ \alpha^{m-1}c_1\}.$$

<u>CQFD</u>

Pour k assez grand, $k \geq K$, on a

$$(3.3)\qquad f_{k+m-1}(t) = t^{p+k+m-1} \sum_{j=o}^{q} a_{k,j} \frac{(\log t)^j}{j!}$$

et on vérifie (cf. [11]) qu'on a une majoration du type

$$|a_{k,j}| < \frac{c_2^{k+1}}{(k+k_o)!}, \text{ où } k_o \in \mathbb{Z},\ c_2 > 0.$$

On a donc :

$$\sum_{k\geq K} f_{k+m-1}\left(\phi^i(x)\right)u_k^i(x) = \sum_{j=0}^{q} [\phi^i(x)]^{p+m-1} \frac{[\log\phi^i(x)]^j}{j!}\left\{\sum_{k\geq K} a_{k,j}[\phi^i(x)]^k\right\} .$$

Il résulte alors de (3.1) et (3.3) que le développement (2..) est convergent lorsque

$$cc_2|\phi^i(x)| + \alpha|x_0| + \sum_{j=1}^{n} |x_j| < r,\ 1 \leq i \leq m.$$

Le théorème 2 s'en déduit aisément.

Remarque 3. Les singularités considérées dans cet exposé sont d'une forme assez particulière. Indiquons qu'une étude analogue peut être faite pour des singularités à croissance lente; ceci fera l'objet d'une publication ultérieure.

Remarque 4. Signalons également qu'on a des théorèmes semblables dans le cas de caractéristiques multiples de multiplicité localement constante (cf. [1] et [4]).

BIBLIOGRAPHIE

[1] J-C DE PARIS.- Problème de Cauchy analytique à données singulières pour un opérateur différentiel à caractéristiques multiples, Comptes Rendus, 272, Série A, 1971, pp. 1723-1726 et J. Math. Pures et Appl. (à paraître).

[2] L. GARDING, T. KOTAKE, J. LERAY.- Uniformisation et développement asymptotique de la solution du problème de Cauchy linéaire à données holomorphes. Analogie avec la théorie des ondes asymptotiques et approchées (Problèmes de Cauchy I bis et VI), Bull. Soc. math. France, t. 92, 1964, p. 263-361.

[3] Y. HAMADA.- The singularities of the solutions of the Cauchy problem, Publications of the Research Institute for Mathematical Sciences, Kyoto University, Vol. 5, 1969, p. 21-40.

[4] Y. HAMADA.- On the propagation of singularities of the solution of the Cauchy problem, Publications of the Research Institute for Mathematical Sciences, Kyoto University; vol. 6, 1970, p. 357-384.

[5] G. HUFFORD.- On the characteristic Matrix of a matrix of differential operators, J. of differential equations, 1, p. 27-38, 1965.

[6] P.D. LAX.- Asymptotic solutions of oscillatory initial value problems, Duke Math. J., Vol. 24, 1957, p. 627-646.

[7] D. LUDWIG.- Exact and asymptotic solutions of the Cauchy problem, Comm. pure appl. Math., Vol. 13, 1960, p. 473-508.

[8] S. MIZOHATA.- Analyticity of the fundamental solutions of hyperbolic systems, J. Math. Kyoto Univ., 1, 1962, p. 327-355.

[9] S. MIZOHATA.- Solutions nulles et solutions non analytiques, J. Math. Kyoto Univ., 1, 1962, p. 271-302.

[10] L.R. VOLEVIČ.- On general systems of differential equations, Soviet Math., t. 1, 1960, p. 458-465.

[11] C. WAGSCHAL.- Problème de Cauchy analytique, à données méromorphes, Comptes Rendus, 272, Série A, 1971, p. 1719-1722 et J. Math. pures et appl., Vol. 51, 1972, p. 375-397.

RESOLUTION DES SINGULARITES DES COURBES

par

François KMETY

INTRODUCTION

Remarquons d'abord que la résolution des singularités est, dans le cas des courbes, un problème "local". En effet, pour une courbe, les singularités se présentent isolément; on résoud chaque singularité séparément, par une suite d'éclatements de centres ponctuels.

Précisons ce que l'on entend par résolution des singularités d'un espace analytique.

Soit X un espace analytique (que l'on supposera réduit pour simplifier).

Résoudre les singularités de X c'est se donner :

1°) X' un espace analytique non singulier

2°) p : un morphisme propre de X' dans X

Tels que :

Si S désigne le sous-espace analytique de X, formé par les points singuliers de X, on demande que p induise un isomorphisme de $X' - p^{-1}(S)$ sur $X - S$. De plus, p s'obtient par composition d'un nombre fini de modifications.

Ici, X sera une courbe (réduite) du plan complexe $\underline{C}^2$, définie par un élément f de l'anneau des séries convergentes à deux variables à coefficients dans $\underline{C}$.

On fait l'hypothèse (non restrictive) que l'origine de $\underline{C}^2$ est un point singulier de X .

L'exposé comporte deux parties ; dans chacune d'elles on définit un caractère numérique associé à la singularité.

L'étude du comportement de ce caractère numérique, au cours d'une modification (éclatement) , permet par récurrence, de démontrer l'existence d'une résolution des singularités des courbes.

Soulignons que les idées développées dans la deuxième partie forment une ébauche de l'étude du même problème en dimensions plus grandes. [1] et [2] .

Soit A l'anneau local de X à l'origine, $\bar{A}$ la clôture intégrale de A dans son anneau des fractions. $\bar{A}$ est une somme d'anneaux locaux noethériens, de dimension 1, normaux, intègres : donc $\bar{A}$ est une somme d'anneaux de valuation discrète (donc réguliers) ; on en déduit que la normalisée d'une courbe est non singulière (voir [3]) ; de plus, le morphisme de normalisation est une solution pour la résolution des singularités de X.

PREMIER CARACTERE NUMERIQUE

Définition : Soient A et B deux anneaux tels que : $A \subset B$. On appelle conducteur de A dans B, l'ensemble des éléments x de A tels que : $x.B \subset A$. C'est un idéal de A (et de B) qui a entre autres la propriété d'être le plus grand idéal de A qui est aussi un idéal de B. Choisissons un système de coordonnées (w,z) dans $\underline{C}^2$, de telle sorte que l'axe des z ne soit pas tangent à la courbe X , et l'axe des w tangent.

On se place à l'origine des coordonnées, supposée singulière pour la courbe X. Soit $A = \underline{C}\{w,z\}/(f)$; A est par définition l'anneau local de X à l'origine ; soit $\mathfrak{M}$ son idéal maximal. Le choix des coordonnées et le théorème de préparation de Weierstrass montrent que l'on peut choisir l'équation de X sous la forme : $f = z^{\nu} + a_1(w).z^{\nu-1} + \ldots + a_i(w).z^{\nu-i} + \ldots + a_{\nu}(w)$, $a_i(w) \in (w)^i.\underline{C}\{w\}$, ν = multiplicité de f.

Soient W et Z les classes de w et z dans A ; $\frac{Z}{W}$ est entier sur A, on a la relation :

$$(\frac{Z}{W})^{\nu} + \ldots + \frac{a_i(W)}{W^i}(\frac{Z}{W})^{\nu-i} + \ldots + \frac{a_{\nu}(W)}{W^{\nu}} = 0 .$$

Posons $B = A\left[\frac{Z}{W}\right]$; B est l'anneau obtenu après éclatement. B étant un module fini sur A engendré par

$1 , \frac{Z}{W} , \ldots , (\frac{Z}{W})^{\nu}$; on a : $A \subset A\left[\frac{Z}{W}\right] \subset \overline{A}$.

Proposition : On a le résultat suivant, bien connu des Géomètres Italiens.

Posons : $\mathcal{C}_A$ = conducteur de A dans $\bar{A}$

$\mathcal{C}_B$ = conducteur de B dans $\bar{A}$

Alors : $\mathcal{C}_A = \mathcal{C}_B . \mathfrak{M}^{\nu-1}$ (égalité dans $\bar{A}$)

Voyons d'abord ce que l'on tire de cette formule.

Application : Soit $A = \bigoplus_{i=1}^{i=n} A_i$, la décomposition de A en composantes irréductibles. Alors $A = \bigoplus_{i=1}^{i=n} \bar{A}_i$, chaque $\bar{A}_i$ est isomorphe à $\underline{C}\{t_i\}$; on a les relations suivantes entre les unités e_i de A_i , $e_i . e_j = 0$ si $i \neq j$, $\sum_{i=1}^{i=n} e_i = 1$, $e_i^2 = e_i$.

On a : $\mathfrak{M} = \sum_{i=1}^{i=n} t_i^{\nu_i} . \bar{A}_i$, ν_i est la multiplicité de la $i^{\text{ème}}$ composante de X.

Définition du caractère numérique.

On pose : $\delta^A = \dim_{\mathbb{C}} \bar{A}/\mathcal{C}_A$

$$\delta^A = \sum_{i=1}^{i=n} \delta_i^A \quad \text{où} \quad \delta_i^A = \dim_{\mathbb{C}} \bar{A}_i/\mathcal{C}_A . (e_i)$$

$$\mathcal{C}_A = \sum_{i=1}^{n} t_i^{\delta_i^A} . (e_i)$$

Explicitons maintenant la relation sur les conducteurs ,

$$\sum_{i=1}^{i=n} t_i^{\delta_i^A} . (e_i) = \left(\sum_{i=1}^{i=n} t_i^{\delta_i^B} . (e_i)\right) . \left(\sum_{j=1}^{j=n} t_j^{\nu_j(\nu-1)} . (e_j)\right)$$

Les e_i étant des idempotents, dans le développement du produit du membre de droite seuls les termes $t_i^{\delta_i^B+\nu_i(\nu-1)}.(e_i^2)$ sont non nuls.

On obtient $\sum_{i=1}^{i=n} t_i^{\delta_i^A}.(e_i) = \sum_{i=1}^{i=n} t_i^{\delta_i^B+\nu_i(\nu-1)}.(e_i)$

D'où $\delta_i^A = \delta_i^B + \nu_i(\nu-1)$

Donc $\delta^A = \delta^B + \nu(\nu-1)$ (*) si

La dernière égalité montre que si $\nu>1$ alors $\delta^B < \delta^A$

Réciproquement, on déduit de cette égalité que :

$\dim_{\underline{C}} \bar{A}/\mathcal{C}_A = \dim_{\underline{C}} \bar{A}/\mathcal{C}_B.\mathfrak{m}^{\nu-1}$

de plus, $\mathcal{C}_B.\mathfrak{m}^{\nu-1} \subset \mathcal{C}_A$, en effet

$B = A + A\frac{Z}{W} + \dots + A(\frac{Z}{W})^{\nu-1}$, en multipliant par $W^{\nu-1}$ on obtient $W^{\nu-1}.B \subset A$. La fonction $\frac{Z}{W}$ est méromorphe et bornée en module sur X au voisinage de l'origine, donc elle est faiblement holomorphe, i.e. $\frac{Z}{W} \in \bar{A}$, d'où $Z \in W.\bar{A}$. Donc $\mathfrak{M}.\bar{A}$ est engendré par W.

Si $b \in \mathcal{C}_B$, $b.t \in B$ pour $t \in \bar{A}$, donc $W^{\nu-1}(b.t) \in A \Rightarrow W^{\nu-1}.b \in \mathcal{C}_A$

On déduit des deux relations ci-dessus $\mathcal{C}_A = \mathcal{C}_B.\mathfrak{m}^{\nu-1}$

Cette égalité est donc équivalente à la relation (*)

Démontrons la relation (*).

Soit μ le nombre de Milnor, $\mu = \dim_{\underline{C}} \underline{C}\{w,z\} / J(f)$, où J(f) est l'idéal jacobien de la courbe .

1) $\delta = \mu + r - 1$, r = le nombre de composantes irréductibles de la courbe. (Milnor: Singular points of complex hypersurfaces).

Si X est irréductible, hypothèse que l'on fait désormais, $\delta = \mu$.

Définition. W est un paramètre local si $f(0,z)$ est non identiquement nul. f peut se mettre sous la forme de Weierstrass

$$f = z^m + a_1(w).z^{m-1} + \dots + a_0(w) \quad , \; m \geq \nu$$

W est un paramètre local transverse si de plus, l'axe des z n'est pas tangent à la courbe. (dans ce cas $m = \nu$).

L'entier m est aussi égal à $v(w)$ où $\underline{v}$ désigne la valuation du corps des fractions de A, qui est un anneau de valuation discrète (remarquons que $A, B, \bar{A}$ ont même corps des fractions).

On a les relations suivantes :

2) $M_W(X) - v(w) = \mu - 1$ ([4] P. 294 et [5])

où $M_W(X)$ est le plus grand entier n tel que w^n puisse être mis en facteur dans le discriminant de f considéré comme polynôme en z. Si W est un paramètre transverse, l'éclatement de la courbe conduit au changement des coordonnées $w' = w$, $z' = z/w$.

Soit X' la courbe obtenue après éclatement.

On a :

3) $M_{W'}(X') = M_W(X) - \nu(\nu - 1)$ ([4])

$v(w) = v(w')$ d'où

4) $M_{W'}(X') - v(w') = M_W(X) - v(w) - \nu(\nu - 1)$

c'est-à-dire tenant compte de 2)

$$\mu' = \mu - \nu(\nu-1) \quad \blacksquare$$

Nous avons déjà développé un calcul qui montre comment on passe au cas réductible.

Le fait que le caractère numérique δ diminue strictement après éclatement, donne une solution à notre problème.

En un point singulier, la multiplicité ν est toujours strictement plus grande que 1. Dans cette situation, nous venons de voir que le caractère numérique de la courbe obtenue après éclatement est strictement plus petit que celui de la courbe initiale.

Ce caractère étant un nombre entier, après un nombre fini d'éclatements, on obtient une courbe dont le caractère est nul, c'est-à-dire une courbe de multiplicité 1, donc non singulière $\Rightarrow$. On peut résoudre les singularités d'une courbe par une suite finie d'éclatements.

DEUXIEME CARACTERE NUMERIQUE

"Résolution des singularités à la HIRONAKA" [2]

Dans un système (w,z) de coordonnées de $\underline{C}^2$ on a

$$f = \sum_{(\alpha,\beta)\in \mathbb{N}^2} c_{\alpha\beta} . z^{\alpha} . w^{\beta}$$

Soit ν la multiplicité de f à l'origine (= ordre de f pour l'idéal maximal (w,z)).

$$c_{\alpha\beta} = 0 \quad \text{si} \quad \alpha + \beta > \nu$$

il existe (α_0 , β_0) : $\alpha_0 + \beta_0 = \nu$ tel que $c_{\alpha_0\beta_0} \neq 0$

Soit $\Delta(f) = \{(\beta,\alpha) \in \underline{N}^2 / c_{\alpha\beta} \neq 0\}$

Graphiquement, ν représente la plus petite ordonnée des points d'intersections avec l'axe des α , d'une droite parallèle à la deuxième bissectrice et qui rencontre $\Delta(f)$.

$x = \underline{0}$ point régulier (non singulier) $\Longleftrightarrow \nu = 1$.

<u>Le polygone de Newton</u> de f est par définition la partie de l'enveloppe convexe de $\Delta(f)$ qui "isole" l'origine de $\Delta(f)$.

<u>Exemple</u> : $f = z^6 + z^4 (w + w^4) + z^2 w^6 + z w^3 + w^7$

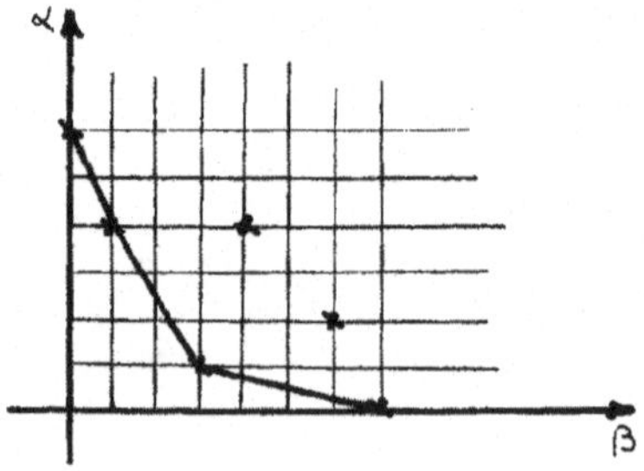

On fait les mêmes hypothèses sur les axes de coordonnées, $\{z = 0\}$ tangent à la courbe, $\{w = 0\}$ non tangent.

Soit $in_x\ f = \sum_{\alpha+\beta=\nu} c_{\alpha\beta}\ z^{\alpha}.w^{\beta}$ la forme initiale de f (i.e. la partie homogène de plus bas degré de f). L'équation $in_x\ f = 0$ définit le cône tangent à la courbe X en $x = \underline{0}$; on le note $\mathcal{C}_{X,x}$.

Remarquons qu'il résulte des hypothèses ,

- $c_{\nu 0} \neq 0$

- f est à un facteur inversible près, un polynôme de Weierstrass

$$f = u.\ (z^{\nu} + \sum_{i=1}^{i=\nu} a_i(w).z^{\nu-i})$$

avec ordre de $a_i(w) \geqslant i$; c'est-à-dire que l'on ne s'intéresse, dans $\Delta(f)$, qu'aux points d'ordonnées plus petites que ν .

On veut définir un procédé qui fasse baisser la multiplicité.

Pour cela, effectuons la transformation suivante :

$P_1 : z_1 = \frac{z}{w}\ ,\ w_1 = w$. Posons : $f_1 = \frac{1}{w_1^{\nu}} . f(z_1\, w_1\ ,\ w_1)$.

La courbe X_1 définie par $f_1 = 0$ s'appelle la transformée stricte de X par P_1. Notons p_1 la restriction de P_1 à X_1 ; p_1 définit la modification (ou éclatement) de centre $x = \underline{0}$ dans une carte affine.

Dans la deuxième carte affine, la modification est définie par

$w' = \frac{w}{z}\ ,\ z' = z$.

Les points de $p_1^{-1}(0)$ représentent les limites des directions des droites complexes $\underline{Ox}$, $x \in X$, x tendant vers zéro.

Remarquons que ces droites définissent le cône tangent à X en x.

En particulier si X est une courbe réductible, chaque direction tangente définit un point dans $p_1^{-1}(0)$; la modification a donc pour effet, entre autres, de séparer les composantes irréductibles de X, qui ont des tangentes distinctes ; dans ce cas, la multiplicité de la transformée stricte de X, a baissé strictement en chaque point de $p_1^{-1}(0)$. La situation intéressante est celle où X n'a qu'une tangente ($|\mathcal{C}_{X,x}|$ est une droite) ; appelons x_1 le point de $p_1^{-1}(0)$ qui correspond à W , $(W = \{z=0\})$; $x_1 \in W_1$, où W_1 désigne la transformée stricte de W par P_1 , $W_1 = \{z_1 = 0\}$.

Remarques

1) $x_1 \in X_1$, x_1 est l'origine de $\underline{C}^2$ muni des coordonnées (w_1 , z_1)

2) un point (β,α) de $\Delta(f)$ donne naissance au point $(\beta + (\alpha-\nu),\alpha)$ de $\Delta(f_1)$. Chaque point du diagramme de $\Delta(f)$ d'abscisse non nulle, subit une translation horizontale vers la gauche, de longueur égale à : ν - son ordonnée.

3) la multiplicité de X_1 en x_1 a baissé au sens large: $\nu_1 \leq \nu$

4) Comme $\text{in}_x f$ est un polynôme homogène à coefficients complexes

$$\text{in}_x f = c_{\nu_0} \prod_{i=1}^{i=n} (z + \lambda_i w)^{\mu_i} , \sum \mu_i = \nu$$

(w n'apparait pas en facteur dans $\text{in}_x f$, ceci résulte des hypothèses).

<u>Précisons la remarque</u> 3 ; examinons le cas $\nu_1 = \nu$, i.e. la multiplicité n'a pas changé après modification.

L'interprétation graphique de la multiplicité, et la remarque 2 montrent que : $\nu_1 = \nu \iff c_{\alpha\beta} = 0$ pour $\alpha + \beta/2 < \nu$

Donc :

a) les points de $\Delta(f)$ sont situés <u>au-dessus</u> de la droite de pente $-\frac{1}{2}$ passant par $(0,\nu)$

b) c_{ν_0} est le seul coefficient non nul dans $in_x\ f$;
$in_x\ f = c_{\nu_0} \cdot z^{\nu}$ ($|\mathscr{C}_{X,x}|$ est une droite)

c) $p_1^{-1}(\underline{0})$ ne contient qu'un seul point, x_1 .

<u>Définition</u>. On appelle : <u>Exposant numérique de contact de W avec X en x</u> , le nombre rationnel $d_x(W,X) = -\frac{1}{\delta}$, δ = pente du premier côté du polygone de Newton de f (celui qui passe par $(0,\nu)$). La condition $\nu_1 = \nu$ peut s'exprimer de la manière suivante

d) $d_x(W,X) \geqslant 2$

on a la relation

$$d_{x_1}(W_1 , X_1) = d_x(W,X) - 1$$

La dernière relation reste vraie si l'on suppose seulement $d_x(W,X) > 1$. (ce qui est équivalent à W tangent à X). Nous allons voir que le caractère numérique $d_x(W,X)$ est bien intéressant ; remarquons déjà que si la multiplicité ne change pas après modification, lui par contre diminue <u>strictement</u>.

e) L'axe des z_1 , Z_1 , n'est pas tangent à la courbe X_1 ,

en effet, $\mathrm{in}_{x_1} f_1$ contient le terme $c_{\nu_0} z_1^{\nu}$.

Après ces remarques optimistes, nous devons dire que W_1 peut ne pas être tangent à X_1 , et par conséquent la modification suivante p_2 va séparer les transformées strictes de W_1 et de X_1 , W_2 et X_2 et l'exposant numérique de contact de W_2 avec X_2 n'est plus défini. Ceci montre que n'importe quel W n'est pas bon à prendre ; Donnons d'abord plusieurs définitions.

1) y est un <u>point infiniment voisin</u> de x , s'il existe x_{r-1} ,..., x_i ,..., x et des applications p_r ,..., p_i ,..., p_1 (définies par réccurence à partir de la modification p_1) tels que :

- $p_r(y) = x_{r-1}$,..., $p_i(x_i) = x_{i-1}$,..., $p_1(x_1) = x$
- $\nu_r = \ldots = \nu$

2) W <u>contient tous les points infiniment voisins</u> de x si $x_i \in W_i$ pour tout point infiniment voisin x_i de x , W_i est défini à partir de W par les modifications successives p_j

3) W a le <u>contact total avec</u> X <u>en</u> x si W contient tous les points infiniment voisins de x.

Pour que cette méthode de résolution aboutisse, il faut démontrer deux choses : <u>premièrement</u>, qu'il existe des W lisses ayant le contact total ; <u>deuxièmement</u>, le nombre de points infiniment voisins de x est fini.

Supposons un instant ces deux conditions satisfaites, alors on peut effectivement calculer le nombre r de points infiniment voisins.

On a : $d_{X_i}(W_i , X_i) = d_{X_{i-1}}(W_{i-1} , X_{i-1}) - 1 , 1 \leq i \leq r-1$

$$1 \leq d_{X_{r-1}}(W_{r-1} , X_{r-1}) < 2$$

d'où : $d_{X_{r-1}}(W_{r-1} , X_{r-1}) = d_X(W,X) - r + 1$

En particulier $d_X(W,X) \geqslant r$ (*)

de plus $d_X(W,X) < r + 1$

Donc $r = [d_X(W,X)]$ = partie entière de $d_X(W,X)$

A la modification suivante, p_{r+1} la multiplicité baisse, strictement ; ensuite un raisonnement par récurrence sur la multiplicité, montre que l'on peut résoudre, par cette méthode, les singularités des courbes planes.

Etudions maintenant la notion de contact total.

Supposons que W n'a pas le contact total ; il existe donc par définition un point infiniment voisin x_i tel que $x_i \notin W_i$

$x_i = p_i^{-1}(x_{i-1})$ et $|\mathscr{C}_{X_{i-1},x_{i-1}}| \not\supset W_{i-1}$

Puisque $\nu_i = \nu_{i-1} = \nu$, $|\mathscr{C}_{X_{i-1},x_{i-1}}|$ est une droite

donc $\mathrm{in}_{X_{i-1}} f_{i-1} = c_{\nu_0}.(z_{i-1} + \lambda w_{i-1})^{\nu}$, $\lambda \neq 0$

(*) $d_X(W,X)$ est fini sauf si $f = u.z^{\nu}$, u unité.

Partant de l'équation de X , X_{i-1} a pour équation

$$f_{i-1} = \sum_{\alpha,\beta} c_{\alpha\beta}.z_{i-1}^{\alpha}.w_{i-1}^{\beta+(i-1)(\alpha-\nu)}$$

$$= c_{\nu 0}.(z_{i-1} + \lambda\, w_{i-1})^{\nu} + \sum_{\alpha+\beta/i>\nu} c_{\alpha\beta}.z_{i-1}^{\alpha}.w_{i-1}^{\beta+(i-1)(\alpha-\nu)}$$

l'équation de X a donc la forme suivante

$$f = c_{\nu 0}(z + \lambda\, w^{i})^{\nu} + \sum_{\alpha+\beta/i>\nu} c_{\alpha\beta}.z^{\alpha}.w^{\beta}$$

La lecture du développement de f nous indique que :

- le polynome de Newton de f a un seul coté
- $d_x(W,X) = i$

Le premier terme de l'expression de f fournit les points du 1er côté du polygone de Newton

On pose : $in_x(f,i) = \sum_{\alpha+\beta/i=\nu} c_{\alpha\beta}.z^{\alpha}.w^{\beta}$

L'espace défini par l'équation $in_x(f,i) = 0$ s'appelle
<u>le cône tangent à X en x d'indice i dans la direction de W</u>

On le note :

$$\mathcal{C}_{X,x}^{W,i}$$

Dans la situation présente, on a : $in_x(f,i) = c_{\nu 0}.(z + \lambda\, w^{i})^{\nu}$

$$i = d_x(W,X)$$

Lorsque $in_x(f,i)$ a cette forme, on dit que $\mathcal{C}_{X,x}^{W,i}$ a <u>la forme binômiale</u>

Donc si W n'a pas le contact total avec X en x , alors

- $d_x(W,X)$ est égal à un entier i
- $\mathcal{C}_{X,x}^{W,d_x(W,X)}$ a la forme binômiale

Lemme 1 Si W vérifie ces deux conditions, il existe W' tel que :

$$d_x(W,X) < d_x(W',X) \quad , \quad W' \text{ régulier}$$

preuve : effectuons le changement de variables $w' = w$, $z' = z + \lambda w^i$
L'équation de X devient :

$$f' = c_{\nu 0}.z'^{\nu} + \sum_{\alpha+\beta/i>\nu} c_{\alpha\beta}.(z' - \lambda w^i)^{\alpha}.w^{\beta}$$

L'effet du changement de variables sur le polygone de Newton est le suivant : les points du premier côté disparaissent sauf $(0,\nu)$; chacun des autres points (β,α) donne naissance à des points situés sur la parallèle au premier côté passant par (β,α); W' est défini par $z' = 0$

Il est clair que : $d_x(W,X) < d_x(W',X)$

Ce lemme nous donne l'idée de la définition suivante
On appelle premier exposant caractéristique de X en x le nombre $d_x(X)$ égal à la borne supérieure des $d_x(W,X)$ pour tous les W tangents à X en x et lisses.

Définition. W a le contact maximal avec X en x si :

$$d_x(W,X) = d_x(X)$$

Théorème. Il existe des W qui ont le contact maximal. Le contact maximal entraîne le contact total.

La première partie du théorème va résulter du lemme suivant.

Lemme 2. Les deux conditions suivantes sont équivalentes

a) W a le contact maximal avec X en x.

b) $\mathcal{C}_{X,x}^{W,d_x(W,X)}$ n'a pas la forme binômiale.

Preuve. a) $\Longrightarrow$ b) d'après le lemme 1

b) $\Longrightarrow$ a) : supposons que W n'ait pas le contact maximal, il existe W' tel que $d_x(W,X) < d_x(W',X)$, W' régulier ; W' est défini par un polynome de Weierstrass $z' = z - \sum_{i\neq 0} a_i.w^i$. Il est assez facile de voir, en raisonnant pas l'absurbe, que $d_x(W,W') = d_x(W,X)$, d'où en particulier $d_x(W,X)$ est un <u>entier</u>

$in_x(f' , d_x(W,X))$ est d'une part égal à $c_{\nu_0}.z'$ puisque

$d_x(W,X) < d_x(W',X)$ et d'autre part égal à :

$$\sum_{\alpha+\beta/d_x(W,X)=\nu} c_{\alpha\beta}.(z' + a_{d_x(W,X)}.w^{d_x(W,X)})^{\alpha}.w^{\beta}$$

d'où en posant $z_1 - a_{d_x(W,X)}.w^{d_x(W,X)} = z'$, $w_1 = w$

$$c_{\nu_0}.(z_1 - a_{d_x(W,X)}.w^{d_x(W,X)})^{\nu} = \sum_{\alpha+\beta/d_x(W,X)=\nu} c_{\alpha\beta}.z_1^{\alpha}.w_1^{\beta}$$

d'où en changeant les indices, on obtient que $\mathcal{C}_{X,x}^{W,d_x(W,X)}$ a la forme binomiale.■

Il nous reste à montrer comment on obtient explicitement des W réguliers qui ont le contact maximal.
Si W n'a pas le contact maximal, $\mathcal{C}_{X,x}^{W,d_x(W,X)}$ a la forme binômiale, on construit alors W_1 comme dans le lemme 1 ; W_1 a pour équation

$$z_1 = z - a_{d_x(W,X)}.W^{d_x(W,X)}$$

$$f = c_{\nu_0}(z - a_{d_x(W,X)}.w^{d_x(W,X)})^{\nu} + \sum_{\alpha+\beta/d_x(W,X)>\nu} c_{\alpha\beta}.z^{\alpha}\,w^{\beta}$$

Si W_1 n'a pas le contact maximal, par le même procédé, on construit W_2 ; posons $d_i = d_x(W_i,X)$, on a $d < d_1 < d_2$

$$f = c_{\nu_0}.(z - a_d.w^d - a_{d_1}.w^{d_1})^{\nu} + \sum_{\alpha+\beta/d_1>\nu} c_{\alpha}.z^{\alpha}\,w^{\beta}$$

Posons $r_i = \sum_{\alpha+\beta/d_i > \nu} c_{\alpha\beta} . z^{\alpha} w^{\beta}$

Si le processus se poursuit à l'infini, pour tout entier p, il existe i tel que $r_i = w^p . r_i'$, c'est-à-dire r_i tend vers zéro dans $\underline{C}[[z,w]]$,
d'où $f = c_{\nu 0}(z - \sum a_{d_i} . w^{d_i})^{\nu}$.
X est une courbe non réduite, dont la courbe réduite est régulière ; on ne peut pas espérer améliorer cette singularité par des transformations quadratiques. Dans les autres cas, le processus s'arrête et nous donne un candidat au contact maximal. La condition b) du lemme 2 entraîne qu'un W qui la vérifie a aussi le contact total (p. 15), donc, contact maximal entraine contact total.

BIBLIOGRAPHIE

I B. Teissier et M. Lejeune
"Quelques calculs utiles pour la résolution des singularités"
Séminaire au Centre de Mathématiques de l'Ecole Polytechnique 1972.

2 H. Hironaka
"Bimeromorphic smoothing of a complex analytic space"
University of Warwick (1971)

3 J.P. Serre
"Algèbre locale. Multiplicité"
Springer Verlag 1965

4 O. Zariski
"Questions on algebraic varieties"
C.I.M.E. Varenna septembre 1969 p. 265-343

5 J.J. Risler
"Idéal jacobien d'une courbe plane"
Bul. Soc. Math. France tome 99, 1971 p.

UN THEOREME DES ZEROS EN GEOMETRIES ALGEBRIQUE ET ANALYTIQUE REELLES

par

Jean-Jacques RISLER

Je vais montrer deux théorèmes qui caractérisent les idéaux des ensembles algébriques réels et ceux des germes d'espaces analytiques réels ; ces résultats ont déjà été publiés aux comptes rendus de l'académie des Sciences de Paris ([5] et [6]) .

Théorème I

Soit $\underline{a}$ un idéal de l'anneau $\mathbb{R}[X_1, \dots, X_n]$ des polynômes à n variables et à coefficients réels. Les conditions suivantes sont équivalentes :

(Z) Tout polynôme s'annulant sur les zéros réels et $\underline{a}$ appartient à $\underline{a}$.

(C) Si $f_1, \dots, f_p$ sont des éléments de $\mathbb{R}[X_1, \dots, X_n]$ tels que $f_1^2 + \dots + f_p^2 \in \underline{a}$, alors $f_i \in \underline{a}$ $(1 \leq i \leq p)$.

Théorème II

Soit $\underline{a}$ un idéal de l'anneau $\mathbb{R}\{X_1, \dots, X_n\}$ des séries convergentes à n variables et à coefficients réels. Les conditions suivantes sont équivalentes :

(Z') Toute série de $\mathbb{R}\{X_1, \dots, X_n\}$ nulle sur le germe d'espace analytique défini par $\underline{a}$ appartient à $\underline{a}$.

(C') si $f_1, \dots, f_p$ sont des éléments de $\mathbb{R}\{X_1, \dots, X_n\}$ tels que $f_1^2 + \dots + f_p^2 \in \underline{a}$, alors $f_i \in \underline{a}$ $(1 \leq i \leq p)$.

Remarque

Désignons par $S(\underline{a})$ l'ensemble algébrique (resp. le germe d'espace analytique) défini par un idéal $\underline{a}$ de $k[X_1, \dots, X_n]$ (resp. $k\{X_1, \dots, X_n\}$, avec $k = \mathbb{R}$ ou $\mathbb{C}$) , et par $I(S(\underline{a}))$ l'idéal de tous les polynômes (resp. de toutes les séries) nuls sur $S(\underline{a})$.

Les théorèmes des zéros classiques (i.e. dans le cas où k est algébriquement clos), s'énoncent en disant que $I(S(\underline{a})) = \sqrt{\underline{a}}$ où $\sqrt{\underline{a}}$ désigne la racine de l'idéal $\underline{a}$, i.e. l'ensemble des éléments f de l'anneau tels qu'il existe un entier k avec $f^k \in \underline{a}$.

Suivant une idée de J-Bochnak, on peut, étant donné un idéal $\underline{a}$ dans un anneau A , définir un autre idéal que nous appellerons quasi racine de $\underline{a}$, et que nous noterons $\sqrt[Q]{\underline{a}}$:

$$\sqrt[Q]{\underline{a}} = \{f \in A \mid \exists \varphi_1, \ldots, \varphi_p \in A \text{ et } k \in \mathbb{N} \text{ tels que } \sum_{i=1}^{p} q_i^2 + f^{2k} \in \underline{a}\}$$

(on a de manière analogue :

$$\sqrt{\underline{a}} = \{f \in A \mid \exists k \in \mathbb{N} \text{ tel que } f^{2k} \in \underline{a}\}.$$

Il est alors facile de voir que les théorèmes I et II peuvent s'énoncer ainsi :

Théorème I'

Soit $\underline{a}$ un idéal de $\mathbb{R}[X_1, \ldots, X_n]$ (resp. $\mathbb{R}\{X_1, \ldots, X_n\}$) . Alors $I(S(a)) = \sqrt[Q]{\underline{a}}$.

L'énoncé est ainsi plus concis, et parfaitement symétrique de celui du théorème des zéros classiques.

I - Parties commune aux deux théorèmes.

Il est clair que (Z) ⇒ (C) (resp (Z') ⇒ (C')) . D'autre part (C) (resp. (C')) implique que $\underline{a}$ est égal à sa racine, donc est intersection finie d'idéaux premiers, soit $\underline{a} = \bigcap_{i=1}^{r} P_i$.

Lemme 1

Si $\underline{a}$ vérifie (C) (resp. (C')) , tous les P_i vérifient (C) (resp. (C')). (Autrement dit : si $\underline{a} = \sqrt[Q]{\underline{a}}$, alors $P_i = \sqrt[Q]{P_i}$ pour $1 \leq i \leq r$).

La démonstration est immédiate : soient $g_1, \ldots, g_k$, h, des éléments de l'anneau tels que $g_1^2 + \ldots + g_k^2 \in P_i$, que $h \notin P_i$ et que $h \in \bigcap_{j \neq i} P_j$.

Alors $h^2 g_1^2 + \dots + h^2 g_k^2 \in \bigcap_{i=1}^{r} P_i = \underline{a}$, donc $h \; g_j \in \underline{a}$ $(1 \leq j \leq k)$ d'après (C) (resp. (C')) , d'où $h \; g_j \in P_i$, ce qui implique $g_j \in P_j$ puisque par hypothèse $h \notin P_j$ et P_j est premier.

C.Q.F.D.

Le lemme 1 permet de se ramener au cas où $\underline{a}$ est premier. La condition (C) (resp. (C')) est alors équivalente au fait que le corps des fractions de $\mathbb{R}[X_1, \dots, X_n]/\underline{a}$ (resp. : $\mathbb{R}\{X_1, \dots, X_n\}/\underline{a}$) et ordonnable (cf. par exemple [1]) .

II - Démonstration du théorème I (cas algébrique)

Il reste à voir que (C) $\Longrightarrow$ (Z) .

Nous allons pour cela prendre un "corps de définition" K de l'idéal $\underline{a}$, i.e. une extension de type fini de $\mathbb{Q}$ contenant les coefficients des générateurs de $\underline{a}$.

Nous allons voir si que si $\underline{a}$ vérifie (C) , la variété algébrique $S(\underline{a})$ possède un point générique rationnel sur $\mathbb{R}$, c'est-à-dire qu'il existe un point $\underline{x} = (x_1, \dots, x_n) \in \mathbb{R}^n$, tel que pour tout élément f de $K[X_1, \dots, X_n]$, on ait l'équivalence :

$$f \in \underline{a} \iff f(x_1, \dots, x_n) = 0$$

Cela implique bien le théorème, car pour démontrer (Z) , on se donne un polynôme f nul sur les zéros réels de $\underline{a}$; si K est un corps de définition de $\underline{a}$ qui contient aussi les coefficients de f , le point générique $\underline{x}$ correspondant est un zéro réel de $\underline{a}$, et l'équivalence rappellée ci-dessus donne $f \in \underline{a}$.

Comme si $K \subset K'$, un point générique de $S(\underline{a})$ sur K' est à fortiori un point générique de $S(\underline{a})$ sur K , et que l'existence d'un point générique rationnel sur $\mathbb{R}$ de $S(\underline{a})$ sur K est équivalente à l'existence d'un plongement φ :

$$K[X_1, \dots, X_n]/\underline{a}_1 \longrightarrow \mathbb{R} \text{ dont la restriction}$$

à K est l'identité (avec $\underline{a}_1 = \underline{a} \cap K[X_1, \dots, X_n]$, le point générique étant alors $\varphi(X_1), \dots, \varphi(X_n))$, on voit qu'il suffit de montrer la :

Proposition I

Soit K un sous corps de $\mathbb{R}$ réellement clos, extension de degré de transcendance fini de $\mathbb{Q}$.

Soit L un corps ordonnable, extension de type fini de K . Il existe alors un K-plongement : $L \longrightarrow \mathbb{R}$.

Démonstration :

Comme on est en caractéristique 0 , le théorème de l'élément primitif permet de supposer que L est le corps des fractions de l'anneau $K[Y_1, \ldots, Y_p]/(f)$ où f est un élément irréductible de $K[Y_1, \ldots, Y_p]$.

Nous allons voir que f change de signe dans R^p en montrant le :

Lemme 2

Soit f un élément de $K[Y_1, \ldots, Y_p]$, alors les conditions suivantes sont équivalentes :

1) f est une somme de carrés dans le corps des fractions M de $K[Y_1, \ldots, Y_p]$.

2) $f(y_1, \ldots, y_p) \geqslant 0$ pour tout point $(y_1, \ldots, y_p)$ de $\mathbb{R}^p$

3) $f \geqslant 0$ pour toute relation d'ordre total sur M .

Ce lemme est une conséquence immédiate d'un théorème d'E. Artin ([3] p. 289) il est donc valable pour tout sous corps K de R sur lequel il y a une seule relation d'ordre (ce qui est bien le cas si K est réellement clos, car les éléments positifs sont alors nécessairement exactement les carrés).

Démonstration :

1) $\Longrightarrow$ 2)

Si f est une somme de carrés dans M , on peut écrire :

$$f = \frac{P_1^2}{Q_1^2} + \ldots + \frac{P_r^2}{Q_r^2} \quad \text{avec} \quad P_i, Q_i \in K[Y_1, \ldots, Y_p] \quad .$$

En réduisant au même dénominateur, cela donne une relation de la forme $Q^2 f = P_1'^2 + \ldots + P_r'^2$.

On voit donc que $f(y_1, \ldots, y_p) \geqslant 0$ pour tout point $\underline{y} = (y_1, \ldots, y_p)$ tel que $Q(\underline{y}) \neq 0$. Mais l'ensemble de ces points est dense dans $\mathbb{R}^p$, ce qui implique que $f(y_1, \ldots, y_p) \geq 0$ partout .

2) $\Longrightarrow$ 3)

Si f était négatif pour une relation d'ordre sur M , la théorème d'Artin impliquerait qu'il existe un point $(y_1, \ldots, y_p)$ tel que $f(y_1, \ldots, y_p) < 0$, ce qui est contraire à l'hypothèse.

3) $\Longrightarrow$ 1)

C'est un théorème général sur les corps ordonnés : cf [3] p. 288.

Revenons à la démonstration de la proposition 1 ; l'hypothèse que le corps L est ordonnable implique que f n'est pas une somme de carrés dans le corps M (corps des fractions de $K[Y_1, \ldots, Y_p]$) .
Supposons en effet le contraire : on aurait ainsi dans $K[Y_1, \ldots, Y_p]$ une relation :

$$Q^2 f = P_1^2 + \ldots + P_r^2$$

Parmi les relations de cette forme, prenons-en une où le degré total de Q est minimal.

Le fait que L soit ordonnable implique que chaque P_i est divisible par f : $P_i = f P_i'$. $Q^2 f$ est alors divisible par f^2 , et donc Q est divisible par f car f est irréductible : $Q = fQ'$. On a alors $Q'f^2 = P_1'^2 + \ldots + P_r'^2$, en contradiction avec l'hypothèse de minimalité du degré de Q .

Le lemme 2 montre alors qu'il existe dans $\mathbb{R}^p$ deux points $M = (y_1, \ldots, y_p)$ et $M' = (y_1', \ldots, y_p')$ tels que :

$$f(M) > 0$$
$$f(M') < 0$$

Comme K est dense dans $\mathbb{R}$ et f continue, on peut supposer que $y_i \in K$ et $y_i' \in K (1 \leq i \leq p)$. En faisant un changement linéaire de coordonnées dans K^p qui fait coïncider la droite MM' avec l'axe des y_p , on voit que l'on peut aussi supposer

$$y_1 = y_1', \ldots, y_{p-1} = y_{p-1}'$$

Toujours grâce à la continuité de f , et en utilisant le fait que K est de degré de transcendance fini qur $\mathbb{Q}$, on peut arriver à la situation suivante : on a p+1 nombres réels $y_1, \ldots, y_p, y_p'$ tels que :

- y_p et $y'_p \in K$
- $y_1, \dots, y_{p-1}$ sont algébriquement indépendants sur K
- $f(y_1, \dots, y_{p-1}, y_p) > 0$
- $f(y_1, \dots, y_{p-1}, y'_p) < 0$.

L'application $K[Y_1, \dots, Y_p] \to K[y_1, \dots, y_{p-1}, Y_p]$ (qui à Y_i fait correspondre y_i pour $1 \leq i \leq p-1$) est donc <u>bijective</u> , ce qui montre que

$$L \simeq K(y_1, \dots, y_{p-1}) [Y_p]/f(y_1, \dots, y_{p-1}, Y_p) .$$

Mais le polynôme $f(y_1, \dots, y_{p-1}, Y_p)$ à coefficients dans $K(y_1, \dots, y_{p-1}) \subset \mathbb{R}$ change de signe dans ce corps; il s'annule donc dans $\mathbb{R}$, si α est une de ses racines, l'application qui à Y_p fait correspondre α et induit un $K(y_1, \dots, y_{p-1})$-isomorphisme de L sur un sous corps de $\mathbb{R}$.

C.Q.F.D.

III - <u>Une généralisation du théorème d'Artin aux séries convergentes</u>.

<u>Proposition 2</u>

Supposons l'anneau $A = \mathbb{R}\{X_1, \dots, X_n\}$ muni d'une relation d'ordre total. Soient $f_1, \dots, f_p$ des éléments de A ; il existe alors dans tout voisinage U de 0 dans $\mathbb{R}^n$ un point $\underline{x} = (x_1, \dots, x_n)$ tel que pour $1 \leq i \leq p$:

1) La série f_i converge au point $\underline{x}$

2) $f_i(x_1, \dots, x_n)$ ait le même signe (dans $\mathbb{R}$) que f_i (dans l'anneau totalement ordonné A).

C'est une généralisation directe du théorème d'Artin ([3] , p. 290 ; cf aussi [2] p. 110).

<u>Démonstration</u>

Elle est tout à fait analogue à celle que l'on trouve dans [3] pour le théorème d'Artin : On raisonne par récurrence sur n en supposant la proposition vraie dans l'anneau $\mathbb{R}\{X_1, \dots, X_{n-1}\}$.

Quitte à faire un changement linéaire de coordonnées, on peut supposer que $f_i(0,\dots,0,X_n) \neq (1 \leq i \leq p)$, donc que $f_i = U_i\, g_i$ où U_i est inversible et où g_i est un polynôme unitaire en X_n .

Or le signe de U_i(pour l'ordre de A) est celui de $U_i(0) \in \mathbb{R}$ car si $U_i(0) > 0$, U_i est un carré dans A .

D'autre part, si $\underline{x} = (x_1 , \dots, x_n)$ est assez proche de 0 dans $\mathbb{R}^n$, $U_i(\underline{x}) \in \mathbb{R}$ est du signe de $U_i(0)$. On voit donc que pour $\underline{x}$ assez proche de 0, U_i et $U_i(\underline{x})$ ont le même signe : on peut donc dans la proposition 2 supposer que les f_i <u>sont des polynômes unitaires en</u> X_n de degré non nul.

On peut maintenant suivre pas à pas la démonstration d'Artin pour montrer la proposition 2 : il suffit de prendre des points de $\mathbb{R}^n$ assez proches de 0 pour que les séries dont il est question convergent en ces points.

Comme nous avons une généralisation du théorème d'Artin aux séries convergentes, nous avons aussi un lemme analogue au lemme 2, dont la démonstration est identique.

<u>Lemme 3</u>

Soit f un élément de $A = R\{X_1 , \dots, X_n\}$. Notons K(A) le corps des fractions de A ; alors les conditions suivantes sont équivalentes :

1) f est une somme finie de carrés dans K(A) :

2) Il existe un voisinage U de 0 dans $\mathbb{R}^n$ tel que $f(x_1 , \dots, x_n)$ converge et que $f(x_1 , \dots, x_n) \geqslant 0$ pour tout point $\underline{x} = (x_1 , \dots, x_n)$ U .

3) f $\geqslant$ 0 pour toute relation d'ordre total sur A.

III - <u>Démonstration du théorème II</u>

Nous allons d'abord montrer que la condition (C') entraîne la condition (Z') dans le cas où $\underline{a}$ est un idéal principal, et ceci grâce au lemme 3 :

<u>Proposition 3</u>

Soit $f \in A = R\{X_1 , \dots, X_n\}$ un élément irréductible (i.e. tel que l'idéal (f) soit premier).

Alors les conditions suivantes sont équivalentes :

1) Toute série nulle sur le germe défini par f appartient à l'idéal (f) .

2) L'idéal (f) satisfait à la condition (C)

3) ni f ni -f n'est une somme de carrés dans K(A).

4) f change de signe dans tout voisinage de 0.

Démonstration

1) $\Longrightarrow$ 2) : évident, comme nous l'avons déjà remarqué.

2) $\Longrightarrow$ 3) : raisonnons par l'absurbe comme dans le cas des polynômes : si f était une somme de carrés dans K(A), on en déduirait une relation de la forme $Q^2 f = P_1^2 + \ldots + P_r^2$ avec $Q \in A - \{0\}$ et $P_i \in A$. Parmi les relations de cette forme prenons-en une où l'ordre de Q est minimal : le même calcul que pour les polynômes montre que l'on aboutit à une absurdité.

3) $\Longrightarrow$ 4) : C'est une des assertions du lemme 3

4) $\Longrightarrow$ 1) : Nous avons d'abord besoin de deux lemmes classiques :

Lemme 4

Soit $\mathcal{P} \subset A$ un idéal premier, et soit d la dimension de Krull de l'anneau $A/\mathcal{P}$. Si le germe S défini par $\mathcal{P}$ est de dimension d(i.e. si l'une au moins de ses composantes irréductibles est de dimension d), alors $\mathcal{P}$ est l'idéal de toutes les séries nulles sur S .

En effet, si $\mathcal{P}$ n'était pas l'idéal I(S) du germe S , on aurait $\mathcal{P} \subset I(S)$ strictement, donc $\dim (A/I(S)) < d$, et S serait ainsi de dimension strictement inférieure à d .

Lemme 5

Soit S un germe en 0 d'espace analytique réel de codimension $\geqslant 2$. Alors dans toute boule ouverte de centre 0 suffisamment petite, le complémentaire de S est connexe (donc connexe par arcs).
Il existe en effet un 2-plan P tel que $P \cap S = \{0\}$.

Pour montrer 1), il suffit d'après le lemme 4 de montrer que le germe d'espace analytique défini par f est de codimension 1. Or il existe par hypothèse dans tout voisinage U de 0 deux points M et M' tels que $f(M) > 0$ et $f(M') < 0$: f s'annule donc sur tout chemin continu joignant M à M'. Le lemme 5 montre alors que S ne peut être de codimension $\geqslant 2$. C.Q.F.D.

Nous pouvons maintenant achever la démonstration du théorème II dans le cas général :

On sait (cf [4] p. 32) que l'on peut choisir les coordonnées $X_1, \dots, X_n$ de façon qu'il existe un entier $p \leq n$ (la dimension du germes défini par $\underline{a}$) tel que l'homorphisme naturel :

$$\mathbb{R}\{X_1, \dots, X_p\} \longrightarrow \mathbb{R}\{X_1, \dots, X_n\}/\underline{a} = B \text{ soit une injection et}$$

passe de B un $\mathbb{R}\{X_1, \dots, X_p\}$-module de type fini.

De plus si Q est le polynôme minimal de $\overline{X_{p+1}}$ ($\overline{X_{p+1}}$ étant l'image de X_{p+1} dans B) sur le corps des fractions de $\mathbb{R}\{X_1, \dots, X_p\}$, et si δ est son discriminant(on a donc $\delta \in \mathbb{R}\{X_1, \dots, X_p\}$) , il existe un voisinage U de 0 dans $\mathbb{R}^n$ tel que tout point $(x_1, \dots, x_n)$ de $S \cap U$ tel que $\delta(x_1, \dots, x_p) \neq 0$ soit un point régulier de dimension p de S (cf [4] p. 39).

Or d'après le lemme 4, il suffit de montrer que S est de dimension p , donc, d'après ce que l'on vient de voir, qu'il existe dans tout voisinage U de 0 un point $(x_1, \dots, x_n)$ de S tel que $\delta(x_1, \dots, x_p) \neq 0$.
Si cela n'était pas réalisé, on aurait dans U :

$$(x_1, \dots, x_n) \in S \Longrightarrow \delta(x_1, \dots, x_p) = 0 \text{ , donc}$$

$$Q(x_1, \dots, x_{p+1}) = 0 \Longrightarrow \delta(x_1, \dots, x_p) = 0$$

puisque les points $(x_1, \dots, x_n)$ de $S \cap U$ tels que $\delta(x_1, \dots, x_p) \neq 0$ sont exactement les points $(x_1, \dots, x_n)$ de U tels que $\delta(x_1, \dots, x_p) \neq 0$ et que $Q(x_1, \dots, x_{p+1}) = 0$ ([4] , p. 39) .

Mais cette dernière implication est impossible, car $\underline{a}$ vérifiant (C') par hypothèse, l'idéal (Q) vérifie (C') dans l'anneau $\mathbb{R}\{X_1, \dots, X_{p+1}\}$ (car on a $\underline{a} \cap \mathbb{R}\{X_1, \dots, X_{p+1}\} = (Q)$) et donc satisfait aux conditions équivalentes de la proposition 3 : on aurait donc $\delta \in (Q)$, ce qui est absurde (par exemple parce que $\underline{a} \cap \mathbb{R}\{X_1, \dots, X_p\} = (0)$) .

C.Q.F.D.

BIBLIOGRAPHIE

[1] Bourbaki Algèbre, Chapitre VI

[2] Dubois - Efroymson : Algebraic theory of real varieties I : Studies and essays to Yo-Why-Chen on his Sixtieth Birthday (octobre 1970)

[3] Jacobson : Lectures in Abstract Algebra, vol. III (Van Nostrand).

[4] R. Narasimhan : Introduction to the theory of Analytic spaces, Lectures Notes in Mathematics n° 25 (1966) (Springer)

[5] J.J. Risler : Une caractérisation des idéaux des variétés algébriques réelles. Note aux C.R.A.S. Paris, t. 271, p. 1171-1173 (9 décembre 1970)

[6] J.J. Risler : Un théorème des zéros en géométrie analytique réelle. Note aux C.R.A.S. Paris,

DEFORMATIONS DES GERMES D'ESPACES ANALYTIQUES DE COHEN-MACAULAY PLONGES DE CODIMENSION DEUX

par

Michèle LODAY- RICHAUD

Cet exposé est la transcription en géométrie analytique des résultats obtenus en géométrie algébrique par M.E. SCHAPS dans sa thèse "Non singular Deformations of Space Curves Using Determinantal Schemes" ([10]).

Dans une première partie, on construit la déformation semi-universelle analytique d'un germe X,o d'espace analytique de Cohen-Macaulay plongé de codimension 2 dans un germe d'espace lisse $\mathbb{C}^q,o$. Dans une deuxième partie, on montre que de tels germes X,o admettent toujours des déformations à fibre générique régulière lorsque q est inférieur ou égal à 5 mais n'en admettent pas toujours dès que q est supérieur ou égal à 6 . Ce résultat s'applique donc aux points de $\mathbb{C}^2$, aux courbes de $\mathbb{C}^3$,.... Le même type de questions est traité dans [3], [4], [6], [7].

I. DEFORMATION SEMI-UNIVERSELLE ANALYTIQUE DE X,o .

LEMME 1.- Le germe X,o est déterminantiel.

DEFINITION.- Un idéal I d'un anneau commutatif A est dit déterminantiel s'il existe des entiers r,n et m et une matrice M de dimensions (n,m) à coefficients dans A tels que l'idéal I soit engendré par les mineurs d'ordre r de la matrice M et soit de hauteur maximale égale à $(n-r+1)(m-r+1)$.

Un germe d'espace analytique X,o est dit déterminantiel si on peut le définir par un idéal déterminantiel.

Démonstration du lemme 1 : Soit $f_1,\dots,f_n$ un système de générateurs de l'idéal J de $\mathbb{C}\{z_1,\dots,z_q\}$ définissant X,o dans $\mathbb{C}^q,o$ et soit R le module des relations entre les f_i .

L'anneau local $\mathcal{O}_{X,o}= \mathbb{C}\{z_1,\dots,z_q\}/J$ de X en o est de dimenion homologique égale à 2 . Il découle alors de la suite exacte (1)

$\to R \xrightarrow{i} C\{z_1,\dots,z_q\}^n \xrightarrow{\alpha} C\{z_1,\dots,z_q\} \xrightarrow{p} \mathcal{O}_{X,o} \to 0$ où α est définie par

$(\lambda_1,\dots,\lambda_n) = \sum_{i=1}^{n} \lambda_i f_i$ et où i et p sont les applications canoniques, que R est n module projectif sur l'anneau local $C\{z_1,\dots,z_q\}$ ([12] IV 30 proposition 17). 'est donc un module libre. De plus, la localisation de la suite (1) par rapport à 'idéal (o) montre que R est de rang n-1 .

Soient $R_1,\dots,R_{n-1}$ un système libre de générateurs de $= C\{z_1,\dots,z_q\}^{n-1}$,

$e_1,\dots,e_n$ la base canonique de $C\{z_1,\dots,z_q\}^n$

et $f'_i = \det(R_1,\dots,R_{n-1},e_i)$ pour $i=1,\dots,n$.

e n-uple $f'=(f'_1,\dots,f'_n)$ vérifie toutes les relations de $f=(f_1,\dots,f_n)$. Ainsi et f' définissent deux vecteurs colinéaires dans l'espace vectoriel $\{z_1,\dots,z_q\}^n_{(o)}$ où $C\{z_1,\dots,z_q\}_{(o)}$ désigne le corps des fractions de $C\{z_1,\dots,z_q\}$; n d'autres termes, il existe deux éléments c et d de $C\{z_1,\dots,z_q\}$ premiers entre ux tels que $cf = df'$. Mais on voit aisément que d appartient à C puisque J est e hauteur 2 et que c appartient à C à cause de la liberté du système $R_1,\dots,R_{n-1}$. osons $r_1 = c^{-1} d R_1$, $r_2 = R_2,\dots,r_{n-1} = R_{n-1}$. Alors pour tout $i=1,\dots,n$, on a $_i = \det(r_1,\dots,r_{n-1},e_i)$. L'idéal J étant de hauteur 2 par hypothèse, ceci chève la démonstration du lemme 1 .

<u>emarque</u> : On sait ([5]) que réciproquement tout germe d'espace analytique qui est éterminantiel est de Cohen-Macaulay.

<u>OTATIONS</u> : Soit X,o un germe d'espace analytique de Cohen-Macaulay plongé de codiension 2 dans C^q,o .

On note J l'idéal de $C\{z_1,\dots,z_q\}$ définissant X,o dans C^q,o ; n désigne par $f_1,\dots,f_n$ un système de générateurs de J et par $r_1,\dots,r_{n-1}$ un ystème de générateurs du module des relations entre les f_i choisis de telle sorte u'on ait $f_i = \det(r_1,\dots,r_{n-1},e_i)$ pour $i=1,\dots,n$ où $e_1,\dots,e_n$ est la base anonique de $C\{z_1,\dots,z_q\}^n$.

HEOREME 1.- <u>Si le germe</u> X,o <u>est à singularité isolée, il admet une déformation</u>

semi-universelle analytique $\hat{X},o \to \mathbb{C}^N,o$ déterminée par des "déformations" des relations $r_1,\ldots,r_n$. Plus précisément :

Soit $\mathbb{C}\{t_1,\ldots,t_N\}$ l'anneau local de $\mathbb{C}^N,o$.

L'idéal J_t de $\mathbb{C}\{z_1,\ldots,z_q,t_1,\ldots,t_N\}$ définissant $\hat{X},o$ admet un système de générateurs $F_1,\ldots,F_n$ de la forme

$$F_i = \text{dét}(r_1 + \sum_{m=1}^{N} \pi_1^m t_m, \ldots, r_{n-1} + \sum_{m=1}^{N} \pi_{n-1}^m t_m, \epsilon_i)$$

pour $i = 1,\ldots,n$ où les π_i^j sont des éléments de $\mathbb{C}\{z_1,\ldots,z_q\}$ et où $\epsilon_1,\ldots,\epsilon_n$ désigne la base canonique de $\mathbb{C}\{z_1,\ldots,z_q,t_1,\ldots,t_N\}^n$.

Démonstration du théorème 1 : Elle consiste à construire la déformation semi-universelle formelle de X,o suivant la méthode de Schlessinger ([11]) puis à "analytiser" la construction.

Rappelons le critère de Schlessinger ([11] Proof of 2.11 ou [1] 1.19).

Soit ξ la classe d'isomorphisme de la déformation semi-universelle formelle $\bar{X}$ de X,o au-dessus d'une base d'anneau S. Pour obtenir le couple (S,ξ) il suffit de définir une famille $(S_p,\xi_p)_{p\geq 2}$ où S_p est un anneau local artinien et ξ_p une classe d'isomorphisme de déformations de X,o au-dessus d'une base d'anneau S_p telle que :

1°) $S_2 = \mathbb{C}[t_1,\ldots,t_N]\big/(t_1,\ldots,t_N)^2$ est l'anneau de la base de la déformation universelle infinitésimale de X,o et ξ_2 est la classe d'isomorphisme de cette déformation.

2°) $S_p = \mathbb{C}[t_1,\ldots,t_N]/J_p$ où J_p est un idéal minimal de $\mathbb{C}[t_1,\ldots,t_N]$ tel que $(t_1,\ldots,t_N)J_{p-1} \subset J_p \subset J_{p-1}$ pour tout $p \geq 3$ et que ξ_p induise ξ_{p-1} par le changement de base canonique $S_p \to S_{p-1}$. On pose alors $S = \varprojlim_{p\geq 2} S_p$ et $\xi = \varprojlim_{p\geq 2} \xi_p$.

Construisons d'abord la déformation universelle infinitésimale de X,o :

La singularité de X en o étant isolée, l'espace tangent au foncteur déformation est naturellement muni d'une structure d'espace vectoriel de dimension finie sur $\mathbb{C}$([11] LEMMA 2.10) et il est isomorphe à

$T^1 = \mathrm{Coker}(\mathcal{O}^q_{X,o} \xrightarrow{J} \mathrm{Hom}_{\mathcal{O}_{X,o}}(J/J^2, \mathcal{O}_{X,o}))$ où J est définie par $J(\lambda_1,\ldots,\lambda_q)(f_i) = \sum_{j=1}^q \lambda_j \frac{\partial f_i}{\partial z_j}$ ([8] et [9]).

Le lemme technique suivant précise la structure de $\mathcal{O}_{X,o}$ - module de $\mathrm{Hom}_{\mathcal{O}_{X,o}}(J/J^2, \mathcal{O}_{X,o})$ et joue un rôle fondamental dans la construction que nous nous proposons.

LEMME 2.- Le $\mathcal{O}_{X,o}$- module $\mathrm{Hom}_{\mathcal{O}_{X,o}}(J/J^2, \mathcal{O}_{X,o})$ est isomorphe au sous-module de $\mathcal{O}^n_{X,o}$ engendré par les éléments g_{ij} , $i=1,\ldots,n$ et $j=1,\ldots,n-1$ définis par

$$g_{ij} = (g^1_{ij},\ldots,g^n_{ij}) \quad \text{et}$$

$$g^\ell_{ij} = \det(r_1,\ldots,r_{j-1},e_\ell,r_{j+1},\ldots,r_{n-1},e_i) \quad \text{pour} \quad \ell = 1,\ldots,n-1 .$$

Soient $x^1,\ldots,x^N$ une base vectorielle de T^1 et $t_1,\ldots,t_N$ des indéterminées. Nous désignerons aussi par $x^1,\ldots,x^N$ des représentants dans $\mathrm{Hom}_{\mathcal{O}_{X,o}}(J/J^2, \mathcal{O}_{X,o})$ des éléments de la base de T^1 . La déformation universelle infinitésimale de X,o est donnée par $S_2 \to \mathcal{O}_{X_2,o}$ où $S_2 = \mathbb{C}[t_1,\ldots,t_N]/(t_1,\ldots,t_N)^2$ et où $\mathcal{O}_{X_2,o} = S_2\{z_1,\ldots,z_q\}/(f^2_1,\ldots,f^2_n)$ avec $f^2_\ell = f_\ell + \sum_{m=1}^N x^m_\ell t_m$ pour $\ell = 1,\ldots,n$. Or d'après le lemme 2, il existe des éléments π^m_{ij} de $\mathbb{C}\{z_1,\ldots,z_q\}$ tels que $x^m = \sum_{\substack{i=1,\ldots,n\\ j=1,\ldots,n-1}} \pi^m_{ij}\, g_{ij}$ pour $m=1,\ldots,N$. On peut donc écrire

$$f^2_\ell = f_\ell + \sum_{\substack{i=1,\ldots,n\\ j=1,\ldots,n-1}} \left(\sum_{m=1}^N \pi^m_{ij}\, t_m\right) g^\ell_{ij} \quad \text{pour} \quad \ell = 1,\ldots,n .$$

Posons $\pi^m_j = (\pi^m_{ij})_{1 \le i \le n}$ pour $j=1,\ldots,n-1$ et $m=1,\ldots,N$. On constate que f^2_ℓ , pour $\ell = 1,\ldots,n$ est égal au développement limité à l'ordre 1 du $\ell^{\text{ème}}$ mineur maximal

$$\det\left(r_1 + \sum_{m=1}^N \pi^m_1 t_m, \ldots, r_{n-1} + \sum_{m=1}^N \pi^m_{n-1} t_m , e_\ell\right)$$

de la matrice $\Delta = [r_1 + \sum_{n=1}^{N} \pi_1^m t_m \ldots r_{n-1} + \sum_{m=1}^{N} \pi_{n-1}^m t_m]$.

Définissons une déformation formelle $\bar{X}$ de X par $S \to \mathcal{O}_{\bar{X},o}$ où $S = \mathbb{C}[[t_1,\ldots,t_N]]$ et où $\mathcal{O}_{\bar{X},o} = S\{z_1,\ldots,z_q\}/(F_1,\ldots,F_n)$ avec $F_\ell = \text{dét}(r_1 + \sum_{m=1}^{N} \pi_1^m t_m, \ldots, r_{n-1} + \sum_{m=1}^{N} \pi_{n-1}^m t_m, \varepsilon_\ell)$ et montrons que c'est la déformation semi-universelle formelle de X,o.

Pour tout $p \geq 2$, posons $S_p = \mathbb{C}[t_1,\ldots,t_N]/(t_1,\ldots,t_N)^p$ et $\mathcal{J}_p$ l'idéal de $S_p\{z_1,\ldots,z_q\}$ défini par les n mineurs maximaux de la matrice Δ. La suite exacte

$$0 \to \mathcal{J}_p \to S_p\{z_1,\ldots,z_q\} \to S_p\{z_1,\ldots,z_q\}/\mathcal{J}_p \to 0$$

conduit par tensorisation par $\mathbb{C}$ sur S aux deux suites exactes

$$0 = \mathrm{Tor}_1^{S_p}(S_p\{z_1,\ldots,z_q\},\mathbb{C}) \to \mathrm{Tor}_1^{S_p}(S_p\{z_1,\ldots,z_q\}/\mathcal{J}_p,\mathbb{C}) \to J \to \mathbb{C}\{z_1,\ldots,z_q\} \to \mathbb{C}\{z_1,\ldots,z_q\}/J \to 0$$

et

$$0 \to J \to \mathbb{C}\{z_1,\ldots,z_q\} \to \mathbb{C}\{z_1,\ldots,z_q\}/J \to 0 .$$

Il en résulte que $\mathrm{Tor}_1^{S_p}(S_p\{z_1,\ldots,z_q\}/\mathcal{J}_p,\mathbb{C}) = 0$ et donc que ([2] Chap..III § 5 THEOREME 1) $S_p\{z_1,\ldots,z_q\}/\mathcal{J}_p$ est un S_p-module plat. Ainsi on définit par $S_p \to S_p\{z_1,\ldots,z_q\}/\mathcal{J}_p$ une déformation de X,o. La famille (S_p,ξ_p) où ξ_p est la classe d'isomorphisme de cette déformation répond au critère de Schlessinger et par suite la déformation $S \to \mathcal{O}_{\bar{X},o}$ est la déformation semi-universelle formelle de X,o.

Les éléments $F_1,\ldots,F_n$ de $\mathbb{C}[[t_1,\ldots,t_N]]\{z_1,\ldots,z_q\}$ définissant la déformation semi-universelle formelle de X,o sont des polynômes en les indéterminées $t_1,\ldots,t_N$; ce sont donc des éléments de $\mathbb{C}\{z_1,\ldots,z_q,t_1,\ldots,t_N\}$. De plus, l'anneau $\mathbb{C}\{z_1,\ldots,z_q,t_1,\ldots,t_N\}/(F_1,\ldots,F_n)$ est un $\mathbb{C}\{t_1,\ldots,t_N\}$-module plat ([13] Proposition 2.2). Ainsi $\mathbb{C}\{t_1,\ldots,t_N\} \to \mathbb{C}\{z_1,\ldots,z_q,t_1,\ldots,t_N\}/(F_1,\ldots,F_n)$ fournit la déformation semi-universelle analytique de X,o.

EXEMPLE 1.- Soit X,o le germe d'espace analytique des axes de coordonnées de $\mathbb{C}^3$ à l'origine. Il admet pour anneau structural $\mathcal{O}_{X,o} = \mathbb{C}\{x,y,z\}/(f_1,f_2,f_3)$ où

$$\begin{cases} f_1 = yz \\ f_2 = zx \\ f_3 = xy \end{cases}$$ sont les mineurs maximaux de la

atrice $\begin{bmatrix} -x & 0 \\ y & -y \\ 0 & z \end{bmatrix}$. Les relations entre f_1, f_2, f_3 sont librement engen-

rées par
$$r_1 = \begin{bmatrix} -x \\ y \\ 0 \end{bmatrix} \quad \text{et} \quad r_2 = \begin{bmatrix} 0 \\ -y \\ z \end{bmatrix}$$

n a $g_{11} = \begin{bmatrix} 0 \\ -z \\ -y \end{bmatrix}$ $g_{21} = \begin{bmatrix} z \\ 0 \\ 0 \end{bmatrix}$ $g_{31} = \begin{bmatrix} y \\ 0 \\ 0 \end{bmatrix}$ $g_{12} = \begin{bmatrix} 0 \\ 0 \\ -y \end{bmatrix}$ $g_{22} = \begin{bmatrix} 0 \\ 0 \\ -x \end{bmatrix}$

$$g_{32} = \begin{bmatrix} y \\ x \\ 0 \end{bmatrix}$$

'autre part T^1 est un espace vectoriel de dimension 3 sur C engendré par g_{31}, $_{12}$ et g_{22} . La déformation semi-universelle analytique de X,o est donc donnée par

$$\mathbb{C}\{t_1,t_2,t_3\} \to \mathbb{C}[x,y,z,t_1,t_2,t_3]/(F_1,F_2,F_3)$$

ù

$$\begin{cases} F_1 = yz - t_1(-y+t_3) \\ F_3 = zx + t_1t_2 \\ F_3 = xy - xt_3 - t_1t_2 \end{cases}$$ sont les mineurs maximaux

e la matrice

$$\begin{bmatrix} -x & t_2 \\ y & -y+t_3 \\ t_1 & z \end{bmatrix}$$

I. UNE PROPRIETE DES DEFORMATIONS DE X,o .

HEOREME 2.- Soit X,o un germe d'espace analytique de Cohen-Macaulay plongé de codi-ension 2 dans $\mathbb{C}^q$,o . Alors, si $2 \leq q \leq 5$, le germe X,o admet une déformation ana-

<u>lytique dont la fibre générique est régulière</u> ; <u>si</u> $q \geq 6$, <u>le germe</u> X,o <u>peut admettre une singularité rigide</u>.

<u>Démonstration du théorème</u> 2 : 1) Supposons $2 \leq q \leq 5$. Nous conservons les notations du théorème 1. Introduisons en outre : la matrice $R = [r_1 \ldots r_{n-1}]$ de dimensions $(n,n-1)$ et $(q+1)$ familles d'indéterminées $u = (u_{ij})_{\substack{1 \leq i \leq n \\ 1 \leq j \leq n-1}}$ et $v^{\ell} = (v^{\ell}_{ij})_{\substack{1 \leq i \leq n \\ 1 \leq j \leq n-1}}$ pour $\ell = 1,\ldots,q$ correspondant chacune aux $n(n-1)$ éléments de la matrice R . Posons pour simplifier

$$\begin{cases} z = (z_\ell)_{1 \leq \ell \leq q} \\ v = (v^\ell)_{1 \leq \ell \leq q} \\ u_j \text{ (resp. } v^\ell_j \text{ pour } 1 \leq \ell \leq q) \text{ la } j^{\text{ème}} \text{ colonne de la matrice} \end{cases}$$

u(resp. v^ℓ) pour $j = 1,\ldots,n-1$. Enfin appelons $\epsilon_1,\ldots,\epsilon_n$ la base canonique de $\mathbb{C}\{u,v,z\}^n$.

L'idéal $J_{u,v}$ de $\mathbb{C}\{u,v,z\}$ engendré par les n mineurs maximaux

$$F_i = \text{dét}(r_1+u_1+\sum_{\ell=1}^{q} z_\ell v^\ell_1, \ldots, r_{n-1} + u_{n-1} + \sum_{\ell=1}^{q} z_\ell v^\ell_{n-1}, \epsilon_i), \; i = 1,\ldots,n ,$$

de la matrice $R_{u,v} = [r_1+u_1+\sum_{\ell=1}^{q} z_\ell v^\ell_1 \ldots r_{n-1}+u_{n-1}+\sum_{\ell=1}^{q} z_\ell v^\ell_{n-1}]$ définit un sous-ensemble analytique $\tilde{X}$ d'un voisinage $\mathcal{K} \times \mathcal{L}$ de l'origine dans $\mathbb{C}^{n(n-1)(q+1)} \times \mathbb{C}^q$. La démonstration du théorème 1 montre que $\tilde{X},o \to \mathbb{C}^{n(n-1)(q+1)},o$ est une déformation analytique de X,o . Nous allons montrer que la fibre générique de $\tilde{X} \to \mathcal{K}$ au voisinage de o est régulière en montrant que la projection $\mathcal{S}$ sur $\mathcal{K}$ du sous-ensemble analytique $\tilde{\mathcal{S}}$ de $\tilde{X}$ des points singuliers de $\tilde{X}$ est de codimension supérieure ou égale à 1.Cela résulte des trois lemmes suivants :

LEMME 3.- <u>La projection</u> $\mathcal{T}$ <u>sur</u> $\mathcal{K}$ <u>du sous-ensemble analytique</u> $\tilde{\mathcal{T}}$ <u>de</u> $\tilde{X}$ <u>des points de</u> $\mathcal{K} \times \mathcal{L}$ <u>en lesquels la matrice</u> $R_{u,v}$ <u>est de rang strictement inférieur</u> <u>à</u> $n-2$ <u>est de codimension supérieure à</u> 1 <u>dans</u> $\mathcal{K}$.

<u>Démonstration du lemme</u> 3 : Considérons une nouvelle famille d'indéterminées $y = (y_{ij})_{\substack{1 \leq i \leq n \\ 1 \leq j \leq n-1}}$ et l'application $\varphi : \mathbb{C}\{y\} \to \mathbb{C}\{u,v,z\}$ définie par

$\varphi(y_{ij}) = r_{ij}(z) + u_{ij} + \sum_{\ell=1}^{q} z_\ell v_{ij}^\ell$ pour $1 \leq i \leq n$ et $1 \leq j \leq n-1$. Cette application φ est injective et elle induit un isomorphisme de $\mathbb{C}\{y\}$ sur $\mathbb{C}\{u,v,z\}/(v,z) \simeq \mathbb{C}\{u\}$. On a un triangle commutatif

$$\begin{array}{ccc} & \mathbb{C}\{u,v,z\} & \\ {\scriptstyle\varphi}\nearrow & & \searrow{\scriptstyle\theta} \\ \mathbb{C}\{y\} & \xrightarrow[\theta\circ\varphi]{\simeq} & \mathbb{C}\{u\} \end{array}$$

Le lemme résulte alors de ce que l'idéal de $\mathbb{C}\{y\}$ engendré par les mineurs d'ordre $n-2$ de la matrice $[y_{ij}]$ est de hauteur 6 ([5]) et que $\mathcal{L}$ est de dimension inférieure ou égale à 5 .

LEMME 4.- *Soit* $\mathcal{K}' \times \mathcal{L}$ *l'ouvert complémentaire de* $(\mathrm{adh}_{\mathcal{K}} \mathfrak{I}) \times \mathcal{L}$ *dans* $\mathcal{K} \times \mathcal{L}$.

Soit b *un mineur d'ordre* $n-2$ *de* $R_{u,v}$, *par exemple le mineur obtenu en supprimant les deux premières lignes et la première colonne de* $R_{u,v}$ *et soit* $\mathcal{V}_b$ *l'ouvert complémentaire de l'ensemble analytique* $b=0$ *dans* $\mathcal{K}' \times \mathcal{L}$.

Dans $\mathcal{V}_b$ *l'ensemble analytique* $\tilde{X}$ *est une intersection complète définie par l'idéal* (F_1, F_2) *et* $\tilde{\mathfrak{Z}}$ *est le sous-ensemble analytique de* $\tilde{X}$ *défini par*

$$\mathrm{rg} \begin{bmatrix} \dfrac{\partial(\frac{F_1}{b})}{\partial z_j} & \dfrac{\partial(\frac{F_2}{b})}{\partial z_j} \end{bmatrix}_{1 \leq j \leq n-1} \neq 2$$

Démonstration du lemme 4 : Notons R_j la matrice colonne $r_j + u_j + \sum_{\ell=1}^{q} z_\ell v_j^\ell$ pour $1 \leq j \leq n-1$ et b_j le mineur de $R_{u,v}$ obtenu en supprimant les deux premières lignes et la $j^{\text{ème}}$ colonne de $R_{u,v}$ pour $2 \leq j \leq n-1$.

Dans $\mathcal{V}_b$ on a $R_1 + \frac{b_2}{b} R_2 + \dots + \frac{b_{n-1}}{b} R_{n-1} = \begin{bmatrix} (-1)^n \frac{F_2}{b} \\ (-1)^{n-1} \frac{F_1}{b} \\ 0 \\ \vdots \\ 0 \end{bmatrix}$

De plus $F_i = \text{dét}(R_1 + \frac{b_2}{b} R_2 + \ldots + \frac{b_{n-1}}{b} R_{n-1}, R_2, \ldots, R_{n-1}, \epsilon_i)$ pour $1 \leq i \leq n$.

Il en résulte que $\frac{F_1}{b}$ et $\frac{F_2}{b}$ engendrent l'idéal définissant $\tilde{X}$ dans $\mathcal{V}_b$. Or la formule des intersections ([12] V 18 Théorème 3) appliquée à cet idéal et à l'idéal engendré par (u,v) montre que $\tilde{X}$ est de codimension supérieure ou égale à 2. Dans $\mathcal{V}_b$ l'ensemble analytique $\tilde{X}$ est donc bien une intersection complète engendrée par F_1 et F_2. La deuxième affirmation du lemme en découle trivialement.

LEMME 5.- <u>Soit</u> b <u>un mineur d'ordre</u> n-2 <u>de</u> $R_{u,v}$ <u>tel que l'ouvert</u> $\mathcal{V}_b$ <u>soit non vide</u>.

<u>Dans</u> $\mathcal{V}_b$ <u>on a</u> codim $\mathfrak{Z} \geq q+1$.

<u>Démonstration du lemme</u> 5 : Elle est analogue à celle du lemme 3.

Introduisons les indéterminées $w = (w_\ell)_{1 \leq \ell \leq q}$ où $w_\ell = \begin{bmatrix} w_{1\ell} \\ w_{2\ell} \end{bmatrix}$ et $y = \begin{bmatrix} y_1 \\ y_2 \end{bmatrix}$ et considérons un point quelconque (u',v',z') de $\mathcal{V}_b$.

L'application $\varphi : \mathbb{C}\{w,y\} \to \mathbb{C}\{u-u',v-v',z-z'\}$ définie par

$$\varphi(w_{i\ell}) = \frac{\partial}{\partial z_\ell}(R_{i1} + \frac{b_2}{b} R_{i2} + \ldots + \frac{b_{n-1}}{b} R_{in-1}) \text{ et } \varphi(y_i) = R_{i1} + \frac{b_2}{b} R_{i2} + \ldots + \frac{b_{n-1}}{b} R_{in-1}$$

pour $i = 1,2$ et $\ell = 1,\ldots,q$ est une section de l'application θ définie par

$$\begin{cases} \theta(z_\ell) = z'_\ell \text{ pour } \ell = 1,\ldots,q \\ \theta(u_{ij}) = u'_{ij} \text{ et } \theta(v^\ell_{ij}) = v'^\ell_{ij} \text{ pour } \ell = 1,\ldots,q \text{ et } (i,j) \in \{(1,1),(1,2)\} \\ \theta(v^\ell_{i1}) = w_{i\ell} - d_{i\ell} \text{ et } \theta(u_{i1}) = y_{i1} - c_i - \sum_{\ell=1}^q z'_\ell (w_{i\ell} - d_{i\ell}) \text{ pour } \ell = 1,\ldots,q \end{cases}$$

et $i = 1,2$ où $d_{i\ell}$ et c_i sont déterminés par les conditions

$$\begin{cases} \theta(\frac{\partial}{\partial z}(R_{i1} + \frac{b_2}{b} R_{i2} + \ldots + \frac{b_{n-1}}{b} R_{in-1})) = \theta(v^\ell_{i1}) + d_{i\ell} \\ \theta(r_{i1} + \frac{b_2}{b} R_{i2} + \ldots + \frac{b_{n-1}}{b} R_{in-1}) = \theta(u_{i1}) + \sum_{\ell=1}^q z'_\ell \, \theta(v^\ell_{i1}) + c_i \end{cases}$$

De plus, l'ensemble analytique $\mathfrak{Z}$ est défini au point (u',v',z') par l'image par φ de l'idéal de hauteur $q+1$ de $\mathbb{C}\{w,y\}$ engendré par y_1, y_2 et les mineurs d'ordre 2 de la matrice $[w_1 \ldots w_q]$ ([5]).

2) $q = 6$.

EXEMPLE 2 : Cône affine associé au plongement de SEGRE de $\mathbb{P}^2 \times \mathbb{P}^1$ dans $\mathbb{P}^5$. Choisissons comme germe d'espace analytique X,o le germe défini dans $\mathbb{C}^6,o$ par le noyau J de l'application

$$\pi : \mathbb{C}\{x_1,y_1,z_1,x_2,y_2,z_2\} \to \mathbb{C}\{x,y,z,w_1,w_2\}$$

définie par

$$\begin{cases} \pi(x_i) = x w_i & \text{pour } i = 1,2 \\ \pi(y_i) = y w_i \\ \pi(z_i) = z w_i \end{cases}$$

L'idéal J est engendré par les mineurs maximaux de la matrice

$$R = \begin{bmatrix} x_1 & x_2 \\ y_1 & y_2 \\ z_1 & z_2 \end{bmatrix} \quad \text{à savoir par} \quad \begin{cases} f_1 = y_1 z_2 - y_2 z_1 \\ f_2 = z_1 x_2 - z_2 x_1 \\ f_3 = x_1 y_2 - x_2 y_1 \end{cases}$$

Le germe X,o est donc de Cohen-Macaulay de codimension 2 dans $\mathbb{C}^6,o$. De plus, il présente une singularité isolée et il est clair, grâce au théorème 1 que cette singularité est rigide, puisque toute déformation des colonnes de la matrice R est équivalente à un changement de coordonnées. Ce résultat s'obtient aussi en remarquant que le germe X,o est l'espace total de la déformation semi-universelle de l'exemple 1.

BIBLIOGRAPHIE

[1] BEAUVILLE A. Foncteurs sur les anneaux artiniens. Applications aux déformations verselles.
Séminaire de l'Ecole Normale Supérieure. Exposé n° 4 (1971-1972).

[2] BOURBAKI Algèbre commutative.
Chap. 3 et 4 .

[3] BRIANÇON J. et GALLIGO A.
Déformations distinguées d'un point de $\mathbb{C}^2$ ou $\mathbb{R}^2$.
Faculté des Sciences. Nice (Mai 1972).

[4] FOGARTY J. Algebraic Families on an Algebraic Surface.
Amer. J. Math. 90 (1968), pp. 511-521.

[5] HOCHSTER M. and EAGON J.
A Class of Perfect Determinantal Ideals.
A.M.S. Bull. September 1970.

[6] IARROBINO A. Reducibility of the Families of 0-Dimensional Schemes on a variety.
Invent. Math. 15 (1972), pp. 72-77.

[7] IARROBINO A. Punctual Hilbert Schemes.
To appear in A.M.S. Bull.

[8] LICHTENBAUM S. and SCHLESSINGER M.
The Cotangent Complex of a Morphism.
Trans. A.M.S. 128 (1967), pp. 41-70.

[9] RUGET G. Déformations des germes d'espace analytique.
Séminaire de l'Ecole Normale Supérieure. Exposé n° 3. (1971-72).

[10] SCHAPS M.E. Non-Singular Deformations of Space Curves, Using Determinantal Schemes.
Thesis Harvard University. Cambridge, Massachussetts, 1972.

[11] SCHLESSINGER M. Functors of Artin Rings.
Trans. A.M.S. 130 (1968), pp. 208-222.

[12] SERRE J.P. Algèbre locale. Multiplicités.
Lecture Notes in Mathematics, n° 11. Springer 1965.

[13] TJURINA G.N. Locally Semi-Universal Flat Deformation of Isolated Singularities of Complex Spaces.
Math. USSR Izvestija. Vol. 13 (1970), pp. 967-999.

A PROPOS DU THÉORÈME DE PRÉPARATION DE WEIERSTRASS (*)

par

André GALLIGO

I N T R O D U C T I O N

<u>Notation</u> : k désignera les corps $\mathbb{R}$ ou $\mathbb{C}$, x le n-uple $(x_1, \ldots, x_n)$ et $\mathfrak{m}$ l'idéal maximal de k{x}

Pour démontrer que tout germe d'espace analytique a singularité isolée admet une déformation semi-universelle, H. Grauert dans [23] généralise le théorème de préparation de Weierstrass en un théorème de division par un idéal de k{x} après changement générique des coordonnées. Ce faisant, à tout idéal de k{x} il associe de façon un peu compliquée un invariant, qu'il nomme la Multiplicité de cet idéal.

D'autre part, dans la "Résolution des singularités des espaces analytiques" [1] , H. Hironaka donne aussi une généralisation du théorème de préparation de Weierstrass et introduit la notion d'exposant privilégié d'une série de k{x} (voir § 1).

Ce travail montre que le théorème de division de Grauert peut être obtenu comme corollaire du théorème d'Hironaka et que l'invariant que H. Grauert associe à un idéal I de k{x} est le domaine de $\mathbb{N}^n$ formé par les exposants privilégiés de l'idéal I, domaine qui est stable par changement générique des coordonnées (§3).

(*) Thèse de 3ème cycle soutenue le 16 Mai 1973 à l'Institut de Mathématique et Sciences Physiques de l'Université de Nice .

Au §4, on montre que les complémentaires de ces domaines sont la généralisation naturelle dans $\mathbb{N}^n$ "des escaliers avec des marches de hauteur 1", que la connaissance de l'invariant de Grauert de l'idéal I permet de calculer explicitement la fonction de Hilbert-Samuel de $k\{x\}/_I$ et que l'on peut définir, à l'aide de ces invariants, une partition d'un ensemble analytique plus fine que celle d'Hilbert-Samuel.

La proposition du § 5, dont la démonstration reprend celle de H. Grauert repensée par J.L. Verdier [10] est le pas essentiel dans la méthode de H. Grauert pour montrer à partir d'un résultat de Schlessinger [9] que tout germe d'espace analytique à singularité isolé admet une déformation semi-universelle.

Enfin le §6 qui reprend un article fait avec J. Briançon, [6] donne un autre exemple de l'utilisation des "escaliers".

Je tiens à remercier ici tous ceux qui m'ont aidé et particulièrement I.R. Schafarevitch de l'Université de Moscou qui a guidé mes premiers pas dans la recherche mathématique, Frédéric Pham, Christian Houzel et Joël Briançon qui m'apprennent journellement la mathématique.

Je tiens à remercier également le secrétariat du département de Mathématiques de l'Université de Nice pour sa gentillesse et particulièrement Mlle Bermond qui a bien voulu taper mon manuscrit.

TABLE des MATIERES

§ 1 - RAPPELS

A) Le théorème de préparation de Weierstrass classique

Théorème 0 : Soit $f \in k\{x\}$ une série telle que $f(0,\ldots,0,x_n) \neq 0$, notons alors $a\, x_n^m$ le terme de plus bas degré de cette série en x_n, on peut effectuer la division d'une série quelconque $g \in k\{x\}$ par f, plus précisément il existe un couple unique (q,r) tel que $q \in k\{x\}$

$$r \in k\{x_1,\ldots,x_{n-1}\}\ [x_n] \text{ avec } \deg(r) < m \text{ et } g = qf + r.$$

Idée de la démonstration.

On munit les ensemble $k(\rho)$, $\rho = (\rho_1,\ldots,\rho_n)$ des séries convergentes dans le polydisque de polyrayon ρ de structures d'espaces de Banach. Puis on perturbe l'isomorphisme " division par $a\, x_n^m$ " :

$$k(\rho) \times (k(\rho_1,\ldots,\rho_{n-1}))^m \longrightarrow k(\rho)$$
$$(q,\, r) \xrightarrow{\ \sim\ } a\, x_n^m\, q + r$$

en l'homomorphisme $(q,r) \longrightarrow a\, x_n^m\, q + r + (f - a x_n^m) q = g$ qui reste un isomorphisme si on a pris la précaution de choisir le polydisque de polyrayon ρ assez "effilé" en ρ_n pour que $\|f - a\, x_n^m\|$ soit suffisamment petit.

Remarque 0.

Après changement générique linéaire des coordonnées, le m du théorème est égal à l'ordre de f : $\nu(f) = \sup \{i / f \quad ^{i}\}$.

B) Méthode d'Hironaka.

Pour généraliser le théorème 0, il nous faut d'abord généraliser le m

du théorème 0.

Définition 1. A toute série $f = \sum f_\mu x^\mu$ de $k\{x\}$ on associe son diagramme de Newton $N_f = \{\mu \in \mathbb{N}^n \;/\; f_\mu \neq 0\} \subset \mathbb{N}^n \subset \mathbb{R}^n$. Pour toute forme linéaire Δ sur R^n telle que $\Delta = (\alpha_1,\ldots,\alpha_n)$ avec $\alpha_i > 0$ $i = 1,\ldots,n-1$ et $\alpha_n > 0$, on note $\nu_\Delta(f) = \min\{\Delta(\mu) \;/\; \mu \in N_f\}$, on appelle exposant privilégié, dans la direction Δ, de f et on note $\exp_\Delta(f)$ le premier élément, pour l'ordre lexicographique de $\{\mu \in N_f \;/\; \Delta(\mu) = \nu_\Delta(f)\}$.

On a alors : $\exp_\Delta(f \circ g) = \exp_\Delta(f) + \exp_\Delta(g)$

$$\exp_\Delta(f+g) > \min(\exp_\Delta(f), \exp_\Delta(g)).$$

Définition 2. A tout idéal I de $k\{x\}$ on associe le sous-ensemble $E(I) = \{\exp_\Delta(f) \;/\; f \in I\}$.

Cet ensemble vérifie : $\mu \in E_\Delta(I) \Longrightarrow \mu + \mathbb{N}^n \subset E_\Delta(I)$ et on montre facilement qu'il existe un ensemble fini, minimal, que l'on nomme la frontière $F_\Delta(I)$ de $E_\Delta(I)$, $F_\Delta(I) = \{\mu_1,\ldots,\mu_2\}$ tel que $E_\Delta(I) = \bigcup_{i=1}^{r} (\mu_i + \mathbb{N}^n)$.

On considère alors la partition suivante de $\mathbb{N}^n$:

$$D_1 = \mu_1 + \mathbb{N}^n, \ldots, D_i = (\mu_i + \mathbb{N}^n) \setminus (D_1 \cup \ldots \cup D_{i-1}), \ldots, D_{r+1} = \mathbb{N}^n - E_\Delta(I).$$

Théorème 1.

Soient Δ une forme linéaire positive de $\mathbb{R}^n$, I un idéal de $k\{x\}$, $F_\Delta(I) = \{\mu_1,\ldots,\mu_2\}$ la frontière de $E_\Delta(I)$. Toute famille $(f_1,\ldots,f_2)$ d'éléments de I telle que $\exp_\Delta(f_i) = \mu_i$, est un système de générateurs de l'idéal I.

De plus, pour toute série $g \in k\{x\}$ il existe des séries de $k\{x\}$ $q_1, \dots, q_r$, q_{r+1} uniques qui s'écrivent :

$$q_i = \sum_{\mu + \mu_i \in D_i} q_{i,\mu} x^\mu \quad i = 1, \dots, r$$

et

$$q_{r+1} = \sum_{\mu \in D_{r+1}} q_{r+1,\mu} x^\mu \text{ telles que } g = \sum_{i=1}^{r} q_i f_i + q_{r+1}$$

La démonstration, voir [1] et [3], généralise de façon naturelle la démonstration du théorème 0.

§ 2 - PREMIERES REMARQUES ET DIVISION PAR UN SOUS MODULE DE $k\{x\}^p$.

1. Une fois fixé la direction Δ, le théorème 1 du § 1 permet de diviser une série f de $k\{x\}$ par l'idéal I, les quotients q_i dépendent du choix des générateurs f_i de l'idéal I, mais le reste q_{r+1} ne dépend que de l'idéal I. En effet si (f_i) et (f'_i) sont deux systèmes de générateurs de I tels que $\exp_\Delta f_i = \exp_\Delta f'_i = \mu_i$, $g = \Sigma\, q_i f_i + q_{r+1} = \sum q'_i f'_i + q'_{r+1}$ d'où $q_{r+1} - q'_{r+1} \in I$ et $\exp_\Delta (q_{r+1} - q'_{r+1}) \in E_\Delta(I) \cap D_{r+1} = \emptyset$ donc $q_{r+1} = q'_{r+1}$

1 Bis. Dans l'égalité $g = \sum_{i=1}^{r} q_i f_i + q_{r+1}$ on a $\exp_\Delta (q_i f_i) = \exp_\Delta q_i + \exp_\Delta f_i \in D_i$ et $\exp_\Delta(q_{r+1}) \in D_{r+1}$ ces exposants sont donc tous distincts d'où

$$\underline{\exp_\Delta g = \inf (\exp_\Delta (q_{r+1}) , \exp_\Delta (q_i f_i))}$$

en particulier $\exp_\Delta (q_{r+1}) > \exp_\Delta g$

2. Pour tout $\mu_i \in F_\Delta(I)$, le reste de la division de x^{μ_i} par I est l'unique série h_i de $k\{x\}$ telle que $x^{\mu_i} - h_i \in I$, $\exp_\Delta(x^{\mu_i} - h) = \mu_i$ et telle que tous les exposants des monomes de h_i soient à l'extérieur de $E_\Delta(I)$. Le système de générateur formé par les séries $(x^{\mu_i} - h_i)$ est donc canonique en un certain sens.

3. Si l'ensemble $D_{r+1} = \mathbb{N}^n - E_\Delta(I)$ est fini, les monomes $(x^\mu, \mu \in D_{r+1})$ forment une base de l'espace vectoriel $k\{x\}/I$.

4 Si Δ est la forme linéaire homogène de R^n : $x_1 + \ldots + x_n$, on omet de la noter en indice. On a alors pour tout $\ell \in N$ et tout idéal I de $k\{x\}$

<u>$E(I + \mathfrak{m}^\ell) = E(I) \cup E(\mathfrak{m}^\ell)$.</u>

En effet si $f + g \in I + \mathfrak{m}^\ell$ soit $|\exp(f)| > \ell$ et $\exp(f+g)$ $E(\mathfrak{m}^\ell)$ soit $|\exp(f)| < \ell$ et $\exp(f+g) = \exp(f) \in E(I)$, l'autre inclusion est triviale.

5. On déduit des remarques 3 et 4 que la connaissance de E(I) implique celle de la fonction d'Hilbert Samuel de $k\{x\} /_I$:

$H^1_{k\{x\}/I}(\ell) = \dim_k k\{x\} /(I + \mathfrak{m}^{\ell+1}) = \mathrm{card}\,(\mathbb{N}^n - (E(I) \cup E(\mathfrak{m}^{\ell+1})))$.

6. Notons in(f) la composante homogène de plus bas degré de la série f, on a par définition exp(f) = exp(in(f)). Notons in(I) = {in(f) / f $\in$ I} l'idéal initial de l'idéal I, on a E(I) = E(in(I)).

7. Corollaire du théorème 1.

Soit $\mathcal{N}$ un sous module de $k\{x\}^p$, on lui associe p idéaux $\mathcal{N}_1,\ldots,\mathcal{N}_p$ de $k\{x\}$ et p domaines $E(\mathcal{N}_1),\ldots, E(\mathcal{N}_p)$ de N^n tels que tout vecteur $(g_1,\ldots,g_p)\in k\{x\}^p$ soit congru module à un unique vecteur $(r_1,\ldots,r_p)$ de $k\{x\}^p$ tel que tous les exposants des monomes de r_i sont à l'extérieur de $E(\mathcal{N}_i)$ pour $i = 1,\ldots,p$. La remarque 5 nous permet alors connaissant $E(\mathcal{N}_1),\ldots, E(\mathcal{N}_p)$ d'obtenir la fonction d'Hilbert Samuel du module $k\{x\}^p/\mathcal{N}$.

Démonstration.

Pour tout $\ell = 1,\ldots,p$ on définit l'idéal $\mathcal{N}_\ell$ de $k\{x\}$:

$$\mathcal{N}_\ell = \{ f_\ell \in k\{x\} \ / \ \exists\ f_{\ell+1},\ldots,f_p \in k\{x\} \ \text{tq} \ (0,\ldots,0,\ f_\ell,\ f_{\ell+1},\ldots,f_p)\in \mathcal{N} \}$$

Une fois fixé une direction Δ on peut appliquer le théorème 1 qui nous définit des générateurs $f_\ell^1,\ldots,f_\ell^s$ de l'idéal $\mathcal{N}_\ell$. Par définition de $\mathcal{N}_\ell$ on peut remonter ces éléments en des éléments $f_{\ell,1},\ldots,f_{\ell,s_\ell}$ de $\mathcal{N}$.

Notons $\pi_j(h)$ la $j^{\text{ème}}$ composante d'un vecteur h de $k\{x\}^p$. Pour tout $g \in k\{x\}^p$ le théorème 1 nous permet de définir par récurrence sur j pour $j = 1,\ldots,p$ des quotients $q_{j,i}$

avec $i = 1,\ldots,s_j$ et des restes r_j tels que :

$$\pi_1(g) = \sum_{i=1}^{s_1} q_{1,i}\ f_1^i + r_1$$

$$\pi_j\Big(g - \sum_{\ell=1}^{j-1} \sum_{i=1}^{s_\ell} q_{\ell,i}\ f_{\ell,i}\Big) = \sum_{i=1}^{s_j} q_{j,i}\ f_j^i + r_j$$

et tels que tous les exposants des monômes de r_j soient à l'extérieur de $E_\Delta(\mathcal{N}_j)$.

Pour l'unicité il suffit de voir que si $r = (r_1,\dots,r_p)$ est tel que tous les exposants des monômes de r_j sont à l'extérieur de $E(\mathcal{N}_j)$ alors $r = 0$. En effet sinon $r = (0,\dots,0,r_\ell,\dots,r_p)$ avec $r_\ell \neq 0$ d'où une contradiction car $r_\ell \in \mathcal{N}_\ell$.

§ 3 - COMPORTEMENT PAR CHANGEMENT DE COORDONNEE (METHODE DE H. GRAUERT).

Pour étudier le comportement du domaine $E(I)$ de $\mathbb{N}^n$ lorsqu'on transforme l'idéal I par les automorphismes de $k\{x\}$ il suffit de supposer l'idéal I homogène et de ne considérer que des changements de coordonnées linéaires de k^n.

En effet soit γ un germe en 0 d'automorphisme de k^n et soit I un idéal de $k\{x\}$ alors $in(\gamma^*(I)) = (T_0\gamma)^*(in(I))$ et comme $E(I) = E(in(I))$, $E(\gamma^*(I)) = E(T_0\gamma^*(in\ I))$.

Pour tout $M \in GL(n,k)$ on note f^M la série de $k\{x\}$ telle que $f^M(x) = f(Mx)$ et $I^M = \{ f^M / f \in I\}$, $E(I^M) \in \mathcal{P}(\mathbb{N}^n)$.

<u>Théorème 2.</u>

Pour tout idéal I de $k\{x\}$ il existe un ouvert de Zariski non vide U de $GL(n,k)$ tel que pour tout $M \in U$, $E(I^M)$ prend une valeur constante que nous noterons $\varepsilon(I)$.

De plus $\varepsilon(I)$ s'écrit $\varepsilon(I) = \bigcup_{i=1}^{r} (\mu_i + \mathbb{N}^n)$ avec $(\mu_i + \mathbb{N}^n) - \bigcup_{j=1}^{i-1} (\mu_j + \mathbb{N}^n) = \mu_i + \mathbb{N}^{d(i)} \times \{0\}$ où $d(i) = \sup\{ d / \mu_i \in \{0\} \times \mathbb{N}^{n-d+1}\}$ soit $\mu_i = (0,\dots,0,\mu_i^{d(i)},\dots,\mu_i^n)$ avec $\mu_i^{d(i)} \neq 0$.

Corollaire.

En appliquant le théorème 1 après changement générique linéaire des coordonnées, on obtient un "joli" théorème de division ; la condition sur les restes q_i devient

" q_i ne dépend que des d(i) premières coordonnées "!

Démonstration du théorème 2.

Avant de commencer la démonstration explicitons dans le cas qui nous interesse le bon ordre défini sur $\mathbb{N}^n$ au §1.

$$\gamma = (\gamma^1,\ldots,\gamma^n) < \mu = (\mu^1,\ldots,\mu^n) \Leftrightarrow \begin{cases} |\gamma| = \gamma^1+\ldots+\gamma^n < |\mu| \text{ ou} \\ |\gamma| = |\mu| \text{ et } \exists\, j \in \{1,\ldots,n\} \quad \text{tq} \\ \gamma^i = \mu^i \text{ pour } i<j \text{ et } \gamma^j < \mu^j. \end{cases}$$

On notera $\overline{\mathbb{N}}^n$ la réunion de $\mathbb{N}^n$ munit de ce bon ordre et de $\{\infty\}$.

On peut supposer l'idéal homogène quitte à le remplacer par son idéal initial puisque E(I) = E(in(I)).

La démonstration qui utilisera essentiellement les mêmes techniques de calcul que celle de H. Grauert, consistera en une définition et quatre lemmes.

Définition.

Soit I un idéal homogène de $k[x]$.

On appelle système de réduction associé à I la donnée d'une suite croissante (μ_i) i = 1,2,... d'éléments de $\mathbb{N}^n$, d'une suite (f_i) i = 1,2... de polynômes homogènes de I, d'une suite décroissante d'ouverts de Zariski non vides de $GL(n,k) = U_0 \supset U_1 \supset \ldots$ et pour tout $M \in U_i$ (i = 0,1,2,...) d'une application idempotente $red_i^M : k[x] \to k[x]$ laissant stable $I^M = \{f^M / f \in I\}$; ces données sont supposées satisfaire aux propriétés suivantes :

∘ $red_o^M = \mathfrak{U}_{k|x|}$

∘ $\mu_1 = (0,\ldots\ldots,0, \gamma(I))$ avec $\gamma(I) = \mathrm{Sup}\{ i/I \subset \mathfrak{m}^i\}$ si $I \neq 0$

• $\mu_i = \inf_{f \in I,\, M \in U_{i-1}} \exp red_{i-1}^M (f^M)$

(Par convention $\exp(0) = \infty$), on note $d(i) = \sup\{ d/\mu_i \in \{0\} \times N^{n-d+1}\}$

∘ La borne ci-dessus est atteinte pour f_i

∘ $U_i = \{ M \in U_{i-1} / \exp red_{i-1}^M (f_i^M) = \mu_i\}$

· Pour tout $g \in k[x]$, $red_i^M(g)$ est le reste de la "pseudo division" de $red_{i-1}^M (g)$ par $red_{i-1}^M (f_i^M)$ au sens suivant : ecrivons les divisions par x^{μ_i} , $red_{i-1}^M (f_i^M) = A\, x^{\mu_i} + h_i(x)$ (par hypothèse A est une constante non nulle) et $red_{i-1}^M(g) = A\, x^{\mu_i} q_1(x) + \ell(x)$, soit $q(x)$ la partie de $q_1(x)$ qui ne dépend que des $d(i)$ premières coordonnées $q_1(x) = q(x) + q_2(x)$, alors on pose $red_i^M(g) = \ell(x) + A\, x^{\mu_i} q_2(x) - h_i(x)\, q(x)$ et l'on obtient $red_{i-1}^M(g) = q(x)\, red_i^M(f_i^M) + red_i^M(g)$ avec $q \in k[x_1,\ldots,x_{d(i)}]$; de plus il est évident que $\exp red_i^M(g) = \inf (\exp red_{i-1}^M (g),\ \mu_i + \exp(q))$.

<u>LEMME 1</u>.

Pour tout idéal I de $k[x]$, il existe un système de réduction associé à I. Il satisfait aux propriétés suivantes :

. Si $\mu_i \neq \infty$ les domaines D_i de $\mathbb{N}^n$, définis par $D_i = \mu_i + \mathbb{N}^{d(i)} \times \{0\}$, sont deux à deux disjoints.

∘ Pour tout $g \in k[x]$, le polynôme $red_i^M(g^M)$ a tous les exposants de ses monômes à l'extérieur de $D_1 \cup \ldots \cup D_i$, et les coefficients de ses monômes sont des fractions rationnelles en les éléments de la matrice M.

LEMME 2. (Propriété fondamentale).

Le système de réduction construit au lemme 1 est tel que la suite $(\mu_i)_{i=1,2,\ldots}$, si $\mu_i \neq \infty$ on note $\mu_i = (\mu_i^1,\ldots,\mu_i^n)$, satisfait à la propriété suivante :

Pour tous ℓ, $\ell' = 1,\ldots,n$ avec $\ell' > \ell$; $i \in \mathbb{N}$ si $\mu_i \neq \infty$ et si $\mu_i^\ell > 0$, on a $(\mu_i^1,\ldots,\mu_i^{\ell-1}, \mu_i^\ell - k, \mu_i^{\ell+1},\ldots, \mu_i^{\ell'-1}, \mu_i^{\ell'} + k, \mu_i^{\ell'+1},\ldots, \mu_i^n) \in D_1 \cup\ldots\cup D_{i-1}$. pour tout k tel que $1 \leq k \leq \mu_i^\ell$.

LEMME 3.

Le système de réduction construit au lemme 1 est tel que la suite $(\mu_i)_{i=1,2,\ldots}$ prend constamment la valeur ∞ à partir d'un certain rang noté r.

LEMME 4.

Pour tout $M \in U_r$ (r est défini par le lemme 3), $(\mu_1,\ldots,\mu_r)$ est la frontière de $E(I^M)$.

REMARQUE.

Pour tout $g \in k[x]$, $\mathrm{red}_r^M(g)$ n'est autre que le reste de la division de g par les générateurs $(f_1^M, \mathrm{red}_1^M(f_2^M),\ldots \mathrm{red}_{r-1}^M(f^M))$ de I^M au sens du § 1.

DEMONSTRATION DU LEMME 1.

Par récurrence sur l'entier i. Evident pour i = 0. Supposons construites les suites jusqu'à l'ordre i - 1.

On pose $\mu_i = \inf_{f \in I,\, M \in U_{i-1}} \exp \mathrm{red}_{i-1}^M(f^M)$ et soit f_i un polynôme (que l'on peut supposer homogène) pour lequel la borne est atteinte avec $M_i \in U_{i-1}$. On pose $U_i = \{ M \in U_{i-1} \,/\, \exp \mathrm{red}_{i-1}^M(f_i^M) = \mu_i \}$, c'est un ouvert de Zariski non vide ($M_i \in U_i$) puisque le coefficient de x^{μ_i} dans red^M_{i-1} (f_i^M) est une fraction rationnelle qui n'a de pôles et de zéros que sur un fermé de Zariski de GL(n,k). On pose, si $\mu_i \neq \infty$, $D_i = \mu_i + \mathbb{N}^{d(i)} \times \{0\}$ ce domaine est disjoint de tout domaine D_j avec $1 \leqslant j < i$; en effet si $\gamma \in D_i \cap D_j$ $\gamma = \mu_i + (\lambda^1,\ldots,\lambda^{d(i)}, 0,\ldots,0) = \mu_j + (\pi^1,\ldots,\pi^{d(j)},0,\ldots,0)$ alors soit $d(i) > d(j)$ et $\mu_i \in D_j$ ce qui est contraire à l'hypothèse de recurrence, soit $d(i) < d(j)$ et $\lambda^1 = \pi^1,\ldots,\lambda^{d(i)-1} = \pi^{d(i)-1}$ et comme $\mu_j < \mu_i$ $\lambda^{d(i)} \leqslant \pi^{d(i)}$ donc $\mu_j \in D_i$ ce qui est impossible puisque $\mu_j < \mu_i$.

Par hypothèse de récurrence red^M_{i-1} (f_i^M) et red^M_{i-1} (g^M) ont tous les exposants de leurs monômes à l'extérieur de $D_1 \cup \ldots \cup D_{i-1}$ et les coefficients de ces monômes sont des fractions rationnelles en les éléments de la matrice M, d'après la définition de $red_i^M(g^M)$ il est clair qu'il en est de même de $red_i^M(g^M)$ et on a tout fait pour que les exposants des monômes de $red_i^M(g^M)$ soient à l'extérieur de D_i.

DEMONSTRATION DU LEMME 2.

Par récurrence sur l'entier i. La propriété est vide pour i = 1. Supposons la vraie jusqu'à l'ordre i - 1 et supposons $\mu_i \neq \infty$.

REMARQUE.

Pour tout $\delta \in R^+$ on peut choisir $M \in U_i$ et $f_j \in I$ tels que red^M_{j-1} $(f_j^M) = x^{\mu_j} + h_j$ avec $||h_j|| < \delta$ $(j = 1,\ldots,i)$.

En effet si red^M_{j-1} $(f_j^M) = x^{\mu_j} + h_j$ $(j = 1,\ldots,i)$ considérons les normes $||\Sigma\, a_\mu\, x^\mu||_\rho = \Sigma\, |a_\mu|\rho^\mu$ sur k{x} avec $\rho \in R^{+n}$. Pour tout $\delta \in R^+$ on peut choisir $\rho \in R^{+n}$ tel que pour $j = 1,\ldots,i$ $||h_j||_\rho < \delta \cdot \rho^{\mu_j}$ (puisque $\mu_j = \exp red^M_{j-1}$ (f_j^M)). De plus on peut choisir ρ tel que le composé de M et du changement de coordonnées $X_k = x_{k/\rho_k}$ ($k = 1,\ldots,n$) soit encore dans U_i. D'où

$$\frac{(\mathrm{red}^M_{j-1}\, f^M_j)(\rho\circ X)}{\rho^{\mu_j}} = X^{\mu_j} + \tilde{h}_j(X)\ ,\ \tilde{h}_j(X) = \frac{h_j(\rho\circ X)}{\rho^{\mu_j}}$$

$$\text{avec } \|\tilde{h}_j\|_{(1,\ldots,1)} < \frac{\delta\circ\rho^{\mu_j}}{\rho^{\mu_j}} = \delta$$

Pour simplifier l'écriture effectuons le changement de coordonnées qui envoie M sur $\mathbb{1}$.

Fixons alors ℓ et $\ell' \in \{1,\ldots,n\}$ avec $\ell' > \ell$ et $\mu^\ell_i > 0$. Soit $N(\beta) \in GL(n,k)$ qui transforme x_ℓ en $x_\ell + \beta\, x_{\ell'}$, ($\beta\in\mathbb{R}$) et x_k en x_k pour $k = 1,\ldots,n$ et $k \neq \ell$. Comme U_i est un ouvert de Zariski, on peut choisir δ et β tels que $\delta \ll \beta \ll 1$ et $N = N(\beta) \in U_i$. Remarquons que si $g \in k\{x\}$ est de norme petite de l'ordre de δ, il en est de même de g^N et de $\mathrm{red}^N_j\, g$, pour $j = 1,\ldots,i$.

Notons $\mu'_j = (\mu^1_j,\ldots,\mu^{\ell-1}_j, 0, \mu^{\ell+1}_j,\ldots,\mu^{\ell'-1}_j, 0, \mu^{\ell'+1}_j,\ldots,\mu^n_j)$ alors

$$f^N_i = x^{\mu'j}\Big(\sum_{p=0}^{\mu^\ell_j} \binom{\mu^\ell_j}{p} \beta^p\, x_\ell^{\mu^\ell_j - p}\, x_{\ell'}^{\mu^\ell_j + p}\Big) + h^N_j.$$

<u>SOUS LEMME</u>. $\mathrm{red}^N_{j-1}\, f^N_j = x^{\mu_j}$ + terme de l'ordre de δ : $j = 1,\ldots,i-1$

En effet $(x^{\mu_1} + h_1)^N = x^{\mu_1} + h^N_1$ et si cette propriété est vraie jusqu'à $j - 1$, $\mathrm{red}^N_{j-1}(f^N_j) = \mathrm{red}^N_{j-1}(x^{\mu_j})^N + \mathrm{red}^N_{j-1}(h^N_j)$, est la somme des monômes de $(x^{\mu_j})^N$ dont les exposants sont à l'extérieur de $D_1 \cup\ldots\cup D_{j-1}$ et d'un terme petit d'ordre δ ; or si $j < i-1$ grâce à l'hypothèse de récurrence le seul monôme de $(x^{\mu_j})^N$ dont l'exposant est à l'extérieur de $D_1\cup\ldots\cup D_{j-1}$ est x^{μ_j}.

De la même manière $red_{i-1}^N (f_i^N)$ est la somme d'un terme petit d'ordre δ et des monômes de $(x^{\mu_i})^N$ dont les exposants sont à l'extérieur de $D_1 \cup \ldots \cup D_{i-1}$; mais comme les exposants des monômes de $(x^{\mu_i})^N$ sont inférieurs à μ_i, que leurs coefficients, $\binom{\mu_i^\ell}{p} \beta^p$ ne peuvent être annulés par les coefficients du terme petit d'ordre δ et que $\mu_i = \exp red_{i-1}^N (f_i^N)$, le seul exposant de $x^{\mu_i})^N$ qui est à l'extérieur de $D_1 \cup \ldots \cup D_{i-1}$ est μ_i. cqfd.

DEMONSTRATION DU LEMME 3.

Décomposons la suite $F = (\mu_i)_{i = 1,2,\ldots}$ en n + 1 sous ensembles : $F = F_0 \cup \ldots \cup F_{n-1} \cup G$ avec $G = \{ \mu_i \in F \ / \ \mu_i = \infty \}$ et pour $j = 0,\ldots, n-1$ $F_j = \{ \mu_i \in F \ / \ d(i) = n - j \}$.

Notre but est de montrer que les F_j $(j = 0,\ldots, n-1)$ sont des ensembles finis. Avec ces notations $F_0 = \{\mu_1\}$. Supposons que $F_0,\ldots,F_j$ soient des ensembles finis et posons $\gamma_\rho = \sup \{\mu_i^{n-\ell} / \mu_i \in F \}$ pour $= 0,\ldots,j$. Nous allons montrer que pour tout $\mu_i \in F_{\ell'}$, $\ell' > \ell$ $\ell' = 1,\ldots,n-1$, $\mu_i^{n-\ell} < \gamma_\ell$, ce qui entrainera que $card(F_{j+1}) \leq \gamma_0 \times \gamma_1 \times \ldots \times \gamma_j$ (il ne peut y avoir au plus qu'un seul élément de F_{j+1} dont les $n - j$ dernières composantes sont fixées).

Pour ℓ et ℓ' fixées soit i le premier entier, s'il existe, tel que $\mu_i \in F_{\ell'}$ et $\mu_i^{n-\ell} \geq \gamma_\rho$ d'après le lemme 2 $(0,\ldots,0,\mu_i^{n-\ell'} - 1, \mu_i^{n-\ell'+1},\ldots, \mu_i^{n-\ell} + 1,\ldots, \mu_i^n) \in D_1 \cup \ldots \cup D_{i-1}$, donc il existerait un entier i', $i' < i$, tel que $\mu_{i'}^{n-\ell} = \mu_i^{n-\ell} + 1 \geq \gamma_\ell$ ce qui contredirait le fait que i est le premier entier. cqfd.

DEMONSTRATION DU LEMME 4.

Soit donc r le premier entier tel que $\mu_{r+1} = \infty$. On a $\forall j > r$; $\mu_j = \infty$, $f_j = 0$, $U_j = U_r$ et $\forall M \in U_r$ $\mathrm{red}_j^M = \mathrm{red}_r^M$.

Soit $M \in U_r$ et soit $F(I^M) = \{\lambda_1, \ldots, \lambda_p\}$ la frontière ordonnée de $E(I^M)$ (voir § 1). Il est évident que $\lambda_1 = \mu_1$ et que $F(I^M) \subset F = \{\mu_1, \ldots, \mu_r\}$ notre but est de montrer que ces ensembles sont égaux.

S'ils ne l'étaient pas soit j le premier entier tel que $\lambda_j \neq \mu_j$, par construction $\mu_j = \inf\left(\{\exp(f^N) \,/\, f \in I,\ N \in U_{j-1}\} \setminus (D_1 \cup \ldots \cup D_{j-1})\right)$ donc $\mu_j < \lambda_j$. Puisque $\mu_j \in F(I^M)$ il existe un plus petit entier j' tel que $\mu_j = \mu_{j'} + \gamma$ avec $\gamma \in \mathbb{N}^n$, d'autre part $\mu_j \notin \left(\mu_{j'} + \mathbb{N}^{d(j')} \times \{0\}\right)$ donc il existe $k > 0$ tel que $\gamma^{d(j')+k} > 0$. Le lemme 2 implique alors que $(\mu_j^1, \ldots, \ldots, \mu_{j'}^{d(j')} - 1, \ldots, \mu_{j'}^{d(j')+k} + 1, \ldots, \mu_j^n) \in D_1 \cup \ldots \cup D_{j'-1}$ donc qu'il existe $j'' < j'$ tel que $\mu_j = \mu_{j''} + \gamma'$ avec $\gamma' \in \mathbb{N}^n$ ce qui contredit le fait que j' est le plus petit entier.

§ 4 - L'INVARIANT DE GRAUERT D'UN IDEAL

Le théorème 2 du paragraphe précédent nous permet d'associer à tout idéal I de $k\{x\}$ un domaine de $\mathbb{N}^n$ que nous avons noté $\varepsilon(I)$ et que nous appellerons l'invariant de Grauert de l'idéal I (H. Grauert dans [2]) nomme ce domaine la multiplicité de I, en allemand Vielfacheit).

A) CONFIGURATION DE $\varepsilon(I)$.

Définition : Nous dirons qu'un domaine ε de N^n est un ε-ensemble s'il vérifie les deux propriétés suivantes :

1) si $\mu \in \varepsilon$, $\mu + \mathbb{N}^n \subset \varepsilon$

2) Si $\mu = (\mu^1, \ldots, \mu^n) \in \varepsilon$ $\forall \ell$, $\ell' = 1, \ldots, n$ avec $\ell' > \ell$ si $\mu^\ell \neq 0$ alors

$$(\mu^1, \ldots, \mu^{\ell-1}, \mu^\ell - 1, \mu^{\ell+1}, \ldots, \mu^{\ell'-1}, \mu^{\ell'} + 1, \mu^{\ell'+1}, \ldots, \mu^n) \in \varepsilon$$

REMARQUE.

Au § 1 nous avons rappelé que dans [1] on montre que les ensembles qui vérifient 1) peuvent s'écrire $\varepsilon = \bigcup_{i=1}^{r} (\mu_i + \mathbb{N}^n)$, pour voir que ε est un ε-ensemble, il suffit que $\mu_1,\dots,\mu_r$ vérifient 2).

PROPOSITION.

Les invariants de Grauert des idéaux de $k\{x\}$ sont exactement les ε-ensembles de $\mathbb{N}^n$.

DEMONSTRATION.

Au § 2 nous avons vu que les invariants de Grauert sont des ε-ensembles. Réciproquement si $\varepsilon = \bigcup_{i=1}^{r} (\mu_i + \mathbb{N}^n)$ est un ε-ensemble soit $I = (x^{\mu_1},\dots,x^{\mu_r})$ Si $\mathcal{E}(I) \neq \mathcal{E}$ il existe un ouvert de Zariski U de $GL(n,k)$ tel que pour $M \in U$ $E(I^M) \neq \mathcal{E}$. Notons $M_{\ell,\ell'}(\beta)$ une matrice de $GL(n,k)$ qui transforme x_ℓ en $x_\ell + \beta x_{\ell'}$ et x_k en x_k pour $k \neq \ell$. On peut choisir pour presque tout $\beta = (\beta_{\ell,\ell'})$ assez petit $M = \prod_{(\ell,\ell')} M_{\ell,\ell'}(\beta_{\ell,\ell'}) \in U$ grâce au :

LEMME. Il existe un voisinage de l'identité dans $GL(n,k)$ formé de matrice du type $M = \prod_{(\ell,\ell')} M_{\ell,\ell'}(\beta_{\ell,\ell'})$.

En effet les matrices $m_{\ell,\ell'}$ comportant un 1 au coin de la $\ell^{\text{ème}}$ colonne et de la $\ell'^{\text{ème}}$ ligne et 0 ailleurs forment une base de l'algèbre de $\mathcal{L}$ie $\mathfrak{gl}(n,k)$ de $GL(n,k)$ et l'application exponentielle envoie un voisinage de 0 dans $\mathfrak{gl}(n,k)$ sur un voisinage de l'identité dans $GL(n,k)$.
Celui ci est donc formé de matrices du type :

$$M = \prod e^{\beta_{\ell\ell'} m_{\ell,\ell'}} = \prod M_{\ell,\ell'}(\beta_{\ell,\ell'}) \text{ car } e^{\beta_{\ell\ell'} m_{\ell,\ell'}} = M_{\ell,\ell'}(\beta_{\ell,\ell'})$$

Comme $E(I^M) \neq \varepsilon$ et que $M = \prod M_{\ell,\ell'}(\beta_{\ell,\ell'})$ il existe un couple (ℓ,ℓ') tel que $E(I^{M_{\ell,\ell'}(\beta)}) \neq \varepsilon$. Si $\ell' < \ell$ pour tout $f \in k\{x\}$ on a trivialement $\exp(f^{M_{\ell,\ell'}(\beta)}) = \exp(f)$ donc $E(I^{M_{\ell,\ell'}(\beta)}) = E(I) = \varepsilon$, donc il faut que $\ell' > \ell$.

Posons $N = M_{\ell,\ell'}(\beta)$ avec $\ell' > \ell$ et soit $\{\gamma_1,\ldots,\gamma_p\}$ la frontière de $E(I^N)$ il est clair que $\mu_1 = \gamma_1$. Soit i le plus grand entier tel que $\gamma_1 = \mu_1,\ldots,\gamma_i = \mu_i$. Montrons par récurrence que pour $j = 1,\ldots,i$, $\exp \mathrm{red}^N_{j-1} (x^{\mu_j})^N = \mu_j$; en effet comme $(x^{\mu_j})^N = x^{\mu_j} + \beta\, P(\beta)$ où $P(\beta)$ est un polynôme en β, pour $j > \ell$ et $1 \leqslant \ell \leqslant i$, $\mathrm{red}^N (x^{\mu_j})^N = x^{\mu_j} + \beta\, \mathrm{red}^N (P(\beta))$, en prenant β assez petit on est sûr que le coefficient de x^{μ_j} est non nul d'où $\exp \mathrm{red}^N_\ell (x^{\mu_j})^N \leqslant \mu_j$ donc $\exp \mathrm{red}^N_\ell (x^{\mu_{\ell+1}})^N = \mu_{\ell+1}$ si $\ell + 1 \leqslant i$. Nous avons également obtenu que $\exp \mathrm{red}^N_i (x^{\mu_j})^N \leqslant \mu_j$ pour $i < j \leqslant r$.

Si $i = p < r$, I^N est engendré par $(x^{\mu_1})^N,\ldots,(x^{\mu_i})^N$ donc I n'est engendré que par $x^{\mu_1},\ldots, x^{\mu_i}$, ce qui est contraire à l'hypothèse.

Si $i < p$, $\gamma_{i+1} \notin \bigcup_{j=1}^{i} (\mu_i + N^n)$ et $\gamma_{i+1} = \exp(f^N)$ avec $f = \sum_{j=1}^{r} a_j(x)\, x^{\mu_j} \in I$ on en déduit que

$$\gamma_{i+1} = \exp \mathrm{red}^N_i \sum_{j=1}^{r} a_j(x)^N (x^{\mu_j})^N = \exp \mathrm{red}^N_i \sum_{j=i+1}^{r} a_j(x)^N (x^{\mu_j})^N.$$

On obtient alors une contradiction si $i = r$ donc $i < r$.

Pour $j > i$ on a alors $\gamma_{i+1} \leqslant \exp \mathrm{red}^N_i (x^{\mu_j})^N \leqslant \mu_j$, ce qui implique que pour certains entier j, $\gamma_{i+1} = \exp \mathrm{red}^N_i (x^{\mu_j})^N$, notons k le premier de ces entiers. Comme le changement de coordonnées $N = M_{\ell,\ell'}$ ne perturbe que les coordonnées x_ℓ et $x_{\ell'}$, on a $\gamma_{i+1} = (\mu_k^1,\ldots,\mu_k^{\ell-1}, \gamma_{i+1}^{\ell}, \mu_k^{\ell+1},\ldots,\mu_k^{\ell'-1}, \gamma_{\ell+1}^{\ell'}, \gamma_k^{\ell'+1},\ldots,\gamma_k^n)$ avec $\gamma_{i+1}^{\ell} + \gamma_{i+1}^{\ell'} = \mu_k^{\ell} + \mu_k^{\ell'}$, et $\gamma_{i+1}^{\ell} \leqslant \mu_k^{\ell}$ car $\gamma_{i+1} \leqslant \mu_k$. le fait que ε est un ε-ensemble entraine alors que $\gamma_{i+1} \in \bigcup_{j=1}^{k} (\mu_j + N^n)$ donc que $\gamma_{i+1} = \mu_k$ puisque l'entier k a été choisi le plus petit possible et $k = i+1$ puisque les μ_j sont ordonnés et que $\gamma_{i+1} \leqslant \mu_j$ pour $j > i$. Donc $\gamma_{i+1} = \mu_{i+1}$ ce qui contredit le fait que l'entier i a été choisi le plus grand possible.

Donc $i = p = r$ et $E(I^N) = \varepsilon$ .cqfd.

REMARQUE.

Il n'est pas vrai que pour tout idéal I de $k\{x\}$ si $E(I)$ est un ε-ensemble alors $E(I) = \varepsilon(I)$.

EXEMPLE.

Pour l'idéal de $k\{x,y,z\}$ $I = (z^2, zy, y^3, x^2z \text{ et } x^3)$ $E(I) \neq \varepsilon(I)$, bien que $E(I)$ soit un ε-ensemble.

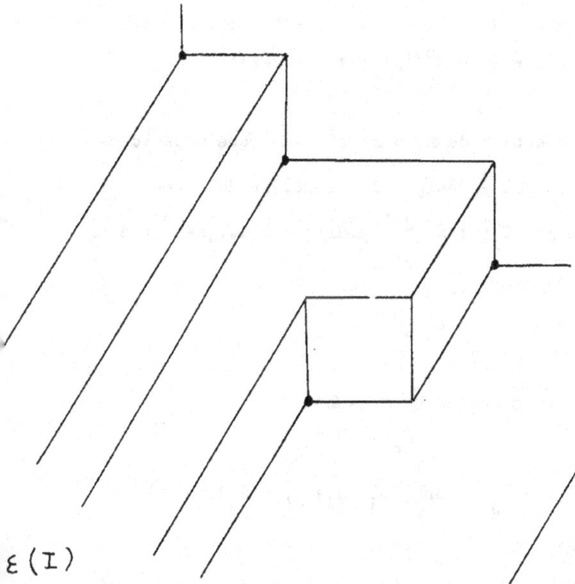

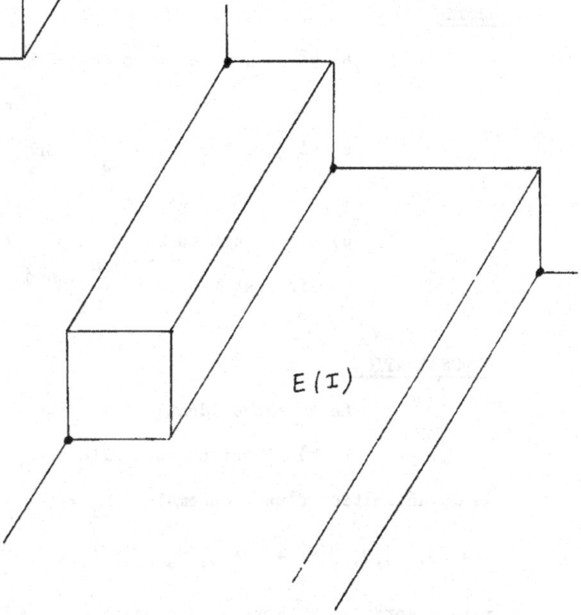

B) - DESCRIPTION DE $\varepsilon(I)$ ET CALCUL DE LA FONCTION D'HILBERT SAMUEL

Nous allons déduire des conséquences de la définition d'un ε-ensemble qui nous permettent de retrouver la description de H. Grauert et de calculer explicitement la fonction d'Hilbert Samuel de $A = k\{x\}_{/I}$ (voir § 2.5)

$$H_A^1(\ell) = \dim_k k\{x\}_{/(I + \mathfrak{m}^{\ell+1})} = \operatorname{card}(\{\mu \in \mathbb{N}^n / |\mu| \leq \ell\} \smallsetminus \varepsilon(I))$$

Notons p_ℓ la projection de $\mathbb{N}^n$ sur $\{0\} \times \mathbb{N}^\ell$ que nous identifions à $\mathbb{N}^\ell$ pour $\ell = 1,\ldots,n$. Si $\mathcal{F}$ désigne la frontière du ε-ensemble ε notons $F_j = \{\mu_i \in \mathcal{F} / d(i) = n-j\} \subset \{0\} \times \mathbb{N}^{j+1}$ pour $j = 0,\ldots,n-1$ on a $\mathcal{F} = F_0 \cup \ldots \cup F_{n-1}$.

<u>LEMME.</u>

a) Si $\mu_i \in F_j$ alors $p_j(\mu_i) \notin \bigcup_{\mu \in F_0 \cup \ldots \cup F_{j-1}} (\mu + \mathbb{N}^j)$

b) Si $j < j'$ et $\mu_i \in F_{j'}$ alors $p_j(\mu_i) \in p_j(F_j)$.

c) Les ensembles $B_j = \mathbb{N} \times p_{j-1}(\varepsilon) \smallsetminus p_j(\varepsilon)$ sont des ensembles finis et $\mathbb{N}^n - \varepsilon = \coprod_{j=1}^{n} \mathbb{N}^{n-j} \times B_j$

<u>DEMONSTRATION.</u>

Le a) est évident

Le b) s'obtient en appliquant plusieurs fois la condition (2) de la définition d'un ε-ensemble à $\mu_i = (0,\ldots,0,\mu_i^{n-j'},\ldots,\mu_i^n)$:

$\tilde{\mu} = (0,\ldots,0,\mu_i^{n-j'} + \ldots + \mu_i^{n-j}, \mu_i^{n-j+1},\ldots, \mu_i^n) \in D_1 \cup \ldots \cup D_{i-1}$

mais d'après le a) pour tout m tel que $\mu_m \in F_0 \cup \ldots \cup F_{j-1}$, $p_j(\mu_i) \notin D_m$ donc il existe un entier m tel que $\mu_m \in F_j$ et $\tilde{\mu} \in D_m$ donc $p_j(\mu_i) = p_j(\tilde{\mu}) = p_j(\mu_m)$

Le c) s'obtient en explicitant $p_j(\varepsilon) = p_j\left(\bigcup_{i=1}^{r}\left(\mu_i + \mathbb{N}^{d(i)} \times \{0\}\right)\right)$:

$$p_j(\varepsilon) = \bigcup_{d(i) > n-j} \left(p_j(\mu_i) + \mathbb{N}^{d(i)-(n-j)} \times \{0\}\right) \bigcup_{d(i) \leq n-j} p_j(\mu_i)$$

$$= \bigcup_{d(i) > n-j+1} \mathbb{N} \times p_{j-1}\left(\mu_i + \mathbb{N}^{d(i)} \times \{0\}\right) \cup \bigcup_{d(i) = n-j+1} \left(p_j(\mu_i) + \mathbb{N} \times \{0\}\right) \cup \bigcup_{d(i) = n-j} p_j(\mu_i)$$

et $B_j = \mathbb{N} \times \bigcup_{d(i) = n-j+1} p_j(\mu_i) \setminus \left(\bigcup_{d(i) = n-j+1} p_j(\mu_i) + \mathbb{N} \times \{0\} \cup \bigcup_{d(i) = n-j} p_j(\mu_i)\right)$

donc card $B_j = \left(\sum_{d(i)=n-j+1} \mu_i^{n-j+1}\right) -$ card F_j. cqfd.

<u>1°) - DESCRIPTION.</u>

On a $F_0 = \{\mu_1\}$ avec $\mu_1 = (0,\ldots,s)$

Les points de F_1 se projettent dans $H_1 = \mathbb{N} \setminus (\mu_1 + \mathbb{N}) = [0,s[$ et la condition 2) s'écrit pour tout $\mu_j \in F_1$:

$(0,\ldots,0,\mu_j^{n-1} - 1, \mu_j^n + 1) \in D_1 \cup\ldots\cup D_{j-1}$. On en déduit que

$F_1 = \{(0,\ldots,0,\alpha_j, s-j) \ / \ j = 1,\ldots,$ card $F_1\}$ avec

α_j strictement croissante

Le complémentaire de $\varepsilon(I) \cap \{0\} \times \mathbb{N}^2$ est donc un "escalier avec des marches de hauteur 1" (voir figure).

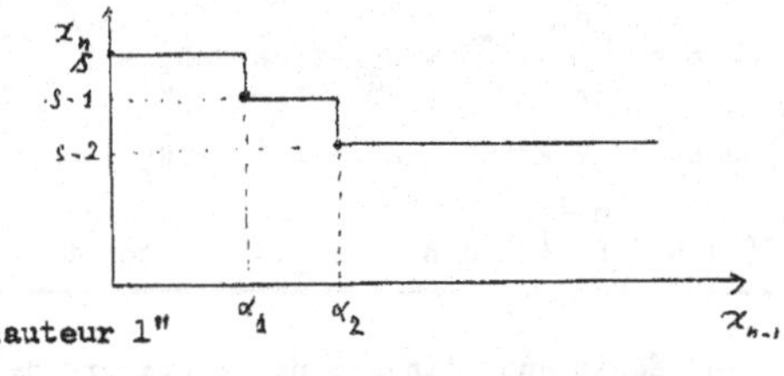

En dimension supérieure la configuration de $\varepsilon(I) \cap (\{0\} \times \mathbb{N}^{j+1})$ est plus difficile à visualiser ; mais disons de façon imagée que la généralisation naturelle dans $\mathbb{N}^{j+1}$ d'un escalier avec des marches de hauteur 1 est un domaine de $\mathbb{N}^{j+1}$, tel que si on fixe arbitrairement la valeur de toutes les coordonnées sauf deux on obtient toujours un escalier de $\mathbb{N}^2$ avec des marches de hauteur 1 ; alors le complémentaire dans $\mathbb{N}^{j+1}$ de $\varepsilon(I) \cap (\{0\} \times \mathbb{N}^{j+1})$ est un escalier avec des marches de hauteur 1.

2°) - CALCUL DE LA FONCTION D'HILBERT SAMUEL de $A = k\{x\}_{/I}$

Notons $P_j(\ell)$ le nombre de points de $\mathbb{N}^j$ situés strictement sous l'hyperplan bissecteur d'équation $x_1+\ldots+x_j = \ell$. ($P_j(\ell)$ est la fonction d'Hilbert Samuel de $k\{x_1,\ldots,x_j\}$). On a $P_0(\ell) = 1$, $P_1(\ell) = \ell$, $P_2(\ell) = \frac{\ell(\ell-1)}{2}, \ldots P_j(\ell) = \sum_{m=1} P_{j-1}(m)\ldots$ On peut voir que $P_j(\ell)$ est un polynôme en ℓ de degré j et de terme dominant $\frac{\ell^j}{j!}$.

La valeur de la fonction d'Hilbert Samuel de $A = k\{x\}_{/I}$ est

$$H_A^1(\ell) = \text{card } \{\mu\in\mathbb{N}^n \setminus \varepsilon(I) \ / \ |\mu| < \ell \}$$

$$= \text{card } (\{\mu\in\mathbb{N}^n \ / \ |\mu| < \ell\} \setminus \coprod_{i=1}^{r} (\mu_i + \mathbb{N}^{d(i)} \times \{0\}))$$

d'où

$$\underline{H_A^1(\ell) = P_n(\ell) - \sum_{\substack{i=1 \\ |\mu_i| \leq \ell}}^{r} P_{d(i)} (\ell - |\mu_i|)}$$

On peut aussi exprimer la fonction d'Hilbert Samuel de $A = k\{x\}_{/I}$ à l'aide des ensembles $B_j = (\mathbb{N} \times p_{j-1}(\varepsilon)) - p_j(\varepsilon)$ introduits au 1°) ; on avait $\mathbb{N}^n - \varepsilon = \coprod_{j=1}^{n} \mathbb{N}^{n-1} \times B_j$ et $\text{card } B_j = (\sum_{d(i) = n-j+1} \mu_i^{n-j+1}) - \text{card } F_j$;

pour ℓ assez grand (en fait $\ell \geq |\mu_r|$) on a

$$\underline{H_A^1(\ell) = \sum_{j=1}^{n} (\text{card } B_j) . P_{n-j}(\ell) + \text{constante}}$$

On en déduit que l'invariant de Grauert de I permet de "lire directement" la dimension et la multiplicité de $k\{x\}_{/I}$ qui sont

$$\underline{d = n - \inf \{j \ / \ p_j(\varepsilon) \neq \mathbb{N} \times p_{j-1}(\varepsilon) \}}$$

et $\text{card } B_{n-d} = (\sum_{d(i) = d+1} \mu_i^{d+1}) - \text{card } F_{n-d}$.

3°) - CALCUL DE LA FONCTION D'HILBERT SAMUEL D'UN MODULE DE TYPE FINI SUR k{x} .

Soit N un module de type fini sur k{x} on peut l'écrire comme quotient de $k\{x\}^p$ par un de ses sous module : $N = k\{x\}^p/\mathcal{N}$.

La fonction d'Hilbert Samuel de N est alors donné par la formule

$$H^1_N(\ell) = \dim_k \; k\{x\}^p/_{\mathcal{N} + \mathfrak{m}\, k\{x\}^p}.$$

Au § 2 nous avons associé à tout sous module $\mathcal{N}$ de $k\{x\}^p$ des idéaux $\mathcal{N}_1,\ldots,\mathcal{N}_p$ de k{x} tel que l'ensemble

$$\underset{j\text{ème place}}{(0,\ldots,0,x^\mu,0,\ldots,0)} \;/\; \mu \in \varepsilon(\mathcal{N}_j + \mathfrak{m}^{\ell+1}) \text{ forme une base de } k\{x\}^p/_{\mathcal{N} + \mathfrak{m}^{\ell+1}.k\{x\}^p}$$

Donc $H^1_N(\ell) = \sum_{j=1}^{p} H^1_{N_j}(\ell)$ où $H^1_{N_j}(\ell)$ est la fonction d'Hilbert Samuel de $N_j = k\{x\}/_{\mathcal{N}_j}$ et on est ramené au calcul de 2°).

C) - QUELQUES REMARQUES ET EXEMPLES

1. Si n = 2. On a $(I) = \{(0,s), (\alpha_1,s-1),\ldots,(\alpha_m,s-m)\}$

$$H^1_A(\ell+1) - H^1_A(\ell) = \begin{cases} \ell+1 & \text{si } \ell < s \\ s & \text{si } s \leq \ell < \alpha_1 + s - 1 \\ \ldots\ldots & \\ s-j & \text{si } \alpha_j + s - j \leq \ell < \alpha_{j+1} + s - j - 1 \\ \ldots\ldots & \\ s-m & \text{si } \alpha_m + s - m \leq \ell . \end{cases}$$

On en déduit que si n = 2 la connaissance de la fonction d'Hilbert Samuel de $A = k\{x\}/_I$ est équivalente à la connaissance de $\varepsilon(I)$.

2. Cette équivalence n'est plus vraie pour $n > 2$. Explicitons le calcul d'un contre exemple : $I = (x_3^2, x_2 x_3, x_2^3, x_1^2 x_3)$ et $J = (x_3^2, x_2 x_3, x_2^3, x_1 x_2^2)$ deux idéaux de $k\{x_1, x_2, x_3\}$

Grace à la proposition du paragraphe A, leurs invariants de Grauert sont les mêmes que ceux déssinés page 19 et ils sont distincts. Notons leur frontière $(\mu_1, \mu_2, \mu_3, \mu_4)$ et $(\gamma_1, \gamma_2, \gamma_3, \gamma_4)$ on a $\mu_1 = \gamma_i$, $\mu_2 = \gamma_2$, $\mu_3 = \gamma_3$, $\mu_4 = (1,2,0) \neq \gamma_4 = (2,0,1)$.

Comme $|\mu_4| = |\gamma_4|$ et qu'ils ont même $d(4) = 1$, d'après la formule de la page 22 ils ont même fonction d'Hilbert Samuel.

3. Au paragraphe précédent nous avons vu que d est la dimension de $k\{x\}/_I$, un autre entier semble intéressant c'est $\delta = \sup\{j / F_{n-j} = \emptyset\}$. La suite des classes de $\dot{x}_1, \ldots, \dot{x}_\delta$ forme une suite régulière de $k\{x\}_{/I}$. En effet pour $j = 1, \ldots, \delta$, $\dot{x}_j$ est non diviseur de zéro dans $k\{x\}_{/(I, x_\delta, x_{\delta-1}, \ldots, x_{j+1})}$ (resp. dans $k\{x\}_{/I}$ si $j = \delta$) ; sinon il existerait $f \notin (I, x_\delta, \ldots, x_{j+1})$ alors $x_j\ f\ (I, x_\delta, \ldots, x_{j+1})$ On pourrait alors diviser f par I puis $x_\delta, \ldots, x_{j+1}$: $f = f_1 + a_\delta x_\delta + \ldots + a_{j+1} x_{j+1} +$ où tous les exposants des monômes de r sont à l'extérieur de $\varepsilon(I)\ U(\bar{\delta} + N^n) U \ldots U ((\overline{j+1}) + N^n)$ ($\bar{\delta} = (0, \ldots, 0, 1, 0, \ldots, 0)$ avec le 1 à la δème place),

et il en serait de même de $x_j\, r$ puisque $\varepsilon(I) = \mathbb{N}^j \times p_{n-j}(\varepsilon(I))$ d'où une contradiction : $x_j\, r \in (I, x_\delta, \dots, x_{j+1})$ et $\exp(x_j\, r) \notin E(I, x_\delta, \dots, x_{j+1})$.

4. De la remarque 3 on déduit que $\delta \leqslant \text{prof}\, (k\{x\}_{/I})$ mais l'égalité en générale n'est pas vraie comme le montre l'exemple de l'idéal $I = (x_3^2, x_2\, x_3, x_1\, x_3 + x_2^3, x_2^4)$.

On voit que $\delta = 0$ et $d = 1$ alors que la classe de x_1 est non diviseur de zéro dans $k\{x\}_{/I}$ d'où $\text{prof}\, (k\{x\}_{/I}) = d = 1$ (c'est à dire que $k\{x\}_{/I}$ est de Cohen-Macanley).

En effet si x_1 était diviseur de zéro dans $k\{x\}_{/I}$ il existerait $f \notin I$ tel que $x_1\, f \in I$, on peut supposer que f est réduit relativement à I donc $f = ax_3 + B(x_1) + c(x_1)\, x_2 + D(x_1)\, x_2^2 + E(x_1)\, x_2^3$ et

$$\text{red}\, (x_1 f) = x_1\, B(x_1) + x_1\, c(x_1)\, x_2 + x_1\, D(x_1)\, x_2^2 + (x_1 E(x_1) - a) x_2^3$$

d'où $\text{red}\, (x_1 f) = 0$ implique $B = C = D = E = a = 0$ soit $f = 0$.

6. Soit X un espace analytique plongé dans k^n en tout point P de X, soit $\mathcal{O}_{X,P} = k\{x\}_{/I_P}$, on définit $\varepsilon(X,P) = \varepsilon(I_P)$ qui est indépendant de la présentation de $\mathcal{O}_{X,P}$. Remarquons que $\varepsilon(X,P)$ ne dépend que du cône tangent à X en P. On peut définir une partition de X en sous-ensembles de points qui ont même $\varepsilon(X,P)$. Cette partition est plus fine que la partition de la fonction d'Hilbert Samuel.

<u>EXEMPLE</u>. Soit X l'espace analytique de k^n défini par $(x_3^2; x_2\, x_3, x_1\, x_3 + x_4\, x_2^2, x_2^3)$.

La "strate" de Hilbert Samuel de 0 est formée par l'axe des x_4, tandis que la "strate" par les $\varepsilon(X,P)$ de 0 est formée par le point 0.

§ 5 . APPLICATION DU THEOREME DE DIVISION AU PASSAGE DU FORMEL A L'ANALYTIQUE

DEFINITION . - Soient $x = (x_1,\dots,x_n)$, $u = (u_1,\dots,u_q)$, $\Phi = (\Phi_1,\dots,\Phi_p)$ $\Psi = (\Psi_1,\dots,\Psi_m)$, I un idéal de $\mathbb{C}\{x\}$ et $R \in \mathbb{C}\{x,u,\Phi,\Psi\}^{\ell}$.

On appelle solution analytique du système d'équation $R \equiv 0$ (modulo I) la donnée d'un couple (φ,ψ) , $\varphi \in \mathbb{C}\{x\}$, $\psi \in \mathbb{C}\{x,u\}$ tel que $R(x,u,\varphi(x),\psi(x,u)) \equiv 0$ (modulo I) .

On appelle solution à l'ordre i du système d'équation $R \equiv 0$ (modulo I) la donnée d'un couple (φ,ψ) , $\varphi \in \mathbb{C}[x]$, $\psi \in \mathbb{C}\{u\}[x]$ tel que les degrés totaux de φ et de ψ en x soient inférieurs ou égaux à i et que

$$R(x,u,\varphi(x),\psi(x,u)) \equiv 0 \quad \text{modulo}(I + m^{i+1}) .$$

PROPOSITION (H. Grauert - J.L. Verdier)

Soit $i_0 \in \mathbb{N}$, avec les notations précédentes, si le système d'équation $R \equiv 0$ (modulo I) admet une solution à l'ordre i_0 et si toute solution (φ_i,ψ_i) à l'ordre i , $i \geq i_0$, se prolonge en une solution $(\varphi_i + \delta_i, \psi_i + \gamma_i)$ à l'ordre $i+1$ avec $\delta_i \in \mathbb{C}[x]$ et $\gamma_i \in \mathbb{C}\{u\}[x]$ deux polynômes homogènes de degré $i+1$ en x ; alors le système admet une solution analytique

Application . - Soit X_0 un germe d'espace analytique, on appelle germe de déformation de X_0 de base le germe d'espace analytique S la donnée du diagramme

$$\begin{array}{ccc} X_0 & \longrightarrow & X \\ \downarrow & & \downarrow \\ 0 & \longrightarrow & S \end{array}$$

commutatif plat avec $X_0 \simeq X \times_S 0$; on note cette déformation $X \to S$. On dit qu'une déformation $Y \to T$ de X_0 est semi-universelle si toute déformation $X \to S$ de X_0 s'en déduit par un changement de base $\lambda : S \to T$ unique au premier ordre,

c'est-à-dire que

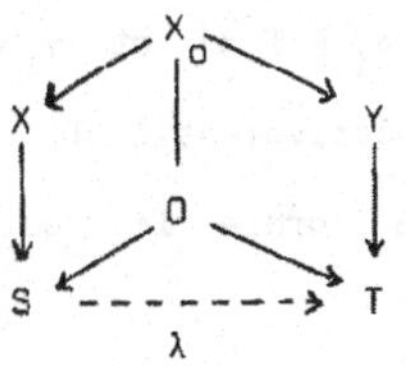

avec $X = Y \times_T S$

La proposition permet alors de déduire en utilisant un résultat de M. Schlessinger [9] (qui a étudié les déformations à base Spec A où A est une $\mathbb{C}$-algèbre artinienne), et à l'aide de remarques judicieuses, le théorème suivant (voir [2] et [4]).

<u>THEOREME (H. Grauert)</u> . -

Tout germe d'espace analytique à singularité isolée admet une déformation semi-universelle.

<u>Remarques préliminaires à la démonstration de la proposition</u> .

1 . On peut remarquer avec [1] et [3] que si I est un idéal de $k\{x\}$, on peut aussi diviser toute série $g \in k\{x,u\}$ par I , c'est-à-dire que si $f_1(x),\dots,f_r(x)$ sont les générateurs de I décrits au §1 , g s'écrit

$$g(x,u) = \sum_{i=1}^{r} q_i(x,u)\, f_i(x) + \rho(x,u) \quad \text{avec}$$

$$\rho(x,u) = \sum_{I \in \mathbb{N}^n - E(I)} A_I(u)\, x^I \in k\{x,u\}$$

. De plus, le reste ρ est unique et nous le noterons $\text{red}(g)$, si une série est égale à son reste, nous dirons qu'elle est réduite relativement à I .

2 . Si (φ,ψ) est une solution du système $R \equiv 0$ (modulo I) alors $(\text{red}\ \varphi , \text{red}\ \psi)$ est aussi une solution. Ceci nous permet de ne considérer que les solutions (φ,ψ) avec φ et ψ réduites relativement à I donc qui ont les exposants de leurs monômes en x à l'extérieur de $E(I)$.

Démonstration . -

Soit (φ_i, ψ_i) une solution à l'ordre i avec φ_i et ψ_i réduites relativement à I ; deux polynômes $\delta_i \in \mathbb{C}[x]$ et $\gamma_i \in \mathbb{C}\{u\}[x]$ homogènes de degré total $i+1$ en x , réduits relativement à I , sont tels que $(\varphi_i + \delta_i, \psi_i + \gamma_i)$ soit une solution à l'ordre $i+1$ qui prolonge donc (φ_i, ψ_i) si et seulement si :

$$\text{red}[R(x,u, \varphi_i(x) + \delta_i(x), \psi_i(x,u) + \gamma_i(x,u))] \equiv 0 \text{ modulo } \mathfrak{m}^{i+2}$$

soit, en écrivant le développement de Taylor de R et en notant R_i la partie homogène en x de degré $i+1$ de $\text{red}[R(x,u, \varphi_i(x), \psi_i(x,u))]$,

$$R_i + \left.\frac{\partial R}{\partial \Phi}\right|_{x=0} \cdot \delta_i(x) + \left.\frac{\partial R}{\partial \Psi}\right|_{x=0} \cdot \gamma_i(x,u) = 0 \quad .$$

En écrivant l'égalité des coefficients des polynômes réduits (on note avec la même lettre un polynôme et l'ensemble de ses coefficients), on obtient l'équation $-R_i = \beta(\delta_i, \gamma_i)$ où β est le morphisme linéaire :

$$\mathbb{C}^s \times \mathbb{C}\{u\}^s \xrightarrow{\ \beta\ } \mathbb{C}\{u\}^s$$

$$(\delta_i, \gamma_i) \longmapsto \left.\frac{\partial R}{\partial \Phi}\right|_{x=0} \cdot \delta_i + \left.\frac{\partial R}{\partial \Psi}\right|_{x=0} \cdot \gamma_i$$

car les coefficients de δ_i varient dans un espace vectoriel $\mathbb{C}^s$ et ceux de γ_i et de R_i dans des modules libres $\mathbb{C}\{u\}^s$ (précisément $s = H_A^1(i+2) - H_A^1(i+1)$ où H_A^1 désigne la fonction d'Hilbert Samuel de $A = k\{x\}_{/I}$) .

Pour construire une solution convergente du système, on aimerait pouvoir choisir à chaque étape des (δ_i, γ_i) vérifiant la convergence et dont on majorerait la norme judicieusement, pour cela, on utilise le :

LEMME (Cartan, cf [9]) . -

Soit $\mathcal{O}^j_{\mathbb{C}^q} \xrightarrow{\ \alpha\ } \mathcal{O}^k_{\mathbb{C}^q} \longrightarrow \mathcal{F} \longrightarrow 0$ une présentation finie au-dessus d'un ouvert U , contenant 0 , de $\mathbb{C}^q$ d'un faisceau cohérent $\mathcal{F}$. Il existe un système fondamental de polycylindres compacts tels que pour chacun d'eux

K , $0 \in \overset{\circ}{K} \subset U$, le morphisme induit par α

$$B(K, \mathcal{O}_{\mathbb{C}^q})^j \xrightarrow{\ \hat{\alpha}\ } B(K, \mathcal{O}_{\mathbb{C}^q})^k$$

soit d'image fermée et le morphisme Coker $\hat{\alpha} \longrightarrow \mathcal{F}_0$ soit injectif.

$B(K, \mathcal{O}_{\mathbb{C}^q})$ désigne l'espace des fonctions continues sur K et holomorphes sur $\overset{\circ}{K}$ qui, muni de la norme de la convergence uniforme, est un espace de Banach.

Appliquons ce lemme à notre situation ; soit U un ouvert de $\mathbb{C}^q$ sur lequel convergent les séries $\frac{\partial R}{\partial \Phi}(0,u,\varphi_i(0),\psi_i(0,u))$ et $\frac{\partial R}{\partial \Psi}(0,u,\varphi_i(0),\psi_i(0,u$ qui ne dépendent pas de i puisque $\varphi_i(0) \;\; \varphi_0$ et $\psi_i(0,u) = \psi_0$, on a les morphismes de faisceaux au-dessus de U :

$$\mathcal{O}^s_{\mathbb{C}^q} \xrightarrow{\ \alpha\ } \mathcal{O}^s_{\mathbb{C}^q} \qquad \text{et} \qquad \mathbb{C}^s \times \mathcal{O}^s_{\mathbb{C}^q} \xrightarrow{\ \beta\ } \mathcal{O}^s_{\mathbb{C}^q}$$

$$Y_i \longmapsto \frac{\partial R}{\partial \psi}\Big|_{x=0} \cdot Y_i \qquad\qquad (\delta_i, Y_i) \longmapsto \frac{\partial R}{\partial \varphi}\Big|_{x=0} \cdot \delta_i + \frac{\partial R}{\partial \psi}\Big|_{x=0} \cdot Y_i$$

soit K un polycylindre privilégié (du lemme), on a :

$$B(K, \mathcal{O}_{\mathbb{C}^q})^s \xrightarrow{\ \hat{\alpha}\ } B(K, \mathcal{O}_{\mathbb{C}^q})^s \quad \text{et} \quad \mathbb{C}^s \times B(K, \mathcal{O}_{\mathbb{C}^q})^s \xrightarrow{\ \hat{\beta}\ } B(K, \mathcal{O}_{\mathbb{C}^q})^s .$$

L'image de $\hat{\beta}$ est la somme de l'image de $\mathbb{C}^s \times \{0\}$, qui est un sous-espace vectoriel de dimension finie, et de l'image de $\hat{\alpha}$, qui est fermée ; elle est donc un sous-espace vectoriel fermé de $B(K, \mathcal{O}_{\mathbb{C}^q})^s$.

De plus, on a les suites exactes de faisceaux

$$\begin{array}{ccccccccc}
 & & & & & & \mathbb{C}^s & & \\
 & & & & & & | & & \\
0 & \longrightarrow & B(K)^s & \longrightarrow & \mathbb{C}^s \;\; B(K)^s & \longrightarrow & \mathbb{C}^s & \longrightarrow & 0 \\
 & & \downarrow \hat{\alpha} & & \downarrow \hat{\beta} & & \downarrow & & \\
0 & \longrightarrow & B(K)^s & \longrightarrow & B(K)^s & \longrightarrow & 0 & & \\
 & & \downarrow & & & & & & \\
 & \longrightarrow & \text{Coker } \hat{\alpha} & \longrightarrow & \text{Coker } \hat{\beta} & \longrightarrow & 0 & &
\end{array}$$

en considérant aussi les fibres en 0 du diagramme correspondant avec α et β :

$$\begin{array}{ccccccccc}
0 & \longrightarrow & \mathbb{C}^t & \longrightarrow & \operatorname{Coker} \hat{\alpha} & \longrightarrow & \operatorname{Coker} \hat{\beta} & \longrightarrow & 0 \\
 & & \downarrow & & \downarrow & & \downarrow & & \\
0 & \longrightarrow & \mathbb{C}^t & \longrightarrow & \operatorname{Coker} \alpha_0 & \longrightarrow & \operatorname{Coker} \beta_0 & \longrightarrow & 0
\end{array}$$

on obtient donc que $\operatorname{Coker} \hat{\beta} \longrightarrow \operatorname{Coker} \beta_0$ est injective .

Comme la solution (φ_i, δ_i) se prolonge (par hypothèse) en une solution à l'ordre $i+1$, $R_i \in \operatorname{Im} \beta_0$ et il provient donc d'un élément $\hat{R}_i$ de $\operatorname{Im} \hat{\beta}$.

D'autre part $\hat{\beta}$ induit l'isomorphisme d'espaces de Banach :

$$\tilde{\beta} \; : \; \mathbb{C}^s \times B(K, \mathcal{O}_{\mathbb{C}^q})^s \big/ \ker \hat{\beta} \xrightarrow{\;\sim\;} \operatorname{Im} \hat{\beta}$$

et $$\|\tilde{\beta}^{-1}(\hat{R}_i)\| = \inf \{ \|(\delta_i, \gamma_i)\| \,/\, (\delta_i, \gamma_i) \in \tilde{\beta}^{-1}(\hat{R}_i) \}$$
$$\leq \|\tilde{\beta}^{-1}\| . \|\hat{R}_i\|$$

donc il existe un couple (δ_i, γ_i) tel que

$$\beta(\delta_i, \gamma_i) = R_i \;, \quad \|\delta_i\| \leq L \, \|R_i\| \quad \text{et} \quad \|\gamma_i\| \leq L \, \|R_i\|$$

où L est une constante indépendante de i .

On termine la démonstration en remarquant que

$\|R_i\| \leq \|R(x,u, \varphi_i, \psi_i)\|$, que

$\|R(x,u, \varphi_i + \delta_i, \psi_i + \gamma_i) - R(x,u, \varphi_i, \psi_i)\| \leq M . \|(\delta_i, \gamma_i)\|$

donc que $\|R_i\| \leq \|R(x,u, \varphi_i, \psi_i)\| \leq N . r^i$

où L, M, N et r sont des constantes indépendantes de i . On en déduit que $\|\delta_i\| \leq (L.N) \, r^i$ et $\|\gamma_i\| \leq (L.N) \, r^i$ ce qui entraine que les Séries

$$\varphi = \sum_{I \in \mathbb{N}^n} \delta_I \, x^I \quad \text{et} \quad \psi = \sum_{I \in \mathbb{N}^n} \gamma_I \, x^I$$ convergent. C.Q.F.D.

§ 6 – APPLICATION A L'ETUDE DES DEFORMATIONS DE POINTS DANS k^2.

I. – DEFINITION 1.

On appelle point de k^n en sous espace analytique de k^n dont le support est réduit à un seul point. Il est défini par une algèbre locale artinienne $k\{x\}_{/I}$ (i.e $\dim_k k\{x\}_{/I} < \infty$) dont la dimension sur k est la multiplicité du point.

DEFINITION 2.

On appelle germe de déformation d'un point X_o de k^n la donnée d'un diagramme cartésien de germes d'espaces analytiques

$$\begin{array}{ccc} X_o & \longrightarrow & X \\ \downarrow & & \downarrow \\ 0 & \longrightarrow & S \end{array} \qquad \text{plat} \quad \text{avec } X_o = Y \times_S 0$$

Nous allons montrer que pour tout point X_o de multiplicité m de k^2 il existe un germe de déformation de X_o tel que la fibre non spéciale soit formée de m points de multiplicité 1.

Iarobino a montré dans [11] que cette propriété n'est pas vrai dans k^n avec $n > 2$.

On appelle base standard verticale de l'idéal I, le système de générateurs décrit par le théorème 1, dans le cas où la direction Δ est la direction verticale $\Delta(a,b) = a$, soit (f_i) $i = 1,\ldots,r$ avec $\exp_\Delta f_i = \mu_i = (\alpha_i,\beta_i)$ ce qui signifie $f_i = x^{\alpha_i} g_i$ avec $g_i(0,y) \neq 0$. et d'après le théorème de Weieirstrass classique g est égale au produit d'une unité par un polynôme monique en y de degré β_i.

II . BASE STANDARD VERTICALE ET RELATIONS .

a) Encore des divisions

Soient $A_k = (\alpha_k, \beta_k)$, $0 \leq k \leq \ell$, des points de $\mathbb{N}^2$, la suite des α étant strictement décroissante, celle des β_k strictement croissante :

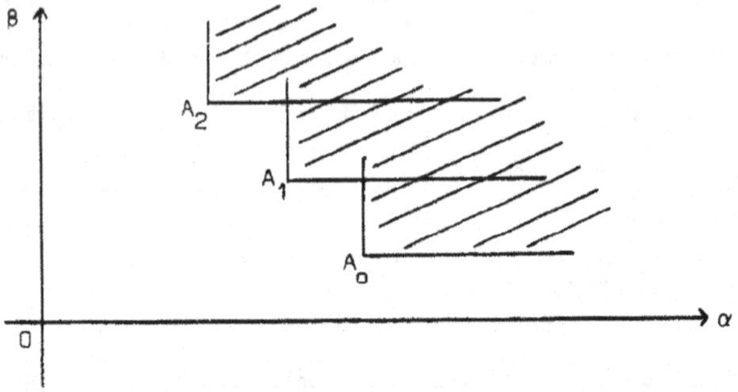

et pour $k = 0, \dots, \ell$, des éléments $f_k = x^{\alpha_k} g_k$ où g_k est un polynôme moniqu en y de degré β_k .

LEMME 1 . - Soit $h \in k\{x,y\}$, avec $\exp_V(h) = (\alpha, \beta)$, $\alpha \geq \alpha_\ell$

1) il existe $u_0, u_1, \dots, u_\ell$ et r appartenant à $k\{x, y\}$ tels que

$$h = u_0 f_0 + u_1 f_1, \dots, + u_\ell f_\ell + r \quad ; \quad r = \sum r_{ij} x^i y^j$$

$$\text{avec } r_{ij} = 0 \quad \text{pour} \quad i < \alpha \quad \text{ou} \quad (i,j) \in \bigcup_{k=0}^{\ell} (A_k + \mathbb{N}^2)$$

(c'est-à-dire r n'a que des termes sous l'escalier, à droite de $i = \alpha$) .

2) si $\exp_V(h) = (\alpha_\ell, \beta)$ avec $\beta \geq \beta_\ell$, et $h = x^{\alpha_\ell} g$ où g est un polynôm monique en y de degré β , on peut choisir pour u un polynôme monique en y de degré $\beta - \beta_\ell$.

Preuve . - En effet h s'écrit $h = x^\alpha g_\ell$ et la division de g par g_ℓ donne

$$h = x^\alpha(v_\ell g_\ell + \rho_\ell) = u_\ell f_\ell + r_\ell$$

$$\text{avec} \begin{cases} u_\ell = x^{\alpha - \alpha_\ell} v_\ell \\ r_\ell = x^\alpha \rho_\ell \end{cases}$$

où ρ_ℓ est un polynôme en y de degré inférieur à β_ℓ ; en mettant de côté les termes de r_ℓ situés dans la région $i < \alpha_{\ell-1}$ (qui sont en nombre fini) on est ramené au cas $\ell-1$.

Sous les hypothèses 2) , la division de g par g_ℓ est la division des polynômes tout simplement.

b) Relations évidentes

On se donne I un idéal de $k\{x, y\}$, $E(I)$ l'ensemble des privilégiés de I pour la direction verticale, $F(I)$ la frontière distinguée de I .

Notons

$$F(I) = \bigcup_{k=0}^{s} A_k \quad \text{où} \quad A_k = (\alpha_k, \beta_k) \quad \begin{cases} \alpha_0 > \alpha_1 > \ldots > \alpha_d \\ \beta_0 < \beta_1 < \ldots < \beta_s \end{cases}$$

PROPOSITION 2 . - Soit pour $k = 0,\ldots, s$, $f_k = x^{\alpha_k} g_k$ une base standard verticale de I , où g_k est un polynôme monique en y de degré β_k .
Pour tout ℓ , $1 \leq \ell \leq s$, il existe des polynômes $(u_k^\ell)_{0 \leq k \leq \ell-1}$ de $k\{x\}[y]$ tels que :

$$x^{\alpha_{\ell-1} - \alpha_\ell} f_\ell = u_0^\ell f_0 + u_1^\ell f_1 + \ldots + u_{\ell-1}^\ell f_{\ell-1}$$

et $u_{\ell-1}^\ell$ est monique de degré $\beta_\ell - \beta_{\ell-1}$.

La proposition résulte directement du lemme 1 appliqué à $h = x^{\alpha_{\ell-1}-\alpha_\ell} f_\ell$ et de la définition de $E(I)$ qui entraîne que le reste r est nul.

c) Le module des relations entre les éléments de la base standard

Avec les données précédentes, donnons nous une relation entre les $(f_k)_{0 \leq k \leq s}$: $a_0 f_0 + a_1 f_1 + \ldots + a_s f_s = 0$

On s'aperçoit que $a_s f_s$ est multiple de $x^{\alpha_{s-1}}$, et par conséquent

$$\underline{a_s = b_s x^{\alpha_{s-1} - \alpha_s}} \quad , \quad b_s \in k\{x, y\} \quad .$$

On remplace alors f_s par sa valeur donnée par la Proposition 2 et l'on trouve :

$$(a_o + b_s u_o^s) f_o + (a_1 + b_s u_1^s) f_1 \dots + (a_{s-1} + b_s u_{s-1}^s) f_{s-1} = 0$$

De la même manière, $\underline{a_{s-1} + b_s u_{s-1}^s = b_{s-1} x^{\alpha_{s-2} - \alpha_{s-1}}}$

et une récurrence triviale permet de démontrer qu'il existe des éléments $(b_k)_{1 \leq k \leq s}$ de $k\{x, y\}$ tels que :

$$\underline{a_k + b_s u_k^s + b_{s-1} u_k^{s-1} \dots + b_{k+1} u_k^{k+1} = b_k x^{\alpha_{k-1} - \alpha_k}}$$

Pour tout $k = 1, \dots, s$, et enfin, au dernier cran :

$$a_o + b_s u_o^s + b_{s-1} u_o^{s-1} \dots + b_1 u_o^1 = 0$$

On en déduit donc la proposition 3 :

PROPOSITION 3. – Si $(f_o, f_1 \dots f_s)$ est une base standard verticale de l'idéal I de $k\{x, y\}$, le module des relations entre $(f_o, f_1, \dots, f_s)$ est un sous-module libre de $(k\{x, y\})^{s+1}$ de rang s, de base

$$e_k = (0, \dots, 0 \; x^{\alpha_{k-1} - \alpha_k}, -u_{k-1}^k, -u_{k-2}^k, \dots, -u_o^k)$$

pour $1 \leq k \leq s$.

III. DEFORMATIONS DISTINGUEES.

Pour qu'un idéal J de $k\{x, y, t\}$ soit une déformation plate de l'idéal $I = (f_o, f_1, \dots, f_s)$ de $k\{x, y\}$, il faut et il suffit (cf. [8]) que J soit engendré par des éléments $(F_o, F_1, \dots, F_s)$ tels que $F_\ell(x,y,0) = f_\ell(x,y)$ pour tout $\ell = 0, 1, \dots, s$ et que toute relation entre les f_ℓ, $\sum_{k=0}^{s} a_\ell f_\ell = 0$ se prolonge en une relation $\sum_{\ell=0}^{s} A_\ell F_\ell = 0$ avec $A_\ell(x, y, 0) = a_\ell(x, y)$ pour tout $\ell = 0, 1, \dots, s$.

DEFINITION 5. – Nous dirons que l'idéal I de $k\{x, y\}$ ayant pour base standard verticale $(f_o = x^{\alpha_o}, \dots, f_\ell = x^{\alpha_\ell} g_\ell, \dots, f_s = x^{\alpha_s} g_s)$ a été déformé de façon distinguée en $J = (F_o, F_1, \dots, F_s)$ si l'on a posé pour tout $\ell = 0, 1, \dots, s$:

$$F_\ell(x, y, t) = \left[\prod_{i=0}^{\alpha_\ell - 1} (x - x_i(t))\right] \times G_\ell(x, y, t)$$

où

$$\begin{cases} x_i(t) \in k\{t\} & \text{avec } x_i(0) = 0 \quad \text{pour } i = 0, 1, \dots, \alpha_o - 1 \\ G_\ell(x,y,t) \in k\{x,y,t\} & \text{avec } G_\ell(x,y,0) = g_\ell(x,y) \quad \text{pour } \ell = 0, 1, \dots, s \end{cases} .$$

PROPOSITION 4 . – Toute déformation plate distinguée de I est obtenue en déformant les (u_k^ℓ) en U_k^ℓ pour $0 \le k < \ell \le s$ et en posant par récurrence :

$$G_\ell = \left[\prod_{i=\alpha_{\ell-1}-1}^{\alpha_o - 1} (x - x_i(t))\right] U_o^\ell G_o + \left[\prod_{i=\alpha_{\ell-1}-1}^{\alpha_1 - 1} (x - x_i(t))\right] U_1^\ell G_1 + \dots + U_{\ell-1}^\ell G_{\ell-1}$$

Cela résulte du critère de platitude et de la proposition 3 , on déforme la relation e_k , $k = 1$ à s , en

$$E_k = (0, \dots, 0 , \prod_{i=\alpha_k - 1}^{\alpha_{k-1} - 1} (x - x_i(t)) , - U_{k-1}^k , \dots , - U_o^k)$$

IV . DEFORMATION DISTINGUEE D'UN IDEAL DE DEFINITION DANS $k\{x, y\}$.

THEOREME . – Soit I un idéal de définition dans $k\{x, y\}$ de colongueur $m = \dim_k k\{x, y\}/_I$, il existe une déformation plate distinguée J de I telle que pour tout t non nul, voisin de 0 , J_t définisse m points simples.

Avec les notations précédentes, définissons par récurrence

$$G_\ell(x, x_o, \dots, x_{\alpha_o - 1} , c_o^1, \dots, c^s_{\beta_s - \beta_{s-1} - 1}) = \left[\prod_{i=\alpha_{\ell-1}-1}^{\alpha_o - 1} (x - x_i)\right] u_o^\ell G_o + \dots$$

$$+ \dots \left[\prod_{i=\alpha_{\ell-1}-1}^{\alpha_{\ell-2} - 1} (x - x_i)\right] u_{\ell-2}^\ell G_{\ell-2} + \left[u_\ell^\ell + \sum_{k=0}^{\beta_\ell - \beta_{\ell-1} - 1} c_k^\ell . y^\ell\right] G_{\ell-1}$$

Ce qui fait au total $(\alpha_0 - \alpha_1)(\beta_1 - \beta_0) + \dots + (\alpha_{s-1} - \alpha_s)(\beta_s - \beta_{s-1})$ c'est-à-dire la surface "sous l'escalier" $= \dim_k k\{x, y\}/_I$ d'après la proposition 1 . Remarquons que la disposition de ces points correspond au dessin de l'escalier :

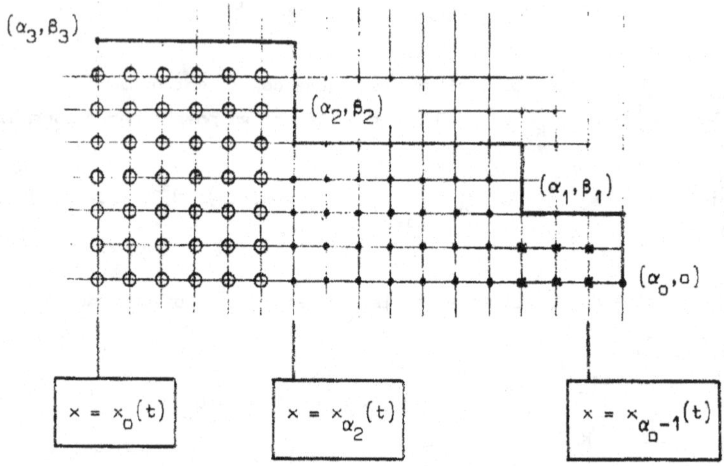

B I B L I O G R A P H I E

[1] HIRONAKA, LEJEUNE, TEISSIER — Résolution des singularités des espaces analytiques complexes.

[2] H. GRAUERT — Uber die deformation isolierter singularitäten analytischer Mengen. Invent Math vol 15 fasc 3 1972.

[3] J. BRIANCON — Weieirstrass préparé à la Hironaka

[4] A. GALLIGO et Ch. HOUZEL — Déformation de germes d'espaces analytiques d'après H. Grauert.

[5] A. GALLIGO — Sur le théorème de préparation de Weieirstrass pour un idéal de $k\{x_1,\ldots,x_n\}$.

[6] J. BRIANCON et A. GALLIGO — Déformations distinguées de points dans $\mathbb{R}^2$ ou $\mathbb{C}^2$.

[7] A. DOUADY — Le problème des modules... Ann. Inst. Fourier, Grenoble, 16 (1966).

[8] N. TJURINA — Déformations semi-universelles... Izv Acad Nauk SSSR Tour 33 (1970) n° 5.

3 , 4 , 5 , et 6 dans "Singularités à Cargèse" à paraître dans Astérisque 1973.

[9] M. SCHLESSINGER — Functors of Artin rings Trans A M S. 130, 208 - 222 (1968)

[10] J.L. VERDIER — Preprints.

[11] A. IARROBINO — "Reducibility of the families of c-dimensional schemes on a variety" - Inventiones mathematical - vol. 15, fasc. 1, 1972.

LA MONODROMIE RATIONNELLE NE DETERMINE PAS LA TOPOLOGIE D'UNE HYPERSURFACE COMPLEXE

par

Marie-Claire GRIMA

INTRODUCTION

Soit $f = (X^m - Y^n)(Y^q - X^p)$ un polynôme de deux variables complexes X et Y avec

$$n < m,\ (m, n) = (p, q) = 1,$$

$$\frac{p}{q} < \frac{m}{n}$$

On note C_b la courbe définie par $f = b$.

* On note B_ε les boules fermées de centre 0 et de rayon ε ; soit $S_\varepsilon = \partial B_\varepsilon$. On sait que pour ε assez petit, les S_ε sont transverses à la partie régulière de C_o [6] . Comme 0 est le seul point singulier de C_o , $C_o \cap S_\varepsilon$ est un entrelacement de S_ε. On va d'abord donner une présentation du groupe fondamental G du complémentaire de $C_o \cap S_\varepsilon$ dans S_ε.

On appelle G <u>groupe de l'entrelacement</u> $C_o \cap S_\varepsilon$ dans S_ε.

* En utilisant le calcul de R. Fox [4] comme dans [6] , on peut calculer les diviseurs élémentaires de la monodromie locale de f en O.

* En appliquant ces résultats aux deux fonctions suivantes :

$$f_1 = (Y^{14} - X^{11})(Y^{21} - X^{44})$$

$$f_2 = (Y^{28} - X^{33})(Y^7 - X^{22})$$

( ) Thèse de 3ème cycle soutenue le 9 Mai 1973 à l'U.E.R. de Mathématiques de l'Université Paris VII

on voit que les monodromies locales de f_1 et f_2 ont les mêmes diviseurs élémentaires. Donc les diviseurs élémentaires de la monodromie locale en 0 , ne déterminent pas la topologie de la singularité.

Rappelons que dans le cas d'une courbe analytiquement irréductible en 0 , Burau [3] a montré que le polynôme caractéristique de la monodromie locale caractérise la topologie de la singularité.

CHAPITRE I : CALCUL DU GROUPE G

Soit B_ε une boule telle que pour $0 < \varepsilon' \leq \varepsilon$, les $S_{\varepsilon'}$ soient transverses à la partie régulière de C_o. Soit $D_1 \times D_2$ un polydisque contenu dans B_ε. Dans [7] on montre que

$$\partial(D_1 \times D_2) - C_o \text{ a même type d'homotopie que les } S_{\varepsilon'} - C_o .$$

Le groupe de l'entrelacement G est donc isomorphe à $\pi_1(\partial(D_1 \times D_2) - C_{o,e})$.

Pour calculer ce dernier groupe nous allons utiliser le Théorème de Van Kampen.

Pour cela choisissons D_1 et D_2 tels que

. $(\partial D_1 \times D_2) \cap C_o = (\partial D_1 \times D_2) \cap C'$.

. $(D_1 \times \partial D_2) \cap C_o = (D_1 \times \partial D_2) \cap C''$.

. $(C' \cap C'') \cap ((\partial D_1 \times D_2) \cup (D_1 \times \partial D_2)) = \emptyset$.

. la projection sur ∂D_2 définit une fibration localement triviale $D_1 \times \partial D_2 - C_o \longrightarrow \partial D_2$, et la projection sur ∂D_1 définit une fibration localement triviale $\partial D_1 \times D_2 - C_o \longrightarrow \partial D_1$.

où C' est définie par $X^m - Y^n = 0$ et C'' est définie par $Y^q - X^p = 0$.

Soient r_1 et r_2 les rayons respectifs de D_1 et D_2. Les trois premiers points sont vérifiés quand r_1 et r_2 sont inférieurs à 1 et assez petits pour que :

$$D_1 \times D_2 \subset B$$

et que l'on ait :

$$r_1^a = r_2^b \quad \text{où} \quad \frac{p}{q} < \frac{a}{b} < \frac{m}{n} .$$

Soit $e = (r_1 , r_2)$ le point de base dans $\partial D_1 \times \partial D_2$.

Puisque $\partial D_1 \times D_2 - C'$, $D_1 \times \partial D_2 - C''$ et $\partial D_1 \times \partial D_2$ sont connexes et ont dans $\partial(D_1 \times D_2) - C_o$ un voisinage ouvert dont ils sont rétractes par déformation, le théorème de Van Kampen nous dit que le diagramme :

$$\begin{array}{ccc}
\pi_1(\partial D_1 \times D_2, e) & \xrightarrow{i_1^*} & \pi_1(D_1 \times \partial D_2 - C'' , e) \\
\Big\downarrow{\scriptstyle i_2^*} & & \Big\downarrow \\
\pi_1(\partial D_1 \times D_2 - C', e) & \longrightarrow & \pi_1(\partial(D_1 \times D_2) - C_o, e)
\end{array}$$

est cocartésien.

Soit $G_1 = \pi_1(D_1 \times \partial D_2 - C'', e)$

$G_2 = \pi_1(\partial D_1 \times D_2 - C', e)$

On désigne par P la classe d'homotopie dans G du lacet obtenu en parcourant ∂D_1 en partant de e dans le sens des arguments croissants et par $\tilde{P}$ la classe d'homotopie du lacet obtenu de la même manière sur ∂D_2. Par abus de notations P et $\tilde{P}$ seront aussi les classes d'homotopie des lacets précédents dans G_1 et G_2. Calculons d'abord le groupe G_2.

Pour cela on démontre le

<u>Lemme 1.1.</u> Pour r_1 et r_2 choisis comme ci-dessus, on a une fibration localement triviale

$$\partial D_1 \times D_2 - C' \xrightarrow{p_2} \partial D_1 .$$

<u>Preuve</u> : Rappelons le théorème d'Ehresmann

soit X une variété connexe à bord ∂X fermé dans X.

soit Y une variété connexe.

soit $X \xrightarrow{p} Y$ une application différentiable telle que :

a) p soit une submersion surjective.

b) $p/\partial X$ soit une submersion.

c) p soit propre.

Alors $X \xrightarrow{p} Y$ est une fibration localement triviale à bord.

Soit $f_1 = X^m - Y^n$

Alors $p_2 : \partial D_1 \times D_2 - \{|f_1| < \varepsilon_1\} \longrightarrow \partial D_1$ est une fibration localement triviale d'après le théorème précédent.

On peut donc relever le champ de vecteurs unité de la base en un champ de vecteurs de $\partial D_1 \times D_2 - \{|f_1| < \varepsilon_1\}$ qui soit transverse aux fibres et tangent au bord.

Soit $\varepsilon_2 > \varepsilon_1$. On a également une fibration localement triviale $\partial D_1 \times D_2 \cap \{|f_1| \leq \varepsilon_2\} \longrightarrow \partial D_1$. On peut donc relever le champ de vecteurs unité de ∂D_1 en un champ de $\partial D_1 \times D_2 \cap \{|f_1| \leq \varepsilon_2\}$ transverse aux fibres et tangent aux tubes $|f_1| = \varepsilon'$ où $0 \leq \varepsilon' < \varepsilon_2$.

Recollons ces deux champs de vecteurs par une partition de l'unité subordonnée au recouvrement ouvert (U_1 , U_2) où

$$U_1 = \partial D_1 \times D_2 \cap \{|f_1| < \varepsilon'\}$$

$$U_2 = \partial D_1 \times D_2 - \{|f_1| \leq \varepsilon\}$$

avec $\varepsilon_1 < \varepsilon < \varepsilon' < \varepsilon_2$.

On obtient ainsi une fibration localement triviale $\partial D_1 \times D_2 - C_1 \longrightarrow \partial D_1$.

Le lemme (1.1) nous permet de calculer le groupe fondamental de $\partial D_1 \times D_2 - C'$. Nous allons pour cela nous inspirer d'une idée de B. Morin.

La fibre $p_2^{-1}(r_1)$ est un disque privé de n trous

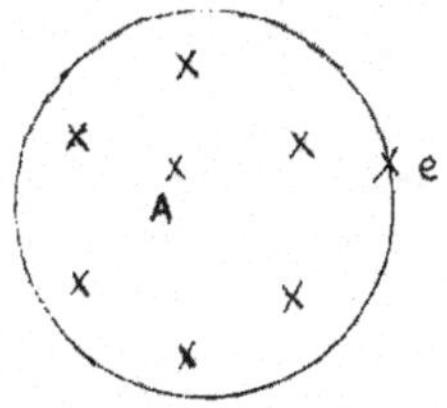

C'est un rétracte par déformation d'un disque privé de n secteurs circulaires

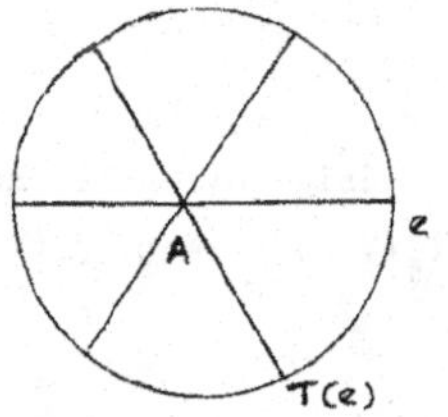

$\partial D_1 \times D_2 - C'$ est un rétracte par déformation de la figure H_1 obtenue en faisant cette opération simultanément sur toutes les fibres de la fibration.

Soit Q la classe d'homotopie dans $\pi_1(\partial D_1 \times D_2 - C' , e)$ du lacet obtenu en partant de e et en décrivant le segment e A , puis l'âme du tore $\partial D_1 \times D_2$, enfin le segment Ae.

A l'aide du théorème de Van Kampen nous pouvons maintenant calculer le groupe G_2 .

Soient V_1 un voisinage tubulaire de $\partial D_1 \times \partial D_2$ dans H_1 , V_3 un voisinage ouvert simplement connexe de e dans H_1 et $V_2 = H_1 - \partial D_1 \times \partial D_2 \cup V_3$. Soit $L = V_2 \cap V_1$.

V_2 et V_1 sont ouverts et L est connexe ; nous sommes dans les conditions d'application du théorème de Van Kampen, donc le diagramme

$$\begin{array}{ccc} \pi_1(L,e) & \xrightarrow{i_*} & \pi_1(V_1,e) \\ {\scriptstyle j_*}\downarrow & & \downarrow \\ \pi_1(V_2,e) & \longrightarrow & \pi_1(H_1,e) \end{array}$$

est cocartésien.

$\pi_1(V_1,e)$ est engendré par P et $\check{P}$ avec la relation $P\check{P}\, P^{-1}\, \check{P}^{-1} = 1$.

$\pi_1(V_2,e)$ est engendré par Q.

(par abus de langage, P et $\tilde{P}$ (resp. Q) désignent également les classe d'homotopie des lacets qu'ils représentent dans $\pi_1(V_1,e)$ (resp. $\pi_1(V_2,e)$)) .

Soit ξ le générateur de $\pi_1(L,e)$

$$i_*(\xi) = \tilde{P}^n\, P^m$$

$$j_*(\xi) = Q^n\ .$$

Donc $\pi_1(H_1,e)$ est engendré par P , $\check{P}$ et Q avec les relations : $\begin{cases} Q^n\, \tilde{P}^{-n}\, P^{-m} = 1 \\ P\check{P}\, P^{-1}\, \tilde{P}^{-1} = 1 \end{cases}$

De plus si T(e) est le point obtenu en faisant tourner e d' $1/m^e$ de tour et $T^j(e)$ le point obtenu en itérant j fois cette opération. Soit g_{j-1} la classe d'homotopie du lacet obtenu en décrivant l'arc e $T_{j-1}(e)$, le rayon $T_{j-1}(e)$ A, le rayon A $T_j(e)$, enfin l'arc $T_j(e)$ e . Alors g_{j-1} enlace une fois dans le sens direct la courbe C et $P = \prod_{j=m-1}^{0} g_j$.

De même G_1 est engendré par P , $\tilde{P}$ et $\tilde{Q}$ défini de la même manière que Q avec les relations $\begin{cases} P\, \check{P}\, P^{-1}\, \check{P}^{-1} = 1 \\ \tilde{Q}^p\, P^{-q}\, \tilde{P}^{-p} = 1 \end{cases}$.

Si les h_i $(0 \leq i \leq q-1)$ sont définis comme les g_j alors les h_i enlacent une fois C dans le sens direct et $\check{P} = \prod_{i=q-1}^{0} h_i$.

Pour calculer G , il suffit maintenant d'amalgamer G_1 et G_2 au-dessus de $\pi_1(\partial D_1 \times \partial D_2)$, e) .

G est donc engendré par P , P , Q , $\tilde{Q}$

avec les relations $\begin{cases} Q^n P^{-m} \tilde{P}^{-n} = 1 & (r) \\ Q^p \tilde{P}^{-q} P^{-p} = 1 & (s) \\ P \tilde{P} P^{-1} \tilde{P}^{-1} = 1 & (u) \end{cases}$

CHAPITRE 2. CALCUL DES DIVISEURS ELEMENTAIRES DE LA MATRICE DE MONODROMIE.

Les notations utilisées dans ce paragraphe, ainsi que dans le suivant, sont celle de Lê Dũng Trang dans [5].

Rappelons qu'on a la fibration localement triviale dite "fibration de Milnor"

$$\varphi_\varepsilon = S_\varepsilon - (C_o \cap S_\varepsilon) \longrightarrow \mathbb{S}^1 \text{ définie par :}$$

$$\varphi_\varepsilon = f(z)/|f(z)|$$

Soit F_θ la fibre au dessus de $e^{i\theta}$.

On a la suite exacte courte : (2.1)

$$1 \longrightarrow \pi_1(F_\theta, x) \longrightarrow \pi_1(S - (C_o \cap S_\varepsilon), x) \longrightarrow \pi_1(S^1, e^{i\theta}) \longrightarrow 1 \quad .$$

Or $\pi_1(\mathbb{S}^1, e^{i\theta}) = \mathbb{Z}$.

Pour calculer les $\mathcal{E}_i$ on va utiliser la méthode de R. Fox [4].

Soit F_r un groupe libre engendré par les n_i $(i = 1,\dots,r)$ et soit $\frac{\partial}{\partial n_i}$ la seule dérivation de $\mathbb{Z}[F_r]$ telle que $\frac{\partial}{\partial n_i} n_j = \delta_{ij}$ (où δ_{ij} est le symbole de Kronecker).

Soit maintenant G' un groupe présenté par les générateurs n_i $(i = 1,\dots,r)$ et les relations s_j $(j = 1,\dots,s)$. Supposons $s \geqslant r$. C'est toujours possible, quitte à ajouter un nombre convenable de fois la relation triviale $1 = 1$.

Soit φ un morphisme de F_r dans $\mathbb{Z}$, qu'on prolonge en un morphisme, noté toujours φ, de $\mathbb{Z}[F_r]$ dans $\mathbb{Z}[t, t^{-1}]$.

Considérons la matrice M

$$M = \left(\varphi\left(\frac{\partial}{\partial n_i} s_j\right)\right) \begin{pmatrix} 1 \leqslant i \leqslant r \\ 1 \leqslant j \leqslant s \end{pmatrix} \quad .$$

Les idéaux engendrés par les mineurs d'ordre $(r-i)$ $(i = 0,\dots,r-1)$ sont indépendants de la présentation de G' choisie : On les désigne par : $\mathcal{E}_i(G')$:

On désigne par $\Delta_i(G')$ le pgcd de l'idéal $\mathcal{E}_i(G')$.

Revenons à notre groupe G. Soit F le groupe libre engendré par P , $\tilde{P}$, Q , $\tilde{Q}$. Soit p la projection $F \longrightarrow G$.

La suite exacte (2.1) nous montre qu'on a un morphisme $\varphi' = G \rightarrow \mathbb{Z}$ de noyau $N = \pi_1(F_\theta , n)$.

Soit $\varphi = \varphi' \circ p$.

Considérons la matrice M correspondant à la présentation trouvée au §1. Les $\Delta_i(G) = \Delta_i$ sont les diviseurs élémentaires de la matrice de monodromie déterminée par f [5] .

Il s'agit donc de calculer la matrice M .

On a alors :

$$\frac{\partial r}{\partial Q} = \frac{1 - Q^n}{1 - Q}$$

$$\frac{\partial r}{\partial \tilde{Q}} = 0$$

$$\frac{\partial r}{\partial P} = Q^n \frac{1 - P^{-m}}{1 - P}$$

$$\frac{\partial r}{\partial \tilde{P}} = Q^n P^{-m} \frac{1 - \tilde{P}^{-n}}{1 - \tilde{P}}$$

$$\frac{\partial s}{\partial Q} = 0$$

$$\frac{\partial s}{\partial \tilde{Q}} = \frac{1 - \tilde{Q}^p}{1 - \tilde{Q}}$$

$$\frac{\partial s}{\partial P} = \tilde{Q}^p \tilde{P}^{-q} \frac{1 - P^{-p}}{1 - P}$$

$$\frac{\partial s}{\partial \tilde{P}} = \tilde{Q}^p \frac{1 - \tilde{P}^{-q}}{1 - \tilde{P}}$$

$$\frac{\partial u}{\partial Q} = \frac{\partial u}{\partial \tilde{Q}} = 0$$

$$\frac{\partial u}{\partial P} = 1 - P\tilde{P}\,P^{-1}$$

$$\frac{\partial u}{\partial p} = P - P\,\tilde{P}\,P^{-1}\,\tilde{P}^{-1}$$

Considérons de nouveau les lacets représentés par les g_i , qui enlacent une fois la courbe C_1 et appartiennent au plan $Y = r_1$. Ce plan est transverse aux fibres de la fibration φ_ε . Par restriction à $S_\varepsilon - (C_o \cap S_\varepsilon) \cap \{Y = r_1\}$, φ_ε définit une fibration localement triviale. Mais $\varphi_\varepsilon = f/|f|$ sa restriction à $S_\varepsilon - (C_o \wedge S_\varepsilon) \cap \{Y = r_1\}$ est donc une fonction analytique d'un variable. Le lacet représenté par g_i est donc transformé en un lacet de la base tournant une fois dans le sens direct.

Donc $\varphi'(g_i) = t$

et de même $\varphi'(h_j) = t$.

D'où $\varphi(P) = t^n$ et $\varphi(\tilde{P}) = t^p$

$\varphi(Q) = t^{p+m}$ et $\varphi(\tilde{Q}) = t^{q+m}$.

D'où finalement la matrice de Fox M .

	Q	$\tilde{Q}$	P	$\tilde{P}$
r	$\frac{1 - t^{n(m+p)}}{1 - t^{m+p}}$	0	$- t^{np} \frac{1 - t^{mn}}{1 - t^{n}}$	$- \frac{1 - t^{np}}{1 - t^{p}}$
s	0	$\frac{1 - t^{p(q+n)}}{1 - t^{q+n}}$	$- \frac{1 - t^{np}}{1 - t^{n}}$	$- t^{np} \frac{1 - t^{pq}}{1 - t^{p}}$
u	0	0	$1 - t^{p}$	$t^{n} - 1$
v	0	0	0	0

Remarquons qu'on a dû rajouter à la présentation de G , la relation triviale. On retrouve donc dans ce cas particulier le résultat général $\gamma_0 = 0$ (valable dans le cas d'un entrelacement algèbrique à n composantes).

Calculons maintenant Δ_1 , pgcd de l'idéal engendré par les mineurs d'ordre (3,3) de la matrice M. Les seuls mineurs non nuls sont :

$$\frac{1 - t^{n(m+p)}}{1 - t^{m+p}} \times \frac{1 - t^{p(q+n)}}{1 - t^{q+n}} \times 1 - t^{p}$$

$$\frac{1 - t^{n(m+p)}}{1 - t^{m+p}} \times \frac{1 - t^{p(q+n)}}{1 - t^{q+n}} \times 1 - t^{n}$$

$$\frac{1 - t^{n(m+p)}}{1 - t^{m+p}} \times 1 - t^{p(n+q)}$$

$$\frac{1 - t^{p(q+n)}}{1 - t^{q+n}} \times 1 - t^{n(m+p)} \quad .$$

Le pgcd des deux derniers mineurs est :

$$\left(\frac{1 - t^{p(q+n)}}{1 - t^{q+n}} \times \frac{1 - t^{n(m+p)}}{1 - t^{m+p}}\right) \times \text{pgcd}\ (1 - t^{n+q}\ ,\ 1 - t^{p+n}) \quad .$$

Le pgcd des deux premiers mineurs est

$$\left(\frac{1 - t^{p(q+n)}}{1 - t^{q+n}} \times \frac{1 - t^{n(m+p)}}{1 - t^{m+p}}\right) \times \text{pgcd}\ (1 - t^{n}\ ,\ 1 - t^{p}) \quad ,$$

d'où finalement le pgcd des quatres mineurs est :

$$\frac{1-t^{p(q+n)}}{1-t^{q+n}} \times \frac{1-t^{n(m+p)}}{1-t^{m+p}} \times \text{pgcd}\,(1-t^n\ ,\ 1-t^p\ ,\ 1-t^{n+q}\ ,\ 1-t^{m+p})$$

C'est un polynôme cyclotomique et pgcd $(1-t^n\ ,\ 1-t^p\ ,\ 1-t^{n+q}\ ,\ 1-t^{m+p}) = \prod_{\delta\in\mathcal{D}} P_\delta(t)$ où P_δ est le δ^e polynôme cyclotomique primitif.

$\mathcal{D}$ est l'ensemble des δ qui divisent à la fois p , n , n+q , m+p .

Mais si δ divise p et m+p , δ divise m. Or δ divise n , donc $\delta = 1$.

D'où finalement

Proposition 2.2.

$$\Delta_1(t) = (1-t)\,\frac{1-t^{p(q+n)}}{1-t^{q+n}} \times \frac{1-t^{n(m+p)}}{1-t^{m+p}}$$

Remarque : Soit $\mathcal{P}_{C_o}(x,y)$ le polynôme d'Alexander de l'entrelacement $C_o \cap S_\varepsilon$.

Alors : $\Delta_1(t) = (1-t)\ \mathcal{P}_{C_o}(t,t)$ [6] .

Burau [3] a calculé $\mathcal{P}_{C_o}(x,y)$, dans le cas où C_o est une courbe algébrique ayant deux composantes irréductibles en O.

Dans le cas considéré ici :

$$\mathcal{P}_{C_o}(x,y) = \frac{1-x^{qp}\,y^{np}}{1-x^n\,y^q} \times \frac{1-x^{np}\,y^{mn}}{1-x^p\,y^m} .$$

On retrouve bien

$$\Delta_1(t) = (1-t)\,\frac{1-t^{p(q+n)}}{1-t^{q+n}} \times \frac{1-t^{n(m+p)}}{1-t^{m+p}} .$$

Cherchons maintenant : $\Delta_2(t)$;

les seuls mineurs (2,2) non nuls de la matrice de Fox sont :

$$\frac{1 - t^{n(m+p)}}{1 - t^{m+p}} \times \frac{1 - t^{p(q+n)}}{1 - t^{q+n}}$$

$$\frac{1 - t^{n(m+p)}}{1 - t^{m+p}} \times 1 - t^{p}$$

$$\frac{1 - t^{p(n+q)}}{1 - t^{n+q}} \times 1 - t^{p}$$

$$\frac{1 - t^{n(m+p)}}{1 - t^{m+p}} \times 1 - t^{n}$$

$$\frac{1 - t^{p(n+q)}}{1 - t^{n+q}} \times 1 - t^{n}$$

$$1 - t^{p(n+q)}$$

$$1 - t^{n(m+p)}$$

$$\frac{1 - t^{n(m+p)}}{1 - t^{m+p}} \times \frac{1 - t^{np}}{1 - t^{n}}$$

$$\frac{1 - t^{n(m+p)}}{1 - t^{m+p}} \times \frac{1 - t^{pq}}{1 - t^{p}} \quad t^{np}$$

$$\frac{1 - t^{p(n+q)}}{1 - t^{n+q}} \times \frac{1 - t^{np}}{1 - t^{n}}$$

$$\frac{1 - t^{m(n+q)}}{1 - t^{n+q}} \times \frac{1 - t^{mn}}{1 - t^{n}} \quad t^{np}$$

$$\frac{(t^{np})^{2}\,(1 - t^{mn})\,(1 - t^{pq}) - (1 - t^{np})^{2}}{(1 - t^{n})\,(1 - t^{p})}$$

Δ_2 est le pgcd de ces mineurs.

CHAPITRE 3 - EXPOSE DU CONTRE-EXEMPLE.

Posons $f = (Y^{14} - X^{11})\ (Y^{21} - X^{44})$

$f' = (X^{33} - Y^{28})\ (Y^{7} - X^{22})$

soit C_o la courbe $f = 0$

C'_o $f' = 0.$

Alors $$\Delta_{1,C_o}(t) = \frac{1 - t^{385}}{1 - t^{35}} \times \frac{1 - t^{1155}}{1 - t^{55}} \times (1-t)$$

$$\Delta_{1,C'_o}(t) = \frac{1 - t^{385}}{1 - t^{55}} \times \frac{1 - t^{1155}}{1 - t^{55}} \times (1-t)$$

donc $\Delta_{1,C_o}(t) = \Delta_{1,C'_o}(t)$

Les monodromies déterminées par les courbes C_o et C'_o ont même polynôme caractéristique.

Calculons maintenant $\Delta_{2,C_o}(t)$ et $\Delta_{2,C'_o}(t)$.

Remarquons que, dans le premier cas :

$n = 11$, $m = 14$, $p = 21$, $q = 44$.

dans le second cas

$n = 33$, $m = 28$, $p = 7$, $q = 22$.

Dans les 2 cas $(p,n) = 1$.

Donc le pgcd de

$$\frac{1 - t^{n(m+p)}}{1 - t^{m+p}} \times 1 - t^{p} \ , \quad \frac{1 - t^{n(m+p)}}{1 - t^{m+p}} \times 1 - t^{n}$$

est $$\frac{1 - t^{n(m+p)}}{1 - t^{m+p}} \times (1 - t) \quad ;$$

de même

$$\text{pgcd}\left(\frac{1-t^{p(q+n)}}{1-t^{q+n}} \times 1-t^{p}\ ,\ \frac{1-t^{p(q+n)}}{1-t^{q+n}} \times 1-t^{n}\right) =$$

$$\frac{1-t^{p(q+n)}}{1-t^{q+n}} \times (1-t)$$

donc le pgcd de ces quatre mineurs est :

$$\text{pgcd}\left(\frac{1-t^{p(q+n)}}{1-t^{q+n}}\ ,\ \frac{1-t^{n(p+m)}}{1-t^{p+m}}\right) \times (1-t) = \mathcal{P} \quad .$$

On a

$$\text{pgcd}\left(\mathcal{P}\ ,\ \frac{1-t^{n(m+p)}}{1-t^{m+p}} \times \frac{1-t^{p(q+n)}}{1-t^{q+n}}\right) =$$

$$\text{pgcd}\left(\frac{1-t^{p(q+n)}}{1-t^{q+n}}\ ,\ \frac{1-t^{n(p+m)}}{1-t^{p+m}}\right) .$$

Ce polynôme est $P_{77}(t) \times P_{385}(t)$.

Vérifions qu'il divise les autres mineurs.

C'est évident pour tous, sauf pour :

$$\frac{(t^{np})^2\ (1-t^{mn})\ (1-t^{pq}) - (1-t^{np})^2}{(1-t^{n})\ (1-t^{p})} = q \quad .$$

Dans le premier cas

$np = 231 = 77 \times 3$

$mn = 154 = 77 \times 2$

$pq = 924 = 77 \times 12$.

Dans le second cas

$np = 231$

$mn = 924$

$pq = 154$.

Dans les deux cas les numérateurs $\mathcal{N}$ de la fraction $\mathcal{Q}$ sont égaux .

Posons $T = t^{77}$

$$\mathcal{N} = (T^3)^2 (1 - T^2)(1 - T^{12}) - (1 - T^3)^2$$

$$= (T^{20} - 1) + (T^3 - T^8) + (T^3 - T^{18})$$

donc est bien divisible par $T^5 - 1$, donc par $t^{385} - 1$,
donc $\mathcal{Q}$ est divisible par tout P_s , s divise 385 et ne divise pas 11 et 21 (respectivement ne divise pas 33 et 7).

Donc $\Delta_{2,C_o}(t) = \Delta_{2,C'_o}(t) = P_{77}(t) \times P_{385}(t)$.

On remarque que C_o et C'_o n'ont pas même multiplicité en O.

En effet

$m(C_o)$ = multiplicité de $C_o = 11 + 21 = 33$

$m(C'_o)$ = multiplicité de $C'_o = 28 + 7 = 35$

Donc la monodromie rationnelle ne détermine pas la multiplicité en O.

On pourrait alors se demander si le couple (monodromie rationnelle, multiplicité) détermine le type topologique de la singularité en O.

Il n'en est rien, même dans le cas d'une courbe algébrique ayant deux branches analytiquement irréductibles dont chacune n'a qu'une seule paire de Puiseux.

Considérons en effet les deux courbes

Γ_o d'équation $= (Y^7 - X^{34})(Y^{28} - X^{51})$

Γ'_o d'équation $= (Y^{21} - X^{68})(Y^{14} - X^{17})$

Alors = $m(\Gamma_o) = 7 + 28 = 35$

$$m(\Gamma'_o) = 21 + 14 = 35$$

et

$$\Delta_{1,\Gamma_o}(t) = \frac{1 - t^{595}}{1 - t^{85}} \times \frac{1 - t^{1785}}{1 - t^{35}} (1 - t)$$

$$\Delta_{1,\Gamma'_o}(t) = \frac{1 - t^{595}}{1 - t^{35}} \times \frac{1 - t^{1785}}{1 - t^{85}} (1 - t)$$

Enfin $\Delta_{2,\Gamma_o}(t) = \text{pgcd}\left(\frac{1 - t^{595}}{1 - t^{85}} , \frac{1 - t^{1785}}{1 - t^{35}} \right)$

$$= P_{119}(t) \times P_{595}(t)$$

$$\Delta_{2,\Gamma'_o}(t) = \text{pgcd}\left(\frac{1 - t^{595}}{1 - t^{35}} , \frac{1 - t^{1785}}{1 - t^{85}} \right)$$

$$= P_{119}(t) \times P_{595}(t) \quad .$$

Remarquons que les deux branches irréductibles de Γ_o et Γ'_o ont même tangente en 0.

Ce cas est général ; nous allons montrer que dans le cas où la courbe a deux branches irréductibles ayant des tangentes distinctes, chacune étant déterminée par un polynôme n'ayant qu'une paire de Puiseux, la donnée de la multiplicité en 0 et du polynôme caractéristique de la monodromie détermine la topologie de la singularité.

Soit P un polynôme de type (I) , c'est-à-dire un polynôme de la forme :

$$P(t) = (1-t) \frac{(1-t^a)\ (1-t^b)}{(1-t^c)\ (1-t^d)}$$

Montrons que la donnée de P détermine les paires (a,b) et (c,d) .

Posons $P = \prod_{\delta \in \mathcal{D}} P_\delta$.

où P_δ est le δ^e polynôme cyclotomique primitif.

Soit $b = \sup\{\delta / \delta \in \mathcal{D}\}$.

Soit $d = \sup\{\delta / \delta \notin \mathcal{D}$ et $\delta / b\}$.

Posons $P'(t) = P(t) \times \dfrac{1 - t^d}{1 - t^b}$.

Alors $P' = \prod_{\delta \in \mathcal{D}'} P_\delta$.

Soit $a = \sup\{\delta / \delta \in \mathcal{D}'\}$.

Soit $c = \sup\{\delta / \delta \notin \mathcal{D}'$ et $\delta / a\}$.

Alors si P est de type (I)

$$P(t) = (1-t) \frac{(1 - t^a)(1 - t^b)}{(1 - t^c)(1 - t^d)} .$$

De plus, les paires (a,b) et (c,d) sont uniques.

Montrons maintenant que la donnée de Δ_{1,Γ_0} détermine le coefficient d'enlacement de $\Gamma_0 \cap S_\varepsilon$.

Soit en effet $f = (X^m - Y^n)(Y^q - X^p)$

avec $n < m$, $(m,n) = (p,q) = 1$

et $\dfrac{p}{q} < \dfrac{m}{n}$,

et $\Gamma_0 = f^{-1}(\{0\})$.

Alors $\Delta_{1,\Gamma_0}(t) = (1-t) \dfrac{1 - t^{p(q+n)}}{1 - t^{q+n}} \times \dfrac{1 - t^{n(m+p)}}{1 - t^{m+p}}$.

De plus, d'après [3]

$$P_{\Gamma_0}(x,y) = \frac{1 - x^{nq} y^{np}}{1 - x^n y^q} \times \frac{1 - x^{np} y^{mn}}{1 - x^p y^m} .$$

Soit ℓ le coefficient d'enlacement de $\Gamma_o \cap S_\varepsilon$, alors $\ell = \mathcal{J}_{\Gamma_o}(1,1)$

Donc $\ell = np = \dfrac{(qp+np)(np+mn)}{(n+q)\ (m+p)}$.

Soit P un polynôme de type (1) , et supposons qu'il existe Γ_o telle que

$$P = \Delta_{1,\Gamma_o} .$$

Alors si
$$P = (1-t)\,\frac{(1-t^a)(1-t^b)}{(1-t^c)(1-t^d)} ,$$

$$\ell = \frac{ab}{cd}$$

Montrons que la donnée de $m_o(\Gamma_o)$ et de $\Delta_{1,\Gamma_o}(t) = (1-t)\,\dfrac{(1-t^a)(1-t^b)}{(1-t^c)(1-t^d)}$ détermine si les 2 branches de Γ_o ont des tangentes distinctes ou confondues.

Soit en effet $f = (X^m - Y^n)\ (Y^q - X^p)$ tel que $\Gamma_o = f^{-1}(0)$.

Si $q < p$, $m_o(\Gamma_o) = n+q$

et si $p < q$, $m_o(\Gamma_o) = n+p$

Donc si $m_o(\Gamma_o) = \inf(c,d)$, les deux branches de Γ_o ont des tangentes confondues.

Si $m_o(\Gamma_o) \neq \inf(c,d)$, les deux branches de Γ_o ont des tangentes distinctes.

Soient donc maintenant

- un polynôme $P = (1-t)\,\dfrac{(1-t^a)(1-t^b)}{(1-t^c)(1-t^d)}$.

Posons $\ell = \dfrac{ab}{cd}$

- un entier naturel $m < \inf(c,d)$.

Soient ν et ν' les racines de l'équation

$$x^2 - m\,x + \ell = 0 .$$

On a alors $\frac{a}{c} = \nu$ et $\frac{b}{d} = \nu'$ ou

$$\frac{a}{d} = \nu \quad \text{et} \quad \frac{b}{c} = \nu' \quad .$$

Supposons qu'on soit dans le premier cas.

Posons alors : $\mu = c - \nu'$, $\mu' = d - \nu$.

Comparons les rapports $\frac{\nu'}{\mu'}$ et $\frac{\mu}{\nu}$.

Si on a $\mu\mu' < \nu\nu'$, il n'existe pas de polynôme f tel que $m_o(f) = m$ et que le polynôme caractéristique de la monodormie locale déterminée par f soit P.

Si on a $\nu\nu' < \mu\mu'$, toute solution f au problème posé a mêmes paires de Puiseux que

$$f' = (X^{\mu} - Y^{\nu})\,(Y^{\mu'} - X^{\nu'}) \quad .$$

D'après [1], ceci suffit à déterminer le type topologique en O de la courbe $f^{-1}(0)$.

On a donc démontré la proposition suivante :

<u>Proposition</u>. Soit P un polynôme de type I.

Il existe alors deux uniques paires (a,b) et (c,d) telles que

$$P(t) = (1-t)\,\frac{(1-t^a)(1-t^b)}{(1-t^c)(1-t^d)} \quad .$$

Soit m un entier naturel strictement positif tel que $m < \inf\,(e,d)$.

Alors toutes les courbes Γ passant par O et telles que

$$\Delta_{1,\Gamma_o}(t) = P(t)$$

$$m_o(\Gamma_o) \quad = m$$

ont même type topologique en O.

BIBLIOGRAPHIE

1 Brauner : Zur Geometrie der Funktionen zweier komplexen Veränderlichen
Abh. Math. Sem.Hamburg (1928) 1-54

2 Burau : Kennzeichnung der Schlauchknoten
Abh. Math. Sem. Hamburg (1932) 125-133

3 Burau : Kennzeichnung der Schlauchverkettungen
Abh. Math. Sem. Hamburg vol. 10, 285-297.

4 Fox : Free differential calculus I. Derivation in the free group ring , Ann of Math (1953)

5 Lê Dũng Tráng : Sur les noeuds algébriques
Compositio Mathematica (1972) 25, 282-322

6 Milnor : Singular points of complex hypersurfaces, Annals of Mathematics studies.

7 Pham : Cours de 3e cycle (rédigé par J.L. Dupeyrat).

UN THEOREME DES ZEROS POUR LES FONCTIONS DIFFERENTIABLES DANS LE PLAN

par

Jean-Jacques RISLER

PRELIMINAIRES

Dans [5], le théorème suivant est démontré :

Théorème 1 : Soit I un idéal de l'anneau $\mathbb{R}\{x_1,\dots,x_n\}$ de l'anneau des séries convergentes à n variables et à coefficients réels ; alors les conditions suivantes sont équivalentes :

a) (condition (Z)) : toute série nulle sur le germe des zéros de I appartient à I.

b) (condition (C)) : si $f_i \in \mathbb{R}\{x_1,\dots,x_n\}$ $(1 \le i \le p)$ sont tels que $f_1^2 + \dots + f_p^2 \in I$, alors $f_i \in I$ $(1 \le i \le p)$.

Ce théorème a été étendu au cas formel par J. Merrien ([4]).

Si U est un ouvert de $\mathbb{R}^n$, notons $\mathcal{E}(U)$ l'anneau des fonctions indéfiniment différentiables sur U, et $\mathfrak{F}_n(0) = \mathfrak{F}_n$ l'anneau $\mathbb{R}[[x_1,\dots,x_n]]$ des séries formelles à n variables. On a une application surjective $T_0 : \mathcal{E}(\mathbb{R}^n) \to \mathfrak{F}_n$ qui fait correspondre à une fonction sa série de Taylor à l'origine.

Soit $f \in \mathfrak{F}_n$, et $\varphi \in \mathcal{E}(\mathbb{R}^n)$ telle que $T_0(\varphi) = f$. Si X est un germe de fermés de $\mathbb{R}^n$ à l'origine, on dit que f est nulle sur X si pour tout $\alpha > 0$, il existe un voisinage Ω_α de 0 tel que $\forall\, x \in \Omega_\alpha \cap X$, $|\varphi(x)| \le \|x\|^\alpha$. (cf. [3]).

Si I est un idéal de $\mathbb{R}[[x_1,\dots,x_n]]$, on notera $V_f(I)$ la "variété formelle de I" ; $V_f(I)$ est l'ensemble des germes de fermés en 0 de $\mathbb{R}^n$ sur lesquels tous les éléments de I s'annulent. Le théorème de J. Merrien s'énonce alors :

<u>Théorème 2</u> : Soit I un idéal de $\mathbb{R}[[X_1,\ldots,X_n]]$; les propositions suivantes sont équivalentes :

a) toute série nulle sur la variété formelle $V_f(I)$ appartient à I.

b) I satisfait à la condition (C) (ou condition des carrés).

Nous nous intéressons dans ce travail aux généralisations possibles de ces théorèmes au cas différentiable ; plus précisément, J. Bochnak, dans [1], fait la conjecture suivante :

Soit I un idéal de type fini de $\mathcal{E}(\mathbb{R}^n)$; alors les conditions suivantes sont équivalentes :

a) I satisfait à la condition (Z) (condition des zéros) : i.e. toute fonction nulle sur les zéros de I appartient à I.

b) I est fermé (pour la $\mathcal{C}^\infty$ topologie sur $\mathcal{E}(\mathbb{R}^n)$) et I satisfait à la condition (C).

Nous démontrerons complètement cette conjecture dans le cas où I est un idéal principal de $\mathcal{E}(\mathbb{R}^2)$ (théorème 3). Remarquons que l'implication a)$\Rightarrow$b) est évidente dans tous les cas.
Rappelons enfin quelques propriétés des idéaux fermés de type fini de $\mathcal{E}(\mathbb{R}^n)$.

<u>Proposition 1</u> : Soit I un idéal fermé et de type fini de $\mathcal{E}(\mathbb{R}^n)$. Alors

a) si $x \in \mathbb{R}^n$, $T_x(I)$ est un idéal non nul de $\mathcal{F}_n(x)$ (anneau des séries formelles au point x)

b) I est un idéal de Łojasiewicz (i.e. il existe un élément de I satisfaisant à l'inégalité de Łojasiewicz)([7] p. 103).

c) si Z(I) désigne l'ensemble des zéros de I, l'ensemble des points lisses de Z(I) est dense dans Z(I) ([6]).

d) pour qu'un élément $f \in \mathcal{E}(\mathbb{R}^n)$ appartienne à I, il faut et il suffit que $T_x f \in T_x I$, $\forall\, x \in \mathbb{R}^n$ ([2]).

RESULTATS

Lemme 1 : Soit I un idéal de $\mathcal{E}(\mathbb{R}^n)$ qui soit de type fini, fermé, et qui vérifie la condition (C) ; si U est un ouvert non vide de $\mathbb{R}^n$, $I\mathcal{E}(U)$ (restriction de I à U) vérifie encore ces trois propriétés.

Il est clair que $I\mathcal{E}(I)$ est encore fermé et de type fini (cf. [7] p. 98). Montrons qu'il satisfait à la condition (C) ; soient $\varphi_1, \ldots, \varphi_p$ des éléments de $\mathcal{E}(U)$ tels que $\varphi_1^2 + \ldots + \varphi_p^2 \in I\mathcal{E}(U)$. Pour voir que $\varphi_i \in I\mathcal{E}(U)$, la question est locale (car I est fermé). La démonstration est alors immédiate, en considérant une fonction $\psi \in \mathcal{E}(\mathbb{R}^n)$ égale à 1 dans un voisinage d'un point $\underline{x} \in U$, et à 0 à l'extérieur de U.

Lemme 2 : Soit I un idéal de type fini de $\mathcal{E}(\mathbb{R}^n)$ qui soit de Łojasiewicz au voisinage d'un point 0 (i.e. si $f_1, \ldots, f_n$ sont les générateurs de I, $\varphi = f_1^2 + \ldots + f_n^2$ est nulle en 0 et satisfait à l'inégalité de Łojasiewicz).

Alors si $g \in \mathcal{E}(\mathbb{R}^n)$ s'annule sur l'ensemble des zéros de I, la série de Taylor Tg de g en 0 est nulle sur la variété formelle $V_f(T\,I)$ (le symbole T désigne la série de Taylor en 0, lorsqu'il n'y a pas d'ambiguité possible).

Démonstration : Par définition de $V_f(TI) = V_f(T\varphi)$, il existe pour tout entier $p \geq 0$ un ouvert non vide Ω_p contenant 0 tel que l'on ait :

$$|\varphi(x)| \leq \|x\|^p \quad \forall\, x \in \Omega_p \cap V$$

où V désigne un représentant d'un élément de $V_f(T\varphi)$ (pour simplifier, on a placé 0 à l'origine de $\mathbb{R}^n$).

Si $\tilde{V}$ désigne l'ensemble des zéros de φ, il existe par hypothèse un nombre $\alpha > 0$ et une constante $C > 0$ tels que :

$$|\varphi(x)| \geq C\, d(x, \tilde{V})^{\alpha} \quad \text{au voisinage de } 0.$$

On a donc :

$$C\, d(x,\tilde{V})^{\alpha} \leq \|x\|^{p} \quad \forall\, x \in \Omega_p \cap V \qquad .$$

D'autre part le théorème des accroissements finis implique qu'il existe une constante C_1 telle que l'on ait :

$$|g(x) - g(y)| \leq C_1\, d(x,y) \quad \text{au voisinage de } 0.$$

Comme par hypothèse g est nulle sur $\tilde{V}$, et que $d(x,\tilde{V}) = \inf_{y\in\tilde{V}} d(x,y)$, on en déduit : $|g(x)| \leq C_1\, d(x,\tilde{V})$, d'où

$$|g(x)| \leq C'\|x\|^{\frac{p}{\alpha}} \text{ dans } \Omega_p \cap V \qquad ,$$

ce qui implique bien que Tg est nulle sur $V_f(T\varphi)$. <u>cqfd</u>

<u>Proposition 2</u> : Soit I un idéal de $\mathcal{E}(\mathbb{R}^n)$ qui soit de Łojasiewicz (ce qui implique par définition qu'il est de type fini). Soit V l'ensemble des zéros de I. Alors si $0 \in V$, et si $g \in \mathcal{E}(\mathbb{R}^n)$ est nulle sur V, Tg appartient à tous les idéaux premiers de $\mathbb{R}[[x_1,\ldots,x_n]]$ contenant TI et satisfaisant à la condition (C).

En effet, si $TI \subset \mathcal{P}$, on a $V_f(TI) \supset V_f(\mathcal{P})$, et le lemme 2 implique que Tg est nulle sur $V_f(\mathcal{P})$. La proposition 2 résulte alors du théorème 2 (théorème des zéros formels).

<u>Corollaire 1</u> (J. Bochnak, [1]) : Soit I un idéal de $\mathcal{E}(\mathbb{R}^n)$ engendré par un nombre fini de fonctions analytiques et satisfaisant à la condition (C) (condition des carrés). Alors toute fonction $g \in \mathcal{E}(\mathbb{R}^n)$ nulle sur les zéros de I appartient à I (autrement dit, I satisfait à la propriété (Z)).

<u>Démonstration</u> : Soit $g \in \mathcal{E}(\mathbb{R}^n)$ nulle sur V(I). Comme I est fermé ([2]), pour montrer que $g \in I$ il suffit de voir que $T_x g \in T_x I \;\; \forall\, x \in \mathbb{R}^n$. Prenons $x = 0 \in V$, et soient $\tilde{f}_1,\ldots,\tilde{f}_n$ des générateurs de I, $f_1,\ldots,f_n$ leurs germes en 0.

L'idéal $(f_1,\dots,f_n)$ vérifie alors (C) dans l'anneau $\mathbb{R}\{x_1,\dots,x_n\}$ (cela résulte facilement du lemme 1 et de la platitude de l'anneau des germes en 0 de fonctions C^∞ sur $\mathbb{R}\{x_1,\dots,x_n\}$). D'après le théorème 1, $(f_1,\dots,f_n)$ est donc l'idéal de toutes les séries convergentes nulles sur V. Il résulte alors de [2] p. 90 que l'idéal $(f_1,\dots,f_n)\mathfrak{F}_n = TI$ est l'idéal de toutes les séries formelles nulles sur le germe de V en 0. Le lemme 2 implique alors que $Tg \in TI$. cqfd

<u>Proposition 3</u> : Soit $f \in \mathcal{E}(\mathbb{R}^n)$ une fonction différentiable telle que l'idéal (f) soit fermé et vérifie la condition (C). Alors l'ensemble V des zéros de f n'a pas de point isolé.

<u>Démonstration</u> : Si 0 est un point isolé de V, on a localement : $V(f) = \{0\}$, ce qui implique que l'idéal de $\mathfrak{F}_n$ nul sur le germe de V en 0 est l'idéal maximal. Il existe donc des séries $\varphi_i \in \mathfrak{F}_n$ et des nombres entiers n_i tels que :

$$x_1^{2n_1} + \dots + x_n^{2n_n} + \varphi_1^2 + \dots + \varphi_p^2 \in (Tf)$$

(cf. [1]).

Relevons les φ_i en des fonctions différentiables au voisinage de 0 $\tilde{\varphi}_i$, telles que $T\tilde{\varphi}_i = \varphi_i$.

Le fait que 0 soit isolé dans V et que l'idéal (f) soit fermé implique :

$$x_1^{2n_1} + \dots + x_n^{2n_n} + \tilde{\varphi}_1^2 + \dots + \tilde{\varphi}_p^2 \in (f) \quad .$$

Soit $x_i \in (f)$ $(1 \le i \le n)$, puisque (f) vérifie la condition (C), ce qui est absurde.

Corollaire 2 : Soit $f \in \mathcal{E}(\mathbb{R}^2)$ une fonction différentiable telle que l'idéal (f) soit fermé et vérifie la condition (C) ; soit $0 \in V(f)$, et soit $g \in \mathcal{E}(\mathbb{R}^2)$ nulle sur V(f). (V(f) désigne l'ensemble des zéros de f).

Alors Tg appartient à l'un au moins des idéaux premiers minimaux de $\mathfrak{F}_2$ contenant Tf.

En effet, d'après la proposition 1 c), l'ensemble des points lisses de V est dense dans V, et d'après la proposition 3 V est en tous ces points une variété lisse de dimension 1. Si x est un point lisse, $T_x f$ est donc divisible par un élément qui fait partie d'un système régulier de paramètres de $\mathfrak{F}_2(x)$, ce qui implique $\dim((\mathfrak{F}_2(x)/(T_x g, T_x f)) = 1$ pour un sous-ensemble dense de V(f). (Il s'agit de la dimension de Krull). Le théorème de semi-continuité de Tougeron ([7], p. 39) implique alors que $\dim \mathfrak{F}_2/(Tg,Tf) = 1$, ce qui entraîne le corollaire.

Nous nous plaçons dorénavant dans la situation suivante : $f \in \mathcal{E}(\mathbb{R}^2)$ est tel que l'idéal (f) soit fermé et vérifie la condition (C) ; V désigne l'ensemble des zéros de f, g est un élément de $\mathcal{E}(\mathbb{R}^2)$ nul sur V, et O est un point de V.

Nous allons montrer que dans ces conditions, $g \in (f)$, ce qui montrera le :

Théorème 3 : Soit $f \in \mathcal{E}(\mathbb{R}^2)$. Alors les conditions suivantes sont équivalentes :

a) (f) est fermé, et vérifie la condition (C)

b) (f) satisfait à la condition (Z).

Proposition 4 : Supposons qu'il existe un voisinage U de O tel que pour $x \in U$ et $x \neq 0$ l'une des deux conditions suivantes soit réalisée :

1) $(T_x f)$ est irréductible

2) $T_x g \in (T_x f)$.

Alors $T_0 g \in (T_0 f)$.

(Par définition, $(T_x f)$ est irréductible si il est contenu dans un seul idéal premier de hauteur 1 de $\mathfrak{F}_2(x)$, c'est-à-dire si l'élément $T_x f$ est égal à une puissance d'une élément premier non nul).

<u>Démonstration</u> : Si en un point $x \notin O$, $T_x g \notin T_x f$, on a par hypothèse $T_x f = P_x^{n_x}$, avec (P_x) premier, et le corollaire 2 implique que $T_x g \in (P_x)$.

D'autre part, on peut écrire $T_o f = Tf = P_1^{n_1} \dots P_r^{n_r}$, les idéaux (P_i) étant premiers dans $\mathfrak{Z}_2$.

Montrons que $Tg \in P_i$ $(1 \leq i \leq r)$. On sait déjà que $Tg \in P_i$ si P_i satisfait (C) (proposition 2). Supposons donc que (P_1) ne satisfasse pas à la condition (C), et donc qu'il existe des éléments $\varphi_1, \dots, \varphi_p$ de $\mathfrak{Z}_2$ tels que :

$$\varphi_1^2 + \dots + \varphi_p^2 = \lambda P_1 , \quad \varphi_i \notin (P_1) .$$

Soient $\tilde{P}_1, \dots, \tilde{P}_r$ des éléments de $\mathcal{E}(U)$ tels que $T\tilde{P}_i = P_i$, et de même $\tilde{\varphi}_1, \dots, \tilde{\varphi}_p$ des éléments tels que $T\tilde{\varphi}_i = \varphi_i$. Le théorème de préparation différentiable implique que dans un voisinage de l'origine, n_x et $n = n_1 + \dots + n_r$ sont bornés par un entier k.

L'élément $\psi = (\tilde{\varphi}_1^2 + \dots + \tilde{\varphi}_p^2)^{n_1} \tilde{P}_2^{2n_2 n_1} \dots \tilde{P}_r^{2n_r n_1} g^{2kn_1}$ est tel que $T_x \psi \in (T_x f)\ \forall\ x \in U$. Comme (f) restreint à U est fermé et vérifie (C) (lemme 1), on en déduit que :

$$\psi \in (f) \quad (\text{dans } \mathcal{E}(U))$$

et donc que

$$\tilde{\varphi}_i \tilde{P}_2^{n_2} \dots \tilde{P}_r^{n_r} g^k \in (f)$$

d'où

$$\varphi_i P_2^{n_2} \dots P_r^{n_r} (T_o g)^k \in T_o f = P_1^{n_1} \dots P_r^{n_r} \quad .$$

Comme par hypothèse $\varphi_i \notin (P_1)$ on en déduit $T_o g \in (P_1)$.

On voit ainsi que l'élément g^k est tel que $T_x g^k \in T_x f\ \forall\ x \in U$, et donc que $g^k \in (f)\mathcal{E}(U)$, d'où $g \in (f)\mathcal{E}(U)$ à cause de la condition (C), et donc $T_o g \in (T_o f)$. <u>cqfd</u>

Il résulte de la proposition 4 que pour montrer le théorème 3, il suffit de montrer que $T_x g \in (T_x f)$ pour les points x où $T_x f$ est réductible ; la proposition 4 montre aussi que $T_x g \in (T_x f)$ si x est isolé parmi les points où $T_x f$ est réductible. Le théorème 3 résultera donc de la proposition suivante :

<u>Proposition 5</u> : Soit f un élément quelconque de $\mathcal{E}(\mathbb{R}^2)$. Alors tout sous-ensemble E de l'ensemble des points où $T_x f$ est réductible possède un point isolé dans E.

Soit O un point où $T_o f$ est réductible (et donc non nulle). Comme la question est locale, le théorème de préparation différentiable permet de remplacer f par un polynôme de la forme :

$$y^n + a_1(x)y^{n-1} + \dots + a_o(x)$$

avec $a_i(x)$ indéfiniment différentiable au voisinage de $x = 0$.

Soit E un sous-ensemble de l'ensemble des points où $T_x f$ est réductible, et supposons $O \in E$. Nous allons montrer par récurrence sur n (n étant l'ordre de la série $T_o f$) qu'il y a un point isolé de E dans tout voisinage de O.

a) <u>Si $n = 2$</u>, on a $f = y^2 + a_1(x)y + a_o$ d'où

$$Tf = y^2 + Ta_1 y + Ta_o = (y - \alpha)(y - \beta)$$

par hypothèse, avec α et $\beta \in \mathbb{R}[[X]]$.

$Ta_1^2 - 4Ta_o$ est donc un carré dans $\mathbb{R}[[X]]$, ce qui implique que $a_1^2 - 4a_o$ est un carré au voisinage de O. f se décompose donc en deux branches lisses distinctes et O est nécessairement isolé parmi les points où $T_x f$ est réductible.

b) <u>Cas général</u>. On a par hypothèse :

$$Tf = (y^{n-p} + \alpha_1 y^{n-p-1} + \dots + \alpha_{n-p})(y^p + \beta_1 y^{p-1} + \dots + \beta_p)$$

avec α_i, $\beta_i \in \mathbb{R}[[X]]$.

<u>Lemme 3</u> : Soient $\mathfrak{P}_1$ et $\mathfrak{P}_2$ deux idéaux premiers de hauteur 1 différents dans $\mathbb{R}[[X,Y]]$. Alors

$$V_f(\mathfrak{P}_1) \cap V_f(\mathfrak{P}_2) = \{0\} \quad .$$

En effet, l'idéal des éléments de $\mathbb{R}[[X,Y]]$ nuls sur $V_f(\mathcal{P}_1) \cap V_f(\mathcal{P}_2)$ est intersection d'idéaux premiers, et contient $\mathcal{P}_1$ et $\mathcal{P}_2$. C'est donc l'idéal maximal de $\mathbb{R}[[X,Y]]$. cqfd

Il résulte de ce lemme que si l'on pose :

$$\varphi = y^{n-p} + \alpha_1 y^{n-p-1} + \dots + \alpha_{n-p}$$

et
$$\psi = y^p + \beta_1 y^{p-1} + \dots + \beta_p \quad ,$$

on peut supposer que $V_f(\varphi) \cap V_f(\psi) = \{0\}$.

Soit $(a_i), i \in \mathbb{N}$, une suite de points de $\mathbb{R}^2$ telle que

a) $a_i \neq 0 \ \forall\, i \in \mathbb{N}$

b) la suite converge vers 0

c) $f(a_i) = 0$, et $a_i \in E \ \forall\, i \in \mathbb{N}$.

La condition c) implique que le germe de (a_i) en 0 est contenu dans $V_f(\varphi\psi)$, et que, quitte à extraire une sous-suite, on peut supposer que le germe de (a_i) appartient à $V_f(\varphi)$ par exemple.

Il en résulte que f est d'ordre inférieur ou égal à n-p en a_i pour i assez grand ; en effet on peut écrire :

$$f = (y^{n-p} + \tilde{\alpha}_1 y^{n-p-1} + \dots + \tilde{\alpha}_{n-p})(y^p + \tilde{\beta}_1 y^{p-1} + \dots + \tilde{\beta}) + \rho(x,y)$$

où $\rho(x,y)$ est une fonction plate à l'origine et où $T\tilde{\alpha}_i = \alpha_i$ et $T\tilde{\beta}_i = \beta_i$.

Montrons que $\frac{\partial^{n-p} f}{(\partial y)^{n-p}}(a_i)$ n'est pas nul pour i assez grand : le lemme 3 et le fait que le germe de (a_i) appartienne à $V_f\varphi$ impliquent que $y^p + \tilde{\beta}_1 y^{p-1} + \dots + \tilde{\beta}_p$ est inversible au voisinage de a_i, et qu'il existe une constante k telle que

$$|(y^p + \tilde{\beta}_1 y^{p-1} + \dots + \beta_p)(a_i)| > |a_i|^k$$

pour i assez grand.

Il en résulte immédiatement que $\frac{\partial^{n-p}}{(\partial y)^{n-p}}\left(\frac{\rho(x,y)}{y^p + \tilde{\beta}_1 y^{p-1} + \dots + \tilde{\beta}_p}\right)(a_i)$ tend vers 0 si i tend vers l'infini, et donc que $\frac{\partial^{n-p} f}{(\partial y)^{n-p}}(a_i)$ n'est pas nul pour i assez grand.

On peut alors appliquer l'hypothèse de récurrence au point a_i, ce qui achève la démonstration de la proposition 5 et donc du théorème 3.

REFERENCES

[1] J. Bochnak : Sur le théorème des zéros de Hilbert différentiable, à paraître dans Topology (Nov. 1973).

[2] B. Malgrange : Ideals of Differentiable Functions, Oxford University Press, Bombay (1966).

[3] J. Merrien : Idéaux de l'anneau des séries formelles ...., J. Math. Pures et Appl. No 50 (1971).

[4] J. Merrien : Un théorème des zéros pour les idéaux de séries formelles à coefficients réels, C. R. Acad. Sc. Paris, t. 276 (1973), p. 1055.

[5] J. J. Risler : Un théorème des zéros en géométrie analytique réelle, C. R. Acad. Sc. Paris, t. 174 (1972).

[6] R. Thom : On some ideals of differentiable functions, J. Math. Soc. Japan, vol. 19 (1964).

[7] J. C. Tougeron : Idéaux de fonctions différentiables, Springer-Verlag (1972).

l. 247: Lectures on Operator Algebras. Tulane University Ring and perator Theory Year, 1970–1971. Volume II. XI, 786 pages. 1972. M 40,–

l. 248: Lectures on the Applications of Sheaves to Ring Theory. ulane University Ring and Operator Theory Year, 1970–1971. Volme III. VIII, 315 pages. 1971. DM 26,–

l. 249: Symposium on Algebraic Topology. Edited by P. J. Hilton. , 111 pages. 1971. DM 16,–

l. 250: B. Jónsson, Topics in Universal Algebra. VI, 220 pages. 972. DM 20,–

ol. 251: The Theory of Arithmetic Functions. Edited by A. A. Gioia nd D. L. Goldsmith VI, 287 pages. 1972. DM 24,–

ol. 252: D. A. Stone, Stratified Polyhedra. IX, 193 pages. 1972. M 18,–

ol. 253: V. Komkov, Optimal Control Theory for the Damping of Vibraons of Simple Elastic Systems. V, 240 pages. 1972. DM 20,–

ol. 254: C. U. Jensen, Les Foncteurs Dérivés de lim et leurs Aplications en Théorie des Modules. V, 103 pages. 1972. DM 16,–

ol. 255: Conference in Mathematical Logic – London '70. Edited by V. Hodges. VIII, 351 pages. 1972. DM 26,–

ol. 256: C. A. Berenstein and M. A. Dostal, Analytically Uniform paces and their Applications to Convolution Equations. VII, 130 ages. 1972. DM 16,–

ol. 257: R. B. Holmes, A Course on Optimization and Best Approximation. VIII, 233 pages. 1972. DM 20,–

ol. 258: Séminaire de Probabilités VI. Edited by P. A. Meyer. VI, 53 pages. 1972. DM 22,–

ol. 259: N. Moulis, Structures de Fredholm sur les Variétés Hilberennes. V, 123 pages. 1972. DM 16,–

ol. 260: R. Godement and H. Jacquet, Zeta Functions of Simple Algebras. IX, 188 pages. 1972. DM 18,–

ol. 261: A. Guichardet, Symmetric Hilbert Spaces and Related Topics. V, 197 pages. 1972. DM 18,–

ol. 262: H. G. Zimmer, Computational Problems, Methods, and Results in Algebraic Number Theory. V, 103 pages. 1972. DM 16,–

ol. 263: T. Parthasarathy, Selection Theorems and their Applications. VII, 101 pages. 1972. DM 16,–

ol. 264: W. Messing, The Crystals Associated to Barsotti-Tate Groups: With Applications to Abelian Schemes. III, 190 pages. 1972. DM 18,–

ol. 265: N. Saavedra Rivano, Catégories Tannakiennes. II, 418 pages. 1972. DM 26,–

ol. 266: Conference on Harmonic Analysis. Edited by D. Gulick and R. L. Lipsman. VI, 323 pages. 1972. DM 24,–

Vol. 267: Numerische Lösung nichtlinearer partieller Differential- und Integro-Differentialgleichungen. Herausgegeben von R. Ansorge und W. Törnig. VI, 339 Seiten. 1972. DM 26,–

Vol. 268: C. G. Simader, On Dirichlet's Boundary Value Problem. IV, 238 pages. 1972. DM 20,–

Vol. 269: Théorie des Topos et Cohomologie Etale des Schémas. (SGA 4). Dirigé par M. Artin, A. Grothendieck et J. L. Verdier. XIX, 525 pages. 1972. DM 50,–

Vol. 270: Théorie des Topos et Cohomologie Etale des Schémas. Tome 2. (SGA 4). Dirigé par M. Artin, A. Grothendieck et J. L. Verdier. V, 418 pages. 1972. DM 50,–

Vol. 271: J. P. May, The Geometry of Iterated Loop Spaces. IX, 175 pages. 1972. DM 18,–

Vol. 272: K. R. Parthasarathy and K. Schmidt, Positive Definite Kernels, Continuous Tensor Products, and Central Limit Theorems of Probability Theory. VI, 107 pages. 1972. DM 16,–

Vol. 273: U. Seip, Kompakt erzeugte Vektorräume und Analysis. IX, 119 Seiten. 1972. DM 16,–

Vol. 274: Toposes, Algebraic Geometry and Logic. Edited by. F. W. Lawvere. VI, 189 pages. 1972. DM 18,–

Vol. 275: Séminaire Pierre Lelong (Analyse) Année 1970–1971. VI, 181 pages. 1972. DM 18,–

Vol. 276: A. Borel, Représentations de Groupes Localement Compacts. V, 98 pages. 1972. DM 16,–

Vol. 277: Séminaire Banach. Edité par C. Houzel. VII, 229 pages. 1972. DM 20,–

Vol. 278: H. Jacquet, Automorphic Forms on GL(2). Part II. XIII, 142 pages. 1972. DM 16,–

Vol. 279: R. Bott, S. Gitler and I. M. James, Lectures on Algebraic and Differential Topology. V, 174 pages. 1972. DM 18,–

Vol. 280: Conference on the Theory of Ordinary and Partial Differential Equations. Edited by W. N. Everitt and B. D. Sleeman. XV, 367 pages. 1972. DM 26,–

Vol. 281: Coherence in Categories. Edited by S. Mac Lane. VII, 235 pages. 1972. DM 20,–

Vol. 282: W. Klingenberg und P. Flaschel, Riemannsche Hilbertmannigfaltigkeiten. Periodische Geodätische. VII, 211 Seiten. 1972. DM 20,–

Vol. 283: L. Illusie, Complexe Cotangent et Déformations II. VII, 304 pages. 1972. DM 24,–

Vol. 284: P. A. Meyer, Martingales and Stochastic Integrals I. VI, 89 pages. 1972. DM 16,–

Vol. 285: P. de la Harpe, Classical Banach-Lie Algebras and Banach-Lie Groups of Operators in Hilbert Space. III, 160 pages. 1972. DM 16,–

Vol. 286: S. Murakami, On Automorphisms of Siegel Domains. V, 95 pages. 1972. DM 16,–

Vol. 287: Hyperfunctions and Pseudo-Differential Equations. Edited by H. Komatsu. VII, 529 pages. 1973. DM 36,–

Vol. 288: Groupes de Monodromie en Géométrie Algébrique. (SGA 7 I). Dirigé par A. Grothendieck. IX, 523 pages. 1972. DM 50,–

Vol. 289: B. Fuglede, Finely Harmonic Functions. III, 188. 1972. DM 18,–

Vol. 290: D. B. Zagier, Equivariant Pontrjagin Classes and Applications to Orbit Spaces. IX, 130 pages. 1972. DM 16,–

Vol. 291: P. Orlik, Seifert Manifolds. VIII, 155 pages. 1972. DM 16,–

Vol. 292: W. D. Wallis, A. P. Street and J. S. Wallis, Combinatorics: Room Squares, Sum-Free Sets, Hadamard Matrices. V, 508 pages. 1972. DM 50,–

Vol. 293: R. A. DeVore, The Approximation of Continuous Functions by Positive Linear Operators. VIII, 289 pages. 1972. DM 24,–

Vol. 294: Stability of Stochastic Dynamical Systems. Edited by R. F. Curtain. IX, 332 pages. 1972. DM 26,–

Vol. 295: C. Dellacherie, Ensembles Analytiques, Capacités, Mesures de Hausdorff. XII, 123 pages. 1972. DM 16,–

Vol. 296: Probability and Information Theory II. Edited by M. Behara, K. Krickeberg and J. Wolfowitz. V, 223 pages. 1973. DM 20,–

Vol. 297: J. Garnett, Analytic Capacity and Measure. IV, 138 pages. 1972. DM 16,–

Vol. 298: Proceedings of the Second Conference on Compact Transformation Groups. Part 1. XIII, 453 pages. 1972. DM 32,–

Vol. 299: Proceedings of the Second Conference on Compact Transformation Groups. Part 2. XIV, 327 pages. 1972. DM 26,–

Vol. 300: P. Eymard, Moyennes Invariantes et Représentations Unitaires. II, 113 pages. 1972. DM 16,–

Vol. 301: F. Pittnauer, Vorlesungen über asymptotische Reihen. VI, 186 Seiten. 1972. DM 18,–

Vol. 302: M. Demazure, Lectures on p-Divisible Groups. V, 98 pages. 1972. DM 16,–

Vol. 303: Graph Theory and Applications. Edited by Y. Alavi, D. R. Lick and A. T. White. IX, 329 pages. 1972. DM 26,–

Vol. 304: A. K. Bousfield and D. M. Kan, Homotopy Limits, Completions and Localizations. V, 348 pages. 1972. DM 26,–

Vol. 305: Théorie des Topos et Cohomologie Etale des Schémas. Tome 3. (SGA 4). Dirigé par M. Artin, A. Grothendieck et J. L. Verdier. VI, 640 pages. 1973. DM 50,–

Vol. 306: H. Luckhardt, Extensional Gödel Functional Interpretation. VI, 161 pages. 1973. DM 18,–

Vol. 307: J. L. Bretagnolle, S. D. Chatterji et P.-A. Meyer, Ecole d'été de Probabilités: Processus Stochastiques. VI, 198 pages. 1973. DM 20,–

Vol. 308: D. Knutson, λ-Rings and the Representation Theory of the Symmetric Group. IV, 203 pages. 1973. DM 20,–

Vol. 309: D. H. Sattinger, Topics in Stability and Bifurcation Theory. VI, 190 pages. 1973. DM 18,–

Vol. 310: B. Iversen, Generic Local Structure of the Morphisms in Commutative Algebra. IV, 108 pages. 1973. DM 16,-

Vol. 311: Conference on Commutative Algebra. Edited by J. W. Brewer and E. A. Rutter. VII, 251 pages. 1973. DM 22,-

Vol. 312: Symposium on Ordinary Differential Equations. Edited by W. A. Harris, Jr. and Y. Sibuya. VIII, 204 pages. 1973. DM 22,-

Vol. 313: K. Jörgens and J. Weidmann, Spectral Properties of Hamiltonian Operators. III, 140 pages. 1973. DM 16,-

Vol. 314: M. Deuring, Lectures on the Theory of Algebraic Functions of One Variable. VI, 151 pages. 1973. DM 16,-

Vol. 315: K. Bichteler, Integration Theory (with Special Attention to Vector Measures). VI, 357 pages. 1973. DM 26,-

Vol. 316: Symposium on Non-Well-Posed Problems and Logarithmic Convexity. Edited by R. J. Knops. V, 176 pages. 1973. DM 18,-

Vol. 317: Séminaire Bourbaki – vol. 1971/72. Exposés 400–417. IV, 361 pages. 1973. DM 26,-

Vol. 318: Recent Advances in Topological Dynamics. Edited by A. Beck, VIII, 285 pages. 1973. DM 24,-

Vol. 319: Conference on Group Theory. Edited by R. W. Gatterdam and K. W. Weston. V, 188 pages. 1973. DM 18,-

Vol. 320: Modular Functions of One Variable I. Edited by W. Kuyk. V, 195 pages. 1973. DM 18,-

Vol. 321: Séminaire de Probabilités VII. Edité par P. A. Meyer. VI, 322 pages. 1973. DM 26,-

Vol. 322: Nonlinear Problems in the Physical Sciences and Biology. Edited by I. Stakgold, D. D. Joseph and D. H. Sattinger. VIII, 357 pages. 1973. DM 26,-

Vol. 323: J. L. Lions, Perturbations Singulières dans les Problèmes aux Limites et en Contrôle Optimal. XII, 645 pages. 1973. DM 42,-

Vol. 324: K. Kreith, Oscillation Theory. VI, 109 pages. 1973. DM 16,-

Vol. 325: Ch.-Ch. Chou, La Transformation de Fourier Complexe et L'Equation de Convolution. IX, 137 pages. 1973. DM 16,-

Vol. 326: A. Robert, Elliptic Curves. VIII, 264 pages. 1973. DM 22,-

Vol. 327: E. Matlis, 1-Dimensional Cohen-Macaulay Rings. XII, 157 pages. 1973. DM 18,-

Vol. 328: J. R. Büchi and D. Siefkes, The Monadic Second Order Theory of All Countable Ordinals. VI, 217 pages. 1973. DM 20,-

Vol. 329: W. Trebels, Multipliers for (C, α)-Bounded Fourier Expansions in Banach Spaces and Approximation Theory. VII, 103 pages. 1973. DM 16,-

Vol. 330: Proceedings of the Second Japan-USSR Symposium on Probability Theory. Edited by G. Maruyama and Yu. V. Prokhorov. VI, 550 pages. 1973. DM 36,-

Vol. 331: Summer School on Topological Vector Spaces. Edited by L. Waelbroeck. VI, 226 pages. 1973. DM 20,-

Vol. 332: Séminaire Pierre Lelong (Analyse) Année 1971-1972. V, 131 pages. 1973. DM 16,-

Vol. 333: Numerische, insbesondere approximationstheoretische Behandlung von Funktionalgleichungen. Herausgegeben von R. Ansorge und W. Törnig. VI, 296 Seiten. 1973. DM 24,-

Vol. 334: F. Schweiger, The Metrical Theory of Jacobi-Perron Algorithm. V, 111 pages. 1973. DM 16,-

Vol. 335: H. Huck, R. Roitzsch, U. Simon, W. Vortisch, R. Walden, B. Wegner und W. Wendland, Beweismethoden der Differentialgeometrie im Großen. IX, 159 Seiten. 1973. DM 18,-

Vol. 336: L'Analyse Harmonique dans le Domaine Complexe. Edité par E. J. Akutowicz. VIII, 169 pages. 1973. DM 18,-

Vol. 337: Cambridge Summer School in Mathematical Logic. Edited by A. R. D. Mathias and H. Rogers. IX, 660 pages. 1973. DM 42,-

Vol. 338: J. Lindenstrauss and L. Tzafriri, Classical Banach Spaces. IX, 243 pages. 1973. DM 22,-

Vol. 339: G. Kempf, F. Knudsen, D. Mumford and B. Saint-Donat, Toroidal Embeddings I. VIII, 209 pages. 1973. DM 20,-

Vol. 340: Groupes de Monodromie en Géométrie Algébrique. (SGA 7 II). Par P. Deligne et N. Katz. X, 438 pages. 1973. DM 40,-

Vol. 341: Algebraic K-Theory I, Higher K-Theories. Edited by H. Bass. XV, 335 pages. 1973. DM 26,-

Vol. 342: Algebraic K-Theory II, "Classical" Algebraic K-Theory, and Connections with Arithmetic. Edited by H. Bass. XV, 527 pages. 1973. DM 36,-

Vol. 343: Algebraic K-Theory III, Hermitian K-Theory and Geo metric Applications. Edited by H. Bass. XV, 572 pages. 197 DM 38,-

Vol. 344: A. S. Troelstra (Editor), Metamathematical Investigatic of Intuitionistic Arithmetic and Analysis. XVII, 485 pages. 197 DM 34,-

Vol. 345: Proceedings of a Conference on Operator Theor Edited by P. A. Fillmore. VI, 228 pages. 1973. DM 20,-

Vol. 346: Fučík et al., Spectral Analysis of Nonlinear Operator II, 287 pages. 1973. DM 26,-

Vol. 347: J. M. Boardman and R. M. Vogt, Homotopy Invaria Algebraic Structures on Topological Spaces. X, 257 page 1973. DM 22,-

Vol. 348: A. M. Mathai and R. K. Saxena, Generalized Hype geometric Functions with Applications in Statistics and Physic Sciences. VII, 314 pages. 1973. DM 26,-

Vol. 349: Modular Functions of One Variable II. Edited by W. Kuy and P. Deligne. V, 598 pages. 1973. DM 38,-

Vol. 350: Modular Functions of One Variable III. Edited by W Kuyk and J.-P. Serre. V, 350 pages. 1973. DM 26,-

Vol. 351: H. Tachikawa, Quasi-Frobenius Rings and Generaliza tions. XI, 172 pages. 1973. DM 18,-

Vol. 352: J. D. Fay, Theta Functions on Riemann Surfaces. V 137 pages. 1973. DM 16,-

Vol. 353: Proceedings of the Conference on Orders, Grou Rings and Related Topics. Organized by J. S. Hsia, M. L. Mada and T. G. Ralley. X, 224 pages. 1973. DM 20,-

Vol. 354: K. J. Devlin, Aspects of Constructibility. XII, 240 pages 1973. DM 22,-

Vol. 355: M. Sion, A Theory of Semigroup Valued Measures V, 140 pages. 1973. DM 16,-

Vol. 356: W. L. J. van der Kallen, Infinitesimally Central-Exten sions of Chevalley Groups. VII, 147 pages. 1973. DM 16,-

Vol. 357: W. Borho, P. Gabriel und R. Rentschler, Primideal in Einhüllenden auflösbarer Lie-Algebren. V, 182 Seiten. 1973 DM 18,-

Vol. 358: F. L. Williams, Tensor Products of Principal Serie Representations. VI, 132 pages. 1973. DM 16,-

Vol. 359: U. Stammbach, Homology in Group Theory. VIII, 18 pages. 1973. DM 18,-

Vol. 360: W. J. Padgett and R. L. Taylor, Laws of Large Number for Normed Linear Spaces and Certain Fréchet Spaces. V 111 pages. 1973. DM 16,-

Vol. 361: J. W. Schutz, Foundations of Special Relativity: Kine matic Axioms for Minkowski Space Time. XX, 314 pages. 1973 DM 26,-

Vol. 362: Proceedings of the Conference on Numerical Solutior of Ordinary Differential Equations. Edited by D. Bettis. VIII 490 pages. 1974. DM 34,-

Vol. 363: Conference on the Numerical Solution of Differential Equations. Edited by G. A. Watson. IX, 221 pages. 1974. DM 20,-

Vol. 364: Proceedings on Infinite Dimensional Holomorphy. Edited by T. L. Hayden and T. J. Suffridge. VII, 212 pages. 1974. DM 20,-

Vol. 365: R. P. Gilbert, Constructive Methods for Elliptic Equations. VII, 397 pages. 1974. DM 26,-

Vol. 366: R. Steinberg, Conjugacy Classes in Algebraic Groups (Notes by V. V. Deodhar). VI, 159 pages. 1974. DM 18,-

Vol. 367: K. Langmann und W. Lütkebohmert, Cousinverteilungen und Fortsetzungssätze. VI, 151 Seiten. 1974. DM 16,-

Vol. 368: R. J. Milgram, Unstable Homotopy from the Stable Point of View. V, 109 pages. 1974. DM 16,-

Vol. 369: Victoria Symposium on Nonstandard Analysis. Edited by A. Hurd and P. Loeb. XVIII, 339 pages. 1974. DM 26,-

Vol. 370: B. Mazur and W. Messing, Universal Extensions and One Dimensional Crystalline Cohomology. VII, 134 pages. 1974. DM 16,-